Selbstdarstellung in der Wissenschaft

WISSEN – KOMPETENZ – TEXT

Herausgeben von Christian Efing, Britta Hufeisen
und Nina Janich

Band 8

Zu Qualitätssicherung und Peer Review
der vorliegenden Publikation

Die Qualität der in dieser Reihe
erscheinenden Arbeiten wird vor der
Publikation durch die Herausgeber
der Reihe geprüft.

Notes on the quality assurance
and peer review of this publication

Prior to publication, the quality
of the work published in this series
is reviewed by the editors
of the series.

Lisa Rhein

Selbstdarstellung in der Wissenschaft

Eine linguistische Untersuchung zum
Diskussionsverhalten von Wissenschaftlern
in interdisziplinären Kontexten

Bibliografische Information der Deutschen Nationalbibliothek
Die Deutsche Nationalbibliothek verzeichnet diese Publikation
in der Deutschen Nationalbibliografie; detaillierte bibliografische
Daten sind im Internet über http://dnb.d-nb.de abrufbar.

Zugl.: Darmstadt, Techn. Univ., Diss., 2015

Gedruckt auf alterungsbeständigem,
säurefreiem Papier.

D 17
ISSN 1869-523X
ISBN 978-3-631-66810-8 (Print)
E-ISBN 978-3-653-05974-8 (E-Book)
DOI 10.3726/978-3-653-05974-8

© Peter Lang GmbH
Internationaler Verlag der Wissenschaften
Frankfurt am Main 2015
Alle Rechte vorbehalten.
Peter Lang Edition ist ein Imprint der Peter Lang GmbH.

Peter Lang – Frankfurt am Main · Bern · Bruxelles · New York ·
Oxford · Warszawa · Wien

Das Werk einschließlich aller seiner Teile ist urheberrechtlich
geschützt. Jede Verwertung außerhalb der engen Grenzen des
Urheberrechtsgesetzes ist ohne Zustimmung des Verlages
unzulässig und strafbar. Das gilt insbesondere für
Vervielfältigungen, Übersetzungen, Mikroverfilmungen und die
Einspeicherung und Verarbeitung in elektronischen Systemen.

Diese Publikation wurde begutachtet.

www.peterlang.com

Inhalt

Vorwort 19

1 Einleitung: Selbstdarstellung in der Wissenschaft 21
   1.1 Zielsetzung 24
   1.2 Aufbau der Arbeit 27

2 Der Rahmen: Selbstdarstellung als Forschungsgegenstand 29
   2.1 Soziologischer Ansatz: Erving Goffmans Untersuchungen
       der sozialen Interaktion 31
       2.1.1 Interaktion und Selbstdarstellung 33
       2.1.2 Techniken der Imagepflege und Eindrucksmanipulation 37
       2.1.3 Das Gespräch als eine Form der Interaktion 44
       2.1.4 Zusammenfassung der Beobachtungen und
             Beschreibungen Goffmans 48
   2.2 Sozialpsychologischer Ansatz: Impression
       Management (IM) 48
       2.2.1 Selbst- und Fremdbild 49
       2.2.2 Taktiken und Strategien des Impression Management 50
   2.3 Zwischenfazit: Selbstdarstellung als Kombination von verbalem,
       paraverbalem und nonverbalem Verhalten 60
       2.3.1 Nonverbales Verhalten 60
       2.3.2 Paraverbale Selbstdarstellung 65
       2.3.3 Verbale Selbstdarstellung 65
       2.3.4 Übersicht über nonverbalen, paraverbalen und verbalen
             Mittel der Selbstdarstellung (ohne konkrete IM-Techniken) 66
   2.4 Linguistische Ansätze zu Selbstdarstellung und
       Beziehungsmanagement in Gesprächen 69
       2.4.1 Selbstdarstellung und Imagearbeit: theoretische Ansätze
             und sprachliche Strategien 70
       2.4.2 Beziehungskommunikation: theoretische Ansätze und
             sprachliche Strategien 92
   2.5 Notiz zum Stellenwert der zusammenfassenden Tabellen 115

3 Wissenschaftskommunikation ... 117
3.1 Der wissenschaftliche Vortrag ... 117
- 3.1.1 Die Struktur von Vorträgen ... 120
- 3.1.2 Sprachliche Besonderheiten der Textsorte Vortrag ... 122
- 3.1.3 Zum Selbstdarstellungsverhalten in Vorträgen ... 123
3.2 Die wissenschaftliche Diskussion ... 129
- 3.2.1 Die Struktur wissenschaftlicher Diskussionen ... 131
- 3.2.2 Zur Sprache in wissenschaftlichen Diskussionen ... 133
- 3.2.3 Zum Selbstdarstellungsaspekt in wissenschaftlichen Diskussionen ... 136
3.3 Disziplinäre und interdisziplinäre Forschungskontexte ... 144
- 3.3.1 Disziplinarität ... 145
- 3.3.2 Interdisziplinarität ... 145
- 3.3.3 Zur Kommunikation von Wissen in disziplinären und interdisziplinären Kontexten ... 149

4 Forschungsdesign ... 155
4.1 Erläuterungen zum Untersuchungskorpus ... 155
- 4.1.1 Vorstellung der Tagungen und Diskussionsanlässe ... 155
- 4.1.2 Notiz zur Forschungsethik ... 161
- 4.1.3 Transkriptionsverfahren ... 163
4.2 Fragestellungen, Vorgehensweise und Methode ... 166
- 4.2.1 Fragestellungen im Detail ... 166
- 4.2.2 Entwicklung und Darstellung der Methode ... 168
- 4.2.3 Zum Vorgehen in der Analyse ... 197
- 4.2.4 Wie stellen sich Wissenschaftler in interdisziplinären Diskussionen dar? Vorbemerkungen zur Ergebnispräsentation ... 201

5 Gegenseitiges positives und negatives Kritisieren ... 203
5.1 Methodische Anreicherung ... 205
5.2 Positive Kritik ... 210
- 5.2.1 Einleitendes Danken ... 210
- 5.2.2 Zustimmen ... 216
- 5.2.3 Zusammenfassung: Positives Kritisieren ... 222

5.3 Negative Kritik 224
    5.3.1 Negative Kritik in den Plenumsdiskussionen 225
        5.3.1.1 Kritik am Wissenschaftsverständnis 226
        5.3.1.2 Methodenkritik 227
        5.3.1.3 Kritik am theoretischen Ansatz 230
        5.3.1.4 Kritik mit unterschiedlichen Referenz-Wert-
              Kombinationen 236
        5.3.1.5 Zusammenfassung der Ergebnisse aus den
              Plenumsdiskussionen 246
    5.3.2 Negative Kritik in den Fokusdiskussionen 248
        5.3.2.1 Kooperativ-klärungsorientierte Fokusdiskussionen 248
        5.3.2.2 Konfrontativ-dissensbetonende Fokusdiskussionen 256
        5.3.2.3 Zusammenfassung der Ergebnisse aus den
              Fokusdiskussionen 269
5.4 Fazit: Gegenseitiges Kritisieren – sprachliche Formen und
    Bewertungsgrundlagen 271

6 Zur Rolle der Fachidentität in interdisziplinären Diskussionen 283
6.1 Methodische Anreicherung 283
6.2 Thematisierung von Fachidentität in den Diskussionen 289
    6.2.1 Nennung der Fachidentität zur Perspektivierung des Beitrags 289
    6.2.2 Nennung der Fachidentität zur Kontrastierung von
        Disziplinen/Perspektiven 294
    6.2.3 Fachidentitätsthematisierung zur Identifikation mit und
        Reflexion der Fachkultur/Arbeitsweise 299
    6.2.4 Thematisierung der Fachidentität zur Distanzierung von
        der eigenen Disziplin 309
    6.2.5 Verweise auf die Fachidentität zur Einleitung oder
        Verteidigung von Kritik (im weitesten Sinne) 314
6.3 Fazit: Fachidentitäts-Thematisierungen in interdisziplinären
    Diskussionen 318

7 Kompetenz, Expertenschaft und Nichtwissen 323
7.1 Methodische Anreicherung 324
7.2 Wie werden Kompetenz und Fachwissen signalisiert? 331

7.2.1 Paraphrasen der Inhalte eigener oder fremder Beiträge 332
7.2.2 Kontrastieren der eigenen Forschung mit den
Vortragsinhalten 334
7.2.3 Vorschläge 336
7.2.4 Vorbringen einer Alternative 337
7.2.5 Zusätzliche Interpretationen anbieten 339
7.2.6 Das Einfordern von und Fragen nach (weiteren)
Informationen 340
7.2.7 Verwendung von Fachterminologie 344
7.2.8 Ergänzungen anbringen, Kenntnis der Forschung und
Literatur signalisieren 345
7.2.9 Hinweisen auf wissenschaftliche Werte 347
7.2.10 Selbstinitiiertes Anschneiden eines neuen Themas 348
7.2.11 Selbstinitiiertes Darstellen eigener Leistungen 349
7.2.12 Kenntnis von wissenschaftlichen Denk-/Arbeitsprinzipien
und logisches Denken signalisieren 350
7.2.13 Verweis auf den disziplinären Hintergrund 351
7.2.14 Fremdzuschreibung von Fachwissen und Expertenschaft 352
7.2.15 Zusammenfassung: Kompetenz und Expertenschaft
signalisieren 352
7.3 Zur Darstellung von Kompetenz trotz Nichtwissen und
Unsicherheiten 355
7.3.1 Methodische Anreicherung 357
7.3.1.1 Strategien im Umgang mit Nichtwissen und
Unsicherheiten 359
7.3.1.2 Nichtwissen und Imagegestaltung 362
7.3.1.3 Differenzierungsmöglichkeiten von Nichtwissen 363
7.3.1.4 Sprachliche Mittel zum Ausdruck von Nichtwissen
und Unsicherheit 368
7.3.2 Der (strategische) Umgang mit Nichtwissen – Herausforderungen für die Imagearbeit von Wissenschaftlern 373
7.3.2.1 Nichtwissens- und Unsicherheitsmarkierungen als
Ausdruck von Höflichkeit 373
7.3.2.2 Nichtwissen als Konstituente von Wissenschaft 375
7.3.2.3 Nichtwissen als Diskussionsanlass / zur
wissenschaftlichen Infragestellung 386

7.3.2.4 Zusammenfassung: Tendenzen des Umgangs mit
Nichtwissen in wissenschaftlichen Diskussionen 400
7.4 Fazit: Kompetenz, Expertenschaft und/trotz Nichtwissen 415

8 Humor in wissenschaftlichen Diskussionen 417
8.1 Methodische Anreicherung 418
8.2 Humor in interdisziplinären Diskussionen 425
    8.2.1 Humor zur eigenen Gesichtswahrung 425
    8.2.2 Humor zur Unterbringung von Komplimenten 427
    8.2.3 Humor zur Abschwächung eines Angriffs 428
    8.2.4 Humor zur oberflächlichen Abschwächung von
Provokationen 430
    8.2.5 Humor zur Spannungslösung 432
    8.2.6 Humor zur Kritik von Rahmenbedingungen
(„Galgenhumor") 434
8.3 Weitere Befunde zu Humor in wissenschaftlichen Diskussionen 435
    8.3.1 Fehlschlagender Humor 435
    8.3.2 Humor und Habitus 436
8.4 Fazit: Humor in wissenschaftlichen Diskussionen 439

9 Diskussion 443
9.1 Zusammenfassung 443
9.2 Methodenreflexion: von der analytischen Trennung zurück zur
Komplexität 448
9.3 Ergebnisdiskussion vor dem Hintergrund der Methodenreflexion ... 450
9.4 Potenziale der Arbeit und Ausblick 456

Literaturverzeichnis 461

Anhang 485
Korpusinformationen – Metadaten 485

Abkürzungsverzeichnis

bspw.	beispielsweise
d. h.	das heißt
DWDS	Das Digitale Wörterbuch der deutschen Sprache
ebd.	ebenda
et al.	et alii (lat. ‚und andere')
f.	folgende
Herv. im Orig.	Hervorhebung im Original
Herv. L. R.	Hervorhebung von Lisa Rhein
IM	Impression Management
i. w. S.	im weitesten Sinne
Kap.	Kapitel
o. Ä.	oder Ähnliches
s.	siehe
Tab.	Tabelle
TK	Teilkorpus
u. a.	und andere
u. Ä.	und Ähnliches
v. a.	vor allem
vgl.	vergleiche
Z.	Zeile(n)
z. B.	zum Beispiel

Abbildungsverzeichnis

Abbildung 1:	Zusammenstellung der Techniken zur Imagewahrung bei Zwischenfällen; eigene Darstellung	40
Abbildung 2:	Handlungsschritte im korrektiven Prozess nach Goffman 1971	41
Abbildung 3:	Vermeidungs- und Korrektivprozesse in der Imagepflege nach Goffman 1971; eigene Darstellung	42
Abbildung 4:	Vierfelderschema nach Tedeschi et al. 1985: 70	50
Abbildung 5:	Idealtypischer Ablauf einer Korrektivsequenz; Holly 1979: 58	76
Abbildung 6:	Übersicht über Korrektivsequenzen; Holly 1979: 72	77
Abbildung 7:	Sprechhandlungssequenzen in Dissens-Phasen nach Gruber 1996: 227, 234	80
Abbildung 8:	Belegungsmöglichkeiten von X, Y und Z im Schema *Emotion A ist eine bewertende Stellungnahme zu X auf der Grundlage von Y als Z*; Fiehler 2001: 1428f.	97
Abbildung 9:	Übersicht über die typische Vortragsstruktur; Synthese aus den Darstellungen von Techtmeier 1998a, Webber 2002 und Kotthoff 2001	122
Abbildung 10:	Ablaufstruktur von Diskussionen; Synthese der Ergebnisse von Baßler 2007 und Techtmeier 1998b	133
Abbildung 11:	Schritte bei der Entwicklung der eigenen Methode	171
Abbildung 12:	Vier-Felder-Schema; die vier Felder ergeben sich aus der Korpuswahl (obere beiden Felder) sowie dem Untersuchungsinteresse (untere beiden Felder)	172
Abbildung 13:	Übersicht über im Korpus typische Initiierungs- und Reaktionsrunden	280
Abbildung 14:	Vier-Felder-Schema; die vier Felder ergeben sich aus der Korpuswahl (obere beiden Felder) sowie dem Untersuchungsinteresse (untere beiden Felder)	444
Abbildung 15:	Darstellung der Relationen der Forschungsergebnisse auf Basis des Vier-Felder-Schemas	451

Tabellenverzeichnis

Tabelle 1:	Positive und negative Selbstdarstellungstechniken nach Mummendey 1995: 140-141	52
Tabelle 2:	Taktiken und deren Ziele, Probleme und spezifischen Handlungen; Tedeschi et al. 1985: 10	59
Tabelle 3:	Übersicht über die identifizierten Mittel und Funktionen von Selbstdarstellung	66
Tabelle 4:	Initiierungs- und Reaktionsmöglichkeiten nach Schwitalla 1996, 2001 und Gruber 1996	86
Tabelle 5:	Übersicht über die identifizierten sprachlichen Mittel und Funktionen der Selbstdarstellung	88
Tabelle 6:	Typen von Ausgangskonstellationen nach Adamzik 1984: 146-178	95
Tabelle 7:	Charakteristische sprachliche Merkmale der Beziehungskommunikation	113
Tabelle 8:	Übersicht über sprachliche Mittel und deren kontextspezifische Funktionen im Hinblick auf Selbstdarstellung	142
Tabelle 9:	Zusammenfassung der Erkenntnisse zu Disziplinarität und Interdisziplinarität	153
Tabelle 10:	Übersicht über die Dauer der Diskussionen	157
Tabelle 11:	Übersicht über die Zusammensetzung der Geschlechter, Disziplinen und akademischen Status der Vortragenden und geladenen Diskutanten laut Programm auf Tagung 1	158
Tabelle 12:	Übersicht über die Zusammensetzung der Geschlechter, Disziplinen und akademischen Status der Vortragenden und geladenen Diskutanten laut Programm auf Tagung 2	159
Tabelle 13:	Übersicht über die Zusammensetzung der Geschlechter, Disziplinen und akademischen Status der Vortragenden und geladenen Diskutanten laut Programm auf Tagung 3	160
Tabelle 14:	Übersicht über die vergebenen Namenskürzel und die Verteilung der Personen auf die Konferenzen; einzelne Personen waren sowohl auf Tagung 2 als auch auf Tagung 3 anwesend	162

Tabelle 15:	Zusammenstellung der relevanten Transkriptionskonventionen, ausgewählt aus den für Minimal-, Basis- und Feintranskripte angegebenen Konventionen im gesprächsanalytischen Transkriptionssystem GAT 2 (Selting et al. 2009: 391-393)	165
Tabelle 16:	Zusammenstellung aller in der Forschungsliteratur aus den vier Feldern ermittelten sprachlichen Kategorien, erweitert durch interaktionssituationsbezogene Kategorien	183
Tabelle 17:	Übersicht über die wissenschaftlichen Werte in Gruppe A: Allgemeine Prinzipien der wissenschaftlichen Arbeit	208
Tabelle 18:	Übersicht über die wissenschaftlichen Werte in Gruppe B: Wissenschaftliche Veröffentlichungen	209
Tabelle 19:	Übersicht über die wissenschaftlichen Werte in Gruppe C: Arbeit in Arbeitsgruppen	209
Tabelle 20:	Übersicht über die wissenschaftlichen Werte in Gruppe D: Gruppenleiter/Betreuer	209
Tabelle 21:	Übersicht über die wissenschaftlichen Werte in Gruppe E: Gutachtertätigkeiten	210
Tabelle 22:	Übersicht über das typische Schema von Beitragseinleitungen; GS: Gliederungssignale, Adr.: Adressierung, RF: Routineformel, Bew.: Bewertung, Ref.: Referenz	213
Tabelle 23:	Übersicht über Formulierungen der positiven Kritik	223
Tabelle 24:	Übersicht über die positiver Kritik zugrunde gelegten Werte	223
Tabelle 25:	Übersicht über die Schemata positiver und negativer Kritik	224
Tabelle 26:	Referenzkategorien und thematisierte Werte in den Plenumsdiskussionen	247
Tabelle 27:	Referenzkategorien und thematisierte Werte in den Fokusdiskussionen	270
Tabelle 28:	Übersicht über die wissenschaftlichen Werte, die negativer Kritik zugrundeliegen	271
Tabelle 29:	Übersicht über Referenzen der negativen Kritik	277
Tabelle 30:	Methodische Anreicherung: Interdisziplinaritäts- und fachidentitätsbezogene Kategorien – Zusammenstellung der Kategorien zu Interdisziplinarität	288

Tabellenverzeichnis

Tabelle 31:	Funktionen der Thematisierung der eigenen disziplinären Zugehörigkeit in Bezug auf Selbstdarstellung	319
Tabelle 32:	Rhetorische Funktionen der Thematisierung der eigenen disziplinären Zugehörigkeit	321
Tabelle 33:	Methodische Anreicherung: Kompetenz- und expertenschaftsbezogene Kriterien – systematisierte Zusammenstellung der Kategorien zu Kompetenz und Expertenschaft	330
Tabelle 34:	Übersicht über die identifizierten Strategien der Darstellung von Kompetenz und Expertenschaft unter Berücksichtigung der Kompetenzdomänen von Antos 1995 und der Strategien von Konzett 2012	354
Tabelle 35:	Übersicht über die verschiedenen Bezeichnungen der Nichtwissensformen	365
Tabelle 36:	Übersicht über sprachliche Mittel, die Nichtwissen und Unsicherheit kontextspezifisch anzeigen können; vgl. Rhein et al. 2013: 148	369
Tabelle 37:	Methodische Anreicherung: Nichtwissens- und unsicherheitsbezogene Kriterien – Zusammenstellung der Kategorien zu Nichtwissen und Unsicherheit	370
Tabelle 38:	Übersicht über Begriffe der Ergebnissicherung	398
Tabelle 39:	Übersicht über die im Korpus identifizierten Träger von Nichtwissen	402
Tabelle 40:	Übersicht über die verschiedenen Grade der Intentionalität von Nichtwissen	404
Tabelle 41:	Übersicht über Formulierungen, die Nichtwissen und Unsicherheit graduieren, und ihre Bedeutungsbeschreibungen	405
Tabelle 42:	Lexeme, die eine negative Bewertung des Nichtwissens signalisieren	409
Tabelle 43:	Übersicht über die im Korpus enthaltenen Metaphern sowie ihre in Wörterbüchern festgelegten Bedeutungen	410
Tabelle 44:	Kontextspezifische Marker von Nichtwissen und ihre Funktionen	411
Tabelle 45:	Übersicht über die identifizierten Strategien im Umgang mit Nichtwissen und Unsicherheit	413

Tabelle 46:	Methodische Anreicherung: humor- und witzbezogene Kriterien – Zusammenstellung der Kategorien zu Humor und den sprachlichen Ebenen der Witzgenerierung	423
Tabelle 47:	Übersicht über die im Datenmaterial identifizierten Funktionen von Humor	439
Tabelle 48:	Übersicht über die Verteilung der Personen auf die einzelnen Teilkorpora; angegeben werden zusätzlich die jeweiligen Interaktionsrollen, der Diskussionstyp sowie die Zuordnung der im Text verwendeten Sequenzen zu den Teilkorpora	485

Vorwort

Die vorliegende Arbeit ist nicht nur Ergebnis eines intensiven Forschungsprozesses einer Einzelperson, sondern vor allem auch Resultat vieler Diskussionen mit Professorinnen und Professoren, Kolleginnen und Kollegen.

Ich danke meiner Doktormutter Nina Janich sehr herzlich für ihr unermüdliches Engagement, ihr Vertrauen, die vielen Diskussionen und kritischen Rückmeldungen. Ich danke ihr dafür, dass sie mir den Weg in die Wissenschaft ermöglicht, mir unterschiedliche Forschungsperspektiven aufgezeigt und mich bei der Verfolgung meiner eigenen Forschungsinteressen unterstützt hat. Prof. Dr. Thomas Niehr danke ich herzlich für seine Anregungen und sein Zweitgutachten.

Die vorliegende Arbeit basiert auf einem besonderen Korpus. Die untersuchten wissenschaftlichen Diskussionen wurden im Rahmen von drei unterschiedlichen interdisziplinären Tagungen aufgenommen und mir wunderbarerweise zur Verfügung gestellt. Der Professorin und dem Professor, die mir die Audioaufnahmen zugänglich gemacht und mich in meinem Vorhaben unterstützt haben (und an dieser Stelle aber anonym bleiben müssen, um die Anonymität der Diskutanten im Untersuchungskorpus zu gewährleisten), danke ich ebenfalls sehr herzlich. Ich danke besonders allen Tagungsteilnehmern für ihre Bereitschaft und ihr Einverständnis, die Daten verwenden zu dürfen – ohne Sie wäre dieses Projekt zweifellos gescheitert.

Ich danke allen Professorinnen und Professoren, die in Kolloquien und Gesprächen meine Arbeit mit mir diskutiert und mir wertvolle Anregungen gegeben haben: Prof. Dr. Ulla Fix, Prof. Dr. Christiane Thim-Mabrey, Prof. Dr. Peter Janich, Dr. Roderich von Detten, Prof. Dr. Jan Engberg, Prof. Dr. Rainer Bromme und Prof. Dr. Werner Holly. Gleichermaßen danke ich meinen aktuellen und ehemaligen Kolleginnen im Institut für Sprach- und Literaturwissenschaft, die jederzeit bereit waren, kleinere und größere Probleme mit mir und für mich zu lösen, Inhalte zu diskutieren und mir dabei halfen, neue Perspektiven einzunehmen.

Für wichtige Perspektivenwechsel und ihre grenzenlose Unterstützung danke ich vor allem meiner Familie und meinen Freunden.

1 Einleitung: Selbstdarstellung in der Wissenschaft

Im heutigen Wissenschaftssystem, das sich in den letzten Jahren insbesondere mit Blick auf die zunehmende Ökonomisierung[1], den Abzug von Finanzmitteln, die Internationalisierung und Globalisierung der Wissenschaft sowie den Anspruch an Universitäten, Marketing zu betreiben, sehr stark verändert hat (vgl. Auer/Baßler 2007a: 27; Hilpelä 2001: 195f.; Hoffmann 2003: 15), haben sich auch die Anforderungen an Wissenschaftler gewandelt[2] (vgl. Krohn 2003; Auer/Baßler 2007a). Wissenschaftler konkurrieren um Sichtbarkeit und Aufmerksamkeit der anderen. Im Hinblick darauf, dass nicht nur wissenschaftliches Wissen, sondern auch Werte, Images und Reputationen interaktiv ausgehandelt, zu- oder abgeschrieben werden, müssen sich Akteure aktiv um einen guten Ruf bemühen. Das eigene Image, also das Bild, das andere von ihm haben, kann vom Akteur zu einem gewissen Grad mitgestaltet und gesteuert werden. Selbstdarstellung und Beziehungsmanagement spielen in der Wissenschaft demnach eine wichtige Rolle (vgl. Tracy 1997; Ventola et al. 2002; Auer/Baßler 2007b; Konzett 2012; zum Teil auch Grabowski 2003).

Die zentrale Bedeutung von Selbstdarstellung in der Wissenschaft lässt sich gut zeigen, wenn man Wissenschaft unter drei Perspektiven betrachtet. So ist sie erstens ein Handlungsraum, in dem Akteure forschen, lehren und kooperieren. Zweitens ist sie ein Kommunikationsraum, da Wissen im Diskurs generiert, z. B. in der Lehre oder auf Konferenzen vermittelt, diskutiert und ausgehandelt wird. Drittens ist sie ein Selbstdarstellungsraum, da sich Wissenschaftler als kompe-

---

1   Damit geht nach Hoffman eine „Entwissenschaftlichung der Hochschulen" (Hoffmann 2003: 18, 19, 22; auch Hartung 2003: 73) einher. Hoffmann betont hier besonders einen kritischen Aspekt der Ökonomisierung: „Die Kategorie der Wahrheit, die ohnedies inzwischen stark umstritten ist, wird unter instrumentell-technologischer Perspektive durch die der Nützlichkeit ersetzt, ungeachtet der Tatsache, dass der Wissenschaft unmittelbare Nützlichkeit fremd ist, wie der Bildung übrigens auch" (Hoffmann 2003: 21f.; Herv. im Orig.).
2   Hinzu kommt das spannungsreiche Verhältnis von Wissenschaft und Öffentlichkeit, das hier nur angedeutet werden kann: Wissenschaft soll in den Augen der Öffentlichkeit objektive, verlässliche und unumstößliche Wahrheiten produzieren (vgl. Antos/Gogolok 2006: 117; Weitze/Liebert 2006: 8-9), dabei „zur Lösung von gesellschaftlichen Problemen" (Defila/Di Giulio 1996: 79) beitragen.

tente Experten und vernetzte Forscher zeigen sowie in der *scientific community* verorten müssen.

Wissenschaftliches Handeln wird durch wissenschaftliche Werte geleitet, die der Qualitätssicherung der Erkenntnisse dienen sollen. Dazu gehören Ehrlichkeit und Redlichkeit (als wissenschaftliche Grundbedingungen, vgl. DFG 2013: 40). Max Weber hatte bereits 1917 „intellektuelle Rechtschaffenheit" (Weber 1922 [1917]) in der Wissenschaft gefordert. Nach Robert K. Merton verkörpern die Werte „intellectual honesty, integrity, organized skepticism, disinterestedness, impersonality" (Merton 1973: 259) das Wissenschaftsethos.

Durch die zunehmende Spezialisierung von Wissen ist es unmöglich geworden, alle fremden Ergebnisse noch überprüfen und verifizieren oder falsifizieren zu können. Die Übernahme fremder Wissensbestände (unter Umständen aus fremden Disziplinen) geschieht im Vertrauen darauf, dass sowohl im Prozess der Wissensgenerierung als auch in der Ergebnispräsentation (z. B. in Vorträgen oder Publikationen) *lege artis* gearbeitet wurde.

Wissenschaft kann nicht ohne intensive **Kommunikation** der Akteure existieren und funktionieren. Neue Erkenntnisse, Wissen und Wahrheiten werden interaktiv im wissenschaftlichen Diskurs ausgehandelt und in Veranstaltungen vermittelt. Wissenschaftliches Wissen wird gemeinschaftlich generiert und distribuiert:

> scientific discovery is a social product. Individual scientists do not, in fact, cannot, make a scientific discovery. In order that a hypothesis, an observation or an experimental result will count as a scientific discovery, it has to be approved by the scientific community. Furthermore, the product of discovery is produced collectively, synchronically (by cooperation) and diachronically (by relying on predecessors). (Kantorovich 1993: 189)

Wenn wissenschaftliche Erkenntnisse als soziale Produkte gekennzeichnet werden, liegt dem die Einsicht zugrunde, dass diese „keine absoluten ‚Wahrheiten' über die Sachverhalte der Welt [sind], sondern für die menschliche Existenz relevante und erklärungsadäquate, möglichst widerspruchsfreie und einfache theoretische Konzeptionen" (Bungarten 1981a: 18). Wissenschaftliche Erkenntnisse müssen also von der *scientific community* wahrgenommen, verifiziert oder falsifiziert (vgl. ebd.: 17) und verbreitet werden. Hierfür stehen verschiedene mündliche und schriftliche Formate der Wissensvermittlung, sowohl für die symmetrische Kommunikation zwischen Experten als auch für die asymmetrische Kommunikation zwischen Experten und Laien, zur Verfügung: Konferenzen/Tagungen/Symposien, Projektgespräche, Laborgespräche, Kolloquien, (Podiums-)Diskussionen, (informelle) Gespräche, Seminare, Workshops, Publikationen aller Art, Forschungsanträge etc. (vgl. Auer/Baßler 2007a: 23). Sie alle dienen im Sinne des eristischen Ideals (vgl. Ehlich 1993;

auch „organized skepticism" bei Merton 1973: 259) der Aushandlung, dem kritischen Hinterfragen, dem „systematische[n] Zweifel an den eigenen Ergebnissen" (DFG 2013: 43) und der Distribution von Wissen. Zentrale Voraussetzungen für wissenschaftliche Kommunikation sind die Beherrschung der jeweiligen Fachsprache und die genaue Kenntnis der eigenen Disziplin (d. h. der Fachkultur, Methoden, Forschungsrichtungen, Publikationen etc.).

Wissenschaftler treten vor allem auf Konferenzen als Personen in Erscheinung, die Inhalte kompetent vortragen und schlüssig diskutieren können müssen. Für die **Imagegestaltung** der Wissenschaftler sind Diskurse, vor allem in der face-to-face-Kommunikation, eine Herausforderung. Auf der einen Seite gelten die Postulate des Selbstzweifels, des gegenseitigen strategischen Hinterfragens und des Zweifels sowie wissenschaftliche Werte, die im Dienst der Wahrheitsfindung stehen. Aufgrund der eigenen Forschung sind Wissenschaftler im Normalfall davon überzeugt, im Recht zu sein, wenn sie auf Konferenzen Forschungsinhalte diskutieren. Es kommt daher notwendigerweise zu Spannungen und Streitsituationen, wenn unterschiedliche Überzeugungen aufeinandertreffen. Wahrheit muss dann neu ausgehandelt werden, wobei jeder Wissenschaftler zur Legitimation seines Wahrheitsanspruchs die eigenen Befunde und Forschungsergebnisse ins Feld führt. Auf der anderen Seite haben Wissenschaftler persönliche Imagesicherungsbedürfnisse, da sie auch soziale Personen sind: „Recht haben" und Sich-Durchsetzen sind Zeichen für Erfolg, stärken das individuelle Selbstbewusstsein und damit das Image.

Wissenschaftler müssen sich unter einem immer größer werdenden Wettbewerbsdruck in der *scientific community* behaupten und dabei nicht nur Kompetenz und Leistung, sondern auch Glaubwürdigkeit herausstellen. Glaubwürdigkeit ist die Voraussetzung für Vertrauen in eine Person sowie in die von ihr produzierten Forschungsergebnisse. Wissenschaftler beziehen sich in ihrer eigenen Forschung immer auf bereits produzierte Ergebnisse, ziehen andere Studien heran und planen Experimente auf der Basis anderer Arbeiten. Dabei vertrauen sie auf die Ehrlichkeit, Gründlichkeit und Rechtschaffenheit der anderen (vgl. DFG 2013: 40). Um in der Wissenschaft bestehen zu können, lassen sich Wissenschaftler allerdings immer häufiger zu Betrugsversuchen und Nachlässigkeit hinreißen, was die Qualität ihrer Forschung und deren Ergebnisse mindert (vgl. DFG 2013: 42, 43). Forscher müssen regelmäßig und häufig publizieren („Veröffentlichungsgebot"; Auer/Baßler 2007a: 25f.), weil ihre Veröffentlichungen als Maßstab für ihre Produktivität herangezogen werden. Sie müssen alle wichtigen Arbeiten kennen („Rezeptionsgebot"; Auer/Baßler 2007a: 24f.), um mitreden und Forschungslücken identifizieren zu können. Ein Indikator für wissenschaftlichen

Erfolg ist zudem die Summe der eingeworbenen Drittmittelgelder, sodass die Formulierung von Forschungsanträgen einen zentralen Stellenwert des wissenschaftlichen Schaffens einnimmt:

> Mittlerweile sind Drittmittelbilanzen [...] zur wichtigsten symbolischen Währung im Wissenschaftssystem geworden; von ihnen hängt die Reputation einer Wissenschaftlerin oder eines Wissenschaftlers mindestens genau so sehr ab wie von ihren oder seinen eigentlichen Forschungsleistungen. (Dzwonnek 2014: 2)

Die Reputation eines Wissenschaftlers beruht also auf sicht- und messbaren Faktoren wie der Anzahl der Publikationen, Kooperationen und Drittmittelprojekte.

In der Wissenschaft gewinnt das Beziehungsmanagement an Bedeutung, was sich schon an der steigenden Relevanz von Networking auf Konferenzen zeigt. Wissenschaftler konkurrieren aber nicht nur um Stellen, sondern auch um Autorität, ihren Expertenstatus sowie ihre Wahrheitsansprüche. Diese können sie sich allerdings nicht selbst zuschreiben, sondern sie müssen ihnen von der *scientific community* zuerkannt werden. Außerdem spielen Persönlichkeit und Habitus eine wichtige Rolle, da auch sie – neben den wissenschaftlichen Qualifikationen – einen entscheidenden Ausschlag dafür geben, ob man mit jemandem beispielsweise in Projekten oder Workshops kooperieren möchte. Es wird deutlich, dass die Eigenwerbung, also die individuelle Selbstdarstellung, sowie die Beziehungspflege eine immer wichtigere Rolle im wissenschaftlichen Kontext spielen, da sie karrierefördernd sind.

In der vorliegenden Arbeit wird Wissenschaft aus den genannten Gründen unter sozialen Gesichtspunkten betrachtet. Wissenschaftler forschen zwar unter Umständen allein, doch beziehen sie sich immer auch auf Arbeiten anderer, präsentieren und diskutieren Ergebnisse mit anderen, streben Kooperationen an und sind auf positive Zuschreibungen (wie ‚kompetent', ‚Experte', ‚zuverlässig', ‚glaubwürdig') angewiesen. Reputationen, Status und Images beruhen dabei auf Aushandlungs- und Zuschreibungsprozessen.

Die zentralen Fragestellungen der Arbeit lauten daher: Wie stellen sich Wissenschaftler in interdisziplinären Diskussionen dar? Wie wahren und verletzen sie Images beim Diskutieren? Wie äußert sich ihre Fachidentität und wie sichern sich Wissenschaftler positive Images als kompetente Wissenschaftler und Experten? Welche Rolle spielt die Beziehungsgestaltung in wissenschaftlichen Diskussionen?

1.1 Zielsetzung

Die vorliegende Arbeit hat zwei Ziele: Das erste Ziel besteht darin, eine begründete und umfassende linguistische Methode zur qualitativen Ermittlung und deskriptiven Erläuterung von verbaler Selbstdarstellung zu entwickeln. Es gibt zwar einige linguistische Ansätze, die Selbstdarstellungsverhalten untersuchen, aber sie konzentrieren sich zum Großteil auf Einzelaspekte (z. B. Höflichkeit, Humor) oder auf einzelne linguistische Mittel (z. B. Sprechhandlungen) und stellen dementsprechend keine Methode zur Gesamtanalyse zur Verfügung. Zur Entwicklung der eigenen Methode werden verschiedene linguistische sowie fachfremde Ansätze miteinander kombiniert.

Zweites Ziel ist es, Selbstdarstellungsverhalten in der Wissenschaft mit Hilfe der entwickelten Methode zu untersuchen, diese gleichzeitig zu evaluieren sowie Bedingungen für das Gelingen der Analyse aufzuzeigen. Hierfür wurde ein Korpus zusammengestellt, das sich aus Audiomitschnitten von drei interdisziplinären Tagungen zusammensetzt. Der Fokus der Analyse liegt auf Diskussionen nach Fachvorträgen, da hier besondere Anforderungen an das Selbstdarstellungsmanagement der Teilnehmer gestellt werden. Zudem wurden interdisziplinäre Kontexte gewählt, weil interdisziplinäre Kommunikation in vielerlei Hinsicht anders als disziplinäre verläuft. Außerdem ist interdisziplinäre Kommunikation, vor allem mündliche, bisher kaum untersucht worden (erste Arbeiten von Janich/ Zakharova 2011, 2014). In interdisziplinären Kontexten treffen unterschiedliche Fachsprachen, Fachkulturen, Methoden und Interpretationen aufeinander, es existiert keine homogene *scientific community*, Rollen und Status der Teilnehmer sind unklar. Diese Faktoren, so die These, beeinflussen die Selbstdarstellung der Akteure.

Damit liegt eine empirisch-analytische Arbeit vor, die Selbstdarstellungsphänomene linguistisch fassen, kategorisieren und möglichst sparsam (d. h. ohne Rückgriff auf psychologische Persönlichkeitsmerkmale, individuelle Ziele oder Ähnliches) erklären möchte. Die theoretische Fundierung der Arbeit muss ausführlich ausfallen, um die Notwendigkeit der Methodenentwicklung zu begründen und die neue Methode transparent zu machen.

In Bezug auf die Ziele sollen drei Einschränkungen deutlich gemacht werden, um Missverständnissen vorzubeugen. Erstens liefert die Arbeit keine Begründungen für Selbstdarstellungsverhalten, die über die situativen Anforderungen und die Kommunikationsaufgabe hinausgehen. Die Diskussionsteilnehmer wurden im Nachhinein nicht über ihre persönlichen Ziele, Beziehungen zu anderen Diskussionsteilnehmern, Sympathien oder Antipathien befragt. Sprecherintentionen können lediglich über Illokutionen rekonstruiert werden. Zudem bleiben einige Besonderheiten der Situation im Verborgenen, obwohl die Interaktionssituation und die individuellen Personen-/Rollen-/Statuskonstellationen so detailliert wie möglich beschrieben werden und ich bei zwei von drei Tagungen persönlich anwesend war, um eine möglichst eindeutige Erfassung, Beschreibung und Einbettung des Selbstdarstellungsverhaltens in seinen Kontext zu ermöglichen (vgl. Baron 2006: 98). Baron weist aber darauf hin, dass man eigentlich „individuell-idiosynkratische Besonderheiten der Sprecher [...], die Beziehungsstruktur zwischen den Sprechern" (ebd.: 97) kennen müsse, um eine Situation richtig zu deuten. Diese liegen außerhalb meiner Kenntnis, d. h. es wurden keine persönlichen Interviews durchgeführt. Für meine Arbeit sind sie nicht relevant, weil Tagungsteilnehmer sehr selten diese Informationen über andere Teilnehmer haben und dennoch in der Lage sind, Selbstdarstellungsverhalten wahrzunehmen und zu deuten.

Zweitens zielt das Ergebnis dieser Arbeit nicht auf die Erstellung eines Leitfadens zur optimalen Selbstdarstellung. Ich verfolge keinen anwendungsorientierten, sondern explizit einen deskriptiv-analytischen Ansatz. Versuche der Eindruckskontrolle seitens der Akteure sind von der Situation, den jeweiligen Personen-Konstellationen, persönlichen Empfindungen etc. sowie der Interpretation durch die jeweiligen Interaktionspartner abhängig, sodass Techniken in der einen Situation wirksam, in einer anderen unwirksam sind oder den gegenteiligen Effekt erzeugen können. In dieser Arbeit wird Selbstdarstellungsverhalten daher lediglich beschrieben und kategorisiert, also nicht auf Wirksamkeit oder Sinnhaftigkeit hin bewertet.

Drittens wird das Selbstdarstellungs- und Diskussionsverhalten nicht männer- und frauenspezifisch analysiert. Zum einen ist das Korpus für eine solche Analyse ungeeignet, da die Zahl der männlichen Diskutanten bei weitem überwiegt (10 Frauen und 47 Männer; vgl. Kap. 4.1.1) und Vergleiche demnach nicht möglich sind. Zum anderen gibt es zahlreiche Arbeiten zu typisch männlichen und weiblichen Kommunikationsstilen und es kann davon ausgegangen werden, dass sich die Kommunikationsstile nicht wesentlich von den Selbstdarstellungsstilen unterscheiden (vgl. z. B. Kotthoff 1989: 198-199). Die umfangreiche Forschung zu Selbstdarstellung von Frauen belegt, dass sich Frauen in anderer Weise präsentieren als Männer: Riordan et al. (1994) konstatieren in Bezug auf Frauen in männerdominierten Domänen, dass Frauen in maskulinen Rollen eher zurückhaltend Selbstdarstellung betreiben, und wenn, dann eher schützende IM – schützende Selbstdarstellung insofern, als Frauen Verlustmöglichkeiten ebenso zu minimieren suchen wie die Verantwortung für Fehler (vgl. ebd.: 716, 724). Vohs et al. (2005: 637-640; ähnlich Mummendey 1995: 203) halten fest, dass Frauen ihr Selbstwertgefühl aus ihrer Beziehungsfähigkeit schöpfen, wohingegen der Selbstwert bei Männern in der eigenen Kompetenz begründet ist. Mummendey (1995: 220-222) fasst dies wie folgt zusammen: Frauen entschuldigen sich häufiger als Männer, geben sich bescheidener, schreiben sich weniger häufig Leistungsfähigkeit zu und geben sich offener. Andererseits weisen Riordan et al. (1994: 724) darauf hin, dass sich Frauen in männerdominierten Kontexten eher den Verhaltensweisen der Männer anpassen und protektives Impression Management betreiben. Aufschlussreich im Hinblick auf Frauen in der Wissenschaft ist die Arbeit von Beaufaÿs (2003), die Hinweise auf das Verhalten und die Wahrnehmung der Männer von Frauen in der Wissenschaft gibt.

An den Stellen, an denen das Selbstdarstellungs- und Kommunikationsverhalten von Männern und Frauen auffällig ist, wird es reflektiert.

1.2 Aufbau der Arbeit

Die vorliegende Arbeit ist folgendermaßen gegliedert: Sie beginnt mit der Einführung des Selbstdarstellungsbegriffs und den wichtigsten Grundlagen der Forschung in Soziologie und Sozialpsychologie zu Selbstdarstellung und Imagearbeit. Damit setzt Kapitel 2 den Rahmen für die vorliegende Arbeit. Es wird gezeigt, welche Konzepte zu Selbstdarstellung entwickelt, welche Techniken der Selbstdarstellung identifiziert und welche Formen der Selbstdarstellung erfasst wurden. Darauffolgend werden die linguistischen Arbeiten zum Thema Selbstdarstellung und Beziehungsmanagement vorgestellt sowie im Hinblick auf relevante Kategorien untersucht.

In Kapitel 3 werden die für die Analyse relevanten Foren der Wissenschaftskommunikation *Vortrag* und *Diskussion* vorgestellt sowie im Hinblick auf linguistische Mittel und den Anforderungen an die Selbstdarstellung von Wissenschaftlern ausgewertet. Außerdem werden disziplinäre und interdisziplinäre Forschungskontexte in den Blick genommen und Charakteristika sowie Unterschiede herausgearbeitet, um Einblicke in die Besonderheiten interdisziplinärer Forschung zu gewinnen.

Kapitel 2 und 3 schließen jeweils mit einer zusammenfassenden, systematisierenden Tabelle, die die identifizierten linguistischen Mittel der Selbstdarstellung und des Beziehungsmanagements enthalten. Beide Tabellen werden in Kapitel 4 *Forschungsdesign* wieder aufgegriffen und im Hinblick auf die Fragestellung neu systematisiert, modifiziert und integriert, sodass sich eine Gesamtübersicht ergibt. Auf dieser Basis ist eine fundierte Methodenentwicklung möglich.

Kapitel 4 ist dem Forschungsdesign gewidmet. Im ersten Teilkapitel werden das Untersuchungskorpus vorgestellt und die Auswahlkriterien erläutert. Darauf folgen die detaillierte Beschreibung der Tagungsanlässe und Angaben zum Transkriptionsverfahren (Kap. 4.1). Im Anschluss daran werden die Fragestellungen der Arbeit im Detail erläutert. Zudem wird, basierend auf den in Kapitel 2 und 3 bereits dargestellten Theorieansätzen und abschließenden Tabellen, eine Methode zur umfassenden Erfassung und Beschreibung von verbaler Selbstdarstellung entwickelt. Es wird außerdem gezeigt, wie diese Methode in der Analyse verwendet wird und die Vorgehensweise in der Analyse beschrieben (Kap. 4.2). Das Kapitel schließt mit der Bündelung der Fragenkomplexe, die den Detailanalysen zugrunde liegen.

Jeder Forschungsfrage wird ein eigenes Kapitel gewidmet, in dem jeweils die Ergebnisse aus der empirischen Analyse vorgestellt werden: Kapitel 5 thematisiert das *gegenseitige positive und negative Kritisieren*, Kapitel 6 untersucht die *Rolle der Fachidentitäts-Thematisierungen*, Kapitel 7 nimmt *Kompetenz und Darstellungen von Expertenschaft sowie Kommunikation unter Nichtwissen und Unsicherheit* in den Blick und Kapitel 8 analysiert die Rolle von *Humor in wissenschaftlichen Diskussionen*. In den Ergebniskapiteln 5 bis 8 wird von der üblichen Trennung einer Dissertation in Theorie-, Methoden- und Empiriekapitel abgewichen. Dies liegt darin begründet, dass die entwickelte Basismethode je nach Forschungsfrage fokusspezifisch angereichert werden muss, was zu Beginn jedes Teilkapitels geleistet wird (zur Begründung dieses Vorgehens s. Kap. 4.2). Jedes Ergebniskapitel beginnt daher mit einer methodischen Anreicherung, also einer Bündelung relevanter Zusatzinformationen, geht in die Ergebnisdarstellung über und endet mit einem Fazit.

Die in der Analyse gewonnenen und in den Ergebniskapiteln vorgestellten Einzelergebnisse werden in der Diskussion der Arbeit pointiert zusammengefasst (Kap. 9). Zudem wird das methodische Vorgehen reflektiert und evaluiert. Vor dem Hintergrund dieser Methodenreflexion werden die Ergebnisse zusammengeführt, interpretiert und diskutiert.

Die Arbeit schließt mit einer Übersicht über Potenziale der Arbeit und einem Ausblick auf weitere Forschungsdesiderate (Kap. 9.4).

Es mag auffallen, dass sich in diesem einleitenden Kapitel kein Forschungsüberblick findet. Dies liegt darin begründet, dass die einzelnen herangezogenen Ansätze so heterogen und aus verschiedenen Fachrichtungen und Disziplinen entnommen sind, dass ein Gesamt-Forschungsüberblick nicht sinnvoll ist. Daher wird der Forschungsüberblick in den jeweiligen Kapiteln themenspezifisch vorgenommen, was eine Orientierung erleichtern soll.

2 Der Rahmen: Selbstdarstellung als Forschungsgegenstand

Das folgende Kapitel dient der theoretischen Fundierung des Phänomens Selbstdarstellung. Hierzu wird es aus verschiedenen Forschungsperspektiven beleuchtet[3]. Hauptarbeitsgebiete sind die Soziologie sowie die (Sozial-)Psychologie; in ihnen wurden unterschiedliche Konzepte mit verschiedener Schwerpunktsetzung entwickelt, die Selbstdarstellungsverhalten erfassen, beschreiben, analysieren und zu erklären versuchen. Selbstdarstellung wird von Sozialpsychologen, Linguisten und Soziologen heute typischerweise in verschiedenen Kontexten untersucht: in der Politik (z. B. Krebs 2007; Schütz 1992), im Sport (z. B. Mummendey 1989), am Arbeitsplatz (z. B. DuBrin 2011) und in den Medien, v. a. in sozialen Netzwerken (z. B. Adalhardt 2013; Cunningham 2013; Haferkamp 2010; Ingold 2013; Misoch 2004). An diesen Selbstdarstellungsphänomenen sind nicht nur Soziologen und Sozialpsychologen interessiert, sondern auch Medienwissenschaftler, Kommunikationswissenschaftler und Psychologen[4].

Ca. 1925 hatte bereits der Psychologe Sigmund Freud ein Werk dem Thema Selbstdarstellung gewidmet. Wenig später beschäftigte sich der Soziologe George H. Mead (1934) mit dem Thema, kurz darauf Erving Goffman. Diese beiden gelten als die Gründerväter des Impression Management-Ansatzes, auf deren Arbeiten die späteren psychologischen und sozialpsychologischen Arbeiten von u. a. Schlenker (1980), Jones/Pittman (1982), Tedeschi et al. (1985) und Leary (1996) basieren. Die große Anzahl psychologischer, soziologischer und sozialpsychologischer Arbeiten zum Konzept des Selbst und zur Selbstdarstellung hat Mummendey (1995, 2006) gebündelt und systematisiert.

In den unterschiedlichen Studien zu Selbstdarstellung wurden nicht nur verschiedene Namen für dieses Phänomen bereitgestellt, sondern diese auch un-

---

3   Es geht in diesem Kapitel nicht darum, mögliche psychologische Erklärungen für Selbstdarstellungsphänomene zu eruieren. Es wird nicht untersucht, welche Persönlichkeitsmerkmale Personen aufweisen, die eine bestimmte Selbstdarstellungstechnik anwenden.
4   Die Überlegungen zu Selbstdarstellung in Alltag und Beruf haben auch zu zahlreichen Ratgeberbüchern geführt, die darauf ausgelegt sind, Personen die ‚richtige' Art der Selbstdarstellung darzulegen. Die Titel locken mit Erfolgsrezepten und Tipps zum Selbstmarketing, um zu professioneller Selbstdarstellung aufzurufen (z. B. Ditz 2003; Püttjer 2003; Asgodom 2009; Jendrosch 2010).

terschiedlich häufig und uneinheitlich verwendet: So findet sich der Aspekt der Selbstdarstellung (wobei dieser Begriff selbst dazugehört) in den Bezeichnungen *Image-Kontrolle, Selbstpräsentation, Impression Management* und *Eindruckskontrolle*. Alle diese Begriffe betonen unterschiedliche Aspekte, bedeuten aber in ihrem Kern dasselbe: Die Beeinflussung des Bildes, das andere von einem haben[5].

Allen Selbstdarstellungskonzepten ist die Grundüberzeugung gemeinsam, dass jeder Mensch in (fast) jeder Situation zu einem gewissen Grad Selbstdarstellung betreibt. Sich selbst in öffentlichen Situationen darzustellen, ist nach Ansicht der meisten Psychologen und Soziologen etwas natürlich Ablaufendes, das entweder unbewusst geschieht oder bewusst genutzt werden kann (vgl. z. B. Mummendey 2006: 78). In jedem Fall ist es der Versuch, das Bild, das andere von einem haben, mitzubestimmen – aktiv und bewusst oder ungewollt und unbewusst. Die Gründe für Selbstdarstellung werden von frühen psychologischen Arbeiten allein in intrapsychischen Prozessen, Persönlichkeitsvariablen und in der Hoffnung auf Belohnung (vgl. Tedeschi et al. 1985: 69; Tetlock/Manstead 1985: 61; spätestens seit Tetlock/Manstead 1985 wird auch der soziale Kontext einbezogen), von Goffman in der sozialen Situation und deren Anforderungen sowie eigenen Anpassungsleistungen gesehen.

Ob die Versuche der Eindruckskontrolle erfolgreich sind, d. h., ob man von anderen auch so wahrgenommen wird, wie man es intendiert hat, hängt von verschiedenen Faktoren ab: z. B. der Situation, der Art der Öffentlichkeit, d. h. des Publikums, der Atmosphäre, der eigenen Befindlichkeit. Watzlawicks für die Sprachwissenschaft prägender Satz „Man kann nicht nicht kommunizieren" behauptet auch für die Impression-Management-Theorie seine Gültigkeit. Wenn Mummendey schreibt „Es läßt sich feststellen, *daß Selbstdarstellung in fast jeder sozialen Situation eine Rolle spielt* und daß fast jedes menschliche Verhalten immer auch unter dem Gesichtspunkt der Selbstdarstellung aufgefaßt und interpretiert werden kann" (Mummendey 1995: 15; Herv. im Orig.), erinnert der letzte Teil stark an die Watzlawick'sche Denkweise und semiotische Grundannahme: Man ist nie sicher davor, dass das eigene Verhalten von einem Gegenüber nicht als (An-)Zeichen für Kommunikation interpretiert wird. In diesem Sinne heißt der Watzlawick'sche Anspruch, auf Impression Management (IM) übertragen: Man kann sich nicht nicht selbst darstellen bzw. man kann andere nicht davon abhalten, Verhalten zu interpretieren (vgl. Mummendey 1995: 13). IM-Forscher gehen

---

5   In diesem Kapitel folge ich notwendigerweise den von den Autoren vorgegebenen Bezeichnungen; bei der Darstellung der Ergebnisse hingegen werden die oben genannten Begriffe parallel verwendet, um Selbstdarstellungsphänomene zu erfassen und dabei unterschiedliche Akzentuierungen vorzunehmen.

also davon aus, dass „*Selbstdarstellungsprozesse bei jedem zwischenmenschlichen Verhalten und den dabei beteiligten inneren Prozessen und äußerlich beobachtbaren Verhaltensweisen zu berücksichtigen sind*" (Mummendey 1995: 15; Herv. im Orig.).

2.1 Soziologischer Ansatz: Erving Goffmans Untersuchungen der sozialen Interaktion

In diesem Kapitel werden Erving Goffmans Beobachtungen, die einen umfassenderen Einblick in die Grundlagen und Grundbedingungen menschlicher Kommunikation bzw. Interaktion geben, vorgestellt. Da vor allem Goffmans Arbeiten Grundlage der Impression Management-Forschung (Kap. 2.2) und Basis vieler linguistischer Arbeiten (Kap. 2.4) geworden sind, wird an dieser Stelle auf die wichtigsten Aspekte seines Ansatzes eingegangen[6].

Goffmans soziologische Arbeiten thematisieren verschiedene Formen der menschlichen Interaktion sowie deren Grundlagen, Rahmenbedingungen, normative Ordnung und Regeln. Seine Werke basieren auf Beobachtungen alltäglicher Interaktionen (sind also nicht durchweg systematisch) und geben daher wichtige Einblicke in die Formen, Strukturen und Eigenheiten menschlicher Interaktion.

Goffman identifiziert Regeln und Alltagsroutinen, die vertrauensbildend und situationsstabilisierend wirken, gleichzeitig aber veränderlich und jeweils neu verhandelbar sind. In der Interaktion wird nach Goffman die Situation gemeinsam definiert und in einen Rahmen eingebettet (vgl. Hettlage 2002: 192, 194). Das Kontextwissen wird hierfür aktiv in die Deutung der Situation einbezogen; es findet eine „Kontext-Stabilisierung" (ebd.: 194f.) statt.

Goffman geht davon aus, dass das Selbst bzw. die Identität „in seiner Konstitution durch und durch gesellschaftlich" (ebd.: 196) ist. Den Terminus Image (oder auch *face*) definiert Goffman folgendermaßen:

> Der Terminus *Image* kann als der positive soziale Wert definiert werden, den man für sich durch die Verhaltensstrategie erwirbt, von der die anderen annehmen, man verfol-

---

6   Die früheren Arbeiten von George H. Mead (1934 [1973]) und dessen Schüler Herbert Blumer (1969) zu Identität und zum Symbolischen Interaktionismus sind in der Soziologie und Sozialpsychologie wichtige Standardwerke und Ausgangspunkte für Überlegungen zur Selbstdarstellung (vor allem in der Impression-Management-Theorie). Da Meads und Blumers Überlegungen in ihrer ursprünglichen Form keine Rolle in der linguistischen Forschung zu Selbstdarstellung und Imagearbeit spielen, sondern lediglich durch ihren Einfluss auf Goffmans Werke in die Linguistik Eingang gefunden haben, wird auf eine Darstellung der Arbeiten verzichtet.

ge sie in einer bestimmten Interaktion. Image ist ein in Termini sozial anerkannter Eigenschaften umschriebenes Selbstbild – ein Bild, das die anderen übernehmen können. (Goffman 1971: 10; Herv. im Orig.)

Image bzw. *face* wird einem Individuum von der Gesellschaft zugesprochen oder entzogen, je nachdem, ob das Verhalten des Individuums seinem Image angemessen ist oder nicht. Es geht Goffman dabei um die „*gesellschaftliche* Konstruktion des Selbst und um ihre Bedingungen" (Auer 1999: 155; Herv. im Orig.). Er weist nach, „daß die Selbstdarstellung des einzelnen (sic!) nach vorgegebenen Regeln und unter vorgegebenen Kontrollen ein notwendiges Element menschlichen Lebens ist" (Dahrendorf 2011: VIII).

Das *face* einer Person kann beschädigt oder bedroht werden, da soziale Situationen verschiedene Risiken bergen: Die Handlungen und Reaktionen der Interaktionspartner sind nicht vorhersehbar, die Situation ist wegen ihrer Ergebnisoffenheit potenziell bedrohlich (vgl. Hettlage 2002: 191). Goffman postuliert, dass das Selbst einer Person heilig ist und demnach in solchen Situationen geschützt werden muss. Dies geschieht durch Rituale, mit denen auch eine Heilung eines geschädigten Images möglich ist (vgl. ebd.: 198f.).

Die Untersuchungseinheit in Goffmans Beobachtungen ist nicht das Gespräch oder andere Kommunikationsereignisse wie in der Konversationsanalyse, mit der er sich intensiv auseinandersetzt, sondern die soziale Situation (vgl. Knoblauch et al. 2005: 13, 17, 25). In Gesprächen spielt nicht nur das verbal Geäußerte eine Rolle – Kommunikation geht nach Goffman über sprachliches Handeln hinaus –, sondern alle situativen Faktoren der sozialen Dimension, wie bspw. Kontext und Körperlichkeit, müssen in die Untersuchung einbezogen werden (vgl. Hettlage 2002: 12f., 25).

Im Folgenden werden Goffmans Beobachtungen zur sozialen Interaktion ausschnitthaft dargestellt. Es wird sich zeigen, inwiefern das Publikum die Notwendigkeit der gegenseitigen *face*-Wahrung sowie situative Gegebenheiten die Handlungen eines Akteurs beeinflussen. In dieser Arbeit wird nur ein kleiner Ausschnitt aus Goffmans breiter Beschäftigung mit menschlicher Interaktion dargestellt. Hierzu werden die Begriffe *face* und *Image* sowie seine Überlegungen zum *Gespräch* in den Blick genommen.

Problematisch in Goffmans Werken ist sein Umgang mit der Terminologie: Zum einen verwendet Goffman seine Terminologie nicht einheitlich, zum anderen gibt es Probleme mit der Übersetzung des Begriffs *face* (vgl. Auer 1999: 148, 150). Goffmans *face*-Begriff, der mit ‚Gesicht' (dann auch im Sinne von Gesichtsverlust) übersetzt werden kann, wurde teilweise als *Image* im Deutschen wiedergegeben. Ich bleibe in meinen Ausführungen vornehmlich beim *face*-Begriff, weil er umfassender ist und alle Facetten des Selbst, des Gesichtsverlusts, der Gesichtsbedrohung, der Selbstdarstellung etc. umfasst. Anstelle von *face* werden gegebenenfalls Konstruktionen wie *Gesichtsverlust* und *Selbstdarstellung, Imagearbeit* und *Imagepflege* verwendet, um einen bestimmten Aspekt des komplexen Begriffs *face* hervorzuheben.

2.1.1 Interaktion und Selbstdarstellung

Selbstdarstellung wird von Goffman als Versuch der Eindruckskontrolle (vgl. Goffman 2011: 3) definiert. Das Ziel von Akteuren ist es, das Bild, das andere von einem haben, zu kontrollieren und zu beeinflussen. Dazu muss nicht nur das eigene Verhalten, sondern auch die Situationsdeutung gelenkt werden. Das eigene Verhalten wird angepasst, sodass die persönliche Intention verfolgt und gleichzeitig der gewünschte Eindruck erzeugt werden kann (vgl. ebd.: 7, 8). Goffman bezeichnet diese Tätigkeiten als Darstellung [performance] (vgl. ebd.: 18). Unbeabsichtigt falsche oder irrtümliche Darstellungen sowie Darstellungen, die dem beabsichtigten Eindruck (der an Idealen orientiert ist) zuwiderlaufen, werden korrigiert oder unterlassen (vgl. ebd.: 40, 42). Das Gleiche gilt für das Vermitteln von Informationen, seien sie Ausdruck oder Kommunikation: Die gelieferte Information wird kontrolliert und ausgewählt, unterdrückt oder simuliert im Hinblick auf ein möglichst positives Ergebnis (vgl. Goffman 1981a: 18). „Die Information gewinnt strategische Bedeutung" (ebd.) und bildet die Basis für (strategische) Handlungsüberlegungen und -planungen eines Akteurs. In dem Wissen, dass sowohl Ausdruckselemente als auch sprachliche Mitteilungen Informationen liefern, kalkuliert ein Akteur beide Informationsquellen in seine Handlungen ein. Hierfür beobachtet er sich selbst, nimmt eine Fremdperspektive ein, um zu erkennen, wie er „am besten die Reaktion des Reagierenden steuern könnte" (Goffman 1981a: 20); er antizipiert insofern die Reaktionen des Beobachters. Zudem spielen im Umgang miteinander die Informationen, die man über einen anderen hat oder zu erlangen versucht, eine wichtige Rolle. Sie ermöglichen es uns, die betreffende Person einzuschätzen und uns auf diese einzustellen – ebenso wie sie es erlauben, eine Situation deutbar zu machen (vgl. Goffman 2011: 5). Dies setzt voraus, dass wir in der Lage sind, Informationen zu gewinnen, zu geben und zu verbergen (vgl. Goffman 1981a: 14). Sind die Akteure einander unbekannt, sind Aussehen, Verhalten oder bisherige Erfahrungen Hinweise auf den jeweiligen Charakter (vgl. Goffman 2011: 5). Diese Hinweise bestehen einerseits in (1) unbewusst oder unbeabsichtigt gesendeten Zeichen bzw. Ausdruckselementen und andererseits in (2) bewusst gesendeten Zeichen (vgl. Goffman 1981a: 90). Im ersten Fall kann man von Symptomen sprechen. Diese Zeichen werden nicht intentional gesendet, aber dennoch ausgestrahlt und sind für den Beobachter als Hinweise auf innere Zustände oder Beweggründe interessant (vgl. Goffman 2011: 6). Im zweiten Fall liegt Kommunikation vor, da der Akteur bewusst institutionalisierte Zeichen aussendet, mit denen er sich ausdrückt und mit deren Hilfe Informationen übermittelt werden sollen (vgl. Goffman 2011: 6; vgl. auch Goffman 1981a: 15, 90).

In jeder Interaktion spielt das Image einer Person eine zentrale Rolle. Das Image hängt eng mit dem *face*-Begriff und der Möglichkeit des Gesichtsverlusts zusammen[7]: Es ist möglich, kein oder ein falsches Image zu besitzen, wenn dieses durch nicht stimmige Informationen gestört wird oder jemand durch sein Verhalten weder das eigene noch das Image der anderen schützt (vgl. Goffman 1971: 13).

Die Grundlage der Imagepflege ist das kooperative Verhalten aller Interaktionsteilnehmer (vgl. ebd.: 16f., 34, 49). Trotz oder wegen unterschiedlicher Ziele und Beweggründe werden Images in sozialer Interaktion mittels bestimmter Strategien gegenseitig gewahrt und geschützt. Voraussetzungen hierfür sind gegenseitige Rücksichtnahme und Selbstachtung (vgl. ebd.: 36, 15). Beide wirken insofern stabilisierend, als sie regulierend auf soziale Interaktion wirken, denn:

> Verwendet jemand Techniken der Imagepflege, verbunden mit stillschweigender Zustimmung, anderen dabei zu helfen, die ihren zu gebrauchen, zeigt er seine Bereitschaft, an den Grundregeln sozialer Interaktion festzuhalten. Hierin liegt das Kennzeichen seiner Sozialisation als Interagierender. (Goffman 1971: 37)

Zudem stabilisiert und erhält man die Interaktionssituation, indem man sich um die Stabilisierung des eigenen Images und des der anderen Interaktionsteilnehmer bemüht (vgl. ebd.: 46, 17).

Soziale Images werden einem Individuum von der Gesellschaft auf der Basis von wahrgenommenen Handlungen und Äußerungen zugesprochen. Verhält sich ein Individuum nicht seinem Image entsprechend oder sogar diesem entgegengesetzt, wird das Image brüchig und kann ihm von der Gesellschaft entzogen werden (vgl. ebd.: 15). Ein stimmiges Image führt zu positiven Empfindungen wie Sicherheit, Unbefangenheit und Vertrautheit (vgl. ebd.: 13); ein falsches Image dagegen evoziert Scham, Minderwertigkeitsgefühle, Bestürzung, Verwirrung, Interaktionsunfähigkeit, Verärgerung und eine Verletzung des Selbstwertgefühls (vgl. ebd.: 13f.). Dadurch entsteht „ein fundamentaler sozialer Zwang" (ebd.: 15), sich dem eigenen Image entsprechend zu verhalten.

---

7 Hier zeigt sich, wie problematisch Goffmans Terminologie sowie die Übersetzung vom Amerikanischen ins Deutsche sind. Eigentlich entspricht *Image* dem *face*-Begriff; da sich aber hier eine andere Bedeutungsnuance zeigt, die eher mit *Selbstbild* zu übersetzen wäre, wird hier von Image gesprochen.

2 Der Rahmen: Selbstdarstellung als Forschungsgegenstand

Nach Goffman ist der Kommunikationsprozess im Hinblick auf Selbstdarstellung asymmetrisch. Es sei schwer, das eigene Verhalten über einen bestimmten Zeitraum hinweg gezielt zu lenken und strategisch zu kontrollieren (vgl. Goffman 2011: 12; Goffman 1981a: 34, 35). Dagegen sei es einfach, falsche und unwahre Darstellungen zu entlarven, da sich im Gesicht und im gesamten Körperausdruck innere Zustände und Gefühle widerspiegeln (vgl. Goffman 1981a: 26)[8]. Manipulierte Darstellungen wie Lügen oder Auslassungen sind dann für das Publikum leicht identifizierbar, wenn es auf Zeichen achtet, die nicht bewusst eingesetzt werden können (vgl. Goffman 2011: 54f., 58; Goffman 1981a: 32): „Unstimmigkeiten zwischen dem erweckten Anschein und der Wirklichkeit" (Goffman 2011: 55) lösen Skepsis aus und diese führt im Normalfall dazu, dass das Publikum stärker auf die Darstellung achtet (vgl. ebd.).

In jeder sozialen Interaktion können Interaktionsteilnehmer aus verschiedenen Aspekten Informationen über einander gewinnen. Jede Person besitzt eine „Fassade" (Goffman 2011: 23). Darunter versteht Goffman das, was für das Publikum bestimmt ist, also die Darstellung und „das standardisierte Ausdrucksrepertoire, das der Einzelne im Verlauf seiner Vorstellung bewusst oder unbewusst anwendet" (ebd.). Hierunter fallen die Erscheinung als Hinweis auf „den sozialen Status des Darstellers" (ebd.: 25) und das Verhalten. Erscheinung und Verhalten sowie das Bühnenbild (die szenischen Komponenten) sollten kohärent sein, um eine einheitliche Darstellung zu gewährleisten (es muss aber nicht so sein) (vgl. ebd.: 26, 53).

Es wird deutlich, dass das Selbstdarstellungsverhalten eines Einzelnen stark von seinem Publikum abhängt[9]. Da das Publikum die Fähigkeit besitzt, Ausdruckselemente und Zeichen zu lesen, kann es dem Verhalten Hinweise ent-

---

8 Vgl. auch: Der Handelnde „fungiert mindestens auf zwei Weisen. Seine Gedanken und Gefühle entspringen offensichtlich in seinem Körper, vor allem in seinem Kopf. Und diese ‚inneren Zustände' drücken sich – absichtlich oder unabsichtlich – körperlich aus, vor allem im Gesicht und in der Rede. Die Haut ist also eine Art Bildschirm, die einige Anzeichen der inneren Zustände durchkommen läßt, einige aber auch verbirgt, etwa wenn jemand ein ‚undurchdringliches' Gesicht macht oder seine Worte sorgfältig wählt". (Goffman 1989: 240).

9 Goffman geht von einer Beobachter-Beobachteter-Dichotomie aus (vgl. Goffman 1981a: 17), was sich in der Gegenüberstellung von Akteur und Publikum zeigt. Später modifiziert er diese Unterscheidung allerdings, ohne jedoch eine völlige Rollensymmetrie anzunehmen, dahingehend, dass auch der Beobachter darauf bedacht sein kann, bestimmte Informationen über sich zurückzuhalten, und dass genauso der Beobachtete auf der Suche nach Informationen sein kann (vgl. Goffman 1981a: 64f.).

nehmen. Die Darstellung eines Akteurs[10] ist von dieser Fähigkeit der Zuschauer abhängig (vgl. Goffman 2011: 48; vgl. auch Goffman 1981a: 17, 20). Gleichzeitig gibt das Publikum dem Akteur Handlungsspielraum oder schränkt diesen ein, indem es auf den Akteur in einer bestimmten Weise reagiert (vgl. Goffman 2011: 12). Hat das Publikum bereits einen bestimmten Eindruck eines Akteurs gewonnen, ist es für den Akteur schwierig, diesen Eindruck in eine andere Richtung zu verändern (vgl. ebd.: 14). Umgekehrt ist es so, dass ein Akteur seine Darstellung dem jeweiligen Publikum anpasst, vor dem er sich präsentiert – er kann unterschiedliche Rollen spielen (vgl. ebd.: 46).

Goffman verwendet gerne die Theatermetaphorik, um Selbstdarstellungsphänomene zu erklären. So unterscheidet er im Hinblick auf den Ort der Darstellung zwei „Bühnen": die Vorderbühne und die Hinterbühne (vgl. Goffman 2011: 100, 105)[11]. Die Vorderbühne ist der Ort der Darstellung, der für das Publikum einsichtig ist. Hier sollte der Darsteller Höflichkeitsregeln befolgen und Anstand wahren. Höflichkeitsregeln beziehen sich auf den Umgang miteinander, auf das Verhalten dem Publikum gegenüber (vgl. ebd.: 100, 101); Anstandsregeln sind moralischer Natur und umfassen „Regeln der Nicht-Einmischung und Nicht-Belästigung anderer, Regeln des sexuellen Anstands, Regeln der Ehrfurcht vor geheiligten Orten usw." (ebd.: 100). Die Vorderbühne ist also der Ort, an dem das Verhalten und die Darstellung kontrolliert werden[12]. Die Hinterbühne dagegen ist für das Publikum unzugänglich und nicht einsehbar. Hier muss die Kontrolle der Darstellung nicht

---

10 Goffman unterscheidet zwischen Einzeldarstellungen und Ensembledarstellungen (vgl. Goffman 2011: 76): Ein Ensemble ist eine „Gruppe von Individuen [...], die gemeinsam eine Rolle aufbauen" (ebd.: 75) und ein gemeinsames (Interaktions-)Ziel haben (vgl. ebd.: 79, 95). Alle Mitglieder eines Ensembles arbeiten dazu kooperativ an der Darstellung, also dem Eindruck, der hervorgerufen werden soll (vgl. ebd.: 77, 78). Dazu entwickeln sie Rituale (auch unbewusst), die den Eindruck einer homogenen Darstellung sichern sollen (vgl. ebd.: 84). Gleichzeitig bildet aber auch das Publikum ein Ensemble, das sich auf eine bestimmte Weise darstellt. Goffman geht davon aus, dass Interaktion als „dramatische[...] Interaktion" (ebd.: 85), als „Dialog und ein Zusammenspiel zwischen zwei Ensembles" (ebd.) zu betrachten ist, sodass die Zuschauer-Publikum-Dichotomie aufgehoben wird (vgl. die Aufhebung der Beobachter-Beobachteter-Dichotomie, vorige Fußnote).
11 Orte, die weder der Vorder- noch der Hinterbühne zuzuordnen sind, werden als „Außen" (Goffman 2011: 123) bezeichnet.
12 Zudem wird der Zugang zur Vorderbühne kontrolliert, um zu gewährleisten, dass die Darstellung dem Publikum angepasst werden kann (vgl. Goffman 2011: 123, 126). Die „Zuschauersegregation" (ebd.: 126) durch beispielsweise unterschiedliche Terminvergabe dient dazu, dass nur diejenigen das Publikum bilden und Informationen erhalten, an die die Darstellung tatsächlich gerichtet ist (vgl. ebd.: 129).

aufrechterhalten werden (der auf der Vorderbühne gegebenen Darstellung kann sogar widersprochen werden; vgl. ebd.: 104f.). Die Sprachen auf der Vorder- und Hinterbühne unterscheiden sich voneinander, so Goffman: Auf der Hinterbühne sind vulgäre Ausdrücke nicht unüblich, ihre Verwendung ist auf der Vorderbühne dagegen ausgeschlossen, um Beleidigungen zu vermeiden (vgl. ebd.: 118).

2.1.2 Techniken der Imagepflege und Eindrucksmanipulation

Jeder Akteur trägt die Verantwortung für seine eigene Darstellung (auch für die Darstellung der Gruppe) und muss dafür Sorge tragen, dass die Darstellung angemessen ist. Störungen, die möglicherweise während der Interaktion auftreten, können durch die Anwendung bestimmter Techniken vermieden werden (vgl. Goffman 2011: 189). Diese Techniken bezeichnet Goffman als Eindrucksmanipulation. Dabei können zwei Richtungen unterschieden werden: Mit Hilfe defensiver Techniken wird das eigene Image, mit protektiven das Image eines anderen gewahrt und geschützt (vgl. Goffman 1971: 18, 19).

Typische Störungen und eindrucksgefährdende Situationen, auch Zwischenfälle genannt, sind Fauxpas, Taktlosigkeiten oder Ungeschicktheiten, die potenziell peinlich für den Akteur sind und einen ungewollten falschen Eindruck vermitteln, sowie Streits und Szenen[13]. Peinlichkeit, Verlegenheit und Nervosität sind typische Reaktionen darauf, sowohl auf Seiten des Darstellers als auch auf Seiten des Publikums (vgl. Goffman 2011: 189, 191-192). Um dem entgegenzuwirken, gibt es nach Goffman drei Maßnahmen, von denen die erste defensiv und die zweite protektiv orientiert ist:

> Verteidigungsmaßnahmen, die Darsteller anwenden, um ihre eigene Vorstellung zu retten; Schutzmaßnahmen, die von Zuschauern und Außenseitern getroffen werden, um den Darsteller bei der Rettung seiner Vorstellung zu unterstützen; und schließlich Maßnahmen, die der Darsteller treffen muß, um es Publikum wie Außenseitern zu ermöglichen, Schutzmaßnahmen im Interesse des Darstellers zu treffen. (Goffman 2011: 193; vgl. dazu auch Goffman 2011: 16)

Sie stellen sicher, dass der Eindruck, den das Publikum von einem Akteur hat, gewahrt und gesichert werden kann: 1) Als **Maßnahmen der Verteidigung** (defensive Maßnahmen) des eigenen Images gelten dramaturgische Loyalität, dramaturgische Disziplin und dramaturgische Sorgfalt:

---

13 Streits erlauben dem Publikum einen Einblick in die eigentlich verschlossene Hinterbühne und lassen erkennen, dass die Darsteller sich uneinig sind (vgl. Goffman 2011: 191). Szenen sind „Situationen, in denen ein Einzelner so handelt, dass er den höflichen Anschein der Übereinstimmung zerstört oder ernsthaft gefährdet" (ebd.).

- **Dramaturgische Loyalität** meint Loyalität, Solidarität und moralische Verpflichtung eines einzelnen Akteurs sowohl der Darstellung als auch der sozialen Gruppe gegenüber: Die einzelnen Akteure fühlen sich der Gruppe eng verbunden und wahren emotionale Distanz zum Publikum (vgl. Goffman 2011: 193-195).
- **Dramaturgische Disziplin** umfasst alle Maßnahmen, die der Aufrechterhaltung der Darstellung dienen: Ein Darsteller spielt diszipliniert seine Rolle und hält dramaturgische Vorgaben ein, um den Erfolg zu sichern. Ebenso wichtig sind Diskretion, die Unterdrückung von Gefühlen sowie der Eindruck der Übereinstimmung mit der Gruppe (vgl. ebd.: 196-197).
- **Dramaturgische Sorgfalt** bezieht sich auf die Sorgfalt, mit der die Darstellung geplant wird. Die Inszenierung wird perfektioniert, indem alle Schritte dramaturgisch vorbereitet, mögliche Zwischenfälle und deren Gegenmaßnahmen in die Planung einbezogen werden und die Darstellung exakt nach Plan abläuft (vgl. ebd.: 198). Die Sorgfalt, die auf die Dramaturgie der Darstellung verwendet wird, hängt dabei vom Bekanntheitsgrad des Akteurs beim Publikum, der Größe der Gruppe und der Wichtigkeit der Darstellung in Bezug auf eine Zielerreichung ab (vgl. ebd.: 201, 203, 204). Je unbekannter sich Darsteller und Publikum sind, desto sorgfältiger muss die Darstellung ausgeübt werden – desto einfacher ist es allerdings auch, „eine unechte Fassade aufrechtzuerhalten" (Goffman 2011: 201, auch 202).

2) Daneben gibt es **Schutzmaßnahmen** (protektive Maßnahmen), die von Seiten des Publikums eingesetzt werden. Darsteller und Darstellungen werden von ihm mit Hilfe verschiedener Mittel geschützt, wie beispielsweise durch Takt, das Demonstrieren von „Aufmerksamkeit und Interesse" (Goffman 2011: 209), das Unterlassen von Unterbrechungen, Ablenkungen und Szenen (vgl. ebd.). Mit taktvollen Verhalten kann das eigene sowie das Image eines anderen gesichert werden und es erleichtert auch den Einsatz von Image schützenden Techniken (vgl. Goffman 1971: 36). Sprachlich zeigt sich taktvolles Verhalten in „Andeutungen, Ambiguitäten, geschickte[n] Pausen, sorgfältig dosierte[n] Scherze[n] usw." (ebd.). Kommt es zu einer schwierigen Situation für den Darsteller, hat das Publikum verschiedene Möglichkeiten, die Darstellung und das Gesicht des Darstellers zu wahren[14]: Es kann den Fehler ignorieren, bei unerfahrenen Darstel-

---

14 Zu Schutzmaßnahmen bei Verlegenheitsreaktionen siehe Goffman (1971: 106-123): Verlegenheit entsteht, wenn jemand im Begriff ist, seine Fassung zu verlieren, wenn die Darstellung nicht glückt, moralische Erwartungen nicht erfüllt werden und er eine ‚schlechte Figur' macht. Die anderen Anwesenden können taktvoll diesen Zwischenfall

lern nachsichtig sein oder auf Entschuldigungen positiv reagieren (vgl. Goffman 2011: 210f.) – und mitunter ist der Darsteller sich dieses Schutzes bewusst. Dabei verfolgt das Publikum unter Umständen eigene Ziele, die im Einschmeicheln oder in der Solidaritätsbezeugung liegen können (vgl. ebd.: 210-211).

3) Im Gegenzug zu den Schutzmaßnahmen, die ein Darsteller durch sein Publikum erfährt, muss der Darsteller diese **Maßnahmen durch sein Verhalten überhaupt ermöglichen**: Er muss offen für die Rückmeldung aus dem Publikum sein und diese in seiner weiteren Darstellung beachten (vgl. ebd.: 212).

Goffman geht davon aus, dass in Darstellungen „die offiziell anerkannten Werte der Gesellschaft" (Goffman 2011: 35) Leitlinien für die Ausgestaltung der Darstellung sind. Hierzu eignen sich Rituale, die diese Werte bestätigen (vgl. ebd.) und der Selbstregulierung der Individuen einer Gesellschaft dienen. Goffman modelliert Rituale in Bezug auf Imagepflege wie folgt: Handlungen und Äußerungen geben Aufschluss über Charakter und Einstellungen des Akteurs seinen Zuhörern und der bestehenden Beziehung gegenüber:

> Dem Individuum wird beigebracht, wahrnehmungsfähig zu sein, auf das Selbst bezogene Gefühle zu besitzen, und ein Selbst, das durch Image ausgedrückt wird, Stolz, Ehre, Würde, Besonnenheit, Takt und ein bestimmtes Maß an Gelassenheit zu besitzen. Dies sind Verhaltenselemente, die man haben muß, soll man als Interagierender eingesetzt werden. (Goffman 1971: 52)

Beispiele für solche Rituale sind Ehrerbietung und Benehmen. Beide Verhaltensweisen sind miteinander verknüpft: Ehrerbietung bedeutet den Ausdruck der Wertschätzung einem anderen gegenüber, was rituell durch beispielsweise Begrüßungen oder Entschuldigungen gezeigt wird (vgl. Goffman 1971: 64f.). Diese nennt er **Zuvorkommenheitsrituale** [presentational rituals], zu denen auch „Einladungen, Komplimente und kleinere Hilfsdienste" (ebd.: 81) zählen, die persönliche Verbundenheit mit dem Interaktionspartner signalisieren (vgl. ebd.). Dem entgegengesetzt sind **Vermeidungsrituale** [avoidance rituals]. Mit diesen wird eine Distanz zum Interaktionspartner hergestellt, durch die die Privatsphäre geschützt wird. Beide Rituale dienen der Würdigung eines Adressaten (vgl. ebd.: 85).

Benehmen hingegen ist in „Haltung, Kleidung und Verhalten" (ebd.: 86) sichtbar. Erwünscht und positiv besetzt sind „Diskretion, Aufrichtigkeit, Bescheidenheit sich selbst gegenüber, Fairness, Beherrschung von Sprache und Motorik, Selbstbeherrschung hinsichtlich Emotionen, Neigungen und Wünschen, Ge-

---

übersehen, gelassen reagieren und es dadurch dem Verlegenen leicht machen, sein Gesicht zu wahren.

lassenheit in Streßsituationen usw." (ebd.). Diese Eigenschaften können einem Individuum allerdings nur von seinem sozialen Umfeld zugesprochen und zugeschrieben werden und basieren auf Verhaltensinterpretationen (vgl. ebd.). Die genannten Techniken zur (gegenseitigen) *face*-Wahrung werden in Abbildung 1 zusammengefasst:

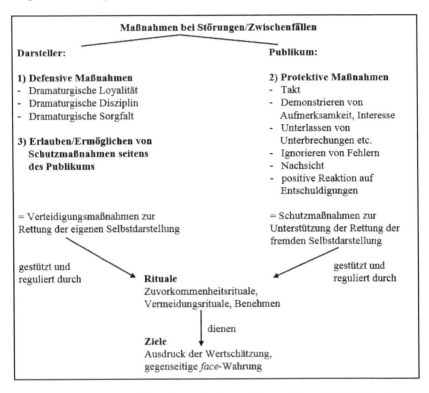

Abbildung 1: Zusammenstellung der Techniken zur Imagewahrung bei Zwischenfällen; eigene Darstellung.

Auf der Basis der möglichen protektiven und defensiven Maßnahmen stellt Goffman zwei prototypische Prozessabläufe dar, die durch (erwartete) Störungen und Zwischenfälle ausgelöst werden und der Imagepflege dienen: den Vermeidungs- und den korrektiven Prozess.

1) Vermeidungsprozess:

Unter einer **defensiven Ausrichtung** besteht er darin, potenziell gesichtsbedrohende Situationen oder Personen zu meiden (vgl. Goffman 1971: 21). Kommt es dennoch zu einem Kontakt, besteht immer noch die Möglichkeit, potenziell gesichtsbedrohenden „Themen und Tätigkeiten" (ebd.) auszuweichen und sich dagegen abzuschirmen.

Um das Image eines anderen zu schützen (**protektiver Prozess**), kann ein Akteur seine Ansichten vorsichtig-respektvoll formulieren und sich diskret verhalten (vgl. ebd.: 22). Kommt es zu einem Zwischenfall, „so kann er immer noch versuchen, die Fiktion aufrechtzuerhalten, es habe keine Bedrohung des Images stattgefunden" (ebd.: 23). Der Zwischenfall und damit die Gesichtsbedrohung werden durch taktvolles Ignorieren neutralisiert. Im Gegenzug kann derjenige, dem ein Gesichtsverlust droht, versuchen sein missglücktes Handeln zu verbergen (vgl. ebd.: 22-24).

2) Der korrektive Prozess:

Dieser setzt dann ein, wenn es nicht möglich ist, einen Zwischenfall zu verbergen und er als solcher anerkannt werden muss (vgl. ebd.: 24f.). Zur Korrektur einer gesichtsbedrohenden Situation kann eine Ausgleichshandlung eingesetzt werden, die typischerweise und modellhaft in der Abfolge von vier Handlungsschritten oder auch Phasen besteht (vgl. ebd.: 28). Diese Handlungsschritte werden im Folgenden schematisch dargestellt (Abb. 2; eigene Darstellung nach Goffman 1971: 26f.):

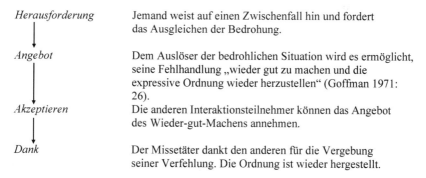

Abbildung 2: Handlungsschritte im korrektiven Prozess nach Goffman 1971.

Falls vom Verursacher kein Ausgleich initiiert wird, kann der Geschädigte selbst diesen Ausgleich auslösen, indem er auf den Zwischenfall hinweist; tut er dies nicht, präsentiert er sich dem Verursacher und der Beleidigung gegenüber als hilf- und schutzlos (vgl. Goffman 2005: 90). Hier wird deutlich, dass „gerade in die Gesprächsstruktur das Versprechen eingebaut [ist], rituelle Sorge für sein Image zu tragen" (Goffman 1971: 48).

Eine weitere Form der Imagepflege besteht darin, bedrohliche Situationen bewusst hervorzurufen und zu inszenieren, um sich selbst zu profilieren (vgl. Goffman 1971: 30). Hierbei handelt es sich um eine „aggressive Verwendung von Techniken der Imagepflege" (ebd.) mit dem Ziel, das eigene Image gegenüber einem anderen aufzuwerten. Dies ist allerdings mitunter riskant, da der ‚Gegner' dem entgegenwirken und selbst als Überlegener aus dem Spiel hervorgehen kann – was mit einem Gesichtsverlust des Herausforderers einhergeht (vgl. ebd.: 31f.). Beide Prozesse dienen der Wiederherstellung der interaktiven Ordnung; alle Interaktionspartner sind an dieser beteiligt.

Die nachfolgende Abbildung (Abb. 3) stellt beide Prozesse schematisch dar:

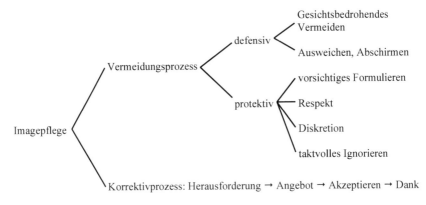

Abbildung 3: Vermeidungs- und Korrektivprozesse in der Imagepflege nach Goffman 1971; eigene Darstellung.

Zum Beispiel: Selbstdarstellung in beruflichen oder privaten Gesprächen und Konflikten

Gerade in Konflikten kann positive Selbstdarstellung problematisch sein, da man das eigene „Verhalten sorgfältig kontrollieren muß, um der Opposition keine Angriffspunkte zu bieten" (Goffman 2011: 51). Nach Goffman ist es das häufigste Ziel, sich selbst oder die eigene Gruppe durch Abwertung des Gegenübers aufzuwerten. Dies geschehe allerdings selten auf direkte verbale Art, sondern zumeist „unter dem Deckmantel von Höflichkeitsbezeugungen und zweideutigen

Komplimenten" (ebd.: 174). Es ist ein bekanntes Phänomen, dass herabsetzende Äußerungen über eine Person in deren Abwesenheit schärfer formuliert werden als in deren Anwesenheit (vgl. ebd.: 160).

Betrachtet man Gespräche aus strategischer Perspektive, lassen sich verschiedene Techniken und Strategien identifizieren, die den Gesprächsverlauf und damit die eigene Inszenierung zu eigenen Gunsten beeinflussen. Wichtig ist es danach, das Thema gleich zu Beginn des Gesprächs zu bestimmen und damit den Rahmen vorzugeben (vgl. Goffman 1989: 284). Selbstdarstellungsverhalten, das in Zusammenhang mit einer beruflichen Aufgabe geschieht, ist nach Goffman darauf ausgerichtet, „seine Dienstleistung oder das angebotene Produkt in ein vorteilhaftes Licht zu rücken" (Goffman 2011: 73). Damit verbunden sind die Bemühungen des Akteurs, „Leistungsfähigkeit und Zuverlässigkeit" (ebd.) auszudrücken.

Das Gesprächsverhalten der Akteure wird jeweils wechselseitig gedeutet. Zwischenrufe beispielsweise können die Spannung in einem Gespräch erhöhen, da der eigentliche Sprecher diese Störungen und Äußerungen zwar wahrnimmt, aber zumeist ignoriert. Gleichzeitig erwartet der Zwischenrufer jedoch eine Reaktion des Sprechers oder des Publikums (z. B. Gelächter) (vgl. Goffman 1989: 456). Ein anderes Beispiel sind Bitten um Wiederholung des Gesagten. Sie können vielerlei bedeuten, nämlich das Signal mangelnder Zuhör-Bereitschaft, Unwissenheit seitens des Hörers oder sogar Vorwurf des unklaren Ausdrucks dem Sprecher gegenüber (vgl. Goffman 2005: 95f.).

Das Gesprächsverhalten eines Teilnehmers kann außerdem eher aggressiv oder eher bescheiden sein, was wiederum jeweils unterschiedliche Eindrücke hervorruft:

> So kann hochmütiges, aggressives Verhalten den Eindruck erwecken, der Darsteller wolle die mündliche Interaktion in Gang setzen und ihren Verlauf beeinflussen. Bescheidenes und auf Verteidigung eingestelltes Verhalten hingegen kann den Eindruck erwecken, der Darsteller sei bereit, sich der Führung anderer unterzuordnen, oder er könne wenigstens dazu veranlaßt werden. (Goffman 2011: 25)

Gesprächsverhalten ist auch davon abhängig, aus welcher gesellschaftlichen Rolle, Position oder aus welchem Status heraus eine Person agiert. Ein Beispiel ist arrogantes Gebaren bei ranghöheren Interaktionsteilnehmern, die ihr Benehmen als angemessen und imagefördernd ansehen; sie halten ihr Verhalten durch ihren Rang gerechtfertigt und befreien sich somit von den Meinungen über sie (vgl. Goffman 1971: 32).

Goffman weist darauf hin, dass all dieses – zumeist negativ bewertete – Gesprächsverhalten auch scherzhaft eingesetzt werden kann, beispielsweise in geselligen Runden. Ziel dieses „mündliche[n] Schattenboxen[s]" (Goffman 2011: 186) ist dann nicht unbedingt die Abwertung oder Herausforderung des anderen Standpunkts, sondern eher die Unterhaltung des Publikums.

2.1.3 Das Gespräch als eine Form der Interaktion

Die dargestellten Prozesse und Techniken der Selbstdarstellung finden typischerweise in Gesprächen statt. Unter einer interaktionalen Perspektive fasst Goffman das Gespräch als

> Arrangement [...], durch das Individuen zu einem Anlass zusammenkommen, der ihre offizielle, ungeteilte, augenblickliche und fortwährende Aufmerksamkeit beansprucht und sie in einer Art intersubjektiver, geistiger Welt ansiedelt (Goffman 2005: 146)[15].

Das Gespräch ist zeitlich begrenzt und bildet einen Abschnitt innerhalb der Interaktion, bei dem Personen in der Pflicht sind, sich als Sprecher oder Hörer aktiv zu beteiligen, wobei die Rollen wechseln (vgl. Goffman 2005: 44). Ziel eines Gesprächs ist es, dass die Teilnehmer einander verstehen, d. h. die Illokution (also die „kommunikative Intention des Sprechers"; Goffman 2005: 78) erkennen und „funktionale Verständigung" (ebd.) erreichen. Zudem müssen auch körperlich ausgedrückte Emotionen gelesen werden (vgl. Goffman 1989: 539).

Um ein direktes Gespräch führen zu können, müssen verschiedene Bedingungen erfüllt sein, die Goffman als „Systemvoraussetzungen" (Goffman 2005: 83; vgl. auch Goffman 1989: 535) des Gesprächs zusammenfasst:

a) Die Interaktionspartner müssen in der Lage sein, Nachrichten zu senden, zu empfangen und zu interpretieren,

b) sie können den Empfang bestätigen („Rückkopplungsfähigkeiten", Goffman 2005: 83),

c) sie können miteinander Kontakt aufnehmen oder diesen mittels Kontaktsignalen beenden,

d) sie können von der Sender- zur Hörerrolle wechseln und einander anzeigen, wann sie sprechen möchten,

e) sie können metasprachlich kommunizieren, also um Wiederholungen bitten, jemanden unterbrechen oder eine Kontaktaufnahme verhindern,

---

15 In *Rede-Weisen* (2005) – einer Aufsatzsammlung – beschäftigt sich Goffman zunehmend mit den sprachlichen Aspekten von Interaktion; es wird auch davon gesprochen, dass Goffman eine „linguistische[...] Wende" (vollzieht Knoblauch et al. 2005: 11).

2 Der Rahmen: Selbstdarstellung als Forschungsgegenstand 45

f) sie erkennen Redestatuswechsel[16] (beispielsweise eingeklammerte Sequenzen wie Ironie, indirekte Rede, Scherze),
g) sie äußern relevante Beiträge[17] und
h) sie halten sich an Beschränkungen, wie z. B. das Verbot zu Lauschen oder das Unterlassen von gesprächsstörenden Handlungen (vgl. Goffman 2005: 83).

In der Kommunikation gelten demnach gewisse etablierte Normen des Anstands oder „der guten Sitten" (Goffman 1989: 535), die von der sozialen Konstellation der Gesprächsteilnehmer abhängig sind. Normen regeln die Länge der Gesprächsbeiträge, die Themenwahl, das Engagement oder die Aufmerksamkeit der einzelnen Sprecher (und Hörer) (vgl. ebd.: 536). Ähnliche Kriterien finden sich auch in Goffmans Äußerungen zum Gesprächszustand, die hier in Stichpunkten wiedergegeben werden: Es gibt einen Brennpunkt der Aufmerksamkeit, ein aufrechtzuerhaltendes, anerkanntes Thema; der Sprecherwechsel wird signalisiert und es herrscht Konsens über die Länge der Gesprächsbeiträge; die Teilnehmer geben Rückmeldesignale, vermeiden Unterbrechungen, Störungen und öffentliches Austragen von Meinungsverschiedenheiten; Einhalten von Regeln bei Themenwechseln (vgl. ausführlich Goffman 1971: 41f.).

Der Gesprächsverlauf kann von den Teilnehmern aktiv zugunsten der eigenen Interessen gesteuert werden. Einzelne Redezüge werden gewählt, je nachdem, welches Ziel erreicht werden soll: „[M]an angelt nach Komplimenten, ‚steuert' ein Gespräch, bringt ein Thema herein, das in eine gewünschte Richtung zu führen verspricht, und ähnliches" (Goffman 1989: 547). Durch die Charakterisierung der Rede als „Zug" wird die strategische Komponente des Sprechens betont; der Begriff *Zug* bezeichnet die wählbare, strukturierte „Handlungsweise mit realen physischen Folgen in der Außenwelt, die zu objektiven und ganz konkreten Veränderungen in [der] Lebenssituation führt" (Goffman 1981a: 81; vgl. auch ebd.: 124)[18]. In der Kommunikation sind Sprecher und Hörer nicht nur auf akustische Signale angewiesen, sondern auch auf taktile und visuelle:

> Bei der Regelung des Redezugwechsels, bei der Einschätzung der Rezeption durch die visuellen Feedback-Kanal-Hinweise, bei der paralinguistischen Funktionsweise der Gesten, bei der Abstimmung der Blick-Ab- und Zuwendungen, bei dem Aufzeigen von Aufmerksamkeit (wie etwa beim auf mittlere Distanz gerichteten Blick) – in all diesen

---

16 Auf Redestatus und Redestatuswechsel wird im nächsten Abschnitt genauer eingegangen.
17 Diesen Punkt nennt Goffman unter explizitem Verweis auf Grice 1975; siehe auch Goffman 2005: 236.
18 Zur Unterscheidung von Zügen siehe Goffman 1981a: 19, 23.

Fällen spielt das Visuelle offenkundig eine entscheidende Rolle, und zwar sowohl für den Sprecher wie für den Hörer (Goffman 2005: 43).

Auch bei Gesprächseröffnungen und -schließungen ist das Visuelle zentral: Die Beteiligten wenden sich körperlich einander zu oder nehmen Abstand und signalisieren so die Bereitschaft zur Beteiligung am Gespräch. Zudem sind Gespräche rituell eingeklammert, beispielsweise durch Begrüßungs- oder Verabschiedungsformeln, die durch körperliche Aktivitäten wie Händeschütteln oder Verbeugen begleitet werden (vgl. Goffman 2005: 44).

Redestatus und Redestatuswechsel

Goffman stellt bei der Untersuchung des Redestatus – des interaktiven Standpunkts – fest, dass wir unseren Redestatus während eines Gesprächs häufig ändern (vgl. Goffman 2005: 42, 43)[19]. Für diesen Wechsel von Art, Ton und sozialen Rollen (unter Umständen auch der Adressaten) eines Gesprächs übernimmt Goffman den Begriff des Code-Wechsels [code switching] von Blom/Gumperz (1972: 427; vgl. Goffman 2005: 39). Redestatus kommt also sprachlich in Gesprächen zum Ausdruck, wobei dem Sprecher verschiedene Möglichkeiten zur Verfügung stehen, diesen deutlich zu machen. Durch Tonfall und Mimik kann er signalisieren, dass er scherzt oder jemanden zitiert, ironisch oder sarkastisch ist, wodurch er sich inhaltlich vom Gesagten (bzw. dem Ernst) distanziert und sich somit zu einem gewissen Grad der Verantwortung für das Gesagte entzieht (vgl. Goffman 1989: 549, 551f.). Auch Anspielungen funktionieren auf diese Weise, da man die Äußerung mit einer unterschwelligen Bedeutung versieht, die der Angesprochene versteht (vgl. Goffman 2005: 48). Den genannten Formen der inhaltlichen Distanzierung steht ein Redestatus gegenüber, bei dem der Sprecher Verantwortung für das Gesagte übernimmt und somit „strengere Maßstäbe" (Goffman 1989: 577) darauf anwendet. Im Gespräch weisen „Klammerzeichen" (ebd.: 584) auf Redestatuswechsel hin und zeigen anaphorisch oder kataphorisch an, wie einzelne eingeklammerte Gesprächsabschnitte zu interpretieren sind (vgl. ebd.: 584f.).

Paarhälften oder: Referenz-Reaktions-Einheiten

In seiner Betrachtung des Dialogs stellt Goffman fest, dass oft sogenannte Paarhälften, auch *angrenzendes Paar* [adjacency pair] (Goffman 2005: 73; Herv. im

---

19 Kurz: „[J]eder Schritt weg vom ‚wörtlichen' Sinn [...] führt eine Veränderung des Redestatus' mit sich" (Goffman 2005: 69).

2 Der Rahmen: Selbstdarstellung als Forschungsgegenstand

Orig.) oder Referenz-Reaktions-Einheiten (vgl. ebd.: 122, 124) genannt, auftreten. Zwei Paarhälften bilden eine „minimale Dialogeinheit, eine Runde mit zwei Äußerungen vom selben Typ, jeweils von einer anderen Person und zeitlich unmittelbar aufeinander folgend vorgebracht" (ebd.: 73). Ein typisches Beispiel sind Frage-Antwort-Paare. Eine Reaktion auf eine Paarhälfte wird dann immer vor dem Hintergrund der ersten Paarhälfte interpretiert. Dies erlaubt die Rekonstruktion der zweiten Paarhälften, falls diese nicht vorhanden, unverständlich oder nonverbal sind (auch unter Rückgriff auf den Unterschied von Gesagtem und Gemeintem) (vgl. ebd.: 74, 75):

> Somit dienen die beiden Paarhälften also gleichzeitig dazu, uns teilweise Aufschluss über das zu geben, was uns zum Verständnis der ersten Paarhälften fehlt, so dass diejenigen, die im ursprünglichen Kontext den zweiten Schritt machten, sich als höchst willkommene und informative Explikatoren für spätere Zusammenhänge erweisen." (Goffman 2005: 104).[20]

In Goffmans Überlegungen zu Referenz-Reaktions-Einheiten bezeichnet der Begriff **Referenz** alles, „worauf jemand in Form einer Reaktion Bezug nehmen könnte" (Goffman 2005: 122), also auch längere Sequenzen (vgl. ebd. und ebd.: 124). **Reaktionen** sind angeregt durch vorangegangene Referenzen und deren Sprechakttypen (nach Austin 1972 und Searle 1971), „sagen etwas aus über die Position oder Einstellung des Individuums bezüglich des Geschehens" (ebd.: 105; vgl. ebd.: 138), bestimmen die Referenz der Reaktion und sollen von den anderen beachtet werden. Reaktionen können dabei auch die Aussage metasprachlich kommentieren oder werten, sich also auf Tonfall oder Stil beziehen (vgl. ebd.: 114). Dennoch ist das Reagieren inhaltlich-thematisch gegenüber dem Agieren eingeschränkt, beispielsweise weil das Thema bereits vorgegeben ist (vgl. ebd.: 120f.). Goffman stellt außerdem heraus, dass nicht allen Aussagen immer Erwiderungen folgen oder dass auch Kommentare gemacht werden, obwohl Sprecher gerade nicht ‚dran' sind (vgl. Goffman 2005: 99). Zudem können Züge auch nonverbal stattfinden (vgl. ebd.: 147). Nicht zuletzt gibt es auch Referenzen, die nicht zur Gesprächsentwicklung beitragen, sondern diese eher behindern (vgl. Goffman 2005: 151), wie beispielsweise Selbstgespräche[21], Reaktionsrufe[22] oder Flüche. All diesen ist gemeinsam, dass sie impulsive Äußerungen sind, die nicht wirklich an jemand anderen gerichtet sind, sondern den temporären Verlust der Selbstkontrolle signalisieren (ebd.: 196).

---

20 Vgl. dazu auch Goffman 2005: 122, 208; zum daraus resultierenden Potenzial der Dialoganalyse Goffman 2005: 183.
21 Vgl. hierzu ausführlich Goffman 2005: 153-173.
22 Vgl. hierzu ausführlich Goffman 2005: 173-183.

2.1.4 Zusammenfassung der Beobachtungen und Beschreibungen Goffmans

Goffman fasst das Selbst einer Person als durch und durch sozial-gesellschaftlich konstituiert auf. Selbstdarstellung definiert er als Versuch der Eindruckskontrolle, wobei die Art der Selbstdarstellung situations-, publikums- und kontextabhängig ist. Sie verläuft regelbasiert und setzt die Kooperation aller Interaktionsteilnehmer voraus. Interaktion ist nach Goffman generell risikobehaftet: Das *face* jedes Einzelnen ist in Gesprächen stets potenziell bedroht. Kommt es zu imageschädigenden, *face*-bedrohenden Zwischenfällen, stehen den Interaktionsteilnehmern Verfahren zur Wiederherstellung der sozialen Ordnung zur Verfügung. Das Medium hierfür ist das Gespräch, das nicht nur Zwischenfälle zulässt, sondern auch Möglichkeiten zur Korrektur bzw. zur Vermeidung anbietet.

Goffmans Überlegungen gehen nicht nur in verschiedene Ansätze zur späteren Theorie des Impression Managements ein und sind Grundlage psychologischer Studien, sondern bilden die Basis für linguistische Ansätze zur Selbstdarstellung. Dennoch wurden seine Aussagen, die er auf Basis von unsystematischen Beobachtungen getroffen hat, in der Soziologie kaum systematisch geprüft und verifiziert oder falsifiziert (vgl. Mummendey 1995: 119).

2.2 Sozialpsychologischer Ansatz: Impression Management (IM)

Das Impression Management ist ein sozialpsychologisches Konzept, das aus den soziologischen Überlegungen von Mead (1934) und dessen Schüler Blumer (1969), Goffman und psychologischen Überlegungen zum Selbst hervorgegangen ist. Es beschreibt Selbstdarstellung möglichst sparsam, ohne viele Vorannahmen und unter Rückgriff auf bereits etablierte Begrifflichkeiten (vgl. Mummendey 1995: 81, 130). Eine frühe Definition von Impression Management liefert Schlenker: „*Impression management is the conscious or unconscious attempt to control images that are projected in real or imagined social interactions*" (Schlenker 1980: 6; Herv. im Orig.). Der Begriff des IM konkurriert allerdings mit dem der *self-presentation*, wie eingangs dargestellt.

Dem Versuch der Eindruckskontrolle liegt das *Selbst* zugrunde, das „die *subjektive* Sicht des Individuums" (Mummendey 1995: 54; Herv. im Orig.) bezeichnet[23].

---

23 Wie dieses *Selbst* definiert ist, variiert allerdings von Konzept zu Konzept und von Disziplin zu Disziplin. In der soziologischen Sozialisationsforschung lautet eine Selbst-Definition wie folgt: „Die Gesamtheit der Bilder, Vorstellungen, Empfindungen und Erin-

Jedes Individuum besitzt ein *Selbst*, das zwar substanzlos ist, sich aber auch Beurteilungs- und Bewertungsprozessen konstituiert, die „die eigene Person" (ebd.: 81) betreffen. Das Interesse der Sozialpsychologen bestand darin, herauszufinden, „was jemand unter welchen Bedingungen als Konzept von sich selbst *nach außen*, also sozialen Interaktionspartnern oder der Öffentlichkeit gegenüber, *präsentiert*" (ebd.: 82; Herv. im Orig.).

2.2.1 Selbst- und Fremdbild

Eine Selbstdarstellungstheorie ist die der *Self-Presentation*, die vor allem von Leary (1996) vertreten wird. Imagekontrolle „kann sowohl bewusst, absichtlich und strategisch als auch unbemerkt, unabsichtlich und routinemäßig erfolgen" (Mummendey 2006: 78; vgl. Schlenker 1980: 7). Die Theorie der Selbstpräsentation betont, dass das eigene Selbstbild durch das Fremdbild beeinflusst wird. Betreibt man also Selbstdarstellung und versucht so, das eigene Fremdbild zu beeinflussen, wirkt das wiederum auf das Selbstbild zurück. Denn wenn es um die Auswertung des eigenen Selbst geht, spielt immer die Vorstellung darüber, was andere von einem denken könnten, eine Rolle. Dieser Einfluss des Publikums oder der Öffentlichkeit ist bereits von Cooley (1902) nachgewiesen worden. Auf Basis seiner psychologischen Experimente beschreibt er die Rolle der Interaktionspartner bei der Selbstdarstellung analog zum Spiegelbild: Befindet sich ein Spiegel (oder eine Kamera, eine andere Person) im Raum, werden Individuen selbstaufmerksamer. Selbstdarstellung ist also „immer Darstellung des Individuums gegenüber einem wie auch immer gearteten Publikum" (Mummendey 1995: 39), sie wird individuell an das Publikum angepasst. Das heißt auch, „daß Individuen keineswegs immer, keineswegs immer in gleichem Ausmaß, nicht immer auf dem gleichen Gebiet und nicht mit gleicher Intensität gegenüber jedermann Impression-Management betreiben" (ebd.: 245). Die Art und Intensität der Selbstdarstellung hängt also von der individuellen Zusammensetzung des Publikums ab (vgl. ebd.: 248; vgl. auch Mummendey 1993). Hier kann vermutet

---

nerungen, die wir von der eigenen Person haben, nennen wir das Selbst" (Gottschalch 1991: 55). In der vorliegenden Arbeit wird die Definition von *Selbst* von Mummendey (1995) übernommen – in dem Wissen, dass parallel verschiedene Definitionen und Konzepte existieren, die andere Aspekte betonen. Verschiedene Studien legen statt eines Selbst Persönlichkeit oder Identität zugrunde (vgl. die z. T. unsystematische Verwendung in Tedeschi et al. 1985). Mummendey weist in seinen psychologischen Untersuchungen zum Selbstbegriff und zu Selbstkonzepten allerdings darauf hin, dass „gewichtige Unterschiede zwischen den Konzepten des ‚Selbst' und ‚Identität' kaum zu entdecken" (Mummendey 2006: 86) sind.

werden, dass auch nicht nur die Zusammensetzung des Publikums, sondern auch der Status einzelner Personen in Relation zu einem Selbst, Bekannt-, Freund- und Feindschaften sowie die eigenen Ziele eine Rolle dabei spielen, wie und in welchem Ausmaß Selbstdarstellung betrieben wird.

2.2.2 Taktiken und Strategien des Impression Management

Taktiken und Strategien des Impression Managements wurden in verschiedenen Studien ermittelt, die teils auf Beobachtungen, teils auf Verhaltensäußerungen in inszenierten Laborsituationen beruhen. Verhalten wird kategorisiert, wobei darauf hingewiesen werden muss, dass es vor allem persönliche Lebens- und Alltagserfahrungen sind, die diese Kategorisierungen erlauben – also nicht das wissenschaftliche Wissen (vgl. Mummendey 1995: 135). Es ist praktisch unmöglich, eine Liste aller selbstdarstellerischen Verhaltensweisen aufzustellen, wenn man davon ausgeht, dass alles Verhalten potenziell als Selbstdarstellungstechnik aufgefasst werden kann. Wenn dieses Kapitel mit „Taktiken und Strategien des Impression Management" betitelt ist, werden viele Probleme einer Klassifikation zwangsläufig ausgeklammert. Diese Probleme werden im Folgenden erläutert:

Ein Großteil der Forschung unterscheidet zwischen Strategien und Taktiken der Imagepflege, was sich als problematisch für die Zuordnung von Verhaltensphänomenen herausgestellt hat. So unterschieden Tedeschi et al. (1985) Impression Management-Strategien von Impression Management-Taktiken. Strategien sollten dabei auf Langfristigkeit angelegt sein und situationsübergreifend angewendet werden, wohingegen Taktiken die kurzfristigen Ziele anvisieren und daher situationsspezifisch eingesetzt werden (vgl. Tedeschi et al. 1985: 69f.). Zudem seien die jeweiligen Strategien und Taktiken nach ihrer assertiven oder defensiven Funktion zu unterscheiden. Assertives IM ist aktives, auf Vorteilsgewinnung ausgerichtetes Selbstdarstellungsverhalten; defensives IM tritt dann ein, wenn die eigene Identität bedroht ist, wenn sie gegenüber Angriffen verteidigt und gewahrt werden muss (vgl. ebd.). Aus diesen Überlegungen ergibt sich nach Tedeschi et al. ein Vierfelderschema:

assertive IM-Strategien	assertive IM-Taktiken
defensive IM-Strategien	defensive IM-Taktiken

Abbildung 4: Vierfelderschema nach Tedeschi et al. 1985: 70.

Diese Klassifizierung von Impression Management-Verhalten suggeriert die Möglichkeit einer eindeutigen Zuordnung. Versucht man allerdings allein schon zwischen Strategie und Taktik zu unterscheiden, stößt man sehr schnell auf Abgrenzungsprobleme. Oft kann nicht entschieden werden, ob auftretendes Verhalten auf kurz- oder langfristige Ziele gerichtet ist. Auch zwischen den einzelnen Verhaltensweisen, die im Folgenden noch thematisiert werden, gibt es Überschneidungen und daher in Bezug auf die Differenzierung zwischen Strategie und Taktik häufig Schwierigkeiten (vgl. Mummendey 1995: 137).

Ebenso muss die Unterscheidung in positive und negative, assertive und defensive sowie selbstzuschreibende [attributive] und dementierende [repudiative] Taktiken und Strategien kritisch gesehen werden (zu den letzten beiden vgl. Leary 1996: 17), da sich solche Kategorisierungen kaum sinnvoll treffen lassen. Zudem ist die Systematik der Taktiken und Strategien in vielerlei Hinsicht problematisch: Aufgrund der Vielzahl der unterschiedlichen Studien gibt es erstens viele Überschneidungen im Hinblick auf Benennungen der Taktiken/Strategien (d. h. dieselben Taktiken/Strategien werden unterschiedlich benannt), gleichzeitig zweitens aber auch Uneinheitlichkeit in der Terminologie (d. h. eine Bezeichnung wird für unterschiedliche Strategien verwendet). Drittens kommt es immer wieder zu Problemen, wenn beobachtete Phänomene im Hinblick auf die Taktiken/ Strategien klassifiziert werden müssen (d. h. die Zuordnung ist einerseits generell schwierig, andererseits aber auch aufgrund der Terminologievielfalt) (vgl. u. a. Bolino et al. 2008: 1100).

In den folgenden Ausführungen werden verschiedene Taktiken und Strategien der Selbstdarstellung zusammengestellt. Allerdings muss betont werden, dass dies vor dem Hintergrund der eben beschriebenen Probleme geschieht. Um nicht eine völlig unübersichtliche Beschreibung der Taktiken mit ihren jeweiligen problematischen Aspekten geben zu müssen, erfolgt diese Kritik an dieser Stelle pauschal und auf alle Zuordnungsversuche insgesamt gesehen. Im folgenden Abschnitt werden also ebenso nur Versuche einer Systematik mit der Kenntnis und im Bewusstsein der Problemvielfalt wiedergegeben.

Mummendey (1995) entscheidet sich aufgrund dieser Problemlage für den Begriff der Technik und fasst verschiedene Arten von Selbstdarstellungsverhalten unter dem Sammelbegriff *Selbstdarstellungstechniken* zusammen; dies schließt die Möglichkeit ein, dass Verhalten entweder strategisch oder taktisch, assertiv oder defensiv auftreten kann (vgl. Mummendey 1995: 140). Außerdem wird damit berücksichtigt, dass Selbstdarstellungstechniken nacheinander oder gleichzeitig ablaufen, sich gegenseitig ergänzen, typischerweise aufeinander aufbauen oder sich gegenseitig ausschließen können (vgl. Jones/Pittman 1982: 250, 260). Mit diesem relativ offenen Begriff werden auch Mischformen zugelassen und daher die Analyse erleichtert, weswegen ich mich dieser Entscheidung anschließe.

In der folgenden Tabelle sind verschiedene Techniken beispielhaft der positiven oder negativen Ausrichtung zugeordnet (vgl. Tab. 1). Positive Techniken sind solche, mit denen sich ein Akteur in ein gutes und günstiges Licht rückt; mit negativen Techniken stellt der Akteur sich ungünstiger, negativer dar (vgl. Mummendey 1995: 14).

Um zu verdeutlichen, wie solche Techniken die Selbstdarstellung bestimmen bzw. worin überhaupt ihr selbstdarstellerischer Charakter besteht, wird im Folgenden die Unterscheidung von Mummendey (1995) übernommen und die einzelnen Techniken erläutert. Es wurde bereits darauf hingewiesen, dass jedes Verhalten und jede Handlung als Selbstdarstellung und Versuch der Eindruckskontrolle interpretiert werden kann. Deswegen erheben die im Folgenden beschriebenen Techniken keinesfalls Anspruch auf Vollständigkeit; sie werden exemplarisch aufgeführt und erklärt, um die Funktionsweise der Techniken – und ihre Wirkung sowie Interpretationsmöglichkeiten – zu verdeutlichen.

Tabelle 1: Positive und negative Selbstdarstellungstechniken nach Mummendey 1995: 140-141.

Positive Selbstdarstellungstechniken
(1) Eigenwerbung betreiben (*self-promotion*)
(2) Sich über Kontakte aufwerten (*BIRGing = basking in reflected glory*)
(3) Sich über Kontakte positiv abheben (*boosting*)
(4) Attraktivität herausstellen (*personal attraction*)
(5) Hohen Status und Prestige herauskehren (*status, prestige*)
(6) Glaubwürdigkeit und Vertrauenswürdigkeit herausstellen (*credibility, trustworthiness*)
(7) Sich beliebt machen, sich einschmeicheln (*ingratiation, other-enhancement*)
Negative Selbstdarstellungstechniken
(8) Entschuldigen, Abstreiten von Verantwortlichkeit (*apologies, excuses*), Rechtfertigen (*justification, accounts*), Rechtfertigen in misslichen Lagen (*predicaments*)
(9) Widerrufen, ableugnen, dementieren, vorsorglich abschwächen (*disclaimers*)
(10) Sich als unvollkommen darstellen (*self-handicapping*)
(11) Understatement, hilfsbedürftig erscheinen (*supplication*)
(12) Bedrohen, einschüchtern (*intimidation*)
(13) Abwerten anderer (*blasting*)

Positive Selbstdarstellungstechniken sind die Folgenden:

(1) Es ist die natürlichste und üblichste Form des Impression Managements im Alltag, **Eigenwerbung zu betreiben (self-promotion)**. Hierbei geht es darum, sich selbst so positiv wie möglich darzustellen und die guten Seiten hervorzu-

heben (vgl. Mummendey 1995: 142; Jones/Pittman 1982: 241-245). Unter dem Begriff Eigenwerbung werden verschiedene Einzeltechniken zusammengefasst. Nach Tedeschi et al. (1985: 75) sind es vor allem die Techniken *hohe Ansprüche signalisieren, hohes Selbstwertgefühl herausstellen, sich über Kontakte aufwerten* und *das Abwerten Anderer* (*entitlements, self-enhancement, BIRGing, blasting*), die in der Eigenwerbung versammelt sind. Sie zielen darauf ab „to achieve an identity as a competent and intelligent person" (Tedeschi et al 1985: 75). Es geht also nicht darum, die eigene Beliebtheit zu erhöhen, sondern sich als kompetent und intelligent darzustellen. Es ist die Präsentation der eigenen Leistungsfähigkeit, die im Mittelpunkt steht (vgl. Mummendey 1995: 142; Jones/Pittman 1082: 241).

(2) **Sich über Kontakte aufwerten (*basking in reflected glory/BIRGing*)** und (3) **sich über Kontakte positiv abheben (*boosting*)** beziehen sich auf die positive Rückwirkung, die eine soziale Gruppe auf einen Akteur hat. Es geht beim *BIRGing* darum, „sich mit bestimmten Gruppen und deren positiven Bewertungen (also gewissermaßen mit ihrem Ruhm) zu assoziieren" (Mummendey 1995: 145). Die Forschung von Cialdini et al. (1976) und Richardson/Cialdini (1981) belegt, dass schon die öffentliche Darstellung der Verbindung oder Identifikation mit einer sozialen Gruppe den Eigenwert des Akteurs erhöht. Diese Werterhöhung besteht in der Übertragung positiver Attribute von der Gruppe auf einen selbst, z. B. Erfolge, Beliebtheit oder Autorität (vgl. Mummendey 1995: 145).

Ähnlich, aber anders gewichtet, ist nach Finch/Cialdini (1989) das *boosting*. Hierbei nutzt der Akteur auch die Bekanntheit mit anderen, um deren positive Eigenschaften mit sich selbst in Verbindung zu bringen. In der Öffentlichkeit werden dann die Verbindung und die andere Person(engruppe) so bewertet, dass der Eigenwert des Akteurs angehoben wird (vgl. Mummendey 1995: 146).

(4) **Attraktivität herausstellen (*personal attraction*)**: Diese Form der Imageproduktion zielt darauf ab, beim Gegenüber möglichst attraktiv zu erscheinen. Solches Verhalten ist eher einer sozialen Ebene zuzurechnen, wobei es um die Erweckung positiver Emotionen geht, wie z. B. die persönliche Beliebtheit oder allgemeine Sympathie (vgl. Mummendey 1995: 149). Attraktivität gilt als wertvolle Ressource im sozialen Umfeld und sichert French/Raven (1959) zufolge ein gewisses Maß an Macht. Welche konkreten Verhaltensweisen der IM-Technik *personal attraction* zugerechnet werden, ist nicht immer eindeutig, da so gut wie alle Verhaltensweisen die Attraktivität des Akteurs positiv oder negativ beeinflussen können. Gove et al. (1980) weisen darauf hin, dass sogar das Dümmer-Stellen (vgl. Mummendey 1995: 150) die Attraktivität eines Akteurs in bestimmten Situationen – wenn auch nur kurzfristig – steigern kann.

(5) **Status und Prestige zu betonen** (*status, prestige*) ist ein Teil der nonverbalen, assertiven Selbstdarstellung (vgl. Mummendey 1995: 151). Ausschlaggebend sind vor allem die Kleidung und das Tragen bzw. Präsentieren von Statussymbolen. In bestimmten Kontexten sind dies beispielsweise teure Uhren oder Anzüge, auch Titel im akademischen Umfeld. Sie stellen „Status-*Symbole* im Sinne des symbolischen Interaktionismus [dar]: Sie zeigen neben anderem an, wieviel Macht, Einfluß, Reichtum, Bildung usw. ihrem Träger zugeschrieben werden kann" (ebd.; Herv. im Orig.). *Status* bezeichnet „eine durch eine Position legitimierte Autorität" (ebd.: 152), *Prestige* dagegen „eine nicht unbedingt an eine Rolle, ein Amt, eine Funktion oder Position gebundene Ressource sozialen Einflusses" (ebd.).

(6) **Glaubwürdigkeit und Vertrauenswürdigkeit** (*credibility, trustworthiness*) stellen in unserer Gesellschaft wichtige Machtfaktoren dar. Je größer das Vertrauen der Öffentlichkeit in eine Person ist, desto mehr Einfluss gewinnt diese, wobei Einfluss wiederum eine wertvolle Ressource ist (vgl. Mummendey 1995: 152). Hovland et al. (1953) stellen in diesem Zusammenhang fest, dass ein Akteur, der glaubwürdig erscheint, leichter die Meinung und Einstellung anderer beeinflussen kann. Bei dieser Art der Selbstdarstellung spielen Status und Prestige des Akteurs eine wichtige Rolle.

(7) **Sich beliebt machen, sich einschmeicheln** (*ingratiation, other-enhancement*): Ziel dieses assertiven Verhaltens ist es, „die Sympathie eines Interaktionspartners oder des Publikums zu gewinnen" (Mummendey 1995: 154, 155; vgl. auch Jones/Pittman 1982: 235-238). Sympathie und Beliebtheit bilden wertvolle Ressourcen im sozialen Alltag und sind in verschiedenen Situationen positiv einsetzbar. Schlenker (1980: 168-169) vergleicht positive Selbstbeschreibungen mit Werbung: Bei der Werbung für sich selbst kommt es auf ein gesundes Mittelmaß zwischen zu offensiver Eigenwerbung und gar keiner Eigenwerbung an (vgl. Mummendey 1995: 154f.), da diese für den Interaktionspartner glaubwürdig sein muss.

Einschmeicheln bei anderen wird vor allem von weniger mächtigen Akteuren betrieben, die sonst keine einsetzbaren Ressourcen (wie z. B. gesellschaftliche Macht oder finanzielle Mittel) besitzen (vgl. Tedeschi et al. 1973). Als Verhaltensweise kann das Einschmeicheln zwar bewusst und zielgerichtet eingesetzt werden, findet jedoch oft unbewusst, unreflektiert und automatisch statt (vgl. Jones/Wortman 1973).

Mit Mummendey (1995: 156) können vier verschiedene Techniken als Arten von *ingratiation* unterschieden werden: a) das *self-enhancement* (sich selbst erhöhen), b) *other-enhancement* (andere erhöhen), c) *opinion conformity* (Meinungskonformität) und d) *favor-doing* (einen Gefallen tun). Ein Beispiel für meinungskonformes Verhalten ist, dass in Diskussionen nach Vorträgen dem Redner anfänglich oft zugestimmt (*opinion conformity*) und erst danach Kritik geäußert wird. Das Wichtige an der Zustimmung ist aber in erster Linie die Imitation und Nachahmung im Sinne der Wiederholung der Aussage des Kommunikationspartners (vgl. Mummendey 1995: 156). Tedeschi et al. (1985: 73) weisen darauf hin, dass Meinungskonformität in eine negative Eigenschaft umgedeutet werden kann, nämlich dann, wenn ein Akteur als Konformist verschrien wird (vgl. Mummendey 1995: 157).

Das *favor-doing* wird mit dem Ziel der positiven Selbstdarstellung nicht planlos eingesetzt, sondern soll sowohl die eigene Beliebtheit erhöhen als auch andere dazu bewegen, Gefallen zurückzugeben (Prinzip der Gegenseitigkeit). *Favor-doing* kann zu Lobbyismus führen und große Ausmaße in sämtlichen Gesellschaftsebenen und -bereichen annehmen – auch hier mit dem Ziel des Einschmeichelns, Sich-durch-Loben-Darstellens und Sich-Beliebt-Machens (vgl. ebd.: 155, 157).

Die nachfolgenden Techniken sind der **negativen Selbstdarstellung** zuzuordnen:

(8) **Entschuldigen, Abstreiten von Verantwortlichkeit (*apologies, excuses*), Rechtfertigen (*justification, accounts*), Rechtfertigen in misslichen Lagen (*predicaments*)**: Diese Typen von *Rechtfertigungen* bilden die heterogenste Gruppe der bisher beschriebenen Techniken. *Apologies, excuses* und *justifications* sind nach Mummendey Techniken der positiven Selbstdarstellung, weil sie indirekt das eigene Image positiv gestalten (vgl. Mummendey 1995: 158). Diese Zuordnung ist aber nicht das einzig Umstrittene dieser Gruppe, auch die unterschiedliche Verwendung der Begriffe ist problematisch:

1) Der Begriff der *accounts* entwickelt sich vom Unterbegriff zum Oberbegriff von Versuchen, „das eigene Verhalten verbal darzustellen und zu begründen" (Mummendey 1995: 158; Scott/Lyman 1968);
2) Nach Schlenker/Weigold (1992) sind unter ihrem Begriff des *accounting* die folgenden Techniken zusammenzufassen: *defenses of innocence, excuses, justifications* und *apologies* (vgl. Mummendey 1995: 158);
3) Anders geordnet wurden verschiedene Techniken von Schönbach (1980), der *concessions, excuses, justifications* und *refusals* zusammennimmt (vgl. Mummendey 1995: 158).

Möchte oder muss ein Akteur sich entschuldigen (*apologies*), sollte er möglichst glaubwürdig wirken. Nach Mummendey tragen die folgenden Elemente zu einer überzeugenden Darstellung bei:

> Ausdruck von Schuld und Scham, Anerkennung des angemessenen Verhaltens und [...] Berechtigung, das unangemessene Verhalten zu bestrafen, die Ablehnung des falschen

Verhaltens und damit des ‚bösen' Anteils des eigenen Selbst, ferner das Versprechen zukünftigen Wohlverhaltens und schließlich das Bußetum und das Angebot, das Opfer zu entschädigen (Mummendey 1995: 158).

Überzeugende und glaubwürdige Entschuldigungen wirken auf Interaktionspartner positiv; so konnte in Untersuchungen festgestellt werden (z. B. Schlenker/Darby 1981; Darby/Schlenker 1982; vgl. auch Mummendey 1995: 158), dass Entschuldigungen als Sympathiefaktor wirken. Diese Sympathie kann strategisch oder taktisch (sollte man sich einer solchen Unterscheidung anschließen) in dem Sinne ausgenutzt werden, dass man sich für Dinge entschuldigt, die man selbst nicht begangen hat, um sich in ein positives Licht zu rücken. Ein solches Entschuldigungsverhalten kann auch – sofern es nicht taktisch-strategisch eingesetzt wird – krankhafte Züge annehmen (vgl. Mummendey 1995: 159).

Im Fall der *excuses*, dem Abstreiten der Verantwortung, versucht ein Akteur, sich in einer negativen Situation mit der Möglichkeit eines Gesichtsverlusts gegenüber den Interaktionspartnern zu schützen. Eine solche Selbstdarstellung hat einerseits also eine gesichtswahrende Funktion, andererseits aber auch den Vorteil, aufgrund bestimmter Mängel (nach Mummendey z. B. Krankheit, Ängstlichkeit, Depressionen oder Schüchternheit) von Verantwortung freigestellt und insgesamt geschont zu werden (vgl. ebd.).

Situationen, in denen Akteure potenziell ihr Gesicht verlieren können, also bedrohende, peinliche oder gefährliche Lagen, werden *predicaments* genannt (vgl. Mummendey 1995: 160). Der Begriff bezeichnet genauer „mißliche Lagen", die „aus Ereignissen [entstehen], also aus Handlungen und ihren Folgen, die sich in unerwünschter Weise auf das Bild, das andere von einer Person haben, auswirken" (Mummendey 1995: 160).

Das Abstreiten von Verantwortung kann ebenso wie das Entschuldigen zu einem krankhaften Verhaltensmerkmal werden, wenn ein Akteur generell „jede Art von Kontrolle über das eigene Verhalten ablehnt" (ebd.: 161). *Excuses* verlagern Verantwortlichkeit bzw. Ursache-Folge-Beziehungen in die äußere Umgebung eines Akteurs; negative Absichten werden vom Akteur geleugnet und äußeren Umständen zugeschrieben (vgl. Snyder/Higgins 1988a/b).

Werden das eigene Fehlverhalten und die Verantwortung für schlechte Folgen oder *predicaments* anerkannt und evtl. auch gegenüber dem Interaktionspartner begründet, liegen reine Rechtfertigungen (*justifications, accounts*) vor (vgl. Mummendey 1995: 161). Hierbei charakterisiert Schlenker (1980: 144-146) drei verschiedene Arten, die von Mummendey aufgegriffen werden:

2 Der Rahmen: Selbstdarstellung als Forschungsgegenstand 57

- **„Direct Minimization"** (Schlenker 1980: 144; Herv. im Orig.) bezeichnet „Rechtfertigungen, die den *negativen Charakter des Ereignisses* direkt zu *minimieren* suchen" (Mummendey 1995: 162; Herv. im Orig.);
- **„Justification through Comparison"** (Schlenker 1980: 145; Herv. im Orig.) umfasst „Rechtfertigungen, die einen *sozialen Vergleichsprozeß in Gang* setzen" (Mummendey 1995: 162; Herv. im Orig.);
- **„Justification through Higher Goals"** (Schlenker 1980: 145; Herv. im Orig.) benennt „Rechtfertigungen, die *auf höherrangige Ziele oder Werte verweisen*" (Mummendey 1995: 162; Herv. im Orig.).

(9) **Widerrufen, ableugnen, dementieren, vorsorglich abschwächen (*disclaimers*)**: Mit den sogenannten *disclaimers* wird prophylaktisch-defensiv Selbstdarstellung betrieben. Schon bevor eine negative Situation [predicament; s. o.] eintritt, wird mit Entschuldigungen oder Rechtfertigungen die Situation abgeschwächt oder entschärft. Nach Mummendey sind es Einleitungen wie „Ich möchte nicht unhöflich sein, aber...", „Bei allem gebührenden Respekt möchte ich doch bemerken, dass...", „Bitte verstehen Sie mich jetzt nicht falsch, wenn ich Ihnen sage, dass...", die vorsorglich abschwächen und Achtung vor dem anderen signalisieren sollen (vgl. Mummendey 1995: 162).

(10) **Sich als unvollkommen darstellen (*self-handicapping*)**: Wenn ein Akteur seine eigene Unvollkommenheit verbal nach außen kehrt, tut er dies im Sinne des IM mit dem Ziel, die Verantwortung für sein eigenes Verhalten oder Handeln ein Stück weit abzugeben (vgl. Berglas 1988). Damit kann er seine eigene Selbstachtung oder -wertschätzung [self-esteem] bewahren (vgl. Rhodewalt et al. 1991) und sich gleichzeitig gegen Kritik immunisieren (vgl. Mummendey 1995: 164). Gängige Bereiche der Unvollkommenheit sind Alkohol- oder Drogensucht, Depressionen (vgl. Baumgardner 1991) oder bestimmte Ängste (zu Prüfungsangst Smith et al. 1982) (vgl. Mummendey 1995: 165).

(11) Beim ***understatement*** geht es dem Akteur darum, indirekt **durch Untertreibungen Eigenwerbung zu betreiben**. Fähigkeiten, Leistungen, Errungenschaften oder Ähnliches werden bewusst oder unbewusst als weniger positiv dargestellt, wobei diese noch vom Interaktionspartner als positive Eigenschaften aufgefasst werden sollen (vgl. Mummendey 1995: 165f.). Ähnlich funktioniert das als Hilfsbedürftig-Erscheinen (*supplication*): Wenn ein Akteur sich so darstellt, dass er bestimmter Hilfestellungen bedarf, bringt er eine Abhängigkeit zum Ausdruck (vgl. ebd.: 166). Dadurch erreicht er besondere Vorteile, z. B. Aufmerksamkeit und unter Umständen auch Entlastungen.

(12) **Bedrohen, einschüchtern (*intimidation*)**: Die Technik der *intimidation* bezeichnet alle Arten von Bedrohung und Einschüchterung, die körperlich oder

verbal vollzogen werden können. Die eigene Überlegenheit wird demonstriert, indem man sich glaubwürdig als „stark, mächtig, gefährlich" (Mummendey 1995: 169; vgl. auch Jones/Pittman 1982: 238-241) darstellt. Diese Wirkung entfaltet sich allerdings nur, wenn sich der Interaktionspartner durch Machtdemonstrationen, Androhungen oder gut positionierte Andeutungen einschüchtern lässt, was aber oft der Fall ist, wenn es sich um hierarchische, unfreiwillig entstandene Beziehungen handelt (vgl. Mummendey 1995: 170). Weniger erfolgreiches *intimidation*-Verhalten kann eher als Imponiergehabe interpretiert werden. Bei dieser IM-Technik wird deutlich, wie sehr der Erfolg und die Wirkung von strategisch oder taktisch eingesetztem Selbstdarstellungsverhalten von den Interaktionspartnern abhängen (vgl. ebd.).

(13) **Abwerten anderer (*blasting*)**: Mit dem Abwerten von anderen Personen(gruppen) oder Ereignissen distanziert sich der Akteur von ihnen, indem er sie negativ beurteilt und eine Verbindung zu diesen abwertet. Dadurch ergibt sich implizit eine Selbstwerterhöhung des Akteurs, wodurch dieser Eigenwerbung betreiben kann (vgl. Cialdini/Richardson 1980).

Die Wirksamkeit der Techniken ist von verschiedenen Faktoren abhängig[24]. Die Persönlichkeit der jeweiligen Person (vgl. Arkin 1981), das Publikum sowie eigene Erfahrungswerte in Bezug auf Verhalten spielen eine wichtige Rolle. Mummendey (1995: 139) weist darauf hin, dass vor allem positive und negative Erfahrungswerte den nachfolgenden Einsatz von Selbstdarstellungsverhalten steuern und Individuen dazu veranlassen, einzelne Techniken zu verfeinern.

Die beschriebenen Techniken sollen als Überblick über die Beschreibungs- und Erfassungsweise von Techniken in der Sozialpsychologie dienen. Mit den begrifflichen und konzeptuellen Überschneidungen, die sich in der Literatur häufig im Umgang mit den identifizierten Strategien, Taktiken und/oder Techniken finden, wird in der vorliegenden Arbeit umsichtig umgegangen.

Ein Problem neben der schon angedeuteten Bezeichnungsvielfalt und -uneindeutigkeit zeigt sich, wenn man die nähere Beschreibung solcher Techniken in der IM-Forschung betrachtet: Tedeschi et al. (1985) haben beispielsweise für fünf Taktiken jeweils angegeben, welche Handlungen diesen zugrunde liegen (vgl. Tab. 2):

---

24 Dennoch gab und gibt es Versuche, positive Selbstdarstellung mittels Fragebogen sichtbar und anhand bestimmter Kriterien beschreibbar zu machen (vgl. Mummendey 1994).

Tabelle 2: Taktiken und deren Ziele, Probleme und spezifischen Handlungen; Tedeschi et al. 1985: 10.

TACTIC	DESIRED IMPRESSION	IF BACKFIRES MAY CAUSE	SPECIFIC ACTIONS
Ingratiation	To be liked	Being viewed as a flatterer	Self- and other enhancing communications; favor-doing
Intimidation	To be feared	Being viewed as impotent	Acting angry and threatening
Supplication	To be viewed as weak, dependent	Being considered as conceited	Acting helpless
Self-promotion	To be respected for abilities	Being seen as conceited	Claiming entitlements, enhancements, BIRGing
Exemplification	To be respected for morality and worthiness	Being viewed as hypocritical	Acting as a social model

Die Taktiken (1. Spalte) Einschmeicheln, Einschüchtern, Hilflos-Erscheinen, Eigenwerbung-Betreiben und Beispielhaft-Erscheinen haben jeweils eine intendierte Funktion (sollen also einen gewünschten Eindruck hinterlassen [desired impression]) sowie unerwünschte Wirkungen, falls der gewünschte Eindruck nicht erweckt werden kann (3. Spalte). In der vierten Spalte werden einzelne Handlungen angegeben, die zum gewünschten Image führen sollen und die Taktik ausmachen; im Falle von Einschmeicheln sind das die Handlungen Selbst- und Andere-Erhöhende-Kommunikation und Gefallen-Tun. Hier zeigt sich ein weiteres Problem der IM-Forschung, was die Systematisierung ihrer identifizierten Selbstdarstellungsphänomene angeht: Bestimmte Techniken bestehen aus Sequenzen verschiedener anderer Techniken, also aus Sequenzen bestimmter Verhaltensmuster, die nur in ihrer spezifischen Kombination wirksam sind. Auch in diesem Fall werden die dem Einschmeicheln zugeordneten Handlungen in der IM-Literatur als eigenständige Techniken beschrieben. Genauso stellt es sich bei der Eigenwerbung dar, die aus den Handlungen Leistungen-Beanspruchen, Erhöhungen und BIRGing besteht. Diese sind (wie zum Teil oben erläutert) ebenso als eigene Techniken erfasst, werden im Text aber als „spezifische Handlungen" [specific actions] (Tedeschi et al. 1985: 10) beschrieben.

2.3 Zwischenfazit: Selbstdarstellung als Kombination von verbalem, paraverbalem und nonverbalem Verhalten

Die vorgestellten Selbstdarstellungstechniken äußern sich in einer Kombination aus verbalen, paraverbalen und nonverbalen Elementen. Nicht nur das, *was* gesagt wird, sondern auch *wie* es gesagt wird, gibt Hinweise auf die Selbstdarstellung: „Äußerungen sind unweigerlich von kinetischen und paralinguistischen Gesten begleitet, die eng mit der Strukturierung verbaler Ausdrucksmöglichkeiten verbunden sind" (Goffman 2005: 108). Handelt es sich um eine face-to-face-Kommunikation, sind also alle Kommunikationspartner einander sichtbar, hat auch die Körpersprache Einfluss auf das *Was* und *Wie* des Gesagten. In diesem Abschnitt wird daher zuerst das nonverbale Verhalten betrachtet, bevor das paraverbale Verhalten in den Blick genommen wird. Den Abschluss bildet das verbale Verhalten, das zum folgenden Kapitel *Linguistische Ansätze zu Selbstdarstellung und Beziehungsmanagement in Gesprächen* (Kap. 2.4) überleitet.

2.3.1 Nonverbales Verhalten

Die Wichtigkeit von nonverbalem Verhalten für die Selbstdarstellung im Sinne der Impression Management-Theorie fasst Mummendey (1995: 201) prägnant zusammen:

> Nonverbales Verhalten kann nur schwer unterdrückt werden, ist häufig an Emotionen gebunden, ist dem Akteur zumeist weniger zugänglich als dem Beobachter, ist häufig nicht präzise zu beschreiben, vollzieht sich oft sehr schnell und transportiert zumeist Bedeutungen, die man kaum mit Worten ausdrücken kann. Dabei kann nonverbales Verhalten aber oft auch unterschiedlich oder fehlerhaft gedeutet werden.

Wie verbales Verhalten kann auch nonverbales Verhalten bewusst oder unbewusst sein, kann aktiv gesteuert werden oder automatisch erfolgen (z. B. Mummendey 1995: 112; Leary 1996: 23). Wenn nonverbales Verhalten bewusst und gesteuert erfolgt, trainiert und intentional eingesetzt wird, ist dies ein Zeichen dafür, dass es im Sinne des IM eingesetzt wird. Nach Leary ist es dann taktisches Verhalten (vgl. Leary 1996: 23), das situations- und kontextabhängig verwendet wird.

Nonverbales Verhalten ist – außer in Situationen, in denen man sich bewusst positiv oder negativ darstellen möchte – weitgehend automatisch und unbewusst ablaufendes Verhalten. Auch das Deuten von Körpersprache und Mimik seitens der Interaktionspartner geschieht automatisch. Beides, nach Schlenker (1980: 235) bezeichnet man das Senden als *encoding* und das Rezipieren als *decoding*, sind habitualisierte Prozesse, wobei individuell die Sensibilität für nonverbales Verhalten von Akteur zu Akteur, von Rezipient zu Rezipient unterschiedlich ist (vgl. ebd.: 237). Nonverbales Verhalten ist dabei nicht immer eindeutig entschlüsselbar und es können durchaus Probleme bei der Interpretation auftreten. Schlenker nennt vor allem zwei Faktoren: (a) unterschiedliche Kontexte beeinflussen die Bedeutung von Verhaltensweisen und (b) diese Bedeutungen kulturabhängig sind und von der Zugehörigkeit zu sozialen Gruppen bestimmt (vgl. ebd.: 238). Diese Kontext- und Kulturabhängigkeit der Enkodierung und Dekodierung von nonverbalem Verhalten ist zwar in Bezug auf dessen Deutung problematisch, doch lassen sich diese Probleme oftmals ohne Schwierigkeiten durch soziale Kompetenzen wie Empathie und Kooperationsbereitschaft lösen.

Bedeutsame Faktoren bei der Selbstpräsentation sind die Körpersprache und das Verhalten im Raum (vgl. Schlenker 1980: 236), Mimik, Gestik und die äußere Erscheinung (vgl. Schlenker 1980: 267-275; Mummendey 1995: 200-203; Leary 1996: 25-26), nach Leary (1996: 31-33) auch die physikalische Umgebung.

Ein Ansatz, der nonverbale Verhaltensweisen untersucht, ist die Kinesik. Sie umfasst alle der oben genannten Aspekte und wurde daher stellvertretend ausgewählt[25]. Sie soll im Folgenden dargestellt werden, um besser auf die einzelnen kommunikativen Funktionen von nonverbalen Signalen eingehen zu können.

Die Kinesik beschäftigt sich „mit der Gesamtheit aller dem Menschen möglichen Bewegungsaktivitäten und der Frage, wie und zu welchen Zwecken diese zur Kommunikation eingesetzt und verwendet werden können" (Sager 2001: 1133). Die Kinesik geht davon aus, dass unsere heutigen körperlichen Verhaltensweisen evolutionsbiologische Resultate „einer langen und erfolgreichen Anpassung an eine bestimmte physikalische Umwelt" (ebd.: 1132) sind. Trotz der Schwierigkeiten einer Systematisierung von möglichen Ausdrücken, gliedert Sager diese in drei Bereiche: Motorik, Taxis und Lokomotion, denen er jeweils einzelne Verhaltenselemente und involvierte Körperteile zuordnet. Seine Erläuterungen werden in jeder Kategorie mit Erkenntnissen aus der IM-Forschung ergänzt.

---

25 Nach Burgoon et al. (2008) sind es vor allem sieben Ansätze und Typologien, die nonverbales Verhalten wissenschaftlich untersuchen und dabei aus verschiedenen Disziplinen Informationen beziehen (vgl. Burgoon et al. 2008: 788). Die wichtigsten Forschungsperspektiven sind die Kinesik (Körperbewegungen), Vocalic/Parasprache (sprachliche Signale), physisches Auftreten (äußeres Erscheinungsbild), Haptik (Berührung, Kontakt), Proxemik (Distanz und Räumlichkeit), Chronemik (Zeit und Zeitbenutzung) und Artefakte (Objekte und Eigenschaften der Umwelt) (Burgoon et al. 2008: 789). Die meisten der in den einzelnen Bereichen untersuchten Phänomene, die Elemente der Selbstdarstellung sind, wie das Auftreten, die Gestik und Mimik, auch Gegenstand von IM-Forschung geworden.

Der erste Bereich der **Motorik** umfasst die Mimik (Gesichtsbewegungen), Pantomimik (Körperbewegungen, Position der Körperteile) und die Gestik (Bewegung von Armen und Händen) (vgl. Sager 2001: 1133). Schlenker fasst unter dem Begriff Körpersprache die Elemente *body position* und *body movements* zusammen. Ersteres bezeichnet z. B. Körperhaltung und Gesichtsausdruck, letzteres Gestik und Mimik (vgl. Schlenker 1980: 235). In der IM-Theorie wurde der Einsatz von Gestik im Hinblick auf Macht untersucht (z. B. Leary 1996: 26; Schlenker 1980: 239-254). Grundlage ist, dass Personen ihre Gestik kontrollieren und sich dadurch bewusst in Szene setzen können.

Der zweite Bereich ist die **Taxis**, die Berührungskontakte, Blickkontakte und axiale Orientierungen zusammenfasst. Berührungskontakte können den eigenen Körper betreffen (autotaktil) oder den eines Interaktionspartners (soziotaktil). Ebenso kann der Blickkontakt auf andere Personen oder Objekte gerichtet (partner- oder objektfokussiert) oder auf den eigenen Körper (selbstfokussierend) ausgerichtet sein. Die axiale Orientierung meint die Ausrichtung des Kopfes oder Rumpfes in Richtung des Interaktionspartners (vgl. Sager 2001: 1133).

Der dritte und letzte Bereich der **Lokomotion** enthält die soziale Regelung der Entfernung oder Nähe zwischen den Interaktionspartnern (Proxemik) (vgl. ebd.). Ein Bestandteil der Lokomotion ist das Raumnutzungsverhalten des Akteurs. Dieses bezieht sich auf z. B. räumliche Abstände zwischen Interaktionspartnern, Sitzordnungen bzw. die räumlich-sozialen Voraussetzungen, die bspw. durch Büroeinrichtungen vorgegeben sind, oder deren Übertretung, wenn also die regulären Abstände nicht eingehalten oder Räume ausgenutzt werden (vgl. Schlenker 1980: 236). So wirkt sich auch die Raumnutzung auf die Imagebildung beim Gegenüber aus (vgl. ebd.). In Zusammenkünften mit mehreren Personen spielt unter anderem die Sitz(an)ordnung der einzelnen Interaktionsteilnehmer eine Rolle für die Selbstdarstellung. Der Sitzplatz bestimmt unter Umständen die möglichen Konversationspartner für den gesamten Abend; wer am Kopfende sitzt, bekommt oft die meiste Macht zugeschrieben; wer am Rande oder in einer hinteren Ecke sitzt, beteiligt sich seltener an Gesprächen (vgl. Reiss/Rosenfeld 1980). Sitzplätze können einem zugewiesen, oder aber bewusst gewählt werden. In letztem Fall dient die Wahl der taktisch-strategischen Selbstdarstellung.

Weitere Aspekte, die in der Impression Management-Theorie im Hinblick auf ihre Selbstdarstellungsfunktion hin untersucht werden, sind die physikalische Umgebung der Akteure sowie deren äußere Erscheinung.

Die **physikalische Umgebung** einer Person, wie z. B. die Haus- oder Büroeinrichtung, Stuhlarrangements oder Bilderrahmen, geben Aufschluss über die Persönlichkeit eines Menschen (vgl. Schlenker 1980: 267-278; Burroughs et al.

1991; Leary 1996: 31). Daher kann sie auch bewusst als Selbstdarstellungstechnik genutzt werden. Die physikalische Umwelt wird in Analogie zu einem Theater in drei Aspekte gegliedert: das Set [sets], die Requisiten [props] und die Beleuchtung [lighting]. Das Set besteht aus den Dingen, die feststehend sind, wie z. B. Abstände und Räume, Größen, der Stil von Möbeln und die Farbgestaltungen (vgl. Ornstein 1989). All die Dinge, die bewegbar und nur für eine bestimmte Zeit Teil der Umgebung sind, sind Requisiten. Alles kann Requisite sein und alles kann sich auf den Eindruck des Gegenübers auswirken, z. B. herumliegende Zeitschriften oder Urkunden an der Wand (vgl. Leary 1996: 30-31). Die Beleuchtung wiederum ist für die Atmosphäre und die Stimmung eines Raumes wichtig. Auch sie bestimmt den Eindruck, den jemand von einem Raum und daher auch von der Person bekommt. Wenn Akteure sehr auf die kohärente Darstellung des Selbst bedacht sind, liegt es nahe, die persönliche physikalische Umgebung wie Wohnung und Büro dem gewünschten Image anzupassen, um die Imagebildung in die gewünschte Richtung zu unterstützen (vgl. Leary 1996: 32).

Die **äußere Erscheinung**, das Auftreten einer Person, die Kleidung und Statussymbole, die sie trägt sowie die physische Attraktivität spielen eine große Rolle im Alltag wie im Berufsleben (vgl. Schlenker 1980: 267-275; Mummendey 1995: 200-203). Durch Kleidungsstil, Frisur und Accessoires kann eine Person mehr oder weniger bewusst die eigene Persönlichkeit ausdrücken. In diesem Sinne kann die äußere Erscheinung als taktischer Ausdruck des Selbst im Sinne des Impression Managements betrachtet werden (vgl. Leary 1996: 25). Wie wichtig Kleidung und persönlicher Besitz zur Einschätzung von Personen in bestimmten Situationen sind, wurde in Experimenten nachgewiesen (vgl. Burroughs et al. 1991) und lässt sich auch anhand eigener Alltagserfahrungen leicht nachvollziehen. Das gleiche gilt für den Einfluss der Attraktivität einer Person auf die Einschätzung des Interaktionspartners. Wird eine Person als attraktiv wahrgenommen, tendieren die Interaktionspartner dazu, dieser Person noch mehr positive Merkmale wie Dominanz und Intelligenz zuzuschreiben (vgl. Leary 1996: 25).

In der Linguistik wurde ebenso die Funktion nonverbalen Verhaltens in der Kommunikation untersucht. Nonverbales hilft sowohl bei der Produktion als auch der Rezeption von Botschaften (vgl. Burgoon et al. 2008: 790)[26]. In der Gesprächsorganisation übernimmt nonverbales Verhalten folgende Funktionen:

---

26 Burgoon et al. (2008) entscheiden sich für eine botschaftsorientierte Betrachtung [message orientation], um die Frage der Sender-Intentionalität aus den Untersuchungen ausklammern zu können (vgl. Burgoon et al. 2008: 787). Im Gegensatz zur Orientierung an der Quelle, wobei nur intentionale und bewusst gewählte Handlungen betrachtet werden, und der Orientierung am Empfänger, der praktisch alles als Botschaft

> Nonverbal cues can facilitate the management of conversation in four ways. They set the stage for an interaction, segment and regulate conversational turn taking, coordinate ongoing interactions, and signal the initiation and termination of interactions. A major responsibility for defining the actors' roles within a conversation is handled by contextual nonverbal features. Spatial arrangements, actors' attire, grooming and posture can signal the type of communication expected (e.g., formal or informal, social or task oriented, public or private). Status and authority can be negotiated by dynamic features such as kinesic and vocalic demeanor (Burgoon et al. 2008: 800).

Auf der Produktionsseite erleichtern nonverbale Signale die Kommunikation, indem sie anzeigen, was überhaupt als Nachricht gelten kann; Körperhaltung und Blickkontakt geben Aufschluss darüber, ob Gesagtes an jemanden gerichtet ist oder nicht, oder ob der Empfänger die Kommunikationssituation annimmt oder nicht (vgl. ebd.: 791).

Nach Ricci Bitti/Poggi (1991) und Scherer (1980) übernehmen nonverbale Signale semantische, pragmatische und syntaktische Funktionen: Gesten oder Berührungen signalisieren Zuneigung, Nicken oder Kopfschütteln stehen für konkrete Antworten, ausgestreckte Arme geben Richtungen an. Alle diese Handlungen haben eine eigene Bedeutung und eine pragmatische Funktion in der Kommunikation (vgl. Burgoon et al. 2008: 791). Die syntaktische Funktion besteht darin, dass verbale Äußerungen durch nonverbale Signale gegliedert werden (vgl. Scherer 1980), wobei die nonverbalen Elemente das verbal Geäußerte unterstützen, wiederholen, illustrieren etc. können. Umgekehrtes gilt für die Verarbeitung von Äußerungen. Nonverbale Signale erleichtern das Verständnis des Gesagten insofern, als sie Aufschluss über die syntaktische Struktur, den Inhalt und den Kontext geben. Informationen können durch eine zusätzliche Begleitung durch nonverbales Verhalten leichter gegliedert und besser eingeschätzt werden (vgl. Burgoon et al. 2008: 792).

Nonverbales Verhalten erleichtert die Kommunikation aber nur dann, wenn die Interaktionspartner jeweils die Fähigkeit besitzen, solche nonverbalen Informationen zu enkodieren und dekodieren, wobei beide Fähigkeiten eng miteinander verknüpft sind (vgl. ebd.: 793). Nonverbales Verhalten wird dabei als polysem angesehen – Rückschlüsse auf die Intention des Senders sind schwer zu ziehen bzw. wissenschaftlich kaum systematisch nachweisbar (vgl. ebd.: 788). Zudem muss nonverbales Verhalten immer in Kombination mit dem verbalen Verhalten betrachtet werden, da die Funktion des Verhaltens nur im multimodalen Zusam-

---

interpretieren und somit kommunikative Handlungen auf alle Bereiche (die teilweise auch nicht beeinflussbares Verhalten einschließen) ausweiten kann, geht es bei der botschaftsorientierten Betrachtung um „the subset of actions and features that could reasonably be counted as part of the coding system itself" (ebd.: 788).

menspiel erfasst werden kann. Nonverbales Verhalten ist außerdem stark kultur-, interaktions- und kontextabhängig (vgl. ebd.: 788, 790).

2.3.2 Paraverbale Selbstdarstellung

Paraverbale Elemente geben bspw. Aufschluss über die Gefühlslage, persönliche Involviertheit im Gespräch sowie Gespanntheit oder Entspanntheit. Paraverbale Elemente wurden in der IM-Forschung vergleichsweise wenig thematisiert. Festgestellt wurde aber die Wichtigkeit des Tonfalls bei Äußerungen. In Kombination mit der Mimik signalisiert der Tonfall, ob es sich bei einer Äußerung um einen Scherz, ein Zitat oder eine ironische Sequenz handelt (vgl. Goffman 1989; Schlenker 1980; Mummendey 1995; Leary 1996). Goffman thematisiert diese Phänomene im Zusammenhang mit Redestatuswechseln (vgl. Kap. 2.1.3).

Paraverbales wurde von Schlenker im Zusammenhang mit Macht untersucht (vgl. Schlenker 1980: 252-254). Gefühle und Einstellungen spiegeln sich auf paraverbaler Ebene wieder und sind für den Rezipienten wahrnehmbar und daher auch interpretierbar. Anzeichen für Machtlosigkeit oder Macht lassen sich nach Schlenker unter anderem an den folgenden Faktoren festmachen: (a) Machtlosigkeit, verwendet als Überbegriff für Ängstlichkeit und wenig Selbstbewusstsein, manifestiert sich in einer geringeren Sprechlautstärke und vielen Unterbrechungen oder Störungen des Sprachflusses, wie zum Beispiel Stottern, Auslassungen von Wort- oder Satzteilen, unbeendeten Sätzen, langen Pausen zwischen Wörtern und Sätzen sowie Gesprächspartikeln (vgl. Schlenker 1980: 252; Kleinke 1975). Demgegenüber treten in Fällen der (b) Macht und großem Selbstbewusstsein solche paraverbalen Eigenschaften nicht oder kaum auf, wodurch dem Akteur größere Kompetenz zugeschrieben wird. Auf dieser Basis lassen sich zwei Sprechstile unterscheiden: den machtvollen (*powerful*) und machtlosen (*powerless*) Sprechstil (Terminologie nach Erickson et al. 1978). Der machtlose Sprechstil zeichnet sich durch die bereits in (a) genannten Merkmale und einen fragenden Stimmton, Heckenausdrücke und Höflichkeitsformen aus. Im machtvollen Sprechstil sind diese Merkmale kaum zu finden. Das Attribut ‚Macht' wird dem Sprecher zugeschrieben, da seine Sprache einfach und direkt ist (vgl. Schlenker 1980: 252, 253).

2.3.3 Verbale Selbstdarstellung

Wie sich Selbstdarstellung verbal äußert, war kaum Thema der IM-Forschung. Goffman hat zwar die Wirkung der Sprache in seine Betrachtungen einbezogen, aber nicht systematisch untersucht. Aufgrund der fehlenden sozialpsychologischen und soziologischen Daten zur verbalen Selbstdarstellung (vgl. Gardner/

Martinko 1988: 43), werden an dieser Stelle die wenigen Hinweise von Goffman zum sprachlichen Verhalten zusammengefasst.

Goffman beschäftigt sich mit verbaler Selbstdarstellung vor allem in Zusammenhang mit Höflichkeit und der Wahrung der sozialen Ordnung. Sprachliche Rituale – Routineformeln, wie sie in Begrüßungen und Entschuldigungen beispielsweise geäußert werden – sichern die soziale Ordnung, indem sie gegenseitige Wertschätzung und Anerkennung der geltenden Werte signalisieren (vgl. Goffman 1971, 2011). Gesellschaftlicher Takt hängt dabei eng mit Höflichkeit zusammen. Taktvolles Verhalten vollzieht sich nach Goffman ebenso verbal, z. B. in „Andeutungen, Ambiguitäten, geschickte[n] Pausen, sorgfältig dosierte[n] Scherze[n]" (Goffman 1971: 36). Durch Takt können schwierige Themen indirekt thematisiert werden, ohne das *face* der Betroffenen offen anzugreifen.

Auch das Gesprächsverhalten kann Hinweise auf das Selbstdarstellungsverhalten liefern. Bescheidenes und defensives Gesprächsverhalten ist Anzeichen für Zurückhaltung und Unterordnung, aggressives Gesprächsverhalten unter Umständen ein Signal für Hochmut und Dominanz (vgl. Goffman 2011: 25). In Gesprächen, vor allem in beruflichen Kontexten, kann Gesprächsverhalten, das gegenseitige Wertschätzung signalisiert, die Atmosphäre entspannen. Gegenteilig wirken Zwischenrufe, denn diese erhöhen nicht nur die Spannung zwischen den Gesprächspartnern, sondern verschlechtern ebenso die Gesprächsatmosphäre (vgl. Goffman 1989: 456). Auch Bitten um Wiederholung unterbrechen den Gesprächsfluss. Solche Bitten können auf unterschiedliche Weise interpretiert werden: Sie können mangelnde Zuhörbereitschaft signalisieren, Unwissenheit ausdrücken oder einen Vorwurf des unklaren Ausdrucks bedeuten (vgl. Goffman 2005: 95f.). Je nach Interpretation durch den Gesprächspartner, hat dies Auswirkungen auf das Image des Bittenden.

2.3.4 Übersicht über nonverbalen, paraverbalen und verbalen Mittel der Selbstdarstellung (ohne konkrete IM-Techniken)

Tabelle 3: *Übersicht über die identifizierten Mittel und Funktionen von Selbstdarstellung.*

Mittel	Funktion	Quelle
VERBAL		
„Andeutungen, Ambiguitäten, geschickte Pausen, sorgfältig dosierte Scherze"	signalisieren taktvolles Verhalten	Goffman 1971

Mittel	Funktion	Quelle
VERBAL		
Anspielung	das Gesagte wird mit einer unterschwelligen Bedeutung versehen	Goffman 2005
Begrüßung, Entschuldigung	signalisiert Ehrerbietung und Wertschätzung des Gegenübers	Goffman 1971
Bitte um Wiederholung des Gesagten	signalisiert mangelnde Zuhör-Bereitschaft, Unwissenheit oder impliziert den Vorwurf des unklaren Ausdrucks	Goffman 2005
Positive Reaktion auf Entschuldigungen	dient der Wahrung des fremden *face*	Goffman 2011
Ritual, Routineformel	signalisiert Anerkennen der geltenden Werte, dient der Selbstregulierung und der Würdigung des Adressaten	Goffman 1979, 2011
GESPRÄCHSVERHALTEN		
Abschirmen gegen potenziell gesichtsbedrohende Situationen	dient dem Schutz des eigenen *face* (defensiv)	Goffman 1971
Ausweichen von potenziell gesichtsbedrohenden Situationen	dient dem Schutz des eigenen *face* (defensiv)	Goffman 1971
Bescheidenes, defensives Gesprächsverhalten	signalisiert Unterordnungsbereitschaft	Goffman 2011
Diskretion	dient dem Schutz des fremden *face* (protektiv)	Goffman 1971
Hochmütiges, aggressives Gesprächsverhalten	signalisiert Dominanz	Goffman 2011
Höflichkeit, Anstand	dienen der Wahrung der sozialen Ordnung	Goffman 2011
Ignorieren des Fehlers	dient der Wahrung des fremden *face*	Goffman 2011
Ignorieren des Zwischenfalls	dient dem Schutz des fremden *face* (protektiv)	Goffman 1971
Inszenieren einer potenziell bedrohlichen Situation	dient der Selbstprofilierung	Goffman 1971

Mittel	Funktion	Quelle
GESPRÄCHSVERHALTEN		
Meiden von potenziell gesichtsbedrohenden Situationen	dient dem Schutz des eigenen *face* (defensiv)	Goffman 1971
Nachsicht	dient der Wahrung des fremden *face*	Goffman 2011
Respektvolles Formulieren der eigenen Ansichten	dient dem Schutz des fremden *face* (protektiv)	Goffman 1971
Zwischenruf	erhöht die Gesprächsspannung und die Spannung zwischen den Personen	Goffman 1989
PARAVERBAL		
Paraverbale Elemente	geben Aufschluss über Gefühlslage, Involviertheit im Gespräch, Macht etc.	Goffman 1989; Mummendey 1995; Schlenker 1980; Leary 1996; Erickson et al. 1978; Kleinke 1975
Tonfall (in Kombination mit Mimik)	signalisiert Scherz, Ironie, Zitate (Redestatuswechsel)	Goffman 1989; Mummendey 1995; Leary 1996; Schlenker 1980
NONVERBAL		
Äußere Erscheinung (z. B. Kleidung, Frisur, Accessoires)	ist (bewusster oder unbewusster) Persönlichkeitsausdruck, lässt Rückschlüsse auf Selbstdarstellungsverhalten zu; korrekte Kleidung signalisiert Benehmen	Leary 1996; Schlenker 1980; Mummendey 1995; Goffman 1971, 2011
Gestik	kann z. B. Macht, Zu- oder Abneigung signalisieren	Leary 1996; Ricci Bitti/Poggi 1991; Scherer 1980
Haltung	signalisiert Benehmen und Wertschätzung des Gegenübers	Goffman 1971
Körpersprache	gibt Aufschluss über Einstellungen, Gemütszustände etc.	Schlenker 1980
Mimik (in Kombination mit Tonfall)	signalisiert Scherz, Ironie, Zitate (Redestatuswechsel)	Goffman 1989; Mummendey 1995; Leary 1996; Schlenker 1980

Mittel	Funktion	Quelle
NONVERBAL		
Physikalische Umgebung, „Bühnenbild"	gibt Aufschluss über die Persönlichkeit eines Menschen; lässt Rückschlüsse auf Selbstdarstellungs zu	Burroughs et al. 1991; Schlenker 1980; Goffman 2011
Verhalten	signalisiert Benehmen und Wertschätzung des Gegenübers; lässt Rückschlüsse auf Selbstdarstellungs zu	Goffman 1971, 2011
Verhalten im Raum	signalisiert Sicherheit, Unsicherheit, Macht etc.	Schlenker 1980
Visuelle Mittel (Gesten, Blickrichtung, Ab- und Zuwendung)	dienen der Gesprächsorganisation und der Verarbeitung von Äußerungen	Goffman 2005; Burgoon et al. 2008; Ricci Bitti/Poggi 1991; Schlenker 1980; Ekman/Friesen 1969

Wie man an den bisherigen Ausführungen erkennen kann, sind verbale und paraverbale Selbstdarstellung kaum untersucht worden. Einzelne Hinweise auf sprachliche Aspekte lassen sich zwar finden, zumal soziale Interaktion in Gesprächen bei Goffman fokussiert wird, doch Sprache wird nicht systematisch untersucht. Da aber gerade Goffmans Beobachtungen des Selbstdarstellungsverhaltens sprachliche Aspekte mit einschließen, sind seine Werke oft Ansatzpunkte für linguistische Arbeiten. Im folgenden Kapitel werden die linguistischen Ansätze zu Selbstdarstellung und Beziehungsmanagement diskutiert. Arbeiten, die Selbstdarstellung umfassend betrachten und analysieren, eine Methode zur linguistischen Erfassung aller verbalen und paraverbalen Aspekte bereitstellen, bleiben aber ein Forschungsdesiderat.

2.4 Linguistische Ansätze zu Selbstdarstellung und Beziehungsmanagement in Gesprächen

In diesem Kapitel werden linguistische Arbeiten zu den Themen Selbstdarstellung und Beziehungsmanagement dargestellt. Die zwei Themen sind eng miteinander verwandt und die linguistischen Ansätze, die sich diesen Themen widmen, basieren auf ähnlicher (v. a. soziologischer) Literatur. Die Aspekte Selbstdarstellung und Beziehung sind erst in jüngerer Zeit in der Linguistik aufgegriffen geworden, meist unter der Bezeichnung Imagearbeit. Viele der hier referierten Arbeiten untersuchen gezielt Selbstdarstellung und Beziehungsmanagement in Kombination und verdeutlichen sehr gut, inwiefern beide Aspekte miteinander zusammenhängen, so beispielsweise Holly (1979, 2001), Schwitalla (1996) und Spiegel/Spranz-Fogasy (1997).

Es liegt in der Natur der Sache, dass Selbstdarstellung und Beziehungsmanagement in der linguistischen Forschung im Kontext von Gesprächen untersucht werden. Daher befassen sich viele Arbeiten mit Streit-, Berufs- und Problemgesprächen, also im weitesten Sinne mit Diskussionen (zu Streits Gruber 1996 und Spiegel 1995, zu beruflichen Gesprächen Spiegel/Spranz-Fogasy 1997, zu Streit- und Schlichtungsgesprächen Schwitalla 1996). Aus diesem Grund wird zuerst auf die theoretischen Überlegungen von Selbstdarstellung eingegangen, bevor der Einfluss von Selbstdarstellungszielen in Diskussionen beschrieben wird (2.4.1). Im Anschluss daran werden die Aspekte des Beziehungsmanagements erläutert (2.4.2).

2.4.1 Selbstdarstellung und Imagearbeit: theoretische Ansätze und sprachliche Strategien

Die linguistischen Arbeiten zu Selbstdarstellung und Imagearbeit folgen unterschiedlichen Ansätzen. Holly (1979, 1987, 2001, 2012) verfolgt einen pragmatischen Ansatz und rekonstruiert Selbstdarstellung mittels Sprechhandlungen und dem Aufzeigen von Mustern. Auch Heine (1996) betrachtet Selbstdarstellungsphänomene auf der Ebene von Sprechhandlungen und fokussiert Rechtfertigungen. Spiegel/Spranz-Fogasy (2002) und Schwitalla (1996, 2001) hingegen versuchen hauptsächlich mittels Gesprächsanalyse – unter Einbezug von u. a. Stilistik und Pragmatik – Selbstdarstellung zu beschreiben. Der wohl aktuellste Ansatz stammt von Konzett (2012). Sie untersucht Selbstdarstellung mit Hilfe der Ethnomethodologischen Konversationsanalyse, fokussiert dabei aber auf den Identitätsbegriff und dementsprechend Identitäts-Präsentation.

Die meisten linguistischen Arbeiten basieren auf Goffmans Werken zu Interaktion und Selbstdarstellung (vor allem Holly 1979, 1987, 2001, 2012). Sowohl aus Goffmans Überlegungen als auch aus konversationsanalytischer Sicht lassen sich zwei Grundvoraussetzungen bei Selbstdarstellung und Beziehungsmanagement feststellen: Zum einen kann davon ausgegangen werden, dass kommunikative Handlungen in einer Interaktion gemeinsam hervorgebracht werden, wie beispielsweise die Organisation von Gesprächsstarts und -beendigungen sowie Sprecherwechseln. Die Gesprächsteilnehmer zeigen sich kooperativ dem Gespräch bzw. der Interaktion gegenüber, auch wenn sie beispielsweise eigene Interessen durchsetzen, streiten und Konflikte austragen. Selbstmodellierung und Selbstdarstellung funktionieren nur insofern, als man als Sender durch seine Äußerungen versuchen kann, seine Wirkung auf andere zu beeinflussen. Dennoch muss der Hörer diese interpretieren und darauf in irgendeiner Weise reagieren (vgl.

Schwitalla 1996: 286; Holly 2001: 1383). Zum anderen orientieren sich Akteure bei ihrer Selbstdarstellung nicht nur an ihren eigenen Intentionen und Erwartungen der Situation gegenüber, sondern auch an ihrem Publikum. Sie richten ihre Äußerungen danach aus, wer in welcher Situation angesprochen werden soll: „Die fokussierten Eigenschaften der Präsenz von Interaktionsteilnehmern sind also immer entworfen auf die antizipierten Reaktionen und Spiegelungen ihres verbalen Auftritts" (Schwitalla 1996: 290; vgl. auch Holly 2001: 1383).

Bei der linguistischen Definition von Selbstdarstellung steht die Sprache im Mittelpunkt: In Goffmans Tradition geht Holly davon aus, dass Images „durch sprachliche Handlungsmuster [...] als Grundlage für Gespräche erst etabliert werden" (Holly 1979: 2) müssen. Imagearbeit wird danach an (sprachlichen) Handlungsmustern sichtbar. Ohne expliziten Rückgriff auf Goffman legen Spiegel/Spranz-Fogasy (2002) ihrer Arbeit zum *Selbstdarstellungsverhalten im öffentlichen und beruflichen Gespräch* (Titel ihres Aufsatzes)[27] einen etwas anders gearteten Selbstdarstellungsbegriff zugrunde. Ihre Ausführungen konzentrieren sich sehr stark auf linguistische Ansätze aus der Stilforschung und Gesprächsanalyse. Mit Sandig (1986) unterscheiden sie zwischen intentional gesendeten und symptomatischen Zeichen (eine ähnliche Unterscheidung findet sich bekanntermaßen bei Goffman 2011: 6):

> Unter Selbstdarstellung verstehen wir all diejenigen Aspekte sprachlichen und nichtsprachlichen Handelns, mit denen Menschen im Gespräch einander ihre kulturellen, sozialen, geschlechtlichen und individuellen Persönlichkeitseigenschaften präsentieren.
> (Spiegel/Spranz-Fogasy 2002: 215)

Für Beziehungskommunikation wie für Selbstdarstellung gilt, dass alle Äußerungen im Hinblick auf ihre Auswirkungen auf das Image wie auch auf den Beziehungsaspekt betrachtet werden können (vgl. Holly 2001: 1386). Für sprachliche Mittel, an denen Selbstdarstellung, Beziehungsmanagement und Imagearbeit sichtbar wird, ergibt sich nach Auswertung der Literatur das Bild, dass prinzipiell alle sprachlichen Ausdrucksmöglichkeiten genutzt werden können: von der Prosodie über die Lexik und Auswahl von Sprechhandlungen bis hin zum Stil der gesamten Kommunikation; ebenso gibt das Gesprächsverhalten der Teilnehmer

---

27 Die von ihnen untersuchten öffentlichen und beruflichen Gespräche (worunter auch die von mir untersuchten Diskussionen sowie Vorträge fallen) charakterisieren sie als „*aufgabenbezogen* und *erfolgsorientiert*" (Spiegel/ Spranz-Fogasy 2002: 217; Herv. im Orig.). Die Eigenschaften, die hier eine Rolle spielen und je nach Gesprächsziel und -aufgabe dargestellt werden sollen, sind Glaubwürdigkeit, Vertrauenswürdigkeit und Kompetenz (vgl. ebd.). Abhängig von der Rollenkonstellation und der zu bewältigenden kommunikativen Aufgabe, beteiligen sich die Interaktionsteilnehmer entweder gleichberechtigtsymmetrisch oder komplementär-asymmetrisch am Gespräch (vgl. ebd.: 218).

Aufschluss über Selbstdarstellungs- und Beziehungsziele (vgl. Adamzik 1984, 1994; Holly 1979, 2001; Schwitalla 1996; Spiegel/Spranz-Fogasy 2002). Dennoch wird im Folgenden der Versuch unternommen, die in der Literatur identifizierten und beschriebenen sprachlichen Phänomene nicht nur aufzugreifen, sondern auch zu systematisieren. Die sprachlichen Mittel und ihre Funktionen werden abschließend in einer Tabelle (vgl. Tab. 5) zusammengefasst.

Wichtige Bezugspunkte der Selbstdarstellung sind nach Schwitalla (1996) die individuellen Handlungsziele bzw. die Intentionen der Akteure, gesellschaftlich geltende Normen („Tugenden" wie „Anständigkeit, Beherrschtheit, Selbstlosigkeit"; Schwitalla 1996: 285) sowie die interaktive Abgrenzung zu den anderen Akteuren[28]. Mit Spiegel/Spranz-Fogasy (2002) kommen weitere Variablen hinzu, die sich auf die individuelle Selbstdarstellung auswirken. Die Aspekte der Selbstdarstellung werden im Folgenden zusammengefasst diskutiert.

Faktoren und Variablen, die das individuelle Selbstdarstellungsverhalten von Akteuren beeinflussen, können in (a) personen- und in (b) situationsbezogene Faktoren unterschieden werden, wobei es zu Überschneidungen kommen kann (es handelt sich lediglich um eine analytische Differenzierung).

a) **Personenbezogene Faktoren** sind „Eigenschaften, die aus der Kommunikationsgeschichte der Interaktanten herrühren" (Schwitalla 1996: 331), „allgemeine Charaktereigenschaften wie: aufdringlich, abwartend, freundlich, aggressiv, die in Selbstaussagen und dem Verhalten in der Interaktion erfahrbar und aus ihnen zu erschließen sind" (ebd.) und „moralische Eigenschaften wie ‚nicht lügen' [...]. Angriffe gegen diese Aspekte des Selbst müssen glaubhaft abgewehrt werden (z.B. durch Demonstration von Empörung)" (ebd.).

b) **Situationsbezogene Faktoren** sind demgegenüber „institutionelle Rolle[n]", „Handlungsziele", „Handlungsnormen" (Schwitalla 1996: 331) und „soziale Rollen, die thematisch für die Interaktion relevant sind [...]; diese Rollen werden in Ereignisdarstellungsformen, Maximen, Formeln, Selbstaussagen usw. relevant" (ebd.). Weiterhin spielen die Gesprächs- und Situationserwartungen sowie das Wissen um den eigenen zu leistenden Beitrag eine Rolle. Das Selbstdarstellungsverhalten wird daran angepasst, vor allem, weil gerade zu Beginn von Gesprächen die Situation gemeinsam definiert wird und individuelle Ansprüche sowie Beziehungen ausgehandelt werden. Zudem müssen die Gesprächsaufgaben gemeinsam bewältigt werden, und zwar trotz möglicher Rollenasymmetrien und unterschiedlicher Kooperationsbereitschaft. Au-

---

28 Schwitalla (1996) untersucht Selbstdarstellungsverhalten anhand eines realen Streits in einem Schlichtungsgespräch. Seine Beobachtungen und Ergebnisse sind zum Großteil verallgemeinerbar und können deshalb für die Analyse von Diskussionen insgesamt genutzt werden.

ßerdem sind Selbst- und Fremddarstellungen abhängig von positiven und negativen Emotionsäußerungen. Beispielsweise haben positive Einstellungsäußerungen sowie Fairness positive Effekte in Bezug auf das Image. Nicht zuletzt sind alle Akteure von wechselseitiger Kooperation abhängig: Gegenseitige Bestätigungen der Selbst- und Fremdbilder wirken sich positiv und stabilisierend auf dieselben und das Gespräch aus; Kooperationsverweigerungen blockieren dagegen Selbstdarstellungsversuche. Im Gesprächsverlauf wird das individuelle Verhalten im Hinblick auf die – gewünschten oder realen – Partnerreaktionen angepasst (vgl. Spiegel/Spranz-Fogasy 2002: 227-229). Die Autoren kommen daher zu dem Schluss, dass es schwierig ist, alle Anforderungen, die das Gespräch mit sich bringt (Interaktion, Aufgaben, Gesprächs- und eigene Ziele, Rollenasymmetrien, Selbstdarstellung), zu balancieren und dabei flexibel und der Situation angemessen zu reagieren (vgl. ebd.: 230). Gesprächshandeln hat damit Einfluss auf die individuelle Selbstdarstellung und auf „den Erfolg und Mißerfolg interaktiven Handelns" (ebd.).

Die aufgebauten Selbst- und Fremdbilder sind wechselseitig miteinander gekoppelt, da sie immer entweder im Gleichklang oder im Kontrast zum jeweiligen Fremdbild gestaltet werden (vgl. Schwitalla 1996: 331). Hierauf verweisen unterschiedliche sprachliche Mittel, wie beispielsweise Vergleiche und die Konjunktion *aber*, die den Kontrast von Ansichten, Einstellungen, Personen etc. anzeigen (vgl. ebd.: 333).

Selbstdarstellungen sind nicht unabhängig von Fremddarstellungen zu betrachten; diese bedingen einander, „denn die GesprächsteilnehmerInnen präsentieren sich selbst in interaktiver Weise und kontextspezifisch, d.h. im Hinblick auf ihre jeweiligen PartnerInnen und in Reaktionen auf sie" (Spiegel/Spranz-Fogasy 2002: 219). An der Selbstdarstellung eines Akteurs wird sichtbar, wie er sich zum Interaktionspartner positioniert, indem er sich „komplementär oder kontrastiv" (ebd.) zu diesem präsentiert. Zudem beeinflussen sich Fremd- und Selbstbilder während des Gesprächs und werden gegebenenfalls angepasst. Des Weiteren können sich Gesprächsteilnehmer gegenseitig in ihren Selbst- und Fremddarstellungen bestätigen, indem sie entsprechend auf diese reagieren (vgl. ebd.).

Sprachliche Mittel der Selbstdarstellung

Spiegel/Spranz-Fogasy (2002: 218) betonen, dass der Einsatz von Selbstdarstellungsmitteln situations-, interaktions-, rollen-, interessen- und partnerreaktionenabhängig ist und vom Akteur jeweils unterschiedlich angepasst wird (vgl. ebd.).

Ohne ausdrücklichen Hinweis auf Schwitalla (1996), aber höchstwahrscheinlich in Anlehnung an ihn, nennen Spiegel/Spranz-Fogasy drei sprachliche Aspekte, in denen Selbstdarstellung zum Ausdruck kommt. An dieser Stelle wird auf die Formulierungen von Schwitalla zurückgegriffen, da diese eindeutiger sind. Die

Anstrengungen zur Konstruktion eines Selbstbilds werden dreifach sichtbar: (1) in „expliziten[n] Selbstaussagen" (Spiegel/Spranz-Fogasy 2002: 220), (2) in „Eigenschaften, die aus sprachlichen Aktivitäten erschlossen werden können" (Schwitalla 1996: 330), also bspw. in positiven oder negativen Bewertungen, in Sprechhandlungen im Allgemeinen, (3) in Eigenschaften, die im interaktiv gezeigten Verhalten sichtbar werden, also bspw. Kooperation, Dominanz oder Zurückhaltung, Dickköpfigkeit, Flexibilität etc. (vgl. ebd.: 331; vgl. Spiegel/Spranz-Fogasy 2002: 221f.).

Der erste Punkt, die expliziten Selbstaussagen, können mit Resinger (2008) hinsichtlich der Selbstnennung präzisiert werden. Resinger untersucht in ihrer Arbeit die Spuren von Selbstnennung, wie sie in wissenschaftlichen Aufsätzen sichtbar werden[29]. Eine Kategorie umfasst Ausdrücke der Selbstnennung, die direkt oder indirekt sein können. Direkte Selbstnennungen sind

- Personal- und Possessivpronomen in der ersten Person Singular oder Plural (Resinger 2008: 146)
- ungenannte Personen (z.B. Laborpersonal) mit einschließender oder konventionell bedingter Verwendung des Plurals für Einzelpersonen (ebd.).

Indirekte Selbstnennungen sind

- Selbstnennungen in der dritten Person („der Autor")
- Indefinitpronomen („man")
- Ersatzbezeichnungen („eigen", „subjektiv", „dieser Artikel", „frühere Forschungen") (ebd.: 147)

Obwohl ihre Arbeit auf die Analyse von Texten bezogen ist, lassen sich ihre Kategorien auf Selbstdarstellung in Diskussionen übertragen.

Eine weitere bedeutende Rolle bei der Selbstdarstellung spielen der Inhalt des Gesagten und der Stil der Äußerung, also der Gesprächsstil und das verwendete Register (vgl. Spiegel/Spranz-Fogasy 2002: 216). Wichtig ist auch, an welcher Stelle des Gesprächs einzelne Mittel verwendet werden: Beispielsweise wird am Gesprächsbeginn der Grundstein der Interaktion gelegt, („der erste Eindruck zählt"), was sich auf den gesamten Verlauf des Gesprächs auswirkt (vgl. ebd.: 218).

---

29 Resinger nimmt dabei naturwissenschaftliche Zeitschriftenaufsätze in den Blick, da diese objektiv, sachlich und meist ohne In-Erscheinung-Treten des Autors verfasst werden; die Präsentation der Forschungsergebnisse steht im Vordergrund. Resinger geht aber davon aus, dass in diesen Texten Formen der Selbstnennung und Selbstdarstellung vorhanden sind, in denen der Autor des jeweiligen Textes sichtbar wird (vgl. Resinger 2008: 146).

2 Der Rahmen: Selbstdarstellung als Forschungsgegenstand   75

Selbstdarstellung in Gesprächen

In den nächsten Abschnitten wird das Selbstdarstellungsverhalten in Gesprächen beleuchtet. Die linguistische Literatur fokussiert dabei auf unterschiedliche Gesprächstypen, wie z. B. private Streitgespräche und Schlichtungsgespräche, aber auch kooperative und ‚normale' Alltagskommunikation (bis hin zur rein oberflächlichen, durch Routineformeln geregelten Kommunikation). Zur besseren Erfassung dessen, worin der Unterschied besteht, wird zuerst kooperative bzw. nicht auf Streit abzielende Kommunikation untersucht, bevor genauer auf Dissens- und Streitgespräche eingegangen wird.

(1) Kooperative Interaktionen (Holly 1979, 2001)

Ausgangspunkt von Hollys Untersuchungen[30] sind kooperative Interaktionen, das heißt Interaktionen, in denen alle Beteiligten wechselseitig die Images und die Situation rituell zu schützen und zu wahren bereit sind (vgl. Holly 1979: 82). In seinen Untersuchungen identifiziert er verschiedene, relativ feste Sequenzmuster. Aufbauend auf Goffmans Beobachtungen von rituellen Sequenzen unterscheidet er zwischen a) bestätigenden und b) korrektiven Sequenzen.

(a) Bestätigende Sequenzen oder auch **Zuvorkommenheitsrituale** enthalten Rituale, die „der Herstellung und Bekräftigung einer von wechselseitigem Respekt getragenen Beziehung als Basis für eine Begegnung [dienen], indem sie Images aufbauen und stützen" (Holly 1979: 48; vgl. auch Holly 2001: 1387). Die rituellen Schritte sind dabei auf die Beteiligten gleichmäßig verteilt. Holly unterscheidet vier verschiedene Typen:

Zwei Typen „beziehen sich auf interpersonelle[...] Themen" (Holly 1979: 48) und umfassen 1) SYMPATHIE- UND INTERESSEBEKUNDUNGEN und 2) HÖFLICHE ANGEBOTE. SYMPATHIE- UND INTERESSEBEKUNDUNGEN umfassen Themen, die für die Beziehungsgestaltung wichtig sind, wie beispielsweise Fragen oder Komplimente, aber auch Sympathiewerbungen oder Werbungen um Bestätigung [fishing for compliments] (vgl. Holly 1979: 48f.). In die gleiche Kategorie fallen HÖFLICHE ANGEBOTE, die der Aufwertung des „fremde[n] Images durch die

---

30 Werner Hollys Untersuchungen zu Imagearbeit und Beziehungsmanagement (Holly 1979, 2001) fokussieren zum Großteil die Sprechhandlungen und rituelle Handlungen als Träger von oder Hinweis auf Image- und Beziehungsmanagement. Seine Untersuchungen basieren auf Goffmans Arbeiten zur Interaktionsanalyse und Imagearbeit. Er legt v. a. Goffmans Überlegungen zu Ritual und Routine sowie die von ihm identifizierten typischen Sequenzmuster (Bestätigungs- und Korrekturrunden) zugrunde; diese Grundlagen werden an dieser Stelle nicht wiederholt (siehe hierzu Kap. 2.1)

‚Aufnahme in die eigene Gruppe'" (ebd.: 49) dienen. Typische Muster für den ersten Typ sind z. B. INFORMATIONSFRAGE – HÖFLICHE AUSKUNFT, SELBSTLOB – ZUSTIMMUNG, für den zweiten Typ z. B. EINLADUNG – DANK (mit AKZEPTIEREN oder HÖFLICHEM ABLEHNEN), WILLKOMMENHEISSEN – DANK. Zwei weitere beziehungsbestätigende Typen umfassen 3) RATIFIZIERUNG und 4) ZUGÄNGLICHKEITSBEKUNDUNGEN. In die erste Gruppe fallen „Bestätigungen, die einen bestimmten veränderten Zustand eines Interaktanten betreffen" (ebd.), in letztere „Bestätigungen, die einen Wechsel des Zugänglichkeitsgrades der Begegnenden regeln" (ebd.: 50); sie zeigen an, dass der Sprecher die „rituelle Ordnung" achtet und respektiert (vgl. ebd.). Typische Muster sind im Fall der RATIFIZIERUNG das MITTEILUNG-MACHEN – ANERKENNUNG/GLÜCKWUNSCH/BEILEIDSBEKUNDUNG, die wiederum mit DANK quittiert werden können. Im Fall der ZUGÄNGLICHKEITSBEKUNDUNGEN sind es BEGRÜSSUNG – BEGRÜSSUNG, VERABSCHIEDUNG – VERABSCHIEDUNG, BEENDIGUNG – BESTÄTIGUNG (vgl. Holly 1979: 51-52; dort findet sich auch eine Übersichtstabelle mit weiteren typischen Sequenzmustern).

(b) Korrektive Sequenzen oder **Vermeidungsrituale** dagegen folgen auf Gegebenheiten, die mit Goffman als *Zwischenfälle* bezeichnet werden können (vgl. Holly 2001: 1388). Zwischenfälle können durch bewusstes oder unbewusstes Fehlverhalten, aber auch durch direkte oder indirekte Angriffe auf das eigene oder fremde Image ausgelöst werden (vgl. Holly 1979: 53). Entsteht ein Anlass für die Deutung einer Gegebenheit als Zwischenfall, sollte dieser von der gleichen Person (Person A) korrigiert werden. Geschieht dies nicht sofort, wird Interaktionspartner B oder ein Dritter auf Verfehlungen hinweisen und so einen Korrektivschritt von A provozieren (vgl. ebd.: 54f., 59). B kann A in der Folgerunde entgegenkommen, was A zu Dank verpflichtet. In der letzten Runde kann B dann den Zwischenfall bagatellisieren und so die Korrektivsequenz beenden. In seiner vollständigen Form sieht diese wie folgt aus:

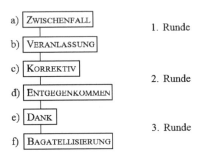

Abbildung 5: Idealtypischer Ablauf einer Korrektivsequenz; Holly 1979: 58.

2 Der Rahmen: Selbstdarstellung als Forschungsgegenstand

Dieses Schaubild repräsentiert einen idealtypischen Ablauf, der sämtliche möglichen Varianten nicht berücksichtigt (vgl. dazu Goffman 1979: 58). Das Korrektiv kann unterschiedlicher Art sein; immer sind jedoch Formen von ENTSCHULDIGUNGEN oder RECHTFERTIGUNGEN enthalten, die in der folgenden Übersicht dargestellt werden (vgl. dazu auch Holly 2001: 1388)[31]:

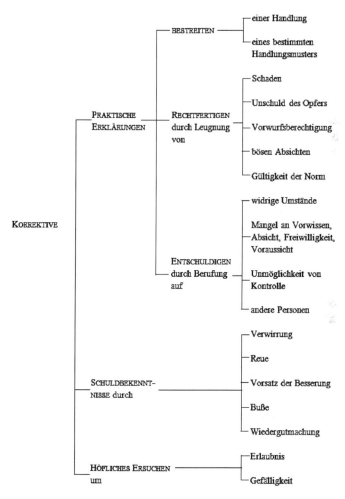

Abbildung 6: Übersicht über Korrektivsequenzen; Holly 1979: 72.

---

31 Zur detaillierten Beschreibung aller Korrektive siehe Holly 1979: 53-73.

Holly weist darauf hin, dass es nicht immer möglich ist, einzelne Korrektivtypen voneinander abzugrenzen, und dass sogenannte „Übergänge und Mischtypen" (Holly 1979: 71) üblich sind. Im Normalfall werden Korrektive vom Interaktionspartner als solche anerkannt und akzeptiert – sie KOMMEN dem Auslöser des Zwischenfalls ENTGEGEN (vgl. ebd.: 71).

Die bisher angenommene Kooperation von Interaktionspartnern kann allerdings auch verweigert werden (vgl. Holly 1979: 82; vgl. auch Holly 1987)[32]. Imageverletzungen und Abwertungen von fremden Images werden hier durch „aggressive Verwendung von rituellen Mustern" (Holly 1979: 82) erreicht; dieses aggressive Verhalten kann auch gegen die eigene Person und das eigene Image gerichtet sein (vgl. ebd.).

> [A]ggressive Muster [dienen] der manipulativen Herbeiführung bestimmter kommunikationsfeindlicher emotionaler Zustände, die der jeweiligen Situation nicht angemessen sind, wie Überlegenheit, Rechthaberei, „Tugendhaftigkeit", „Mitleid", aber auch Ärger, Minderwertigkeit, Hilflosigkeit. Im institutionellen Rahmen geht es um die Abstützung ungerechtfertigter Herrschaftsstrukturen. (Holly 1979: 82f.)

Eigentlich notwendige korrektive Schritte können durch verschiedene Verfahren UMGANGEN oder VERWEIGERT werden. Mit Hilfe von präventiv eingesetzten BESCHWICHTIGUNGEN kann man Korrektive verweigern, da der Zwischenfall selbst thematisiert und damit dem Interaktionspartner mögliche Argumente vorweggenommen werden (vgl. Holly 1979: 86). Mit Hilfe von AUSWEICHMANÖVERN kann man dagegen einerseits den Interaktionspartner kritisieren, andererseits sich in Unverständliches flüchten (vgl. ebd.: 87). Beispiele für Ausweichmanöver sind VERWIRRUNG STIFTEN (dem Anderen absichtlich hervorgerufene Missverständnisse und Missverständlichkeit vorwerfen), SICH DUMM STELLEN, SICH HILFLOS STELLEN (die Lösung der Situation soll vom Gegenüber geleistet werden) (vgl. ebd.).

Zusätzlich zu Korrektiv-Verweigerungen ist es möglich, eine gesichtsbedrohende Situation zu INSZENIEREN (vgl. Holly 1979: 90). Holly unterscheidet drei Arten:

1) ABSICHTLICHE ÜBERTREIBUNGEN: „dabei wird ein ritueller Schritt nicht in dem angemessenen Ausmaß vollzogen, sondern so daß Imagegefährdungen statt verhütet erst provoziert werden" (ebd.: 91);
2) EINBAHNHIEBE: Es werden „bestimmte, eigentlich bestätigende oder imagekorrigierende Schritte" (ebd.) zur Imagegefährdung verwendet;

---

32 Dennoch muss „die kommunikative Basis, die rein sprachliche Verständigung, […] unabdingbar kooperativ sein" (Holly 1987: 140), während es „die Interessen und Einstellungen der Beteiligten" (ebd.), die Art der Verständigung nicht sein müssen.

3) Überraschende Wendungen: „nachdem der andere zunächst durch eine komplette Sequenz in Sicherheit bzw. Arglosigkeit bestätigt worden war" (ebd.: 92), erfolgt eine plötzliche Wende hin zu einer Gesichtsgefährdung.

Verhalten sich Interaktionspartner unkooperativ und droht das Gespräch zu eskalieren und stecken zu bleiben, haben Interaktanten verschiedene Möglichkeiten der Lösung: Sie können das Gespräch beenden, das Gespräch auf das eigentliche, sachliche Thema zurückführen oder durch Schlagfertigkeit das Gespräch positiv beeinflussen (und dadurch gleichzeitig dem Interaktionspartner signalisieren, dass er sich wenig kooperativ verhält) (vgl. ebd.: 92f.).

(2) Streitinteraktionen und Dissenskommunikation (Gruber 1996 und Schwitalla 1996, 2001)

Schwitalla (1996, 2001) und Gruber (1996) haben Untersuchungen zu Streits vorgelegt, in denen sie typische Sequenzmuster des Angriffs und der Verteidigung identifizieren. Streitgespräche sind konfliktäre Gespräche, „die auf unterschiedlichen Handlungszielen, Meinungen und Handlungsannahmen beruhen" (Schwitalla 2001: 1374). Voraussetzung ist, „dass die Beteiligten ihre unterschiedlichen Standpunkte, Interessen oder Sichtweisen in einer ‚unkooperativen', das Gesicht [*face*] des Streitgegners verletzenden Weise artikulieren" (ebd.) und dass sie dies auf ernsthafte Weise tun (vgl. ebd.: 1375). Dabei ist die Art und Weise, wie direkt oder indirekt Konflikte zur Sprache gebracht und die Inhalte verhandelt werden, stark kulturabhängig (vgl. ebd.: 1376).

Streitgespräche enthalten eine wichtige emotionale und beziehungsgestaltende Komponente. Die Interaktionsteilnehmer haben einen Entwurf eines Selbstbildes, das sie dem des Opponenten gegenüberstellen (vgl. Schwitalla 2001: 1378). Die Beziehung zwischen Selbst- und Fremdbild bestimmt auch die emotionale Beziehung zwischen den Kontrahenten. Nach Holly stellen Streits imagebedrohende Situationen dar, in denen Themen oder Rollen angegriffen werden. Im Streit kommen die Beziehungsdefinitionen als „interpersonal-propositionale[...] Einstellung[en]" (vgl. Holly 1979: 7; Herv. im Orig.; vgl. Gruber 1996: 52) zum Ausdruck. Die emotionale Beteiligung in Streitgesprächen schlägt sich in sprachlichen Merkmalen nieder: Verweigerung wird durch einen kühlen Tonfall signalisiert, „der Unangreifbarkeit demonstrieren soll" (Schwitalla 2001: 1378). Erregung und Ärger drücken sich in lautem, teilweise rhythmischem Sprechen, Hyperbeln, Ironie und Sarkasmus, stilistischen Wechseln (zuweilen auch die Verwendung von Vulgarismen) und das Ringen um Wörter aus. Sollen Konflikte beigelegt werden, wenn sich die Gemüter beruhigen, kommen Scherze zum Einsatz (vgl. ebd.).

Gruber (1996) untersucht Streitgespräche aus pragmatischer Perspektive, stützt seine Analysen auf Sprechhandlungen und deren Auswirkungen auf die Streitentwicklung[33]. Er fokussiert dabei vier Typen: „darstellende (nicht wertende), (explizit oder implizit) wertende, lenkende und metakommunikative" (Gruber 1996: 125) und unterscheidet offene und verdeckte sowie Personen- und Tatsachenwertungen (vgl. ebd.). Inhaltlicher Streitfokus können „Thema, Rollenbeziehung zwischen den Interaktanten und Gesprächsstruktur" (ebd.: 82) sein. Auch hier spielen die Beziehung zwischen den Kontrahenten sowie der Aspekt der (gegenseitigen) *face*-Wahrung eine Rolle:

> Insgesamt kann man sagen, daß die *Dissensorganisation* von Gesprächen in bezug auf die *Beziehungsgestaltung* hauptsächlich darauf ausgerichtet ist, das eigene Image zu bewahren (vgl. das Vorherrschen nichtkonsensueller Stellungnahmen, die den eigenen Standpunkt stützen) und das des Kontrahenten zu bedrohen (Unterbrechungen, Nichtakzeptieren des gegnerischen Standpunktes), in bezug auf die inhaltliche Ebene versucht jeder Kontrahent seinen eigenen Standpunkt durchzusetzen. (Gruber 1996: 61f.; Herv. im Orig.)

Streits oder Dissense können nach Gruber in drei Phasen gegliedert werden (siehe Abb. 7). In Phase 1 wird eine Dissenssequenz initiiert (= Anlass), in Phase 2 werden die jeweiligen Standpunkte der Kontrahenten dargestellt (der Übergang von Phase 1 zu Phase 2 ist durch WIDERSPRECHEN markiert) und in Phase 3 wird der Dissens ausgehandelt bzw. gelöst (= Aushandlungsphase) (vgl. ebd.: 226f., 234).

Phase 1 (Anlass, Initiierung):
A: potentiell DS-initiierende Sprechhandlung
B: direkter Widerspruch (optional: Darstellung des eigenen Standpunkts)

Phase 1/2 (Übergang):
A: direkter Widerspruch (optional: Darstellung des eigenen Standpunkts)

Phase 2 (Formulierung der konträren Positionen):
B: Darstellung des eigenen Standpunkts
A: Darstellung des eigenen Standpunkts

Phase 3 (Aushandlung):
A/B: Appell, Aufforderung, Angebot, Einlenken

Abbildung 7: Sprechhandlungssequenzen in Dissens-Phasen nach Gruber 1996: 227, 234.

---

33 Gruber untersucht Sprechhandlungen unter anderem im Hinblick darauf, inwiefern sie im Dissensverlauf Phasenwechsel einleiten und für Verschachtelungen und dem Steckenbleiben von Dissensen verantwortlich sind. Zudem interessieren ihn „der Zusammenhang zwischen Intensivierung und Emotionalität" (Gruber 1996: 226) und die sprachlichen Ausdrucksmöglichkeiten dieser Intensivierung.

2 Der Rahmen: Selbstdarstellung als Forschungsgegenstand

In der folgenden Darstellung von Initiierung und Reaktion werden Grubers Ausführungen mit Schwitallas (2001, 1996) Angaben zu initiierenden und reagierenden Sprechakten ergänzt[34].

(a) **Initiierende Sprechhandlungen**, die in **Phase 1 (A)** vorkommen und inhaltliche Dissenssequenzen auslösen, sind BEHAUPTUNGEN, DARSTELLUNGEN DES KONFLIKTANLASSES und VORWÜRFE (vgl. Gruber 1996: 226; vgl. auch Schwitalla 2001: 1376). Gruber weist darauf hin, dass die Sprechhandlung DARSTELLUNGEN DES KONFLIKTANLASSES lediglich dann geäußert wird, wenn dazu aufgefordert wird. Diese Sprechhandlung hat mit VORWÜRFEN gemeinsam, dass sie die Entwicklung einer Dissenssequenz intendieren oder hinnehmen. Mit VORWÜRFEN kann ein Akteur auf einen Verstoß des Interaktionspartners reagieren (vgl. Gruber 1996: 226f.).

Nach Schwitalla können außerdem BESCHULDIGUNGEN und BESCHIMPFUNGEN (zudem Spott und Hohn) auftreten. Durch sie soll das Image des Interaktionspartners geschädigt werden, auch gegenüber einem möglicherweise unbeteiligten Publikum (vgl. Schwitalla 1996: 294; Schwitalla 2001: 1377). Schwerwiegend für Wissenschaftler ist es, wenn es zu Vorwürfen der Inkompetenz kommt, was ebenso Anlass für Streits sein kann (vgl. Schwitalla 2001: 1377). Auf diese Weise kann sich eine Diskussion zu einem Disput entwickeln.

Je nach Platzierung des Angriffs innerhalb des Dialogs ergeben sich unterschiedliche Effekte oder Wirkungsmöglichkeiten:

> Man kann z.B. durch unterbrechendes Angreifen dem Gegner die Möglichkeit nehmen, seine Angriffsposition ausführlich auszubauen, man kann sich aber auch Zeit lassen und erst thematische Punkte sammeln, die man in einen Angriff überführt (Schwitalla 1996: 294).

Es stehen verschiedene sprachliche Möglichkeiten der *face*-Verletzung zur Verfügung. Nach Schwitalla treten häufig Prädikationen auf, „d.h. die Verbalisierung der kritischen Komponente in der Verbalphrase eines Aussagesatzes, dessen Subjekt auf den/die Angesprochene/n referiert" (Bsp.: „sie greife alles aus der luft"; Schwitalla 1996: 298f.). Der Kritikpunkt kann dabei schwach oder stark formuliert werden, je nach Norm und gesellschaftlicher Akzeptanz; schwach wäre hier *sich einbilden* im Gegensatz zum moralisch sehr negativ bewerteten *lügen* (vgl. ebd.: 299).

---

34 Die von Schwitalla (1996) angeführten Möglichkeiten des Angreifens und Verteidigens sind keinesfalls als erschöpfend anzusehen, sondern bieten einen Einblick in Verhalten in Konfliktsituationen, wie er sie in einem Einzelfall vorgefunden hat.

Daneben bieten narrative Formen, wie beispielsweise durch Subjektivität gekennzeichnete Erzählungen, sprecherseitig die Möglichkeit, Kritik und Beschuldigungen auch versteckt unterzubringen und dadurch die angegriffene Person abzuwerten (vgl. Schwitalla 1996: 299, 301). Ähnlich funktionieren ZITATE: Hier wird der Interaktionspartner direkt oder indirekt zitiert und „durch die Wahl der Worte und die prosodische Art der Rede" (ebd.: 303) in ein schlechtes Bild gerückt. Auch durch das Zitieren von dritten Parteien, die sich negativ über den Interaktionspartner geäußert haben, kann dieser angegriffen werden – und der subjektive negative Eindruck, der geäußert wird, wird zugleich durch das Anführen der anderen Partei unterstützt (vgl. ebd.: 304). Ein massiver Angriff kann zudem durch den VERGLEICH einer Person „mit (gesellschaftlich) negativ gewerteten Tieren oder sozialen Gruppen" (ebd.: 305) vorgebracht werden. Subtiler wirkt dagegen die ANDEUTUNG, mit deren Hilfe das eigentliche Thema oder die eigentliche Kritik nicht konkret angesprochen, sondern nur angeschnitten wird. Dieses Verfahren ist deshalb wirksam, weil das Publikum das Angedeutete interpretieren und Bezüge herstellen muss; es malt sich die Kritik selbst aus (vgl. ebd.). Außerdem sind METASPRACHLICHE KOMMENTARE wirkungsvoll, um Kritik auszudrücken: So kann man Interaktionspartner mit ihrem sprachlichen Verhalten konfrontieren und dadurch kritisieren, wenn bspw. zu aggressiv, laut und unbeherrscht kommuniziert wird (vgl. ebd.).

(b) Der Diskussionspartner hat nun verschiedene Möglichkeiten, auf die initiierende Sprechhandlung zu **reagieren (= Phase 1 (B))**. Die Angegriffenen fühlen sich zumeist mehr oder weniger verpflichtet oder gezwungen, dem Angriff zu begegnen, was wiederum vom Inhalt und von der Art, wie er geäußert wurde, abhängt (vgl. Schwitalla 2001: 1376). Reaktiven Charakter haben nach Gruber (1996: 227) METAKOMMUNIKATIVE IMPERATIVE, APPELLE und AUFFORDERUNGEN, wobei diese strukturelle Dissenssequenzen verursachen und ebenso einen Regelverstoß voraussetzen. Auf die initiierende Sprechhandlung reagiert der Opponent mit einem WIDERSPRUCH oder einer DIREKTEN ZURÜCKWEISUNG EINES VORWURFS; zusätzlich kann er den EIGENEN STANDPUNKT DEUTLICH MACHEN oder einen GEGENVORWURF starten (vgl. ebd.). An dieser Stelle werden die beiden unterschiedlichen Meinungen zum umstrittenen Thema deutlich gemacht.

Auch die Wirkung und Bedeutung der Verteidigungsmanöver hängt davon ab, an welcher Stelle der Sequenz die Verteidigung einsetzt (vgl. Schwitalla 1996: 306f.). Im Hinblick auf die Platzierung lassen sich zwei Vorgehensweisen unterscheiden: Die Verteidigung kann so eingesetzt werden, dass der Angreifende unterbrochen wird, oder sie wird direkt an den Angriff angeschlossen. Unterbricht

2 Der Rahmen: Selbstdarstellung als Forschungsgegenstand 83

der eigene Verteidigungsbeitrag den Angriff eines anderen, beispielsweise in Form einer Zurückweisung oder Zweifelfrage, so zeigt dies erstens an,

> daß der Vorwurf so schwer wiegt, daß das Rederecht des anderen im Vergleich dazu weniger bedeutungsvoll ist. Unterbrechen demonstriert zweitens eine gewisse Selbstüberzeugtheit und Spontaneität des Angegriffenen, welche impliziert, daß der Vorwerfende/ Kritisierende derart an der Realität vorbeigeht, daß seine Vorhaltungen sofort korrigiert werden müssen. (Schwitalla 1996: 307)

Aber auch dadurch, dass er den eigenen Beitrag abbricht, um auf einen Angriff zu reagieren, signalisiert der Angegriffene, dass der Angriff als sehr stark, ungerechtfertigt und/oder unannehmbar empfunden wird (vgl. ebd.). Direkte Redeanschlüsse, die schnell erfolgen und keine Pausen aufweisen,

> drücken Entschlossenheit aus und die Überzeugung, daß das, was der Gegner sagt, nicht wahr ist. Verzögerte Reaktionen dagegen können ein Zeichen von Selbstkontrolle sein, z.B. in dem Sinn, daß der Angegriffene sich überlegt, was er zum Vorwurf sagen will, daß der Vorwurf ihm neu ist, daß er dem Vorwerfenden Raum geben will zur nachträglichen Korrektur oder Abschwächung. (Schwitalla 1996: 308)

Sowohl Unterbrechungen als auch direkte Redeanschlüsse sind ein Anzeichen dafür, dass der Angriff als ungerechtfertigt bewertet wird und dass die Angegriffenen stark emotional engagiert sind. Bei den Verteidigungen spielt die Prosodie eine wichtige Rolle, da sie die Gefühle der Angegriffenen deutlich machen, wie beispielsweise „Empörung, Fassungslosigkeit, Unschuld" (ebd.: 308).

Sprachlich äußern sich Verteidigungen in unterschiedlicher Form. Eine Möglichkeit besteht darin, den Angriff insgesamt zu überhören, zu ignorieren, indem man bspw. selbst einen neuen thematischen Fokus eröffnet (vgl. Schwitalla 2001: 1378). Hierdurch wird die vorgeworfene Schuld nicht anerkannt und als nicht verteidigungswürdig angesehen, der Angriff geht ins Leere (Schwitalla 1996: 308f.). Demgegenüber kann dem Vorwurf auch zugestimmt, die Kritik anerkannt und Fehler eingestanden werden (vgl. Schwitalla 2001: 1377). In Bezug auf positive Selbstdarstellung wird hierdurch erreicht, „daß man für das einsteht, was man getan hat, daß man einsichtig und wahrheitsliebend ist – alles personale Eigenschaften, die geeignet sind, das eigene Ansehen trotz der Verfehlung doch noch positiv zu beeinflussen" (Schwitalla 1996: 309). Die Kommunikation wird nicht an einem kritischen Punkt gestoppt, sondern kann sich thematisch weiterentwickeln (vgl. ebd.). In Kontrast hierzu steht die Möglichkeit, auf den Angriff mit Gegenvorwürfen oder Retourkutschen zu reagieren. Zumeist entstehen dadurch Wechsel von Vorwurf und Gegenvorwurf, die zirkulär sind und nicht zur Auflösung des Dissenses beitragen. Wenig konstruktiv ist in diesem Zusammenhang auch das Suchen nach Schuld beim Gegner, sodass die eigene Verfehlung mit der des Gegners abgeglichen und dadurch abgeschwächt werden kann (vgl. Schwitalla 1996: 311f.).

Die im Angriff thematisierten kritischen Aspekte können außerdem als unberechtigt oder haltlos empfunden und abgestritten bzw. zurückgewiesen werden[35] (vgl. Schwitalla 1996: 313; Schwitalla 2001: 1377). Dies kann dadurch unterstützt werden, dass der Angegriffene mittels Fragen oder Imperativen einen Beleg für den Vorwurf einfordert – wobei dieser davon ausgeht, dass keine Belege für die Kritik auffindbar sind –, um die Haltlosigkeit bloßzulegen (vgl. Schwitalla 1996: 313). Damit geht man gleichzeitig zu einem Gegenangriff über, bspw. weil man diese Forderung wiederum als Vorwurf formulieren kann (vgl. Schwitalla 2001: 1378):

> Dies setzt die handlungslogische Bedingung für den Sprechakt ‚Vorwurf' voraus, nach welcher man nur dann einen Vorwurf äußern darf, wenn man berechtigten Anlaß dafür hat, daß der Angegriffene tatsächlich das getan hat, was man ihm vorwirft. (Schwitalla 1996: 313)

Weitere Reaktionsmöglichkeiten sind Entschuldigungen, Erklärungen sowie Rechtfertigungen (vgl. Schwitalla 2001: 1377). All diese Reaktionen lösen potenziell neue Angriffsrunden aus, sodass typischerweise das Muster VORWURF – GEGENVORWURF auftritt (vgl. ebd.: 1379).

Roland Heine (1990) hat in seiner Arbeit die Sprechhandlung RECHTFERTIGEN detailliert beschrieben und in Gesprächen rekonstruiert (vgl. Heine 1990: 12f.). Das RECHTFERTIGEN als Verteidigungsreaktion auf einen VORWURF (Angriff im Sinne Goffmans) wird als komplexe sprachliche Handlung beschrieben, die nach einem bestimmten Muster abläuft bzw. ablaufen kann und Bestandteil eines geregelten Ablaufmusters ist (vgl. ebd.: 11, 23, 44). Mit Rechtfertigungen werden im Alltag die eigene Meinung oder Wirklichkeitssicht, in (wissenschaftlichen) Diskussionen jeweilige Geltungsansprüche ausgehandelt und mittels ARGUMENTIEREN, BEGRÜNDUNGEN oder ERKLÄRUNGEN verteidigt (vgl. ebd.: 34, 36f., 41, 45):

> Mit BEGRÜNDEN werden die Wahrheitsansprüche für die zum Ausdruck gebrachten Propositionen (= Inhalte der geäußerten Behauptungen) argumentativ gestützt. Mit ERKLÄREN werden speziell entweder Kausalzusammenhänge aufgezeigt (und damit unter Umständen versucht, von Verantwortung freigesprochen zu werden) oder Motivationen und innere Vorgänge transparent bzw. überhaupt zugänglich gemacht, mit dem Ziel, das Zustandekommen der fraglichen (inkriminierten) Handlung oder (als relevant

---

35 Schwitalla hebt an dieser Stelle die Rolle der Prosodie hervor: „Auch hier haben Positionierungen und stimmliche Formungen der Zurückweisung eminente Bedeutung für die Glaubwürdigkeit der Sprechenden" (Schwitalla 1996: 313).

2 Der Rahmen: Selbstdarstellung als Forschungsgegenstand

für das Zustandekommen angesehene) Aspekte dieser Handlung zu explizieren; d.h. also, daß auch z.B. Empfindungen und Emotionen zur Rechtfertigung von Handlungen angeführt werden können. (Heine 1990: 41f.)

Bei Rechtfertigungen, Erklärungen und Begründungen werden die von Holly herausgearbeiteten Handlungsmuster und Handlungsrunden in der Analyse berücksichtigt. Nach Gruber besteht Phase 1 im Normalfall nicht nur aus zwei aufeinander folgenden Beiträgen, sondern aus einer ganzen Reihe, in denen die gegnerischen Standpunkte dargestellt werden (vgl. Gruber 1996: 227).

(2) In **Phase 2** werden die einzelnen Standpunkte der Kontrahenten formuliert.

(3) **Phase 3** setzt mit den folgenden Sprechhandlungen ein: APPELL, AUFFORDERUNG, ANGEBOT, EINLENKEN (vgl. ebd.: 234). Mit APPELLEN und AUFFORDERUNGEN wird der Versuch unternommen, das Verhalten oder die Meinung des Kontrahenten zu ändern; ANGEBOTE oder EINLENKEN dagegen basieren auf der vollständigen oder teilweisen Anerkennung der Meinung des anderen (vgl. ebd.).

Der dargestellte Phasenablauf ist (ideal-)typisch; es geschieht oft, dass Streits in einer der Phasen zum Stillstand kommen oder dass in Interaktionskreisläufen keine thematische Weiterentwicklung stattfindet, sondern sich Positionen lediglich verfestigen (Stopp in Phase 2; vgl. Gruber 1996: 236, 238f.). Das Steckenbleiben in einer der Phasen geschieht durch DARSTELLUNGEN DES EIGENEN STANDPUNKTS, VORWÜRFE und WIDERSPRÜCHE, falls diese ohne Bezug zu vorangegangenen Beiträgen des Interaktionspartners geäußert werden und lediglich bereits Geäußertes enthalten:

> Wiederholte, inhaltlich gleiche *Darstellungen des eigenen Standpunkts* bzw. *Vorwürfe* durch einen Kontrahenten führen zu einem Monopolisieren des Rederechts durch diesen Sprecher, dauernde identische Widersprüche zur Behinderung des anderen Sprechers, beiden gemeinsam ist ihr *insistierender Charakter*. (Gruber 1996: 238; Herv. im Orig.)

Sowohl zum Stillstand gekommene Streits als auch Interaktionskreisläufe können aufgebrochen werden, im ersten Fall zumeist durch das Thematisieren der Stagnierung und des Fehlverhaltens des monologisierenden Akteurs (vgl. Gruber 1996: 238f.).

In der folgenden Tabelle (Tab. 4) werden die Initiierungs- und Reaktionsmöglichkeiten nach Schwitalla (1996, 2001) und Gruber (1996) in den Streitphasen zusammengefasst dargestellt:

Tabelle 4: Initiierungs- und Reaktionsmöglichkeiten nach Schwitalla 1996, 2001 und Gruber 1996.

Phase 1 A: Initiierungstyp („Angriffe")	Phase 2 B: Reaktionstyp („Verteidigungen")
Andeutung (Schwitalla 1996)	Abstreiten (Schwitalla 1996, 2001)
Appell (Gruber 1996)	
Aufforderung (Gruber 1996)	Beleg einfordern (Schwitalla 1996)
Behauptung (Gruber 1996)	Eigenen Standpunkt deutlich machen (Gruber 1996)
Beschimpfung, Spott, Hohn (Schwitalla 1996)	Eingeständnis des Fehlers (Schwitalla 2001)
Beschuldigung (Schwitalla 2001)	Entschuldigung (Schwitalla 2001)
Darstellung des Konfliktanlasses (Gruber 1996)	Erklärung (Schwitalla 2001, Heine 1990)
Metakommunikativer Imperativ (Gruber 1996)	Gegenvorwurf, Retourkutsche (Schwitalla 1996; Gruber 1996)
Metasprachlicher Kommentar (Schwitalla 1996)	Rechtfertigung (Schwitalla 2001, Heine 1990)
Narrative Form (Schwitalla 1996)	Suchen nach Schuld beim Gegner (Schwitalla 1996)
Prädikation (Schwitalla 1996)	Überhören, Ignorieren (Schwitalla 2001)
Vergleich einer Person mit Tieren, abwertend (Schwitalla 1996)	Widerspruch (Gruber 1996)
Vorwurf (Gruber 1996, Schwitalla 2001)	Zurückweisung des Vorwurfs (Gruber 1996)
Zitat (Schwitalla 1996)	Zustimmung zum Vorwurf, Anerkennen der Kritik (Schwitalla 2001)

2 Der Rahmen: Selbstdarstellung als Forschungsgegenstand

Zusammenfassung: Linguistische Mittel der Selbstdarstellung

Es muss betont werden, dass die Strategiewahl und die damit verbundene mögliche Wirkung nicht immer absehbar bzw. musterhaft provozierbar ist: Da „[e]in bewußterer Umgang mit Selbstdarstellung in Gesprächen" (Spiegel/Spranz-Fogasy 2002: 229) im Hinblick auf Strategiewahl nicht möglich (bzw. kaum durchzuhalten) sei[36], solle man das eigene Verhalten an die Situation anpassen und sich kooperativ zeigen. Zur Situationseinschätzung sind Kenntnisse über die Gesprächsaufgaben und Beteiligungsrollen, die eigene Kompetenz sowie die Beobachtung der Gesprächsentwicklung nötig (vgl. ebd.: 229f.). Auch im Hinblick auf die Wirkung erweisen sich Selbstdarstellungsstrategien als problematisch. Nicht immer sind eine absolute Kontrolle des eigenen Verhaltens möglich und Wirkungen vorhersehbar. Spiegel/Spranz-Fogasy geben Beispiele für verschiedene positive und negative Interpretationsmöglichkeiten desselben Verhaltens:

> Entgegenkommen in Verhandlungen kann auch als Schwäche interpretiert werden; die Demonstration von Durchsetzungswillen kann als Sturheit aufgefaßt werden; Submissivität eines Bewerbers in Bewerbungsgesprächen kann als mangelnde Initiative gelten; Initiative kann als Dominanz ausgelegt werden; Souveränität eines Prüflings kann übersteigerte Erwartungen wecken; Zurückhaltung dagegen kann umgekehrt Hilfestellungen erzeugen; [d]ie Demonstration von Expertenschaft durch Präsentation von Fachwissen oder durch Verwendung von Fachterminologie kann Unverständlichkeit und Reaktanz hervorrufen oder in Langeweile und Ignoranz münden usw. [...] Häufige Unterbrechungen können *auch* als Zeichen von Interesse gelten, und direktives Fragen kann als Ausdruck fachlicher Kompetenz interpretiert werden. (Spiegel/Spranz-Fogasy 2002: 230; Herv. im Orig.)

Die Tatsache, dass dieselben Verhaltensweisen auf unterschiedliche Art und Weise interpretiert werden können, dasselbe Verhalten verschiedene Wirkungen auf Gesprächsteilnehmer haben kann, muss immer – auch bei der Analyse des Korpus – reflektiert werden.

In der nachfolgenden Tabelle (Tab. 5) findet sich eine Systematisierung der gesamten in der Literatur identifizierten, im vorigen Kapitel besprochenen sprachlichen Mittel der Selbstdarstellung. Die Unterscheidung in initiierende und reagierende Handlungen wurde beibehalten (vgl. Tab. 4). In der dritten Spalte wird die jeweilige Funktion der einzelnen Mittel kurz erläutert.

---

36 Vgl. hierzu auch Goffman 2011: 12 und Goffman 1981a: 34, 35.

Tabelle 5: Übersicht über die identifizierten sprachlichen Mittel und Funktionen der Selbstdarstellung.

Sprachliche Mittel der Selbstdarstellung		Funktion	Quelle
Generelle Mittel (auch in kooperativen Gesprächen)	Explizite Selbstaussage	dienen der Selbstcharakterisierung und -Bezeichnung; signalisieren, wie der Akteur sich selbst wahrnimmt und beschreibt	Schwitalla 1996; Spiegel/Spranz-Fogasy 2002
	Direkte Selbstnennung		Resinger 2008
	Indirekte Selbstnennung		Resinger 2008
	Konjunktion	dient bspw. zur Kontrastmarkierung (*aber*) zwischen zwei Positionen/Personen	Schwitalla 1996
	Positionierung der sprachlichen Mittel im Gespräch	bestimmt die Wirkung der Selbstdarstellung, hat Auswirkungen auf den Gesprächsverlauf	Spiegel/Spranz-Fogasy 2002
	Stil (Gesprächsstil, Register)	gibt Aufschluss über das Selbstdarstellungsverhalten	Spiegel/Spranz-Fogasy 2002
	Eigenschaften, die aus den sprachlichen Verhalten erschließbar sind	geben Aufschluss über Bewertungen und Einstellungen	Schwitalla 1996; Spiegel/Spranz-Fogasy 2002
	Eigenschaften, die im interaktiven Verhalten sichtbar werden	geben Aufschluss über Kooperationsbereitschaft, Dominanz, Zurückhaltung etc.	Schwitalla 1996; Spiegel/Spranz-Fogasy 2002
Initiierungen	ANDEUTUNG	dient der Erwähnung des Kritischen, das Publikum muss das Angedeutete interpretieren	Schwitalla 1996
	APPELL	ist Versuch, das Verhalten oder die Meinung des Kontrahenten zu ändern; kann gesichtsbedrohend sein	Gruber 1996

2 Der Rahmen: Selbstdarstellung als Forschungsgegenstand

Sprachliche Mittel der Selbstdarstellung	Funktion	Quelle
AUFFORDERUNG	ist der Versuch, das Verhalten oder die Meinung des Kontrahenten zu ändern; kann gesichtsbedrohend sein	Gruber 1996
BEHAUPTUNG	kann Dissenssequenzen auslösen, wenn sie nicht belegt ist oder provokativ geäußert wird	Gruber 1996
BESCHIMPFUNG, SPOTT, HOHN	formulieren Angriffe	Schwitalla 1996
BESCHULDIGUNG	soll den Interaktionspartner abwerten und angreifen	Schwitalla 2001
DARSTELLUNG DES KONFLIKTANLASSES	kann Dissenssequenzen auslösen (wird zumeist nur nach Aufforderung formuliert)	Gruber 1996
METAKOMMUNIKATIVER IMPERATIV	kann Dissenssequenzen einleiten (z. B. durch Einfordern von Belegen bei fehlender Nachvollziehbarkeit)	Gruber 1996
METASPRACHLICHER KOMMENTAR	dient der Kritik des sprachlichen Verhaltens	Schwitalla 1996
Narrative Form	ermöglicht versteckte Kritik	Schwitalla 1996
Prädikation	dient der Formulierung des kritischen Gesichtspunkts	Schwitalla 1996
VERGLEICH EINER PERSON MIT TIEREN, ABWERTEND	dient der Abwertung durch Vergleich mit negativ Bewertetem	Schwitalla 1996
VORWURF	leitet eine Dissenssequenz ein, reagiert auf Regelverstöße und ist potenziell gesichtsbedrohend	Gruber 1996; Schwitalla 2001

Sprachliche Mittel der Selbstdarstellung		Funktion	Quelle
	Zitat	ermöglicht Kritik durch die Wortwahl, kann Kritik und Quelle für Kritik aufzeigen	Schwitalla 1996
Reaktionen	Abstreiten / Bestreiten	die im Angriff thematisierten kritischen Aspekte werden als unberechtigt oder haltlos empfunden und daher abgelehnt	Schwitalla 1996, 2001; Holly 1979
	Ausweichen	ermöglicht Kritik des Partners oder Flucht ins Unverständliche, bspw. durch Sich-Dumm-Stellen, Sich-Hilflos-Stellen	Holly 1979
	Beleg einfordern	signalisiert, dass der Vorwurf als haltlos eingeschätzt wird	Schwitalla 1996
	Beschwichtigung	nimmt dem Partner mögliche Kritik vorweg	Holly 1979
	Eigenen Standpunkt deutlich machen	die unterschiedlichen Meinungen werden deutlich gemacht	Gruber 1996
	Entschuldigung	ist Bestandteil von Korrektiven, Reaktionen auf Vorwürfe, dient u. a. der Selbstkritik	Adamzik 1984; Holly 2001; Schwitalla 2001; Holly 1979
	Erklärung	dient der Verteidigung (durch Aufzeigen von Kausalzusammenhängen, Transparentmachen von Motivationen etc.)	Heine 1990; Schwitalla 2001
	Gegenvorwurf	begegnet dem Angriff mit denselben Mitteln; Dissens bleibt stecken	Gruber 1996; Schwitalla 1996
	Höfliches Ersuchen (um Erlaubnis, Gefälligkeit)	leitet einen Klärungsversuch ein und signalisiert Höflichkeit	Holly 1979

2 Der Rahmen: Selbstdarstellung als Forschungsgegenstand

Sprachliche Mittel der Selbstdarstellung	Funktion	Quelle
RECHTFERTIGUNG	ist potenziell gesichtsbedrohend für den Rechtfertigenden, dient der Aushandlung der jeweiligen Meinung und Geltungsansprüchen	Heine 1990; Schwitalla 2001; Holly 1979, 2001
SCHULDBEKENNTNIS	die eigene Schuld wird eingestanden	Holly 1979
SUCHEN NACH SCHULD BEIM GEGNER	dient der Abschwächung des eigenen Fehlverhaltens durch Vergleich mit Schuld beim Gegner	Schwitalla 1996
ÜBERHÖREN, IGNORIEREN	signalisieren das Nicht-Anerkennen der Schuld/ des Verstoßes	Schwitalla 2001
WIDERSPRUCH	markiert eine gegenteilige Position und Ablehnung der anderen Position	Gruber 1996
ZURÜCKWEISUNG DES VORWURFS	die im Angriff thematisierten kritischen Aspekte werden als unberechtigt oder haltlos empfunden und daher abgelehnt	Adamzik 1984; Gruber 1996; Schwitalla 1996, 2001
ZUSTIMMUNG ZUM VORWURF, ANERKENNEN DER KRITIK, EINGESTÄNDNIS DES FEHLERS	dienen der Anerkennung, demonstrieren Einsichtigkeit und Wahrheitsliebe (beides positive Eigenschaften)	Schwitalla 2001

Sprachliche Mittel der Selbstdarstellung		Funktion	Quelle
Platzierung von Angriff und Verteidigung	Unterbrechendes Angreifen	der Gegner wird daran gehindert, seinen eigenen Angriff zu verbalisieren; signalisiert Überzeugtheit	Schwitalla 1996
	Direkter Anschluss des Angriffs	ermöglicht das Sammeln von (thematischen) Angriffspunkten; signalisiert Selbstkontrolle	Schwitalla 1996
	Unterbrechendes Verteidigen	dient der Demonstration von Überzeugtheit, signalisiert Schwere des Vorwurfs; der Angriff wird als ungerechtfertigt bewertet	Schwitalla 1996
	Direkter Anschluss der Verteidigung	dient der Demonstration von Entschlossenheit; bei Verzögerungen auch Demonstration von Selbstkontrolle; der Angriff wird als ungerechtfertigt bewertet	Schwitalla 1996

2.4.2 Beziehungskommunikation: theoretische Ansätze und sprachliche Strategien

Gespräche finden zwischen Kommunikationspartnern statt, die in einer bestimmten sozialen Beziehung zueinander stehen. Beziehungen werden auch in Gesprächen konstituiert und definiert, je nachdem, welche Intentionen die Interaktionspartner verfolgen. Selbst- und Fremddarstellungen sind eng mit den Beziehungen gekoppelt, in denen Akteure sich befinden. Beziehungen werden mit Holly definiert als „vielschichtige, unterschiedlich stabile, unterschiedlich dauerhafte und unterschiedlich dynamische Elemente in der Kommunikation" (Holly 2001: 1384); sie müssen immer wieder neu ausgehandelt und gebildet werden (vgl. ebd.). Adamzik geht von einem alltagssprachlichen Begriff von Beziehung aus und definiert diese „als gedeutete Menge von möglichen partnerorientierten Verhaltensweisen" (Adamzik 1994: 361)[37]. Diese Definition schließt die jeweiligen

---

37 Diese Definition basiert auf Adamziks Auseinandersetzung mit Sagers Ausführungen zum Beziehungsbegriff, vgl. Adamzik 1994: 360-361; vgl. dazu auch Sager 1981.

2 Der Rahmen: Selbstdarstellung als Forschungsgegenstand

Rollenverhältnisse der Interaktanten ebenso ein wie individuelle Einstellungen und Befindlichkeiten (vgl. ebd.: 359). Beziehung wird hier verstanden als „intrapsychisches Phänomen" (ebd.: 361), das das Verhalten eines Individuums steuert. Aus diesem Steuerungsmotiv kann eine *Beziehungskompetenz* von Interaktanten abgeleitet werden,

> zu der die Fähigkeit gehört, beobachtetes Verhalten als Beziehung zu deuten, es auf seine Angemessenheit hin zu beurteilen, ferner selbst Beziehungen einzugehen, zu verändern, abzubrechen, d.h. konkrete Verhaltensweisen zu zeigen, die diese Kompetenz aktualisieren. (Adamzik 1994: 361)

Personen, die Beziehungskompetenz besitzen, sind in der Lage, in Situationen mit unbekannten Teilnehmern Beziehungen mit diesen einzugehen. Dies geschieht auf der Grundlage von Situationsdefinitionen, daraus resultierenden Situationserwartungen und Rollenzuschreibungen (vgl. Adamzik 1994: 361, 364f.). An soziale Rollen sind bestimmte Verhaltensweisen geknüpft, die regulär erwartbar sind. Das jeweilige individuelle, aktualisierte Verhalten wird dabei allerdings einerseits partnerbezogen gestaltet und ist andererseits von emotionalen Zuständen und Befindlichkeiten beeinflusst, also innerhalb eines Rollenrahmens zu einem gewissen Grad variabel (vgl. ebd.: 364f.). In Bezug auf die Beziehungsgestaltung ist Rollenverhalten von großer Relevanz, da der Interaktionspartner fremdes Verhalten vor dem Hintergrund seiner eigenen Beziehungsdefinition interpretiert und dabei kaum ersichtlich ist, „welcher Faktor für eine bestimmte Verhaltensweise verantwortlich zu machen ist" (ebd.: 365).

Holly unterscheidet vier Dimensionen, die eine Rolle im Beziehungsmanagement spielen und nur analytisch voneinander zu unterscheiden sind, wobei er keinen Anspruch auf Vollständigkeit erhebt (vgl. Holly 2001: 1384):

(1) (horizontal) Distanz vs. Nähe, Vertrautheit:
der „kommunikative Abstand" der Beteiligten (Fremdheit, Bekanntschaft, Vertrautheit, Intimität) wird in jeder Begegnung durch mannigfaltige Signale ausgehandelt und ist Gegenstand subtiler Bewegungen des „Sich-näher-Kommens" und „Auf-Abstand-Gehens" (ebd.: 1384f.)

(2) (vertikal) Macht, Status
der „kommunikative Rang" der Beteiligten, der symmetrisch (Gleichberechtigung) oder asymmetrisch sein kann (Überlegenheit, Unterlegenheit), ergibt sich nur z. T. aus vorgegebenen sozialen Parametern (ebd.: 1385)

(3) (evaluativ) positive vs. negative Selbst- und Partnerbewertung
„kommunikative Wertschätzung" (ebd.: 1385)

Zu den Partnerbewertungen in (3) gehören Selbstbestätigungen, Partnerbestätigungen, Selbstkritik sowie Partnerkritik (vgl. ebd.; vgl. ausführlich Holly 1979: 73-80). In den Bewertungen der eigenen oder fremden Person kommt auch der eigene Selbstwert zum Ausdruck. Zudem kann die Kommunikation kooperativ oder kompetitiv ablaufen (vgl. Holly 2001: 1385).

> (4) (affektiv) Sympathie vs. Antipathie:
> die „kommunikative Gefühlslage" der Beteiligten (ebd.).

Je nach Konstellation der Faktoren, wird das Verhalten im Beziehungsmanagement angepasst. Die Anpassung erfolgt außerdem im Hinblick auf die gewünschte Beziehung bzw. Beziehungsänderung. Dies setzt voraus, dass Beziehungen aktiv gestaltet werden können.

Beziehungsgestaltung

Adamzik unterstellt den Interaktionsteilnehmern, dass sie in der Kommunikation aktiv und bewusst Beziehungen gestalten und reflektieren. Sie weist zwar darauf hin, dass die Beziehungsrelevanz des eigenen und fremden Handelns dem Akteur nicht immer vollkommen bewusst sein muss (sondern in unterschiedlicher Graduierung auftritt), dass von ihr aber die Bewusstheit und Kohärenz des Handelns für ihren methodischen Zugriff vorausgesetzt werden (vgl. Adamzik 1994: 362; 1984: 143). So kann Beziehungsgestaltung ein intentionaler Akt seitens des Sprechers sein, oder aber ein Resultat des hörerseitigen Interpretierens; die Auswirkungen des Handelns können den Partnern bewusst sein und kalkuliert eingesetzt werden, oder aber unbeabsichtigt sein (vgl. Adamzik 1984: 143). Je nach sozialer Situation, spielt die Beziehungskomponente eine Rolle in der Kommunikation: In Situationen, in denen es um die Aushandlung von sachlichen Inhalten geht, sind die Arten der Beziehungen der Interaktanten kaum von Interesse; demgegenüber gibt es Situationen, in denen die Beziehung und die Aushandlung von Beziehung zentral ist, wie beispielsweise Streits unter Lebenspartnern (vgl. Adamzik 1984: 344). Obwohl diese grobe Einteilung in sachliche und beziehungszentrierte Interaktion sinnvoll ist, kann der Einschätzung, dass in der sachorientierten Interaktion die Beziehungen zwischen den Akteuren kaum eine Rolle spielt, nicht uneingeschränkt zugestimmt werden. Zahlreiche Arbeiten belegen, dass auch in solchen Interaktionen Routineformeln zur Beziehungssicherung und Höflichkeit, Humor zur Entspannung der Atmosphäre und Annäherung eine zentrale Rolle spielen, um sachliche Auseinandersetzungen wenn auch nicht freundlich, aber dennoch respektvoll zu führen (vgl. z. B. Coulmas 1981: 96-100; Webber 2002: 245)[38].

Adamzik identifiziert drei Intentionen, die der Beziehungsgestaltung zugrunde liegen können: (1) Beziehungssicherung und -erhaltung (wird von Adamzik als „Normal" bezeichnet), (2) Annäherung und (3) Distanzierung. Tabelle 6 gibt die drei Intentionen wieder und zeigt Kombinationsmöglichkeiten der Intentionen von Person X und Y auf: „Die Unterscheidung der sechs Typen von Ausgangspositionen ergibt sich aus den Beziehungsintentionen der Partner zu bzw. vor Beginn der Begegnung" (Adamzik 1984: 144). In der rechten Spalte findet sich eine Erläuterung des jeweiligen Konstellationstyps.

Tabelle 6: Typen von Ausgangskonstellationen nach Adamzik 1984: 146-178.

Typ	Interaktant X	Interaktant Y	Erläuterung
Typ I	Normal	Normal	Die Beziehung soll erhalten, zumindest aber nicht verändert werden.
Typ II	Distanz	Normal	Die Intention von X ist die Distanzierung von Y; Y versucht, die bisherige Nähe zu erhalten.
Typ III	Annäherung	Normal	X bietet Y an, die Beziehung zu intensivieren.
Typ IV	Distanz	Annäherung	X und Y haben entgegengesetzte Intentionen, die Beziehung muss neu ausgehandelt werden (Ergebnis können die „Eskalation des Beziehungskonflikts" oder die „Etablierung einer neuen Normalität auf veränderter Stufe" sein; Adamzik 1984: 172).
Typ V	Distanz	Distanz	Die wechselseitige Distanzierung führt zu Streiteskalation (u. U. mit Beziehungsende) oder Einigen auf distanziertes Verhältnis zueinander.
Typ VI	Annäherung	Annäherung	Da beide an der Intensivierung der Beziehung interessiert sind, ist das Ergebnis gegenseitiger Annäherung eine „intimere[...]' Normalität" (Adamzik 1984: 176).

---

38 Vgl. hierzu auch Frobert-Adamo (2002), die auch negative Aspekte der Humorverwendung in wissenschaftlichen Diskussionen thematisiert.

Die Tabelle zeigt idealtypische Verläufe, wobei sich die „dabei entworfenen Schemata [...] nicht unmittelbar zur deskriptiven Erfassung authentischer Interaktionen" (Adamzik 1984: 143) eignen[39].

Grundsätzlich kann gesagt werden, dass Gemeinsamkeiten eher Nähe schaffen, also für Annäherungen typisch sind, Kontrastierungen und Abweichungen dagegen eher Distanzierungen provozieren (vgl. Adamzik 1984: 185).

Sprachliche Mittel der Beziehungskommunikation

Mit Adamzik kann man davon ausgehen, dass jede sprachliche Äußerung prinzipiell unter dem Aspekt der Beziehungsgestaltung, ihrer Auswirkung auf die Beziehung zwischen den Interaktanten interpretiert werden kann – und damit *eine* mögliche Perspektive auf sprachliche Äußerungen darstellt (vgl. Adamzik 1984: 126). Daher verzichtet Adamzik in ihrem sprechakttheoretischen Ansatz auf die „Auflistung einer Reihe ‚beziehungsrelevanter' Handlungsmuster und sprachlicher Phänomene" (ebd.: 180), da sich die Beziehungsrelevanz erst bei der umfassenden Analyse einer Sequenz unter Berücksichtigung aller Faktoren sowie im Stil der gesamten Äußerung zeige (vgl. Adamzik 1994: 371). Bei Holly findet sich trotz dieser Überlegungen eine Zusammenstellung von Ausdrucksformen, die „als besonders beziehungssensitiv gelten können" (Holly 2001: 1389f.). Seine Liste wird hier in leicht veränderter Reihenfolge wiedergegeben und durch einen weiteren Punkt (Sprechhandlungen) ergänzt. Sprechhandlungen fehlen in Hollys Aufstellung, sind aber ebenfalls wichtige Ausdrucksformen der Beziehungsgestaltung (vgl. z. B. BITTEN gegenüber BEFEHLEN, KRITISIEREN gegenüber TADELN). Die folgende Liste ist allerdings dennoch nicht als erschöpfend anzusehen:

(1) Formen der personalen Referenz und Anrede,
(2) Ausdrücke von Gefühlen,
(3) Routineformeln und Ritualia,
(4) Ausdrucksformen von Beiläufigkeit,
(5) Formen von Höflichkeit,
(6) hintergründige Satzinhalte,
(7) Ausdrücke von Bewertungen (vgl. Holly 2001: 1389f.),
(8) Sprechhandlungen.

Auf die einzelnen beziehungssensitiven Ausdrucksformen wird im Folgenden genauer eingegangen, wobei hierfür weitere Literatur herangezogen wird.

---

39 Zur Problematisierung dieser Schemabildung s. Adamzik 1984: 144-146.

2 Der Rahmen: Selbstdarstellung als Forschungsgegenstand

Beziehungen können dadurch gestaltet werden, dass man **(1) sein Gegenüber in einer bestimmten Art und Weise benennt und anspricht.** Der Grad der Nähe oder Distanz kann beispielsweise im Nennen von Titeln oder Funktionen seinen Ausdruck finden, im Darlegen des persönlichen Verwandtschaftsverhältnisses oder im Nennen beim Vornamen (vgl. Holly 2001: 1389). Webber geht davon aus, dass das direkte Ansprechen einer Person mit dessen Namen Solidarität signalisiert und damit distanzverringernd wirkt, gleichzeitig auch die Diskussionsatmosphäre verbessern kann (vgl. Webber 2002: 246).

Auch stehen **(2) sprachliche Formen, mit denen Gefühle verbalisiert, beschrieben oder ausgedrückt werden**, zur Verfügung. Durch sie kann die Beziehung bzw. die intendierte Beziehung charakterisiert und gestaltet werden (vgl. Holly 2001: 1389).

Holly weist darauf hin, dass mittels Gefühlsausdrücken nicht nur Gefühle verbalisiert und beschrieben, sondern auch Einstellungen deutlich gemacht werden können (vgl. ebd.). Fiehler geht davon aus, dass „jede Emotion als bewertende Stellungnahme" (Fiehler 2001: 1428, vgl. ebd.: 1429), also als Bewertung, betrachtet werden kann und dass diese Bewertungen neben dem Austausch über Sachverhalte für Gespräche konstitutiv sind. Die Funktion einer Emotion ist also die positive oder negative Bewertung von etwas. Schematisch kann eine Bewertung durch Emotionsäußerung oder Emotionsausdruck folgendermaßen dargestellt werden: „*Emotion A ist eine bewertende Stellungnahme zu X auf der Grundlage von Y als Z.*" (Fiehler 2001: 1428; Herv. im Orig.). Die folgende Abbildung (Abb. 8) gibt an, wie die Stellen X, Y und Z gefüllt werden können:

zu X	auf der Grundlage von Y	als Z
(1) Situation	(1) Erwartungen	(1) (gut) entsprechend

(2) andere Person
  - Handlung
  - Eigenschaft
	(2) Interessen, Wünsche	(2) nicht entsprechend

(3) eigene Person
  - Handlung
  - Eigenschaft
	(3) (akzeptierte) soziale Normen/Moralvorstellungen	

(4) Ereignis/Sachverhalt	(4) Selbstbild	
(5) Gegenstände	(5) Bild des anderen	
(6) mentale Produktionen		

Abbildung 8: Belegungsmöglichkeiten von X, Y und Z im Schema Emotion A ist eine bewertende Stellungnahme zu X auf der Grundlage von Y als Z; Fiehler 2001: 1428f.

Der Fokus in diesem Abschnitt liegt auf Gefühlen und deren Äußerung; die in Äußerungen ausgedrückten Bewertungen, die auf Einstellungen beruhen, werden in Abschnitt 7 als gesonderte Kategorie betrachtet.

Die Kommunikation von Emotionen stellt unterschiedliche Anforderungen an die Interaktionspartner: Diese müssen Emotionen sicht- und hörbar zeigen, Emotionen deuten, interpretieren und gemeinsam verarbeiten (vgl. Fiehler 2001: 1429). Emotionen können sich auf zwei Weisen manifestieren, zum einen durch Emotionsausdruck, zum anderen durch das Thematisieren einer Emotion (vgl. ebd., auch ebd.: 1430). **Emotionsausdruck** umfasst

> alle Verhaltensweisen (und physiologischen Reaktionen) im Rahmen einer Interaktion, die im Bewußtsein, daß sie mit Emotionen zusammenhängen, in interaktionsrelevanter Weise manifestiert werden und/oder die vom Interaktionspartner wahrgenommen und entsprechend gedeutet werden. Emotionsausdruck wird auf diese Weise von vornherein in seiner kommunikativen Funktion im Rahmen von Interaktion erfaßt. (Fiehler 2001: 1430)

Beim Emotionsausdruck zeigt sich das Gefühl also in dem *Wie* der Kommunikation zu einem Sachverhalt (vgl. ebd.).

Auf der anderen Seite können **Emotionen auch explizit thematisiert**, besprochen und damit zum Thema einer Interaktionssequenz gemacht werden. Dies ist erstens durch Gefühlsbenennungen möglich. Hierfür gibt es gesellschaftlich etablierte Bezeichnungen für Emotionen, wie beispielsweise *Angst* oder *Freude*, wobei es nicht möglich ist, ein Inventar an Gefühlsausdrücken zu erstellen[40] (vgl. ebd.: 1431). Zweitens können Emotionen in dem Versuch beschrieben werden, dem Gegenüber die eigene Gefühlswelt zu vermitteln. Dazu dienen vor allem Metaphern und Ausdrücke des Erlebens (vgl. ebd.). Drittens kann von Ereignissen berichtet oder diese beschrieben werden, die für den Sprecher mit einer bestimmten Emotion verbunden sind: „[S]o kann auf diese Weise das mit diesen Ereignissen verbundene Erleben zum Thema der Interaktion gemacht werden" (ebd.: 1432). Viertens kann von Ereignissen berichtet und von diesen erzählt werden, um die Situation noch einmal zu erleben mit dem

> Ziel […], daß der Hörer sich die betreffende Situation vergegenwärtigt und durch Rückgriff auf die für diesen Situationstyp geltenden Emotionsregeln erschließt, wie sich der andere gefühlt hat, als er das entsprechende Erlebnis hatte (ebd.).

Auch im Gesprächsverhalten kann Emotion zum Ausdruck kommen, beispielsweise in den „Strategien der Gesprächsführung (z. B. demonstrative Verweigerung, schonungslose Offenheit)", „in der Gesprächsorganisation (z. B. einander nicht ausreden lassen) oder in der Gesprächsmodalität (z. B. engagiert, locker, ironisch)" (Fiehler 2001: 1433).

---

40 Zur Problematik einer Zusammenstellung der Gefühlslexik s. Fiehler 2001: 1431.

2 Der Rahmen: Selbstdarstellung als Forschungsgegenstand

Gefühle äußern sich außerdem nonverbal in der Körperhaltung und in der Mimik, z. B. im Erröten oder Zittern (vgl. ebd.)[41]. All diese Manifestationsmöglichkeiten dienen bei der Deutung von Emotionen als Indikatoren. Deutung ist dabei situations- und personenabhängig und bezieht die Interpretation der Emotionsthematisierungen mit ein (vgl. ebd.).

Für das reibungslose Funktionieren von Gesprächen und die Vermeidung von Beziehungskonflikten haben sich **(3) Rituale und Routinen** der Beziehungskommunikation entwickelt, zum Beispiel die nur im Vorbeigehen geäußerten Fragen und Wünsche „Wie geht es dir? Schönes Wochenende!" (vgl. Holly 2001: 1386; vgl. auch Werlen 2001). Nach Adamzik sichern Ritualia Beziehungen und ermöglichen einen ersten Kontakt, indem Sprecher durch sie die „Anerkenntnis der in einer Gesellschaft gültigen Umgangsformen" (Adamzik 1984: 185) und damit der Werte signalisieren. Diese Werte sind in Routineformeln verbalisiert (vgl. ebd.). Zudem ist Beziehungskommunikation „potentiell *oberflächlich*" (Holly 2001: 1386; Herv. im Orig.), d. h. man kann jemandem „Guten Tag" sagen, ohne diesem einen guten Tag wirklich zu wünschen; daneben hat dieser Gruß kaum Auswirkungen auf die Beziehung zwischen den Interaktionspartnern, wirkt also nicht beziehungsverändernd.

Routineformeln erfüllen verschiedene Funktionen. Sie signalisieren Höflichkeit, die konventionell in bestimmten Situationen zur *face*-Wahrung notwendig ist, bspw. „*dürfte ich, könnten Sie*" (Coulmas 1981: 99; Herv. im Orig.), organisieren und steuern ein Gespräch durch ihre „text-deiktische Funktion" (Coulmas 1981: 102), ermöglichen Bewertungen eines Redebeitrags (vgl. ebd. und 119f.) und haben eine „*metakommunikative* oder *metasprachliche* Funktion" (vgl. ebd.: 104; Herv. im Orig.). Routineformeln stellen eine minimale, ritualisierte Form der höflichen Kommunikation dar (zur Höflichkeit vgl. Punkt (5)).

Die Sequenzierung der sprachlichen Routinen wurde bereits in Kapitel 2.4.1 erläutert; festgehalten sei hier lediglich die Unterscheidung zwischen bestätigenden und korrektiven Sequenzen, also beziehungssichernden und -wiederherstellenden Ritualen (vgl. Holly 1979, 2001).

Routineformeln werden zum Teil **(4) beiläufig** geäußert und dienen dennoch der Beziehungskonstitution. Weitere sprachliche Mittel, die ebenso unauffällig sind, sind paraverbale Mittel, Partikeln, Gliederungssignale, Gesprächswörter, Heckenausdrücke und Modalitätsmittel (vgl. Holly 2001: 1389). In ihnen kommt

---

41 Nonverbale Elemente können in dieser Arbeit aufgrund des fehlenden Datenmaterials nicht bearbeitet werden.

Beziehung zum Ausdruck, z. B. können Heckenausdrücke und Abtönungspartikeln Zurückhaltung dem anderen gegenüber signalisieren.

(5) Höflichkeit: Höfliches Verhalten ist an zwei Aspekte des *face* gerichtet. Das positive *face* zu schützen bedeutet, das, was von dem Akteur gewollt wird, auch für sich selbst als erstrebenswert und erwünscht zu charakterisieren. Das negative *face* wird gewahrt, wenn es dem Akteur erlaubt ist, ungehindert das zu tun, was er möchte (vgl. Brown/Levinson 2011: 62). Dementsprechend ist positive Höflichkeit an das positive *face* gerichtet und bestätigt dieses, beispielsweise „by treating him as a member of an in-group, a friend, a person whose wants and personality traits are known and liked" (Brown/Levinson 2011: 70). Negative Höflichkeit dagegen betont den Respekt gegenüber den Wünschen des Anderen und vermeidet Grenzüberschreitungen:

> Hence negative politeness is characterized by self-effacement, formality and restraint, with attention to very restricted aspects of H's self-image, centring on his want to be unimpeded. Face-threatening acts are redressed with apologies for interfering or transgressing, with linguistic and non-linguistic deference, with hedges on the illocutionary force of the act, with impersonalizing mechanisms (such as passives) that distance S and H from the act, and with other softening mechanisms that give the addressee an 'out', a face-saving line of escape, permitting him to feel that his response is not coerced. (Brown/Levinson 2011: 70).

Höflichkeit kann durch ritualisierte Formeln signalisiert werden (vgl. Punkt 3), ist aber auch in anderen Verhaltensweisen sichtbar. Sprachliche – nicht ritualisierte – Formen, die Höflichkeit signalisieren und damit eine *face*-Bedrohung abschwächen, sind „Formen der Entpersonalisierung, Deagentivierung" (Holly 2001: 1389) und Passivkonstruktionen.

(6) Hintergründige Satzinhalte: Eine weitere Kategorie bilden die Polenz'schen „hintergründigen Satzinhalte", wie Mitbedeutetes, Mitgemeintes und Mitzuverstehendes, die durch konventionelle und konversationelle Implikaturen erschließbar sind. Hintergründige Satzinhalte sind relevant für die Analyse von Ironie, Hyperbeln und Metaphern sowie Konnotationen und markierten Ausdrücken (vgl. Holly 2001: 1389f.).

Zur Untersuchung der hintergründigen Bedeutungen fächert Polenz das Geäußerte in die Kategorien *Bedeutetes, Gemeintes, Mitbedeutetes, Mitgemeintes* und *Mitzuverstehendes* auf. Das Bedeutete referiert hier auf die „Eigenschaft abstrakter Dinge (Wörter, Sätze, Zeichen)" (Polenz 2008: 298; Herv. im Orig.), also die Relation von Zeicheninhalt und Zeichenausdruck als lexikalische Bedeutung (vgl. ebd.: 299). Das Gemeinte dagegen bezieht sich auf die „semantische[...] Handlung eines Sprechers/Verfassers" (ebd.: 298f.; Herv. im Orig.), also das, was in der konkreten Situation mit einem Ausdruck aktuell gemeint ist. Bedeutetes und Gemeintes sind daher strikt voneinander zu trennen (vgl. ebd.: 299). Zum

2 Der Rahmen: Selbstdarstellung als Forschungsgegenstand

Verstehen einer Äußerung sind auf Seiten des Hörers „einerseits ANWENDEN von Sprachwissen (WIEDERERKENNEN von Ausdrucksformen und Bedeutungen) und andererseits ANNAHMEN MACHEN über das, was der Sprecher/Verfasser mit seinen Äußerungen gemeint hat oder haben könnte" (ebd.: 299f.; Herv. im Orig.) nötig. Hierzu bedarf es nicht nur Sprachwissens, sondern auch Wissens über den Sprecher und dessen Eigenschaften, Situationswissens, Weltwissens und Wissens über kommunikativ-soziale Regeln (vgl. ebd.: 300).

Zusätzlich zum Bedeuteten und Gemeinten muss man Mitbedeutetes und Mitgemeintes in die Betrachtung einbeziehen. Hierbei geht es um Satzinhalte, die nicht offensichtlich geäußert sind, „aber zu ihm hinzugedacht werden müssen" (ebd.: 302). Das Mitbedeutete ergänzt das Bedeutete (und ist in der Regel auch gemeint und mitgemeint) und kann durch Anwenden des Sprachwissens mitverstanden werden, wie bspw. Konnotationen und bei Ellipsen konventionell Ergänzbares (vgl. ebd.):

> Darüber hinaus gibt es aber auch anderes Mitgemeintes, das nicht zugleich Mitbedeutetes ist, nämlich diejenigen Satzinhalts-Teile, die man über die Bedeutungen und Mitbedeutungen des Geäußerten hinaus zusätzlich MITMEINT und von denen man erwartet, dass Hörer/Leser sie über das Sprachwissen hinaus MITVERSTEHEN können, und zwar durch ANNAHMEN aufgrund ihrer Kenntnis und Einschätzung von Kommunikationsprinzipien, Kontext, Person des Sprechers/Verfassers, Situation und Welt. (Polenz 2008: 302; Herv. im Orig.)

Mitverstanden werden müssen bei der Äußerungsrezeption das Mitbedeutete, das Mitgemeinte sowie Annahmen, die sich durch den Handlungskontext oder eigener Erwartungen ergeben (vgl. ebd.: 303).

Bestimmte Inhalte sind aus dem Sprachwissen mitzuverstehen; diese werden von Polenz als semantische Präsuppositionen bezeichnet. Dabei handelt es sich um „eine nichtgeäußerte, aber mitgemeinte Nebenprädikation, deren Wahr-Sein nicht BEHAUPTET wird, sondern mit dem Äußern der Haupt-Aussage als selbstverständlich nur VORAUSGESETZT ist (oder wird)" (Polenz 2008: 308; Herv. im Orig.). Präsuppositionen bleiben also implizit und sind nur kritisierbar, wenn sie konkret formuliert werden (vgl. ebd.). Durch das Negationskriterium können Präsuppositionen von anderem Mitzuverstehendem abgegrenzt werden: Das als wahr Vorausgesetzte bleibt auch bei Negierung der Aussage wahr. Ein Beispiel von Bußmann (2008: 545) sei hier zur Verdeutlichung herangezogen:

(a) *Der gegenwärtige König von Frankreich ist kahlköpfig.* Präsupposition: *Es gibt gegenwärtig einen König von Frankreich.*

(b) *Der gegenwärtige König von Frankreich ist nicht kahlköpfig.* Die Präsupposition bleibt bestehen: *Es gibt gegenwärtig einen König von Frankreich.*

Andere Implikationen ergeben sich aus dem Sprachwissen; sie unterscheiden sich von den Präsuppositionen, da sich ihr Sinn durch die Negation ändert. Solches Mitbedeutetes sind bspw. Passiv-Konstruktionen (wenn *x von y gesehen wird*, impliziert das in der Aktiv-Form, dass *y x sieht*) oder lexikalisch-semantische Relationen (bspw. impliziert der Terminus „Politologe" das Hyperonym „Wissenschaftler") (vgl. ebd.: 309).

Zusätzlich zu den semantischen gibt es pragmatische Präsuppositionen, die sich aus dem Handlungskontext ableiten. Polenz legt seinen Überlegungen die Grice'schen Konversationsmaximen zugrunde und zeigt, welche stillen Folgerungen, also Implikaturen, sich aus der Verletzung der Maximen in Bezug auf Mitzuverstehendes ziehen lassen (vgl. Polenz 2008: 310). Die von Grice für kooperative Gespräche entwickelten Maximen der Quantität, Qualität, Modalität und Relevanz ergänzt Polenz um partnerbezogene Maximen[42]. Diese lauten nach Polenz (2008: 311) wie folgt:

- Mache es deinem Partner möglich, dein Gemeintes so genau wie möglich und ohne Zeitdruck zu verstehen!
- Laß deinen Partner ausreden!
- Gib ihm alle Redechancen, die du dir selbst leistest/gönnst/die jedem zustehen!
- Versuche ihn so genau wie möglich zu verstehen (notfalls mit Rückfragen), ehe du reagierst!
- Nimm Rücksicht auf die soziale Selbsteinschätzung deines Partners! (Unversehrtheit des Partner-Image)

Werden die Maximen nicht befolgt, lassen sich Rückschlüsse auf Mitzuverstehendes ziehen. Solche Verletzungen gelten als konversationale Implikaturen (vgl. ebd.: 312). Im Folgenden wird gezeigt, welche stillen Folgerungen aus der Nichtbefolgung der Maximen gezogen werden können.

(a) Mitzuverstehendes nach Quantitätsprinzipien: Die Grice'schen Quantitätsprinzipien lauten „Mache deinen Beitrag so informativ wie (für die gegebenen Gesprächszwecke) nötig.", „Mache deinen Beitrag nicht informativer als nötig." (Grice 1979: 249). Verletzt jemand beide Maximen, indem er bereits Bekanntes äußert und mehr spricht, als es in der Situation nötig wäre, ziehen wir stille Folgerungen, die den Charakter der Person betreffen. Wir können beispielsweise folgern, dass der Sprecher arrogant ist, uns einschüchtern oder sich anbiedern möchte. Spricht jemand umgekehrt nicht viel, kön-

---

42 Grice selbst gibt an, dass die Maximen möglicherweise noch erweitert werden müssten (vgl. Grice 1979: 250).

2 Der Rahmen: Selbstdarstellung als Forschungsgegenstand 103

nen wir darauf schließen, dass er Distanz wahren oder etwas verschweigen möchte (vgl. Polenz 2008: 313).

(b) Mitzuverstehendes nach Qualitätsprinzipien: Die zugrunde gelegten Maximen lauten „Versuche deinen Beitrag wahrheitsgemäß zu machen!, „Sage nichts, was du für falsch hältst.", „Sage nichts, wofür die angemessene Gründe fehlen." (Grice 1979: 249). Ein Beispiel für den Verstoß gegen die zweite Maxime ist die Ironie, also uneigentliches Sprechen im rhetorischen Sinn (vgl. Polenz 2008: 314): Ironie heißt, „das Gegenteil von dem meinen, was die benutzten Ausdrücke eigentlich bedeuten" (ebd.: 315). Wird erkannt, dass jemand ironisch spricht, also Unwahres äußert, werden „STILLE FOLGERUNGEN in Hinblick auf hintergründig Mitzuverstehendes" (ebd.: 314) gezogen. Je besser man den Sprecher kennt, desto leichter fällt es, Ironiesignale zu erkennen und daraus stille Folgerungen auf das angedeutete Mitgemeinte zu ziehen (vgl. ebd.: 315)[43].

Ähnlich verhält es sich mit Hyperbeln, bei denen im Unterschied zur Ironie „von der Wahrheit nach einer anderen Richtung hin abgewichen [wird]: nicht ins Gegenteil, sondern in ein Zu-Viel, das ebenfalls auf den ersten Blick UNWAHR wirkt" (Polenz 2008: 316; Herv. im Orig.). Auch hier werden stille Folgerungen in Hinblick auf das indirekt angedeutete Mitzuverstehende gezogen.

(c) Mitzuverstehendes nach dem Relevanzprinzip: Die Maxime der Relation lautet hier „Sei relevant" (Grice 1979: 249). Abhängig von der Text- bzw. Gesprächssorte – vor allem dann, wenn es sich um sachorientierte, sorgfältig formulierte und themenfokussierte handelt – sollte man sich die folgenden Fragen stellen: „Ist dies hier wesentlich? Was soll das in diesem Zusammenhang? Was hat dies mit dem Thema zu tun?" (Polenz 2008: 318). Die Klärung dieser Fragen kann Aufschluss über potenziell Mitzuverstehendes geben.

(d) Mitzuverstehendes nach Ausdrucksprinzipien: Grices Maximen lauten „Vermeide Dunkelheit des Ausdrucks.", „Vermeide Mehrdeutigkeit.", „Sei kurz (vermeide unnötige Weitschweifigkeit).", „Der Reihe nach!" (Grice 1979: 250). Gegen die Klarheit des Ausdrucks verstoßen beispielsweise die Verwendung von Fachjargon in der Alltagskommunikation sowie Metaphern oder Metonyme. Verwendet jemand in Alltagsgesprächen Fachsprache, zie-

---

43 Polenz weist in dem Zusammenhang darauf hin, dass es vor allem in geschriebenen Texten schwierig ist, Ironiesignale zu erkennen, da der Kontakt zum (unbekannten) Schreiber nicht gegeben ist und man diesen daher nur schwer einschätzen könne (vgl. Polenz 2008: 315).

hen Interaktionspartner stille Folgerungen, die positiv (z. B. die Folgerung, dass jemand gebildet ist) oder negativ (z. B. die Folgerung, dass jemand angibt) ausfallen können (vgl. Polenz 2008: 320)[44]. Unklar und verhüllend sind außerdem Metaphern oder die metaphorische Verwendung von Ausdrücken:

> Gelungene Metaphern, die mehr als nur Ausdruck des Gemeinten mit anderen Worten sein sollen, enthalten auch hintergründig Gemeintes, das vor allem dadurch wirksam wird, daß man sie mit einer gewissen Verwunderung oder Überraschung als uneigentlichen Ausdruck erfaßt und wegen dieser leichten Fremdheit über das Mitgemeinte nachdenkt. (Polenz 2008: 321)

Vor allem dann, wenn die „semantische Spannung" (ebd.) zwischen dem eigentlichen Wortinhalt und dem übertragenen Gemeinten sehr hoch ist, entsteht der Überraschungseffekt. Dieser löst dann stille Folgerungen in Bezug auf das Mitzuverstehende aus (vgl. ebd.).

Andere Beispiele für verhüllenden Ausdruck, die Anlass zu stillen Folgerungen auf Mitzuverstehendes geben, sind Periphrasen, Euphemismen und Metonymien, da sie das Deutlichkeitsgebot verletzen (vgl. Polenz 2008: 436f. und 325; zu weiteren Beispielen für verhüllende Ausdrucksformen (Tropen) s. ebd.: 324-325.).

Des Weiteren wird durch **(7) Bewertungsausdrücke** direkt oder indirekt angezeigt, in welcher Relation man zu seinem Gegenüber oder zu sich selbst steht, wie man den anderen oder sich selbst bewertet (vgl. Holly 2001: 1389). Bewertungen finden sich nach Adamzik „häufig in Äußerungen […], deren kommunikative Funktion nicht als das Abgeben einer BEWERTUNG zu kennzeichnen ist" (Adamzik 1984: 241; Herv. im Orig.), also beispielsweise in „FESTSTELLUNGEN, AUFFORDERUNGEN oder FRAGEN" (ebd.; Herv. im Orig.). Die Bewertung ist dabei nicht das Ziel der Äußerung, sondern ein zusätzliches Element. In ihnen kommen persönliche Einstellungen zum Ausdruck, sie geben Informationen über den Sprecher preis (vgl. Adamzik 1984: 241, 254). Bewertungsausdrücke sind von Emotionsausdrücken abzugrenzen, weil in ihnen nicht nur Gefühle Grundlage der Bewertung sind, sondern auch persönliche Einstellungen, Werte u. Ä.

BEWERTUNGEN werden vor allem auf lexikalischer Ebene sichtbar und sind zumeist in Konnotationen verankert (vgl. ebd.: 243). Eine typische Äußerungsform sind Adjektive, die „eine positive oder negative Wertung ausdrücken" (ebd.: 249), wie beispielsweise *schön* oder *schlecht*. Auch Substantive können konnotativ

---

44 In wissenschaftlichen Kommunikationssituationen dienen Fachtermini der wissenschaftlich korrekten Verständigung und zeigen Kompetenz. Der Kontext bzw. die Situation entscheidet, in welche Richtung die stillen Folgerungen gehen.

Wertungen anzeigen, wie beispielsweise *Trottel* (vgl. ebd.). Die in den Substantiven ausgedrückte Wertung kann durch die Hinzufügung und explizite Betonung bestimmter Artikel positiv oder negativ intensiviert werden („Das ist DER Trottel"; Adamzik 1984: 250), oder die Wertung überhaupt hervorrufen („Das ist DIE Idee"; Adamzik 1984: 250). Eine letzte Gruppe bilden Verben, die in drei Kategorien eingeteilt werden können: (a) Verben, die der Bezeichnung einer „Leistung oder Nutzen eines Objekts" (ebd.: 250f.) dienen: *versagen, nutzen, schaden* (ebd.) und „Verben mit positiver oder negativer Konnotation" (ebd.: 251), wie beispielsweise das Verb *spinnen* als Ausdruck für den geistigen Zustand oder die Ideen einer Person; (b) Verben, die „positive oder negative Eindrücke" (ebd.) bezeichnen: *begeistern, faszinieren, anwidern* (ebd.); (c) Einstellungsverben, in denen die jeweilige Bewertung direkt angezeigt wird (*achten, verabscheuen*), oder zusätzlich Wertadjektive benötigen (*halten für x, x finden*) (vgl. ebd.); durch sie wird deutlich ausgedrückt, dass es sich um subjektive Einstellungen handelt (vgl. ebd.).

BEWERTUNGEN beziehen sich nach Adamzik auf drei mögliche Einheiten: (a) die eigene Person (= SELBSTBEWERTUNGEN), (b) eine andere Person und damit in Verbindung stehende Sachverhalte (= PARTNERBEWERTUNGEN) sowie (c) auf Elemente, die unabhängig von den Akteuren bestehen (= EXTRADYADISCHE BEWERTUNGEN) (vgl. hierzu auch Fiehler 2001: 1429; vgl. auch Punkt (2) der beziehungssensitiven Ausdrucksformen). Es muss hierbei beachtet werden, dass bei Selbst- und Partnerbewertungen, die sich an den jeweiligen in einer Gesellschaft oder Gruppe geltenden Normen und Werte orientieren, „auch Aussagen über Fähigkeiten, Macht, Wissen, Besitz, Leistungen u.ä. berücksichtigt" (Adamzik 1984: 263) werden.

(a) SELBSTBEWERTUNGEN

POSITIVE SELBSTBEWERTUNGEN: Bei SELBSTBEWERTUNGEN stehen Interaktanten vor dem Problem, dass in unserer Gesellschaft Selbstlob verpönt ist; es gilt das Bescheidenheitsgebot, das allen positiven Selbstbewertungen zugrunde liegt (vgl. Adamzik 1984: 262). Explizit positive Selbstbewertungen sind dennoch in verschiedenen sozialen Situationen erwünscht oder gefordert, „als Reaktionen auf Imageangriffe und innerhalb von Streitinteraktionen" (ebd.) sogar nötig zur Verteidigung des eigenen *face*. Adamzik nennt drei Möglichkeiten der Reaktion auf Imageangriffe: (1) Der Inhalt des Vorwurfs wird als unrichtig zurückgewiesen und negiert, (2) die eigenen positiven Eigenschaften werden aufgezeigt, v. a. um das Negative zu entkräften oder auszugleichen, oder (3) die eigenen negativen und positiven Eigenschaften werden mit denen des oder der anderen Interaktionspartner(s) verglichen und dadurch abgeschwächt/betont (vgl. ebd.).

Positive SELBSTBEWERTUNGEN spielen außerdem in Situationen eine Rolle, in denen Rang und Status der Interaktionsteilnehmer ausgehandelt werden: Hier soll durch „[d]ie sprachliche Zurschaustellung und ‚Beschwörung' der eigenen Fähigkeit, Macht, Stärke usw." (ebd.) beeindruckt und imponiert werden, um den eigenen Rang zu erhalten oder aufzusteigen.

Adamzik untersucht, welche sprachlichen Möglichkeiten Interaktanten nutzen, um positive SELBSTBEWERTUNGEN vor dem Hintergrund des Bescheidenheits- und Höflichkeitsgebots zu äußern. Sprecher können nach ihren Ergebnissen (1) direkt das Bescheidenheitsgebot thematisieren und dabei ihr Eigenlob äußern, (2) ihr Eigenlob deskriptiv formulieren und es so dem Hörer überlassen, das Positive herauszufiltern, (3) auf positive Urteile Anderer oder Auszeichnungen verweisen, (4) das Selbstlob durch einen ironischen Unterton begleiten und dadurch evtl. abschwächen, oder (5) geschickt mittels ‚fishing for compliments' Lob einheimsen (vgl. Adamzik 1984: 263-265).

Adamzik betont, dass nicht direkt ausgemacht werden kann, welche Auswirkungen positive SELBSTBEWERTUNGEN auf die Beziehung zwischen Interaktanten haben und inwiefern sie diese beeinflussen (vgl. ebd.: 263).

NEGATIVE SELBSTBEWERTUNGEN: Bei den negativen SELBSTBEWERTUNGEN wird Bescheidenheit strategisch eingesetzt, indem bewusst ‚tief gestapelt' wird. *Understatements* dienen hier dazu, sich durch Bescheidenheit positiv hervorzutun (vgl. Adamzik 1984: 266). Weitere Strategien der negativen Selbstbewertung sind nach Adamzik die Folgenden: Selbstkritik dient der Vorwegnahme von Kritik durch Andere, als Entschuldigung, Bitte um Trost (zum Trösten und Ermuntern muss der Angesprochene nach positiven Eigenschaften suchen und diese benennen, bewertet also den Selbstkritiker selbst positiv) sowie – in ähnlicher Funktion – Aufforderung zu positiven Partnerbewertungen (vgl. ebd.: 266-268).

(b) PARTNERBEWERTUNGEN

Die Auswirkungen der positiven PARTNERBEWERTUNGEN auf die Beziehungskonstitution sind dann zumeist eindeutig:

> Die positiven PARTNERBEWERTUNGEN […] scheinen das einfachste und offenste Verfahren zu sein, eine positive Einstellung zum Gegenüber auszudrücken und das Interesse an einer einvernehmlichen Beziehung zu signalisieren (Adamzik 1984: 268; Herv. im Orig.)

Adamzik unterscheidet bei den Partnerbewertungen weiter zwischen **OBJEKTBEWERTUNGEN** und „**BEWERTUNG des Partners als (Gesamt-)Person**" (Adamzik 1984: 268; Herv. L. R.). Ersteres umfasst „Eigenschaften, Besitztümer, Handlungen usw." (ebd.), die der Person zugeordnet werden können.

2 Der Rahmen: Selbstdarstellung als Forschungsgegenstand

Positive **Objektbewertungen** wirken sich zumeist genauso positiv auf eine Beziehung aus wie positive Partnerbewertungen (vgl. ebd.). Beziehungssichernd wirken Komplimente als Form der ritualisierten, positiven Objektbewertungen, da sie dem Gesprächspartner (wenn auch oberflächlich und teilweise lediglich unverbindlich) eine freundliche Grundstimmung und Wertschätzung signalisieren (vgl. ebd.: 269f., 272)[45]. Sind die Objektbewertungen nicht rituell, müssen sie aufgrund der Verbindlichkeit der Wertung ehrlich gemeint sein (vgl. Adamzik 1984: 272). Objektbewertungen werden vor allem bei Personen vorgenommen, die einander nicht besonders vertraut oder bekannt sind (vgl. ebd.: 279).

Demgegenüber stellen **Bewertungen der Gesamtperson** in Form von Wertschätzungsausdruck eine Möglichkeit dar, die Beziehung aktiv positiv zu beeinflussen (vgl. ebd.). Positive oder negative Bewertungen einer Person drücken gleichzeitig positive oder negative Einstellungen der Beziehung gegenüber aus. Diese Form der direkten Personenwertung wird allerdings seltener und eher bei einander nahestehenden Personen verwendet (vgl. Adamzik 1984: 281, 282), aus Gründen, die Adamzik wie folgt zusammenfasst:

> Neben der Möglichkeit, daß die betreffende Person die ausgesprochene Wertschätzung überinterpretiert, mag ein Grund, der gegen offene Partnerbewertungen spricht, darin liegen, daß der Sprecher entweder meint, durch zu großes Entgegenkommen ‚sein Gesicht zu verlieren', oder befürchtet, dem anderen, dem mit einer solchen Äußerung eine engere Beziehung aufgezwungen werden könnte, ‚zu nahe zu treten'. Dieser wäre nämlich gedrängt, die positive Wertschätzung zu erwidern, will er nicht [...] durch Verweigerung einer Stellungnahme oder den direkten Ausdruck seiner anders gelagerten Einstellung eine starke Beziehungsverschlechterung riskieren. (Adamzik 1984: 280)

Negative **Partnerbewertungen** sind potenziell gesichtsbedrohend für alle an der Interaktion Beteiligten. Sie attackieren einerseits das *face* des Angesprochenen, beeinflussen andererseits aber auch das *face* des Bewertenden negativ – je nachdem, in welcher Form der Angriff vollzogen wird (bspw. in Form einer Beleidigung, Beschimpfung, Pöbelei etc.). **Negative Objektbewertungen** kommen jedoch nach Adamzik selten vor (vgl. Adamzik 1984: 287). Demgegenüber stellt die Sachkritik eine wichtige Form der negativen Partnerbewertung dar; diese hat zum Ziel, das als negativ bewertete Verhalten oder die Eigenschaften des

---

45 Hierzu merkt Adamzik an: „Besonders wichtig zur Erreichung des unmittelbaren Interaktionsziels (Versicherung der Wertschätzung) scheint es, die Objektbewertung direkt auf den Hörer zu beziehen" (Adamzik 1984: 271). Siehe auch Adamzik (1984: 269-276) zur detaillierten Beschreibung von Komplimenten und deren sprachlichen Ausdruck.

Anderen zu beeinflussen (vgl. ebd.). Da direkte Sach- oder Partnerkritik stark beziehungsverschlechternd wirken kann, wird oft auf indirekte Wertungen zurückgegriffen, um die Beziehung – trotz aller Kritik – stabil zu halten (vgl. ebd.: 288). Ist dagegen die Beziehungserhaltung kein erklärtes Ziel, kann die Partnerkritik gezielt dazu eingesetzt werden, Ablehnung bzw. Dissens zu signalisieren und dadurch Distanz zu schaffen (vgl. ebd.: 289). Sprachliche Phänomene, die in solchen Situationen auftauchen, sind Beschimpfungen, kränkende Aussprüche und Ausrufe, die spontan und emotional, quasi explosiv und unüberlegt, geäußert werden (vgl. ebd.: 290). Ihnen ist gemeinsam, dass sie die negative Bewertung des Kommunikationspartners signalisieren[46].

(c) EXTRADYADISCHE BEWERTUNGEN sind BEWERTUNGEN, die sich auf extradyadische Sachverhalte, Objekte u. Ä. beziehen. Diese können im Tagungs- und Diskussionskontext beispielsweise der Raum und die technische Ausstattung, die Verpflegung, Wissenschaft und Forschung im Allgemeinen betreffen. Diese sind etwas unabhängig von den Interaktanten Bestehendes und liegen außerhalb der individuellen Einflussmöglichkeit. EXTRADYADISCHE BEWERTUNGEN tragen u. a. insofern zur Beziehungsgestaltung bei, als sie durch übereinstimmende Bewertungen Nähe schaffen und bei Divergenzen soziale Distanz aufbauen können (vgl. Adamzik 1984: 254). Werden extradyadische Sachverhalte oder Objekte bewertet und kommentiert, kann dies unverbindlich oder aber emotional-persönlich geschehen. Sprachliche Formen in moderaten, unverbindlichen Bewertungen sind beispielsweise deskriptive Formulierungen (auch deskriptive Adjektive), Sachlichkeit und die Verwendung von Partikeln zur Abschwächung (vgl. ebd.: 255). Interaktionspartner bleiben durch moderate Formulierungen auf einer gewissen Distanz zueinander, persönliche Einstellungen kommen nicht explizit zum Ausdruck (vgl. ebd.: 256). Im Gegensatz dazu stehen Bewertungen, die stark emotional und persönlich geäußert werden. Beispiele für sprachliche Formen, in denen dies deutlich wird, sind nach Adamzik Extremwörter (*fantastisch, Quatsch*), Vulgarismen (*verflucht, Scheiß*), Superlative (*das schönste, das mieseste*), Ausrufesätze und Flüche sowie die Verwendung von Partikeln, Adjektiven oder Adverbien, um Steigerungen hervorzurufen (*enorm, außerordentlich*) (vgl. ebd.: 257). Durch die extreme Verbalisierung von Bewertungen können einerseits soziale Distanz vermindert und eine größere Nähe der Interaktionspartner geschaffen, andererseits konträre Positionen und Dissens hervorgehoben werden (vgl. ebd.: 259).

---

46 Zur Rolle von Beschimpfungen sowie Schimpfwörtern bei der negativen PARTNERBEWERTUNG siehe Adamzik 1984: 290-308.

2 Der Rahmen: Selbstdarstellung als Forschungsgegenstand

Diese Kontrastierung können Interaktionspartner weiter betonen, indem sie „das Werte- oder Normensystem des Gegenübers" (ebd.: 260) angreifen.

(8) Sprechhandlungen: Da „potentiell alle möglichen Elemente und Ebenen des sprachlichen Ausdrucks von Relevanz sein" (Adamzik 1994: 371) können, konzentriert sich Adamzik in ihrer Untersuchung auf Repräsentativa und Bewertungen, „[d]enn in beiden Fällen werden vor allem Aussagen, Einschätzungen und Wertungen geäußert; die Sprecher drücken aus, wie sie die Welt sehen" (Adamzik 1984: 185). In ihnen kommen daher – ohne dass es erklärtes Ziel der Kommunikation sein muss – die Beziehungsintention und -gestaltung indirekt und implizit zum Ausdruck[47] (vgl. ebd.: 184, 345).

Streits sind stark von Emotionen und Beziehungsmanagement geprägt. Gruber untersucht in dem Zusammenhang die „*Intensität* [...] von Sprechhandlungen" (Gruber 1996: 239; Herv. im Orig.), wobei er Intensivierung definiert als „*Modus der Handlungsdurchführung*, der bei Sprechhandlungen jeder Intensitätsstufe auftreten kann und deren jeweiligen Intensitätsgrad beeinflußt" (ebd.: 240; Herv. im Orig.). Sprechhandlungen haben unterschiedliche direkte und indirekte Auswirkungen auf die Beziehung der Interaktanten: „Indirekt wird sie durch die Entwicklung der Standpunkte (divergent vs. konvergent) beeinflußt" (ebd.). In dem Zuge ist zwischen Fakten- und Personenwertung zu unterscheiden: Faktenwertung (= „Ablehnung des gegnerischen Standpunkts"; ebd.) hat indirekte Auswirkungen auf die Beziehung und ist von den angesetzten expliziten oder impliziten Bewertungsnormen abhängig:

> D.h., daß eine negative Faktenbewertung, in der ein objektiv und intersubjektiv nachvollziehbarer Bewertungsmaßstab zur Anwendung kommt, weniger beziehungsgefährdend ist, als eine negative Tatsachenbewertung (sic!) in der ein subjektiver, nur für den Bewertenden nachvollziehbarer, Maßstab zur Anwendung kommt. (Gruber 1996: 240)

Direkte und – je nach gewählter Lexik – mehr oder weniger intensive Auswirkungen auf die Beziehung haben dagegen Personenwertungen (vgl. ebd.). Die nachfolgenden Sprechhandlungen wirken sich negativ auf die Beziehung zwischen den Dissensteilnehmern aus, wobei der Grad der Intensität dabei stetig zunimmt:

> (1) Behauptung, Darstellung des Konfliktanlasses → (2) Darstellung des eigenen Standpunkts → (3) indirekter Widerspruch, indirekte Zurückweisung eines Vorwurfs → (4) direkter Widerspruch, direkte Zurückweisung eines Vorwurfs → (5) indirekter Vor-

---

47 Dies gilt zumindest für alle Situationen, in denen nicht über zwischenmenschliche Beziehungen direkt gesprochen wird, wenn also die Beziehung kein Thema der Interaktion ist (vgl. Adamzik 1984: 345).

wurf → (6) direkter Vorwurf, Gegenvorwurf → (7) direkte Personenwertung → (8) Appell → (9) metakommunikative Aufforderung → (10) Imperativ (Gruber 1996: 241)

Bei den Sprechhandlungen (1)-(4) kommt es zu Faktenwertungen, aber nicht zu Personenwertungen; Sprechhandlung (7) löst am intensivsten Verschlechterungen von Beziehungen aus; die Sprechhandlungen (8)-(10) sind am stärksten beziehungsbeeinflussend,

> da sie direkt in den Handlungsspielraum des Adressaten eingreifen. Besonders lenkende metakommunikative Handlungen verschlechtern die Beziehung signifikant, da damit einem Kontrahenten die Nichtbeachtung der grundlegenden Gesprächsregeln (zu Recht oder zu Unrecht) unterstellt wird (ebd.: 241).

Alle Sprechhandlungen können durch Modalität intensiviert werden. Hierfür stehen lexikalische Mittel, wie die Verwendung von Gradpartikeln oder Adjektiven, zur Verfügung, paraverbal kann die Modalität beispielsweise durch Lautstärkesteigerung und nonverbal durch Gesten sowie Körperhaltung signalisiert werden (vgl. Gruber 1996: 242).

Dagegen sind die folgenden Möglichkeiten der Intensivierung an wertende oder lenkende Sprechhandlungen gebunden, sind also sprechhandlungsspezifisch:

- Insistieren: (nahezu wortwörtliches) Wiederholen einer Sprechhandlung, bis der ‚Gegner' darauf reagiert; kann bis zum Steckenbleiben der Dissenssequenzen führen (vgl. ebd.: 242f.);
- Performative: Hier wird der Sprechhandlungstyp benannt, was zur „Äußerungsintensivierung" (ebd.: 243) führt;
- „Verwendung von Widerspruchsmarkern und minimalen Umformulierungen" (ebd.) zur Verstärkung der Intensität.

Beziehungsverbessernde bzw. ‚stabilisierende' Sprechhandlungen sind die folgenden (erneut sortiert von ‚am wenigsten beziehungsverbessernd' zu ‚am meisten beziehungsverbessernd'):

(1) inhaltliche Aufforderung → (2) Rechtfertigung → (3) Einlenken → (4) Angebot (ebd.)

Inhaltliche Aufforderungen wirken unter bestimmten Umständen beziehungsverbessernd. Wird die Aufforderung begründet und vorsichtig formuliert, kann der Vortragende oder Diskutant leichter auf beispielsweise eine Bitte eingehen. Es kann zu *face*-Bedrohungen kommen, allerdings eher in abgeschwächter Form (vgl. ebd.). Dies sieht anders aus, wenn man Rechtfertigungen betrachtet: Hier kommt es zu einer Gesichtsbedrohung des sich Rechtfertigenden, der seinen Verstoß einsehen muss und versucht, diesen durch einen „Normenwechsel" (ebd.:

244) zu nivellieren. Stärker beziehungsverbessernd und gleichzeitig auch viel gesichtsbedrohender für den Sprecher wirkt dagegen das Einlenken, da die Gültigkeit der Norm und der eigene Verstoß anerkannt wird (vgl. ebd.). Wie bereits erwähnt, rückt Adamzik vor allem die Sprechakte und ihre Einleitungsbedingungen sowie Bewertungen in den Blick ihrer Arbeit. Sie zeigt, dass „in den Einleitungsbedingungen eine bestimmte Beziehung oder beziehungsrelevante Sachverhalte als Voraussetzungen für den erfolgreichen Vollzug solcher Sprechakte formuliert werden" (Adamzik 1994: 372). So können beispielsweise Befehle nur dann erteilt werden, wenn die Interaktionspartner in einer gewissen Rollenasymmetrie und einem hierarchischen Verhältnis zueinander stehen. Wie oben bereits erläutert, kann der Aspekt der Beziehungsgestaltung nicht in bestimmten Sprechakten lokalisiert werden, sondern Sprechakte erlauben bei der Untersuchung der gesamten Kommunikation Rückschlüsse auf die zugrunde liegende Beziehungsintention – je nachdem, in welcher Form und Art einzelne Sprechakte geäußert werden (vgl. Adamzik 1984: 347). Adamzik kommt zu dem Ergebnis, dass „REPRÄSENTATIVA, in denen explizit auf die Beziehung zwischen den Interaktanten Bezug genommen wird, [...] in direkter Interaktion kaum zur Beziehungsgestaltung eingesetzt [werden]" (vgl. ebd.: 237)[48]. Eine besondere Rolle spielt in den anderen Repräsentativa die „Gemeinsamkeit bzw. Verschiedenheit der Glaubens-, Wissens- und Denkinhalte" (ebd.), die bei der Beziehungskonstitution wichtiger sind als die Wahrheit des Gesagten. Statt nur Dinge zu äußern, die die Interaktionspartner für wahr halten, wird nach Gemeinsamkeiten gesucht, um Nähe aufzubauen, oder nach Unterschieden, um auf Distanz gehen zu können. Bei der Formulierung des Inhalts und dem Stil der Äußerung orientieren sich Akteure an den Kommunikationspartnern (vgl. ebd.: 237f.). Durch das Äußern von allgemein Bekanntem (KONSTATIERUNGEN) wird die Beziehung gesichert und es kann sogar eine größere Nähe hergestellt werden (vgl. ebd.: 238). Demgegenüber wird eine größere Distanz zwischen Interaktionsteilnehmern aufgebaut, wenn BEHAUPTUNGEN mit provokativem Charakter geäußert werden, wenn also Streit und Dissens provoziert werden (vgl. ebd.).

Partikeln spielen in konstativen Sprechakten eine besondere Rolle. Adamzik zeigt, inwiefern die Partikeln „*doch, eben (halt), ja, also, auch, schon*" (ebd.: 207; Herv. im Orig.) Konsens markieren und Standpunkte anzeigen können. Durch ihre (in Aussagen lediglich unbetonte) Verwendung wird ausgedrückt, dass an

---

48 Siehe zu den Möglichkeiten der Beziehungsgestaltung durch Repräsentativa ausführlich Adamzik 1984: 186-240.

der Aussage nicht gezweifelt oder diese für trivial gehalten wird, dass man sich möglicher Kritik verwehrt (mit *eben*), Bestätigung und Zustimmung signalisiert (mit *ja*) oder Schlussfolgerungen anzeigt (mit *also*) (vgl. ebd.: 209-213).

Schwitalla (1996) zeigt in seiner Untersuchung zur Beziehungsdynamik Probleme auf, die bei der Analyse von Sprechakten unter einer solchen Perspektive entstehen: Erstens verläuft die Kommunikation nicht nach dem einfachen Schema von Äußerung und reagierender Äußerung, die jeweils klar voneinander abgrenzbar sind, sondern die Interaktanten engagieren sich gemeinsam an der Durchführung einer Handlung (vgl. Schwitalla 1996: 287). Zweitens ist die Bedeutung einer Äußerung von deren Interpretation durch den Interaktionspartner abhängig. Hierbei kommt es oft dazu, dass Äußerungen missverstanden oder in einer Weise interpretiert werden, die der Sprecher nicht beabsichtigt hat (vgl. ebd.: 288). Drittens sind Illokutionen in sprachliche Kontexte eingebettet, die ihre Bedeutung mitbestimmen – was in die ursprüngliche Konzeptualisierung des Illokutionsbegriffs nicht mit einbezogen wurde (vgl. ebd.). Viertens lassen sich bestimmte Sprechakte, die sich auf die Beziehung zwischen den Interaktionspartnern auswirken (Schwitalla nennt hier „Frotzeleien, Beleidigungen"; ebd.: 288), nicht anhand bestimmter Regeln interpretieren, wie es bei bekannten Sprechakten möglich ist. Fünftens haben „Äußerungen, die Beziehungs- und Selbstdarstellungsfunktionen tragen, [...] nicht immer die Einheitengröße eines Satzes" (ebd.: 288). Schwierig zu beurteilen sind sechstens die perlokutionären Wirkungen von Selbstdarstellung. Sprechhandlungen und das gesamte Verhalten einer Person werden interpretiert, beurteilt und nach bestimmten Maßstäben bewertet (vgl. ebd.: 288f.). Siebtens gibt zumeist nicht der Sprechakt an sich Auskunft über die Illokution bzw. mögliche Perlokution, sondern die Art der Sprechaktäußerung, ob er also beispielsweise mit einem ironischen Unterton ausgeführt wird oder nicht (vgl. ebd.: 289).

Harras weist zusätzlich auf ein weiteres analytisches und methodisches Problem hin, nämlich „taktisch-verschleiernde Kommunikationsversuche in einem intentionalistischen Konzept unterzubringen" (Harras 2004: 197). Beispiele hierfür wären ANGEBEN oder EINSCHMEICHELN, die als komplexe Handlungen gelten können, da sie durch Äußerungssequenzen und Sprechakte wie BEHAUPTEN realisiert werden (vgl. ebd.: 198f.). Der Interaktionspartner soll das Behauptete für wahr halten, dadurch eine „positive Einstellung zum Gesagten" (ebd.: 198) und zum Sprecher gewinnen und diesen bewundern.

2 Der Rahmen: Selbstdarstellung als Forschungsgegenstand

Zusammenfassung: sprachliche Mittel der Beziehungskommunikation

Zusammenfassend kann man sagen, dass auf die jeweiligen Beziehungsintentionen der Sprecher anhand bestimmter sprachlicher Merkmale geschlossen werden kann. Es muss betont werden, dass die sprachlichen Merkmale nicht direkt auf eine bestimmte Form des Beziehungshandelns schließen lassen, sondern lediglich Anzeichen hierfür sind (vgl. Adamzik 1994: 371). Beispielsweise werden Höflichkeit und die Bereitschaft zu Konsens oder Kompromiss durch „alle Formen vorsichtig-zurückhaltend-abschwächenden Ausdrucks (im Deutschen speziell Partikeln und Adverbien, Konjunktivgebrauch, Modalverben usw.)" (ebd.) sichtbar. Gruppenzugehörigkeit kann durch hohe Fach- und Fremdwortdichte, Geheimsprache und dialektale Wendungen ausgedrückt werden, die dafür sorgen, dass Gruppenmitglieder einander verstehen, Außenstehende dies aber nicht uneingeschränkt können und somit vom Verständnis bestimmter Inhalte ausgeschlossen sind (vgl. ebd.).

Zudem überwiegen nach Adamzik indirekte Formen des Ausdrucks der Beziehungsintention gegenüber direkten. Dies rührt daher, dass offene Konfrontationen und Streits sowie eine zu offensichtliche Darstellung der gewünschten Beziehung oder Vertrautheit tendenziell eher vermieden werden sollen. So bleiben Beziehungen flexibel und offen für Veränderungen, die eher subtil vorgenommen als offen kommuniziert werden (vgl. Adamzik 1984: 346).

Die nachfolgende Tabelle (Tab. 7) fasst die sprachlichen Mittel der Beziehungskommunikation, wie sie in der referierten Literatur genannt wurden, zusammen.

Tabelle 7: Charakteristische sprachliche Merkmale der Beziehungskommunikation.

Funktion	Sprachliche Mittel der Beziehungskommunikation	Funktion der Mittel	Quelle
Anrede	Personale Referenz	signalisiert durch die Wortwahl Distanz oder Nähe; direktes namentliches Ansprechen kann distanzverringernd wirken und Solidarität anzeigen	Holly 2001; Webber 2002
Beiläufigkeit	Partikeln, Gliederungssignale, Gesprächswörter, Heckenausdrücke, Modalitätsmittel	signalisieren Höflichkeit, reduzieren Brisanz	Holly 2001

Funktion	Sprachliche Mittel der Beziehungs-kommunikation	Funktion der Mittel	Quelle
Bewertung	Bewertungsausdruck, v. a. Lexik mit entsprechender Konnotation (aber auch Extremwörter, Vulgarismen, Superlative), Routineformeln/Rituale	drücken aus, wie ein Akteur sich selbst, den/die Partner oder Extradyadisches bewertet; signalisieren die Beziehungsdefinition sowie die Beziehung, die angestrebt werden soll; Routineformeln ermöglichen Bewertungen und zeigen die Beziehungsdefinition an	Holly 2001; Adamzik 1984; Coulmas 1981
Einstellung	Partikeln	markieren Konsens oder Dissens, signalisieren Zustimmung und Bestätigungen, aber auch Widerspruch	Adamzik 1984
Gefühlsausdruck	Gefühlsausdruck, -benennung, -thematisierung, -bericht	verbalisieren Gefühle, die Interaktanten zueinander haben, definieren Beziehungen, machen Einstellungen deutlich; Emotion ist „bewertende Stellungnahme" (Fiehler 2001: 1428); Gefühle werden ausgedrückt oder explizit thematisiert	Holly 2001; Fiehler 2001
Höflichkeit	Formen des nicht-expliziten Sprechaktausdrucks: Deagentivierung, Entpersonalisierung, Ausdruck von propositionalen Einstellungen, Passivkonstruktionen, Routineformeln/Rituale	signalisieren face-Wahrung, -Sicherung und Respekt; Routineformeln sichern das reibungslose Funktionieren von Gesprächen, sichern Beziehungen und vermeiden Beziehungskonflikte, sie signalisieren Höflichkeit organisieren ein Gespräch; sie zeigen die Beziehungsdefinition an; sie signalisieren und bestätigen die in der jeweiligen Gesellschaft anerkannten Werte	Brown/Levinson 2011; Holly 2001; Adamzik 1984; Coulmas 1981

Funktion	Sprachliche Mittel der Beziehungskommunikation	Funktion der Mittel	Quelle
Implikaturen (konversational, konventionell)	Hintergründige Satzinhalte	geben Aufschluss darüber, wie Ironie, Hyperbeln, Metaphern, Konnotationen, markierte Ausdrücke etc. interpretiert werden sollen; zeigen die jeweilige Beziehungsdefinition an	Holly 2001; Polenz 2008
Intentionsausdruck	Sprechhandlungen	drücken Einstellungen und Wertungen aus; in ihnen kommen die Beziehungsintention und -gestaltung indirekt und implizit zum Ausdruck; Repräsentativa machen die Sprechereinstellungen deutlich; Gemeinsamkeit der Inhalte erzeugt Konsens und Nähe, Widersprüche Dissens und Distanz	Adamzik 1984; Gruber 1996; Harras 2004, 1994; Holly 2001; Schwitalla 1996

2.5 Notiz zum Stellenwert der zusammenfassenden Tabellen

Die jedes Teilkapitel abschließenden Tabellen sind systematisierende Zusammenfassungen der jeweils erörterten Forschungsinhalte. Die Tabellen bieten einen Überblick über die identifizierten Mittel der Selbstdarstellung und des Beziehungsmanagements und führen die Ergebnisse der Arbeiten aus unterschiedlichen Disziplinen zusammen. Als Bündelungen der Mittel können die Tabellen im Methodenkapitel wieder aufgegriffen und im Hinblick auf die Fragestellung neu systematisiert, modifiziert und integriert werden, sodass sich eine Gesamtsicht ergibt. Auf dieser Basis ist eine fundierte Methodenentwicklung möglich (vgl. Kap. 4.2.2).

mit dem Halten von Vorträgen das Ziel, ihre jeweilige Forschung und damit auch die eigene Person in einem größeren disziplinären oder interdisziplinären Umfeld vorzustellen (vgl. Techtmeier 1998a: 504). Dabei kann nicht bloß von eigenen Forschungsprojekten etc. berichtet werden, sondern es müssen der jeweilige Bezug zur Forschungsumgebung sowie aktuelle Entwicklungen deutlich gemacht und das Neuartige im eigenen Vortrag betont werden (vgl. Kotthoff 2001: 346). Es geht also nicht nur um bloßes Informieren der Anwesenden, sondern auch – quasi als Nebenziel – darum, die eigene Reputation in der wissenschaftlichen Gemeinschaft zu verbessern oder zu stabilisieren (vgl. Techtmeier 1998a: 504). Kotthoff betont in diesem Zusammenhang die Konkurrenz und den Wettstreit von Wissenschaftlern untereinander, die sich auf die Vortragsgestaltung auswirken (vgl. Kotthoff 2001: 346). Die eigenen Qualitäten und Leistungen werden vom Vortragenden hervorgehoben und danach vom Publikum evaluiert (vgl. ebd.: 322).

Vorträge finden von Angesicht zu Angesicht statt, die Teilnehmer sind zur gleichen Zeit am gleichen Ort, es besteht also visueller und auditiver Kontakt (vgl. Techtmeier 1998a: 505). Vorträge werden mündlich und monologisch realisiert, aber schriftlich konzipiert (vgl. z. B. Techtmeier 1998a: 504; Dürscheid 2003: 50)[50]. Daher ist die Kommunikationsform asynchron: Der Vortrag wird vor der Konferenz schriftlich ausgearbeitet, vor Publikum vorgetragen und erst danach besteht die Möglichkeit zur Interaktion (vgl. Dürscheid 2003: 44)[51]. Das bedeutet für den Vortragenden, dass er den Vortrag an das vorgegebene Zeitlimit anpassen (vgl. Kotthoff 2001: 323), mögliche Hörerreaktionen antizipieren und hilfreiche Argumente bereits in der Ausarbeitungsphase in seinen Vortrag integrieren muss (vgl. Koch/Oesterreicher 1985: 20). Daneben erleichtern hörerentlastende Metainformationen oder technische Hilfsmittel (wie beispielsweise Handouts mit einer Gliederung, Power-Point-Folien zur Visualisierung schwieriger Zusammenhänge) das Verstehen, indem die akustisch gegebenen Informationen visuell unterstützt werden (vgl. Techtmeier 1998a: 507).

---

50 Dürscheid weist zusätzlich darauf hin, dass auch konzeptionell schriftliche Texte (wie Vorträge) von der geplant mündlichen Kommunikation beeinflusst sind: „Die Tatsache, dass man spricht, hat einen Einfluss auf den Duktus der Äußerung" (Dürscheid 2003: 50), auch auf die Planung und Gestaltung des Vortrags; ebenso beeinflusst die schriftliche Version die Art der mündlichen Präsentation im Hinblick auf Satzakzentuierung und Intonation (vgl. ebd.).

51 Kotthoff (2001: 324) charakterisiert Vorträge an sich als Formen der Interaktion, da sie „vielschichtige Dialoge mit dem heterogenen Publikum und Bezugstexten" seien.

3 Wissenschaftskommunikation

Um das Selbstdarstellungsverhalten von Wissenschaftlern im wissenschaftlichen Kontext analysieren und beschreiben zu können, muss ein Analysefokus gesetzt werden. Aus den verschiedenen Varianten der wissenschaftlichen Kommunikation (z. B. Seminargespräche, Berufungsgespräche, Laborgespräche) wird die Kommunikationsform *Diskussion* ausgewählt. Betrachtet werden **wissenschaftliche Diskussionen** nach Fachvorträgen, die auf interdisziplinären Tagungen stattgefunden haben (genauer hierzu siehe Kap. 4.1). Es wurden gezielt **interdisziplinäre** Diskussionen gewählt, da interdisziplinäre Kommunikation in vielerlei Hinsicht anders verläuft als disziplinäre. Nicht nur die Art der Wissensvermittlung, sondern auch das Selbstdarstellungsverhalten der Wissenschaftler wird durch die Personen- und Disziplinenkonstellation geprägt.

In diesem Kapitel werden die untersuchte Textsorte Vortrag und die Kommunikationsform Diskussion theoretisch aufgearbeitet sowie die Besonderheiten von interdisziplinärer im Gegensatz zu disziplinärer Kommunikation beleuchtet. In der Analyse werden zwar Diskussionen nach Fachvorträgen fokussiert; da aber häufig der Vortrag – oder dessen Inhalte, Thesen, Ergebnisse, Methoden etc. – in den Beiträgen thematisiert und kritisiert wird, zumindest aber in irgendeiner Form auf ihn Bezug genommen wird, wird nachfolgend zuerst auf die Charakteristika der Textsorte *wissenschaftlicher Vortrag* eingegangen. Auch Vorträge stellen besondere Anforderungen an das Selbstdarstellungsverhalten der Wissenschaftler und die anschließende Diskussion erfolgt immer vor dem Hintergrund der vorangegangenen Präsentation. Sowohl die Textsorte Vortrag als auch die Kommunikationsform Diskussion werden im Hinblick auf allgemeine Merkmale, Struktur, Sprache und Anforderungen an das Selbstdarstellungsverhalten hin untersucht. Im Anschluss daran erfolgt die Betrachtung der Unterschiede zwischen disziplinärer und interdisziplinärer Kommunikation sowie der Herausforderungen, die durch interdisziplinäre Zusammenarbeit entstehen.

3.1 Der wissenschaftliche Vortrag

Die wichtigste Diskursform zur mündlichen Verbreitung von Forschungsergebnissen ist der Vortrag[49] (vgl. Grabowski 2003: 53). Wissenschaftler haben

---

49 Mit dem Begriff *Vortrag* ist im Folgenden der Typ Tagungs-, Kongress-, Konferenzvortrag gemeint, also ein Vortrag, der auf einer größeren wissenschaftlichen Veranstaltung gehalten wird.

Techtmeier geht davon aus, dass alle Interaktionsteilnehmer einer bestimmten Disziplin angehören und mit wissenschaftlichen Kommunikations- und Arbeitstechniken vertraut sind; demnach handele es sich um eine symmetrische Interaktionssituation (vgl. Techtmeier 1998a: 505). Dadurch bestünden Wissensasymmetrien kaum auf methodischer oder terminologischer Ebene. Aus meiner Sicht mag dies für einen großen Teil von Vorträgen auf disziplinären Veranstaltungen gelten, jedoch nicht für Vorträge auf interdisziplinären Tagungen. Dort herrscht beispielsweise nur eine vermeintliche Einigkeit über Terminologie, die aber in den Diskussionen häufig aufgegriffen und aus verschiedenen disziplinären Perspektiven problematisiert wird: Der Begriffsinhalt, die Bedeutung, muss diskursiv im jeweiligen Kontext ausgehandelt werden. Zudem gibt es auch außerhalb von Tagungen Vorträge, die an Studierende gerichtet sind (z. B. Gastvorträge an anderen Universitäten), oder Vorträge, die Fachwissenschaftler und interessierte Laien adressieren (z. B. Veranstaltungen des Instituts für Deutsche Sprache oder der Gesellschaft für deutsche Sprache), bei denen von Wissensasymmetrien ausgegangen werden muss.

Vorträge richten sich dementsprechend nicht nur an Fachkollegen, sondern auch an fachfremde Wissenschaftler, Studierende, Gutachter und interessierte Laien. Diese Mehrfachadressierung (vgl. Kotthoff 2001: 323) spielt unter Umständen eine Rolle bei der Vortragsformulierung und visuellen Gestaltung der Folien, wird aber vor allem in Diskussionen sichtbar, wenn Wissenschaftler anderer Disziplinen den Vortrag aus ihrer Perspektive kommentieren. Kotthoff stellt zwar für deutsche Konferenzvorträge fest, dass sie vornehmlich „hochspezialisierte Kollegen und Kolleginnen" (vgl. ebd.: 326) adressieren und andere potenzielle Zuhörer kaum während der Vorbereitung des Vortrags und bei der Präsentation berücksichtigen; dies kann aber nach obiger Differenzierung der Vortragstypen nicht für alle Vorträge gelten (höchstens für Vorträge auf sehr themenspezifischen Tagungen).

Innerhalb der Textsorte Tagungsvortrag können verschiedene Typen voneinander abgegrenzt werden. So differenziert Techtmeier drei Typen, die sich hinsichtlich ihrer Funktion und Adressaten unterscheiden:

- Plenarvortrag: hat Orientierungsfunktion und spricht alle Tagungsteilnehmer an;
- Sektionsvortrag: richtet sich an Experten eines Teilgebiets;
- Sektionsleitreferat: ist mit Orientierungsfunktion an eine Sektion gerichtet (vgl. Techtmeier 1998a: 507f.)

Zu diesen Typen zählt meines Erachtens noch der für kleinere Tagungen typische Vortrag, der sich an alle Teilnehmer richtet und ein wissenschaftliches Problem, Ergebnisse und dergleichen darstellt, ohne deswegen gleich ein Plenarvortrag mit Orientierungsfunktion zu sein. Ebenso können Rundtischvorträge, Zweiergespräche mit jeweils kurzem Vortrag[52] und die vor allem für Nachwuchswissenschaftler immer populärer werdenden Poster-Präsentationen hinzugezählt werden. Außerhalb von Konferenzen finden sich Gastvorträge in Kolloquien oder Seminaren und Vorstellungsvorträge in Berufungsverfahren. Insgesamt müsste zudem differenziert werden, ob es sich um einen Vortrag für ein disziplinäres oder interdisziplinäres Publikum handelt.

3.1.1 Die Struktur von Vorträgen

Vorträge bzw. Präsentationen werden disziplinen-, (fach-)kultur- und wertespezifisch gestaltet, weswegen sie sich in Aufbau und Stil erheblich voneinander unterscheiden können (vgl. Grabowski 2003: 60; Techtmeier 1998a: 508)[53]. Lobin (2013) weist auf die Multimodalität von wissenschaftlichen Präsentationen hin und definiert Präsentationen unter diesem Blickwinkel – und mit Rückgriff auf seine frühere Arbeit (Lobin 2009) – als

> eine textuell organisierte Kommunikationsform [...], die sich im Wesentlichen aus der Rede eines Vortragenden, per Präsentationssoftware projizierten Texten, Grafiken, Bildern usw. (der Folien-Sequenz bzw. Projektion) und den nicht-sprachlichen Handlungen des Vortragenden auf einer (ggfs. nur angedeuteten) Bühne zusammensetzt (Performanz) (Lobin 2013: 66).

Präsentationen und Vorträge weisen nicht nur verschiedene Modi, sondern auch unterschiedliche, aufeinander folgende Phasen auf. Auf der Makroebene sind Vorträge in verschiedene disziplinen-übergreifende Phasen gegliedert. Während Techtmeier drei Phasen identifiziert – (1) Einleitung, (2) Problem-

---

52 Diskussionen dieses Typs finden sich im vorliegenden Untersuchungskorpus und werden zu Differenzierungszwecken von mir als Fokusdiskussionen bezeichnet.
53 Ergänzend zu den fachkulturellen finden sich interkulturelle Unterschiede: Deutsche, russische und englische Vorträge beispielsweise differieren hinsichtlich Linearität und Digressivität, wobei deutsche Vorträge linear organisiert sind (vgl. Techtmeier 1998a: 508). Die Ausführungen meiner Arbeit beziehen sich auf deutschsprachige Vorträge; zu den Unterschieden zwischen deutschen, russischen und amerikanischen Vorträgen siehe Kotthoff 2001, vereinzelte Hinweise auch in Techtmeier 1998a.

präsentation und -diskussion, (3) Schlussfolgerungen (vgl. Techtmeier 1998a: 505f.) –, gliedert Webber Vorträge in fünf Bestandteile: (1) Einleitung, Interesse wecken und Vorbereiten der Zuhörer, (2) Schaffen eines Forschungsraums [Research Space], (3) Ziele der Studie, (4) Design der Studie, (5) Präsentation der Ergebnisse mit detaillierten Erklärungen (vgl. Webber 2002: 234). Webber rechnet wie Techtmeier die Elemente „Herstellung der Kooperationsbereitschaft"/„Interesse wecken" sowie „Schaffung von Voraussetzungen für das Gelingen der Interaktion" (Techtmeier 1998a: 505f.) zur Einleitung, ergänzt allerdings den Übergang zum Hauptteil des Vortrags durch einen Zwischenschritt: „Schaffen eines Forschungsraums" (Webber 2002: 234).

In der von Techtmeier (1998a: 506) als zweite Phase benannten „Problempräsentation/-diskussion" soll das Auditorium über den Forschungsgegenstand sowie Methoden und Lösungsvorschläge/Ergebnisse informiert werden. Dazu dienen sorgfältige Argumentationen und Begründungen (vgl. ebd.). Webber untergliedert diese Phase in ihrer Arbeit weiter in Ziele der Studie, Design der Studie, Präsentation der Ergebnisse mit detaillierten Erklärungen (vgl. Webber 2002: 234), meint aber inhaltlich dasselbe wie Techtmeier (1998a).

Kotthoff weist darauf hin, dass es für deutsche, englische und amerikanische Vorträge charakteristisch ist, dass die Vortragenden einen Überblick über die Gliederung geben, anhand deren sich die Zuhörer orientieren können (vgl. Kotthoff 2001: 345). In der (1) Einleitung wird knapp der Forschungsstand dargestellt, woraufhin im (2) Hauptteil die eigene Forschung im Mittelpunkt steht, also ein spezifisches und stark eingegrenztes Thema, die „eigene[...] Studie oder These, deren methodische Herangehensweise, Hypothesen, Daten- oder Textpräsentation, Analysen (argumentatio) und Interpretationen" (Kotthoff 2001: 326; vgl. ebd.: 329).

In der dritten Phase nach Techtmeier (1998a: 505) und auch nach Kotthoff (2001: 326), „Schlussfolgerungen", wird die Forschungsarbeit mit Bezug auf den Forschungszusammenhang zusammengefasst.

Aus diesen beschriebenen Vortragsphasen ergibt sich das folgende Schema (Abb. 9). Da in der Literatur nicht explizit auf mesostrukturelle Merkmale eingegangen wird, wurden diese von mir auf der Basis der obigen Ausführungen ergänzt (Makrostruktur: Fettdruck; Mesostruktur: Normaldruck).

nach Techtmeier						
(1) Einleitung • Herstellung der Kooperationsbereitschaft • Interesse wecken • Voraussetzungen schaffen			(2) Problempräsentation/-Diskussion = eigene Forschung • Forschungsgegenstand • Methoden • Lösungsvorschläge/Ergebnisse			(3) Schluss-folgerungen • Zusammenfassung der Arbeit mit Bezug auf Forschungszusammenhang
nach Webber						
(1) Einleitung • Interesse wecken • Vorbereiten der Zuhörer	(2) Schaffen eines Forschungsraums	(3) Ziele der Studie	(4) Design der Studie	(5) Präsentation der Ergebnisse		(6) Schluss
nach Kotthoff						
(1) Einleitung • Überblick über die Gliederung • Forschungsstand			(2) Hauptteil • eigene Forschung • Studie, Thesen, Methode, Hypothesen, Daten/Text, Analysen, Interpretationen			(3) Schluss • Zusammenfassung

Abbildung 9: Übersicht über die typische Vortragsstruktur; Synthese aus den Darstellungen von Techtmeier 1998a, Webber 2002 und Kotthoff 2001.

3.1.2 Sprachliche Besonderheiten der Textsorte Vortrag

Die sprachliche Ebene (= Mikroebene) ist durch Wissenschaftssprache und Elemente der Mündlichkeit geprägt. Obwohl der Text schriftlich konzipiert ist, sind gesprochen-sprachliche Charakteristika zu finden, unter anderem wegen der Anwesenheit eines Publikums, mit dem der Vortragende kontinuierlich in Interaktion steht (vgl. Techtmeier 1998a: 506): „Typische Merkmale des Mündlichen wie Anakoluthe, deiktische Elemente und Abtönungspartikeln, Ausklammerungen und Nachträge, phonetische Reduktionen der Wortendungen etc." (ebd.: 507) sind somit auch in Vorträgen zu finden, wenn beispielsweise Passagen (spontan) frei formuliert oder schriftlich konzipierte Textteile zum besseren Verständnis noch einmal mündlich reformuliert werden (vgl. ebd.). Insgesamt dominiert in Vorträgen der wissenschaftliche Stil. Wissenschaftssprache zeichnet sich nach Hahn (1980: 391) durch den erhöhten Gebrauch von Elementen wie Einwort- und Mehrworttermini, Fremd- und Lehnwörter, Fachmetaphorik, Nominalphrasen mit komplexen Attribuierungen, Passivkonstruktionen (Deagentivierungen),

strenge Thema-Rhema-Struktur und Kohäsionsmittel aus (vgl. Techtmeier 1998a: 507; Kotthoff 2001: 323).
Zur Mikroebene gehören auch verschiedene Sprechhandlungstypen. Vor allem Repräsentativa, weiter unterscheidbar in FESTSTELLEN und MITTEILEN, sind in Vorträgen vertreten (vgl. Techtmeier 1998a: 507). Zudem werden VERGLEICHEN, VERALLGEMEINERN, SCHLUSSFOLGERN, BEGRÜNDEN und BEWEISEN genannt, die die Beziehungen zwischen dem Gesagten herstellen und „zur Entstehung komplexer Argumentationen notwendig sind" (ebd.; vgl. auch Hoffmann 1988: 150). Außerdem sind Handlungen wie KOMMENTIEREN, ZITIEREN und VERWEISEN zentral für Vorträge, da sie „den wissenschaftlichen Text in seinen intertextuellen Zusammenhang stellen" (Techtmeier 1998a: 507).

3.1.3 Zum Selbstdarstellungsverhalten in Vorträgen

Die Besonderheit des Vortragens und die damit verknüpften Ansprüche an das Selbstdarstellungsverhalten des Akteurs liegen aus linguistischer Sicht in zwei unterschiedlichen, aber miteinander gekoppelten Aspekten begründet: Zum einen steht der Vortragende während der Präsentation in der Öffentlichkeit, bildet das Zentrum der Aufmerksamkeit, muss aber zum anderen sicherstellen, dass er seine eigenen mit dem Vortrag verknüpften Ziele erreicht. Heino et al. (2002: 127) stellen fest, „[p]ublic speaking is always a challenging task", und betonen die Besonderheit des Sprechens auf Tagungen. Diese Herausforderung wird dadurch verschärft, dass es mehr und mehr üblich ist, Präsentationen und Diskussionen aufzuzeichnen, um die Dokumentationen entweder innerhalb der *scientific community* oder der breiten wissenschaftlichen Öffentlichkeit online zur Verfügung zu stellen. Heino et al. fassen die Anforderungen an den Vortragenden wie folgt zusammen:

> Conference presenters, unlike most instructors, for example, must perform in front of peers, and often in front of listeners with expertise greater than their own. They must attempt to present their research questions, methods, findings and conclusions to a knowledgeable and sometimes critical audience in such a way that their contribution brings them new or continued *acceptance* within the scientific community. Conference speakers need *justification* from their audience. They express their ideas in the hope that the information they impart will be *accepted* as a *relevant* addition to knowledge and as a sign of their personal *credibility*. (Heino et al. 2002: 127; Herv. L. R.)

Das heißt, Vortragende sprechen nicht nur vor einem hochinformierten Publikum, sondern auch vor Angehörigen unterschiedlicher Statusgruppen, also möglicherweise auch vor Wissenschaftlern mit größerem Fachwissen und höherem Status. Die Ziele der Selbstdarstellung lassen sich hier zusammenfassen mit Akzeptanz und Glaubwürdigkeit der eigenen Person in der *scientific community* sowie Bestätigung der Qualität und Relevanz der eigenen Forschung seitens des Auditoriums.

Die zweite Herausforderung besteht in der Erreichung der gesetzten Ziele, die Heino et al. in rhetorische und pragmatische Ziele unterscheiden (vgl. Heino et al. 2002: 128). Rhetorisches Ziel ist es, dass die Informationsweitergabe möglichst effektiv verläuft und Inhalte möglichst verständlich dargestellt werden. Pragmatisches Ziel ist es, seine eigene Position zu stärken oder zu halten. Hierbei spielt das *face* aller Anwesenden eine große Rolle, denn als Vortragender sollte man seinem Auditorium Respekt entgegenbringen (sie alle haben ihre eigenen Leistungen erbracht, die der Vortragende evtl. in seiner Präsentation aufgreift oder kritisiert) und die eigene Autorität nicht gegen das Publikum ausspielen. Beides hat mit gesichtswahrendem und -schützendem Verhalten zu tun, einerseits dem Schutz des eigenen *face* oder andererseits des *face* des Publikums (oder einzelner Wissenschaftler im Auditorium, wenn beispielsweise Kritik geübt wird). Heino et al. sehen metadiskursive Elemente als Mittel zur Erreichung dieser Ziele an, da diese es ermöglichen, die eigene Einstellung im Hinblick auf den Vortrag, einzelnen Themen, Methoden oder zum Publikum auszudrücken sowie interaktiv Probleme zu lösen (vgl. ebd.).

Tracy weist in ihrer Studie (1997) darauf hin, dass Vortragende in Interviews angaben, dass sie vor allem als intelligent und kompetent wahrgenommen werden möchten (vgl. Tracy 1997: 24, 25). Dies war mit den folgenden Bedingungen verbunden: „They wanted to get their facts straight, be clear about ideas, be articulate, have interesting things to say, and answer questions well" (ebd.: 25f.).

Ein guter Vortrag ist nach Grabowski „Ausdruck von [...] *Professionalität*" (Grabowski 2003: 55; Herv. im Orig.), die sich seiner Ansicht nach nicht in Begabung begründet, sondern geübt und geschult werden kann. Er stellt zwei Immunisierungsstrategien gegen mögliche Vortragskritik heraus: Die eine besteht darin, die unterschiedlichen Fähigkeiten und Begabungen sowie die unterschiedlichen Vorlieben des Publikums dafür verantwortlich zu machen, ob der Vortrag als gelungen oder schlecht beurteilt wird. Die andere Form der Immunisierung dagegen besteht darin, allein durch den eigenen Vortragsinhalt (bzw. die eigene Person) Anspruch auf Wichtigkeit zu erheben, sodass die Form des Vortrags gegenüber dem Inhalt vernachlässigt werden kann (vgl. ebd.: 54). Diese Strategien sind allerdings nicht haltbar:

> Wenn man das Öffentlich-Machen von Ergebnissen als substanziellen Teil von Forschungsprozessen auffasst, handelt es sich hierbei nicht um Sonderqualifikationen, sondern um grundlegende handwerkliche Voraussetzungen der Berufsausübung (Grabowski 2003: 56).

Professionalität in diesem Sinne umfasst die korrekte und kompetente „Handhabung von Präsentationstechniken und -medien" (ebd.) sowie die angemessene Auswahl und Vorbereitung der Präsentationstechniken/-medien vor dem Hintergrund der eigenen Intention und Kenntnis der gewählten Techniken/Medien (vgl. ebd.).

Vor dem Hintergrund, dass auf Konferenzen zwei Ressourcen begrenzt sind, nämlich Zeit und Teilnehmer, und die Organisatoren beidem gerecht werden müssen, gilt ein gut vorbereiteter und dargebrachter Vortrag als Ausdruck von Wertschätzung des Publikums und der Organisatoren (vgl. ebd.: 57, 58). Ein ‚guter' Vortrag ist also sorgfältig geplant, an die zur Verfügung stehende Vortragszeit angepasst und orientiert sich an den Grice'schen Empfehlungen (Maximen der Qualität, Quantität, Relevanz und Modalität; vgl. Grice 1979: 249f.) (vgl. ebd.: 58). Ein schlecht gehaltener oder vorbereiteter Vortrag kann als Missachtung des Auditoriums verstanden werden, das „im Vertrauensvorschuss" (ebd.) nicht nur Zeit, sondern auch Geld opfert.

Grabowski stellt heraus, dass das System *Wissenschaftlicher Kongress* von der Kooperation und dem geistigen Austausch der Teilnehmer lebt. Die Diskussionszeit nach einem Vortrag dient dazu, fachliche Meinungen wechselseitig auszutauschen und abzugleichen; die Zuhörer sind in der Pflicht, dem Vortrag gedanklich zu folgen und dem Vortragenden in der Diskussion Rückmeldung zu geben (vgl. Grabowski 2003: 59). Dieses Format wird missachtet, wenn ein Vortragender direkt nach seinem Vortrag die Tagung verlässt[54] oder aber seine Redezeit überzieht. Mangelndes Zeitmanagement und aus dem Ruder gelaufene Vorträge können nach Grabowski als „unilaterale Selbstdarstellungen" (ebd.: 59) gewertet werden, da dem Publikum die Möglichkeit zu Rückfragen, Kommentaren und Kritik durch fehlende Diskussionszeit verwehrt bleibt.

Professionalität im Vortragen ist durch sechs Variablen markiert. Grabowski zufolge sind das

(a) fachspezifische Standards und Forschungsgegenstände; (b) Zeitmanagement; (c) ökonomische Faktoren; (d) Aufmerksamkeitslenkung; (e) Formulierungsflexibilität und (f) situativ eingeschränkte Kompetenz (ebd.).

Diese werden nun im Einzelnen im Hinblick auf ihre Auswirkungen auf Professionalität und Selbstdarstellung erläutert.

(a) In jeder Disziplin herrschen **Konventionen der Ergebnispräsentation**. Diese werden innerhalb der *scientific community* gemeinschaftlich etabliert und variieren je nach Disziplin, Region oder „Paradigmen innerhalb von Einzelwis-

---

54 Grabowski bezeichnet dies als „Vortrags-Tourismus" (Grabowski 2003: 59).

senschaften" (Grabowski 2003: 60). Durch das Einhalten dieser Regeln kann ein Vortragender nicht nur signalisieren, dass er diese kennt und beachtet, sondern damit auch seine Zugehörigkeit zur *community* bestätigen. Dazu muss er die jeweiligen Standards beachten und zielgruppenspezifisch präsentieren (vgl. ebd.). Dabei kann es eine „implizite Norm" (ebd.) sein, stets die aktuellsten und modernsten Techniken anzuwenden – so wie beispielsweise das Auflegen von Overhead-Folien von Power-Point-Präsentationen abgelöst wurde. Die Kenntnis dieser Neuerungen und ihre Anwendung können dann ebenso als Ausdruck von Professionalität gelten (vgl. ebd.). Auch die Art der Verbalisierung von Forschungsergebnissen hängt von der jeweiligen Disziplin ab:

> ‚Schöngeistige' Inhalte oder bestimmte Argumentationsfiguren können mit der Art ihrer Formulierung eng identifiziert sein und erfordern deshalb eine Präsentationsform, die den oft mühsam vorbereiteten sprachlichen Duktus bewahrt […]. Je mehr die zu präsentierenden Forschungsergebnisse dagegen die Form von *Daten* (empirische Befunde, Klassifikationen etc.) aufweisen, desto weniger sind sie an bestimmte Formulierungen gebunden. (Grabowski 2003: 61; Herv. im Orig.)

(b) Ebenso ist das **Einhalten der Redezeit** ein Ausdruck von Professionalität. Je nach vorgegebener Vortragszeit, sollte die Präsentation inhaltlich und zeitlich angepasst werden. Vor allem bei vorgelesenen Vorträgen zeugt es von mangelnder Professionalität, wenn der Redner überzieht oder nicht in der Lage ist, seinen Vortrag gegen Ende hin zu kürzen, so dass er den zeitlichen Vorgaben entspricht (vgl. ebd.). Ein frei gehaltener Vortrag stellt in dieser Hinsicht eine größere Herausforderung an den Vortragenden dar, da er frei und spontan formulieren und dabei die Zeit im Blick haben muss. Gleichzeitig bietet sich aber der Vorteil, auf das Publikum flexibel eingehen und den Vortrag inhaltlich den (eventuell während der Konferenz erst entwickelten) Bedürfnissen des Auditoriums anpassen zu können (vgl. ebd.: 63). Zeitmanagement betrifft außerdem die Gestaltung und Anzahl der Folien: Zu viele oder schwer lesbare Folien zeugen von mangelndem Zeitmanagement und im Zuge dessen von mangelnder Professionalität (vgl. ebd.).

(c) Professionalität in der Vortragsvorbereitung ist auch von „**Ökonomieprinzipien**" (ebd.: 64; Herv. L. R.) abhängig. Hier spielen Vortrags- und Mediennutzungskompetenz eine Rolle. Ausformulierte Vorträge (die mitunter die Form eines publizierbaren Aufsatzes haben können) und aufbereitete Folien erfordern mehr Vorbereitungszeit als das Verwenden alter Folien und spontanes Vortragen (vgl. ebd.).

(d) Vorträge gelten zumeist dann „als informativ, kurzweilig und unterhaltsam" (ebd.: 65), wenn der Vortragende es schafft, die **Aufmerksamkeit** der Zuhörer während des gesamten Vortrags zu halten. Im Hinblick auf die Aufmerksamkeitsbindung hat der frei gehaltene Vortrag einen entscheidenden Vorteil (Grabowski 2003: 66):

> Mit Blick auf die ‚mentale Kopplung' zwischen Vortragendem und Publikum sind frei gehaltene Vorträge abgelesenen Formulierungen auf jeden Fall vorzuziehen, weil nur sie sicherstellen, dass man das, was man beim Vortrag sagt, auch gerade denkt; die Bindung der Redeformulierung an die aktuellen Gedankeninhalte setzt gleichsam automatisch auch eine gewisse Kontrolle der Geschwindigkeit, Folgerichtigkeit und Verständlichkeit in Funktion.

Aufmerksamkeitsbindung und Präsentationskontrolle sind damit ebenso Ausdruck von Professionalität[55].

(e) **Formulierungsflexibilität** als Ausdruck von Professionalität bezieht sich auf die Tatsache, dass oftmals Vortragende das wortwörtlich wiedergeben, was auch auf den Folien lesbar ist. Dies hängt – vor allem bei ungeübten und wenig routinierten Rednern – eng mit Unsicherheit zusammen. Dagegen bieten Folien, die lediglich Stichworte oder Schaubilder enthalten, eine größere Flexibilität hinsichtlich der Ausformulierung der Inhalte (vgl. ebd.: 70).

(f) Unsicherheit und Nervosität der Vortragenden, vor allem in schwierigeren Situationen, verleiten diese dazu, ihren **Vortrag vollständig durchzuplanen** und „den intendierten Vortragsablauf möglichst ‚irritationssicher' festzulegen" (ebd.: 70f.). Dies erweist sich allerdings oft als nicht besonders hilfreich, da es bei diesen Ängsten eher um Versagensängste und Selbstzweifel geht, die nicht durch Vorformulierung von Vorträgen beseitigt werden können (vgl. Grabowski 2003: 71). Zudem blockiert ein Auswendiglernen des Texts durch das Einüben zu starrer Muster die nötige Flexibilität.

Zusammenfassend kann man sagen, dass Professionalität nach Grabowski aus fachlicher Kompetenz plus entsprechender, angemessener Präsentationsweise der Forschung (= Vortragskompetenz) entsteht.

Neben diesen linguistischen Reflexionen über die Anforderungen an einen Vortragenden, sollen an dieser Stelle auch Gedanken aus Nachbardisziplinen zum Thema Selbstdarstellung in Vorträgen angeführt werden. Elizabeth Bott liefert eine psychologische Sicht auf die Vortragssituation und geht auf die unterschiedlichen Empfindungen sowohl des Vortragenden als auch des Publikums ein:

---

55 Vgl. dazu auch Goffman (1981b: 167): „The floor is his, but, of course, attention may not be." Allein die Tatsache, dass man in der Rolle des Vortragenden ist, sichert demnach noch lange nicht die Aufmerksamkeit derer, die in der Rolle des Publikums sind.

> Even in the lecture situation in which we find ourselves, it seems to me there is a ceremonial component. There is some dramatization of roles [...] I would gather from your presence and your attentiveness that you are here because of sympathetic interest in the subject, but it would be surprising if interest and curiosity were not accompanied by criticism, doubt, and at least some measure of hostility both towards the subject and towards the speakers. Similarly, the speakers experience a complex mixture of feelings. The conventional arrangements of lectures like these – the raised platform, the physical distance between speaker and audience, the loudspeakers, the chairman, the introductions, the applause, the questions – are partly necessary for purely practical reasons, but they also provide a setting that both expresses contradictory feelings and keeps them under control. (Bott 1972: 233)

Goffman greift diese Passage in seiner Arbeit auf und widmet einen ganzen Aufsatz dem Thema: „The Lecture" (1981 erschienen in der Aufsatzsammlung *Forms of Talk*). Er betont den zeremoniellen, festlichen Rahmen sowie die Einmaligkeit und Exklusivität eines Vortrags[56] (vgl. Goffman 1981b: 187, 188). Dies sei auch der Grund dafür, dass Menschen überhaupt zu Konferenzen zusammenkommen: Es gehe nicht nur um Informationsvermittlung, sondern um die Exklusivität des Ereignisses, um den unmittelbaren persönlichen Kontakt (vgl. ebd.: 175, 176, 186). Goffmans Darstellungen konzentrieren sich auf den Vortragenden, der sich während des Vortrags als „publikumstaugliches Selbst" [audience-usable self] (ebd.: 194) in einer exponierten Position befindet und das Zentrum der Aufmerksamkeit bildet (vgl. ebd.: 191).

Goffman beschreibt außerdem die Wichtigkeit der Sprache für die Selbstdarstellung in Vortragssituationen:

> The style is typically serious and slightly impersonal, the controlling intent being to generate calmly considered understanding, not mere entertainment, emotional impact, or immediate action. Constituent statements presumably take their warrant from their role in attesting to the truth, truth appearing as something to be cultivated and developed from a distance, coolly, as an end in itself. (Goffman 1981b: 165)

Ziel ist demnach das Verstehen und Vermitteln von Wahrheit – der Vortragende tritt hinter diesen Zielen zurück. Im Vordergrund steht die Information, die unabhängig von der Art und Qualität der Vermittlung Gültigkeit haben soll (vgl. ebd.: 166, 170). Frei gehaltene Vorträge stellen dabei andere Anforderungen an den Vortragenden als abgelesene: Beim Formulieren einer Sequenz muss die Formulierung der nächsten antizipiert werden, die Kopplung der Sequenzen muss ohne nennenswerte Pausen und Brüche geschehen,

---

56 Der englische Begriff „lecture" kann Vortrag, aber auch Vorlesung bedeuten. Ich beziehe mich in meinen Darstellungen auf den klassischen Tagungsvortrag.

Wiederholungen müssen vermieden werden (vgl. ebd.: 172). Gleichzeitig darf im Vortrag umgangssprachlicher formuliert werden als in Aufsätzen. So sind sarkastische Äußerungen, bildhafte Darstellungen sowie Übertreibungen beispielsweise in Präsentationen erlaubt (vgl. ebd.: 190). So genannte „keyings" (ebd.: 174) markieren Sequenzen in der Rede, die nicht wörtlich genommen, sondern als ironisch interpretiert werden sollen; solche Sequenzen heben sich von der normalen Rede ab und werden explizit sprachlich oder beispielsweise durch Tonfalländerungen markiert. Der Sprecher distanziert sich somit vom Inhalt des Gesagten (vgl. ebd.: 174f.). Mit Hilfe von einleitenden Bemerkungen setzt der Vortragende seinen Vortragsinhalt in einen Verstehensrahmen, er vermittelt, wie der Inhalt verstanden werden soll (bspw. als „weak, limited, speculative, presumptuous, lugubrious, pedantic"; Goffman 1981b: 175) und in welcher Beziehung er selbst zum Inhalt steht. Eingestreute Bemerkungen, die den Inhalt bewerten und einordnen, unterstützen diese Rahmung (vgl. ebd.: 177). Diese Bemerkungen haben zweierlei Funktion: „On the one hand, they are oriented to the text; on the other, they intimately fit the mood of the occasion and the special interest and identity of the particular audience" (ebd.).

Nach Goffman ist es Ausdruck von Autorität, wenn Vortragende wissenschaftliches Fachwissen beweisen und ihre Vortragsinhalte klar verständlich und flüssig formulieren. In Vortragssituationen treten Wissenschaftler auch als Repräsentanten ihrer Einrichtung und Arbeitgeber auf, wobei Autorität wiederum auch an diese gekoppelt ist (vgl. ebd.: 191).

Beim Übergang vom Vortrag zur Diskussion kommt es zu einem „Produktionswechsel" [production shift] (ebd.: 176): Vom Ablesen des Vortrags muss der Vortragende zum freien Formulieren übergehen. Oft geht dieser Produktionswechsel mit einem Positions- und Verhaltenswechsel einher. Der Vortragende kann sich beispielsweise vom Rednerpult entfernen und hinsetzen, kurz etwas trinken oder die Körperhaltung ändern (weniger Anspannung) (vgl. ebd.).

3.2 Die wissenschaftliche Diskussion

In der Wissenschaft werden strittige Sachverhalte innerhalb eines bestimmten „institutionalisierten" (Baron 2006: 89) Rahmens diskutiert. Wissenschaftliche Diskussionen auf Konferenzen schließen sich zumeist an einen Vortrag an, können aber auch losgelöst von diesem stattfinden (je nach Tagungsformat) und bilden nicht selten den Abschluss von Konferenzen. Ein Moderator regelt die Vergabe des Rederechts, eröffnet und schließt die Diskussion. Webber (2002: 243) spricht auch von „mediated negotiation" und betont damit den

Verhandlungs- und Aushandlungscharakter von Diskussionen. Diese verlaufen nicht ungeleitet, sondern werden moderiert und folgen oft einer zu Beginn der Diskussion festgelegten Rednerliste.

Diskussionen sind eine Form der mündlichen Kommunikation, eine „kommunikative Gattung" (Baron 2006: 89), die dialogisch verläuft und face-to-face stattfindet. Durch ihre meist ‚reine' Mündlichkeit, d. h. ohne schriftliche Vorbereitung, sind Diskussionen spontan und flexibler als schriftliche Texte (vgl. Techtmeier 1998b: 510, 514).

Als übergeordnetes Ziel von wissenschaftlichen Diskussionen kann der Erkenntnisgewinn jedes Teilnehmenden gelten, wobei der Erkenntnisgewinn nicht unbedingt in Wissen bestehen muss, sondern auch ein neues Problembewusstsein oder den Sieg einer wissenschaftlichen Position über eine andere bedeuten kann (vgl. Techtmeier 1998b: 510). Ein darüber hinausgehendes, generelles Ziel von wissenschaftlichen Veranstaltungen ist der Fortschritt der Wissenschaft [advancement of science] (Webber 2002: 236), den man über Prozesse der Konsensschaffung erreicht. Verheyen stellt deutlich heraus, dass „immer auch Herrschaft und Macht, Emotionen und Interessen" (Verheyen 2010: 313) bei der Aushandlung von Wissen und in der Argumentation eine Rolle spielen.

Diskussionen werden dann als erfolgreich angesehen, wenn sie „lebhaft, ‚spannend', kontrovers, polarisiert" (Baron 2006: 29) sind und die unterschiedlichen Parteien deutlich hervortreten. Durch Uneinigkeit und unterschiedliche Meinungen, Perspektiven und Disziplinen gibt es verschiedene argumentative Rollen: „proponent" und „opponent", also Befürworter und Gegner, die oft jeweils an bestimmte Diskussionsteilnehmer gebunden sind (vgl. Techtmeier 1998b: 511; vgl. auch Adamzik 2002a: 234, hier als „Diskursakteure" bezeichnet). In den einzelnen Disziplinen herrschen jeweils eigene Diskussionsstrukturen und -regeln. Die Art, wie argumentiert, kommentiert und (positiv oder negativ) kritisiert wird, hängt stark von der Fachkultur und den in ihr herrschenden Hierarchiegefügen ab (vgl. Baßler 2007: 153; vgl. zur Kulturabhängigkeit Kotthoff 1989: 189-190). Zudem variiert das Diskussionsverhalten der Teilnehmer je nach Diskussionsform und Anlass. In Bezug auf die Form wird zwischen öffentlichen Diskussionen, Round-Table-Diskussionen, gruppeninternen Diskussionen und Zwiegesprächen unterschieden (vgl. Techtmeier 1998b: 515f.), wobei für die Fallstudie dieser Arbeit zusätzlich die interdisziplinäre Diskussion von den anderen Formen abgegrenzt werden muss.

Eine wichtige Unterscheidung ist die zwischen Diskussion und Disput. Dascal (2006) unterscheidet beide Kommunikationsformen hinsichtlich ihrer

Struktur sowie ihrer Ziele, Bereiche, Verfahren, Methoden, möglichen Enden und möglichen kognitiven Gewinnen voneinander (vgl. Dascal 2006: 25). Nach Dascal sind Diskussionen lösungsorientiert, wobei das strittige Thema klar definiert ist und ein strittiger Sachverhalt durch Beweisführungen und evtl. Experimente in eine gemeinsam ausgehandelte Lösung überführt werden kann (vgl. ebd.). Dies kann aber nur geschehen, wenn die Verfahren der Beweisführung „allseitig anerkannt[...]" (Haßlauer 2010: 12) sind. Der mögliche kognitive Gewinn ist die „Beseitigung einer falschen Überzeugung" (Dascal 2006: 25), also das Beseitigen von beispielsweise methodischen oder begrifflichen Fehlern (vgl. Haßlauer 2010: 12).

Ein Disput hingegen ist siegorientiert, Ziel ist der „Sieg über den Gegner" (Dascal 2006: 25). Gegensätze hinsichtlich individueller, wissenschaftlicher Einstellungen können oder sollen nicht aufgelöst werden (wobei die Auflösung des Dissenses einen Disput beenden kann), sondern der Gegner soll mit Hilfe von „List" (ebd.), Kunstgriffen[57] oder irrationaler Beweisführung überzeugt werden. Der mögliche kognitive Gewinn ist das „Erkennen unversöhnlicher Auffassung" (ebd.). Dem widerspricht jedoch Baron, die Fachdiskussionen folgendermaßen charakterisiert:

> Konfliktäre, antagonistische Auseinandersetzung und pointierte Herausarbeitung der vorhandenen Positionen *ohne Dissensauflösung* sind institutionalisierte Bestandteile von Fachdiskussionen; dies gilt umso mehr, je offizieller der institutionelle Rahmen ist. (Baron 2006: 90; Herv. L. R.)

Die Auflösung des Dissenses ist demnach kein notwendiges Kriterium, das Diskussionen charakterisiert. Im Sinne Dascals kann aber der Fokus darauf gelegt werden, diese vorhandenen, entgegengesetzten Positionen zu erkennen, ohne dass diese miteinander vereinbart werden müssen.

3.2.1 Die Struktur wissenschaftlicher Diskussionen

Die Struktur von Diskussionen ist abhängig von ihren jeweiligen Rahmenvoraussetzungen; z. B. der Dauer der Diskussion, den Rechten des Moderators, Hierarchien, Anzahl und Konstellation der Teilnehmer. Techtmeier identifiziert als Makrostruktur drei Phasen in der Diskussion[58]. In der ersten Phase, der „Einleitungsphase" (Techtmeier 1998b: 510), einigen sich Moderator und Teilnehmer auf bestimmte Regeln, also auf einen „Diskussionsmodus" (ebd.).

---

57 Vgl. zu Kunstgriffen auch Goffman 2011: 58.
58 Gemeint ist die Gesamtheit der Beiträge innerhalb des Diskussionszeitraums.

In der „Kernphase" (ebd.) überwiegen „argumentative Strukturen" (ebd.), es geht um das Infragestellen der Positionen Anderer oder bestimmter Ergebnisse und um das Verteidigen der eigenen Position. In der „Abschlussphase" (ebd.) fasst der Diskussionsleiter zumeist die Ergebnisse der Diskussion zusammen, nennt die unterschiedlichen Positionen und gibt grob die Argumentationslinien wieder (vgl. ebd.).

Techtmeier (1998b) benennt keine weiteren Ebenen, jedoch hat Baßler (2007) kleinschrittigere Schemata identifiziert. Diese Schemata ordne ich einer meso- und mikrostrukturellen Ebene zu, um so die Ausführungen von Techtmeier zu ergänzen (siehe Abb. 10).

Die Kernphase einer wissenschaftlichen Diskussion besteht aus vielen kleineren Diskussionssequenzen, die durch einen Moderator (verbal oder nonverbal durch Gesten oder Handzeichen) organisiert werden. Greift man sich eine dieser Diskussionssequenzen heraus, befindet man sich auf mesostruktureller Ebene. Diese Sequenzen folgen im Normalfall dem Schema *Kommentar/Frage zu präsentierten Inhalten – Stellungnahme/Antwort des Vortragenden*. Die Diskutanten stellen sich zuerst vor, oft charakterisieren sie ihren Beitrag (ist es ein Kommentar, eine Frage, ein Hinweis, eine Korrektur oder Ähnliches), kommentieren den Vortrag oder einen anderen Beitrag und benennen ihre Schwierigkeiten mit diesem (vgl. Baßler 2007: 143-147). Im Anschluss daran nimmt der Vortragende Stellung zur Kritik des Diskutanten, beantwortet seine Frage oder lässt sie kommentarlos stehen, was eher seltener ist (vgl. ebd.: 136).

Betrachtet man einen einzelnen Beitrag ohne Einbezug der Reaktion des Vortragenden, so befindet man sich auf der mikrostrukturellen Ebene. Baßler stellt eine Struktur von Einzelbeiträgen mit dem folgenden Schema vor, wobei nicht alle Beiträge diesem Muster folgen; dennoch ist diese Grundstruktur in vielen Kommentaren erkennbar und relativ üblich: *Vorstellung, Klassifikation des Redebeitrags, Anknüpfung an vorangegangene Themen, Evaluation des Vortrags, Formulierung des Anliegens, Pendeln zwischen Formulierung und Erläuterung des Anliegens* (vgl. ebd.: 143-147).

Das nachfolgende Schema (Abb. 10) zeigt die Grundstruktur einer Diskussion nach der Synthese von Techtmeier 1998b und Baßler 2007. Eine Ebene der Mesoperspektive wurde von mir ergänzt.

Innerhalb des Strukturelements *Formulierung des Anliegens* müsste im Hinblick auf Sprechhandlungen weiter differenziert werden (z. B. VERSTÄNDNISFRAGE/SUBSTANZIELLE FRAGE, ANMERKUNG, HINWEIS, ERGÄNZUNG, KRITIK und EINWAND). Die Wahl der Sprechhandlung ist – wie noch erläutert wird – *face*-relevant und Ausgangspunkt für die Reaktion des Interaktionspartners.

3 Wissenschaftskommunikation

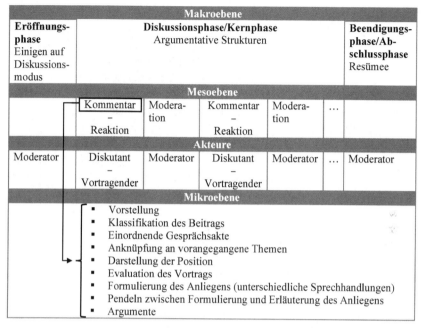

Abbildung 10: Ablaufstruktur von Diskussionen; Synthese der Ergebnisse von Baßler 2007 und Techtmeier 1998b.

3.2.2 Zur Sprache in wissenschaftlichen Diskussionen

Diskussionen zeichnen sich nach Techtmeier aus durch „die relative terminologische Präzision, den fachspezifischen wissenschaftlichen Wortschatz, die Kompaktheit und die Kondensation des Ausdrucks, die sich in bestimmten syntaktischen Strukturen niederschlägt" (Techtmeier 1998b: 513). Wissenschaftliche Diskussionen entfernen sich, was ihren Fachsprachlichkeitsgrad angeht, nicht sehr weit von (unter Umständen schriftlich vorformulierten) Vorträgen. Dennoch finden sich auch viele umgangssprachliche Ausdrucksweisen, was daher rührt, dass Diskussionen nicht schriftlich vorbereitet werden, Wortwahl und Satzbau ad hoc geschehen (vgl. Ventola et al. 2002: 10). Umgangssprachliche Elemente werden oft in Verbindung mit Anekdoten oder Beispielerzählungen eingesetzt, auch dialektale oder soziolektale Ausdrücke finden hier Verwendung. Zudem wird die Syntax aufgeweicht, sodass Ellipsen oder Abbrüche, falsche Satzverknüpfungen etc. üblich sind. Hinzu kommen Korrekturen und Neuansätze, die als „Spuren" von Formulierungsversuchen gewertet werden (vgl. Gülich/Kotschi 1978: 204).

Die Satzgefüge sind dennoch komplex (möglicherweise durch die Komplexität der Inhalte) (vgl. Techtmeier 1998b: 514). Die Interaktionsteilnehmer argumentieren häufig mit Hilfe ganzer „Ketten von Argumenten" (ebd.: 511), wobei einzelne Argumente wieder aufgegriffen und neu diskutiert werden können (vgl. ebd.).

Dadurch, dass der Moderator den nächsten Sprecher bestimmt und die einzelnen Diskutanten jeweils unterschiedliche Facetten des Themas bzw. verschiedene andere Beiträge aufgreifen, kommt es häufig zu abrupten und spontanen Themenwechseln (vgl. Techtmeier 1998b: 515). Dies ist – neben zeitlichen Beschränkungen – der Grund, warum Diskussionen nicht immer sehr tiefgehend und Problemlösungen nur eingeschränkt möglich sind (vgl. Webber 2002: 248). Durch die schnellen Wechsel und die Rederechtsvergabe kann die thematische Entwicklung der Diskussion kaum vorhergesehen werden (vgl. Ventola et al. 2002: 10). Um jedoch die eigenen Beiträge in den Diskussionsverlauf einzubetten und den Zuhörern die Orientierung zu erleichtern, verwenden Diskutanten oft sogenannte einordnende Sprechakte oder auch „relationale sprachliche Handlungen" (Techtmeier 1998b: 513). Sie dienen dazu, den eigenen Beitrag in den Kontext inhaltlich einzuordnen. Oft werden Inhalte des vorher Gesagten in eigenen Worten wiederholt oder umformuliert (vgl. ausführlich Gülich/Kotschi 1978 zu Paraphrasen, Korrekturen und Redebewertungen), um die Relation herzustellen oder, argumentativ-strategischer, die eigene Meinung zu bestätigen und den eigenen Beitrag daran anzuknüpfen. Diskutanten kommentieren also auf der Metaebene ihre Beiträge: z. B. „Mein Beitrag richtet sich an..., schließt an die vorher bereits thematisierte Frage an...". Einordnende Gesprächsakte stellen den ersten Teilschritt der von Techtmeier identifizierten miteinander vertauschbaren Gesprächsschritte dar (vgl. Techtmeier 1998b: 512, 513, 515).

Der zweite Schritt besteht in der Ausführung und Darstellung der verschiedenen Positionen zur Themen- oder Problemstellung, die auch als Fragen formuliert werden können. In einem dritten Schritt folgen die Argumente, die die Akzeptanz einer vorgebrachten These stützen sollen; zur Stützung von Akzeptanz werden zudem Beispiele und Erklärungen verwendet (vgl. Techtmeier 1998b: 512), auch kleinere Exkurse oder Erzählungen können das Verstehen unterstützen.

Ein weiterer wichtiger Gesprächsakt ist metakommunikativer Natur. Mit Hilfe metakommunikativer Gesprächsakte können „Intentionen [...], propositionale Gehalte [...], Verbalisierungen [...], interaktive Beziehungen" (Techtmeier 1998b: 513) ausgedrückt werden.

Für Diskussionen wichtige Sprechakttypen sind nach Techtmeier Repräsentativa, Fragen, Direktiva und Bewertungen. Repräsentativa dienen der „Darlegung wissenschaftlicher Positionen" und betreffen ‚Aussagen über die Welt' (Techtmeier

1998b: 512); Beispiele hierfür wären BEHAUPTEN, MITTEILEN, FESTSTELLEN, EINE VERMUTUNG ÄUSSERN⁵⁹. Nach Panther müssen verschiedene Bedingungen erfüllt sein, damit eine „wissenschaftlich fundierte[...] Behauptung" (Panther 1981: 248) als geglückt gelten kann: Nicht nur muss das in der Proposition Geäußerte wahr sein oder für wahr gehalten werden, es müssen auch „gute Gründe für den Wahrheitsanspruch aufgeführt werden können" (ebd.); dem Hörer sollte etwas Neues vermittelt werden und dieser gleichzeitig von der Wahrheit des Gesagten überzeugt werden (vgl. ebd.: 249).

FRAGEN dienen der Verständigung oder Kritik und fokussieren unterschiedliche Aspekte einer Äußerung – den propositionalen Gehalt, die Sicherheit oder die argumentative Stützung einer Behauptung/Äußerung – oder markieren eine Gegenauffassung des Diskutanten (vgl. ebd.: 513). Direktive sind nach Techtmeier nicht so sehr auf der inhaltlichen Ebene zu finden, sondern eher auf der metasprachlichen; so kann zum Mitdiskutieren, Lautersprechen oder Widersprechen aufgefordert werden (vgl. ebd.). Dies kann allerdings nicht uneingeschränkt gelten; so ist es z. B. bei Vorträgen von Doktoranden nicht unüblich, dass Professoren konkrete Handlungsaufforderungen formulieren.

Ein weiterer wichtiger Sprechakt ist das BEWERTEN. Bewertungen

beziehen sich vor allem auf die argumentative Ebene, wobei einerseits der Wahrheitsgehalt bewertet wird [...] und andererseits die Adäquatheit bzw. Relevanz der einzelnen Argumente [...]. Bewertungen werden besonders in kontroversen Diskussionsphasen auch personenbezogen ausgesprochen [...], was in kooperativen Situationen eher als ‚unfair‘ zurückgewiesen wird (Techtmeier 1998b: 513).

Expressiva und Deklarativa kommen laut Techtmeier in Diskussionen nicht vor, sind für diese Kommunikationsform untypisch (vgl. ebd.). Da aber allein schon die Routineformeln bzw. Floskeln zu Beginn von Diskussionsbeiträgen zum Dank an den Vortragenden (z. B. *Danke für den anregenden Vortrag*) expressiven Charakter haben, wird in der Analyse zu prüfen sein, ob Techtmeiers Feststellung haltbar ist. Denn Ausdrücke der Befindlichkeit oder der Beziehung zueinander können durchaus eine wichtige Funktion in Diskussionen haben.

In Diskussionen spielen indirekte Sprechakte eine große Rolle. Wichtige Hinweise zur Verwendung von indirekten Sprechakten in der Wissenschaft gibt Panther (1981). Indirekte Sprechakte sind „Akte, bei denen die durch grammatische und lexikalische Mittel indizierte illokutive Standardfunktion nicht mit ihrer tatsächlichen illokutiven Kraft übereinstimmt" (Panther 1981: 233; vgl. auch Harras 2004: 263). Konversationale Implikaturen helfen, die Illokution des

---

59 Vgl. auch die Textsorte Vortrag.

indirekten Sprechakts zu erschließen und entsprechend zu reagieren (vgl. Harras 2004: 268). Obwohl Panther sich mit indirekten Sprechakten in wissenschaftlichen Texten beschäftigt, lassen sich seine Ergebnisse zum Teil auf die mündliche Kommunikation übertragen. Vorgänglich geht es ihm um die sprachlichen Möglichkeiten der Agensvermeidung in Texten, also das Vermeiden der Autorennennung und des Ich-Bezugs sowie die Vermeidung der Adressatennennung und -ansprache (vgl. Panther 1981: 235). Typisch seien daher Passivkonstruktionen sowie die Verwendung des Pronomens *man* (die Formulierung von *ich*-Aussagen sei dagegen selten) oder das Auftreten als wissenschaftliches Kollektiv, um die Autorschaft zu verdecken (bspw.: „*wir* dürfen unterstellen"; ebd.: 235, Herv. im Orig.; vgl. ebd.: 236 und 247). Dadurch werde ebenso eine direkte Adressierung vermieden, wobei in Konstruktionen mit *man* eine – wenn auch unpersönliche – Adressierung stattfindet (beispielsweise in „man beachte x"; Panther 1981: 238). Ausgehend davon untersucht Panther die Verwendung „verdeckter Performative" [hedged performatives] wie beispielsweise „Ich muss dich auffordern" oder „Ich darf Ihnen danken" (Panther 1981: 241). Solche verdeckten Performative werden laut Panther in wissenschaftlichen Texten oft verwendet, wobei ihre Funktion eine andere ist als in der Umgangssprache: Panther kommt zu dem Schluss, „daß verdeckte Performative in wissenschaftlichen Texten Objektivität suggerieren sollen, daher kann man ihnen auch im Unterschied zu ihren umgangssprachlichen Pendants eine ‚Objektivierungsfunktion' zuschreiben" (Panther 1981: 254; vgl. auch ebd.: 248). Zudem haben verdeckte Performative in der Wissenschaftskommunikation eine Legitimierungsfunktion. Vor allem in Kombination mit den Modalverben *können, dürfen, müssen* legitimieren sie „den Vollzug von Sprechakten" (ebd.: 254)[60]. Sowohl Legitimierung als auch Objektivierung durch indirekte Sprechakte dienen der Selbstdarstellung der Wissenschaftler, indem sie ein bestimmtes Selbstbild des Sprechers formen: den „objektiven Wissenschaftler[...]" (ebd.: 258). Demzufolge kann man davon ausgehen, dass indirekte Sprechakte als Techniken der Imagepflege eingesetzt werden können (vgl. ebd.: 257).

3.2.3 Zum Selbstdarstellungsaspekt in wissenschaftlichen Diskussionen

Diskussionen nach Vorträgen stellen für den Vortragenden eine besondere Situation dar: Nachdem er seine Forschung in einem bestimmten vorgegebenen

---

60 Beispiele für verdeckte Performative in wissenschaftlichen Texten sind: „die Vorprodukte *können* nach dem Material und der Verarbeitungsstufe *unterschieden werden*", „wir *können* allgemeine Übereinstimmung *voraussetzen*" (Panther 1981: 248).

Zeitrahmen mehr oder weniger detailliert präsentiert hat, muss er diese mit dem Auditorium diskutieren. Aufgrund der Tatsache, dass er nicht weiß, welche Fragen gestellt und welche Arten von Kritik geübt werden, ist die Situation unberechenbar – trotz der Möglichkeit, bestimmte potenzielle Angriffspunkte bereits im Vortrag vorwegzunehmen, zu thematisieren oder sich prospektiv auf sie vorzubereiten (z. B. zusätzliche Folien vorbereitet zu haben).

Die Tagungsteilnehmer müssen, auch und gerade wenn sie lediglich als Diskutanten die Tagung besuchen, die eigene wissenschaftliche Kompetenz und Intelligenz herausstellen, um sich entweder innerhalb der Gruppe zu positionieren oder ihre Position zu verteidigen (vgl. Techtmeier 1998b: 512; Tracy 1997: 26-29). Zudem sind alle Teilnehmer im wissenschaftlichen Diskurs mit der Konstruktion und Aufrechterhaltung eines Selbstbildes, nämlich dem des rationalen, reflektierten und an den Regeln guter wissenschaftlicher Praxis orientierten Wissenschaftlers, beschäftigt (vgl. Panther 1981: 258). Hinzu kommt, dass negative Kritik stets potenziell gesichtsbedrohend ist und Akteure Angriffe in jeder Form parieren müssen (vgl. Ventola et al. 2002: 10). Dabei spielen die interaktiven Beziehungen zwischen den Wissenschaftlern, die in der Kommunikation etabliert und ausgehandelt werden, eine wichtige Rolle. Das Miteinander der Akteure ist wiederum eng an den Begriff des Networking geknüpft. Dies stellt eine Form der sozialen Vernetzung dar, die eher strategischer Natur ist.

Im Normalfall ist kooperatives Verhalten die Basis des Umgangs miteinander, d. h. Vortragende und Diskutanten verhalten sich so, dass sie das *face* des Gegenübers möglichst nicht verletzen und *face*-Reparaturen zulassen. Eine Tagung hat eine konstruktive Atmosphäre, wenn sich alle Teilnehmer höflich verhalten, das Gesicht der anderen bei negativer Kritik schützen und an der Sache orientiert diskutieren. Eine Strategie, den eigenen Kommentar so zu formulieren, dass er möglichst den Vortragenden oder andere Teilnehmer nicht in Bedrängnis bringt, ist, „Ausdrücke des Sagens" (Baßler 2007: 145) zu verwenden, wenn auf die Inhalte des Vortragenden Bezug genommen wird (z. B. „sie haben einerseits institutionalistische konzepte *angesprochen*"; ebd.; Herv. im Orig.). Diese drücken aus, dass das Geäußerte eine subjektive Sichtweise oder Interpretation darstellt. Somit hat der Vortragende genug Freiraum zu reagieren, da sein Gesagtes nicht direkt infrage gestellt wird (vgl. ebd.). Im Gegenzug ist der Vortragende bestrebt, in der Reaktion auf den Diskussionsbeitrag den Diskutanten nicht vor den Kopf zu stoßen, sondern sich eher mit ihm zu solidarisieren und so dessen Gesicht zu wahren (vgl. ebd.).

Nun ist es aber längst nicht so, dass das *face* des Gegenübers in Diskussionen immer oberste Priorität hat und geschützt wird. Wenn wissenschaftliche Ergebnisse angezweifelt, methodische Zugänge oder Hypothesen kritisiert werden, findet dies selten ohne *face*-Verletzungen statt. Baron formuliert dazu:

> *Face work* darf […] nicht mit Höflichkeitsverhalten gleichgesetzt werden. Es wird in ritualisierten Streitgesprächen absolut nicht immer das eigene *face* und das des anderen vor Verletzungen bewahrt, sondern zu demonstrieren ist vor dem Plenum der souveräne Umgang mit Formaten ritueller *face*-Bedrohung: Wird das eigene *face* verletzt, hat der Geschädigte im Idealfall den Angriff ohne erkennbare Zeichen der persönlichen Getroffenheit elegant abzuwehren; verletzt man kalkuliert das Gesicht des anderen, hat es so auszusehen, als ob die Hauptabsicht des Angriffs nicht die persönliche Klärung, sondern das berechtigte Interesse an der Sache sei. (Baron 2006: 96; Herv. im Orig.)

Webber (2002) hat in ihrem Aufsatz „The paper is now open for discussion" die bisher ausführlichste Beschreibung der Situation von Vortragenden und Diskutanten in wissenschaftlichen Diskussionen im Hinblick auf Selbstdarstellungsverhalten geliefert. Darin stellt sie unter anderem die unterschiedlichen Positionen und Intentionen der Vortragenden und des Auditoriums heraus. Sie macht deutlich, dass die Vortragenden zwar von ihrer Forschung berichten möchten, allerdings nicht bis in alle Einzelheiten, wogegen das Auditorium oder einzelne Zuhörer Fragen stellen, um noch mehr über die Forschung (sowie Methoden, Ergebnisse etc.) zu erfahren (vgl. Webber 2002: 228). Sie stellt ebenso heraus, dass Angriffe auf das *face* des Vortragenden immer möglich sind, wenn Diskutanten bei Vorträgen gezielt nach Schwachstellen suchen (vgl. ebd.: 233) – diese können im methodischen Ansatz, in der Ergebnispräsentation, den Hypothesen, den Ergebnissen usw. bestehen.

Tracy (1997) hat empirisch untersucht, welche Anliegen und Sorgen Diskutanten in wissenschaftlichen Veranstaltungen (bei ihr: universitäre Kolloquien) haben[61]. Ihren Ergebnissen zufolge ist es vornehmliches Ziel der Diskutanten, kompetent zu erscheinen (vgl. Tracy 1997: 26). Idealerweise zeigen Diskutanten in ihren Beiträgen und die Vortragenden in ihren Antworten Kompetenz. Kompetenzdarstellungen werden auf Diskutantenseite durch gut ausgewählte und sorgfältig formulierte Fragen, Kommentare usw. und auf Angesprochenenseite durch intelligente Repliken ermöglicht. Beide Seiten können so ihren Kompetenzanspruch sowie ihr *face* aufrechterhalten (vgl. ebd.: 36). Das Diskussionsverhalten wird von zwei Faktoren beeinflusst: „(a) a person's status and (b) his or her ability to 'take it'" (ebd.: 29). Je nachdem, wie ein Diskutant seinen Diskussionspartner einschätzt, werden die Beiträge gewählt und formuliert. Dabei ist es

---

61 Tracys Ergebnisse beruhen auf Interviews mit Wissenschaftlern aller Statusgruppen eines Instituts einer US-Amerikanischen Universität.

auch Zeichen von Kompetenz, die in der *scientific community* geltenden Regeln und deren Diskussionsstil einzuhalten und zu achten (vgl. ebd.: 47). Ziel ist es nach Tracy weiterhin, als Wissenschaftler wahrgenommen zu werden, der über Fachwissen verfügt sowie interessante und originelle Forschungsarbeit betreibt (vgl. ebd.: 57). Tracy konnte zudem zeigen, dass sich Wissenschaftler bisweilen stark mit ihrer Forschung identifizieren. Je mehr man in die eigene Arbeit investiere, umso schwieriger seien Situationen, in denen die Arbeit begründet kritisiert wird, für das *face* der Wissenschaftler. Daher zeigten viele Forscher an, wie weit die Forschung schon gediehen ist, ob es sich bspw. um ein Randgebiet der eigenen Forschung handelt, um mögliche *face*-Bedrohungen abzuwenden (vgl. ebd.: 41, 43).

Sprachliche Strategien in Diskussionen

Es kommt nicht selten vor, dass Beiträge zur Diskussion mit längeren Vorreden eingeleitet werden, ohne dass darauf ein Kommentar oder eine Frage zum Vortrag folgt[62]. Diese Wissensdemonstration kann auf eine „Selbstinszenierung" (Baßler 2007: 149) hindeuten.

Ebenso ist es nicht untypisch, dass Experten mit Hilfe von „Verzögerungsphänomenen, von Abbrüchen, Ellipsen und *hedging*" (Baron 2006: 92; Herv. im Orig.) und prosodischen Besonderheiten Unsicherheit inszenieren. Dies tritt nach Baron nur bei Professoren auf und ist nach etwas Tagungserfahrung leicht als „inszenierte Unbeholfenheit [zu] identifizieren" (ebd.). Was allerdings die Intention der Professoren und der Sinn hinter einer solchen Inszenierung sein könnte, wird nicht erläutert und bleibt daher fraglich.

Eine offensichtliche Art der aggressiven Kommunikation besteht im „Inkompetenzvorwurf" (Baron 2006: 92), der jeden ernsthaften Wissenschaftler hart trifft. Es sei nicht leicht, sich von diesem Vorwurf zu befreien, da man dazu aktiv Kompetenz signalisieren müsse. Dies sei in Diskussionen, die nur eine gewisse Zeitspanne umfassen, nur eingeschränkt möglich. Hier drängt sich allerdings die Vermutung auf, dass der Umgang mit diesem Vorwurf oder die Tatsache, dass ein solcher Vorwurf überhaupt an einen herangetragen wird, stark vom Status der jeweiligen Beteiligten abhängt. Außerdem müsste das Publikum in die Untersuchung einbezogen werden, denn Akteure diskutieren nicht nur innerhalb einer Zweierbeziehung, sondern sind sich bewusst, dass weitere Personen die Diskussion sowie das Aktions-/Reaktionsverhalten verfolgen. Es kann auch eine

---

62 Dies hält Baßler allerdings für sehr untypisch, obwohl es nur selten Tagungen gibt, bei denen dieses Phänomen nicht auftritt (vgl. Baßler 2007: 149f.).

Intention sein, sich vor einem gesamten Plenum zu profilieren, indem man den Vortragenden oder einen Diskutanten ‚vorführt'.

Nimmt sich ein Diskutant das Rederecht in einer Diskussion selbst, kann dies „Selbstsicherheit oder [...] Macht in der entsprechenden Diskursgemeinschaft" (Baßler 2007: 136) signalisieren. Dieses Verhalten sowie häufige Unterbrechungen können einerseits auf ein eher aggressives Gesprächsverhalten hindeuten. Dazu merkt Baßler allerdings an: „Je informeller außerdem die Atmosphäre in einer Sektion ist und je vertrauter die Teilnehmer miteinander sind, desto eher wird das Nachhaken toleriert" (Baßler 2007: 136). Andererseits können Unterbrechungen auch hohes Engagement in der Diskussion signalisieren, ohne dass diese aggressiv geführt wird.

Eine Möglichkeit, zum Diskussionsgeschehen beizutragen, besteht im Geben von Empfehlungen oder Anregungen. Dies stellt auf den ersten Blick eine relativ neutrale Art des Beitrags dar, ist aber bei näherer Betrachtung in dreierlei Hinsicht als bedeutsam für das *face* der Anwesenden: Nach Webber können Anregungen (a) positiv als konstruktive Beiträge zum Diskussionsgeschehen oder (b) negativ als Kritik aufgefasst werden[63] sowie (c) vom Vortragenden abgelehnt werden (vgl. Webber 2002: 236). Diese Ablehnung ist nach Webber mit einer Selbsterhöhung verbunden, da das Ablehnen eines konstruktiv gemeinten Beitrags den Vorschlagenden implizit abwertet (vgl. ebd.). Insgesamt sei es aber selten, dass ein Dissens offen und auf unhöfliche Art und Weise ausgetragen wird; stattdessen dominiere höfliches Kommunikationsverhalten (vgl. ebd.: 245), was gegenseitigen Respekt einschließt.

Um deutlich zu machen, dass ein Diskussionsbeitrag nicht als negative Kritik aufgefasst werden soll, kann man den Beitrag in der Einleitung als Frage oder Anmerkung/Bemerkung charakterisieren (vgl. Baßler 2007: 144). Nachfragen bedeuten nach Baßler ein Wissensdefizit auf der Seite des Diskutanten, Anmerkungen „neutral eine thematische Ergänzung" (ebd.). Hierzu ist allerdings anzumerken, dass es keine Garantie gibt, dass der Angesprochene Fragen und Bemerkungen als höflich und neutral auffasst. Wie Webber (s. o.) bereits erläutert hat, können Anmerkungen auf recht unterschiedliche Weise wirken und ebenso können Fragen nicht nur Wissensdefizite auf der Seite des Fragenden anzeigen, sondern auch Wissensdefizite auf der Seite des Angesprochenen offenlegen. Höfliche Kommunikation drückt sich zudem darin aus, dass Beiträge vorsichtig eingeleitet werden (s. o. auch zu den einleitenden Gesprächsakten), dass Aussagen ebenso mit

---

63 Nach Webber passiert dies auch dann, wenn Anregungen aufzeigen, dass der Vortragende selbst nicht an das zur Sprache Gebrachte gedacht hat (vgl. Webber 2002: 236).

Hilfe von vagen Formulierungen und Heckenausdrücken, Diskursmarkern und Ausdrücken, die die subjektive Sicht hervorheben, vorsichtig und bescheiden formuliert werden (vgl. Webber 2002: 247).

Eine weitere Form des *face*-wahrenden Verhaltens kann im „Komplimentierverhalten und *understatement*" (Baron 2006: 90; Herv. im Orig.) von Wissenschaftlern gesehen werden. Häufig werden Komplimente in der Einleitung von Redebeiträgen gemacht, unter anderem, um Fragen oder Kommentare einzuleiten. *Understatement* bedeutet, vor allem eigene Leistungen zu untertreiben und die eigene Position bzw. Ansprüche abzuschwächen, bevor Kritik geäußert wird.

In die Deutung von Diskussions- und Selbstdarstellungsverhalten muss immer auch die Reaktion des Angesprochenen einbezogen werden; denn der Angesprochene ist derjenige, der etwas als negative Kritik oder neutrale Bemerkung auffasst und auf Basis seiner eigenen Deutung darauf reagiert. Zudem kommt es auch nicht darauf an herauszufinden, welche Verhaltensweisen generell positive Images schaffen können. Dies ist prinzipiell unmöglich, da viele Faktoren wie Situation, Kontext, Gruppenzusammensetzung, Vorwissen etc. über Wirkungen und Interpretationen entscheiden:

> Es gibt keine einfachen Herleitungen, welche Sprechaktivitäten kontextunabhängig prestigeträchtig sind; das Verwirrende ist für Studierende und andere (Noch-)Nicht-Experten, dass gerade statushohe Gruppenmitglieder sich in manchen Fällen ohne Imageverlust öffentlich sprachliche Manöver leisten können, die konventionell mit niedrigem Prestige assoziiert sind, während in anderen Kontexten minutiöse Erfüllung von Formalitätsstandards eine nicht zu verletzende Vorschrift zu sein scheint. (Baron 2006: 108)

Diese Feststellung hat Auswirkungen auf die gesamte Interpretation von Verhaltensweisen Einzelner sowie auf das in dieser Untersuchung gewählte methodisch-analytische Vorgehen (zur Methode siehe Kap. 4.2). Zum einen können Status und Rang zwar Hinweise auf das zu erwartende Diskussionsverhalten eines Akteurs geben, doch der Akteur kann sich entgegen aller Erwartungen darstellen. Da prestigeträchtiges Sprechen und Verhalten stets situationsgebunden ist und es zudem relativ unberechenbar ist, was als prestigebesetzt interpretiert wird, werden Vortrags-, Diskussions- und Selbstpräsentationsnormen nicht überindividuell gelten, sondern müssen personenabhängig angelegt werden.

Beachtenswert ist auch, dass Baron in ihrer empirischen Arbeit große geschlechtsspezifische Unterschiede im Hinblick auf das Verhalten von Männern und Frauen in wissenschaftlichen Diskussionen festgestellt hat. Sie kommt zu dem Ergebnis, dass Frauen trotz hoher Expertise im Vergleich zu Männern „viel eher zu Einschränkungen der Reichweite ihrer Aussagen, zu Selbstkritik, Konzessionen und Rücksichtnahme gegenüber Fremdansprüchen" (Baron 2006: 102) sowie zum

„Stil der nachträglichen Selbstexplikation" (ebd.: 103) neigen, was negative Auswirkungen auf ihr Durchsetzungsvermögen und ihre Selbstdarstellung hat. Zudem ordnen sie sich sehr konsequent Rahmenvorgaben unter (oder werden eher gezwungen, sich ihnen anzupassen), was statusgleiche Männer nicht tun (vgl. ebd.).

In der folgenden Tabelle (Tab. 8) werden die angesprochenen sprachlichen Mittel und deren kontextspezifische Funktionen im Hinblick auf Selbstdarstellung in Diskussionen zusammengefasst:

Tabelle 8: Übersicht über sprachliche Mittel und deren kontextspezifische Funktionen im Hinblick auf Selbstdarstellung.

Kategorie	Sprachliche Mittel	Funktion im Hinblick auf Selbstdarstellung	Quelle
Diskussionsspezifische Lexik und Syntax	Ellipse, Satzabbruch, falscher Anschluss, dennoch komplexe Satzgefüge	sind der Spontaneität des Sprechens geschuldet; zeigen Formulierungsprozess an	Techtmeier 1998b; Gülich/Kotschi 1978
	Terminologische Präzision, Fachlexik, Kompaktheit des Ausdrucks	signalisieren Kompetenz	Techtmeier 1998b
	Umgangssprachlicher Ausdruck, dialektaler und soziolektaler Ausdruck	sind der Spontaneität der Formulierung geschuldet	Ventola et al. 2002
Diskussionsspezifische Gesprächselemente	Argument und Argumentkette, auch Erklärung, Exkurs, Anekdote und Beispielerzählung	signalisieren Kenntnis des Forschungsthemas und Kompetenz	Techtmeier 1998b
	Einordnender Gesprächsakt, relationale sprachliche Handlung	ermöglichen den thematischen Anschluss bei Themenwechseln; signalisieren Professionalität; der eigene Beitrag wird metakommunikativ kommentiert	Techtmeier 1998b
	Selbstvorstellung	dient dazu, sich selbst in der Diskussion bekannt zu machen	Baßler 2007
	Klassifikation des Beitrags	ermöglicht die Einordnung des Beitrags	Baßler 2007
	Anknüpfung an vorangegangene Inhalte	macht deutlich, worauf sich der Beitrag thematisch bezieht	Baßler 2007

3 Wissenschaftskommunikation

Kategorie	Sprachliche Mittel	Funktion im Hinblick auf Selbstdarstellung	Quelle
	Evaluation des Vortrags	signalisiert positive oder negative Kritik des Vortrags	Baßler 2007
	Formulierung des Anliegens	der eigentliche Beitragsinhalt und das Anliegen werden verbalisiert	Baßler 2007
	Pendeln zwischen Formulierung und Erläuterung des Anliegens	der Beitragsinhalt wird verbalisiert, erläutert und begründet	Baßler 2007
Sprechhandlungen	Repräsentativa: BEHAUPTEN, MITTEILEN, FESTSTELLEN, EINE VERMUTUNG ÄUSSERN, ANMERKUNG, BEMERKUNG, BEGRÜNDEN	Repräsentativa machen Aussagen über die Welt, zeigen die verschiedenen Positionen an; ANMERKUNGEN/ BEMERKUNGEN können vom Diskussionspartner begrüßt/ abgelehnt werden	Panther 1981; Harras 2004; Techtmeier 1998b; zu FRAGEN, ANMERKUNGEN, BEMERKUNGEN Baßler 2007
	Direktiva: FRAGEN, AUFFORDERN (z. B. zum Mitdiskutieren, Lautersprechen), EMPFEHLEN, ANREGEN	FRAGEN signalisieren ein Wissensdefizit, markieren eine Gegenauffassung, dienen der Verständigung; AUFFORDERUNGEN, EMPFEHLUNGEN und ANREGUNGEN signalisieren Handlungsanleitungen, signalisieren metasprachliche Aufforderungen; sie können vom Kommunikationspartner begrüßt, abgelehnt oder als Kritik aufgefasst werden	zu EMPFEHLUNGEN und ANREGUNGEN siehe Webber 2002 und Baron 2006
	Expressiva: DANKEN	Routineformeln und Ausdrücke der Befindlichkeit haben wichtige Funktionen in Bezug auf Beziehungsmanagement	von mir ergänzt
	Deklarativa	eher untypisch	Techtmeier 1998b
	Metakommunikativer Sprechakt	dient dem Ausdruck von Intentionen, Zielen, Beziehungen etc.	Techtmeier 1983
	Indirekter Sprechakt	dient der Agensvermeidung, zur Vermeidung direkter Adressierungen; hat Objektivierungs- und Legitimierungsfunktion	Panther 1981

Kategorie	Sprachliche Mittel	Funktion im Hinblick auf Selbstdarstellung	Quelle
Höflichkeit und *face*-Wahrung	Ausdruck des Sagens	signalisiert Höflichkeit, ermöglichen dem Interaktionspartner größeren Reaktionsfreiraum	Baßler 2007; Webber 2002
	Understatement, Kompliment	dienen der gegenseitigen *face*-Wahrung bei Kritik	Baron 2006
	Einleitung von Beiträgen, Heckenausdruck, Ausdruck des Sagens, Diskursmarker	dienen der höflichen Kommunikation und der *face*-Wahrung bei Kritik	Webber 2002
Gesprächsverhalten	Verzögerung, Abbruch, Ellipse, *hedging*, prosodische Besonderheiten	inszenieren Unsicherheit und Unbeholfenheit	Baron 2006
	Rederechtbeanspruchung, Unterbrechung	können auf eher aggressives Gesprächsverhalten hindeuten oder auf ein hohes Engagement in der Diskussion hinweisen	Baßler 2007

Die Tabelle dient, wie auch die Tabellen in Kapitel 2, der Übersicht über die in der Literatur identifizierten Mittel der Selbstdarstellung, in diesem Fall auch des Diskussionsverhaltens. Die für Diskussionen typischen sprachlichen Formen sind auch in meinem Untersuchungskorpus zu erwarten. Sie dienen mir als Hinweise darauf, wie eine bestimmte sprachliche Äußerung – entsprechend der in der Literatur identifizierten Funktionen (Spalte 2 und 3) – interpretiert werden kann. Eine Weiterbearbeitung und Zusammenführung der Tabelle mit den anderen ist zur Methodenentwicklung nötig und wird in Kapitel 4.2.2 geleistet.

3.3 Disziplinäre und interdisziplinäre Forschungskontexte

Um auf die Besonderheiten und problematischen Aspekte interdisziplinärer Kommunikation eingehen zu können, werden nachfolgend die Konzepte Disziplinarität und Interdisziplinarität voneinander abgegrenzt. In einer abschließenden Betrachtung werden die Besonderheiten der jeweiligen Kontexte im Hinblick auf die Anforderungen an Wissenschaftler zusammengefasst und mögliche Auswirkungen auf ihr Selbstdarstellungsverhalten angeführt.

3.3.1 Disziplinarität

Defila/Di Giulio (1998: 112f.) charakterisieren Disziplinarität oder auch „monodisziplinäre Forschung" (Parthey 2011: 16) als Forschung innerhalb einer *scientific community*, die relativ homogen ist. Disziplinen entstehen dann, wenn spezielle Forschungsbereiche aus größeren Gebieten ausgegliedert und als eigenständige Zweige wahrgenommen werden (vgl. Defila/Di Giulio 1998: 111). Alle Mitglieder einer Disziplin sind sowohl mit dem Wissen – „Aussagen, Erkenntnissen, Theorien" (Sukopp 2010: 21) – als auch mit den aktuellen Forschungsfragen vertraut. Zur Lösung dieser Forschungsaufgaben gibt es einen Methodenbestand, der innerhalb der Wissenschaftlergruppe erarbeitet und angewendet wird. Daher bildet eine Disziplin eine „kognitive und soziale Einheit" (Defila/Di Giulio 1998: 112). Hinzu kommt, dass in *scientific communities* Nachwuchswissenschaftler auf eine spezifische Weise sozialisiert und ausgebildet werden, dass Karrieren von jeweils nur in einer *scientific community* geltenden Strukturen abhängen (vgl. ebd.: 112f.). Das heißt, jede Disziplin oder Forschergruppe erschafft sich ihren eigenen Rahmen selbst, innerhalb dessen sie ihren Nachwuchs sozialisiert und innerhalb dessen sie Wirklichkeit beforscht und deutet (vgl. Sukopp 2010: 21). Defila/Di Giulio betrachten Disziplinen als „Subkulturen", in denen eine je spezifische Fachsprache gebraucht und eigene „Wissenschaftlichkeitskriterien" (beides Defila/Di Giulio 1998: 113) sowie Methoden entwickelt werden. Auch die Art, Komplexität innerhalb wissenschaftlicher Forschung zu reduzieren und ein Verständnis von Welt aufzubauen, ist disziplinär geprägt (vgl. ebd.: 113). Mit Parthey kann man zusammenfassen: „Eine Forschungssituation ist dann disziplinär, wenn sich sowohl die in ihr formulierten Probleme als auch die in ihr verwendeten Methoden auf ein und denselben Bereich des theoretischen Wissens beziehen" (Parthey 2011: 13).

3.3.2 Interdisziplinarität

Als Arbeitsdefinition von Interdisziplinarität kann festgelegt werden: Der Begriff der Interdisziplinarität meint die integrationsorientierte Zusammenarbeit von Wissenschaftlern verschiedener Disziplinen mit Austausch von Inhalten, Methoden, Theorien, Terminologie, Ergebnissen, Modellen u. a., also fächerübergreifende Zusammenarbeit zum Zweck der gemeinsamen wissenschaftlichen Problemlösung (vgl. z. B. Sukopp 2010: 13f.; Defila/Di Giulio 1998: 115; Defila/Di Giulio 1996: 80; vgl. auch die sozialwissenschaftliche Definition bei Janich/Zakharova 2011).

Nach Parthey ist „eine Forschungssituation […] interdisziplinär, wenn Problem und Methode der Forschung in verschiedenen Theorien formuliert bzw.

begründet sind" (Parthey 2011: 13). Dabei entsteht Interdisziplinarität nur durch die Interaktionen der einzelnen Beteiligten, durch die Versuche, wissenschaftliche Objekte, „Konzepte, Methoden oder Terminologien" (Neumeier 2008: 19) zu integrieren und zu synthetisieren:

> Interdisziplinarität kommt demzufolge dann zustande, wenn sowohl Teile disziplinärer Fachsprachen, (neue) Elemente einer gemeinsamen übergreifenden Fachsprache und konsensuell als zweckmäßig beurteilten Methode verwendet werden (ebd.).

Forschungssituationen, die auf interdisziplinärer Arbeit basieren, sind davon geprägt, dass in ihnen integrationsorientiert gearbeitet wird. Das bedeutet, dass nicht nur Methoden und Erkenntnisse aufaddiert werden, sondern dass eine „Gesamtsicht" (Defila/Di Giulio 1998: 118) der zu bearbeitenden Problemstellung und der beteiligten disziplinären Ansätze ermöglicht wird. Dieser Integrationsanspruch macht einen neuen Forschungsmodus aus, der von Gibbons et al. (1994: 1) und Defila/Di Giulio (1998: 119) „Modus 2" genannt wird. Charakteristisch für die „Modus 2-Forschung", also interdisziplinäre und transdisziplinäre Forschungskontexte, sind „Heterogenität, Infragestellen der traditionellen Orte der Wissensproduktion, Zusammenarbeit zwischen außer- und inneruniversitären Forschungssituationen, Problemorientierung" (ebd.). Aus diesem Forschungsmodus geht notwendigerweise eine andere Art von Wissen hervor als aus (mono-)disziplinär geprägter Forschung. Interdisziplinär gewonnenes Wissen sowie Methoden und weitere gemeinsam entwickelte Forschungskriterien sind am Ende eines Forschungsprozesses nicht mehr (unbedingt) einer einzelnen beteiligten Disziplin zuordnen, sondern sind von eben dieser Integration gekennzeichnet (vgl. ebd.; Gibbons et al. 1994: 5).

Ob interdisziplinäre Kooperationen funktionieren und zum Erfolg führen, hängt nach Defila/Di Giulio (1998: 119; 1996) von den Erfolgskriterien a) Konsens, b) Integration und c) Diffusion ab:

a) **Konsens**: Alle an einer interdisziplinären Forschung beteiligten Wissenschaftler müssen sowohl eine gemeinsame (Fach-)Sprache mit spezifischen, gemeinsam geteilten Verwendungsregeln als auch die Forschungsfrage und -perspektive schaffen und teilen. Dies kann sich – je nach disziplinärer Zusammensetzung – mehr oder weniger schwierig gestalten. Sowohl in disziplinären als auch interdisziplinären Kontexten werden die richtige Definition und Verwendung von Terminologie thematisiert und diskutiert (vgl. Techtmeier 1998b: 514). Die Entscheidung für die eine oder andere terminologische Festlegung hängt oft mit den dahinter stehenden wissenschaftlichen Konzepten, Paradigmen sowie wissenschaftlichen Positionen, die alle ihre eigenen „terminologischen

Systeme" (ebd.) aufweisen, zusammen. Dass aber allein die Definition, was eine gemeinsame Sprache leisten kann und soll, schwierig ist, zeigen Janich/ Zakharova:

> Denn unter ‚gemeinsamer Sprache' kann sehr Unterschiedliches verstanden werden, wenn dieses Konzept denn überhaupt konkretisiert wird: vom wechselseitigen Kennenlernen der Terminologie des jeweiligen Fachgebiets (Laudel 1999: 193) über die Entwicklung eines gemeinsamen interdisziplinären Registers (Teich/Holtz 2009) bis hin zur vielschichtigen ‚*Suche nach Sich-Verstehen und Verständigung*' (Böhm 2006: 133-134; Hervorhebung im Original). (Janich/Zakharova 2014: 4)

Terminologische Klärungen sind in jedem Fall erst im Verlauf der Zusammenarbeit möglich und stellen ein eher langfristig erreichbares Ziel dar (vgl. ebd.). Eng an solche sprachlichen Klärungen sind Fragen nach einer gemeinsamen Methode und Organisationsform, die allen beteiligten Disziplinen gerecht wird, gebunden (vgl. ebd.). Janich/Zakharova (2014) bestätigen in ihrer Studie die Befunde von Böhm (2006): Eine gemeinsame Sprache umfasst

> mindestens eine Inhaltsebene (Festlegung der relevanten Begriffe und Ziele), eine Verfahrensebene (Gestaltung des Schreib- und Einigungsprozesses, Bewältigung des Zeitproblems) und eine Beziehungsebene (Auswirkungen von Hierarchien) (Janich/Zakharova 2014: 22).

b) **Integration**: Bloße Addition von Methoden, Inhalten und Ergebnissen reicht in interdisziplinären Kontexten nicht aus, sondern die Integration muss von Anfang an mit dem Ziel der Gesamtsicht im Forschungsdesign angestrebt werden.

c) **Diffusion**: Die Verbreitung und Nutzbarmachung des gewonnenen Wissens stellt einen weiteren Erfolgsfaktor dar. Dabei spielen die zielgruppenorientierte Formulierung der Texte und deren Verbreitung eine wichtige Rolle, da Wissen sonst nicht optimal „handlungswirksam" (Defila/Di Giulio 1998: 119) werden kann.

Basierend auf seinen empirischen Untersuchungen in den 1960er/70er Jahren formuliert Parthey drei Kriterien, die Interdisziplinarität ausmachen: „gemeinsames Anliegen in Form eines gemeinsam zu bearbeitenden Problemfeldes, Arbeitsteilung und Kooperation beim methodischen Problemlösen sowie ihre Koordination durch Leitung" (Parthey 2011: 23). Das wichtigste Merkmal zur Bestimmung von Interdisziplinarität ist nach Parthey nicht die Zusammensetzung der Arbeitsgruppen, „sondern das bei einzelnen Wissenschaftlern disziplinär fehlende Wissen zur Problembearbeitung und die daraus resultierende Suche nach Methodentransfer aus anderen Spezialgebieten" (ebd.: 24f.). Dabei ist nach Parthey zu unterscheiden zwischen (1) Interdisziplinarität, die dadurch entsteht, dass disziplinäre Anliegen mit Hilfe disziplinübergreifender Methoden betrachtet werden, und (2) Interdisziplinarität durch die Untersuchung von Fragen, die sich in mehreren Disziplinen stellen und die nur im Zusammenspiel mehrerer Disziplinen bearbeitet werden können (vgl. ebd.: 17). Diese beiden Formen werden von Multi- und Transdisziplinarität abgegrenzt, auf die hier nur knapp eingegangen wird.

Der Begriff **Multidisziplinarität** meint „eine Sammlung verschieden disziplinärer Beiträge zu einem Thema" (Neumeier 2008: 20), wobei die beteiligten Forscher nicht disziplinübergreifend miteinander interagieren, sondern lediglich ein Thema aus verschiedenen disziplinären Perspektiven beleuchten (vgl. auch Parthey 2011: 17). Es werden also weder methodische Zugänge oder Fachvokabular geteilt noch Ansätze und Perspektiven integriert (wie in interdisziplinärer Forschung), sondern nur addiert (vgl. Neumeier 2008: 20).

Demgegenüber ist **Transdisziplinarität** als Forschungsprozess charakterisiert, der sich „lebensweltliche[n] Problemlagen" (Jahn 2008: 35) widmet. Dazu ist es nötig, dass sich die Wissenschaft mit der Gesellschaft verständigt, um aktuelle Probleme aufgreifen zu können, selbst Gegebenheiten in Frage zu stellen, gemeinsame Lernprozesse zu ermöglichen und gesellschaftliches Wissen bzw. Probleme zu interpretieren (vgl. Jahn 2008: 27f.). Transdisziplinarität wird dabei als „spezielle Form einer problemorientierten Interdisziplinarität" begriffen (Defila/Di Giulio 1998: 115). Jahn grenzt transdisziplinäre Forschung wie folgt von multi- und interdisziplinärer Arbeit ab:

> Transdisziplinär können wir Forschungsprozesse nennen, die auf eine Erweiterung der disziplinären, multi- und interdisziplinären Formen einer problem-bezogenen Integration von Wissen und Methoden zielen. Im *disziplinären* Kontext findet Integration auf der Ebene (disziplin-)intern definierter Forschungsfragen statt, im *multidisziplinären* auf der Ebene praktischer Ziele und Probleme, im *interdisziplinären* auf der Ebene wissenschaftlicher Fragestellungen mit gesellschaftlichen Problemen (Jahn 2008: 35; Herv. im Orig.).

Hinzu kommt mit Neumeier (2008: 20) die Bestrebung, über disziplinäre Grenzen hinweg Methoden, Forschungsfragen etc. zu synthetisieren. Außerdem ist ergänzen, dass es in der interdisziplinärer Forschung keine Leitdisziplin gibt, die die Verantwortung für das Projekt trägt, sondern dass alle Disziplinen gemeinsam für die Projektarbeit und das Gelingen des Projekts verantwortlich sind (vgl. ebd.: 19).

Typen der Interdisziplinarität

Sukopp (2010: 21f.) unterscheidet mit Mittelstraß (1989: 112f.) mehrere Typen der Interdisziplinarität. Die wichtigsten sind die theoretische, praktische und methodische Interdisziplinarität, wobei er zusätzlich zehn weitere Formen auflistet, von denen im Folgenden nur einige angeführt werden.

Theoretische Interdisziplinarität bezeichnet die „Kooperation aufgrund ähnlicher theoretischer Entitäten in verschiedenen Disziplinen bzw. Strukturgleichheit in Disziplinen" (Sukopp 2010: 21). Demgegenüber entsteht **praktische** Interdisziplinarität dann, wenn Fragen nicht einer Disziplin zugeordnet werden können, sondern besser von verschiedenen Disziplinen bearbeitet werden sollten (vgl. ebd.: 22). **Methodische** Interdisziplinarität wiederum bedeutet, dass es „eine disziplinenübergreifende methodische Kontinuität oder Übereinstimmung" gibt, wobei Interdisziplinarität „etwa aufgrund gemeinsam genutzter experimenteller Einrichtungen, ähnlicher oder gleicher Methoden der Planung, Durchführung oder Auswertung von Experimenten" (ebd.) entsteht.

Weitere Formen sind die temporäre oder generelle Interdisziplinarität. Interdisziplinäres Arbeiten ist dann **temporär**, wenn es um „zeitlich befristete Projekte" (ebd.: 21) geht, wenn also die Forschergruppe nur für einen bestimmten Zeitraum zusammenarbeitet; interdisziplinäres Arbeiten ist dann **generell**, wenn es sich um Fachbereiche handelt, in denen es von vornherein notwendig ist, interdisziplinär zu kooperieren, wie z. B. in der Biophysikalischen Chemie (vgl. ebd.). Die Art von Interdisziplinarität, wie sie auf dahingehend ausgerichteten Kongressen entsteht, wird als **okkasionelle** Interdisziplinarität bezeichnet. Es handelt sich um Veranstaltungen, die bewusst Forscher aus verschiedenen Disziplinen zusammenführen, um ein bestimmtes Thema zu diskutieren und gemeinsam zu bearbeiten (vgl. ebd.: 21). Hierunter fallen auch interdisziplinär ausgerichtete Tagungen, Symposien oder Konferenzen.

3.3.3 Zur Kommunikation von Wissen in disziplinären und interdisziplinären Kontexten

Durch die Einteilung der Wissenschaft in Disziplinen, durch zunehmende Spezialisierung der Wissenschaftler und die damit verbundene Fragmentierung des Wissens wird Interdisziplinarität immer notwendiger[64]. Vollmer nennt vier Probleme, die durch interdisziplinäres Arbeiten entstehen können:

> „*Interdisziplinarität erfordert viel Wissen*", „*Interdisziplinarität erfordert Vereinfachungen, diese führen zu Verfälschungen*", „*Interdisziplinarität führt zu Verständnisschwierigkeiten, diese zu Missverständnissen*", „*Interdisziplinarität leidet unter Selbstüberschätzung einer oder mehrerer Parteien*" (Vollmer 2010: 61; Herv. im Orig.).

---

64 Vgl. Universalgelehrte als Gegenbeispiel.

Der Zeitfaktor spielt eine große Rolle bei der Aneignung von Wissen außerhalb der eigenen Disziplin. Um Wissen schnell erlangen bzw. um Inhalte effektiv an Fachfremde vermitteln zu können, müssen diese vereinfacht werden. Da aber mit Vollmer davon ausgegangen werden kann, dass man mit jeder Vereinfachung Wissen auch verfälscht, muss man sich dessen bewusst sein und es sowohl bei der Vermittlung als auch bei der Rezeption „*verantworten* können" (Vollmer 2010: 64; Herv. im Orig.). Verständnisschwierigkeiten und Missverständnisse sind jedoch zwischen den einzelnen Disziplinen sehr häufig. Dies liegt nicht nur an den unterschiedlichen Forschungsinhalten, sondern an der jeweiligen Fachkultur, deren spezifischen Ansichten, Vorgehensweisen, Kommunikationsverhalten usw. Der letzte von Vollmer genannte Aspekt bezieht sich auf die Tatsache, dass man in interdisziplinären Angelegenheiten zwar als Experte seiner Disziplin auftritt, trotzdem jedoch ständig damit konfrontiert wird, dass man in den anderen vertretenen Disziplinen weitgehend Laie ist. Hinzu kommt, dass interdisziplinäre Arbeit an sich schon eine Herausforderung ist, der man sich je nach disziplinärer Zusammensetzung jeweils neu stellen muss (vgl. ebd.: 61-86).

Ein Blick auf die psychologische Forschung zur Interdisziplinarität ist hier lohnenswert, vor allem im Hinblick auf kognitive Aspekte der Interdisziplinarität (Bromme 2000) und die interdisziplinäre Wissensintegration (Steinheider et al. 2009). Beiden hier zu Rate gezogenen Ansätzen liegt die *common ground*-Theorie von Clark (1996) zugrunde, die davon ausgeht, dass „die Summe des bei allen Gesprächspartnern vorhandenen und geteilten Wissens, Glaubens sowie ihrer Überzeugungen, Annahmen und Vermutungen" (Clark 1996: 93; vgl. Steinheider et al. 2009: 123) notwendig für eine gemeinsame Kommunikation ist. Bromme fokussiert Interdisziplinarität in Bezug auf unterschiedliche Wissensstrukturen und wissenschaftliche Perspektiven, die in interdisziplinären Kontexten aufeinandertreffen (vgl. Bromme 2000: 115). Zudem geht es ihm um persönliche Eigenschaften, die Wissenschaftlern die interfachliche Kommunikation erleichtern können; beispielsweise sollten sie eine gefestigte, starke Persönlichkeit und Identität besitzen, um in Situationen, in denen der eigene wissenschaftliche Anspruch bzw. die Legitimation des eigenen Fachs oder Aspekte davon von anderen infrage gestellt werden, bestehen zu können bzw. die eigenen Ansichten kritisch reflektieren zu können (vgl. ebd.: 116)[65].

---

65 Klein hat einzelne Eigenschaften identifiziert, die eine Person aufweisen sollte, die interdisziplinär arbeitet. Darunter fallen beispielsweise Flexibilität, Risikobereitschaft, Geduld, Lernbereitschaft, Neugier, Bescheidenheit und Unterordnungsbereitschaft (vgl. Klein 1990: 183). Dazu merkt Bromme allerdings an, dass Verhaltensweisen gene-

Bromme verwendet den Begriff der Perspektive, um die Aspekte der Wissensstrukturen zusammenzufassen, wobei er Perspektive wie folgt definiert: „'Knowledge' in this context does not only comprise special methods or concepts, but also the epistemic styles typical for a discipline or a domain of research activities" (Bromme 2000: 119)[66]. Methoden, Konzepte und epistemische Stile machen damit eine Perspektive aus. Ausgehend davon untersucht er, wie Wissenschaftler kognitiv und kommunikativ einen *common ground* herstellen. Es zeigt sich, dass Metaphern und Metonymien dabei eine zentrale Rolle spielen. Beide Begriffe sind hier nicht im linguistischen Sinne zu verstehen, sondern als „cognitive units of categorial perception" (ebd.: 129). In Metaphern werden Erfahrungen kategorisiert, sie stellen Werkzeuge der Erkenntnisgewinnung dar; ähnlich fungieren Metonymien, bei denen Bedeutungsaspekte stellvertretend für das Gesamtkonzept stehen (vgl. ebd.).

Zentral bei der Betrachtung von interdisziplinärer Kommunikation ist, sich der Tatsache bewusst zu sein, dass einzelne Konzepte, Begriffe u. Ä. je nach Disziplin unterschiedlich besetzt sind, Nichtwissen (um dieselben) also eine normale Begleiterscheinung von interdisziplinärer Arbeit ist [linguistic division of labour] (ebd.: 130).

Die Integration von Wissen ist nach den gängigen Auffassungen zentral für interdisziplinäres Arbeiten (vgl. Gibbons et al. 1994; Defila/Di Giulio 1998). Gerade dieses ist nach Steinheider et al. (2009) aber problematisch, da Wissenschaftler in den einzelnen Disziplinen unterschiedlich sozialisiert und ausgebildet werden. In den jeweiligen Fachkulturen bilden sich verschiedene „Normen, Nomenklaturen, Wissensbestände[…], Konventionen und Forschungsmodalitäten" (Steinheider et al. 2009: 122) heraus, wodurch die Integration von heterogenen fachwissenschaftlichen Inhalten behindert wird. Wissensintegration als „Etablierung eines

---

rell stark kontext- und situationsabhängig, also kaum vorhersehbar sind. Ebenso seien die Kriterien kaum markant für interdisziplinäre Kommunikation, da sie eigentlich für gemeinschaftliches (wissenschaftliches) Arbeiten und Lernen generell notwendig sind (vgl. Bromme 2000: 117f.).

66 Bromme verweist in dem Zuge auf Klein (1990), der die Auswirkungen der fachlichen Sozialisation auf die Anerkennung anderer Disziplinen zusammenfasst: „Teamwork has been compromised by the disdain scientists have for engineers, mathematicians for physicists, pure scientists for applied scientists, physical scientists for social scientists and humanists and vice versa'. As a discipline's epistemic style contains a significance guiding both activity and cognition and thus also a normative component, it may well be expected that it contributes to stereotypes of this kind. This again affects how open-minded a researcher will be about data, proofs, and refutations obtained on the basis of other epistemic styles" (Klein 1990: 127).

gemeinsamen kognitiven Bezugsrahmens und die Schaffung von geteilten mentalen Modellen zur Bewältigung von Aufgaben in Gruppen" (ebd.) erfordert also die Fähigkeit, sich von den Konventionen der eigenen Fachkultur zu lösen und über deren Grenzen hinauszugehen. Ebenso muss antizipiert werden, welche Wissensbestände bei den Interaktionspartnern vorausgesetzt werden können und welche nicht; dementsprechend werden die Erklärungen angepasst (vgl. ebd.: 123).

Ähnlich formulieren es Janich/Zakharova (2011) im Zusammenhang mit der Kommunikation in interdisziplinären Projekten:

> Außerdem verfügen die jeweiligen Disziplinen über distinkte Denkstile und unterschiedliche wissenschaftliche Arbeitsmethoden, kurz über unterschiedliche Regeln im Hinblick auf die diskursive Konstitution von Wissen. Heterogenität und Diversität verschaffen den Disziplinen zwar ihre Identität in Abgrenzung zu anderen, doch erweist sich die **interdisziplinäre Kommunikation** dadurch als kompliziertes Vorhaben. (Janich/Zakharova 2011: 195; Herv. im Orig.)

Das Sprechen über wissenschaftliche Inhalte über Fachgrenzen hinweg stellt sich also als Problem dar, nicht nur durch die unterschiedlichen Fachkulturen, sondern auch durch die angenommenen Wissensasymmetrien:

> Wissensasymmetrien liegen demnach vor, wenn die Diskursteilnehmer unterschiedlich gut darüber informiert sind, welches Wissen in der eigenen oder fremden Diskursgemeinschaft bereits als argumentativ gerechtfertigt, als gültig und damit ‚faktisch' gilt. Dies bezieht sich unmittelbar auf sprachliche Aspekte, da das diskursiv konstituierte Wissen einer Spezial-Diskursgemeinschaft auch an sprachlichen Routinen, zum Beispiel an der verwendeten Fachterminologie und an der Art und Weise ihrer Verwendung, festgemacht ist. Ein ‚Nichtwissen' bei einzelnen am Diskurs Beteiligten kann sich damit sowohl auf Wahrheitsansprüche, Argumentation und/oder Regulierung beziehen als auch als ‚sprachliches Nichtwissen' in einem engeren Sinn (= fehlende terminologische Kompetenz) niederschlagen. (ebd.: 190; vgl. hierzu auch Steinheider et al. 2009: 122)

Es stellt sich daher die Frage, inwiefern sich solche disziplinär bedingten Wissensasymmetrien auf die interdisziplinäre Zusammenarbeit und die Art der Wissensvermittlung auswirken. Janich/Zakharova kommen in ihrer Studie zu dem Ergebnis, dass die Vermittlung von Inhalten hinter der Signalisierung von Machtansprüchen – also beispielsweise Professoren gegenüber Mitarbeitern – zurücksteht (vgl. Janich/Zakharova 2011: 199; vgl. auch Janich/Zakharova 2014: 21). Zudem ist die Tendenz erkennbar, die eigene Fachidentität und damit die disziplinäre Expertenschaft bei einer interdisziplinären Zusammenarbeit verstärkt herauszustellen, um eigene Projektziele (schon in der Antragsformulierung) durchzusetzen (vgl. Janich/Zakharova 2011: 200; vgl. auch Janich/Zakharova 2014: 21).

Tabelle 9 gibt eine Übersicht über die Charakteristika disziplinärer und interdisziplinärer Arbeit sowie Kommunikation. Die einzelnen Aspekte wurden aus der Forschungsliteratur ermittelt und in den vorherigen Abschnitten erläutert. Die kursiv gesetzten Inhalte wurden von mir hinzugefügt und haben keine Forschungsgrundlage. Sie können aber aus dem bisher Beschriebenen ermittelt und abgeleitet werden.

Vor allem drei Aspekte stellen besondere Herausforderungen an die Wissenschaftler in Bezug auf Selbstdarstellung. Fachwissen, Kompetenz und Professionalität herauszustellen kann für Wissenschaftler als übergeordnetes Ziel der Selbstdarstellung gelten. Wenn nun aber Wissensbestände und aktuelle Forschungsfragen einer Disziplin einem interdisziplinären Publikum vermittelt werden müssen, stellt sich die Frage, wie man dies ohne zu große Verfälschung (durch Vereinfachung) leisten kann, ohne inkompetent zu wirken. Zudem sind das eigene wissenschaftliche Expertenwissen und Fachkompetenz eng an die eigene Fachidentität geknüpft – im interdisziplinären Kontext kann dies für den Wissenschaftler problematisch sein, weil der Expertenstatus nur für das eigene Fach gilt, nicht aber für die anderen vertretenen Disziplinen (vgl. Bromme 2000: 116, 126). In dem Zuge kann es zusätzlich schwierig sein, sich innerhalb der interdisziplinären *scientific community* (wenn diese überhaupt existiert) zu verorten, weil Abgrenzung von anderen schwer ist, Denkschulen und unterschiedliche Ansätze kaum oder nur oberflächlich bekannt sind.

Tabelle 9: Zusammenfassung der Erkenntnisse zu Disziplinarität und Interdisziplinarität.

Disziplinäre Forschung	Interdisziplinäre Forschung
Disziplin als „kognitive soziale Einheit" (Defila/Di Giulio 1998: 112)	integrationsorientierte Zusammenarbeit
homogene *scientific community*	heterogene „*scientific community*" durch verschiedene Disziplinen
Kenntnis des Wissensbestandes und aktueller Forschungsfragen	jeweilige Wissensbestände und Forschungsfragen müssen kommuniziert werden (vgl. Janich/Zakharova 2014)
fester, gemeinsam erarbeiteter Methodenbestand	Methodentransfer: Methoden unterschiedlicher Disziplinen werden integriert und synthetisiert
disziplinäre Sozialisation des Nachwuchses, Karriere ist abhängig von disziplinären Strukturen	*offen, welchen Vorteil eine interdisziplinäre Verortung bringt – Karriere ist zur Zeit eher innerhalb einer Disziplin möglich, da Wissenschaft noch immer disziplinär geprägt ist*

Disziplinäre Forschung	Interdisziplinäre Forschung
spezifische Fachsprache/Terminologie	die Fachsprachen/Terminologien unterschiedlicher Disziplinen werden integriert und synthetisiert
homogene Wissenschaftlichkeitskriterien	*Wissenschaftlichkeitskriterien sind heterogen, stehen zur Diskussion und müssen ausgehandelt werden*
disziplinär geprägte Wirklichkeitskonstruktion	Gesamtsicht der Disziplinen auf ein Problem
Experten- und Laienstatus ist klar definiert	Experten- und Laienstatus sind unklar: Man ist Experte in der eigenen Disziplin, aber immer gleichzeitig Laie in den anderen vertretenen Disziplinen
Verortung innerhalb der eigenen Disziplin	Fachidentität und Verortung in der eigenen Disziplin sowie im interdisziplinären Kontext

4 Forschungsdesign

Der Arbeit liegt ein spezifisches Forschungsdesign zugrunde. Dieses wird im Folgenden detailliert erläutert. Im ersten Teilkapitel wird das Untersuchungskorpus mit seinen Rahmendaten und dem gewählten Transkriptionsverfahren vorgestellt. Die einzelnen Tagungsanlässe werden beschrieben, um eine Kontextualisierung der Diskussionen vorzunehmen. Ein Abschnitt zum ethischen Umgang mit den Tonaufzeichnungen ergänzt die Angaben zum Korpus (Kap. 4.1). Im Anschluss daran werden die konkreten Fragestellungen, die Vorgehensweise sowie die Methode erläutert. Da zur Analyse von Selbstdarstellung nicht auf eine bereits existierende, ausgearbeitete Methode zurückgegriffen werden konnte (zu den Fokussen und Problemen der einzelnen Ansätze siehe Kap. 2.4), sondern Anleihen von verschiedenen Methoden – auch aus anderen Disziplinen (Soziologie und Sozialpsychologie) – genommen wurden, wird die Methode im zweiten Teilkapitel ausführlich dargestellt (Kap. 4.2).

4.1 Erläuterungen zum Untersuchungskorpus

4.1.1 Vorstellung der Tagungen und Diskussionsanlässe

Zur Beantwortung meiner Forschungsfragen habe ich ein Korpus aus Audio-Mitschnitten von wissenschaftlichen Diskussionen erstellt. Die drei hierfür ausgewählten Tagungen wurden von den Veranstaltern zu Dokumentationszwecken digital aufgezeichnet. Dadurch, dass die Mitschnitte nicht vor dem Hintergrund meiner Analyse gemacht und meine Anfragen zur Verwendung der Aufnahmen jeweils erst nach Tagungsende gestellt wurden, ergibt sich ein wichtiger Vorteil: Es kann davon ausgegangen werden, dass keine Beeinflussung der Teilnehmer durch die Kenntnis meiner Forschungsfragen und somit keine Verhaltensmodifikationen stattgefunden haben (höchstens durch den veränderten Modus: Sprechen ins Mikrofon, Herumreichen und Warten auf das Mikrofon, metasprachliche Hinweise auf Lautersprechen etc., aber nicht durch Wissen über mein Untersuchungsziel). Somit stehen authentische Daten zur Verfügung (zur Transkription und den Transkriptionskonventionen siehe Kap. 4.1.3).

Die Analyse konzentriert sich auf **interdisziplinäre** Diskussionen, weil Wissenschaftler in diesen Kontexten vor besonderen Herausforderungen stehen: Sie müssen sich vor einem unbekannten Publikum präsentieren, sind Experten und Laien zugleich, sprechen außerhalb ihrer *scientific community*, sodass Status und Leistungen der anderen Teilnehmer zum Großteil unbekannt sind, müssen komplexe Inhalte zugunsten effektiver Vermittlung reduzieren usw. Die Entscheidung fiel weiterhin auf die Analyse von **Diskussionen**, weil diese Interaktionsform dynamisch ist, Beiträge und Kritik spontan formuliert werden und flexibel auf Fragen und Kritik aller Art eingegangen werden muss. Vorträge sind demgegenüber (zumeist) mehr oder weniger sorgfältig vorbereitet und monologisch, sodass Interaktion nicht möglich ist.

Ich führe eine qualitative Untersuchung des Selbstdarstellungsverhaltens durch (zum methodischen Vorgehen siehe Kap. 4.2.3). Um eine qualitative und detaillierte Analyse vornehmen zu können, wurden folgende Anforderungen an das Korpus gestellt: Die Aufnahmen mussten einwandfrei sein, also eindeutig verständlich und klar. D. h. die Aufnahmen wurden nur dann verwendet, wenn die Tonqualität das Verständnis des Gesprochenen nicht beeinflusste. Zusätzlich mussten die einzelnen Sprecher eindeutig identifizierbar sein, sodass Disziplinen- und (Interaktions-)Rollenzuordnungen möglich waren. Falls dies nicht gelang, wurde die Sequenz nicht berücksichtigt, da eine umfassende Beschreibung der Situation/Rollen/Status in der Methode (siehe Kap. 4.2.2) vorausgesetzt wird. Daher wurden Aufnahmen, die unverständlich waren (wegen zu leiser Aufzeichnung oder zu lauten Hintergrundgeräuschen), aussortiert.

Sequenzen, die im Hinblick auf Selbstdarstellung markant erschienen, wurden transkribiert. Indikatoren für relevante Sequenzen waren

- eine stärker ausgeprägte Dialogizität (also häufige Sprecherwechsel, wobei auch hier einzelne Personen längere Redezeiten in Anspruch nehmen),
- Veränderungen der Sprechweise (z. B. signalisiert lauteres Sprechen einen höheren Grad an Involviertheit und Aufgeregtheit),
- Gelächter (signalisiert eine veränderte Stimmungslage) und
- unvollständige Paarhälften (z. B. wenn eine Frage vom Vortragenden ignoriert wird oder abrupte Themenwechsel vollzogen werden).

Monologische Passagen in den Diskussionen wurden nicht berücksichtigt. Obwohl diese sicher ebenso spannende Quellen für Selbstdarstellungsphänomene bieten, wurde in dieser Arbeit bewusst der Fokus auf dialogische Passagen gelegt, weil zentrales Erkenntnisinteresse ist, wie Images interaktiv ausgehandelt und gestaltet werden.

Bei den ausgewählten Diskussionsabschnitten handelt es sich im Sinne von Fix (2015) um sogenannte Repräsentanztexte. Die ausgewählten Diskussionspassagen sollen als mögliche und daher repräsentative Ausschnitte aus wissenschaftlichem Diskussionsverhalten betrachtet werden, an denen Selbstdarstellung herausgearbeitet wird. Sie sind „Zeugnis[se] der Alltagskultur, dessen also, was im ‚normalen' Leben der Menschen ‚textlich' geschieht" (ebd.). Die Texte werden also stellvertretend ausgewählt, wodurch die gewonnenen Ergebnisse bis zu einem gewissen Grad generalisierbar sind.

Zusammensetzung des Korpus

Das Korpus besteht aus Diskussionsmitschnitten von drei interdisziplinären Tagungen. Alle Mitschnitte liegen vollständig als Audiodateien vor. Tagung 1 im Jahr 2010 war zweitägig, Tagung 2 im Jahr 2008 und Tagung 3 im Jahr 2011 waren jeweils dreitägig. Die Diskussionszeit aller drei Veranstaltungen liegt insgesamt bei ca. 11,5 Stunden (siehe Tab. 10).

Tabelle 10: Übersicht über die Dauer der Diskussionen.

Tagung/Teilkorpus	Gesamtdauer der Diskussionen
1	03:13:26
2	03:16:37
3	04:54:52
Total	**11:24:55**

Tagung 1 versammelt Wissenschaftler zu einem ökologischen, umweltwissenschaftlichen Thema, um konkret an einem Fallbeispiel Themen wie Unsicherheit und Risiko zu bearbeiten; es sind geistes-, sozial- und naturwissenschaftliche Disziplinen vertreten. Tagung 2 und 3 sind Tagungen, die innerhalb einer Reihe stattgefunden haben und auf denen jeweils eine gesellschaftlich relevante Fragestellung aus natur- und geisteswissenschaftlicher Sicht diskutiert wird. Die Teilnehmer sind einander teilweise durch vorherige Tagungen der Reihe bekannt.

Vor allem Tagung 2 und 3 waren in besonderem Maße auf Diskussionen ausgelegt. Zu Tagung 2 wurden deswegen 8 Personen explizit dazu eingeladen, die in den Vorträgen präsentierten Inhalte in Fokusdiskussionen[67] kritisch zu diskutieren; gesonderte zeitliche Rahmen wurden dafür im Programm vorgesehen. Das heißt, bestimmte Vorträge wurden jeweils von einem fachnahen und einem fachfremden Diskutanten kommentiert und kritisiert, bevor zu einer Plenumsdiskussion übergegangen wurde. Auf beiden Tagungen gab es zudem konkrete Anweisungen, kritisch auf die Umsetzung des jeweiligen Tagungsthemas zu achten. Es war ein Ziel der Tagung bzw. der vorbereitenden und parallel stattfindenden Spring School für Graduierte, zu lernen, wie man mit Aussagen von fachfremden Experten umgehen

---

67 Bei dem Begriff „Fokusdiskussion" handelt es sich um ein Kompositum, das ich verwende, um dieses bestimmte Diskussionsformat von Diskussionen nach Fachvorträgen (= Plenumsdiskussion) abzugrenzen. Die Bezeichnung wird von mir zum Zweck der Abgrenzung und Charakterisierung des Diskussionsformats eingeführt.

kann und soll. Zehn Vorträge (allesamt gehalten von männlichen Wissenschaftlern) wurden so von acht Diskutanten (alles Professoren, darunter eine Frau) kommentiert, die sich auf diese Vorträge vorbereitet hatten. Hinzu kommen weitere Diskutanten aus dem Publikum. Von allen im Programm enthaltenen Beiträgen stammt einer von einer Frau; ihre Rolle bestand darin, das Tagungsgeschehen zusammenzufassen und das Programm bzw. die Tagung zu beenden.

Die folgenden drei Tabellen (Tab. 11-13) geben einen Überblick über die Metadaten der untersuchten Tagungen. Berücksichtigt wurden jeweils die Personenzahlen laut Programm, die Geschlechterverhältnisse, Disziplinen und Forschungsschwerpunkte sowie die akademischen Status. Die Angaben, die auf den jeweiligen Tagungsprogrammen veröffentlicht wurden, wurden ausgewertet und in den Tabellen wiedergegeben, um einen Eindruck über die Konzeption der Tagung zu vermitteln. Auf eine Auswertung der Anmeldelisten wurde verzichtet, da auf den Konferenzen eine starke Fluktuation herrschte und sich zudem nicht alle Anwesenden an den Diskussionen beteiligt haben. In der folgenden Übersicht sind Gäste, die sich als Diskutanten zu Wort melden können, daher nicht berücksichtigt.

Tabelle 11: Übersicht über die Zusammensetzung der Geschlechter, Disziplinen und akademischen Status der Vortragenden und geladenen Diskutanten laut Programm auf Tagung 1.

Metadaten der Tagung 1 (2010)	
Personenzahl laut Programm	17
Verhältnis männlich – weiblich	13 Männer, 4 Frauen
Disziplinen und Forschungsschwerpunkte	Ethik (1 Person) Forstökonomie (1 Person) Geschichte (3 Personen) Linguistik (3 Personen) Philosophie (1 Person) Politik (1 Person Forst- und Umweltpolitik, 1 Person Nachhaltigkeit) Soziologie (4 Personen) Umweltgeschichte (2 Personen)
Akademische Status	Professoren: 6 Männer, 1 Frau Privatdozenten: 2 Männer Dr. habil.: 2 Männer, 1 Frau Promovierte: 2 Männer Doktoranden: 1 Mann, 2 Frauen

4 Forschungsdesign

Tabelle 12: Übersicht über die Zusammensetzung der Geschlechter, Disziplinen und akademischen Status der Vortragenden und geladenen Diskutanten laut Programm auf Tagung 2.

Metadaten der Tagung 2 (2008)	
Personenzahl laut Programm	19
Verhältnis männlich – weiblich	17 Männer, 2 Frauen
Disziplinen und Forschungsschwerpunkte	Anatomie/Zellbiologie (1 Person) Chemie (1 Person) Evangelische Theologie (2 Personen) Geschichte der Philosophie (1 Person) Katholische Theologie (2 Personen) Linguistik (1 Person) Mathematik (1 Person) Mikrobielle Ökologie (1 Person) Pharmazie (1 Person) Philosophie (1 Person) Philosophie der Naturwissenschaften (1 Person) Philosophie und Biologie (1 Person) Physik (2 Personen) Theologie (1 Person) Theologie und Ethik (1 Person) Wissenschaftsgeschichte/Antike Astronomie (1 Person)
Akademische Status	Professoren: 15 Männer, 2 Frauen Promovierte: 2 Männer (einer davon zweifach promoviert)

Tabelle 13: Übersicht über die Zusammensetzung der Geschlechter, Disziplinen und akademischen Status der Vortragenden und geladenen Diskutanten laut Programm auf Tagung 3.

Metadaten der Tagung 3 (2011)	
Personenzahl laut Programm	21
Verhältnis männlich – weiblich	17 Männer, 4 Frauen
Disziplinen und Forschungsschwerpunkte	Astrophysik (1 Person) Biophysik (1 Person) Chemie (2 Personen) Linguistik (4 Personen, davon 1 Person Mediävistik) Mathematik (1 Person) Mathematik und Naturwissenschaften (1 Person) Philosophie (3 Personen) Physik (3 Personen) Physik und Psychologie (1 Person) Psychologie (1 Person) Soziologie (1 Person) Theologie (1 Person) Wissenschaftsgeschichte (1 Person)
Akademische Status	Professoren: 13 Männer, 4 Frauen Promovierte: 4 Männer

Aus der Aufstellung geht hervor, dass alle Tagungen laut Programm stark von Männern dominiert sind. Insgesamt sind 47 Männer im Programm als Vortragende, Moderatoren oder eingeladene Diskutanten vermerkt. Ihnen stehen 10 Frauen gegenüber, die in den genannten drei Rollen auftreten.

Zudem ist eine starke Dominanz von Professoren auf den Tagungen zu vermerken. Von allen Vortragenden waren 41 Professoren, 13 hatten einen Doktortitel und 3 waren Doktoranden, wobei anzumerken ist, dass zwei der Doktoranden einen Vortrag zusammen mit ihren Betreuern hielten.

Tagung 1 wurde stark von den Geisteswissenschaften dominiert (16 geistes- und sozialwissenschaftliche Disziplinen und 1 naturwissenschaftliche Disziplin); Tagung 2 war relativ ausgewogen mit 12 geistes- und sozialwissenschaftlichen Disziplinen und 9 naturwissenschaftlichen (die Kombination mit Philosophie, also die Interdisziplinarität einer Person wird doppelt gezählt, da diese Person beide Denkrichtungen wiedergeben und repräsentieren kann). Auf Tagung 3 hielten sich Disziplinen, die eher den Geisteswissenschaften zuzuordnen sind, mit den naturwissenschaftlichen Disziplinen ebenso relativ die Waage: 10 zu 12 (auch hier wird die natur- und geisteswissenschaftliche Qualifikation einer Person doppelt gewertet).

Wie man zum Teil an den Fächerkombinationen sehen kann, sind einzelne Wissenschaftler in ihrem Forschungsalltag interdisziplinär aufgestellt; die Teilnehmer haben beispielsweise die Fächerkombinationen Forst- und Umweltpolitik, Philosophie und Biologie, Mathematik und Informationswissenschaft, Psychologie und Physik sowie Biologie und Physik. Auf diese Interdisziplinarität, die schon im Laufe des Studiums, aber auch in der Weiterqualifikation erworben wird, weisen Laudel/Gläser (1999: 20f.) hin. Sie stellen fest, dass es problematisch sein kann zu bestimmen, welcher Disziplin einzelne Wissenschaftler genau zugehörig sind. Da es mittlerweile ca. 2000 wissenschaftliche Disziplinen gebe und man auch in der Regel Fächerkombinationen studiere, seien

> Unterschiede zwischen der disziplinären Zugehörigkeit des Wissenschaftlers nach seinem ersten akademischen Grad, seinem Fachgebiet, dem er zum Zeitpunkt der Kooperation zuzurechnen ist, und seinen Funktionen in der untersuchten Kooperation (Laudel/Gläser 1999: 21)

zu erwarten. Um zu erschließen, ob interdisziplinär geforscht wird, sei es daher notwendig, das „Forschungshandeln selbst" (ebd.) zu analysieren und nicht nur die beteiligten Disziplinen zu nennen. Außerdem sei darauf hinzuweisen, dass nicht nur die Zuordnung disziplinär vs. interdisziplinär möglich ist, sondern dass Interdisziplinarität unterschiedlich stark ausgeprägt sein kann und man daher eher von einer Skala zwischen den beiden Polen sprechen sollte (vgl. ebd.: 22).

Das interdisziplinäre Profil der Wissenschaftler wird in der Analyse berücksichtigt; es ist zu untersuchen, inwiefern Wissenschaftler beide disziplinäre Zugehörigkeiten thematisieren und welche Fachidentität sie signalisieren. Auch explizite Hinweise auf die eigene Interdisziplinarität werden so erfasst und interpretiert (vgl. die Befunde von Janich/Zakharova 2014).

4.1.2 Notiz zur Forschungsethik

In der Vorbereitung wurden alle Vortragenden und Diskussionsteilnehmer kontaktiert und deren Einverständnis zur Verwendung der Daten eingeholt. Um Anonymität zu gewährleisten, werden (1) personenspezifische Kürzel vergeben und (2) Diskussionsverläufe nie im Gesamten abgedruckt. Transkripte werden nur ausschnitthaft präsentiert, damit Rückschlüsse von den geäußerten Inhalten auf die Identität der Sprecher nicht möglich sind.

Die personenspezifischen Kürzel enthalten die jeweilige Disziplin, den akademischen Grad sowie das Geschlecht. Da sich hierbei gleichlautende Kürzel ergeben, wurden bei den betreffenden Personen zusätzlich tiefgestellte Buchstaben (A bis D) ergänzt, sodass eine Unterscheidung der Akteure möglich ist (vgl. Tab. 14).

Tabelle 14: Übersicht über die vergebenen Namenskürzel und die Verteilung der Personen auf die Konferenzen; einzelne Personen waren sowohl auf Tagung 2 als auch auf Tagung 3 anwesend.

Tagung	Kürzel	Disziplin, Qualifikation, Geschlecht
1	EthAplPm	Ethik, Apl-Professor, männlich
	ForstwDrm	Forstwissenschaftler, Doktor, männlich
	GeschPm$_A$	Geschichte, Professor, männlich
	GeschPm$_B$	Geschichte, Professor, männlich
	GeschPm$_C$	Geschichte, Professor, männlich
	LingPw$_A$	Linguistik, Professorin, weiblich
	PhilDrhaw	Philosophie, Doktor und Habilitation, weiblich
	SozPDm$_A$	Soziologie, Privatdozent, männlich
	SozPDm$_B$	Soziologie, Privatdozent, männlich
	SozPm	Soziologie, Professor, männlich
	UmwGeschDrm	Umweltgeschichte, Doktor, männlich
2	BioAnthPm	Biologie und Anthropologie, Professor, männlich
	BioPm$_A$	Biologie, Professor, männlich
	BioPm$_B$	Biologie, Professor, männlich
	ChemPm$_A$	Chemie, Professor, männlich
	GeschPhilPm	Geschichte der Philosophie, Professor, männlich
	IngPm	Ingenieur, Professor, männlich
	kTheoEthPm	katholische Theologie und Ethik, Professor, männlich
	kTheoMaPm	katholische Theologie und Mathematik, Professor, männlich
	kTheoPm	katholische Theologie, Professor, männlich
	PharmPm	Pharmazie, Professor, männlich
	PhilNaWiPm	Philosophie der Naturwissenschaften, Professor, männlich
	PhilPm$_A$	Philosophie, Professor, männlich
3	AsphyPhilPm	Astrophysik und Philosophie, Professor, männlich
	AstroMaPw	Antike Astronomie und Mathematik, Professorin, weiblich
	BiophyDrm	Biophysik, Doktor, männlich

Tagung	Kürzel	Disziplin, Qualifikation, Geschlecht
	ChemPm$_A$	Chemie, Professor, männlich
	ChemPm$_B$	Chemie, Professor, männlich
	eTheoPm$_A$	evangelische Theologie, Professor, männlich
	eTheoPm$_B$	evangelische Theologie, Professor, männlich
	InfoMaDrm	Informationswissenschaften und Mathematik, Doktor, männlich
	kTheoMaPm	katholische Theologie und Mathematik, Professor, männlich
	LingPw$_B$	Linguistik, Professorin, weiblich
	MaPm	Mathematik, Professor, männlich
	MedDrm	Mediävistik, Doktor, männlich
	PhilPm$_A$	Philosophie, Professor, männlich
	PhilPm$_B$	Philosophie, Professor, männlich
	PhilPm$_C$	Philosophie, Professor, männlich
	PhyPm$_A$	Physik, Professor, männlich
	PhyPm$_B$	Physik, Professor, männlich
	PhyPm$_C$	Physik, Professor, männlich
	PhyPm$_D$	Physik, Professor, männlich
	PhyPsyDrm	Physik und Psychologie, Doktor (zweifach), männlich

Eine Übersicht über die in der Arbeit verwendeten Sequenzen, ihre Zuordnung zu den Teilkorpora sowie Angaben zum Diskussionsformat und den einzelnen Diskutanten findet sich im Anhang (vgl. Tab. 48).

4.1.3 Transkriptionsverfahren

Die Audiosequenzen wurden entsprechend dem gesprächsanalytischen Transkriptionssystem (GAT 2; Selting et al. 2009) transkribiert. Dieses Transkriptionssystem bietet verschiedene Vorteile gegenüber anderen Systemen: Die Wiedergabe der gesprochenen Rede nach GAT 2 ist übersichtlich und benötigt keine Sonderzeichen, ist also auch für Laien relativ schnell erlernbar und lesbar (vgl. zur alternativen Partiturschreibweise mit HIAT2 Ehlich/Rehbein 1979). Zudem kann ein Transkript einfach mit Word erstellt werden, sodass keine zusätzliche Software (wie bei HIAT2) benötigt wird. Von Vorteil ist ebenso, dass ein angefertigtes

Transkript „einer bestimmten Detailliertheitsstufe [...] ohne Revision der weniger differenzierten Version ausbaubar und verfeinerbar" (Selting et al. 2009: 356) ist. Das heißt, die angefertigten Minimaltranskripte können – je nach sich ergebendem Bedarf – problemlos mit Angaben (z. B. zu Akzentuierungen) ergänzt werden. Diese weiteren Notationen umfassen im Fall der vorliegenden Arbeit:

- Tilgungen, sofern „die ursprüngliche Form des Wortes erkennbar" (Selting et al. 2009: 360) bleibt, also z. B. das als *nich* ausgesprochene *nicht*;
- Klitisierungen, und zwar ebenso nur dann, wenn die klitisierten Wörter mit ihren Bedeutungen erkennbar sind (vgl. ebd.: 361), z. B. *hamse* für *haben sie*;
- die Beibehaltung und Wiedergabe von Regionalismen, sofern keine IPA-Sonderzeichen benötigt werden (vgl. ebd.: 362), z. B. *nech* für *nicht*;
- Angaben zu „nonverbalen Handlungen und Ereignisse[n]" (ebd.: 368), sofern sie „relevant für die Interaktion" (ebd.) sind und Auswirkungen auf das Gesprächshandeln haben;
- Fokusakzente und Nebenakzente, die in Großbuchstaben wiedergegeben werden, um die Betonungen einzelner Phrasen abzubilden (vgl. ebd.: 371, 377f.);
- Angaben zu Turnwechseln, z. B. Turnwechsel ohne Mikropause, die als *latching* bezeichnet und mit einem Gleichheitszeichen = markiert werden (vgl. ebd.: 376);
- *„Interpretierende Kommentare"* (ebd.: 376; Herv. im Orig.), um sprachliche Phänomene zu kennzeichnen; hier wird in spitzen Klammern << >> festgehalten, ob jemand empört, erstaunt oder zögerlich spricht. „Die äußere Klammer endet dort, wo die Reichweite dieses Kommentars endet" (ebd.: 377);
- *„Veränderung der Stimmqualität und Artikulationsweise"* (ebd.: 381; Herv. im Orig.): Hier wird angegeben und beschrieben, mit welcher Stimmqualität gesprochen wird, z. B. flüsternd, nasal oder lachend. Diese Angaben werden ebenso wie die interpretierenden Kommentare in spitze Klammern gesetzt (vgl. ebd.).

Durch die Sichtbarmachung von dialektalen Ausdrucksweisen und Klitisierungen konnten spontane Wechsel von fachsprachlicher Lexik und Aussprache zu umgangssprachlicher und dialektaler Lexik/Aussprache analysiert werden. Eine Übersicht über die verwendeten Notationen gibt die nachfolgende Tabelle (Tab. 15).

Ein Feintranskript mit ausführlichen Daten zur Prosodie und Intonation muss für die Beantwortung der Forschungsfragen nicht angefertigt werden, weil der Fokus auf dem Inhalt, den Turnwechseln und der sprachlichen Form des Gesagten liegt. Die Stimmqualität und andere prosodische Aspekte wurden zwar zur Klärung herangezogen (bspw. zur Klärung, ob Ironie vorliegt oder nicht, ob es sich um eine Frage, Aufforderung etc. handelt), aber nicht im Transkript erfasst.

Tabelle 15: Zusammenstellung der relevanten Transkriptionskonventionen, ausgewählt aus den für Minimal-, Basis- und Feintranskripte angegebenen Konventionen im gesprächsanalytischen Transkriptionssystem GAT 2 (Selting et al. 2009: 391-393).

Transkriptionskonvention	Erläuterung
Sequenzielle Struktur/ Verlaufsstruktur	
[ ]	Überlappungen und Simultansprechen; bei mehreren simultanen Sequenzen werden die jeweiligen Überlappungen mit tiefstehenden Ziffern gekennzeichnet
[ ]	
=	schneller, unmittelbarer Anschluss an neue Sprecherbeiträge oder Segmente (*latching*)
:	Dehnung, Längung, um ca. 0.2-0.5 Sek.
::	Dehnung, Längung, um ca. 0.5-0.8 Sek.
:::	Dehnung, Längung, um ca. 0.8-1.0 Sek.
Pausen	
(.)	Mikropause, geschätzt, bis ca. 0.2 Sek. Dauer
(-)	kurze geschätzte Pause von ca. 0.2-0.5 Sek. Dauer
(--)	mittlere geschätzte Pause von ca. 0.5-0.8 Sek. Dauer
(---)	längere geschätzte Pause von ca. 0.8-1.0 Sek. Dauer
(0.5)	gemessene Pausen mit der angegebenen Dauer
Lachen und Kichern	
hahaha hehehe hihihi	silbisches Lachen
((lacht)) ((kichert))	Beschreibung des Lachens
Sonstige Konventionen	
((hustet)) ((räuspert sich))	para- und außersprachliche Handlungen und Ereignisse
((unverständlich, ca. 3 Sek.))	unverständliche Passage mit Angabe der Dauer
(xxx), (xxx xxx)	ein bzw. zwei unverständliche Silben
(solche)	vermuteter Wortlaut
und_äh	Verschleifungen innerhalb von Einheiten
äh öh äm	Verzögerungssignale, sog. „gefüllte Pausen"
[...]	Auslassung im Transkript
Akzentuierung	
akZENT	Fokusakzent
akzEnt	Nebenakzent
ak!ZENT!	extra starker Akzent

Veränderung der Stimmqualität und Artikulationsweise	
<<lachend>>, <<mit verstellter Stimme>>	Veränderung der Stimmqualität in der angegebenen Form
<<smile voice>>	mit Lächeln in der Stimme
<<lachend> ...>>	Markierung des Abschnitts, der mit einer bestimmten Stimmqualität geäußert wird

4.2 Fragestellungen, Vorgehensweise und Methode

Ziel der Arbeit ist es, eine begründete und umfassende linguistische Methode zur Ermittlung von verbalem Selbstdarstellungsverhalten zu entwickeln und ihre Funktionalität an konkreten Fragestellungen zu erproben. Dazu wird auf der Basis der Erkenntnisse aus Kapitel 2, Kapitel 3.2 und Kapitel 3.3 ein eigenes Analyseraster erstellt, das die Ergebnisse und Kriterien aus bisherigen Forschungsarbeiten integriert und dabei offen für mögliche korpus- und materialinduzierte Erweiterungen bleibt. In diesem Kapitel werden die Fragestellungen im Detail, das methodische Vorgehen und die Kategorienauswahl begründet.

4.2.1 Fragestellungen im Detail

Die übergeordnete Fragestellung der Arbeit lautet: Wie stellen sich Wissenschaftler in interdisziplinären Diskussionen dar? Um auf Selbstdarstellungstechniken zu stoßen, müssen verschiedene Teilfragen in den Blick genommen werden; diese werden im Folgenden vorgestellt und begründet.

Es ist ein zentrales Element von Konferenzen, dass sich Wissenschaftler mit Forschungsarbeiten in **Diskussionen** kritisch auseinandersetzen. Kritische Äußerungen und Nachfragen sind Hauptaufgaben in der Kommunikationssituation und entspringen dem eristischen Ideal von Wissenschaft. Auf zwei der drei untersuchten Konferenzen fanden hierfür zusätzlich zu den üblichen Diskussionen nach Fachvorträgen (= Plenumsdiskussionen) Fokusdiskussionen statt. Im Zusammenhang mit Diskussionen wurde in Kapitel 3.2.3 erläutert, dass Beiträge auf unterschiedliche Weise gesichtsbedrohend sein können, dass alle Teilnehmer Kompetenz und Fachwissen auch bei kritischen Nachfragen (sei es als Vortragender oder Diskutant) demonstrieren und ihr *face* als gute und kompetente wissenschaftliche Forscher wahren müssen. Da Kritik und Reaktion auf Kritik den Rahmen für weiteres Selbstdarstellungsverhalten bilden, wird zuerst untersucht, wie Teilnehmer einerseits positive und negative Kritik äußern, und wie sie andererseits mit Kritik umgehen. Die zentralen Fragestellungen im Zusammenhang von Kritik in Diskussionen lauten:

1. Wie wird positive und negative Kritik geäußert? In welchen sprachlichen Formen geschieht dies, auf was bezieht sie sich, wie ist sie begründet? Wie wird auf sie reagiert? Welche Auswirkungen hat die positive oder negative Kritik auf das *face* der Beteiligten?

Die zu betrachtenden Diskussionen sind **interdisziplinär** situiert; daher sollten die Diskussionen spezifisch auf Elemente interdisziplinärer Kommunikation untersucht werden. Auf interdisziplinären Konferenzen existiert keine bzw. keine feste *scientific community*, die Teilnehmer müssen sich erst vorstellen und ihre Forschung bekannt machen. Dabei – so meine These – spielt die eigene Fachidentität, also die eigene disziplinäre Zugehörigkeit, eine wichtige Rolle. Die Bearbeitung folgender Fragen soll Hinweise auf die Rolle der eigenen Fachidentität für die kommunikative Selbstdarstellung in interdisziplinären Diskussionen liefern:

2. Welche Funktion hat das Thematisieren der eigenen disziplinären Zugehörigkeit? Wann und in welcher sprachlichen Form wird Fachidentität kommuniziert?

Verschiedene Arbeiten (z. B. Antos 1995; Tracy 1997; Konzett 2012) belegen, dass die Darstellung der eigenen Kompetenz, des Fachwissens und von Expertenschaft zentrales Anliegen von Wissenschaftlern ist, weil sie wichtige Ressourcen und damit einen Karrierevorteil darstellen. Kompetenz herauszustellen und Expertenschaft zu signalisieren sind **Selbstdarstellungstechniken** im Sinne der Impression-Management-Theorie und wurden vielfach – allerdings nicht in Bezug auf sprachliche Aspekte – untersucht (z. B. Tedeschi/Norman 1985; Tedeschi et al. 1985; Whitehead/Smith 1986; Mummendey 1995; Leary 1996). Die Bearbeitung der folgenden Fragen soll Aufschluss darüber geben, wie die Techniken im konkreten Kontext (in authentischen Situationen) eingesetzt und in welcher sprachlichen Form sie geäußert werden:

3. a) In welcher sprachlichen Form werden Kompetenz und Fachwissen auf Tagungen signalisiert? Wie stärken Wissenschaftler ihre Images als Experten und wie sichern sie dieses in einem interdisziplinären Kontext?

Kompetenz und Expertenschaft basieren auf spezialisiertem Fachwissen. Da man aber v. a. in interdisziplinären Kontexten Experte auf dem eigenen Gebiet, aber Laie in fremden Forschungsgebieten ist, stellt sich die Frage nach dem Umgang mit Nichtwissen und Unsicherheiten. Zusätzlich bestehen auch in jeder Disziplin und für jeden Wissenschaftler Unsicherheiten, mit denen im konkreten Tagungskontext umgegangen werden muss. Der Aspekt der Kompetenzsignalisierung muss also im Kontext der Interdisziplinarität spezifisch auch unter der Perspektive Nichtwissen untersucht werden:

3. b) Wie gehen Wissenschaftler mit Nichtwissen und Unsicherheiten um, d. h. wie wird beides im Tagungskontext thematisiert, bewertet und kategorisiert? Wie beeinflussen sie die Images der Wissenschaftler?

In den ersten drei Fragenkomplexen steht vor allem fachlich-professionelle Selbstdarstellung im Vordergrund. Auf Konferenzen spielen aber nicht nur die beruflichen, sondern auch die **sozialen Beziehungen** zwischen den Akteuren eine wichtige Rolle: Gute Vernetztheit ist ein wichtiger Karrierevorteil, und dabei kann Sympathie ebenso entscheidend sein wie Qualifikation oder Kompetenz. Wissenschaftler müssen sich auch von ihrer persönlich-privaten Seite zeigen, um Zugänglichkeit zu signalisieren und Sympathien zu gewinnen. Ein Mittel hierfür ist – wie bereits in der Forschung (z. B. Holmes 2000; Webber 2002; Norrick/Spitz 2008; Konzett 2012; Knight 2013; Schubert 2014) mehrfach betont wurde – der Humor. Daher werden die folgenden Fragestellungen bearbeitet:

4. Wie gelingt es Wissenschaftlern, sich als Individuen in einem von Sachlichkeit und Rationalität geprägten, kompetitiven Kontext positiv zu präsentieren? Welche Funktionen erfüllt der Einsatz von Humor in wissenschaftlichen Diskussionen? Wie wird er sprachlich vorgebracht?

Jedem dieser Fragenkomplexe ist ein eigenes Kapitel (Kap. 5 bis 8) gewidmet. Da die beruflich-professionelle Auseinandersetzung mit den Forschungsthemen auf Konferenzen im Mittelpunkt steht, werden die Fragenkomplexe 1 bis 3 zuerst behandelt. Der letzte Fragenkomplex gibt zusätzlich einen Einblick in soziale Mechanismen und Beziehungen, die jeder Interaktion zugrunde liegen.

4.2.2 Entwicklung und Darstellung der Methode

Zur Beantwortung der Forschungsfragen und zur systematischen Bearbeitung des Korpus muss eine eigene Methode entwickelt werden. Die etablierten linguistischen Methoden zur Untersuchung von Gesprächen, wie die Gesprächsanalyse, Konversationsanalyse, Diskursanalyse etc., erweisen sich aus verschiedenen Gründen als ungenügend, um Selbstdarstellung in meinem konkreten, spezifischen Analysekontext zu erfassen. Diese Einschätzung ist Ergebnis des ersten von sieben Schritten der Methodenentwicklung (vgl. Abb. 11). Die Gründe für die Notwendigkeit eines neuen methodischen Zugangs werden im Folgenden vorgreifend dargelegt, bevor ausführlich auf die Schritte 2-7 der Methodenentwicklung eingegangen wird.

Im Rahmen des ersten Schritts **(1) Erfassung und Auswertung der relevanten Literatur im Hinblick auf eine geeignete Methode** wurde die Literatur zu Selbstdarstellung und Beziehungsmanagement im Hinblick auf eine geeignete Analysemethode ausgewertet. Hierfür wurden nicht nur linguistische, sondern auch die ihnen zugrunde liegenden soziologischen und sozialpsychologischen Ansätze betrachtet (siehe dazu Kap. 2 dieser Arbeit). Die Literatursichtung ergab dreierlei:

a) In den **linguistischen Untersuchungen zu Selbstdarstellung, Imagearbeit und Beziehungsmanagement** wird keine umfassende Methode zur linguistischen Analyse von Selbstdarstellung bereitgestellt. Stattdessen fokussieren die einzelnen Untersuchungen sehr stark bestimmte Arten von Konfliktgesprächen und konzentrieren sich zudem auf einzelne sprachliche Phänomene:

- Gesprächsanalytische Ansätze fokussieren rein verbale Phänomene, Paraverbales und Elemente der Gesprächsorganisation (Spiegel/Spranz-Fogasy 2002 bedienen sich bspw. gesprächsanalytischer Kriterien). Gesprächsinhalte werden nicht betrachtet, sind aber gerade bei Selbstdarstellung und der Aushandlung von Wahrheit und Wahrheitsansprüchen zentral.
- Pragmatische Ansätze konzentrieren sich auf sprachliches Handeln, also auf die Analyse von Sprechhandlungen und Handlungsmuster (vgl. Holly 1979; Heine 1990; zum Teil Gruber 1996). Diese Ansätze legen zwar sehr ausgearbeitete Untersuchungen zu Selbstdarstellung auf Sprechhandlungsebene vor, die auch Musterabläufe zeigen, doch auch hier ist die Perspektive zu eingeschränkt, weil Nuancen der sprachlichen Mittel (wie Lexik, Syntax, Gesprächspartikeln etc.) nicht ausreichend Beachtung finden.
- Ethnomethodologische Konversationsanalyse: Konzett (2012) verwendet in ihrer Studie die ethnomethodologische Konversationsanalyse zur Untersuchung von Selbstdarstellungen auf disziplinären Tagungen. Ihre Arbeit liefert zwar Kriterien im Hinblick auf bestimmte Teilfragen dieser Arbeit, zeigt aber keine klare Vorgehensweise, keine standardisierte Methodologie sowie Analysekriterien auf, die auf andere Untersuchungskontexte übertragbar wären.

Es zeigt sich weiterhin, dass die Arbeiten der jeweiligen Fachrichtungen zwar einzelne Methoden zur Untersuchung von Selbstdarstellungsverhalten anwenden, aber kaum aufeinander Bezug nehmen. Eine Gesamtdarstellung der selbstdarstellungsbezogenen sprachlichen Mittel findet sich nicht.

Zudem ist die Forschungsliteratur zu Selbstdarstellung in der Linguistik nicht sehr umfangreich, bezieht sich auf andere Gesprächssorten (z. B. sind die Ergebnisse der Untersuchung von Schlichtungsgesprächen und privaten Alltagsstreits nur begrenzt auf wissenschaftliche Diskussionen übertragbar, da hier spezifische Normen und Rituale gelten) und fokussiert zumeist einzelne Aspekte der Selbstdarstellung, wie beispielsweise Höflichkeit (Brown/Levinson 2011) oder die Isolierung von sprachlichen Mustern (z. B. Holly 1979, 2001 und Gruber 1996).

Ziel der vorliegenden Arbeit ist es, diese Gesamtsicht zu leisten und die in der jeweiligen Literatur identifizierten sprachlichen Mittel zusammenzustellen, zu kombinieren und in eine Methode zu integrieren. Daher werden in dieser Arbeit soziologische und sozialpsychologische Ansätze zu Selbstdarstellung herangezogen und mit linguistischen Arbeiten zu Diskussions-, Gesprächs-, Selbstdarstellungs- und Beziehungsverhalten kombiniert, um möglichst alle sprachlichen Facetten erfassen und analysieren zu können.

b) In der **sozialpsychologischen und soziologischen Forschung** wird die zentrale Rolle von Sprache zwar erkannt, sprachliche Phänomene werden aber nicht systematisch untersucht. Stattdessen wird Selbstdarstellung als gesamtkörperliches Verhaltensphänomen interpretiert und Selbstdarstellungstechniken zugeordnet. Es finden also Verhaltensanalysen statt, die sich auch auf sprachliche Äußerungen stützen, wobei die sprachlichen Phänomene aber in den Arbeiten nicht genannt werden.

Außerdem sind die sozialpsychologischen und soziologischen Ansätze nicht ohne weiteres auf linguistische Untersuchungen übertragbar, da die dort zugrunde gelegten Kategorien sprachwissenschaftlich gesehen nur schwer operationalisierbar sind. Hilfreich sind aber die sozialpsychologischen und soziologischen Perspektiven auf Aspekte der Interaktion, Situation, Rollen und Techniken der Selbstdarstellung, die v. a. in den Arbeiten von Holly (1971, 2001) ihre Anwendung fanden.

Weiterhin basieren viele sozialpsychologischen Arbeiten auf Beobachtungen und Analysen von inszenierten Situationen, denen sich Probanden in Labors stellen mussten. Hierbei handelt es sich zumeist um nachgestellte reale Situationen; dennoch kann durch die Laborsituation davon ausgegangen werden, dass durch die Inszenierung bestimmte (evtl. gewünschte oder vorhersehbare) Verhaltensweisen bei den Probanden provoziert und daher von diesen hervorgebracht werden (vgl. hierzu Leary 1996: 111). Aus diesem Grund sind die daraus gewonnenen Daten nicht unbedingt authentisch und repräsentativ. Anders stellt es sich in den soziologischen Arbeiten Goffmans dar: Seine Beobachtungen basieren auf authentischen Daten, haben aber den Nachteil, dass sie wenig systematisch und Kategorien sowie Terminologie zum Teil widersprüchlich besetzt sind. In weiteren Arbeiten wird Selbstdarstellung in anderen Kontexten (z. B. in Unternehmen siehe Bolino et al. 2008, in der Politik siehe Laux/Schütz 1996) betrachtet, wobei hier zwar auch authentische Daten vorliegen, die aber wiederum nicht analog auf wissenschaftliche (interdisziplinäre) Kommunikation übertragen werden können.

c) **Interdisziplinäre Kommunikation** ist bisher noch kaum linguistisch untersucht worden. Die wenigen Publikationen zum Thema (Janich/Zakharova 2011, 2014; Feith 2013) liefern allerdings wertvolle Ergebnisse, die in der vorliegenden Arbeit Beachtung finden.

Schritte 2-7 der Methodenentwicklung

Die Entwicklung der eigenen Methode erfolgte in sieben Schritten. Der erste Schritt wurde in den vorigen Abschnitten vorgreifend erläutert. Ebenso wurde das Ergebnis des ersten Schritts dargelegt: Es gibt keine umfassende Methode zur Analyse von verbalem Selbstdarstellungsverhalten – weder in linguistischer noch in soziologischer und sozialpsychologischer Literatur. Basierend auf diesem Befund erfolgte die Entwicklung der Methode, die im Folgenden dargestellt wird; das folgende Schema fasst die Schritte überblickshaft zusammen:

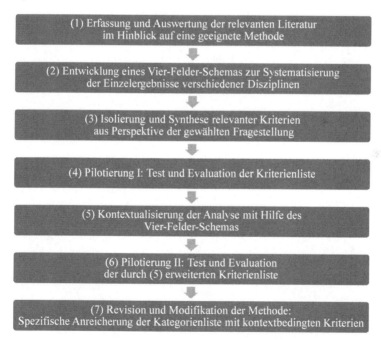

Abbildung 11: Schritte bei der Entwicklung der eigenen Methode.

(2) Entwicklung eines Vier-Felder-Schemas zur Systematisierung der Einzelergebnisse verschiedener Disziplinen

Zur Erfassung aller relevanten sprachlichen Mittel bzw. Indikatoren für das eigene Analyseraster wurde ein Vier-Felder-Schema entwickelt, das die für die Forschungsfrage relevanten Themen zusammenfasst. Aus dem Untersuchungsinteresse ergeben sich vier Grundfelder der Arbeit: (1) Kommunikationsform Diskussion, (2) Interdisziplinarität und (inter-)disziplinäre Selbstverortung, (3) Selbstdarstellungsmanagement und (4) Beziehungsmanagement. Die beiden ersten ergeben sich aus der Korpuswahl, die beiden letzten aus dem Forschungsinteresse (siehe Abb. 12).

Abbildung 12: Vier-Felder-Schema; die vier Felder ergeben sich aus der Korpuswahl (obere beiden Felder) sowie dem Untersuchungsinteresse (untere beiden Felder).

Entlang des Schemas wurde die Forschungsliteratur systematisch im Hinblick auf relevante Analysekriterien ausgewertet (so geschehen Kap. 2 und 3 der vorliegenden Arbeit).

(3) Isolierung und Synthese relevanter Kriterien aus Perspektive der gewählten Fragestellung

Die erforderlichen Analysekategorien in Bezug auf Selbstdarstellung wurden deduktiv aus der Forschungsliteratur zu den vier Feldern in den jeweiligen Unterkapiteln ermittelt und zusammengestellt (vgl. die Tabellen jeweils am Ende von 2.3.4, 2.4.1 und 2.4.2). Alle so herausgefilterten linguistischen Mittel wurden miteinander abgeglichen, kombiniert und Korrelationen wurden sichtbar gemacht.

Die sprachlichen Kategorien wurden durch Angaben zu typischen Techniken und den Rahmenbedingungen der untersuchten Diskussionen (z. B. Relevanz von Rollen und Status der Teilnehmer, Relevanz der disziplinären Konstellation) ergänzt. Hierfür mussten die Kriterien disziplinübergreifend zusammengeordnet werden, da die linguistischen Mittel aus linguistischen Arbeiten, die Angaben zu Rahmenbedingungen und Techniken aus soziologischen und sozialpsychologischen Ansätzen stammen.

Aus der Tatsache, dass alle Verhaltensweisen sowie die körperliche Erscheinung als Versuch der Eindruckskontrolle gelesen werden können, also alles im Hinblick auf Selbstdarstellung interpretiert werden kann, ist es prinzipiell unmöglich, eine erschöpfende Liste von Kategorien, in denen Selbstdarstellungsverhalten sichtbar wird, zu erstellen. Dies kann nur annäherungsweise geschehen, indem die in der Literatur identifizierten Kriterien aufgenommen, reflektiert und durch am Material selbst identifizierte ergänzt werden. Daher erheben die von mir ermittelten Kategorien keinen Anspruch auf Vollständigkeit. Stattdessen dienen sie der qualitativen Analyse von verbaler Selbstdarstellung, können und sollten aber bei der Gewinnung von Erkenntnissen – auch in quantitativen Analysen – erweitert werden.

Die Kriterien werden im Folgenden, gegliedert in Makro- und Mikroebene, vorgestellt.

Makroperspektive: Kontextualisierung der Diskussion

Die Kontextualisierung der untersuchten Sequenzen ist von zentraler Bedeutung, um den situativen Rahmen zu erfassen. Die Interaktionssituation sollte dabei so detailliert wie möglich beschrieben werden (vgl. Goffman 2005: 102; Bergmann 1995)[68]. Die ausführliche Darstellung der Diskussionssituation als Gesamtsituation wurde bereits in Kapitel 4.1 vorgenommen und kann mit Goffmans Überlegungen zu Interaktion (Kap. 2.1) ergänzt werden.

Zusätzlich wird zur Kontextualisierung der jeweils untersuchten Sequenz angegeben, wie viele Personen an der Diskussion beteiligt sind und um welches Diskussionsformat es sich handelt: eine Plenumsdiskussion direkt im Anschluss an einen Vortrag, eine Plenumsdiskussion am Ende eines Konferenztages oder

---

68 Goffman bezeichnet die isolierte Betrachtung von Gesprächssequenzen als „Sünden" (Goffman 2005: 102) und meint damit das Fehlen der „Kontextualität, die Annahme, dass Gesprächsfetzen für sich genommen, gewissermaßen unabhängig von lokalen und temporalen Ereignissen, analysiert werden können" (ebd.).

eine Fokusdiskussion nach ein bis drei Vorträgen mit einer anschließenden Plenumsdiskussion (vgl. hierzu Tab. 48 im Anhang).

Wichtig ist auch zu beachten, welche Position und welche Rolle die gewählte Sequenz im Diskussionsverlauf einnimmt (vgl. Spiegel/Spranz-Fogasy 2002; Webber 2002). Für die Vorgehensweise in der Analyse und in der Ergebnisformulierung heißt das, dass auch der Kontext der Selbstdarstellung sowie die Position im Gesprächsverlauf erläutert werden, um die Äußerung einzubetten.

Zusätzlich werden die Rollen und Rollenasymmetrien der Interaktanten dokumentiert. Mit Goffman (1971, 2005) u. a. kann davon ausgegangen werden, dass ein Individuum nicht nur aus persönlichen Beweggründen, sondern immer auch aus einer bestimmten (institutionellen) Rolle oder einem bestimmten Status heraus handelt[69]. Hier können drei Dimensionen voneinander unterschieden werden: (a) Statusrollen, (b) der individuelle Karrierestatus und (c) Interaktionsrollen.

Die Angaben zu (a) Statusrollen geben Auskunft über den Expertengrad einer Person in der Diskussionssituation. Es wird erfasst, ob eine Person in Bezug auf ein Thema aus dem Status des Experten auf dem eigenen Gebiet (mit nachweisbarer wissenschaftlicher Qualifikation) heraus spricht, oder ob sie in der aktuellen Situation Laie auf einem fremden Forschungsgebiet ist. Hierzu gehören auch Angaben darüber, inwiefern jemand Laie im hierarchischen Sinne ist (bspw. Doktorand vs. Professor des gleichen Fachs) (vgl. Gruber 1996: 47f.). Diese Angaben zu Laien-Experten-Konstellationen sind deswegen wichtig, weil wir es mit interdisziplinären Diskussionen zu tun haben, bei der die Diskutanten trotz disziplinären Fachwissens immer auch gleichzeitig Laien in den anderen Disziplinen sind. Statusrollen wechseln also je nach Teilnehmerkonstellation, können einander überlagern und unterliegen Zuschreibungsprozessen der Akteure. Damit können sie zu einem Identitäts-, Image- und Selbstdarstellungsproblem für das Individuum werden.

Im Zuge der Beschreibung der Statusrollen werden auch die (b) individuellen Karrierestatus erfasst. Der wissenschaftliche Qualifikationsgrad sowie Statusbezeichnungen (Prof. Dr., PD, Dr. habil., Dr., Hochschulabschluss) werden jeweils dokumentiert; zudem werden Hierarchiegefälle und Asymmetrien der Interaktionsteilnehmer beleuchtet.

---

69 Zur sozialen Rolle nach Goffman siehe die Ausführungen in Kap. 2.1 der vorliegenden Arbeit; seine Darstellungen gelten auch für die hier angeführten Aspekte des Rollenhandelns.

Zusätzlich werden die (c) Interaktionsrollen der Diskussionsteilnehmer erfasst, also „die Rollenverteilung, die sich in einer Diskussion aus der aktuellen Gesprächsdynamik ergibt" (Gruber 1996: 48). Diese geben Aufschluss darüber, aus welcher situativen Rolle heraus jemand sich an einer Diskussion beteiligt, indem er positiv oder negativ kritisiert oder sich gegen Kritik verteidigt, ob er Initiator, Reagierender oder Unbeteiligter (Moderator) ist (vgl. ebd.).

Gruber zeigt bei der Analyse von Streitkommunikation, „daß die teilnehmenden Personen weniger als *Individuen*, sondern vielmehr als Vertreter unterschiedlicher *Rollenpositionen* agieren" (Gruber 1996: 47; Herv. im Orig.). Ebenso existieren nach Gruber „Rollenerwartungen, die die Interaktanten sich gegenseitig entgegenbringen" (ebd.); diese bieten einerseits die Folie, vor deren Hintergrund Verhalten interpretiert wird, und andererseits sind sie im Hinblick auf die eigene Rolle handlungsleitend (vgl. ebd.). Weiterhin nimmt Gruber aufgrund der Überlagerung unterschiedlicher Rollen „zwei Einflußvariablen" (ebd.) an: eine

> *Rollenerwartung*, die jedem Teilnehmer aufgrund seiner *Position zum Thema* entgegengebracht wird (z.B. „Experte", „Laie", „Opponent", „Verteidiger"), und andererseits die interaktiv entstehenden *gruppendynamisch bedingten Koalitions- und Kontrahentenstrukturen* zwischen den Teilnehmern" (ebd.; Herv. im Orig.; vgl. dazu auch Techtmeier 1998: 511).

Je nach Teilnehmer- und Interaktionsrollenkonstellation, haben Rollen- und Statusasymmetrien der Beteiligten Auswirkungen auf das Selbstdarstellungsverhalten der Teilnehmer, die ihre Rolle bestmöglich ausfüllen und Erwartungen erfüllen möchten – und dabei unter Umständen entgegen ihrer eigenen Interessen handeln (müssen).

Bei der Betrachtung und Untersuchung der Sequenzen muss beachtet werden, dass es sich bei der Unterscheidung zwischen den unterschiedlichen Rollentypen um eine rein analytische handelt; diese Unterscheidung hilft zwar bei der Erfassung der Rollenkonstellationen, aber die einzelnen Rollen müssen bei der Analyse wieder überlagert und zusammengeführt werden (jemand ist beispielsweise *zugleich* Gegner, Experte und Professor in einer Diskussionsphase).

Mikroperspektive: Sprachliche Mittel der Selbstdarstellung und Beziehungskommunikation

Hier fallen alle sprachlichen Mittel ins Gewicht, die in den bisherigen Kapiteln zu Selbstdarstellung und Beziehungsmanagement erläutert und tabellarisch am Ende der jeweiligen Kapitel zusammengefasst wurden (vgl. Kap. 2.3.4, 2.4.1, 2.4.2). An dieser Stelle werden nicht alle linguistischen Mittel, die in der Tabelle erfasst wurden, aufgegriffen und erläutert, sondern methodische Überlegungen zu einzelnen Mitteln angestellt.

Eine wichtige sprachliche Ausdrucksform der Selbstdarstellung und des Beziehungsmanagements sind Sprechhandlungen. Grundsätzlich ist zu Sprechhandlungen (oder zu Handlungen im Allgemeinen) zu sagen, dass diese „*als* Handlungen interpretierte menschliche Aktivitäten" (Heine 1990: 75; Herv. im Orig.) sind. Das heißt, eine sprachliche Handlung beispielsweise als RECHTFERTIGUNG wahrzunehmen, bedeutet, diese als solche (bewusst oder unbewusst) zu interpretieren (vgl. Heine 1990: 77)[70]. Holly formuliert hierzu: „Sprachliche Handlungen sind nämlich keine empirischen Phänomene, sondern Interpretationskonstrukte [...], die man unter verschiedenen Aspekten beschreiben kann" (Holly 1987: 144; vgl. hierzu auch Heine 1990: 13)[71]. Hier zeigt sich, wie wichtig die Festsetzung der Analyseeinheit ist: Je nach Kontext, der in die Interpretation einbezogen wird, verändert sich die Beschreibung des Handelns[72]. Dies unterstützt die für die Arbeit festgelegte Herangehensweise, die soziale Situation in der Untersuchung zu berücksichtigen, wie es von Goffman gefordert wird (vgl. Goffman 2005 und Kap. 2.1 der vorliegenden Arbeit). Gerade bei der Analyse von indirekten Sprechakten ist dies von großer Bedeutung, da es darauf ankommt, wie ein Adressat (und nicht ich als Linguistin) eine sprachliche Handlung interpretiert und auf diese reagiert (vgl. Sökeland 1980).

Die meisten Angriffe bzw. Formen von negativer Kritik sowie Reaktionen darauf lassen sich als Sprechhandlungen erfassen (vgl. Adamzik 1984; Gruber 1996;

---

70 Goffman macht zum Thema des Handelns und Verhaltens eine ähnliche Bemerkung: Das „Verhalten des Einzelnen in unmittelbarer Anwesenheit anderer [kann] eigentlich erst aus der Zukunftsperspektive beurteilt werden" (Goffman 2011: 6).

71 Hinzu kommt, dass die Produktion und Interpretation von sprachlichen Handlungen kulturabhängig ist. Heine weist darauf hin, „daß (zumindest) Sprechhandlungssequenzen als kulturrelativ aufgefasst werden müssen, d.h. ihre Konventionalität hängt von verschiedenen sozio-kulturellen Faktoren ab" (Heine 1990: 18). Heines Ausführungen gelten nach eigenen Angaben nur für die „westliche Kultur" (ebd.: 20).

72 Dies kann an einem Beispiel von Holly (1987: 144) verdeutlicht werden: Je nach Beschreibungsaspekt und Kontextualisierung, kann der Beispielsatz „Ich habe in entscheidenden Punkten die Ziele, die wir uns 1982 vorgenommen haben, verwirklichen können" als (a) Behauptung, (b) Feststellung, (c) positive Bewertung, (d) Lob, (e) sich Brüsten, (f) Renommieren, (g) Werbung oder (h) Wahlkampfpropaganda beschrieben werden, wobei hier jeweils zunehmend der Kontext in die Deutung und Beschreibung einbezogen wurde (vgl. ebd.). So würde der Handlungsmusterkomplex „Wahlkampfpropaganda machen" durch die anderen Sprechhandlungen realisiert werden können (vgl. Holly 1987: 145).

Heine 1990; Holly 2001; Schwitalla 1996, 2001). So sind es vor allem BEHAUPTUNGEN und VORWÜRFE, die negative Kritik signalisieren und Verteidigungsmanöver wie ABSTREITEN und RECHTFERTIGEN initiieren. Widerspruch und Gegenpositionen werden durch die Konjunktion *aber* angezeigt (vgl. Schwitalla 1996); ebenso dienen Partikeln der Markierung von Konsens oder Dissens, sie signalisieren Zustimmung und Bestätigung, aber auch Widerspruch (vgl. Adamzik 1984). Eine Übersicht über die in der Forschungsliteratur identifizierten, für verbale Angriffe und Verteidigungen typischen Sprechhandlungen ist in Kapitel 2.4 und 3.2 zu finden; an dieser Stelle mag die Betonung der wichtigen Rolle der Sprechhandlungen genügen.

In Bezug auf Beziehungskommunikation ist die Analyse von Sprechhandlungen wichtig, da sich in ihnen Einstellungen und Wertungen sowie Beziehungsintention und -gestaltung indirekt und implizit ausdrücken (vgl. Adamzik 1984; Gruber 1996; Harras 2004, 1994; Holly 2001; Schwitalla 1996). Vor allem in Bewertungen/Bewertungsausdrücken wird signalisiert, wie ein Akteur sich selbst, den/die Partner oder Extradyadisches bewertet. Gleichzeitig signalisieren sie die Beziehungsdefinition sowie die Beziehung, die angestrebt werden soll (vgl. Adamzik 1984; Holly 2001).

Ganz grundlegend für jeden Gesprächsverlauf sind die Einstellungen der Sprecher, die auf verschiedene Weise zum Ausdruck kommen oder bewusst zum Ausdruck gebracht werden. So weist der Stil (Gesprächsstil, Register) auf das Selbstdarstellungsverhalten eines Akteurs hin (vgl. Spiegel/Spranz-Fogasy 2002). In einer wissenschaftlichen Diskussion kann man einen hohen Fachsprachlichkeitsgrad erwarten, durch den sich Akteure als Mitglieder eines Fachs ausweisen und Inhalte sachlich diskutieren. Interessant sind demnach Stilbrüche, also spontane Wechsel in die Umgangssprache, in einen Dialekt oder eine Vulgärsprache. In solchen Fällen ist die Frage zu beantworten, welche Funktion und Wirkung Stilbrüche haben, wie also Stilbrüche die Wirkung des Gesagten z. B. im Hinblick auf Glaubwürdigkeit, Emotionalität, Fachlichkeit etc. beeinflussen. Sowohl Fachsprache als auch bestimmte umgangssprachliche Wendungen ermöglichen Gruppenbildung und die Entwicklung einer Gruppenidentität, da gerade durch die Wahl der Lexik bestimmte Personen vom Verstehen des Gesagten ausgeschlossen werden (vgl. Adamzik 1994: 371).

Durch die Analyse der hintergründigen Satzinhalte nach Peter von Polenz (2008) lassen sich Bedeutungen, die ‚Zwischen den Zeilen' liegen, identifizieren und deuten (über die Kategorien *Bedeutetes, Gemeintes, Mitbedeutetes, Mitgemeintes* und *Mitzuverstehendes*). Hierzu gehören Präsuppositionen, Implikaturen, Metaphern, Metonymien und Hyperbeln sowie Ironie und Sarkasmus. Diese können die jeweilige Beziehungsdefinition anzeigen und geben Aufschluss darüber, wie die genannten Phänomene interpretiert werden sollen (vgl. Holly 2001; Polenz 2008). Auch im wissenschaftlichen Kontext spielen Metaphern und Metonymien, Präsuppositionen und Implikaturen sowie Ironie wichtige Rollen. Im psychologischen Sinne dienen Metaphern und Metonymien der Wissensvermittlung, indem sie Konzepte und Erfahrungen als kognitive Einheiten zur Verfügung stellen. Somit sind sie Werkzeuge der Wissensvermittlung (vgl. Bromme 2000: 129; vgl. auch Kap. 3.3.3). Hempfer (1981) überprüft Präsuppositionen und Implikaturen im wissenschaftlichen Kontext. Er untersucht exemplarisch an drei Fallstudien, inwiefern Präsuppositionen und Implikaturen in der wissenschaftlichen Argumentation eine Rolle spielen und den wissenschaftlichen Diskurs prägen. Er kommt unter anderem zu dem folgenden Ergebnis:

> Die wissenschaftliche Argumentation in natürlichen Sprachen [...] ist stark präsuppositionell strukturiert. Präsuppositionen fungieren als implizite Hypothesen, die als ‚bewährt', ‚gültig' [...] vorausgesetzt werden, ohne daß sie einem Bewährungstest unterzogen worden sind. Damit sind Präsuppositionen ganz entscheidend am Immunisierungsprozeß von Theorien beteiligt oder umgekehrt formuliert: Theorien werden häufig dadurch falsifiziert bzw. falsifizierbar, daß ‚selbstverständliche Voraussetzungen' infrage gestellt und als nicht haltbar ausgewiesen werden. (Hempfer 1981: 336)

Bei der Analyse des zugrunde gelegten Untersuchungskorpus muss also beachtet werden, welche Inhalte als selbstverständlich vorausgesetzt und mit welchen sprachlichen Mitteln Präsuppositionen explizit zum Thema gemacht werden, um überhaupt (sprachlich oder inhaltlich) Zugang zu ihnen zu bekommen und positive oder negative Kritik an ihnen zu äußern.

Ironie und Sarkasmus sind in der mündlichen Kommunikation im Allgemeinen von Bedeutung, da sie die Beziehungsdefinition der Interaktanten anzeigen (können) und Ausdruck von Emotionen sind (vgl. Gruber 1996: 247). Ironisches Sprechen kann dabei neutral sein und muss sich nicht an eine bestimmte Person richten bzw. als Versuch der *face*-Verletzung interpretiert werden. Sarkasmus dagegen hat einen großen Einfluss auf die Beziehung zwischen Personen, da er negative Emotionen verbalisiert und dabei gezielt das *face* einer Person angreift. Sowohl Sarkasmus als auch Ironie können ein Anzeichen für „Gereiztheit und Erregung" (Schwitalla 2001: 1379) sein.

Nehmen Interaktionsteilnehmer Bezug auf sich selbst, stehen ihnen hierfür verschiedene sprachliche Mittel zur Verfügung, wie Resinger (2008: 146f.) und Holly (2001) zeigen. Diese „Formen der personalen Referenz und Formen der Anrede" (Holly 2001: 1389) spiegeln einerseits die Selbstcharakterisierung und andererseits die Beziehung sowie Beziehungsdefinition von Interaktanten wider.

Daher sind sie von großer Bedeutung für die Analyse der Selbstdarstellung und des Beziehungsmanagements. Aus Resingers Arbeit werden die Kategorien der direkten und indirekten Selbstnennung in das Analyseschema übernommen. Es ist davon auszugehen, dass Selbstnennungen in den Diskussionen häufiger auftauchen als in den von Resinger untersuchten Fachtexten, da Selbstnennungen in mündlicher Kommunikation üblich und notwendig sind (obwohl sie zur stärkeren Objektivierung der Forschungsergebnisse vermieden werden). Mögliche Formen für direkte Selbstnennungen sind Personal- und Possessivpronomen in der 1. Pers. Sing./Pl. und einschließende Pluralpronomen zur Benennung ungenannter Personen(gruppen). Indirekte Selbstnennungen können über Selbstnennungen in der dritten Person, Indefinitpronomen und Ersatzbezeichnungen für die eigene Arbeit signalisiert werden (vgl. ebd.). Da mit Selbstnennungen zumeist Aussagen über die eigene Person einhergehen, wird ergänzend die Kategorie explizite Selbstaussage von Spiegel/Spranz-Fogasy (2002: 221f.) hinzugenommen. Sie stellt eine operationalisierbare Kategorie dar, da sie in den Gesprächen genauso wie Selbst- und Fremdnennungen direkt nachweisbar ist. Im Analyseraster werden Selbstnennungen und explizite Selbstaussagen daher in einer gemeinsamen Kategorie behandelt, wobei zusätzlich explizite Fremdaussagen als Marker hinzugenommen werden. Selbst- und Fremdreferenzen dienen der Charakterisierung und der Bezeichnung; sie signalisieren durch die Wahl der Lexik, wie der jeweilige Akteur sich selbst und andere wahrnimmt und die soziale Beziehung definiert (Distanz oder Nähe). Insbesondere namentliche Anreden schaffen eine positive Atmosphäre und können distanzverringernd wirken (vgl. Webber 2002: 246). Durch die Wortwahl in der Anrede – z. B. mit Titeln oder mit umgangssprachlicher Lexik – wird soziale Distanz oder Nähe angezeigt (vgl. Holly 2001: 1389).

Modalität spielt ebenso eine große Rolle bei der Selbstdarstellung und im Beziehungsmanagement in Diskussionen. In ihr drückt sich die persönliche Einstellung zum Ausgesagten aus. Modalität umfasst neben den Modus-Formen Indikativ, Konjunktiv und Imperativ auch alle morphologischen („Ausdrucksweisen des Verbs"; Bußmann 2008: 442), lexikalischen (bspw. Satzadverbien, Modalverben) und syntaktischen Mittel (vgl. ebd.).

Metakommunikative Formen ermöglichen Bitten um Wiederholung, Lautersprechen, Mitdiskutieren etc. und außerdem Kritik des sprachlichen Verhaltens (vgl. Schwitalla 1996: 305). Einen speziellen Aspekt nennt Niehüser (1986): die explizite Redecharakterisierung. Er geht wie Goffman (1971) und Brown/Levinson (1978) davon aus, dass jede Rückmeldung aus dem Publikum an einen Vortragenden potenziell dessen *face* bedroht (vgl. Niehüser 1986: 214f.). Der Vortragende geht „kommunikative Risiken [ein], die aus der besonderen Organisation des

Redebeitrags oder aus der eigenwilligen Darstellung eines Redeinhalts resultieren" (ebd.: 215), oder aus der fehlenden Kenntnis der Einstellungen der Kommunikationspartner (vgl. ebd.: 216). Deswegen kommen Redner nach Niehüser oft einer möglichen Kritik zuvor, indem sie sich selbst kritisieren und ihre Rede explizit charakterisieren. Dies ist durch verschiedene verbale Konstruktionen möglich:

- eine durch ein Adverbial erweiterte Partizipialkonstruktion mit einem 2. Partizip eines verbum dicendi (*vorweg gesagt, metaphorisch gesprochen, unmissverständlich ausgedrückt*)
- Infinitivkonstruktionen mit *um zu* (*um es deutlich zu sagen, um es offen zu sagen*)
- Modalperformative Vorspänne (*ich sage ehrlich, dass*), die durch Modalverben und Partikeln erweitert werden können (*ich will ehrlich sagen, dass*)
- redesituierende Gliedsätze (Sitta 1970) (*wenn ich das einmal ehrlich sagen darf*) (Niehüser 1986: 218; Herv. im Orig.)

So werden das potenziell Kritische thematisiert und eine Kritik durch einen anderen Interaktionspartner vorweggenommen. Die Selbstkritik stellt in diesem Sinne eine Strategie dar, mögliche *face*-Bedrohungen zuvorzukommen und Risiken zu vermeiden. Der Sprecher signalisiert so auch, dass er in der Lage ist, seine Äußerungen zu reflektieren und mögliche Einwände zu antizipieren (vgl. Niehüser 1986: 219, 221, 223).

Narrative Formen wie Anekdoten, Beispielerzählungen und Nacherzählungen ermöglichen einerseits versteckte Kritik (durch Wortwahl), können andererseits aber auch Nähe durch das Erzählen von persönlich Erlebtem schaffen. Sie verdeutlichen außerdem komplexe Inhalte, indem Komplexes in Alltagserfahrungen übersetzt oder an Erfahrungen angelehnt wird. Erzählungen können nach Schwitalla implizit Kritik und eine Abwertung des Kommunikationspartners signalisieren (vgl. Schwitalla 1996: 299, 301). Zitate haben eine ähnliche Funktion; durch direkte oder indirekte Zitate sowie durch die Wortwahl und Prosodie kann der Interaktionspartner in ein schlechtes Licht gerückt werden. Ebenso ist es möglich, dass negative Äußerungen von anderen über eine Person zitiert werden, um ebendiese anzugreifen (vgl. ebd.: 303, 304). Oder aber die Inhalte werden von anderen mutwillig und bewusst verzerrt wiedergegeben, um diese leichter zu falsifizieren (vgl. Fricke 1977: 12).

Auf der Ebene der Syntax sind aufgrund der mündlichen Kommunikation alle Charakteristika der gesprochenen Sprache erwartbar, also bspw. Ellipsen, Abbrüche, falsche Satzverknüpfungen (vgl. Techtmeier 1998b: 514; vgl. Kap. 3.2.2). Dennoch können nach Techtmeier komplexe Satzgefüge erwartet werden, was sich wohl aus der Komplexität der thematisierten Inhalte sowie der Fachsprache erklären lässt. Ebenso deuten komplexe Satzgefüge (ohne übermäßig häufige Abbrüche etc.) auf Eloquenz und Professionalität des Sprechers hin, sei es durch gute Vorbereitung oder durch Erfahrung und Übung.

Beachtet werden auch Elemente, die typischerweise in der Gesprächsanalyse untersucht werden. Gliederungspartikeln, Sprecher- und Hörersignale sowie Antwortpartikeln sind in den Diskussionen erwartbar und lassen ebenso Rückschlüsse auf Selbstdarstellung zu. Ein übermäßiger Gebrauch von Gesprächspartikeln kann darauf hindeuten, dass der Sprecher noch unerfahren ist (vgl. Goffman 1989: 583-584); fehlende Hörersignale können Desinteresse, provokatives Ignorieren oder eine kommunikative Abschottung bzw. Verweigerung anzeigen. Häufen sich Unterbrechungen und Parallelsprechen, kann dies ein Hinweis auf Streit und eine hohe emotionale Beteiligung sein (vgl. Schwitalla 2001: 1379). Ebenso deuten die Mittel darauf hin, dass ein Akteur das Rederecht für sich beansprucht, was durch Lautersprechen verstärkt wird (vgl. Schwitalla 1996: 325).

Weiterhin zeigt das sprachliche Verhalten, inwiefern ein Sprecher kooperationsbereit ist, ob er das Gespräch dominieren möchte, oder ob er eher zurückhaltend agiert. Im sprachlichen Verhalten kommen zudem die Grundeinstellungen oder Zustände der Sprecher zum Ausdruck, d. h. ob sie gerade positiv und freundlich gestimmt sind, oder aber aufgebracht und/oder stark emotional beansprucht (z. B. wütend oder entsetzt) (vgl. Schwitalla 1996, Spiegel/Spranz-Fogasy 2002).

Für alle sprachlichen Mittel gilt, dass die Positionierung der Mittel im Gespräch eine entscheidende Rolle spielt. Denn die Position der Mittel bestimmt die Wirkung der Selbstdarstellung und hat Auswirkungen auf den Gesprächsverlauf (vgl. Spiegel/Spranz-Fogasy 2002). Bei der Platzierung von Initiierungen und Reaktionen zeigt sich dies besonders deutlich: Unterbrechungen und unterbrechendes Angreifen sind nicht nur unhöflich, weil sie den Gegner an der Darstellung seiner Position hindern, sondern signalisieren auch auf Seiten des Unterbrechenden Überzeugtheit und Dominanz (vgl. Schwitalla 1996; zu anderen Möglichkeiten siehe Kap. 2.4).

(4) Pilotierung I: Test und Evaluation der Kriterienliste
In der ersten Pilotierung wurden die deduktiv aus der Forschungsliteratur ermittelten Kategorien (vgl. Schritt 3) an einem kleinen Daten-Ausschnitt getestet. Die leitenden Fragen hierbei waren: Sind die deduktiv ermittelten sprachlichen Mittel als Indikatoren für bestimmtes Selbstdarstellungsverhalten aussagekräftig genug? Sollten die einzelnen Mittel systematisiert werden, um eine bessere Handhabbarkeit zu gewährleisten? In der ersten Pilotierung wurde nicht nur evaluiert, ob die Kategorien systematisiert werden müssen, sondern auch, ob zusätzliche

Kategorien aus dem Korpusmaterial selbst induktiv gewonnen werden können. So können sich die auf beide Weisen identifizierten Kategorien und *Marker* gegenseitig ergänzen bzw. deutlich machen, welche Kategorien sich trotz Nennung in der Literatur als weniger aussagekräftig erweisen.

Ergebnis der Pilotierung war, dass alle deduktiv ermittelten Kategorien sinnvoll und aussagekräftig sind, die Kategorienliste also ein geeignetes Werkzeug zur Analyse von Selbstdarstellung ist. Allerdings erwiesen sich die Kategorien zur Erfassung von Selbstdarstellung in der konkreten Situation als nicht ausreichend. Es fehlten beispielsweise Angaben zu situativen Merkmalen des Sprechens, sodass sprachliches Verhalten fehlinterpretiert werden kann: Bspw. ist gesprochene Sprache elliptisch, in Diskussionen oft durch Pausen und Satzabbrüche gekennzeichnet, was nicht als Inkompetenzausdruck fehlgedeutet werden sollte. Ebenso sind sprachliche Hecken in face-to-face-Interaktionen üblich und zeigen nicht in jedem Fall Unsicherheit an.

Notwendig erschien die Aufteilung der Kriterien in eine Makro- und Mikroebene: Zur Makroebene wurden alle Kriterien sortiert, die die Kontextualisierung der Diskussionsabschnitte ermöglichen; auf der Mikroebene wurden die sprachlichen Mittel der Selbstdarstellung und Beziehungskommunikation zu Grobkategorien zusammengefasst, aber nicht hierarchisiert (siehe hierfür genauer Kap. 2.4).

(5) Kontextualisierung der Analyse mit Hilfe des Vier-Felder-Schemas

Um die Kategorien weiter zu spezifizieren, eine bessere Bearbeitung der Fragestellungen zu gewährleisten und damit zu aussagekräftigeren Ergebnissen zu kommen, wurde das Vier-Felder-Schema zur Überarbeitung der Methode herangezogen: Mit Hilfe des Schemas wurde die Literatur erneut systematisch im Hinblick auf sprachliche Mittel ausgewertet, diesmal unter Einbezug der Kommunikationsform *Diskussion*. Die Kategorienliste konnte so durch linguistische Mittel, die für Diskussionen typisch sind, erweitert werden. Im Korpus sind die folgenden für Diskussionen typischen sprachlichen Mittel zu erwarten (vgl. Kap. 3.2.2): terminologische Präzision, Fachlexik, Kompaktheit des Ausdrucks (vgl. Techtmeier 1998b), umgangssprachliche Ausdrücke, auch Anekdoten und Beispielerzählungen, dialektale und soziolektale Ausdrücke (vgl. Ventola et al. 2002), Ellipsen, Satzabbrüche, falsche Anschlüsse, dennoch komplexe Satzgefüge, Argumente und Argumentketten, einordnende Gesprächsakte, relationale sprachliche Handlungen (vgl. Techtmeier 1998b), unterschiedliche Sprechhandlungen (vgl. Panther 1981; Harras 2004; Techtmeier 1998b; zu EMPFEHLUNGEN und ANREGUNGEN siehe Webber 2002 und Baron 2006; zu FRAGEN, ANMERKUNGEN und BEMERKUNGEN siehe Baßler 2007), metakommunikative Sprechakte (vgl. Techtmeier 1983), indirekte Sprechakte (vgl. Panther 1981), Ausdrücke des Sa-

gens, Rederechtbeanspruchung, Unterbrechungen (vgl. Baßler 2007), Einleitung von Beiträgen und Heckenausdrücke (vgl. Webber 2002).
Die Gliederung des Gesamtrasters in Makro- und Mikroebene wird beibehalten. Einzelne Kriterien, die bisher zusammengefasst waren, sind aber zur besseren Übersicht und klareren Strukturierung aufgeteilt worden. Die vollständige Basis-Tabelle ist nachfolgend abgedruckt (Tab. 16):

Tabelle 16: Zusammenstellung aller in der Forschungsliteratur aus den vier Feldern ermittelten sprachlichen Kategorien, erweitert durch interaktionssituationsbezogene Kategorien.

Makroperspektive: Kontextualisierung der Diskussion				
Interaktionssituation				**Quelle**
Anzahl der Interaktanten				Spiegel/Spranz-Fogasy 2002
Format der Diskussion (geschlossene Zweierdiskussion vs. offene Plenumsdiskussion vs. Abschlussdiskussion)				korpusinduziert
Position und Rolle der Sequenz im Diskussionsverlauf				Spiegel/Spranz-Fogasy 2002; Webber 2002
Rollen und Rollenasymmetrien der Interaktanten				**Quelle**
Interaktionsrollen	Angreifer	als Vortragender		Gruber 1996
		als Diskutant		
	Angegriffener	als Vortragender		
		als Diskutant		
	Dritter/Moderator	Beobachter		
		Mitdiskutant/ Vermittler		
Karrierestatus	Prof. Dr., PD, Dr. habil., Dr., Hochschulabschluss			Gruber 1996
Statusrollen	Experte	in der eigenen Disziplin		Gruber 1996; Techtmeier 1998
		im hierarchischen Sinne		
	Laie	in einer fremden Disziplin		
		im hierarchischen Sinne		

4 Forschungsdesign

Mikroperspektive: Sprachliche Mittel der Selbstdarstellung, Beziehungskommunikation und Kommunikationsform Diskussion			
Funktion	**Mittel**	**Funktion detailliert**	**Quelle**
VERBAL			
Selbst-/ Fremdcharakterisierung und -bezeichnung	Explizite Selbst-/ Fremdaussage	dienen der Selbstcharakterisierung und -Bezeichnung; signalisieren, wie der Akteur sich selbst und andere wahrnimmt und beschreibt	Schwitalla 1996; Spiegel/Spranz-Fogasy 2002
	Direkte Selbst-/ Fremdnennung		Resinger 2008
	Indirekte Selbst-/ Fremdnennung		Resinger 2008
Anrede	Personale Referenz	signalisiert durch die Wortwahl Distanz oder Nähe; direktes namentliches Ansprechen kann distanzverringernd wirken und Solidarität anzeigen	Holly 2001; Webber 2002
Einstellungsausdruck	Stil (Gesprächsstil, Register)	gibt Aufschluss über das Selbstdarstellungsverhalten	Spiegel/Spranz-Fogasy 2002
	Eigenschaften, die aus den sprachlichen Verhalten erschließbar sind	geben Aufschluss über Bewertungen und Einstellungen	Schwitalla 1996; Spiegel/Spranz-Fogasy 2002
	Eigenschaften, die im interaktiven Verhalten sichtbar werden	geben Aufschluss über Kooperationsbereitschaft, Dominanz, Zurückhaltung etc.	Schwitalla 1996; Spiegel/Spranz-Fogasy 2002
	Partikeln	markieren Konsens oder Dissens, signalisieren Zustimmung und Bestätigungen, aber auch Widerspruch	Adamzik 1984
Handlungsausdruck	Sprechhandlungen	drücken Einstellungen und Wertungen aus; in ihnen kommen die Beziehungsintention und -gestaltung indirekt und implizit zum Ausdruck; Gemeinsamkeit der Inhalte erzeugt Konsens und Nähe, Widersprüche Dissens und Distanz	Adamzik 1984; Gruber 1996; Harras 2004; 1994; Holly 2001; Schwitalla 1996

4 Forschungsdesign

Mikroperspektive: Sprachliche Mittel der Selbstdarstellung, Beziehungskommunikation und Kommunikationsform Diskussion			
Funktion	**Mittel**	**Funktion detailliert**	**Quelle**
Intentionsausdruck	Repräsentativa: BEHAUPTEN, MITTEILEN, FESTSTELLEN, EINE VERMUTUNG ÄUSSERN, ANMERKUNG, BEMERKUNG	Repräsentativa machen Aussagen über die Welt und zeigen die verschiedenen Positionen an; sie machen Sprechereinstellungen deutlich; ANMERKUNGEN und BEMERKUNGEN können vom Diskussionspartner begrüßt oder abgelehnt werden	Panther 1981; Harras 2004; Techtmeier 1998b; zu FRAGEN, ANMERKUNGEN und BEMERKUNGEN siehe Baßler 2007
	Direktiva: FRAGEN, AUFFORDERN (z. B. zum Mitdiskutieren, Lautersprechen), EMPFEHLEN, ANREGEN	sind typische sprachliche Mittel der Diskussion; signalisieren Handlungsanleitungen, signalisieren metasprachliche Aufforderungen; FRAGEN signalisieren ein Wissensdefizit, markieren eine Gegenauffassung, dienen der Verständigung; AUFFORDERUNGEN, EMPFEHLUNGEN und ANREGUNGEN signalisieren Handlungsanleitungen, signalisieren metasprachliche Aufforderungen; sie können vom Kommunikationspartner begrüßt, abgelehnt oder als Kritik aufgefasst werden	zu EMPFEHLUNGEN und ANREGUNGEN siehe Webber 2002 und Baron 2006
	Expressiva: DANKEN, LOBEN	Routineformeln und Ausdrücke der Befindlichkeit haben wichtige Funktionen in Bezug auf Beziehungsmanagement	korpusinduziert
	Deklarativa	eher untypisch	Techtmeier 1998b
	BEWERTUNG, Bewertungsausdruck	typische Mittel der Beziehungskommunikation; drücken aus, wie ein Akteur sich selbst, den/die Partner oder Extradyadisches bewertet; signalisieren die Beziehungsdefinition sowie die Beziehung, die angestrebt werden soll	Holly 2001, Adamzik 1984
	EIGENAUFWERTUNG	dient der Fremdabwertung	Goffman 2011
	Metakommunikativer Sprechakt	dient dem Ausdruck von Intentionen, Zielen, Beziehungen etc.	Techtmeier 1983

Mikroperspektive: Sprachliche Mittel der Selbstdarstellung, Beziehungskommunikation und Kommunikationsform Diskussion			
Funktion	Mittel	Funktion detailliert	Quelle
	Indirekter Sprechakt	zur Agensvermeidung, zur Vermeidung direkter Adressierungen, hat Objektivierungs- und Legitimierungsfunktion	Panther 1981
	Routineformel, Ritual	typische Mittel der Beziehungskommunikation; sichern das reibungslose Funktionieren von Gesprächen, sichern Beziehungen und vermeiden Beziehungskonflikte, sie signalisieren Höflichkeit, organisieren ein Gespräch und ermöglichen Bewertungen; sie zeigen die Beziehungsdefinition an; sie signalisieren und bestätigen die in der jeweiligen Gesellschaft(-sgruppe) anerkannten Werte; sie dienen der Wahrung der sozialen Ordnung	Adamzik 1984; Coulmas 1981; Holly 2001; Goffman 2011
Gefühlsausdruck	Gefühlsausdruck, -benennung, -thematisierung, -bericht	verbalisieren Gefühle, die Interaktanten zueinander haben, definieren Beziehungen, machen Einstellungen deutlich; Emotion ist „bewertende Stellungnahme" (Fiehler 2001: 1428); Gefühle werden ausgedrückt oder explizit thematisiert	Holly 2001; Fiehler 2001

4 Forschungsdesign

Mikroperspektive: Sprachliche Mittel der Selbstdarstellung, Beziehungskommunikation und Kommunikationsform Diskussion			
Funktion	**Mittel**	**Funktion detailliert**	**Quelle**
Höflichkeit, Anstand und *face*-Wahrung	Formen des nicht-expliziten Sprechaktausdrucks: Deagentivierung, Entpersonalisierung, Ausdruck von propositionalen Einstellungen, Passivkonstruktionen, Routineformeln/ Rituale, „Andeutungen, Ambiguitäten, geschickte Pausen, sorgfältig dosierte Scherze" (Goffman 1971: 36)	signalisieren *face*-Wahrung, -Sicherung und Respekt; Routineformeln sichern das reibungslose Funktionieren von Gesprächen, sichern Beziehungen und vermeiden Beziehungskonflikte, sie signalisieren Höflichkeit, organisieren ein Gespräch; sie zeigen die Beziehungsdefinition an; sie signalisieren und bestätigen die in der jeweiligen Gesellschaft anerkannten Werte	Brown/Levinson 2011; Holly 2001; Adamzik 1984; Coulmas 1981; Goffman 1971; Goffman 2011
	Ausdruck des Sagens	signalisiert Höflichkeit, ermöglicht dem Interaktionspartner größeren Reaktionsfreiraum	Baßler 2007; Webber 2002
	Understatement	dient der gegenseitigen *face*-Wahrung bei Kritik	Baron 2006
	Kompliment	ist typisches sprachliches Mittel der Diskussion; dient der gegenseitigen *face*-Wahrung	Baron 2006
	Einleitung von Beiträgen, Diskursmarker	dienen der höflichen Kommunikation und der *face*-Wahrung bei Kritik	Webber 2002
	Heckenausdruck	ist typisches sprachliches Mittel der Diskussion; dient der höflichen Kommunikation und der *face*-Wahrung	Webber 2002
Beiläufigkeit	Partikeln, Gliederungssignale, Gesprächswörter, Heckenausdrücke, Modalitätsmittel	signalisieren Höflichkeit, reduzieren Brisanz	Holly 2001

Mikroperspektive: Sprachliche Mittel der Selbstdarstellung, Beziehungskommunikation und Kommunikationsform Diskussion			
Funktion	**Mittel**	**Funktion detailliert**	**Quelle**
Wertschätzung, Würdigung	Ritual, Routineformel	signalisiert Anerkennen der geltenden Werte, dient der Selbstregulierung und der Würdigung des Adressaten, z. B. signalisieren BEGRÜSSUNGEN und ENTSCHULDIGUNGEN Wertschätzung des Gegenübers	Goffman 1971, 1979, 2011
Implikaturen (konversational, konventionell)	Hintergründiger Satzinhalt	gibt Aufschluss darüber, wie Ironie, Hyperbeln, Metaphern, Konnotationen, markierte Ausdrücke, Anspielungen etc. interpretiert werden sollen; zeigt die jeweilige Beziehungsdefinition an; mit Anspielungen z. B. wird das Gesagte mit einer unterschwelligen Bedeutung versehen	Holly 2001; Polenz 2008; Goffman 2005
Initiierungen von Kritik und Dissens	ANDEUTEN/AUF ETWAS ANSPIELEN	dient der Erwähnung des Kritischen, das Publikum muss das Angedeutete interpretieren	Schwitalla 1996; Goffman 1971
	ANMERKEN	weist auf weitere Inhalte hin und soll anzeigen, dass der Beitrag nicht als Kritik zu verstehen ist	Baßler 2007
	ANREGEN	ist typisches sprachliches Mittel der Diskussion; kann neutral sein, oder aber auf Wissenslücken auf Seiten des Angesprochenen hindeuten	Webber 2002; Baron 2006
	APPELLIEREN	ist der Versuch, das Verhalten oder die Meinung des Kontrahenten zu ändern, kann gesichtsbedrohend sein	Gruber 1996
	BITTEN UM WIEDERHOLUNG DES GESAGTEN	signalisiert mangelnde Zuhörbereitschaft, Unwissenheit oder impliziert den Vorwurf des unklaren Ausdrucks	Goffman 2005

Mikroperspektive: Sprachliche Mittel der Selbstdarstellung, Beziehungskommunikation und Kommunikationsform Diskussion			
Funktion	**Mittel**	**Funktion detailliert**	**Quelle**
	Behaupten	kann Dissenssequenzen auslösen, wenn sie nicht belegt ist oder provokativ geäußert wird	Gruber 1996
	Bemerken	ist typisches sprachliches Mittel der Diskussion; kann auf weitere Inhalte hinweisen, neutral erfolgen und anzeigen, dass der Beitrag nicht als Kritik zu verstehen ist	Baßler 2007
	Beschimpfen	formuliert konkret Angriffe	Schwitalla 1996
	Beschuldigen	soll den Interaktionspartner abwerten und angreifen	Schwitalla 2001
	Darstellen des Konfliktanlasses	kann Dissenssequenzen auslösen (wird zumeist nur nach Aufforderung formuliert)	Gruber 1996
	Empfehlen	ist typisches sprachliches Mittel der Diskussion; kann neutral, als gutgemeinter Ratschlag erfolgen oder auf Defizite seitens des Angesprochenen hinweisen	Webber 2002; Baron 2006
	Fragen	ist typisches sprachliches Mittel der Diskussion; kann ein Wissensdefizit signalisieren, eine Gegenauffassung markieren, der Verständigung dienen	Panther 1981; Harras 2004; Techtmeier 1998b; Baßler 2007
	Verhöhnen	initiiert *face*-Bedrohungen; formuliert konkret Angriffe	Schwitalla 1996
	Metakommunikativer Imperativ	kann Dissenssequenzen einleiten (z. B. durch Einfordern von Belegen bei fehlender Nachvollziehbarkeit)	Gruber 1996
	Metasprachlicher Kommentar	dient der Kritik des sprachlichen Verhaltens	Schwitalla 1996
	Narrative Form	ermöglicht versteckte Kritik	Schwitalla 1996
	Prädikation	dient der Formulierung des kritischen Gesichtspunkts	Schwitalla 1996
	Spotten	formuliert konkret Angriffe	Schwitalla 1996

Mikroperspektive: Sprachliche Mittel der Selbstdarstellung, Beziehungskommunikation und Kommunikationsform Diskussion			
Funktion	Mittel	Funktion detailliert	Quelle
Reaktionen auf Kritik und Dissens	VERGLEICHEN EINER PERSON MIT TIEREN, ABWERTEND	dient der Abwertung durch Vergleich mit negativ Bewertetem	Schwitalla 1996
	VORWERFEN	leitet Dissenssequenzen ein, reagiert auf Regelverstoß und ist potenziell gesichtsbedrohend	Gruber 1996; Schwitalla 2001
	ZITIEREN	ermöglicht Kritik durch die Wortwahl, kann Kritik und Quelle für Kritik anzeigen	Schwitalla 1996
	ABSTREITEN / BESTREITEN	die im Angriff thematisierten kritischen Aspekte werden als unberechtigt oder haltlos empfunden und daher abgelehnt	Schwitalla 1996 2001; Holly 1979
	AUSWEICHEN	ermöglicht Kritik des Partners oder Flucht ins Unverständliche, bspw. durch Sich-Dumm-Stellen, Sich-Hilflos-Stellen	Holly 1979
	BEGRÜNDEN	signalisiert, dass das Gesagte durchdacht wurde und dass es Gründe für das Gesagte gibt	korpusinduziert
	BELEG EINFORDERN	signalisiert, dass der Vorwurf als haltlos eingeschätzt wird	Schwitalla 1996
	BESCHWICHTIGEN	nimmt dem Partner mögliche Kritik vorweg	Holly 1979
	EIGENEN STANDPUNKT DEUTLICH MACHEN	die unterschiedlichen Meinungen werden deutlich gemacht	Gruber 1996
	ENTSCHULDIGEN	ist Bestandteil von Korrektiven, Reaktion auf einen Vorwurf, dient u. a. der Selbstkritik	Adamzik 1984; Holly 2001; Schwitalla 2001; Holly 1979
	ERKLÄREN	dient der Verteidigung (durch Aufzeigen von Kausalzusammenhängen, Transparentmachen von Motivationen etc.)	Heine 1990; Schwitalla 2001

4 Forschungsdesign

Mikroperspektive: Sprachliche Mittel der Selbstdarstellung, Beziehungskommunikation und Kommunikationsform Diskussion			
Funktion	**Mittel**	**Funktion detailliert**	**Quelle**
	GEGENVORWURF, RETOURKUTSCHE	begegnen dem Angriff mit denselben Mitteln; Dissens bleibt stecken	Gruber 1996; Schwitalla 1996
	HÖFLICHES ERSUCHEN (um Erlaubnis, Gefälligkeit)	leitet einen Klärungsversuch ein und signalisiert Höflichkeit	Holly 1979
	POSITIVE REAKTION AUF ENTSCHULDIGUNGEN	dient der Wahrung des fremden *face*	Goffman 2011
	RECHTFERTIGEN	ist potenziell gesichtsbedrohend für den Rechtfertigenden, dient der Aushandlung der jeweiligen Meinung und der Geltungsansprüche	Heine 1990; Schwitalla 2001; Holly 1979, 2001
	SCHULDBEKENNTNIS	die eigene Schuld wird eingestanden	Holly 1979
	SUCHEN NACH SCHULD BEIM GEGNER	dient der Abschwächung des eigenen Fehlverhaltens durch Vergleich mit Schuld beim Gegner	Schwitalla 1996
	ÜBERHÖREN, IGNORIEREN	signalisieren das Nicht-Anerkennen der Schuld/ des Verstoßes	Schwitalla 2001
	WIDERSPRECHEN	markiert eine gegenteilige Position und Ablehnung der anderen Position	Gruber 1996
	ZURÜCKWEISEN DES VORWURFS	die im Angriff thematisierten kritischen Aspekte werden als unberechtigt oder haltlos empfunden und daher abgelehnt	Adamzik 1984; Gruber 1996; Schwitalla 1996, 2001
	ZUSTIMMEN ZUM VORWURF, ANERKENNEN DER KRITIK, EINGESTEHEN DES FEHLERS	dienen der Anerkennung, demonstriert Einsichtigkeit und Wahrheitsliebe (beides positive Eigenschaften)	Schwitalla 2001
Diskussionsspezifische Lexik und Syntax	Ellipse	ist der Spontaneität des Sprechens geschuldet	Techtmeier 1998b

Mikroperspektive: Sprachliche Mittel der Selbstdarstellung, Beziehungskommunikation und Kommunikationsform Diskussion			
Funktion	Mittel	Funktion detailliert	Quelle
Diskussionsspezifische Gesprächselemente	Satzabbruch	ist der Spontaneität des Sprechens geschuldet	Techtmeier 1998b
	Konjunktion	dient bspw. zur Kontrastmarkierung (*aber*) zwischen zwei Positionen/Personen	Schwitalla 1996
	Komplexes Satzgefüge	ist der Fachkommunikation geschuldet	Techtmeier 1998b
	Falscher Satzanschluss	ist der Spontaneität des Sprechens geschuldet	Techtmeier 1998b
	Terminologische Präzision	signalisiert Kompetenz	Techtmeier 1998b
	Kompaktheit des Ausdrucks	ist typisches sprachliches Mittel der Diskussion; signalisiert Kompetenz	Techtmeier 1998b
	Fachlexik	signalisiert Kompetenz	Techtmeier 1998b
	Dialektaler und soziolektaler Ausdruck	ist der Spontaneität der Formulierung geschuldet	Ventola et al. 2002
	Umgangssprachlicher Ausdruck	ist der Spontaneität der Formulierung geschuldet	Ventola et al. 2002
	Anekdote	ist der Spontaneität der Formulierung geschuldet	Ventola et al. 2002
	Argument und Argumentkette	signalisiert Kenntnis des Forschungsthemas und Kompetenz	Techtmeier 1998b; Ventola et al. 2002
	Beispielerzählung	ist typisches sprachliches Mittel der Diskussion; ist der Spontaneität der Formulierung geschuldet	Ventola et al. 2002
	Einordnender Gesprächsakt	ermöglicht den thematischen Anschluss bei Themenwechseln; signalisiert Professionalität; der eigene Beitrag wird metakommunikativ kommentiert	Techtmeier 1998b

4 Forschungsdesign

Mikroperspektive: Sprachliche Mittel der Selbstdarstellung, Beziehungskommunikation und Kommunikationsform Diskussion			
Funktion	Mittel	Funktion detailliert	Quelle
Platzierung der sprachlichen Mittel im Gespräch	Relationale sprachliche Handlung	ermöglicht den thematischen Anschluss bei Themenwechseln; signalisiert Professionalität	Techtmeier 1998b
	Selbstvorstellung	dient dazu, sich selbst in der Diskussion bekannt zu machen	Baßler 2007
	Klassifikation des Beitrags	ermöglicht die Einordnung des Beitrags	Baßler 2007
	Anknüpfung an vorangegangene Inhalte	macht deutlich, worauf sich der Beitrag thematisch bezieht	Baßler 2007
	Evaluation des Vortrags	signalisiert positive oder negative Kritik des Vortrags	Baßler 2007
	Formulierung des Anliegens	der eigentliche Beitragsinhalt und das Anliegen werden verbalisiert	Baßler 2007
	Pendeln zwischen Formulierung und Erläuterung des Anliegens	der Beitragsinhalt wird verbalisiert, erläutert und begründet	Baßler 2007
	Einleitung von Beiträgen	dient der höflichen Kommunikation und der *face*-Wahrung	Webber 2002
	Unterbrechendes Angreifen	der Gegner wird daran gehindert, seinen eigenen Angriff zu verbalisieren; signalisiert Überzeugtheit	Schwitalla 1996
	Direkter Anschluss des Angriffs	ermöglicht das Sammeln von (thematischen) Angriffspunkten; signalisiert Selbstkontrolle	Schwitalla 1996
	Unterbrechendes Verteidigen	dient der Demonstration von Überzeugtheit, signalisiert Schwere des Vorwurfs; der Angriff wird als ungerechtfertigt bewertet	Schwitalla 1996

Mikroperspektive: Sprachliche Mittel der Selbstdarstellung, Beziehungskommunikation und Kommunikationsform Diskussion			
Funktion	**Mittel**	**Funktion detailliert**	**Quelle**
	Direktes Anschließen der Verteidigung	dient der Demonstration von Entschlossenheit; bei Verzögerungen auch Demonstration von Selbstkontrolle; der Angriff wird als ungerechtfertigt bewertet	Schwitalla 1996
	Positionierung der sprachlichen Mittel im Gespräch	bestimmt die Wirkung der Selbstdarstellung, hat Auswirkungen auf den Gesprächsverlauf	Spiegel/Spranz-Fogasy 2002
PARAVERBAL			
Einstellung, Gefühlslage etc. signalisieren	z. B. lautes/leises, schnelles/langsames, aufgeregtes/ruhiges Sprechen	gibt Aufschluss über Gefühlslage, Involviertheit im Gespräch, Macht etc.	Goffman 1989; Mummendey 1995; Leary 1996; Schlenker 1980; Erickson et al. 1978
Redestatus	Tonfall (in Kombination mit Mimik)	signalisiert Scherz, Ironie, Zitate (Redestatuswechsel)	Goffman 1989; Mummendey 1995; Leary 1996; Schlenker 1980
NONVERBAL			
Persönlichkeitsausdruck	Äußere Erscheinung (z. B. Kleidung, Frisur, Accessoires)	ist (bewusster oder unbewusster) Persönlichkeitsausdruck, lässt Rückschlüsse auf Selbstdarstellung zu; korrekte Kleidung signalisiert Benehmen	Leary 1996; Schlenker 1980; Mummendey 1995; Goffman 1971, 2011
	Physikalische Umgebung, „Bühnenbild"	gibt Aufschluss über die Persönlichkeit eines Menschen; lässt Rückschlüsse auf Selbstdarstellung zu	Burroughs et al. 1991; Schlenker 1980; Goffman 2011
Einstellung, Redestatus	Gestik	kann z. B. Macht, Zu- oder Abneigung signalisieren	Leary 1996; Ricci Bitti/Poggi 1991; Scherer 1980
	Mimik (in Kombination mit Tonfall)	signalisiert Scherz, Ironie, Zitate (Redestatuswechsel)	Goffman 1989; Mummendey 1995; Leary 1996; Schlenker 1980

4 Forschungsdesign

Mikroperspektive: Sprachliche Mittel der Selbstdarstellung, Beziehungskommunikation und Kommunikationsform Diskussion			
Funktion	**Mittel**	**Funktion detailliert**	**Quelle**
Benehmen, Wertschätzung	Körpersprache	gibt Aufschluss über Einstellungen, Gemütszustände etc.	Schlenker 1980
	Verhalten im Raum	signalisiert z. B. Unruhe, Selbstsicherheit/Unsicherheit, bindet Aufmerksamkeit	Schlenker 1980
	Haltung	signalisiert Benehmen und Wertschätzung des Gegenübers	Goffman 1971
	Verhalten	signalisiert Benehmen und Wertschätzung des Gegenübers; lässt Rückschlüsse auf Selbstdarstellungsverhalten zu	Goffman 1971, 2011
Gesprächsorganisation	Visuelle Mittel (Gesten, Blickrichtung, Ab- und Zuwendung)	dienen der Gesprächsorganisation und der Verarbeitung von Äußerungen	Goffman 2005; Burgoon et al. 2008; Ricci Bitti/Poggi 1991; Schlenker 1980; Ekman/Friesen 1969

GESPRÄCHSVERHALTEN

Schutz des eigenen *face*	Abschirmen gegen potenziell gesichtsbedrohende Situationen	dient dem Schutz des eigenen *face* (defensiv)	Goffman 1971
	Ausweichen von potenziell gesichtsbedrohenden Situationen	dient dem Schutz des eigenen *face* (defensiv)	Goffman 1971
	Meiden von potenziell gesichtsbedrohenden Situationen	dient dem Schutz des eigenen *face* (defensiv)	Goffman 1971
Wahrung des fremden *face*	Diskretion	dient dem Schutz des fremden *face* (protektiv)	Goffman 1971
	Ignorieren des Fehlers	dient der Wahrung des fremden *face* (protektiv)	Goffman 2011
	Ignorieren des Zwischenfalls	dient dem Schutz des fremden *face* (protektiv)	Goffman 1971
	Nachsicht	dient der Wahrung des fremden *face* (protektiv)	Goffman 2011

Mikroperspektive: Sprachliche Mittel der Selbstdarstellung, Beziehungskommunikation und Kommunikationsform Diskussion			
Funktion	Mittel	Funktion detailliert	Quelle
	Respektvolles Formulieren der eigenen Ansichten	dient dem Schutz des fremden *face* (protektiv)	Goffman 1971
Unterordnung	Bescheidenes, defensives Gesprächsverhalten	signalisiert Unterordnungsbereitschaft	Goffman 2011
Dominanz	Hochmütiges, aggressives Gesprächsverhalten	signalisiert Dominanz	Goffman 2011
Selbstprofilierung	Inszenieren einer potenziell bedrohlichen Situation	dient der Selbstprofilierung	Goffman 1971
Störung	Zwischenruf	erhöht die Gesprächsspannung und die Spannung zwischen den Personen	Goffman 1989
Inszenierung	Verzögerung, Abbruch, Ellipse, *hedging*, prosodische Besonderheiten	inszenieren Unsicherheit und Unbeholfenheit	Baron 2006
Turnwechsel	Rederechtsbeanspruchung, Unterbrechung	können auf eher aggressives Gesprächsverhalten hindeuten oder auf ein hohes Engagement in der Diskussion hinweisen	Baßler 2007

(6) Pilotierung II: Test und Evaluation der durch (5) erweiterten Kriterienliste
Die weiterentwickelte, teilsystematisierte Kriterienliste wurde erneut in einer Pilotierung getestet und evaluiert. Ergebnis war, dass es nicht ausreicht, die kontextuelle Einbettung im Hinblick auf die Interaktionssituation vorzunehmen und sprachliche Mittel als Indikatoren anzubieten, sondern es muss immer auch konkret genannt werden, in Bezug auf welchen Aspekt Selbstdarstellung untersucht wird. Selbstdarstellung geschieht in Interaktionen immer in einem ganz bestimmten Kontext, in dem bestimmte Ziele von den Akteuren verfolgt werden. Untersucht man also beispielsweise den Faktor Kompetenzsignalisierung, müssen fragestellungsspezifische, zusätzliche Parameter angelegt werden: So zeigt sich Kompetenz z. B. in Belesenheit, Kenntnis der Forschungslandschaft, Erkennen von Fehlern etc. Diese Parameter sollten dann auch im Korpus nachgewiesen werden und gegebenenfalls durch weitere ergänzt werden können. Äußert ein

Wissenschaftler X beispielsweise, dass er die Forschung von Wissenschaftler Y widerlegen konnte, signalisiert er in diesem Kontext Kompetenz durch (a) Kenntnis der Forschungsarbeiten von Wissenschaftler Y, (b) Überprüfung dessen Ergebnisse, (c) Fehlererkennung, (d) Anbieten neuer Ergebnisse. Ein konkreter Fokus in der Fragestellung ist also nötig, um Selbstdarstellungsverhalten im spezifischen Kontext auswerten zu können.

(7) Revision und Modifikation der Methode: Spezifische Anreicherung der Kategorienliste mit kontextbedingten Kriterien

Im letzten Schritt wurde die Methode auf Basis der Erfahrungen in Pilotierung II (= Schritt 6) überarbeitet und verfeinert. Die Basistabelle wird fokusspezifisch mit den Einzeltabellen (Tab. 30, 33, 37 und 46) ergänzt. Einzig für die Analyse von positiver und negativer Kritik muss keine spezifische Erweiterung des Rasters vorgenommen werden, da die Kriterien bereits durch die Basistabelle (Tab. 16) abgedeckt sind.

4.2.3 Zum Vorgehen in der Analyse

Die Kriterienliste wird folgendermaßen angewendet: Ausgangspunkt aller Analysen sind die Transkripte und sprachliche Phänomene, die Aufschluss über Selbstdarstellung geben. Die Kategorienliste dient als Inventar und Kontroll-Liste aller deduktiv sowie induktiv ermittelten Indikatoren mit ihren zum Teil schon in der Literatur festgestellten typischen Funktionen. Sprachliche Äußerungen werden auf allen Ebenen untersucht, d. h. lexikalische, syntaktische, sprechhandlungsspezifische, stilistische, gesprächsorganisatorische, paraverbale u. a. Phänomene werden in ihrer spezifischen Kombination analysiert. Dies ist notwendig, da ein verbales Mittel immer gemeinsam mit anderen auftritt und auch nur gemeinsam mit diesen anderen Mitteln bestimmte Wirkungen erzielt bzw. Funktionen erfüllt. So signalisiert die Kombination von spezifischen sprachlichen Phänomenen, dass beispielsweise höflich kommuniziert werden soll. Höflichkeit und Respekt werden durch das Zusammenspiel von Partikeln, Gliederungssignalen, Gesprächswörtern, Heckenausdrücken, Modalitätsmitteln sowie Formen des nicht-expliziten Sprechaktausdrucks wie Deagentivierung, Entpersonalisierung und Ausdruck von propositionalen Einstellungen signalisiert (vgl. Brown/Levinson 2011; Holly 2001).

Die Kriterien des Rasters bilden eine Einheit, anhand der die Diskussionen untersucht werden. Wichtig ist, dass die sprachlichen Mittel und Kriterien als Indikatoren für ein eine bestimmte Selbstdarstellungs-Funktion betrachtet werden müssen. Die Indikatoren weisen also nicht per se auf eine Funktion hin, sondern müssen in ihrem jeweiligen Kontext und ihrer spezifischen Kombination analysiert und ausgewertet werden.

Der analytische Umgang mit den Sprachdaten wird am Beispiel der Sprechhandlung BEWERTEN demonstriert. Die Bewertungen in den folgenden beiden Beispielen sind in einem wissenschaftsspezifischen Bewertungsrahmen verortet (vgl. z. B. die Regeln guter wissenschaftlicher Praxis der DFG 2013). Die Beispiele zeigen, wie zugrunde gelegte Werte sowie Kritik des Gesprächspartners am verbalen Ausdruck abgelesen werden können. Im ersten Fall wird der zugrunde gelegte wissenschaftliche Wert im Umkehrschluss aus dem Geäußerten abgeleitet[73]:

```
055    PhilPm_A    ALso (.) ähm MEIne ich dass ä völlig UNklar ist worüber
                   haben sie überhaupt gesprochen=
```
Sequenz 1: PhilPm$_A$ als Diskutant in der Fokusdiskussion mit PhyPsyDrm; TK 3_6: 055.

Hier wird PhyPsyDrm Unklarheit in der Rede attestiert bzw. vorgeworfen. Da man davon ausgehen kann, dass es im Bewertungsrahmen Wissenschaft schlecht ist, wenn Zuhörer Inhalte nicht verstehen, stellt das Adjektiv *UNklar* eine negative Bewertung dar, die noch dazu durch das Adjektiv *völlig* verstärkt wird. Im Umkehrschluss muss der zugrunde gelegte Wert lauten: Klarheit (der Rede).

Im zweiten Beispiel zeigt sich die negative Bewertung im Verb *ausschließen* sowie in dessen Beurteilung als *nicht geRECHTfertigt*:

```
010    PharmPm     und amine AUSzuschließen in (-) diesen natürlich
                   vollkommen hypothetischen (--) URatmosphären oder
                   URsuppen (---)
011                das das fänd ich nicht geRECHTfertigt (.)
```
Sequenz 2: PharmPm in der Fokusdiskussion mit ChemPm$_A$; TK 2_5: 010-011.

Der Ausschluss wird als *nicht geRECHTfertigt* beurteilt, d. h. die Negation des Adjektivs enthält die negative Bewertung des Ausschlusses. Hieraus ergibt sich, dass das Gegenteil – der Einschluss – positiv zu bewerten ist. Der zugrundeliegende Wert lautet also: Vollständigkeit.

Weiterhin wird immer die Aktion und Reaktion von Kommunikationspartnern gemeinsam untersucht, d. h. es wird stets analysiert, wie der Interaktionspartner auf die Äußerungen seines Gegenübers reagiert. Die Wirkung von Selbstdarstellungsversuchen auf die verschiedenen Interaktionsteilnehmer ist unterschiedlich, dieselben Verhaltensweisen werden unterschiedlich interpretiert. Je nach Interpretation reagieren die Interaktanten. Daraus ergibt sich für mei-

---

73 Falls nötig, wird auf die Bedeutungsbeschreibungen des Dudens zurückgegriffen, um die Bedeutung eines Lexems besser erfassen zu können. Am Beispiel *unklar* lautet diese ‚nicht geklärt, ungewiss, fraglich' (Duden).

nen Analyseansatz, dass ich vornehmlich Paarsequenzen betrachte[74]. Denn beide Sequenzen – eine Äußerung und die Reaktion auf eine Äußerung – geben nur zusammen Aufschluss über den thematisch-inhaltlichen Stand der Diskussion sowie die jeweilige Beziehung und Beziehungsdefinition der Interaktanten (vgl. dazu auch Goffman 2005: 120). Im vorliegenden Korpus bleiben allerdings viele Initiierungen von den Angesprochenen aus verschiedenen Gründen reaktionslos (unter anderem durch die Weitergabe des Rederechts durch den Moderator oder den Abschluss der Diskussion); diese Angriffe werden dennoch untersucht, gerade weil sie – je nach Initiierungs-Charakter – durch die fehlenden Reaktionsmöglichkeiten stark gesichtsbedrohend für den Kritisierten sind (und die Initiierenden ihre Beiträge unter Umständen in dem Wissen, dass der andere sich nicht verteidigen kann, anders und evtl. schärfer formulieren). Daher ist es ein wichtiger Punkt zum Verständnis der folgenden Darstellungen, dass, soweit möglich, immer die Auswirkungen des sprachlichen Handelns auf die Images *aller* Interaktionspartner untersucht werden. Denn die Art, wie jemand negative Kritik vorbringt, kann dem eigenen Image schaden – und nicht nur, wie möglicherweise intendiert, dem fremden. Aus diesem Grund muss in die Deutung von Diskussions- und Selbstdarstellungsverhalten immer auch die Reaktion des Angesprochenen einbezogen werden; denn der Angesprochene ist derjenige, der in der aktuellen Situation (spontan) etwas als negative Kritik oder neutrale Bemerkung auffasst und auf Basis seiner eigenen Deutung darauf reagiert. Damit erlaubt die Analyse des Selbstdarstellungsverhaltens aller Teilnehmer eine genaue Rekonstruktion der Gesprächsentwicklung.

Nonverbales Verhalten kann aufgrund der Datenbasis nicht in die Analyse einbezogen werden. Dies stellt zwar eine wesentliche Einschränkung im Hinblick auf den Anspruch dar, Selbstdarstellungsverhalten umfassend zu beschreiben, muss aber nicht notwendigerweise von Nachteil sein: Die verbalen und paraverbalen Mittel rücken durch das Fehlen der nonverbalen in den Vordergrund. Zudem belegen Studien, dass Inhalt und Ausdruck des Sprechens korrelieren (vgl. hierzu ausführlich Schönherr 1997): Der Körper kann bspw. nicht Zurückhaltung signalisieren, während prosodisch Macht demonstriert wird. Es kann also davon

---

74 Hier findet sich eine treffende Beschreibung der Problematik bei Goffman (2005: 104): „Wer zu einer Erwiderung bereit ist, muss zu einer brauchbaren Interpretation der Aussage gekommen sein, bevor er zum Ausdruck bringt, dass er die Intention des Sprechers erfasst hat; wir aber, die wir im Nachhinein mit einem isolierten Exzerpt zu tun haben, finden den Schlüssel sozusagen gleichzeitig mit der Tür. Beim stillen Lesen (oder Zuhören) stoßen wir auf genau die Anhaltspunkte, die wir brauchen. Ganz systematisch gelangen wir so zu einer vorgefassten Meinung über geäußerte Sätze."

ausgegangen werden, dass Verbales, Para- und Nonverbales gemeinsam als Einheit produziert wird (belegt durch Burgoon et al. 2008: 792).

Weiterhin muss gesagt werden, dass der individuelle Habitus einer Person ganz entscheidend für die Art der Selbstdarstellung und damit auch für meine Analyse ist. Mit dem Konzept *Habitus* wird in der Soziologie zusammenfassend Folgendes bezeichnet:

> Der Habitus ist ein vielschichtiges System von Denk-, Wahrnehmungs- und Handlungsmustern, das die Ausführungen und Gestaltung individueller Handlungen und Verhalten mitbestimmt, hat einen gesellschaftlichen Ursprung. Er ist begründet in der sozialen Lage, dem kulturellen Milieu und der Biografie eines Individuums. Als eine Art sozialer Grammatik ist der Habitus in die Körper und Verhaltensweisen der Einzelnen eingeschrieben. (Liebsch 2002: 72)

Jeder Akteur bringt also einen spezifischen Habitus mit sich, spricht, handelt, beurteilt und präsentiert sich auf eine ganz spezielle Weise (vgl. Bohn/Hahn 2002: 258). Dies muss in der Analyse beachtet werden, um Verhalten nicht fehlzuinterpretieren. Spricht eine Person beispielsweise generell eher leise und zurückhaltend, so ist dies kein Hinweis auf Unsicherheit in Diskussionen. Agiert dieselbe Person aber plötzlich in Diskussionen sehr engagiert, forsch und nachdrücklich, so ist dies in jedem Fall ein Hinweis auf ein geändertes Selbstdarstellungsmanagement.

Aus den Fragestellungen und den methodischen Überlegungen ergibt sich, dass die Analyse qualitativer Art sein muss, um mögliche sprachliche Phänomene und Kategorien zu ermitteln. Die Analyse ist deskriptiv, d. h. die auftretenden sprachlichen Phänomene und Selbstdarstellungshinweise werden beschrieben und in einem weiteren Schritt kategorisiert. Die Möglichkeiten der Beschreibung von Verhalten sind prinzipiell unendlich, was ein Blick auf die bereits identifizierten Techniken und Strategien der Selbstdarstellung im Impression Management gezeigt hat (vgl. hierzu Leary 1996: 17; zu Problemen beim Erfassen von Handlungen durch Sprechhandlungen und deren Aussagekraft in Bezug auf Selbstdarstellungs- und Beziehungsmanagement siehe Schwitalla 1996: 287-289). Meine Analyseergebnisse stellen somit auch nur einen *Ausschnitt* von Techniken und auftretenden Mustern aus einem beinahe unendlichen Repertoire dar[75].

Im Verlauf der Transkriptanalyse hat sich gezeigt, dass eine Argumentationsanalyse ebenso Aufschluss über die Selbstdarstellung der Akteure geben könnte.

---

75 Die konkreten Realisierungen von Mustern sprachlichen Handelns sind allerdings begrenzt (wie Kap. 2.4 zeigt).

Die vorliegende Untersuchung war allerdings so angelegt, dass die sprachlichen Mittel der Selbstdarstellung und der Beziehungskonstitution im Fokus des Interesses standen. Es wurde aber deutlich, dass auch die Inhalte des Gesagten die Selbstdarstellung ausmachen, dass auch Argumente und Argumentationsmuster zentrale Hinweise auf Selbstdarstellung liefern. Eine dahingehende Analyse könnte auf Basis der vorliegenden Arbeit in einer weiteren Studie nachgeholt werden.

4.2.4 Wie stellen sich Wissenschaftler in interdisziplinären Diskussionen dar? Vorbemerkungen zur Ergebnispräsentation

Die Ergebnispräsentation orientiert sich an den zentralen Fragen der Arbeit:

Kapitel 5: Wie wird positive und negative Kritik geäußert? In welchen sprachlichen Formen geschieht dies, auf was bezieht sie sich, wie ist sie begründet, wie wird auf sie reagiert und welche Auswirkungen hat positive oder negative Kritik auf das *face* der Beteiligten?

Kapitel 6: Welche Funktion hat das Thematisieren der eigenen disziplinären Zugehörigkeit? Wann und in welcher sprachlichen Form wird Fachidentität kommuniziert?

Kapitel 7: Wie werden Kompetenz und Expertenschaft in der Diskussion heraus- und dargestellt? Zentral ist dabei die Frage, wie das Sicherstellen des Images als kompetenter Wissenschaftler bei Nichtwissen und Unsicherheit funktionieren kann und welche Strategien den Akteuren zur Verfügung stehen.

Kapitel 8: Wie gelingt es Wissenschaftlern, sich als Individuen in einem von Sachlichkeit und Rationalität geprägten, kompetitiven Kontext positiv zu präsentieren? Welche Funktionen erfüllt Humor in wissenschaftlichen Diskussionen? Wie wird er sprachlich vorgebracht?

In einem Gesamtfazit werden die unterschiedlichen Fragestellungen aufeinander bezogen und abschließend in einer Gesamtansicht diskutiert (Kap. 9). Es wurde bereits dargelegt, dass das entwickelte Kriterienraster für die Analyse je nach Analysefokus fallspezifisch angereichert werden muss, um zu fundierten Ergebnissen zu führen. Diese Anreicherung soll durch theoretische Einführungen zu den relevanten Themen geleistet werden, die den Ergebnissen in den Kapiteln jeweils vorgeordnet sind. Daher folgt die vorliegende Arbeit, entgegen der üblichen Trennung in Theorie und Ergebnispräsentation, einem abweichenden Schema: Jedes der vier Kapitel, in dem die Ergebnisse zu einer bestimmten Forschungsfrage dargestellt werden, beginnt mit einer theoretischen Einführung in den spezifischen Selbstdarstellungsaspekt sowie mit einer fokusspezifischen Anreicherung der Methode. Darauf folgen die Ergebnisse der Arbeit.

Die Ergebnisse der Analyse werden jeweils mit Beispielen belegt. Dafür wird nicht immer eine umfangreiche Kontextualisierung der Transkriptsequenzen vorgenommen, sondern nur dann, wenn diese von zentraler Bedeutung für das Verständnis sowie die Argumentation ist. Die Angaben zu Personen- und Rollenkonstellation befinden sich im Anhang (Tab. 48) und können dort jeweils nachgeschlagen werden.

Zudem wird je Kapitel immer ein Teilaspekt untersucht; daher kommt es zur mehrfachen Bearbeitung einzelner Transkriptsequenzen, wobei die Betrachtung unter verschiedenen Frageperspektiven stattfindet.

Den Abschluss eines jeden Kapitels bildet ein Fazit mit Diskussion.

5 Gegenseitiges positives und negatives Kritisieren

Wissenschaftliche Diskussionen sind notwendige Foren des wissenschaftlichen Austauschs, weil sie ständiges kritisches Hinterfragen, Darstellen von Alternativen, Aufzeigen von Problemen u. a. ermöglichen. Sie entspringen dem eristischen Ideal von Wissenschaft und dienen der Wahrheitsfindung. Unterschiedliche fachliche Einstellungen und Perspektiven (Disziplinen, Denkrichtungen, Schulen, Strömungen etc.) tragen dazu bei, dass die Korrektheit von Methoden, Ergebnissen und deren Interpretationen diskutiert wird. Konferenzen, auf denen sich Wissenschaftler nicht einig sind, ihre Ansichten vorbringen und kontrovers diskutieren, gelten als die spannenderen und ergiebigeren (vgl. Baron 2006: 92). Dennoch sind sich Diskutanten auch in sehr kontroversen Diskussionen in bestimmten Punkten einig, erkennen fremde Meinungen an und äußern positive Kritik.

In der Diskussion allerdings laufen wissenschaftliche Aushandlungsprozesse den sozialen und psychischen Imagesicherungsbedürfnissen der Teilnehmer zuwider. Dadurch kommt es zu teilweise heftigen Auseinandersetzungen, die nicht nur sachlich und rational, sondern auch persönlich und emotional verlaufen können. Eristisches Ideal und Bedürfnis der Imagewahrung müssen individuell ausbalanciert werden, was zu Konflikten führen kann: Bei negativer Kritik verteidigen Wissenschaftler im Normalfall ihre eigene Forschung und haben einen umso kritischeren Blick auf Arbeiten von Kollegen. Ebenso gibt es Fälle, in denen Wissenschaftler sich durch negative Kritik vor dem Publikum profilieren wollen (obwohl sie selbst nicht zu dem Thema forschen). In beiden Fällen erweist sich dieser kritische Blick oftmals als potenziell gesichtsbedrohend, da Wissenschaftler sich mit ihrer Forschungsarbeit identifizieren und sich bei fachlicher Kritik unter Umständen persönlich angegriffen fühlen.

In diesem Kapitel wird positives und negatives Kritisieren unter einem bestimmten Fokus betrachtet: Es geht um Kritik, die dem Interaktionspartner in irgendeiner Form Inkompetenz oder mangelnde Wissenschaftlichkeit unterstellen und vorwerfen[76]. Dieser Fokus wird aus verschiedenen Gründen gesetzt: Erstens

---

76 Dass in diesem Kapitel negative Kritik unter diesem relativ engen Fokus betrachtet wird, heißt nicht, dass nicht auch andere Arten von Kritik identifiziert werden können: Es finden sich auch Sequenzen von konstruktiver Kritik, interessierte Fragen mit kritischem Inhalt, Detailkritik etc.

ist es für Wissenschaftler (nicht nur auf Tagungen) zentral, Kompetenz, Fachwissen, Glaubwürdigkeit und Professionalität zu demonstrieren, um ihre Position zu festigen, zu erhöhen oder zu verteidigen. Dies stellt ein wissenschaftliches (Karriere-)Kapital dar und sichert die eigene Reputation sowie beispielsweise Vortragseinladungen und Stellenangebote. Inkompetenzvorwürfe sind also besonders gesichtsbedrohend, weil sie an Rufschädigung grenzen. Zudem kratzen sie am wissenschaftlichen Ego, da Wissenschaftlichkeit als Grundwert für alles wissenschaftliche Arbeiten gilt (vgl. Schwitalla 2001: 1377). Außerdem sind Kompetenz und Fachwissen eng an die eigene Fachidentität geknüpft. Wird jemandem Inkompetenz zugeschrieben, steht dessen Position und Anerkennung innerhalb der *scientific community* zur Diskussion, seine Identität als kompetenter Repräsentant seines Fachs wird infrage gestellt. Zweitens ähneln Inkompetenzvorwürfe in ihrer Funktion bestimmten Arten von Nichtwissensvorwürfen, indem sie ein nicht ausreichendes oder mangelndes Wissen unterstellen (vgl. Kap. 7.3). Drittens können Diskussionen, in denen es zu solchen Vorwürfen kommt, aus den bisher genannten Gründen schnell von der fachlichen auf eine persönliche Ebene wechseln, sie haben ein hohes emotionales Potenzial. Inkompetenzvorwürfe stellen demnach eine Art der aggressiveren Kommunikation dar, die Wissenschaftler vor ernsthafte Imageprobleme stellt. Um sich diesem Vorwurf gegenüber zu verteidigen, muss ein Wissenschaftler aktiv Kompetenz signalisieren, was zeitaufwändig und dementsprechend in Diskussionen nicht immer machbar ist (vgl. dazu Kap. 7.1 und 7.2).

Auf eine Untersuchung von streit- bzw. diskussionstypischen Mustern kann verzichtet werden, da bereits sehr viel Forschung zu Angriffs- und Verteidigungsrunden vorliegt (vgl. Gruber 1996; Holly 1979, 2001; Schwitalla 1996, 2001; auch im untersuchten Korpus können solche Muster belegt werden). Zudem fällt bei der Betrachtung der Diskussionen auf, dass solche Musterbeschreibungen eine gewisse Statik der Diskussion und der Rollen der Teilnehmer suggerieren. Die gängigen Ablaufmuster VORWURF → RECHTFERTIGUNG oder VORWURF → GEGENVORWURF können nicht erfassen, welche Handlungen zwischen dem Verteidigen gegen einen Vorwurf und einem möglichen Gegenvorwurf liegen, nämlich Begründungen, Erläuterungen, Verweise auf andere Forschungsergebnisse, kleine Exkurse, Illustrationen etc. All diese Handlungen dienen der Darstellung der eigenen Position, sollen Überzeugungsarbeit leisten und Kritik entkräften – werden aber nach der Musterbeschreibung als Verteidigungshandlungen zusammengefasst. Damit bleiben feine Unterschiede unsichtbar und dynamische Diskussionen werden als statische Ereignisse beschrieben. Daher sollen in diesem Kapitel längere Diskussionssequenzen betrachtet und in ihrer Dynamik erfasst werden.

In der Ergebnispräsentation wird nicht so explizit wie in den anderen Publikationen (vgl. dazu die referierten Arbeiten in Kap. 2.4) zwischen Angriffs- und Verteidigungsrunden unterschieden. Dies rührt daher, dass die argumentativen Rollen in den Diskussionen sehr stark wechseln, dass Kritiker zum Kritisierten werden oder andersherum, dass Teilnehmer plötzlich in eine Moderatorenrolle schlüpfen, Fragen an das Publikum richten und Ähnliches. Eine Unterscheidung der Ergebnisse lediglich nach Angriff und Verteidigung würde die Gesprächsdynamik nicht angemessen wiedergeben; stattdessen werden hier längere Diskussionsabschnitte untersucht und solche Rollenwechsel sowie Auswirkungen auf die Images daran aufgezeigt.

Es gilt somit die folgenden Fragen zu beantworten, und zwar jeweils in Bezug auf positive und auf negative Kritik:

1) In welchen sprachlichen Formen äußert sich positive/negative Kritik?
2) Welche Referenz hat positive/negative Kritik?
3) Wie wird die Kritik begründet (wissenschaftliche Werte)?
4) Wie wird auf die positive/negative Kritik reagiert?
5) Welche Auswirkungen hat die positive/negative Kritik auf das *face* der Beteiligten?

Die Beantwortung der genannten Fragen gibt auf verschiedene Weise Aufschluss über das Selbstdarstellungsverhalten der Akteure: Erstens lassen gewählte Lexik, Sprechhandlungen und das Gesprächsverhalten Rückschlüsse auf den Sprecher und dessen Selbstdarstellung zu (z. B. signalisieren sie Dominanz, Höflichkeit oder Zurückhaltung). Zweitens zeigen die Bezüge der Kritik und die zugrunde gelegten Werte in gewissem Maße das Selbstverständnis und die Werte der Teilnehmer an. Drittens gibt die Art der Reaktion auf Kritik Hinweise darauf, wie der Kritisierte sich und seinen Gesprächspartner wahrnimmt und wie er die Kritik bewertet (zu den einzelnen Punkten siehe auch Kap. 5.1).

5.1 Methodische Anreicherung

Nach Ventola et al. (2002: 10) ist negative Kritik von vornherein potenziell gesichtsbedrohend[77]. In der Kritik stehende Personen müssen auf Konferenzen nicht

---

77 Jede Form von negativer Kritik stellt im Goffmanschen Sinne einen Angriff auf das *face* eines Anderen dar. Um aber möglichst offen alle Facetten von Kritik erfassen zu können und nicht in eine Kriegs-Metaphorik (z. B. „Angriff, Verteidigung, Bedrohung, Abwehr") verfallen zu müssen, bleibe ich bei den Begriffen negative Kritik, Initiierung und Reaktion. Dennoch kann auf die genannte Goffman'sche Terminologie in der

nur gegenüber dem Diskussionspartner ihr Gesicht wahren, sondern vor einem Publikum, das unter Umständen ebenso zweifelt, skeptisch ist oder Kritik an anderer Stelle anbringen würde.

Tracy (1997) macht deutlich, dass das gegenseitige Kritisieren – positiv verstanden – die Aufnahme einer Person in die *scientific community* und deren Anerkennung bedeuten kann: „being criticized means that you are respected and taken seriously; it is a sign that your interlocutor sees you as intellectually able" (Tracy 1997: 32). In ihrer Untersuchung von universitären Kolloquien kommt sie zu folgendem Ergebnis:

> While criticism could mean lack of positive regard, it often did not. Rather it was frequently intended, and taken as, an indication that the other *was* competent and intellectually able. Similarly, a lack of criticism did not necessarily mean that a person's work was seen positively; it could mean that a person was seen as intellectually or emotionally unable to manage the criticism. Thus, in this group, criticism carried several meanings, and while it was not always intended or seen as a face supportive, it often was. (Tracy 1997: 32)

Kritik jeglicher Art hat nicht nur Auswirkungen auf das Image der Kritisierten, sondern auch auf das der Kritiker. Dies zeigt sich in der Art, wie eine Kritik vorgebracht wird: Das Image des Kritikers kann sich verschlechtern, bspw. wenn er aggressiv einen Vorwurf in unangemessener Lautstärke äußert, oder verbessern, bspw. wenn er seinen Einwand angemessen äußert und daraufhin als „scharfsinnig und kompetent" (Schütz 2000: 194) wahrgenommen wird (vgl. Adamzik 1984: 287). Generell aber kann man sagen, dass das Absprechen von Kompetenz und Fachwissen der Fremdabwertung dient, wodurch sich der Kritisierte im Gegenzug diese Eigenschaften selbst zuspricht und sich damit aufzuwerten versucht.

Kotthoff (1989: 189) stellt unter Rückgriff auf Byrnes (1986: 195) fest, dass deutsche Wissenschaftler eher direkt, aggressiv und sachorientiert diskutieren. Die Beziehung zwischen den Diskussionspartnern rückt gegenüber dem sachlichen Austausch und der Wahrheitsfindung in den Hintergrund (vgl. Byrnes 1986: 201)[78]. Wie ein solches Verhalten im Hinblick auf Selbstdarstellung wahrgenommen wird, hängt stark vom kulturellen Hintergrund ab (vgl. Kotthoff 1989: 197).

Es kann festgehalten werden, dass es positive, negative und neutrale Sprechhandlungen gibt, die in unterschiedlichem Maße gesichtsbedrohend sind. Die

---

Beschreibung der Interaktion nicht vollständig verzichtet werden, wenn Eintönigkeit und allzu häufige Wiederholungen vermieden werden sollen.

78 Kotthoff weist allerdings darauf hin, dass dies eine zusammenfassende Feststellung ist und dass dies eigentlich weiter „regional, schichtenspezifisch und geschlechtsspezifisch" (Kotthoff 1989: 190) differenziert werden müsste.

face-Bedrohung hängt von der Interpretation der Sprechhandlung durch den Angesprochenen ab. Eine relativ neutrale Art des Beitrags (initiierend) ist das Geben von Empfehlungen oder Anregungen, die vom Vortragenden aber positiv als konstruktive Beiträge oder negativ als Imageangriff gewertet werden können (vgl. Webber 2002: 236). Auch Beiträge, die vom Diskutanten nicht als negative Kritik gemeint sind (bspw. Fragen oder Anmerkungen), können den Vortragenden in Bedrängnis bringen und von diesem als negative Kritik empfunden werden, wenn er zum Beispiel eine Frage nicht beantworten kann und damit ein Wissensdefizit offengelegt wird. Eine aggressive Art der negativen Kritik stellt nach Baron der Inkompetenzvorwurf dar, gegen den sich Wissenschaftler in Diskussionen nur schwer verteidigen können (vgl. Baron 2006: 92). Eine Hierarchisierung der Sprechhandlungen nach dem Schweregrad ihres Angriffscharakters ist aufgrund der Vielzahl an Faktoren, die den Schweregrad beeinflussen, kaum sinnvoll möglich. Die *face*-Bedrohung einer Äußerung wird durch den Tonfall, die Referenz des Angriffs, die Art der Kritik und der Platzierung von Angriff/Verteidigung bestimmt und ist außerdem von der Stimmung des Angesprochenen, individuellen Selbstdarstellungszielen sowie der Diskussionsatmosphäre abhängig. Zur Übersicht über mögliche Initiierungs- und Reaktionstypen sowie Platzierungsmöglichkeiten sei an dieser Stelle auf die Zusammenstellung der Sprechhandlungen in Kapitel 2.4 und auf Tabelle 16 verwiesen.

Negative Kritik referiert auf verschiedene Sachverhalte. Im wissenschaftlichen Kontext sind das nach Webber (2002: 228) zum Beispiel der methodische Ansatz, die Art der Ergebnispräsentation, die zugrunde gelegten Hypothesen, Interpretationen und Schlussfolgerungen. In der Diskussion suchen die Teilnehmer nach Schwachstellen in den Vorträgen und dem in der nachfolgenden Diskussion Geäußerten (vgl. ebd.: 233).

Kritik jeglicher Art beruht außerdem auf Bewertungen, die innerhalb eines bestimmten Systems vorgenommen werden. Der interdisziplinären Diskussionen zugrundeliegende Bewertungsrahmen ist ein wissenschaftlicher, der sich aus wissenschaftlichen **Werten** zusammensetzt. Hier lohnt sich ein Blick auf die von der DFG formulierten Werte und Qualitätskriterien, die in der pdf-Publikation „Vorschläge zur Sicherung guter wissenschaftlicher Praxis: Empfehlungen der Kommission ‚Selbstkontrolle in der Wissenschaft'" (2013a) genannt werden. Die in der Publikation aufgelisteten Werte und Kriterien gelten für alle Disziplinen. Zum Teil werden die Qualitätskriterien explizit als solche benannt, zum Teil aber auch implizit in Empfehlungen formuliert.

Ein übergeordnetes Grundprinzip von Wissenschaft ist „Redlichkeit", das für jede wissenschaftliche Arbeit gilt. Redlichkeit zeichnet sich dadurch aus, dass

Wissenschaftler nach bestem Wissen und Gewissen im Sinne der von der DFG aufgestellten Regeln forschen, lehren und arbeiten (vgl. DFG 2013: 8);

> Unredlichkeit hingegen gefährdet die Wissenschaft. Sie zerstört das Vertrauen der Wissenschaftlerinnen und Wissenschaftler untereinander sowie das Vertrauen der Gesellschaft in die Wissenschaft, ohne das wissenschaftliche Arbeit ebenfalls nicht denkbar ist (DFG 2013: 8).

Um die Werte, die Wissenschaftlichkeit ausmachen, für die Analyse nutzbar zu machen, ist es sinnvoll, sie in Gruppen zusammenzufassen. Die „Regeln guter wissenschaftlicher Praxis" sind daher im Folgenden in eigener Gruppierung wiedergegeben, die ich zwecks Systematisierung der Referenzobjekte von Kritik vorgenommen habe (Tab. 17-21).

Gruppe A umfasst die allgemeinen Prinzipien der wissenschaftlichen Arbeit, also Werte, die disziplinunabhängig und übergeordnet für jedes wissenschaftliche Arbeiten gelten sollen:

Tabelle 17: Übersicht über die wissenschaftlichen Werte in Gruppe A: Allgemeine Prinzipien der wissenschaftlichen Arbeit.

Gruppe A: Allgemeine Prinzipien der wissenschaftlichen Arbeit
1. *Lege artis* arbeiten (DFG 2013: 15)
2. Dokumentation von Resultaten (DFG 2013: 15)
3. Anzweifeln aller Ergebnisse (DFG 2013: 15)
4. Strikte Ehrlichkeit (im Hinblick auf Beiträge Anderer) (DFG 2013: 15)
5. Reproduzierbarkeit wissenschaftlicher Ergebnisse (DFG 2013: 17)
6. Sorgfalt (DFG 2013: 27)
7. Übernahme von Verantwortung für eigenes Verhalten (DFG 2013: 16)
8. Datenaufbewahrung/-archivierung: Primärdaten müssen aufbewahrt werden (DFG 2013: 21f.)
9. Festlegung von Regeln (DFG 2013: 15-16)
10. Sorgfältige Qualitätssicherung (DFG 2013: 17)

5 Gegenseitiges positives und negatives Kritisieren 209

Gruppe B fasst alle Werte zusammen, die sich auf wissenschaftliche Veröffentlichungen beziehen:

Tabelle 18: *Übersicht über die wissenschaftlichen Werte in Gruppe B: Wissenschaftliche Veröffentlichungen.*

Gruppe B: Wissenschaftliche Veröffentlichungen
11. Qualität und Originalität gehen vor Quantität (DFG 2013: 20): „Ergebnisse müssen, wo immer tatsächlich möglich, kontrolliert und repliziert werden, ehe sie zur Veröffentlichung eingereicht werden" (DFG 2013: 21)
12. Gemeinsames Tragen der Verantwortung für wissenschaftliche Veröffentlichungen; keine „Ehrenautorschaft" (DFG 2013: 29)

Gruppe C enthält die Werte, die sich auf die Arbeit in Arbeitsgruppen beziehen:

Tabelle 19: *Übersicht über die wissenschaftlichen Werte in Gruppe C: Arbeit in Arbeitsgruppen.*

Gruppe C: Arbeit in Arbeitsgruppen
13. Gegenseitiges Mitteilen und Kritisieren der Ergebnisse, Integrieren in einen gemeinsamen Kenntnisstand (DFG 2013: 16f.)
14. Gegenseitiges Vertrauen (DFG 2013: 16)

Hieran eng gekoppelt sind die Werte der Gruppe D, die für Gruppenleiter und Betreuer gelten:

Tabelle 20: *Übersicht über die wissenschaftlichen Werte in Gruppe D: Gruppenleiter/Betreuer.*

Gruppe D: Gruppenleiter/Betreuer
15. Präsenz und Überblick des Gruppenleiters (DFG 2013: 17)
16. Ausbildung des wissenschaftlichen Nachwuchses nach den Regeln guter wissenschaftlicher Praxis, Kontrolle der Einhaltung (DFG 2013: 17)
17. Ausbildung zur Selbstständigkeit (DFG 2013: 17)
18. Wechselseitige Überprüfung von Ergebnissen (DFG 2013: 17)
19. Sicherung der Betreuungsverhältnisse (DFG 2013: 18)

Werte, die in Gutachtersituationen eine Rolle spielen, bilden Gruppe E:

Tabelle 21: Übersicht über die wissenschaftlichen Werte in Gruppe E: Gutachtertätigkeiten.

Gruppe E: Gutachtertätigkeiten
20. Pflicht zur Vertraulichkeit (DFG 2013: 29, 34)
21. Offenlegung von Befangenheit (DFG 2013: 29, 34)
22. Neutralität (DFG 2013: 35)

Die Trennung der von der DFG genannten Werte in diese fünf Gruppen ist eine rein systematisierende, die eine bessere Anordnung der im Korpus genannten Werte erlauben soll. Es ist zu erwarten, dass sich Kritik in Diskussionen nach Vorträgen eher auf die in Gruppe A zusammengefassten Werte bezieht, da sie wissenschaftliches Arbeiten thematisieren. Die Art der Betreuung und das Verhalten als Gruppenleiter oder Gutachter werden nur sehr selten auf Tagungen sichtbar, da in Vorträgen Forschung und Forschungsergebnisse vorgestellt werden.

5.2 Positive Kritik

In den untersuchten Diskussionen finden sich einige Sequenzen, in denen Konferenzteilnehmer einander positiv kritisieren. Als positive Kritik wird alles gewertet, was eine positive Evaluation anzeigt. Durch Zustimmung, Dank und Lob drückt eine Person aus, dass sie beispielsweise eine Haltung, Einstellung oder Kritik anerkennt; damit zeigt sie Einsichtigkeit und Wahrheitsliebe (vgl. Schwitalla 2001: 309). Zudem haben positive Bewertungen eine positive Wirkung auf Beziehungen der Interaktionspartner (vgl. Adamzik 1984: 268f.). Im vorliegenden Analysekorpus wird positive Kritik vor allem in zwei Formen geäußert: im einleitenden Danken und im Zustimmen. Im Folgenden werden zuerst die einleitenden Sequenzen betrachtet, bevor auf Zustimmungssequenzen inmitten einzelner Beiträge eingegangen wird.

5.2.1 Einleitendes Danken

Dank als ‚Gefühl, Ausdruck der <u>Anerkennung</u> und des Verpflichtetseins für etwas <u>Gutes</u>, das jemand empfangen hat, das ihm erwiesen wurde' (Duden[79]; Herv. L. R.) kann als positive Kritik bzw. Lob betrachtet werden, da ein Sachverhalt mit dem

---

79 Im Folgenden bezieht sich der Beleg *Duden* auf die Online-Ausgabe http://www.duden.de/woerterbuch; alle Belege zuletzt abgerufen am 31.07.2015.

5 Gegenseitiges positives und negatives Kritisieren 211

Prädikat „gut" bewertet wird. Es ist auf Tagungen weitgehend etabliert, eigene Diskussionsbeiträge mit einem kurzen Dank an den Vortragenden zu beginnen. Ein solcher einleitender Dank wird in der Regel über die Routineformel „Vielen/Herzlichen Dank für Ihren Vortrag" realisiert, was mit Goffman als Hinweis darauf gedeutet werden kann, dass die Kommunikationspartner ihre Beziehungen zueinander anerkennen und aufrechterhalten möchten (vgl. u. a. Goffman 2011: 35; siehe auch Kap. 2.1 der vorliegenden Arbeit). Ein Beleg hierfür ist auch die Erfahrung, dass Vorträge gelobt werden, selbst wenn sie als schlecht befunden wurden; hier werden die Image-Erhaltungsbedürfnisse des Vortragenden anerkannt, was einen (wenn auch nur oberflächlich) positiven Beitragseinstieg schafft, wobei im Anschluss daran immer noch die Möglichkeit zur Kritik besteht.

Danksequenzen, in denen explizit Dank ausgesprochen wird, finden sich fast ausschließlich zu Beginn der Beiträge und sind innerhalb eines Kommentars selten. Die identifizierten Danksequenzen beziehen sich zumeist auf positive *Vortrags*kritik, nur selten wird ein *Diskussions*beitrag positiv bewertet. Die folgenden Sequenzen sind Beispiele für positive Beitragseinleitungen:

```
001   LingPw_A      ja herr [Nachname (SozPDm_A)] herzlichen dank äm für den
                    flotten vortrag ((kichert, 2sek)) spannenden folien
002                 ich hab ne frage äm was uns denn wirklich jetzt
                    beSONders interessiert (--) äm
```
Sequenz 3: Diskutantin LingPw$_A$ in der Plenumsdiskussion mit dem Vortragenden SozPDm$_A$; TK 1_4: 001-002.

```
028   PhilDrhaw     ja vielen dank ähm (.) für diesen (.) ä wirklich sehr
                    ja materialreichen (.) äm vortrag (-)
029                 äm (-) danke auch äm für die ähm ja für den facetten
                    für den für den EINblick in simmels arbeit
030                 in sein facettenreichtum ((unverst. durch Stuhlrücken,
                    3sek))
```
Sequenz 4: Diskutantin PhilDrhaw in der Plenumsdiskussion mit dem Vortragenden SozPDm$_A$; TK 1_4: 028-030.

```
001   kTheoMaPm     ja zunächst ä herr [Name (PhilPm_B)] herzlichen dank für
                    ihren sehr differenzierten VORtrag (.) ähm (.)
002                 ich bin aber an EIner stelle ä wirklich
                    HÄNgengeblieben offensichtlich auch andere
```
Sequenz 5: Diskutant kTheoMaPm in der Plenumsdiskussion mit dem Vortragenden PhilPm$_B$; TK 3_5: 001-002.

```
001   PhilPm_B      na ich bin etwas UNsicher ob ich diese he he die
                    fragerei ANführen soll (--)
002                 also ERSTmal (--) jetzt im !VOR!trag (-)
003                 VIEle VIEle VIEle !WUN!derbare (.) MÖGlichkeiten etwas
                    (.) EINzuordnen oder ZUzuordnen
```

```
004                hab re !WIRK!lich was gelernt und beDANke mich (-)
005                DAS ist das eine
006                dann hab ich ZWEI (-) ähm anmerkungen !MÖCHT! ich gerne
                   MACHen
```
Sequenz 6: Diskutant PhilPm$_B$ in der Plenumsdiskussion mit dem Vortragenden PhilPm$_A$; TK 3_10: 001-006.

Es zeigt sich, dass die oben dargestellte typische Form des Dankes in den Beispielen durch wertende Adjektive modifiziert wird, sodass die Sprechereinstellung gegenüber dem Vortrag oder einzelnen Aspekten deutlich wird: *flotten, spannenden* (Sequenz 3), *wirklich sehr materialreichen* (Sequenz 4), *sehr differenzierten* (Sequenz 5). Intensiviert werden die Bewertungen durch *sehr* (Sequenzen 4 und 5), Wiederholungen (Sequenz 6) sowie *!WIRK!lich* und dessen Betonung (Sequenz 6). Teilweise zeigt sich allerdings auch verhaltene negative Kritik, bspw. im ambivalenten Adjektiv *flott* (Sequenz 3), was an dieser Stelle deutlich macht, dass der Vortrag zu schnell gehalten wurde, wobei die Folien aber *spannend* waren. Dieses Beispiel zeigt deutlich, dass eine an der Oberfläche positiv formulierte Kritik ambivalent sein und negative Kritik enthalten kann. Ebenso kann *materialreich* (Sequenz 4) nicht nur positiv im Sinne von ‚dicht' und ‚umfangreich' gemeint sein, sondern auch negativ als ‚zu viel'.

Positive Vortragskritik wird in den Beispielen eher floskelhaft geäußert, was in Routineformeln zum Ausdruck kommt. Dennoch wird in den Sequenzen eine positive Bewertung in Bezug auf bestimmte Anliegen ausgedrückt: Es wird ein Dank für den *EINblick in simmels arbeit in sein facettenreichtum* (Sequenz 4) geäußert und der Kategorisierungsvorschlag eines Anderen wird als überaus positiv angesehen: *VIEle VIEle VIEle !WUN!derbare (.) MÖGlichkeiten etwas (.) EINzuordnen oder ZUzuordnen* (Sequenz 6).

Die Beitragseinleitungen folgen insgesamt einem einheitlichen Schema, wobei einzelne Elemente optional sind:

Gliederungssignal → Adressierung → Routineformel DANKEN → Bewertung → Referenz → Bewertung → Referenz → eigentlicher Beitrag

Dieses Schema wird anhand Tabelle 22 deutlich, in der die obigen Beitragseinleitungen im Original-Wortlaut eingetragen sind.

Direkte namentliche Anreden wie *ja herr [Nachname]* (Sequenz 3) oder *ja zunächst ä herr [Nachname]* (Sequenz 5) zu Beginn der Beiträge sichern nicht nur das Adressieren des richtigen Diskussionspartners, sondern können auch Höflichkeit oder sogar Nähe signalisieren (vgl. Holly 2001: 1389; Webber 2002: 246).

In den überwiegenden Fällen schließt sich an die positive Vortragskritik eine kritische Frage bzw. negative Kritik an (vgl. zu dieser Strategie Baßler 2007: 146): *ich hab ne frage äm was uns denn wirklich jetzt beSONders interessiert (--) äm*

(Sequenz 3), *ich bin aber an EIner stelle ä wirklich HÄNGengeblieben offensichtlich auch andere* (Sequenz 5), *dann hab ich ZWEI (-) ähm anmerkungen !MÖCHT! ich gerne MACHen* (Sequenz 6). Solche Widerspruchs- und Einspruchssequenzen werden zumeist mit *aber* oder *allerdings* eingeleitet (auf diese Kritiksequenzen wird im kommenden Teilkapitel zur negativen Kritik ausführlich eingegangen; vgl. Kap. 5.3 dieser Arbeit).

Tabelle 22: Übersicht über das typische Schema von Beitragseinleitungen; GS: Gliederungssignale, Adr.: Adressierung, RF: Routineformel, Bew.: Bewertung, Ref.: Referenz.

Sequenz	GS	Adr.	RF DANKEN	Bew.	Ref.	Bew.	Ref.
3 TK 1_4: 001-002 LingPw$_A$	ja	herr [Nachname (SozP-Dm$_A$)]	herzlichen dank äm für den	flotten	vortrag	spannenden	folien
4 TK 1_4: 028-030 PhilDrhaw	ja		vielen dank ähm (.) für diesen (.) ä	wirklich sehr ja materialreichen (.) äm	vortrag		
5 TK 3_5: 001-002 kTheoMaPm	ja zunächst ä	herr [Name (PhilPm$_B$)]	herzlichen dank für ihren	ihren sehr differenzierten	VORtrag äh		
6 TK 3_10: 001-006 PhilPm$_B$	also ERSTmal (--) jetzt				im VORtrag	VIEle VIEle VIEle WUNderbare (.) MÖGlichkeiten etwas (.) EINzuordnen oder ZUzuordnen	[inhaltlich/ methodischer Ansatz]

214 5 Gegenseitiges positives und negatives Kritisieren

In den Daten findet sich lediglich eine Sequenz, in der ein Kommentar eines Diskutanten vom Vortragenden als *Lob* verstanden und in seiner Replik als solches charakterisiert wird. Dieses Beispiel wird an dieser Stelle ausführlich besprochen:

```
124    kTheoPm      JA (-) ich wollte (-) mich bei BEIden (-) referenten
                    auch als theologe (.) bedanken
125                 ich habe (.) herausgehört dass ähm (.) also sehr viel
                    auch SELBST (-) bescheidung (.) einer naturwissenschaft
126                 die sich SPRACHkritisch (---) reflektiert aber auch (.)
                    von ihren möglichkeiten her
127                 für MICH äm einfach nur als unterstützung (1.5)
128                 die VORsicht vor definitiven schlussfolgerungen
129                 es MUSS (-) einen gott GEben weil (---) äh wir diese
                    oder jene lücken haben
130                 ich glaube es wäre nicht nur für die naTURwissenschaft
                    eine gefahr (1.5)
131                 hier (-) vorschnelle folgerungen zu ziehen
132                 sondern auch aus (.) religiöser (.) aus theologischer
                    sicht
133                 weil man sich abhängig macht von einem bestimmten stand
                    einer naturwissenschaft
134                 der dann (.) sehr schnell wieder (.) verändert (1.5)
                    sich
135                 und damit auch (.) die ebenen (.) nicht mehr
                    unterscheidet
136                 die da zu unterscheiden sind (1.5)
137                 äh wenn ich nur (.) noch einen (--) punkt hinzufügen
                    darf
138                 ihre ERSte möglichkeit (-) schien mir doch auch in dem
                    sinne (1.5) problematisch zu SEIN
139                 die sie nu naturalistisch genannt haben
140                 weil es dort ja hieß (2.3) dass man !SICHER! irgendwann
                    eine lösung finden wird (---)
141                 ich meine (--) DIEse position (.) ist geNAUso wenig
                    naturwissenschaftlich (2.5) wie die zweite
142    BioPm_A      hm
143    kTheoPm      und äh (--) wenn ich sie richtig verstanden habe herr
                    [Nachname]
144                 ist ja die DRITte (1.5) dann DIE weise wie man (.)
                    vielleicht naturwissenschaftlich verantwortet
145                 aus ihrer sicht (.) vorgehen kann (.) wenn lücken (.)
                    bestehen (1.5)
146                 eine ANdere weise der erklärung zu suchen (2.0)
147                 und (.) ich finde DAS ist eigentlich (.) für das
                    gespräch
148                 zwischen (.) naturwissenschaft und theologie (-) ä die
                    BESte (2.0) ausgangsposition
149    BioAnthPm    ä ah also man soll sich nie gegen (.) lob wehren
150                 aber an [EIner <<lachend> aber] an einer>> stelle
151    Publikum     [((lacht, 2sek))              ]
152    BioAnthPm    würde ich ne differenz MAchen
```

Sequenz 7: kTheoPm als Diskutant in der Plenumsdiskussion mit dem Fokusdiskutanten BioAnthPm; TK 2_2: 124-152.

5 Gegenseitiges positives und negatives Kritisieren   215

kTheoPm leitet seinen Beitrag durch einen Dank an die beiden Referenten ein und referiert das von ihnen Geäußerte mit eigenen Worten. Der Dank wird mittels einer Routineformel (*ja ich wollte mich bei beiden referenten auch als theologe bedanken*) vorgebracht und signalisiert Zustimmung und Anerkennung, was wiederum Nähe zum Vortragenden anzeigen kann. Die Redewiedergabe wird durch *ich habe (.) herausgehört* eingeleitet, was die subjektive Sicht des Diskutanten betont und eine salvatorische Klausel darstellt; die gleiche Funktion hat die Formulierung *für MICH*. kTheoPm bewertet das von BioAnthPm Geäußerte positiv, was er einerseits durch die Routineformel *ich wollte (-) mich bei BEIden (-) referenten [...] bedanken* kundtut, andererseits über die Charakterisierung des von BioAnthPm Gesagten als *unterstützung*. „Unterstützung" ist positiv konnotiert, dient hier der Begründung der eigenen Argumentation und Einstellung von kTheoPm. In dieser positiven Konnotation wird die positive Bewertung sichtbar.

In diesem Beispiel spielt zudem die Fachidentität des Diskutanten eine Rolle, da diese explizit in der Danksequenz genannt wird. Das Lob wird aus der Perspektive des Theologen geäußert (*als theologe*); die Disziplinnennung dient der Perspektivenverdeutlichung und Kontrastierung zur Naturwissenschaft. In diesem Kontext stehen die thematisierten, abgerufenen Werte, die eher geisteswissenschaftlichen Idealen zuzuordnen sind: *SELBST (-) bescheidung, SPRACHkritisch (---) reflektiert*. Auf die einleitende positive Sequenz folgen Hinweise auf problematische Aspekte und Gefahren (= Widerspruchssequenz). kTheoPm hält das Verweisen auf Gott, sobald man Dinge nicht erklären kann (*diese oder jene lücken*), für unüberlegt und übereilt (*vorschnelle*), was vor allem in der Naturwissenschaft nicht gerechtfertigt sei. Dies begründet er mit der daraus folgenden Abhängigkeit von Forschung und Wissensbeständen der Wissenschaft; er weist auf Forschungsfortschritte hin, die bestehende Lücken in Zukunft schließen – und damit Gott ausschließen – könnten. Zudem kritisiert er die vorgetragene naturalistische Position als *problematisch*, da in diesem Ansatz davon ausgegangen werde, dass Forschungsfragen definitiv irgendwann beantwortet werden könnten (*!SICHER! irgendwann eine lösung finden wird*). Dies entspreche allerdings nicht dem naturwissenschaftlichen Arbeiten (*geNAUso wenig naturwissenschaftlich (2.5) wie die zweite*). Dann aber bewertet er den von BioAnthPm vorgestellten dritten Ansatz als positiv, als *BESte (2.0) ausgangsposition*, schließt sich also BioAnthPms Meinung an.

BioAnthPm reagiert auf die Äußerung von kTheoPm mit *ä ah also man soll sich nie gegen (.) lob wehren* und charakterisiert damit dessen Äußerung explizit als Lob. Seine Reaktion auf das Lob ist anfangs zögerlich; er wirkt unsicher, wie er damit umgehen soll: *ä ah also*. Mit einer entpersonalisierten Formulierung *man soll sich nie gegen (.) lob wehren* nimmt BioAnthPm das Lob indirekt an. Doch auch er leitet direkt im Anschluss eine Widerspruchssequenz mittels *aber* ein und führt seine eigene Ansicht in Bezug auf die erste Option (naturalistische Position) aus. Damit reagiert er auf kTheoPms kritische Äußerungen (trotz Annahme des Lobs) mit einer Gegenkritik. Auf der Beziehungsebene lässt sich der Dialog so beschreiben, dass kTheoPm gegenüber BioAnthPm durch seinen Dank Nähe signalisiert, BioAnthPm dieser Nähe allerdings wieder ausweicht, indem er eine Widerspruchssequenz (Differenzierungswunsch) einleitet.

5.2.2 Zustimmen

Neben einleitender positiver Kritik findet sich explizites und implizites *Zustimmen*. Zustimmung kann als positive Bewertung des Gesagten aufgefasst werden. Durch sie wird der Beitragsinhalt implizit oder explizit positiv evaluiert. Zum Teil dient die Zustimmung auch dazu, negative Kritik einzuleiten. Die nun diskutierten Beispiele stammen nicht aus Beitragseinleitungen und werden deshalb als eine gesonderte Gruppe behandelt.

In den Sequenzen ist die positive Kritik nicht nur an positiven Bewertungen ablesbar, sondern sie ist auch eng an die subjektive Sicht und Einstellung des Akteurs gekoppelt. Es finden sich Gefühlsausdrücke und Ausdrücke des Konsenses. Im folgenden Beispiel handelt es sich um eine positive Reaktion auf einen Vortragskommentar:

```
047     eTheoPm_A       sie haben RECHT (.) es gibt da neben einstein ja noch
                        viel besseres beispiel a als faraday (.) i in vieler
                        hinsicht (-) ahm (.)
048                     DANN geb ich ihnen natürlich (-) RECHT mit den
                        naturzusammenhängen
049                     das freut mich dass (.) ah (-) ahm (-) ahm nicht nur
                        ich theo als theoLOge das so sehe
050                     der beGRIFF des naTURzusammenhangs ist ein begriff
                        den schleiermacher benutzt hat (-)
```

Sequenz 8: eTheoPm$_A$ als Vortragender in der Plenumsdiskussion mit dem Diskutanten PhyPm$_D$; TK 3_2: 047-050.

Über die Routineformeln *sie haben RECHT, geb ich ihnen natürlich (-) RECHT* wird Zustimmung signalisiert, intensiviert durch *natürlich*, was auf die Einstellung des Sprechers hindeutet: Die Naturzusammenhänge sollen nicht diskutiert werden, sind nicht mehr verhandelbar; *natürlich* wirkt hier zusätzlich zur Intensivierung auch als Konsenspartikel. Darauf folgt direkt eine positive Bewertung dieser Ansicht mittels des Gefühlsausdrucks *das freut mich*. Diese Gefühlsäußerung und positive Bewertung sind gekoppelt mit einer bestimmten disziplinären Perspektive des Diskutanten: Dieser freut sich *als theoLOge* über Zustimmung

5 Gegenseitiges positives und negatives Kritisieren   217

und Unterstützung durch einen Physiker. Die Nennung des eigenen disziplinären Hintergrunds verweist auf die Fachidentität des Diskutanten, die er an dieser Stelle selbst relevant macht.

Positive Vortragskritik ist in vielen Fällen mit negativer Kritik verknüpft; sie können einander gegenseitig rahmen oder aufeinander folgen. In der nächsten Sequenz wird die negative Kritik in positive eingebettet, wobei die abschließende positive Kritik die zu Beginn des Beitrags geäußerte Kritik wieder aufnimmt und wiederholt. Die Sequenz zeigt das Schema POSITIVE KRITIK – NEGATIVE KRITIK – POSITIVE KRITIK:

```
095      BioPm_A        ähn auf ihren vortrag zurückkommend
096                     sie (--) hatten (--) und des des hat mir sehr gut
                        gefallen (-)
097                     sie ham evolution beschrieben als eine HYpothetische
                        rekonstruktion (1.5)
098                     und des fand ich ne ganz WICHtige sache
099                     weil so würd ich des AUch beschreiben eine
                        HYpothetische rekonstruktion (1.5)
100                     was MICH stört ist wenn evolution einfach blank (.)
101                     und JEtzt mein ich NICHT die im labor MESSbare das ist
                        was anderes ja
102                     sondern evolution in einem UMfassenden sinn
103                     WENN die EINfach blAnk als tatsache beschrieben wi[rd]
104      BioAnthPm                                                        [hm]
105      BioPm_A        da krieg ich BAUchweh und da MEIne ich man sagt sehr
                        viel mehr (.) als man sagen kann
106                     und des deshalb wollt ich das nochmal hervorheben
107                     dass ich des (.) SEhr damit einverstanden bin
108                     evolution ist eine HYpothetische (.) rekonstrukTION
109                     und zwar von transformationsprozessen (--) von
                        lebewesen (2.0)
110                     DURCH DIE am ENde und auf den punkt wollt ich nochmal
                        <<zögernd> eingehen komplexität>> (2.0) äh erhöht wird
```
Sequenz 9: BioPm_A in der Fokusdiskussion mit BioAnthPm; TK 2_1: 095-110.

Diese Sequenz wird mit einem einordnenden Sprechakt eingeleitet, der die Referenz der Äußerung (= Vortrag) nennt. Das vom Vortragenden Gesagte, das für die Ausführung der Ansicht von BioPm_A relevant ist, wird paraphrasiert und durch persönliche, positive Gefühlsausdrücke gerahmt: *hat mir sehr gut gefallen* und *fand ich ne ganz WICHtige sache*. Der erste Ausdruck weist auf die Zustimmung zum Gesagten hin, der zweite bewertet den Ansatz mit Emphase als *WICHtig*. Die positive Bewertung des Ansatzes signalisiert Zustimmung zu diesem, was durch die nachfolgende Begründung verdeutlicht wird: *weil so würd ich des AUch beschreiben*. Das heißt, hier wird durch die Einigkeit in der Evolutions-Beschreibung Anerkennung und positive Kritik geäußert. Die positive Vortragskritik und der Ausdruck von Konsens schaffen Nähe zwischen den Interaktanten, und zwar inhaltlich wie sozial. Mit *was MICH stört* wird die negative Kritik an anderen Evolutions-Auffassungen eingeleitet, wobei die Kritik nicht an eine bestimmte Person oder Personengruppe gebunden ist, sondern undefiniert bleibt. Auch hier hat die negative Bewertung eine starke emotionale und körperliche Komponente: Die Formulierung *da krieg ich BAUchweh* signalisiert körperlichen Schmerz und Unwohlsein, was durch die vom Sprecher als falsch bewertete Auffassung von Evolution hervorgerufen wird. Danach nimmt BioPm$_A$ die positive Kritik wieder auf und signalisiert seine Zustimmung zu dieser Beschreibungsweise.

Wie demgegenüber positive Kritik von negativer Kritik gerahmt wird, zeigt das folgende Beispiel mit dem Schema: NEGATIVE KRITIK – POSITIVE KRITIK – NEGATIVE KRITIK.

```
166    PhilPm_A      ja (-) ähm DANN geht es mir ein
                     bisschen so wie herrn [Nachname (PhyPm_B)]
167                  ich WARte dann (--) was jetzt kommt also (-)
168                  ich schicke voraus damit das nicht die falsche
                     stoßrichtung bekommt (-)
169                  äh es ist SEHR dankenswert dass sie diesen sozialen
                     dienst da betreiben und dass sie den menschen helfen
170                  und ich (.) NEHme ihnen sogar ab
171    PhyPsyDrm     ja
172    PhilPm_A      dass ist eine interessante f psychologische
173    PhyPsyDrm     ja ja
174    PhilPm_A      ja psycho!LO!gische geschichte (-)
175                  dass sie (--) am TElefon sogar hören können ob jemand
                     sie anlügt
176    PhyPsyDrm     [ja]
177    PhilPm_A      [od]er ob er einen (--) bericht gibt
178    PhyPsyDrm     hm
179    PhilPm_A      von etwas wovon er betroffen ist=
180    PhyPsyDrm     =ja=
181    PhilPm_A      =und dass es da kriTErien gibt nach [denen]
182    PhyPsyDrm     [geNAU (.) richtig]
183    PhilPm_A      sie das feststellen DAS ist alles (.) geschenkt (.)
184                  und äh dass wir AUCH nicht alles wissen
185                  und dass da sozusagen ähm FÄlle auftreten können (.)
186                  wo wir nicht beMERken (.) WOran liegts oder was wir
                     sind RATlos
187    PhyPsyDrm     ja
188    PhilPm_A      SO und MEIne frage als philosoph wäre (.)
189                  was MACHen wir mit dieser RATlosigkeit
190                  und meine antwort ist NUR (.)
191                  wir BLEIben (.) bei unserem rationalitätsmodell der
                     erFAHrungswissenschaften
```

Sequenz 10: PhyPsyDrm als Vortragender in der Fokusdiskussion mit PhilPm$_A$; TK 3_6: 166-191.

PhilPm$_A$ stellt verschiedene essenzielle Punkte infrage und äußert seine Meinung direkt und relativ forsch (nicht abgedruckt). Nach verschiedenen Klärungsversuchen signalisiert PhilPm$_A$, dass die Erklärungen für ihn nicht ausreichend sind (*ich WARte dann (.) was jetzt kommt*). Plötzlich wird ein versöhnlicher Ton angestimmt und ein Dank ausgesprochen, um die formulierte Kritik einzuordnen: *damit das nicht die falsche stoßrichtung bekommt*. Die positiven Aspekte des Vortrags und der Arbeit des Vortragenden werden betont: *SEHR dankenswert, sozialen dienst, den menschen helfen*. Der *soziale dienst* und *menschen [zu] helfen* werden in der Gesellschaft positiv bewertet; im Kontext einer wissenschaftlichen Konferenz wird der Arbeit des Vortragenden allerdings Wissenschaftlichkeit abgesprochen, wenn diese als *sozialer dienst* beschrieben wird. Die Fähigkeit des Vortragenden, Lügen bereits während eines Telefongesprächs zu erkennen, wird als *eine interessante f psychologische ja psycho!LO!gische geschichte* erkannt und durch das Adjektiv *interessant* positiv bewertet. Der Ausdruck *psycho!LO!gische geschichte* für sich genommen hat dagegen einen abwertenden Beiklang, da es die Fähigkeit als solche nicht anerkennt, sondern als *geschichte* (im Sinne von ‚Geschichte erzählen, fabulieren', jedenfalls als unwissenschaftlich) abtut. Dennoch wird dem eine gewisse Wissenschaftlichkeit durch den Verweis auf die *kriTErien* (also wissenschaftliche Werte/Normen), anhand derer man Schwindel erkennen kann, zugeschrieben. PhyPsyDrm stimmt allem zu und bestätigt PhilPm$_A$s Äußerungen durch *ja, geNAU (.) richtig*. Der Eindruck eines Konsens stellt sich jedoch nicht ein, teilweise durch die Ausdrücke *geschichte* und *DAS ist alles (.) geschenkt*, die beide durch den plötzlichen Wechsel in die Umgangssprache eher abwertend wirken, aber vor allem durch die abschließende rhetorische Frage mit nachfolgendem Lösungsvorschlag: *SO und MEIne frage als philosoph wäre (.) was MACHen wir mit dieser RATlosigkeit und meine antwort ist NUR (.) wir BLEIben (.) bei unserem rationalitätsmodell der erFAHrungswissenschaften*. Das Problem der Ratlosigkeit wurde vom Vortragenden nicht gelöst, steht also immer noch als Frage im Raum und muss vom Diskutanten selbst beantwortet werden – so zumindest wird es von PhilPm$_A$ dargestellt. Auch hier wird die eigene Fachidentität explizit genannt und so die Perspektive verdeutlicht: *als philosoph*. Zusätzlich zum Problem der offenen Frage spricht PhilPm$_A$ das Bleiben beim Rationalitätsmodell an, was ebenso implizit einen Angriff auf PhyPsyDrms Ausführungen darstellt, weil dessen vorgestelltes Modell von PhilPm$_A$ noch nicht als ein rationales akzeptiert wurde.

Im obigen Beispiel wird der Dank als Feststellung geäußert und nicht als „Ich-Botschaft": *es ist SEHR dankenswert* (es ist eins der beiden Beispiele, bei denen Dank innerhalb eines Diskussionsbeitrags und nicht einleitend signalisiert wird). Damit steht das Beispiel im Kontrast zu folgenden, in dem der Akteur dem Vortragenden direkt und persönlich dankt:

```
128    PhilPm_A    =ja ich danke ihnen für diese beMERkung
129                denn wir sollten auch in dieser !TA!gung (-)
130                bei aller orientierung jetzt am ersten vortrag von
                   einem theologen
131                nicht vergessen (-) dass wir auch noch den menschen in
                   der profaniTÄT haben (.)
132                und dass wir auch (.) ARELIgiöse (.) menschen UNter uns
                   haben (.) ja
133                und dass DIE ja !AUCH! unter die verbindlichkeit von
                   recht und ethik zu stellen sind (-)
134                und ich würde ihnen in der sache (.) !VÖLL!ig (.)
                   ZUstimmen (.)
```

Sequenz 11: PhilPm_A als Moderator in der Plenumsdiskussion (Reaktion auf Äußerung von ChemPm_B); TK 3_2: 128-134.

Der Dank wird nachfolgend begründet (eingeleitet durch *denn*), wobei die Begründung durch die Verwendung von *wir sollten* den Charakter einer Empfehlung oder Mahnung aufweist (das Modalverb im Konjunktiv *sollten* in Verbindung mit dem direktiven Sprechakt weisen darauf hin). Die von einem Diskutanten geäußerte Bemerkung wirkt als Auslöser und veranlasst den Moderator dazu, die Diskussion zu regulieren und das Publikum (durch ein inklusives *wir*) anzuweisen.

Positive und negative Kritik können auch einander abwechseln: POSITIVE KRITIK – NEGATIVE KRITIK – POSITIVE KRITIK – NEGATIVE KRITIK. Hierdurch werden verschiedene strittige oder unstrittige Punkte betont, wie das folgende Beispiel zeigt:

```
130    kTheoMaPm   ja ich hätte folgende frage an den herrn (.) [Nachname
                   (PhilNaWiPm)] (.)
131                ich glaube sie haben uns eine form von rationaliTÄT und
                   von WELTZUgriff vorgeSTELLT
132                die in der tat UNverzichtbar ist (--) in unserer welt
133                allerdings (.) bin ich der meinung dass es verSCHIEdene
                   formen von rationalität gibt (--)
134                u::nd ich halte es für eine verKÜRzung !NUR! (-) IHre
                   form von rationalität und weltzugriff
135                als (.) die einzige GELten zu lassen
136                ich nenne sie einmal den naturwissenschaftlichen
                   weltzugriff (-)
137                ich finde diesen wie gesagt wirklich sehr
                   beDEUtungsvoll (-)
138                ich MEIne aber dass es verschiedene formen von
                   rationalität gibt
139                ich möchte zumindestens noch zwei nennen (-)
```

Sequenz 12: kTheoMaPm als Diskutant in der Plenumsdiskussion mit PhilNaWiPm; TK 2_4: 130-139.

5 Gegenseitiges positives und negatives Kritisieren 221

Der obige Ausschnitt beginnt mit dem Äußern der subjektiven Meinung, eingeleitet durch *ich glaube*, zum Rationalitätsbegriff und zur Art des Weltzugriffs. Die vom Vortragenden geäußerten Inhalte bzw. dessen Verständnis werden als UNverzichtbar bewertet, was in diesem Kontext mit der Bedeutung ‚essenziell, wichtig' durch die positive Konnotation als positiv bewertet gesehen werden kann. Im Anschluss an diese positive Bewertung äußert kTheoMaPm allerdings eine Widerspruchssequenz (eingeleitet durch *aber*) und führt seine Ansicht aus. Er betont erneut, dass er den Ansatz des Vortragenden für wichtig hält: *ich finde diesen wie gesagt wirklich sehr bedeutungsvoll*. Das Adjektiv *bedeutungsvoll* unterstreicht die Wichtigkeit und Relevanz, wird intensiviert durch *sehr*. Im Anschluss daran wechselt der Diskutant nochmals in die Vortragskritik und leitet eine Widerspruchssequenz, wieder durch *aber*, ein. Insgesamt werden der Vortrag sowie die Begriffskonzepte demnach positiv bewertet, wobei Abschnitte mit negativer Kritik eingebettet werden. Die *face*-Bedrohung des Vortragenden wird abgeschwächt, da durch Zustimmungen und positive Bewertungen die negative Kritik abgemildert wird.

Positive Kritik kann auch mit ironischem Unterton und humorvoll vorgebracht werden. Das folgende Beispiel zeigt, wie der Diskutant mit den Hörererwartungen spielt und seinen als negative Kritik eingeleiteten Beitrag in eine positive Vortragskritik wendet; ein mögliches Schema hierfür, das den bisherigen folgt, wäre NEGATIVE KRITIK ↻ POSITIVE KRITIK:

```
001    PhyPm_B         um jetzt zu ihrem VORtrag zu kommen
002                    ich hab ein pro!BLEM! mit ihrem vorTRAG (--) und zwar
                      (---)
003                    während ich den MEISten theologen wenn ich sie höre
                      beliebig oft und heftig widersprechen kann
004                    geLINGT mir das bei ihnen nicht
005    Publikum        ((lacht, 5sek))
```
Sequenz 13: PhyPm$_B$ in der Fokusdiskussion mit eTheoPm$_B$; TK 3_3: 001-005.

PhyPm$_B$ äußert gegenüber eTheoPm$_B$, ein Problem mit dem Vortrag zu haben. Der Vortragende und das Publikum werden damit auf einen negativ-kritischen Beitrag vorbereitet. Im Normalfall beziehen sich Probleme dabei auf Inhalte, Methoden o. Ä. und sind typischerweise von Hörern in einer solchen Situation erwartbar. Dies entspricht aber nicht dem, was PhyPm$_B$ hier thematisiert. Sein Problem besteht darin, dass er in seiner eigenen Erwartung, nämlich Theologen immer widersprechen zu können, enttäuscht wurde: *während ich den MEISten theologen wenn ich sie höre beliebig oft und heftig widersprechen kann geLINGT mir das bei ihnen nicht*. Der humorvolle Ton lässt auf Sympathie mit dem Fokusdiskutanten schließen, kann auch auf Überraschung seitens des Diskutanten hinweisen (der es ja gewohnt war zu widersprechen). Durch die Äußerung der Einsicht, dass kein Widerspruch möglich ist bzw. dass er für diesen keinen Grund findet, signalisiert der Diskutant PhyPm$_B$ implizit positive Kritik und Zustimmung. Es folgt daher auf diese Sequenz eine Äußerung, die keine strittigen Punkte enthält, sondern inhaltlich-thematisch weiterführt. Durch die Abwesenheit von Widerspruch und Dissens – ebenso durch die humorvolle Art der positiven Kritikäußerung und Selbstoffenbarung – signalisiert der Diskutant Konsens. Er grenzt den einen Theologen, mit dem er sich im Gespräch befindet, von *den MEISten theologen* ab; dieser erfährt dadurch implizit eine Aufwertung aus der Perspektive des Diskutanten PhyPm$_B$.

Positive Kritik kann nicht nur fremde, sondern auch die eigene Arbeit betreffen, wie das nächste Beispiel zeigt:

```
299    PhyPsyDrm    und ich HÄTte das AUCH noch erzählt ich hab ja ein
                    Paper da (-)
300                 das heißt äh complex ä äh interaction with
                    environment (.) und so weiter
301                 man KANN TATsächlich SEhen (.) sind interessante sachen
```
Sequenz 14: PhyPsyDrm in der Fokusdiskussion mit PhilPm$_A$; TK 3_6: 299-301.

Der Vortragende, der sich schon eine Zeit lang gegen Angriffe (vor allem der Infragestellung der Wissenschaftlichkeit seiner Arbeit) verteidigt, verweist auf eine seiner wissenschaftlichen Veröffentlichungen. Er gibt den Titel an, wodurch eine eventuelle Recherche erleichtert wird. Er unterstützt seine Argumentation dadurch, dass er auf die Sichtbarkeit und Evidenz seiner Analysen hinweist: *man KANN TATsächlich SEhen*. Text- und damit die Forschungsinhalte werden darauffolgend positiv bewertet: *sind interessante sachen*. Es kommt eine abgeschwächte Form des Eigenlobs zum Ausdruck, die sich in der positiven Kritik des eigenen Textes bzw. der Forschungsinhalte äußert. Dieses Verfahren, positive Aspekte der eigenen Arbeit anzuführen und sich damit gegen negative Kritik zu verteidigen, wird in Kapitel 6.3 besprochen.

5.2.3 Zusammenfassung: Positives Kritisieren

Positive Kritik in Form von Dank oder Zustimmung ist, wie erwartet, zum Großteil in Routineformeln konventionalisiert, vor allem in den Fällen, in denen positive Kritik zu Beginn eines Redebeitrags geäußert wird (vgl. Tab. 23).

5 Gegenseitiges positives und negatives Kritisieren

Tabelle 23: Übersicht über Formulierungen der positiven Kritik.

Typ	Routineformel
DANKEN	*danke, (vielen, herzlichen) Dank, bedanke mich, ich danke Ihnen, es ist dankenswert, ich möchte/muss/wollte mich bedanken*
ZUSTIMMEN	*ich gebe Ihnen recht/Sie haben recht, ich stimme Ihnen zu/würde Ihnen zustimmen, hat mir sehr gut gefallen, sehr damit einverstanden, finde x wirklich sehr bedeutungsvoll, begrüße ich sehr*

Der Dank wird dann durch (be)wertende Adjektive ergänzt, wenn die (ambivalente) Einstellung dem Vortrag gegenüber deutlich gemacht werden soll (bspw. *materialreichen/flotten Vortrag*). Im Normalfall gibt es keine verbale Reaktion auf einleitende Danksequenzen oder Zustimmungen innerhalb eines Beitrags (Zustimmungen, die sich im nonverbalen Verhalten äußern, wie z. B. Kopfnicken oder Lächeln, können aufgrund der Beschaffenheit des Datenmaterials nicht erfasst werden).

Positive Kritik bezieht sich in den überwiegenden Fällen auf Vortragsinhalte (Kategorisierungsvorschläge, Methoden, Beschreibungsmöglichkeiten, Begriffsdefinitionen), seltener auf Diskussionsbeiträge. In einem Fall findet sich eine positive Selbstkritik. Durch positive (aber auch durch negative) Kritik signalisiert der Sprecher Kompetenz und Expertenschaft, da er Fachwissen und eigene Erfahrung benötigt, um kritische Punkte und Lobenswertes zu identifizieren (vgl. Kap. 7). Die folgende Tabelle (Tab. 24) gibt Aufschluss darüber, welche Werte jeweils der positiven Kritik zugrunde liegen:

Tabelle 24: Übersicht über die positiver Kritik zugrunde gelegten Werte.

Referenzkategorie	Wert
Analyse	Zugrundelegen von Kriterien
(Vortrags-)Inhalt	Differenziertheit Neuartigkeit
Theoriebildung	Angemessenheit der Phänomenbeschreibung Beachtung aller Möglichkeiten
Wissenschaftliches Arbeiten	Reflexion eigener Grenzen Sprachkritische Reflexion

Auffallend ist, dass positive Kritik oftmals dazu verwendet wird, negative Kritik einzuleiten oder zu rahmen (vgl. Tab. 25). Damit folgen die Beiträge klassischen

Feedbackregeln (z. B. Fengler 2009), denen zufolge negative Aspekte nie alleine, sondern zusammen mit positiven Aspekten thematisiert werden sollen.

Tabelle 25: Übersicht über die Schemata positiver und negativer Kritik.

Schema	Beschreibung	Beispielsequenz
+ − +	Die negative Kritik wird von positiver Kritik gerahmt, um die *face*-Bedrohung abzumildern.	Sequenz 9
− + −	Die positive Kritik wird in eine überwiegend negative Rückmeldung eingeschoben, um zu zeigen, dass das Positive anerkannt wird; kann Imagebedrohungen abschwächen	Sequenz 10
+ − + −	Positive und negative Kritik wechseln, um deutlich zu machen, welche Punkte kritisiert und welche honoriert werden; so wird das *face* des Kritisierten geschont.	Sequenz 12
− ↻ +	Vordergründig negative Kritik wird durch eine doppelte Verneinung in eine positive Kritik gewendet (humorvolle Abwandlung).	Sequenz 13

Dank- und Zustimmungssequenzen bewirken in der Regel Nähe zwischen den Diskutanten in Bezug auf die angesprochenen Themen[80]. Zudem können sie Solidarität anzeigen oder zu einer Aufwertung eines Diskutanten führen. Vor allem aber sind sie ein Element der höflichen Kommunikation und dienen dazu, dem Bedürfnis nach Gesichtswahrung des Anderen nachzukommen.

5.3 Negative Kritik

Für die Analyse der negativen Kritik müssen die beiden Diskussionstypen Fokus- und Plenumsdiskussion getrennt voneinander betrachtet werden. Beide Typen unterscheiden sich stark hinsichtlich ihrer Struktur, was Auswirkungen auf das Diskussionsverhalten der Teilnehmer hat. In den Fokusdiskussionen werden zwei Diskutanten einander gezielt gegenübergestellt, die aus verschiedenen Disziplinen kommen und von denen bekannt ist, dass sie konträre oder zumindest sehr unterschiedliche Ansichten vertreten (dieses besondere Format ist typisch für die Tagungen 2 und 3 des Korpus). Daher ist hier Dissenspotenzial von vornherein gegeben und explizit gewünscht. Da Fokusdiskussionen ausschließlich zwischen

---

80 Zur Nähe stiftenden Funktion und Wirkung von Komplimenten vgl. Adamzik 1984: 269f., 272.

den beiden gewählten Diskussionspartnern stattfinden, die sich im Vorfeld der Tagung darauf vorbereitet haben, wird die Diskussion nicht moderiert (außer zu Beginn und Ende oder bei organisatorischen Fragen). Die Turnwechsel werden demnach ausschließlich von den beiden Teilnehmern ausgehandelt, was die Flexibilität der Reaktionsmöglichkeiten gegenüber den Plenumsdiskussionen stark erhöht. Außerdem steht den Diskutanten in den Fokusdiskussionen insgesamt mehr Redezeit zur Verfügung, da ein bestimmter Diskussionszeitraum im Programm vorgesehen ist. In Plenumsdiskussionen dagegen sind, wie allgemein üblich, kurze Rückmeldungen in Form von Fragen, Kommentaren, Bemerkungen u. Ä. erwünscht, um anderen Diskutanten die Möglichkeit zu Beiträgen zu geben. In der Regel wird das Rederecht vom Moderator entlang der Rednerliste an einen neuen Diskutanten vergeben, sobald der Vortragende auf einen Beitrag geantwortet hat. Daher kommt es seltener zu mehreren Turnwechseln zwischen einem Diskutanten und dem Vortragenden.

In der folgenden Darstellung wird zuerst negative Kritik in den Plenumsdiskussionen betrachtet, bevor auf negative Kritik in Fokusdiskussionen eingegangen wird. Danach erfolgt eine Gesamtdarstellung der sprachlichen Mittel und der Kritik zugrundeliegende Werte, die sich auf beide Diskussionstypen beziehen.

5.3.1 Negative Kritik in den Plenumsdiskussionen

Es ist ein wichtiges Merkmal der Plenumsdiskussionen, dass es kaum zu einer längeren Wechselrede zwischen einem Diskutanten und dem Vortragenden kommt. In vielen Fällen äußert der Diskutant seinen Beitrag, worauf der Vortragende reagiert. Eine erneute Rückmeldung des Diskutanten ist in solchen Diskussionen eher selten und unüblich. Kommt es dennoch dazu, so zeigen die untersuchten Sequenzen, dass Diskutanten häufig verschiedene kritische Punkte benennen oder auf einem Kritikpunkt beharren. In solchen Fällen entwickeln die Diskussionen ihre eigene Dynamik; um diese zu erhalten und wiederzugeben, werden die Belegsequenzen nicht nach Kritikpunkten und zugrunde gelegten Werten sortiert, sondern in ihrem Gesamtzusammenhang bearbeitet.

Die Diskussionen verlaufen bis auf wenige Ausnahmen rational und sachorientiert. Sobald sich der Diskussionsmodus in Richtung *emotional* und *personenorientiert* verschiebt, wird in den Beschreibungstexten zu den Sequenzen darauf hingewiesen.

Die in der negativen Kritik aufgerufenen Werte können verschiedenen Referenzkategorien zugeordnet werden. Kritisiert werden (1) das Wissenschaftsverständnis (Kap. 5.3.1.1), (2) Methoden (Kap. 5.3.1.2) und (3) der theoretische Ansatz (Kap. 5.3.1.3). Zudem werden innerhalb einer Diskussion verschiedene Kategorien angesprochen, die auf Basis bestimmter Werte kritisiert werden: (a) Modell- und Terminologiekritik, (b) Kritik am gewählten Beispiel, der Terminologie und dem Anspruch des Vortrags, (c) Kritik am experimentellen Setting, (d) Kritik an der Methode, der Hypothese und an der Präsentation, (e) Kritik an der Argumentation und Präsentation. Diese Kategorien und der Kritik zugrundeliegende Werte werden in der genannten Reihenfolge behandelt (Kap. 5.3.1.4).

5.3.1.1 Kritik am Wissenschaftsverständnis

In der folgenden Sequenz wird das von SozPm zugrunde gelegte Wissenschaftsverständnis negativ bewertet und kritisiert. EthAplPm distanziert sich von SozPm und dessen Wissenschaftsverständnis (*ich stimme ihnen überHAUPT nicht zu wenn sie sagen*), dem eine bestimmte Disziplinhierarchie zugrunde liegt: Er hält die *wissenschaftshierarchien* für überholt und *nich mehr einleuchtend*. Das Hierarchiegefüge besagt, dass die Philosophie nichts mehr beisteuern kann, wenn die Physik bereits ein bestimmtes Naturbild konstruiert hat:

018	EthAplPm	punkt EINS ich stimme ihnen überHAUPT nicht zu wenn sie sagen (-)
019		wir ham ein bestimmtes naturbild in der physik (--) öhm
020		(-) und das ist sozusagen postheisenberg öh
021		ist das sozusagen obsolet über natur als gegenstand zu reden
022		das na das naturverständnis der physik ist ein ANderes (--)
023		und zwar fundamental anderes als das (.) äh was in den umweltwissenschaften verhandelt wird
024		ob das GUT ist oder nicht ist ne frage
025		aber sie können sozusagen nicht hergehen und sagen
026		die physiker ham sich was ausgedacht (.) also müssen wir jetzt still sein
027		also sozusagen DIEse art von von hierarch von von wissenschaftshierarchien äh
028		ist glaub ich tatsächlich nicht mehr nich mehr EINleuchtend
029		der punkt mit der ethik (---) DAS ist tatsächlich (.)
030		also ich stimm ihnen zu wir wir leben in einer pluralen gesellschaft
031		und wir ham alles mög wir ham alle möglichen schwierigkeiten
032		aber die konsequenzen daraus kann ja nicht zu sein (-) äh
033		dass wir uns sozusagen des philosohischen arguments jetzt GAR nicht mehr (-) bedienen

Sequenz 15: Diskutant EthAplPm in der Plenumsdiskussion mit dem Vortragenden SozPm; TK 1_2: 018-033.

5 Gegenseitiges positives und negatives Kritisieren 227

EthAplPm stimmt SozPm in Bezug auf die Schwierigkeiten in einer pluralen Gesellschaft zu, kommt aber zu anderen Schlussfolgerungen und Konsequenzen als SozPm. Nach EthAplPm kann auf die Philosophie nicht verzichtet werden, auch wenn die Naturwissenschaften dominieren. Der wissenschaftliche Wert, der hier angesprochen wird, ist **Gleichordnung der Disziplinen**. Dies impliziert, dass Geistes- und Naturwissenschaften einander kritisch hinterfragen, Forschungsergebnisse kontrastieren und reflektieren sollten; dies nicht zu tun, widerspreche dem wissenschaftlichen Selbstverständnis, so EthAplPm.

5.3.1.2 Methodenkritik

Das methodische Vorgehen wird in zahlreichen Sequenzen kritisiert. Der Kritik liegen allerdings verschiedene Werte bzw. Regeln guten wissenschaftlichen Arbeitens zugrunde: Registrierbarkeit/Beobachtbarkeit und Sorgfalt/Akribie/Gründlichkeit. Der Vorwurf einer Nicht-Einhaltung dieser Grundwerte ist gesichtsbedrohend, da dies den Vorwurf unwissenschaftlicher Forschung bedeuten würde.

In der folgenden Sequenz werden die Werte **Registrierbarkeit** und **Beobachtbarkeit** thematisiert. SozPDm$_A$ spricht als Vortragender in der Diskussion über Nichtwissen, die Art und Weise, in der darüber gesprochen wird, und sein Interesse daran. Das Nichtwissen, das für ihn von Interesse ist, grenzt er von *keine ahnung haben* ab, das zwei seiner Kollegen als *UNgewusste[s] nichtwissen* bezeichnet haben. Dies sei soziologisch für ihn uninteressant, weil er *es ja regisTRIERN können, beobachten können müsse*:

```
143    SozPDm_A      NICHTwissen ist ja irgendwie son abwesender GEgenstand
                     ja
144                  aber (.) hier (.) deswegen bin ich daran interessiert
145                  auch in der kooperation ((unverst., 1.5sek)) und so
                     weiter
146                  da kann man zeigen ((unverst., 2sek)) in diesem
                     interview
147                  dieser interviewsequenz an DER stelle wurde darüber
                     kommuniziert
148                  und DAS ist ein ANderes nichtwissen als keine ahnung
                     haben
149                  das das UNgewusste nichtwissen wie es die kollegen
                     [Nachname; anwesend][Nachname] und co genannt haben
150                  das ist ja öh ö (-) sachen die die sozioLOgisch für
                     mich UNinteressant sind ne
151                  ich muss es ja regisTRIERN können muss ja beobachten
                     können ne
```

Sequenz 16: SozPDm$_A$ als Vortragender in der Plenumsdiskussion; TK 1_4: 143-151.

Damit steht der implizite Vorwurf gegen die beiden Kollegen im Raum (einer davon ist im Publikum anwesend), sich mit der ‚falschen' Form von Nichtwissen zu beschäftigen, das weder beobachtbar noch registrierbar sei. Es sei daher fraglich, ob man sich mit einem solchen Nichtwissen überhaupt wissenschaftlich befassen könne, da es ja einen *abwesende[n] GEgenstand* darstelle. Durch das fundierte Kritisieren von Kollegen demonstriert SozPDm$_A$, dass er sich in der Forschungslandschaft seines eigenen Fachs auskennt, sich mit der Literatur auseinandergesetzt hat und diese evaluieren kann. Durch das Verweisen auf die Werte der Registrierbarkeit und Beobachtbarkeit stärkt er diese als Grundlage des wissenschaftlichen Arbeitens. Obwohl die Kritik sachlich geäußert wird, ist sie stark personenbezogen und hat daher großes gesichtsbedrohendes Potenzial für die kritisierten Kollegen. Der Anwesende reagiert auf diese Kritik allerdings nicht hörbar und der Abwesende hat keine Möglichkeit zur Reaktion, was problematisch für sein Image als kompetenter Wissenschaftler ist: Beide Soziologen haben für die Fokussierung auf die diskutierte Form des Nichtwissens ihre Gründe, können oder wollen diese aber nicht erläutern.

Sorgfalt und **Akribie** stehen in der nächsten Sequenz im Mittelpunkt. Der nachfolgend abgedruckte Transkriptauszug stammt aus einer Diskussion, an der sich ausschließlich Naturwissenschaftler beteiligen. Sie diskutieren und vor allem den Begriff *Verschränkung*. PhilPm$_C$ kann zu *diesen kompliZIERten physikalischen und sonstigen fragen* als Geisteswissenschaftler nichts beitragen – dort fehlen ihm Kompetenz und Fachwissen – und verlagert deswegen die Diskussion auf eine andere Ebene:

```
064    PhilPm_C       also in kürze (--)
065                   ich äh möchte mich NICHT mit diesen kompliZIERten
                      physikalischen und sonstigen fragen beschäftigen
066                   sondern (--) zunächst ähm ä nur DAS angeben in bezug
                      auf die erFAHrung (--)
067                   SIND das denn überhaupt erfahrungen die sie da
                      heranziehen (---)
068                   das NAHEliegendste wäre ja wenn man RATlos ist (.) und
                      nicht ä etwas nicht erKLÄren kann (-)
069                   dass man erstmal schaut wie kann das denn ZUgegangen
                      sein (---)
070                   und DA kann ich nur die (--) den den SELben äh (.) di
                      dieselbe VORsichtsäußerung ä BEItragen
071                   wie bei den (.) KERNkraftwerken (.)
072                   man hat vielleicht fünf möglichkeiten AUSgeschlossen
                      (---)
073                   da SO ist es !NICHT! passiert und die SECHSte (.)
074                   so !WIE! es passiert ist
075                   an die HAT man nicht gedacht (---)
076                   und [wenn sie sagen         ]
077    PhyPsyDrm          [vollkommen in ordnung]
078    PhilPm_C       sie haben dreitausend FÄLle im jahr (---)
079                   da !KÖN!nen sie ja unMÖGlich DIE mit der entsprechenden
                      akribie untersuchen (-)
```

```
080                    also es GIBT (.) so UNgeheuer viele MÖGlichkeiten
081                    WIE etwas durch ganz äh beKANNte naTURgesetze erklärt
                       werden kann (--)
082                    dass es sehr UNwahrscheinlich ist dass man so (.)
                       ruckZUCK (.)
083                    bei solchen sachen die andern leuten auch rätselhaft
                       sind (.)
084                    auf eine erklärung (.) kommt die es dann vielleicht
                       doch !GE!ben könnte
085      PhyPsyDrm     also DA haben sie natürlich vollkommen !RECHT! äh
086                    ich würde AUCH nicht den mut haben hier ihnen sowas
                       VORzutragen (.)
087                    wenn ich ä nicht EInige fälle SO gründlich untersucht
                       hätte (-)
088                    dass ich da sagen kann !HIER! ist es so gut wie
                       AUSgeschlossen dass jemand manipuliert hat oder so
089                    naTÜRlich gibts IMMERnoch ä fälle die einem nicht
                       eingefallen sind
090                    das ist KLAR das ist ne offene frage (.)
091                    !ABER! DAS ist nun ein punkt der in der wissenschaft
                       ganz häufig AUFtritt (-)
092                    man man soll ein modell solange dehnen wie es GEHT (.)
                       und solange aufrechterhalten wie es GEHT
093                    aber IRgendwann mal kann man auch an zu den punkt
                       kommen
094                    ich hab das jetzt genügend überprüft ich äh ich
                       versuch jetzt mal ein neues modell
095                    und nix anderes hab ich gemacht
```

Sequenz 17: PhilPm$_C$ als Diskutant in der Plenumsdiskussion mit PhyPsyDrm; TK 3_7: 064-095.

PhilPm$_C$ fokussiert auf Erfahrung und schafft damit einen philosophischen Anknüpfungspunkt. Seine Herangehensweise besteht darin, auf ein allgemein bekanntes Problem zu verweisen, das er am Beispiel der Kernkraftwerke festmacht. Er spricht die Warnung aus, dass genau der Fall eintreten könnte, an den man nicht gedacht hat. Bei der großen Anzahl von Fällen, die PhyPsyDrm im Jahr zu lösen versuche, *!KÖN!ne[...] [er] ja unMÖGlich DIE mit der entsprechenden akribie untersuchen. Es gebe UNgeheuer viele MÖGlichkeiten WIE etwas durch ganz äh beKANNte naTURgesetze erklärt werden kann.* Die negative Kritik wird hier in der Unmöglichkeit von als nötig charakterisierter Sorgfalt in den Untersuchungen angesprochen. PhilPm$_C$ unterstellt dem Vortragenden PhyPsyDrm damit, zu vorschnell (*ruckZUCK*) auf Spukphänomene zu schließen, da er gar nicht genug Zeit habe, alles gründlich und sorgfältig zu analysieren. PhyPsyDrm stimmt der Ansicht, dass man nicht vorschnelle Schlussfolgerungen in Richtung Spuk ziehen, sondern alles gründlich untersuchen müsse, uneingeschränkt zu: *also DA haben sie natürlich vollkommen !RECHT!.* Es wird nicht deutlich, ob

PhyPsyDrm die Äußerungen von PhilPm$_C$ als Angriff versteht, da er nicht verteidigend reagiert, sondern eher so, als hätte PhilPm$_C$ nichts Kritisches angesprochen. Dies kann eine sehr erfolgreiche Kritik-Abwehrstrategie sein. Zwar signalisiert er, dass er sein Forschungsgebiet für schwierig hält und um die Kritikpunkte weiß (*mut haben*), verweist dann aber auch die Gründlichkeit seiner Untersuchungen: *wenn ich ä nicht EInige fälle SO gründlich untersucht hätte (-) dass ich da sagen kann !HIER! ist es so gut wie AUSgeschlossen dass jemand manipuliert hat oder so*. Dadurch stärkt er den Wert der **Gründlichkeit** und entkräftet damit die negative Kritik von PhilPm$_C$, der auf mangelnde Akribie hingewiesen hatte. PhyPsyDrm gesteht mögliche Fälle ein, die konventionell erklärbar seien, charakterisiert dies aber als allgemeinwissenschaftliches Phänomen: *!ABER! DAS ist nun ein punkt der in der wissenschaft ganz häufig AUFtritt*. Er entlastet sich, indem er sich als Wissenschaftler mit den gleichen Problemen wie alle anderen positioniert. Die Kritik wird relativiert und ist damit weniger gesichtsbedrohend, da die identifizierten, möglichen Unsicherheiten alle Wissenschaftler betreffen.

5.3.1.3 Kritik am theoretischen Ansatz

Im Zusammenhang mit der Kritik am theoretischen Ansatz werden Reflektiertheit und Verantwortung im Umgang mit Bildern, Korrektheit von Prämissen, ständiges Kritisieren und Hinterfragen, Begründetheit der Aussagen, Vermeiden von Allsätzen, (Allgemein-)Gültigkeit, Angemessenheit und umfassende Beachtung von Aspekten in Beschreibungen als Werte genannt.

In der folgenden Sequenz bringt ForstwDrm seine Zweifel bezüglich der Tauglichkeit von Bildern zur Darstellung von Nichtwissen vor:

```
007    ForstwDrm    äm (-) MEine FRAge WÄre lässt sich unsicherheit oder
                    nichtwissen (2.0) TATsächlich in BILdern darstellen
008                 oder mit bildern illustrIEren ä ODER (---) ist es nicht
                    so dass (2.0)
009                 umgekehrt BILder eigentlich (.) stets in irgendeiner
                    weise !WIS!sen oder eindeutigkeit (-) NOTgedrungen
                    herstellen
010                 und zwar (--) kommt mir der gedanke wenn ich an die: an
                    die !KAR!ten gestern von [Vorname Nachname] denke
011                 der irgendwelche BAUMarten verbrEItungskarten an die
                    wand wirft
012                 und dann sagt damit geht er in die forstliche praxis
013                 und ZEIgt die was (-) und sagt GLEICHzeitig vorher mit
                    einem UNwahrscheinlichen rhetorischen apparat
014                 << mit leicht verstellter Stimme> DAS was wir jetzt
                    SEhen da stecken WAHNsinnig viele unsicherheiten drin
015                 (-) und das ist nur EIN szenario>> und so weiter
016                 und wenn man sich dann anguckt wie !TROTZ!dem so ein
                    bild !WIR!kt wenns in die praxis kommt (---)
```

5 Gegenseitiges positives und negatives Kritisieren 231

```
017                 äh wie das jetzt realität beansprucht (-)
018                 dann kommt mir son son äh satz von äh (-) von uwe
                    pörksen in in äh (.) ge äh in sinn
019                 der mal sagte (.) naja man kann EIgentlich GEgen ein
                    diagramm NIEmals mit worten (.) ankommen
020                 und kann also sozusagen (-) eine AUSsage die durch ein
                    diagramm durch ein BIld getroffen wird (2.0)
021                 im wort sozusagen real äm relatiVIEren
022                 man kann stets nur mit nem KÖNNTE stets nur mit nem
                    (.) GEgenbild antworten
023                 also lässt sich (.) unsicherheit irgendwie (.)
                    überhaupt BILDlich darstellen
```
Sequenz 18: ForstwDrm als Diskutant in der Plenumsdiskussion mit der Vortragenden PhilDrhaw; TK 1_9: 007-023.

Im Zuge der Zweifelsäußerung kritisiert ForstwDrm einen nicht mehr anwesenden Dritten, der namentlich genannt wird. Dieser hatte am Vortag in seiner Präsentation geäußert, dass er mit Grafiken und Bildern Szenarien darstelle und glaube, damit Unsicherheit abbilden zu können. Das Pronomen *irgendwelche* in seiner Bedeutung als ‚beliebig, nicht von besonderer Art' vor *baumarten* signalisiert Abwertung und negative Kritik seitens ForstwDrm. Ebenso wird der Umgang mit den Bildern kritisiert, da sie zwar *mit einem UNwahrscheinlichen rhetorischen apparat* als unsichere Szenarien charakterisiert worden seien, in der Praxis allerdings eine große Wirkung entfalteten und Realität beanspruchten. Der Wert, der hier implizit aufgerufen wird, lautet **verantwortungsvoller Umgang mit Bildern und Grafiken**. Durch den nachfolgenden Hinweis auf Uwe Pörksen beweist ForstwDrm Kenntnis der Forschungslandschaft und der relevanten Forschungsliteratur. Die Kritik am Vortrag des Dritten sowie die Bevorzugung des Ansatzes von Pörksen münden in der erneuten, an PhilDrhaw gerichteten Frage, ob Unsicherheit in Bildern erfasst werden kann. PhilDrhaw stimmt ForstwDrm zu und unterstützt damit dessen Kritik am abwesenden Dritten:

```
024    PhilDrhaw    öff solln wir sammeln oder (2.5) ich darf ok (--)
025                 äm (-) nein naTÜRlich lässt sich unsicherheit ä nicht
                    DARstellen
026                 äh weil äh (-) äh (1.5) auch NIchtwissen
027                 also ich mein des is ja des is ungefähr desselbe
                    paradox wie he wie bei wie bei nichtwissen ne
028                 also se können natürlich nicht WISsen was wir (-) äh
                    was wir was wir NICHT wissen
029                 und was wir dann also demzufolge äm irgenwie in eim in
                    einer form ähm ja (---) DARstellen können SOLLten (.)
030                 äm aber trotzdem äh ist es so dass sie äh dass die
                    BILder
031                 also ich würd eher so sagen dass äh bilder provoZIEren
                    (--) äm unsicheres äh unsicheres wissen
032                 auch äh (.) unsicheres wissen AUSzumachen und das ist
                    ähm
```

```
033           das ist das was ich auch versucht hab in dieser (--) äh
              in dieser tabelle (---) äh hier darzustellen
034           dass äm das (1.5) äh bilder eben (.) ähnlich wie (---)
              äh wie äh NEUe objekte oder oder begriffe (.) äh
035           auf neue fragen äm hinführen KÖNnen
036           und insofern dann eben auf äh auf (-) nichtwissen äm äh
              auch (1.5) HINweisen (.) ähm hinweisen !KÖNN!en
```
Sequenz 19: ForstwDrm als Diskutant in der Plenumsdiskussion mit der Vortragenden PhilDrhaw; TK 1_9: 024-036.

PhilDrhaw bezeichnet den Versuch, Nichtwissen in Bildern abzubilden, als paradox. Die Aussagekraft von Bildern im Hinblick auf Unsicherheit wird von ihr modifiziert, was sie als Alternative präsentiert (und auch schon im Vortrag darzustellen versucht hat): *also ich würd eher so sagen dass ... * (Z. 031-036). Gemeinsam werten ForstwDrm und PhilDrhaw die Meinung sowie die Kompetenz des abwesenden Vortragenden ab, bestätigen einander in ihrer Überzeugung sowie in ihren zugrunde gelegten Werten: **Reflektiertheit** und **Verantwortung im Umgang mit Bildern**. Vortragender und Diskutant (und damit evtl. auch das Publikum) stellen sich damit gemeinsam gegen den Abwesenden, der sich nicht gegen die Kritik verteidigen kann. Das Potenzial der Imagegefährdung ist hier besonders groß.

Im folgenden Beispiel wird der theoretische Ansatz von PhilPm$_B$ kritisiert. Diesen hält PhilPm$_A$ für *zu dogmatisch*. Damit wirft er dem Vortragenden PhilPm$_B$ vor, zu ‚unkritisch an einem Dogma festhaltend' (Duden) zu argumentieren:

```
028   PhilPm_B   was ich da SAgen will ist WENN das klavierspielen zu
                 einer PRAxis ausgebaut wird (-)
029              dann besteht es aus SO VIElen einzelheiten da sind
                 auch noch ANdere leute beteiligt
030              der kla!VIER!lehrer die ZUhörer die f !ehe!frau sagt
                 jetzt
031              HÖR mal DAS ist jetzt bei mir ANgekommen (.) DANN ä
                 (--) ä
032              dann wird das MEHR und MEHR in (.) dahinein AUFgenommen
                 (-)
033              dass NICHT nur das (.) äh ä fokusSIERte gelingen der
                 EINzelnen handlung ne ₁[rolle spielt]₁
034   PhilPm_A                          ₁[ja (.) ja    ]₁
035   PhilPm_B   sondern das dann wird das geLINgen etwas stabiler
036              ₂[wenn das zu einer praxis]₂
037   PhilPm_A   ₂[ich habs verSTANden      ]₂ (.)
038              MIR ist es zu dogmatisch (--)
039              mir ist es zu dogMAtisch (.)
040              WEIL es AUSschließt dass es MENschen gibt (.)
041              die etwas EINüben !NUR! des gelingens wegen (--)
042              also MANches hab ich so verSTANden
043              dass (.) ja!PA!ner (--) mit ihrer speziellen äsTHEtik
                 (--)
```

5 Gegenseitiges positives und negatives Kritisieren 233

```
044                     häufig NUR das gelingen des machens !SEL!ber (-) und
                        NICHT äh
045                     dass sie das produkt gut verkaufen können meinen (.) ja
                        äh (--)
```

Sequenz 20: PhilPm$_A$ als Diskutant mit dem Vortragenden PhilPm$_B$ in der Plenumsdiskussion; TK 3_10: 028-045.

Hier kritisiert PhilPm$_A$ den Vortragenden im Prinzip auf zweierlei Weise: Zum einen wird der theoretische Ansatz abgelehnt, weil er nicht alles einschließt, zum anderen wird der Vortragende als zu unkritisch abgewertet. Der implizite Vorwurf, in der wissenschaftlichen Forschung unkritisch zu sein, kann als relativ scharfer Angriff gewertet werden, da ständiges **Kritisieren** und **Hinterfragen** als Grundprinzipien und Werte der Wissenschaft gelten. PhilPm$_B$ wird daher Unwissenschaftlichkeit vorgeworfen.

Im nächsten Beispiel wird eTheoPm$_A$ von PhilPm$_A$ dafür kritisiert, in seiner Antwort auf die Frage der vorherigen Diskutantin (LingPw$_B$) theologische Prämissen gemacht zu haben. Deswegen rekonstruiert PhilPm$_A$ in seinem Beitrag die Problemstellung, die die Vorrednerin eröffnet hat und bittet eTheoPm$_A$ um eine Antwort, die ebendiese theologischen Prämissen nicht enthält:

```
449     PhilPm$_A$      so DANN bitt ich aber jetzt eine antwort zu geben (-)
                        äh
450                     die keine theologischen präMISsen enthält (---)
451                     wenn sie sagen KÖNnen sie nicht (.) ok AUCH recht (.)
452                     dann äh haben sie andere ₁[adressaten         ]₁
453     eTheoPm$_A$                            ₂[können sie auch nicht]₁
454                     es gibt KEInen der das kann
455     PhilPm$_A$      oh babababab (.) woher wolln sie denn das
                        !WIS!₂[sen ]₂
456     eTheoPm$_A$          ₂[naJA]₂ also theolog₃[isch nicht im sinne]₃
457     PhilPm$_A$                             ₃[woher wolln         ]₃ sie
                        denn das WIS[sen     ]₄
458     eTheoPm$_A$                 [theolo]₄ theologisch nicht in dem sinne (-)
459                     moMENT theologisch nicht im sinne ähm (.) jetzt dessen
460                     wie ich theologie defiNIEren würde ja
461                     das kann da gibts natürlich nicht theologische
                        antworten (.)
462                     weil ich sagen würde da gehört ein ganz bestimmtes
                        set von (--) ähm (-) ä von meTHOden dazu (.) ähm
463                     aber ähm wenn sie jetzt MEInen mit
464                     das kann ich natürlich tun
465                     aber wenn sie jetzt MEInen (-) dass ich (.) ähm eine
                        ANTwort geben soll (-)
466                     die !NICHT! in MEIner perspekTIVE MEIner WELTanschauung
                        (-) drinnesteht
467                     dann muss ich ihnen leider sagen das !KANN! ich nicht
468                     ich kann meine ₁[perspektive nicht]₁ verlassen
469     PhilPm$_A$                    ₁[ok (.) ok (.) ok ]₁
470     eTheoPm$_A$     und ich kann keine ₂[horizontüberschreitungen]₂ begehen
```

```
471    PhilPm_A                            ₂[ok gut ok              ]₂
472    eTheoPm_A      weil horizonte !KANN! man nicht überscheiten
473                   man kann sie nur ver₃[schieben]₃
474    PhilPm_A                                ₃[oo    ]₃ kee das ist was GAnz
                      anderes=
```

Sequenz 21: PhilPm_A als Diskutant in der Plenumsdiskussion mit dem Vortragenden eTheoPm_A; TK 3_2: 449-474.

PhilPm_A bittet eTheoPm_A, *eine antwort zu geben (-) äh die keine theologischen präMISsen enthält*. Hier besteht der wissenschaftliche Wert darin, **(allgemein-) wissenschaftliche Fragen ohne theologische Prämissen zu bearbeiten**. Falls eine solche prämissenfreie Antwort nicht möglich sei, habe eTheoPm_A *andere adressaten*. Hier wird implizit der Vorwurf geäußert, seine theologischen Ausführungen vor einem falschen Publikum vorzubringen. eTheoPm_A reagiert auf diese Forderung mit Ablehnung und einer Gegendarstellung: Niemand könne seine Äußerungen ohne eigene Perspektive formulieren. Diese Feststellung wird verallgemeinert (*es gibt KEInen der das kann*), wodurch diese Unmöglichkeit nicht als eigene Inkompetenz, sondern als allgemeingültiges Faktum bewertet wird. PhilPm_A reagiert darauf mit Tadel (angezeigt durch die Interjektionen *oh babababab*) und einer kritischen Nachfrage: *woher wolln sie denn das WISsen*. Hier zeigt sich Kritik an einer vorläufig noch haltlosen Behauptung; der zugrundeliegende wissenschaftliche Wert lautet **Begründetheit der Aussagen**. eTheoPm_A setzt daraufhin zu einer solchen Erklärung bzw. Begründung an, wird aber nochmals unterbrochen und macht darauf aufmerksam, dass er so, wie er *theologisch* definiert, zwar nicht-theologische Antworten geben, seine Perspektive bzw. Weltanschauung aber nicht verlassen könne. PhilPm_A akzeptiert diese Antwort, wodurch beide Diskussionspartner in diesem Punkt zu einem vorläufigen Ende finden. Nach diesem vorläufigen Abschluss wechselt PhilPm_A plötzlich seine Adressaten und spricht die anwesenden Nachwuchswissenschaftler an (dies hat seine Ursache in der besonderen Rolle von PhilPm_A, der zusätzlich eine Spring School zur Förderung des Nachwuchses mitleitet):

```
483    PhilPm_A       =BITTE passen sie auf und das sage ich
                      [jetzt] wieder an die jugend
484    eTheoPm_A      [ja   ]
485    PhilPm_A       an WELcher stelle sie die grenze überschreiten von
                      dem was sie sagen
486                   !ICH! kann ich kann !NICHT! und plötzlich kommt
487                   ₁[etwas !ALL!gemeines was für !AL!le menschen gilt]₁
488    eTheoPm_A      ₁[ja ja jaja jaja das (.) das christen           ]₁
489    PhilPm_A       ₂[ja DA möcht ich wissen       ]₂
490    eTheoPm_A      ₂[das christentum würd ja NEIN]₂
491    PhilPm_A       woHER sie so sicher sind dass sie sagen das kann
                      !NIE!mand
492                   das ist ja nun ein !ALL!satz
```

5 Gegenseitiges positives und negatives Kritisieren 235

```
493   eTheoPm_A     JA da MUSS man auch mit allsätzen sprechen
494                 weil in DEM moment wo man über wahrheit spricht sch
                    äh
495                 spricht man also das christentum ja !NICHT!
496                 wenn ich sage gott hat die welt geschaffen samt allen
                    kreaturen also !MICH! geschaffen samt allen kreaturen
497                 hat !NUR! mich geschaffen und NICHT auch !SIE!
498                 sondern samt allen kreaturen beinhaltet ja einen
                    gewissen allgemeingültigkeitsanspruch (-)
499                 also (.) ähm d DAS wäre schon das wäre schon WICHtig
500                 ähm d d d also da dürfen wir !NICHT! in einem
                    vorschnellen (.) äh relativismus landen (-) ähm
501                 das christentum würde SAgen die situation des
                    MENschen (-)
502                 zerRISsen zu sein in verschiedene (.)
                    !WAHR!heitsgewissheiten
503                 und unter umständen dadurch auch s !HAND!lungsunfähig
                    zu WERden oder (.) auch mit SCHUld zu handeln
504                 ist die nor!MA!le situation des menschen in der welt
505                 das christentum !WÜR!de es mit dem altmodischen
                    terminus der SÜNde benennen (.)
506                 äm und des !FALLS! benennen ähm
                    [...]
525                 aber DAS wäre eigentlich sogar die !WE!sentliche
                    botschaft
526                 äh ähm (.) ähm glAUB ich des chr des christentums
527                 dass dieser ZUstand (.) den frau [Nachname (LingPw_B)]
                    beschreibt NICHT GUT (-) ist verURteilt wird (-)
528                 ABER (.) als mit MENSCHlichen MITteln (.) NICHT (-)
                    überWINDbar beschrieben wird
529   PhilPm_A      SO (.) und jetzt bin ich emPÖRT (.) und zwar moRAlisch
530   eTheoPm_A     das dürfen sie=
531   PhilPm_A      =das geht (.) bitte (.) [((wahrscheinlich Nachfrage an
                    die Regie))] JA ich weiß
532                 ich bin deshalb moralisch empört weil SIE den
                    anspruch erheben (.) äh
533                 sozusagen eine beschreibung des menschen zu geben
534                 unter die ich FALle äh in der ich mich aber nicht
                    wiederfinde
535                 aber das können wir jetzt nicht WEIter das haben wir
                    noch (.) geNUG zeit das zu diskutieren
536                 herr [Nachname] wollen SIE noch
```

Sequenz 22: PhilPm$_A$ als Diskutant in der Plenumsdiskussion mit dem Vortragenden eTheoPm$_A$; TK 3_2: 483-536.

PhilPm$_A$ übt Kritik am Sprechen mit Allsätzen, am Wechsel zwischen spezifischen und allgemeinen Aussagen. Daraufhin adressiert er wieder den Vortragenden und fragt ihn nach der Begründung für den Allsatz, dass niemand eine Antwort geben könne, die außerhalb seiner Weltanschauung stehe. Dem liegt offenbar der Wert zugrunde, **mit Allsätzen in der Wissenschaft korrekt umzugehen.** eTheoPm$_A$

rechtfertigt sich für diese Aussage und begründet sie (es folgen längere Ausführungen zum christlichen Verständnis von Konflikten, die hier nicht abgedruckt sind). PhilPm$_A$ reagiert auf diese Erläuterungen mit scharf vorgebrachter moralischer Empörung, die auf Emotionalität hinweist: *SO (.) und jetzt bin ich emPÖRT (.) und zwar moRAlisch*. Er kritisiert den Anspruch von eTheoPm$_A$, *eine beschreibung des menschen zu geben*, die alle Menschen einschließt, in der sich PhilPm$_A$ aber nicht wiederfindet. Die zugrundeliegenden Werte sind hier **(Allgemein-)Gültigkeit, Angemessenheit und umfassende Beachtung von Aspekten in Beschreibungen**. Die *face*-Bedrohung für eTheoPm$_A$ ist hoch, da er sich eigentlich für die Äußerungen rechtfertigen müsste, um der Empörung entgegenzuwirken – jedoch ergreift er nicht das Wort. Die Diskussion wird vom Diskutanten PhilPm$_A$, der gleichzeitig die Moderatorenrolle innehat, abgebrochen. Das Rederecht wird an einen anderen Diskutanten weitergegeben.

5.3.1.4 Kritik mit unterschiedlichen Referenz-Wert-Kombinationen

In diesem Abschnitt werden Diskussionen besprochen, in denen mehrere Werte und Referenzen zugleich thematisiert werden. Um einerseits zeigen zu können, dass wissenschaftliche Werte eng zusammenhängen, und um andererseits die Dynamik der Diskussionen deutlich machen zu können, werden die Werte nicht einzeln besprochen, sondern in ihrem jeweiligen Kontext.

a) Modell- und Terminologiekritik

In einer Sequenz wird ein neues Modell, das PhyPsyDrm entwickelt hat, um bestimmte Phänomene zu erklären, von MaPm infrage gestellt. Den Zweifeln an der Angemessenheit des Modells geht eine Kritik an der Terminologieverwendung von PhyPsyDrm voraus: *ähm der begriff der verschränkung ist ja immer wieder vorgekommen aber nicht richtig erKLÄRT worden*. Die Frage nach der korrekten Bedeutung des Begriffs wird mittels einer Höflichkeitsfloskel eingeleitet (*ich wollte frAgen*), was den Angriffscharakter vordergründig abschwächt. Der zugrundeliegende Wert lautet: **Definition von Begriffen**. MaPm klärt die Bedeutung des Begriffs der Verschränkung aus quantenmechanischer Perspektive und weist darauf hin, dass in dieser Verwendung das aufgestellte Modell empirisch **verifizierbar** oder **falsifizierbar** sein müsste, wonach er PhyPsyDrm explizit fragt:

```
096    MaPm        ähm der begriff der verschränkung ist ja immer wieder
                   vorgekommen
097                aber nicht richtig erKLÄRT worden
098                ich wollte frAgen ist es ge!NAU! der begriff der
                   quantenmechanik
```

5 Gegenseitiges positives und negatives Kritisieren   237

```
099                    dass zwei quantenmechanische zustände verSCHRÄNKT
                       werden (-) oder sowas !ÄHN!liches (--)
100                    und !WENN! es genau das ff quantenmechanische !IST!
101                    dann wollt ich fragen
102                    dann müsst es doch eigentlich experimenTELL (.)
                       verifiZIERbar oder FALsifizert bar sein (-)
103                    MEInen sie dass ihre neues moDELL (-) VERIfizierbar
                       oder FALsifizierbar ist oder nicht
104      PhyPsyDrm     also die aussage von der (xxx) quantum theory und (.)
                       ich hab das
105                    übrigens wird mir von meinen gegnern IMmer
                       vorgeworfen (.)
106                    die LEsen einfach nicht was ich geschrieben hab
107                    mein !ERS!tes paper was ich über!HAUPT! in meinem leben
                       publiziert hab
108                    das war neunzehnhundertvierundsiebzig (-) da HAB ich
                       schon !REIN!geschrieben (-) !EX!plizit
109                    die QUANtenphysik ist KEIne erklärung für diese
                       phänomene (.)
110                    und die verschRÄNkung (.) ist NICHT quantenmechanisch
                       geMEINT (2.0)
111                    und das wird mir immer VORgeworfen dabei wird es
                       NIRgendswo ge!SAGT! (.)
112                    es wird gesagt es gibt ein sys!TEM!theoretisches modell
                       (.) was sysTEMverschränkungen zeigt
113                    das ist was ganz ANderes (--) JA (-) SO
```

Sequenz 23: MaPm als Diskutant mit dem Vortragenden PhyPsyDrm in der Plenumsdiskussion; TK 3_7: 096-113.

PhyPsyDrm reagiert auf die Frage mit dem Hinweis auf ständige inhaltliche Vorwürfe seiner Gegner (was genau ihm seiner Meinung nach vorgeworfen wird, bleibt allerdings unklar), die er mit einem Gegen-Vorwurf (*die LEsen einfach nicht was ich geschrieben hab*) als Missverständnis entkräftet. Er verweist auf eine frühe Publikation, die schon zu Beginn seiner Forschungsarbeit betont, dass der Verschränkungsbegriff *NICHT quantenmechanisch geMEINT* ist. PhyPsyDrm signalisiert Kompetenz und Fachwissen dadurch, dass er die Prinzipien der Quantenmechanik kennt und diese als Erklärung für die von ihm untersuchten Phänomene ausschließt – was eine vorherige Beschäftigung mit der Quantenmechanik voraussetzt. Die Vorwürfe werden als unberechtigt charakterisiert: *und das wird mir immer VORgeworfen dabei wird es NIRgendswo ge!SAGT!*.

Kritik an der verwendeten Terminologie kann im interdisziplinären Kontext auch als Bemühen um das Finden einer „gemeinsamen Sprache" und einer von allen Teilnehmern akzeptierten Definition verstanden werden. Hierfür sind Begriffsklärungs- und Einigungsprozesse nötig, die mit Erläuterungen und Definitionen wie im besprochenen Transkript einhergehen (vgl. Kap. 3.3.3).

238 5 Gegenseitiges positives und negatives Kritisieren

b) Kritik am gewählten Beispiel, der Terminologie und am Anspruch des Vortrags

PhilPm$_A$ steigt in die folgende Diskussionssequenz mit einer offenen Kritik an der Beispielwahl ein. Das Beispiel der „Fermatschen Vermutung" hält er für zu kompliziert, weil es zu Unübersichtlichkeit führe. In den Adjektiven *komplizierte* und *UNübersichtlich* werden negative Bewertungen sichtbar:

```
009    PhilPm_A      WENN wir so komplizierte beispiele nehmen wie die
                     fermatsche vermutung
010                  werden die sachen UNübersichtlich
011                  ich nehme ein SIMples beispiel nämlich ACHT mal
                     einhundertzehn ist achthundertACHTzig (-)
012                  das rechne ich auf meinem TAschenrechner durch und
                     unterstelle (.)
013                  dass auf der ZWEIten ziffer von hinten (.) ein deFEKT
                     im display ist da kommt kein QUERstrich (-)
```
Sequenz 24: PhilPm$_A$ als Diskutant in der Plenumsdiskussion mit dem Vortragenden PhilNaWiPm; TK 2_4: 009-013.

Durch die Ablehnung und Abwertung des Beispiels kritisiert PhilPm$_A$ gleichzeitig seinen Vorredner. Sein eigenes Beispiel dagegen bezeichnet er als simpel, was in diesem Kontext positiv bewertet wird und im Kontrast zum anderen Beispiel eine Aufwertung erfährt. Als zugrundeliegende Werte für die Auswahl und Verwendung von Beispielen können hier **Übersichtlichkeit** und **Klarheit** (*SIMples beispiel*) angeführt werden. Im weiteren Verlauf wirft PhilPm$_A$ dem Vortragenden PhilNaWiPm unklare Begriffsverwendung vor:

```
034    PhilPm_A      sie unterschEIden !NICHT!
035                  das hat herr [Nachname (GeschPhilPm)] angemahnt
036                  und da spring ich ihm bei (-)
037                  zwischen dem GEgenstand über den ich rede (--)
038                  und der REde darüber
039                  die !RE!de die kann wahr oder falsch sein
```
Sequenz 25: PhilPm$_A$ als Diskutant in der Plenumsdiskussion mit dem Vortragenden PhilNaWiPm; TK 2_4: 034-039.

Wichtig ist es also, die **Referenz von Begriffen zu definieren** sowie **Terminologie klar** und **differenziert zu verwenden**.

In der nicht abgedruckten Zwischensequenz fordert PhilPm$_A$ den Vortragenden dazu auf, auf die Kritik zu reagieren. Der Vortragende wird dabei namentlich angesprochen und mittels Schachmetaphorik (*sind sie am zug*) zur Reaktion aufgefordert. PhilNaWiPm reagiert auf die Aufforderung mit der Beantwortung der Frage nach *WAHR und falsch* und verweist darauf, dass es *sehr sehr probleMAtisch* sei, *in der mathematik von WAHR und FALSCH zu sprechen*. Die negative Bewertung der Begriffsverwendung kommt in *sehr probleMAtisch* zum Ausdruck. PhilPm$_A$ bietet daraufhin an, dass er *die wörter die sie wollen* verwenden könne, worauf PhilNaWiPm ablehnend reagiert: *das ist nit egal*. Er signalisiert dadurch, dass die verwendeten Begriffe einen zentralen Stellenwert bei der Aushandlung von wissenschaftlichen Themen oder Problemen haben. Danach erläutern PhilNaWiPm und PhilPm$_A$ weiter ihre Positionen anhand des von PhilPm$_A$ gewählten Beispiels. Die beiden Diskussionspartner werden sich aber nicht einig – konkreter: PhilNaWiPm sieht PhilPm$_A$s Kritik nicht ein –, was PhilPm$_A$ offenbar zur provokativen Frage führt:

```
118   PhilPm_A      ja (-) herr [Name] ham se denn ihren vortrag an uns
                    Nicht in dem SELBSTverständnis gehalten
119                 dass sie uns was (.) ihrer überzeugung nach WAHres
                    übermitteln
120                 ((unverst. 3sek)) IHre (-) sozusagen ihre SICHT der
                    DINge (.)
121                 lässt den UNterschied zusammenBREchen (-) zwischen dem
                    ANspruch
122                 etwas zu beHAUPten und gründe zu geben (.) und dingen
                    (.)
123                 der eine labert DAS der andere labert DAS der nächste
                    labert DES und alles ist GLEICHgut weils alles natur
                    ist
124                 (---) das kann doch nicht ihr ihre absicht sein
125   PhilNaWiPm    NÖ eiglich si ä im SINne der korresponDENZ (.) äh von
                    SÄTzen mit mit fakten ja ((wiederholt nochmal als
                    Reaktion auf die Anweisung des Moderators, ins Mikro zu
                    sprechen))
126                 wahrheit im sinne der korrespondenz mit mit faktizität
                    (.)
127                 würd ich sagen ist UNverzichtbar das ist ganz klar
128                 in der phySIK verwendet man (.) wa den wahrheitsbegriff
                    (.) EBEN am besten im sinne der aristotelischen
                    korresponDENZtheorie (1.5)
129                 aber ich sehe nicht ein wieso die aristotelische
                    korrespondenztheorie den naturalistischen RAHmen
                    sprengt
```
Sequenz 26: PhilPm$_A$ als Diskutant in der Plenumsdiskussion mit dem Vortragenden PhilNaWiPm; TK 2_4: 118-129.

Die kritische Frage nach dem Anspruch, Wahres zu vermitteln, ist höchst gesichtsbedrohend. **Wahres zu vermitteln** ist ein wissenschaftlicher Wert, ohne den Vorträge (bzw. jede Form der Wissensvermittlung im wissenschaftlichen Kontext) kaum sinnvoll sind. Die direkte, namentliche Anrede des Vortragenden verschärft die Gesichtsbedrohung, indem sie ein Ausweichen verhindert. Der anschließende Vorwurf kritisiert die Tilgung des Unterschieds zwischen begründetem Sprechen und *Labern* in den Äußerungen von PhilNaWiPm: *IHre (-) sozusagen ihre SICHT der DINge*

(.) lässt den UNterschied zusammenBREchen (-) zwischen dem Anspruch etwas zu beHAUPten und gründe zu geben (.) und dingen (.) der eine labert DAS der andere labert DAS der nächste labert DES und alles ist GLEICHgut weils alles natur ist. Das begründete Sprechen wird als wissenschaftlich und positiv, das umgangssprachliche, abwertende *Labern*[81] demgegenüber aufgrund des fraglichen Wahrheitsgehalts negativ bewertet. Als der Kritik zugrundeliegender wissenschaftlicher Wert kann in Bezug auf den Inhalt der Äußerung das **begründete, wahre Sprechen** gelten.

c) Kritik am experimentellen Setting

Ein Problem in der folgenden Sequenz ist das Experiment, das von PhyPsyDrm durchgeführt wurde, um die besondere psychische Konstitution von Personen, die Opfer von Spukphänomenen geworden sind, zu beweisen. BiophyDrm kritisiert dieses Experiment und bezweifelt dessen Beweiskraft. PhyPsyDrm geht nach anderen Erläuterungen auf die erste Frage bezüglich des Experiments und des Nachweises von parapsychologischen Wirkungen wie folgt ein:

```
046   PhyPsyDrm   SO und jetzt die ERSte frage die sie haben in bezug
                  auf das experiment
047               ja DAS ist natürlich (.) äh sozusagen (.) triVIAL also
048               wenn ich an SOwas nicht denken würde
049               dann sollte ich wirklich n äh sozusagen den löffel
                  ABgeben
050               na!TÜR!lich HAB ich überprüft dass das KEIne (.)
                  kauSAle wirkung
051               von dem äh zufallsgenerator auf den beOBachter ist
052               das ist ja baNAL das ist nicht der punkt (.)
053               also da hab ich mich entsprechend äh SORGfältig (.)
                  dagegen AB gäh geSICHert (.)
054               das ist ein GROSser teil der ganzen beschreibung des
                  experiments (-)
055               äh naTÜRlich gibts immer korrelationen zwischen DEM
                  was ich beobachte
056               und meiner physi psychologischen reak!TION! dadrauf
057               ja !DAS! ist ja klar (.) aber ich hab !SOL!che
                  korrelationen beobachtet
058               wo die psychologischen variablen !VOR! (.) der
                  beobachtung
                  gemessen wurden (---)
059               und sie sind TROTZdem da (--)
060               und DAS eben äh würd ich sagen ist in etwas
                  verallgemeinertem sinn eben ne
                  verschränkungskorrelation
061               und DIE hat bestimmte EIgenschaften und die kann man
                  überprüfen (-)
```

---

81 Das Lexem *labern* wird im Duden folgendermaßen definiert: ‚sich wortreich über oft belanglose Dinge auslassen, viele überflüssige Worte machen'.

```
062                   also (.) ihr EINwand ist natürlich vollkommen RICHtig
063                   aber trifft nicht zu
```
Sequenz 27: BiophyDrm als Diskutant in der Plenumsdiskussion mit dem Vortragenden PhyPsyDrm; TK 3_7: 046-063.

Den impliziten Vorwurf, dass die Richtung der Wechselwirkung falsch eingeschätzt wurde (die nach BiophyDrm vom Zufallsmuster auf den Probanden wirkt, nach PhyPsyDrm umgekehrt), weist PhyPsyDrm ab: *ja DAS ist natürlich (.) äh sozusagen (.) triVIAL also wenn ich an SOwas nicht denken würde dann sollte ich wirklich n äh sozusagen den löffel ABgeben*. Durch diese Reaktion wird deutlich, dass PhyPsyDrm die Frage von BiophyDrm als Zweifel an der Wissenschaftlichkeit seines Experiments wertet. Die Redensart *löffel ABgeben* ist drastisch und übertrieben: Die Wissenschaft aufzugeben wird mit Sterben verglichen. Die Kritik wird durch die Bekräftigung, dass eine Überprüfung der Wirkungsrichtung stattgefunden und eine sorgfältige Absicherung stattgefunden hat, abgewiesen. Sein Verweis auf die Werte **Sorgfalt bei der Planung und Durchführung von Experimenten** und **Messbarkeit** unterstützen sein Image als korrekt arbeitender, kompetenter Wissenschaftler.

d) Kritik an der Methode, der Hypothese und der Präsentation

In dieser Sequenz wird die Methode von AsphyPhilPm zur Erforschung des Universums von PhilPm$_B$ scharf kritisiert:

```
001    PhilPm_B      zwei kurze fragen (.) die ERSte (--)
002                  der status des satzes die naTURgesetze die wir von der
                     erde kennen
003                  gelten überall im uniVERsum
                     [...]
012                  (-) äm ich (-) würds sie ja einfach mal fragen
                     ist das nicht ä tautoLOgisch (.)
013                  ich meine (.) selbstverSTÄNDlich (-)
014                  DAS was sie mit den naturgesetzen WIE wir sie kennen
                     (-) zu fassen kriegen
015                  DAS ist das uniVERsum was sie damit nicht zu fassen
                     kriegen ist das (.) !NICHT! das universum (-)
                     [...]
020                  kurzum (.) das ist zirkuLÄR das ist TAUtologisch der
                     satz besagt genau
021                  DAS (-) ist das universum (.) was wir mit DIEsen
                     naturgesetzen zu fassen kriegen
```
Sequenz 28: Diskutant PhilPm$_B$ in der Plenumsdiskussion mit dem Vortragenden AsphyPhilPm; TK 3_8: 001-003, 012-015, 020-021.

PhilPm$_B$ identifiziert Beweisfehler (*das ist zirkuLÄR*) und Tautologien (*ist das nicht ä tautoLOgisch*) im methodischen Zugang und begründet seine Kritik daran:

Man finde nur die Teile des Universums, die sich mit den bekannten Naturgesetzen fassen lassen – alles andere bleibe unsichtbar. Der zugrundeliegende Bezugswert lautet: **Vermeiden von Beweisfehlern** und **Tautologien**. AsphyPhilPm reagiert auf den Tautologievorwurf damit, dass er auf andere Modelle des Universums verweist (*also sie könnten sich durchAUS ein universum vorstellen*), in denen sich das Universum ganz anders und nicht den bekannten Naturgesetzen entsprechend verhält. Darauffolgend berichtet AsphyPhilPm von den Messmethoden, Beobachtungen und Ergebnissen, aus denen *ABleitungen* gemacht werden (nicht abgedruckt). Diese Ableitungen lehnt PhilPm$_B$ als fiktiv ab:

```
069    PhilPm_B    aber ein !VOR!gestelltes universum ist nicht DAS
                   uniVERsum (-) über das sie (.) SAgen (.)
070                die naturgesetze (--) die wir von der erde !KEN!nen (.)
071                DIE gelten da !AUCH!
072                man KANN sich was !VOR!stellen und dann fragen ob das
                   da AUCH gilt (.)
```

Sequenz 29: Diskutant PhilPm$_B$ in der Plenumsdiskussion mit dem Vortragenden AsphyPhilPm; TK 3_8: 069-072.

Das strikte **Trennen von Fakt und Fiktion**, Realität und Vorstellungen, kann hier als Wert angeführt werden. AsphyPhilPm kehrt daraufhin wieder zum Tautologie-Vorwurf zurück und bringt seine Argumente vor. PhilPm$_B$ fasst seine Schlussfolgerungen aus dem von AsphyPhilPm Gesagten zusammen und äußert erneut seinen Tautologie-Vorwurf (nicht abgedruckt). PhilPm$_B$ bemerkt offenbar, dass er AsphyPhilPm nicht von der Tautologie überzeugen kann und lässt das Thema fallen. Er geht dazu über, den Präsentationsstil zu kommentieren:

```
155    PhilPm_B    GANZ kleine bemerkung zu der ART wie sie (.)
                   präsentieren
156                das äh (.) ich mein (.) da ich möcht ihnen wirklich
                   nicht zu NAHEtreten (.)
157                das n BISSchen ist das so wie jemand brät richtig
                   gute steaks (.) und annonciert die mit
158                !BEST! steaks in TOWN (--) nicht
159                also mich es WUNdert mich dass sie so ne GLATte (-)
                   poLIERte harte bisschen aggresSIve geschichte
                   erzählen
160                und !HINTER!her (.) nebenbei mal anmerken wir haben da
                   so leichen im keller (.)
161                und DAS und DAS und DAS und das WISsen wir nicht (.)
162                also m da sie sagen sie erzählen die geschichte SO
163                dass sie JEdem im saal (.) dass (---) JEder im saal
                   etwas davon hat
164                a m MICH (-) haben sie !NICHT! erreicht MICH schrecken
                   sie ab (-)
165                wenn jemand ne gs ne geschichte !SO! er!ZÄHLT!
166                dass ich !HIN!geRISsen werden soll (.)
```

5 Gegenseitiges positives und negatives Kritisieren 243

```
167                   dann werde !ICH! ABgeschreckt (.)
168                   jetzt werden sie m mit SICHERheit sagen ja das liegt
                      an ihnen (-)
169                   ALle andern leute finden das klasse (-) da
```

Sequenz 30: Diskutant PhilPm$_B$ in der Plenumsdiskussion mit dem Vortragenden AsphyPhilPm; TK 3_8: 155-169.

PhilPm$_B$ kündigt hier zwar an, eine *GANZ kleine bemerkung* zum Präsentationsstil machen zu wollen, kritisiert dann aber den Vortrag von AsphyPhilPm in vollem Umfang, wodurch sich die Einleitungsfloskel als lediglich oberflächliche Abschwächung herausstellt. Er rügt den Vortragenden für seine Form von Selbstwerbung (was er am Beispiel der Werbung eines Steakhauses verdeutlicht) und kritisiert ihn für das Auslassen von Unsicherheiten in seinem Vortrag: *also mich es WUNdert mich dass sie so ne GLATte (-) poLIERte harte bisschen aggresSIve geschichte erzähle und !HINTER!her (.) nebenbei mal anmerken wir haben da so leichen im keller (.) und DAS und DAS und DAS und das WISsen wir* nicht. Die negativen Bewertungen werden in *WUNdert mich* und *GLATte (-) poLIERte harte bisschen aggresSIve* sichtbar. Die Kritik bezieht sich darauf, dass in der Wissenschaft auch Unsicherheiten dargestellt werden müssen, dass das Publikum nicht getäuscht werden darf und dass Ergebnisse nicht „glattpoliert", sondern zusammen mit Problemen präsentiert werden sollen. Dies zeigt sich auch in der Wendung *leichen im keller*. Die Bezugswerte sind also **Klarheit** und **Benennung aller Unsicherheiten**. Zusätzlich kritisiert PhilPm$_B$ den Vortragsstil, den er als abschreckend empfindet. Er wehrt sich gegen das AsphyPhilPm unterstellte Ziel, *!HIN!geRISsen* zu werden, und gibt stattdessen zu verstehen, dass man ihn persönlich (*MICH*) mit diesem Stil nicht erreiche. Der zugrundeliegende Wert in Bezug auf den Präsentationsstil lautet **Angemessenheit**. AsphyPhilPm reagiert auf diese Kritik abwehrend und mit Widerspruch:

```
170   AsphyPhilPm     ähm (---) NÖ
171   PhilPm_B        okee
172   Publikum        ((lacht, 2sek))
173   AsphyPhilPm     zuerst mal platt (.) also aggresSIV ähm (.) ich es kann
                      sein
174                   dass ich (--) we weil ich die geschichte sehr GERne
                      erzähle (---) ähm (---)
175                   da vielleicht ein bisschen übers ziel
                      hiNAUSgeschossen bin und (2.0)
176                   ich damit gerechnet habe dass wir in der diskussion
                      über diese leichen im KELler reden (.)
177                   weil (.) über die leichen im keller zu reden ist
                      konzeptio!NELL! (-)
178                   weil wir überhaupt noch kein ver!STÄND!nis
179                   also dunkle materie hätt ich da noch mit EINbringen
                      können
```

180	das wär kein problem gewesen (--) aber konzeptionell haben wir für die dunkle energie nichts anzubieten (.)
181	was ich erzählen könnte und INnerhalb dieser geschichte EINbauen kann (-)
182	also die dunkle enerGIE ist eine (-) ähm erfahrung der astronomen (---)
183	die uns n also die uns astronomen noch lange beschäftigt
184	alLEIne nur DARzustellen wie die wie wir he!RAUS!gefunden haben (--)
185	dass diese dunkle e energie im universum (--) am WERK ist
186	wäre gegenstand von mindestens (-) m mindestens einer stunde VORtrag
187	weil es nicht EINfach ist zu erklären (.) warum gibt es kräfte im universum (-)
188	die mit einer energieform zusammenhängen die NICHT mit e gleich em CE quadrat zu beschreiben sind
189	da wäre ja energie (.) synonym zu ner MASse und die masse hätte ja dann wieder gravitation
190	NEIN (.) die dunkle energie wird liefert eine be!SCHLEU!nigte expansion
191	also genau das !GE!genteil von DEM was MASse tut (-) ähm
192	und deswegen hab ichs schlicht und ergreifend da rausgelassen aber

Sequenz 31: Diskutant PhilPm$_B$ in der Plenumsdiskussion mit dem Vortragenden AsphyPhilPm; TK 3_8: 170-192.

AsphyPhilPm gibt zwar zu, dass er *da vielleicht ein bisschen übers ziel hiNAUSgeschossen* ist, und begründet dies damit, dass er die Geschichte *sehr GERne* erzählt. Er verweist außerdem darauf, dass man normalerweise erst in der Diskussion über Unsicherheiten rede, weil dies dem Konzept von Diskussionen entspreche. Weiterhin geht er darauf ein, dass er tatsächlich viele unsichere Inhalte referieren könne (*dunkle materie*), dass er darauf aber aufgrund der Darstellungs- und Erklärungsschwierigkeiten verzichtet habe. Er verteidigt sich also gegen die Vorwürfe von PhilPm$_B$ mit dem Hinweis auf die Komplexität der Inhalte und den daraus resultierenden Präsentationsschwierigkeiten.

e) Kritik an der Argumentation und der Präsentation

In der folgenden Sequenz werden die Argumentation, Argumentationsweise und Darstellungsart des Diskutanten SozPm vom Diskutanten GeschPm$_C$ und dem Moderator GeschPm$_B$ kritisiert. SozPm bringt seine Argumente vor, die GeschPm$_C$ mit *das glaub ich nich (-) ja* ablehnt, worauf das Publikum in Gelächter und Unruhe ausbricht:

```
131    SozPm        nur für die FOLgen können wir dann überhaupt zu WISsen
                    was (-) da und DArum läuft JEGliche (---) und
132                 NEIN das ist jetzt ERNST gemeint und da
133                 das ist nicht wie vorhin gesagt wurde
134    Publikum    ((Gelächter, 2sek))
135    SozPm        NEIN (--) das das folgende argument das FOLgende
                    argument
136                 ist das EINzige (---) das einzige (--) moDERne argument
                    äh das wir haben
137                 dass wir (-) JEGliche handlung jegliche entSCHEIdung
                    (--)
138                 NICHT mehr EXtern (-) über ne göttliche instanz (---)
139                 nicht mehr übern äh verdrängen eines geHEIMnisses
                    rechtfertigen
140                 sondern al!LEIN! (-) über die möglichen FOLgen
141    GeschPm_C    das glaub ich nich (-) ja
142    Publikum    ((Gelächter und Unruhe, 6sek))
143    GeschPm_B    wir ham (1.5) wir ham noch zwei wortmeldungen die denke
                    ich (1.5)
144    Publikum    ((Stimmengewirr, 4sek))
145                 jaja ich denke zwei wortmeldungen (-)
146                 und dann werden wir auch (1.5) diese show klappen
```

Sequenz 32: SozPm als Diskutant in der Plenumsdiskussion mit Moderator GeschPm$_B$ und dem Diskutanten GeschPm$_C$; TK 1_5: 131-146.

Um die Diskussion wieder in sachliche, kontrollierte Bahnen zu lenken, schreitet der Moderator GeschPm$_B$ ein und verweist auf zwei weitere Wortmeldungen. Es ist unklar, worauf sich seine Benennung *show* bezieht: die Argumentationsweise von SozPm oder die Reaktion des Publikums. In jedem Fall aber wird die Situation negativ bewertet: Eine Show dient der abwechslungsreichen Unterhaltung. Dies wird im wissenschaftlichen Kontext – und vor allem im Kommentar von GeschPm$_B$ – negativ bewertet, denn für Diskussionen gelten die (entgegengesetzten) Werte **Sachlichkeit** und **Rationalität**. Dem Diskutanten (und evtl. auch dem Publikum) wird damit Unsachlichkeit und Irrationalität in der Argumentation sowie im Verhalten vorgeworfen, was einem Absprechen von Wissenschaftlichkeit gleichkommt. Weder SozPm noch das Publikum kommentieren diese negative Bewertung.

Auch im nächsten Beispiel werden derselbe Diskutant ebenso wie vermutlich das Publikum getadelt:

```
036    SozPm        und das hat niemand gewagt äh anzugreifen (1.5)
037                 und NACHträglich wirds auch nicht wieder (-)
                    AUFgenommen
038                 sondern in der nächsten phase werden wir WIEder genauso
                    argumentieren
```

```
039               !WEIL! grad es ruhig ist dort (--) ist es umso
                  gefährlicher ne=das
040               kennen wir von unsern kindern (---)
041               wenns ruhig im kinderzimmer ist ist es das
                  geFÄHRlichste
042      Publikum ((Gelächter, 3sek))
043      SozPm    das ist die
044      Publikum ((allg. Stimmengewirr, 15sek))
045      GeschPm_B das muss man nicht überhöhen SO
```

Sequenz 33: SozPm als Diskutant und GeschPm$_B$ als Moderator in der Plenumsdiskussion; TK 1_6: 036-045.

Allerdings bleibt unklar, worauf sich der Tadel bezieht, denn die Kritik wird relativ unspezifisch geäußert: *das muss man nicht überhöhen.* Fraglich ist der Bezug des Pronomens *das*: Es kann sich auf das Diskussionsverhalten von SozPm, dessen Argumentation und/oder das Publikum und dessen Reaktion (Gelächter und Stimmengewirr) beziehen. Die negative Bewertung kommt im Verb *überhöhen* zum Ausdruck; Überhöhungen werden im wissenschaftlichen Kontext nicht geschätzt. Stattdessen gelten für geäußerte Inhalte im Umkehrschluss die Werte **Sachlichkeit** und **Maß/Angemessenheit**. Auch hier wird die Diskussion vom Moderator GeschPm$_B$ abgebrochen, sodass keine offene Möglichkeit für einen Konferenzteilnehmer zur Reaktion besteht[82]. Hier zeigt sich doppelt die Macht und Dominanz des Moderators, da er einerseits Diskussionen für beendet erklärt, andererseits die Diskussion deutet und negativ bewertet – und damit das letzte Wort hat.

5.3.1.5 Zusammenfassung der Ergebnisse aus den Plenumsdiskussionen

Bei der Analyse der interdisziplinären Plenumsdiskussionen zeigt sich, dass der Rückgriff auf wissenschaftliche Werte in den Diskussionen eine große Rolle spielt: So wird beispielsweise die Einhaltung der Richtlinien und Werte abgefragt, die Verwendung von Terminologie wird gegenseitig kritisiert und korrigiert, Methoden werden angezweifelt und die Schlüssigkeit von Interpretationen wird überprüft. Wird ein Wissenschaftler wegen Nicht-Einhaltung eines Wertes kritisiert, ist dies in den meisten Fällen gesichtsbedrohend, da die Wissenschaftlichkeit seines Vorgehens und damit die Forschungsergebnisse angezweifelt werden. Dieser Imageschädigung kann dadurch entgegengewirkt werden, dass man die Einhaltung der Werte nachweist, Fachkenntnisse und Kompetenz herausstellt.

---

82 Vehementes Einschreiten und Zwischenrufe seitens der Geschädigten wären sicherlich in dieser Situation möglich, werden aber vermutlich aus Höflichkeit unterlassen.

5 Gegenseitiges positives und negatives Kritisieren

In der folgenden Tabelle werden die Werte, die in den dargestellten Plenumsdiskussionen explizit oder implizit aufgerufen werden, zusammengestellt und ihrer jeweiligen Referenz zugeordnet. Es wird deutlich, dass die aufgerufenen Werte allgemeinwissenschaftliche sind, die für alle Disziplinen gelten.

Tabelle 26: Referenzkategorien und thematisierte Werte in den Plenumsdiskussionen.

Referenzkategorie	Wert
Argumentation, Präsentation(sstil)	Angemessenheit Benennung aller Unsicherheiten Klarheit Maß Rationalität Sachlichkeit
Beispiel	Klarheit Übersichtlichkeit
Experiment	Messbarkeit Sorgfalt bei der Planung und Durchführung
Hypothese	Trennen von Fakt und Fiktion
Methode	Beobachtbarkeit Gründlichkeit Registrierbarkeit Sorgfalt Vermeidung von Tautologien/Beweisfehlern
Modell	Falsifizierbarkeit Verifizierbarkeit
Terminologie	Definition der Referenz / der Begriffe Korrektheit, Klarheit und Differenziertheit der Terminologieverwendung
Theoretischer Ansatz	Allgemeingültigkeit, Angemessenheit, umfassende Betrachtung von Aspekten in Beschreibungen Begründetheit der Aussagen Korrektheit der Prämissen Reflektiertheit und Verantwortung im Umgang mit Bildern und Grafiken Ständiges Kritisieren und Hinterfragen Stichhaltigkeit der Aussagen/Argumente Korrekter Umgang mit Allsätzen
Wissenschaftsverständnis	Gleichordnung der Disziplinen
Wissensvermittlung	Begründetes, wahres Sprechen / Wahres vermitteln

Unerwartet und erstaunlich viele Äußerungen von negativer Kritik bleiben reaktionslos. Dies ist einerseits auf die Diskussionsorganisation des Moderators zurückzuführen, andererseits auf die Abwesenheit kritisierter Dritter. Solche Kritiksequenzen sind unter Umständen sehr imageschädigend für die Nicht-Reagierenden bzw. Abwesenden, da nicht nur die Diskutierenden Kritik üben, sondern auch das Publikum diese negativen Äußerungen rezipiert und womöglich übernimmt; die Kritisierten selbst haben keine Möglichkeit der Verteidigung, Rechtfertigung oder Begründung.

5.3.2 Negative Kritik in den Fokusdiskussionen

Die Fokusdiskussionen, die ein spezielles Format der hier untersuchten Tagungen 2 und 3 darstellen, können hinsichtlich des jeweiligen Diskussionsmodus unterschieden werden. Ein Teil der Diskussionen ist eher kooperativ und klärungsorientiert, wobei nicht unbedingt ein Konsens erreicht werden muss. Andere Diskussionen sind dagegen eher konfrontativ und darauf ausgelegt, Dissens und Widerspruch sichtbar zu machen. Konsensfindung ist nicht vorgegebenes Ziel, sondern eher das Aufzeigen von Fehlern, Widersprüchen und anderen Kritikpunkten. Die beiden Modi nenne ich „kooperativ-klärungsorientiert" und „konfrontativ-dissensbetonend", wobei ich betonen möchte, dass die Diskussionen in ihrer Tendenz nach zugeordnet werden, es sich also um eine Zuordnung des Mehr oder Weniger handelt und Zwischenstufen möglich sind. Im Folgenden werden drei Diskussionen betrachtet, von denen die ersten beiden dem kooperativ-klärungsorientierten (Kap. 5.3.2.1), die letzte dem konfrontativ-dissensbetonenden Modus (Kap. 5.3.2.2) zuzuordnen sind (und damit die beiden Extreme widerspiegeln).

5.3.2.1 Kooperativ-klärungsorientierte Fokusdiskussionen

Kooperativ-klärungsorientierte Fokusdiskussionen sind dadurch gekennzeichnet, dass die Diskutanten ihre Standpunkte aushandeln, das Forschungsgebiet sondieren und mögliche Kontroversen zu klären und/oder zu lösen versuchen. Ziel ist nicht unbedingt Konsens, sondern das Identifizieren, Benennen und Akzeptieren unterschiedlicher Meinungen, Ansätze und Interpretationen. Zwar soll der Diskussionspartner vom eigenen Standpunkt überzeugt werden, falls Dissens auftritt, doch dies geschieht sachlich, ruhig und nicht aggressiv.

Diskussion 1: Gewissheit zwischen Glaube und Naturwissenschaft
In der Diskussion zwischen $PhyPm_A$ und $eTheoPm_A$ geht es um die Frage, welche Faktoren Gewissheit im Alltag ausmachen. Im gewählten Diskussionsab-

schnitt diskutieren die beiden Professoren über wissenschaftliche Forschung und Wissensproduktion im Zusammenhang mit dem christlichen Glauben, für den Gewissheit einen ganz anderen Charakter hat. Die Diskussion zwischen den beiden ist symmetrisch, es gibt häufige Sprecherwechsel mit Überlappungen und Unterbrechungen, die aber nicht zu Verstimmungen führen. Die Atmosphäre ist freundlich und respektvoll, die Sprecher sind sehr engagiert und zeigen starkes Interesse an der Klärung der Sache.

141	PhyPm$_A$	es gibt verschiedene as!PEK!te ich kann ja mit meinem beschränkten geist NICHT !ALL!es VOLL überschAUen
142		ich kann (.) naturalistisch herangehen physik treiben
143		ich kann als religiöser mensch (-) herangehen und das wunderBAre sehen und (-)
144	eTheoPm$_A$	$_1$[!JA! nur]$_1$
145	PhyPm$_A$	$_1$[das ganze ist]$_1$ ist die verEIN$_2$[heitlichung der beiden]$_2$
146	eTheoPm$_A$	$_2$[JA (.) nur das]$_2$ nur das probLEM am kom$_3$[plementariTÄTS]$_3$
147	PhyPm$_A$	$_3$[das ist nicht eine TRENnung]$_3$
148	eTheoPm$_A$	ja nur das problem ist ja nicht dass er nicht nur sagt (-) äh WELle und TEILchen (-)
149		sondern das problem am komplementaritätsbegriff ist
150		dass er ja ein !GRENZ!fall zumindest in !EI!nigen interpretationen auch zulässt zu sagen (-)
151		äh a und !NICHT! a können sozusagen aspekt ähm (.) de des einheitlichen sachverhalts sein (-) äh=
152	PhyPm$_A$	=also SO so versteh ich die $_1$[((unverst.))]$_1$
153	eTheoPm$_A$	$_1$[so verstehen sie sie NICHT]$_1$
154	PhyPm$_A$	$_2$[NEIN nein]$_2$
155	eTheoPm$_A$	$_2$[also sie würden es gewissermaßen]$_2$ erkenntnistheoretische komplementa$_3$[rität]$_3$
156	PhyPm$_A$	$_3$[ja]$_3$
157	eTheoPm$_A$	von verschiedenen
158	PhyPm$_A$	von $_4$[verschiedenen asPEKten sehen]$_4$
159	eTheoPm$_A$	$_4$[ja ja ja ja]$_4$ okee=
160	PhyPm$_A$	=und ich wenn ich wenn ich als religiöser mensch physik betreibe
161		dann dann sind mal die beiden aspekte beide DA
162		und (.) ich MÖCHte es nicht bei einem widerspruch beLASsen=
163	eTheoPm$_A$	=JA ok aber DANN würden sie sa würden sie sagen es ä
164		dass sie die HOFFnung hätten dass es sozusagen sowas wie (--) als meTAPHER verBORgene parabeln gibt (.) oder paRAmeter
165		die sozusagen LETZten endes (-) äh naturalistische (-) physik
166		und eine (.) ähm (-) gläubige theologie verEINbaren könnte=
167	PhyPm$_A$	=ich brauch keine (.) verborgenen paRAmeter dazu es (.) ich (.) es gibt einfach ein

```
168    eTheoPm_A    mh
169    PhyPm_A      eine über (--) !ÜBER!geordnete WAHRheit die ich nicht
                    erfassen kann (-) so
170    eTheoPm_A    ₁[mh mh mh ja ja (-) ja (--) ja                    ]₁
171    PhyPm_A      ₁[wie der paulus sagt äh unser wissen ist STÜCKweise]₁
172                 vielleicht in einem späteren LEben mal
173                 dann überschaun ₂[wir das ganze und]₂
174    eTheoPm_A                    ₂[ja ok            ]₂
175    PhyPm_A      verstehen das
176    eTheoPm_A    d diese hoffnung hätten sie aber ₃[das]₃
177    PhyPm_A                                       ₃[ja ]₃
178    eTheoPm_A    sozusagen ja=
179    PhyPm_A      =die (.) SIcher
180    eTheoPm_A    DA kann ich so insofern mitgehen (-) a ahm als ich
                    zumindest als theologe auch die theo!RIE! hätte
181                 dass auch unsere vernunft (.) ä immer als ge!FALL!ene
                    vernunft begriffen werden muss ahm
182                 und sozusagen ALles was wir überhaupt nur als
                    !MÖG!lichkeiten haben ahm
183                 prinzipiell a a an diesem fall partizipiert
184                 also SO weit würde ich ZUstimmen
185                 ich ich würde aber trotzdem die warnung aussprechen
186                 dass wir !NICHT! wieder dahin kommen dürfen
187                 was !LAN!ge jahre ahm anfang des zwanzigsten
                    jahrhunderts der fall war
188                 dass wir so ne sagen zweiwelten₁[theorie haben]₁
189    PhyPm_A                                     ₁[ah nee de    ]₁
                    ₂[davon bin ich weit entfernt            ]₂
180    eTheoPm_A    ₂[dass man sagt die naturwissenschaften]₂ sind für die
                    FAKten zuständig
181                 und die ₃[theologie ((unverst., 2sek))          ]₃
182    PhyPm_A              ₃[nee ge genau nicht genau darum geht es]₃
183    eTheoPm_A    ₄[DAS (.) darf nicht sein ja]₄
184    PhyPm_A      ₄[nein nein                 ]₄ das darf nicht
185                 SIMmer uns VÖLLig einig
```

Sequenz 34: PhyPm_A und eTheoPm_A in der Fokusdiskussion; TK 3_1: 141-185.

PhyPm_A verweist zu Beginn auf Nichtwissen und eingeschränkte Verstehensmöglichkeiten, die sich aus einem *beschränkten geist* ergeben. Damit signalisiert er in Bezug auf das wissenschaftliche Arbeiten **Rationalität** und **Kenntnis der eigenen (wissenschaftlichen) Grenzen**. Im Anschluss daran nennt er zwei mögliche Perspektiven auf wissenschaftliches Arbeiten: einmal als Naturalist und einmal als *religiöser mensch* – dann unterscheiden sich allerdings die Erkenntnisse voneinander –, und zusätzlich die Möglichkeit, beide Perspektiven zu vereinen. eTheoPm_A meldet hier drei Mal Widerspruch durch *JA nur* an, kommt allerdings erst beim dritten Mal zu Wort. Sein Widerspruch bzw. seine Einschränkung bezieht sich auf den Komplementaritätsbegriff. Er erläutert diesen Begriff inklusive der Probleme, was die Werte **Differenzierung** und **korrekte Begriffsverwendung** aufruft.

PhyPm$_A$ signalisiert darauf Widerspruch *also SO so versteh ich die [nicht, L. R.]*. eTheoPm$_A$ versichert sich nochmal durch eine Vergewisserungsfrage (allerdings in Form einer Feststellung), woraufhin PhyPm$_A$ dies mit *NEIN nein* bestätigt. Nun folgt ein sehr enger Wechsel zwischen den Sprechern, die ihre Sätze jeweils gegenseitig vervollständigen oder bestätigen. Sie sprechen mehrmals parallel, gehen schnell und flexibel auf die Äußerungen des anderen ein, bis das Verständnis gesichert ist: *mh mh mh ja ja (-) ja (--) ja ja ok*. Erst dann äußert PhyPm$_A$ seine eigene Einstellung, nämlich dass man durchaus als Physiker und religiöser Mensch Religion und Naturwissenschaft vereinen und den Widerspruch auflösen könne (was auch sein Ziel ist: *ich MÖCHte es nicht bei einem widerspruch beLASsen*). eTheoPm$_A$ leitet aus PhyPm$_A$s Aussage die Schlussfolgerung, die hier als Frage präsentiert wird, ab, dass man dann als *meTAPHER verBORgene parabeln [...] oder paRAmeter* haben müsse, die naturwissenschaftliche Forschung mit Glauben vereinbar machen. Dies lehnt PhyPm$_A$ ab (*ich brauch keine (.) verborgenen paRAmeter dazu*) und verweist stattdessen auf eine *!ÜBER!geordnete WAHRheit*, die nicht erfasst werden könne. Diese Wahrheit wird als potenziell unauflösbares, selbstverständliches und unproblematisches Nichtwissen präsentiert (vgl. zu Nichtwissen Kap. 7.3): *unser wissen ist STÜCKweise vielleicht in einem späteren LEben mal dann überschaun wir das ganze und verstehen das*. eTheoPm$_A$ gibt währenddessen positive Rückmeldesignale, die auch als Zustimmung verstanden werden können (*mh, ja, ja ok*). eTheoPm$_A$ fragt danach, ob PhyPm$_A$ die Hoffnung hätte, Nichtwissen in Zukunft auflösen zu können, was dieser bejaht. Daraufhin stimmt eTheoPm$_A$ seinem Diskussionspartner partiell zu (*DA kann ich so insofern mitgehen (-) a ahm als ich zumindest als theologe auch die theo!RIE! hätte*), wobei er seine eigene Fachidentität herausstellt und damit seine Perspektive verdeutlicht bzw. die generelle Perspektive auf eine disziplinäre verengt. Er geht weiter darauf ein, dass er der Vernunft als *ge!FALL!ene Vernunft* zustimmt (*also SO weit würde ich ZUstimmen*) und schließt eine Warnung an: *ich ich würde aber trotzdem die warnung aussprechen*. Die Warnung wird relativ zurückhaltend geäußert (im Konjunktiv); sie bezieht sich auf die negative Beurteilung der Zweiweltentheorie, die Anfang des 20. Jahrhunderts vertreten wurde. Man dürfe *!NICHT! wieder dahin kommen*, dass diese Trennung zwischen naturwissenschaftlichen Fakten und theologischer Ethik wieder eingeführt wird. PhyPm$_A$ stimmt sofort uneingeschränkt zu: *nein nein das darf nicht SIMmer uns VÖLLig einig*. Der aufgerufene Wert lautet **Einhaltung des Status Quo** oder auch **Fortschritt statt Rückfall**, also das Vermeiden eines Rückfalls in veraltete Denkmuster und Theorien.

252 5 Gegenseitiges positives und negatives Kritisieren

Diskussion 2: Entstehung des Lebens und Evolution

Thema der zweiten Fokusdiskussion ist Evolution mit den Schwerpunkten Entstehung von Leben und Beschreibungsmöglichkeiten der Komplexität von Lebewesen. Beide Diskutanten sind Biologieprofessoren, allerdings mit unterschiedlichen Fachrichtungen. Die Diskussion ist daher symmetrisch (keine Statusunterschiede). Der Kommunikationsstil ist sachlich und themaorientiert. Aus der Diskussion werden nun einzelne Ausschnitte präsentiert und diskutiert:

```
074   BioPm_A      an DER stelle finde ich den einwand von
                   luntin und gut geRECHTfertigt äh
075                zu sagen es GIBT diese be keine kauSAle beziehung
                   zwischen den beiden aspekten
076                sodass wir wenn wir über REproduktion und verÄNderung
                   reproduktiver EINheiten reden
077                nicht !NOT!wendig über funktionale effizienz sprechen
078                (.) das kann ein asPEKT sein aber MUSS nicht für den
                   reproduktiven erfolg ne nicht zentRAL sein=
079   BioAnthPm    =also da würd ich jetzt DOch FRAgen des [ver]steh ich
                   NET so ganz (--) äh
080   BioPm_A                                              [ja ]
081   BioAnthPm    denn wenn wenn wenn ich ähm (2.0) verÄNderungen HAB in
                   nem organismus
082                der dazu führt dass der statt (.) zehn nachkommen
                   zwanzig hat
083   BioPm_A      RICHtig
084   BioAnthPm    dann ist das ja ein einDEUtige fo beziehung zwischen
                   ner funktion
085                meinetwegen der geschwindigkeit (.) mit der sich
                   keimzellen bilden können=
086   BioPm_A      =ja
087   BioAnthPm    und der reproduktion
088   BioPm_A      JA ok äh äh JA ok (-) ABER ä da würd ich doch sagen
                   müss
089                brauchen wir n etwas wEIteren reproduktionsbegriff
090                also nicht einfach im sinne von FORTpflanzung
091                das ist ein asPEKT von reproduktion (-) ähm es muss
                   erfolgreiche fortpfanzung sein äh
092                damit will ich folgendes sagen ä es REICHT mir NICHT
                   eine struktur zu effiziieren (--)
```

Sequenz 35: BioAnthPm und BioPm$_A$ in der Fokusdiskussion; TK 2_1: 074-092.

Zu Beginn des vorigen Abschnitts führt BioPm$_A$ seine Ansicht mit Rückgriff auf eine andere Forschungsposition aus. BioAnthPm hakt ein und stellt die Äußerung von BioPm$_A$, dass Reproduktion nicht notwendigerweise an funktionale Effizienz gebunden sei, infrage: *also da würd ich jetzt DOch FRAgen des versteh ich NET so ganz (--) äh.* Die zugrundeliegenden Werte lauten in Bezug auf die Inhalte **Klarheit** und **Begründung**. BioAnthPm begründet seine gegenteilige Meinung zum Reproduktionsbegriff durch den Verweis auf die zunehmende Zahl von Nach-

5 Gegenseitiges positives und negatives Kritisieren 253

kommen, was er als Beweis für reproduktive Effizienz wertet. BioPm$_A$ stimmt den Ausführungen mit *richtig* und *ja* zu, signalisiert dann aber doch Zögern und Widerspruch gegen Ende des Beitrags von BioAnthPm: *JA ok äh äh JA ok*. Die Widerspruchssequenz wird mit *ABER ä da würd ich doch sagen* eingeleitet, worauf ein Hinweis auf die Notwendigkeit eines neuen Reproduktionsbegriffs folgt. Der bisher von BioAnthPm verwendete Begriff erscheint BioPm$_A$ als zu eng, weswegen er diesen neu definiert und seine Ansicht präzisiert. Hier wird in Bezug auf die Terminologie der Wert **geteilte Begriffsdefinition** aufgerufen. Die Diskussion um den Zusammenhang von funktionaler Effizienz und Reproduktion wird dadurch zu einem rein begrifflichen Problem. Im weiteren Verlauf der Diskussion möchte BioPm$_A$ das Thema wechseln und bittet BioAnthPm dafür um Erlaubnis:

```
093    BioPm_A         ä darf ich n NEUes thema ansch[neiden]
094    BioAnthPm                                    [bitte ]
095    BioPm_A         ähn auf ihren vortrag zurückkommend
096                    sie (--) hatten (--) und des des hat mir sehr gut
                       gefallen (-)
097                    sie ham evolution beschrieben als eine HYpothetische
                       rekonstruktion (1.5)
098                    und des fand ich ne ganz WICHtige sache
099                    weil so würd ich des AUch beschreiben eine
                       HYpothetische rekonstruktion (1.5)
100                    was MICH stört ist wenn evolution einfach blank (.)
101                    und JEtzt mein ich NICHT die im labor MESSbare das ist
                       was anderes ja
102                    sondern evolution in einem UMfassenden sinn
103                    WENN die EINfach blAnk als tatsache beschrieben wi[rd]
104    BioPm_A                                                           [hm]
105    BioAnthPm       da krieg ich BAUchweh und da MEIne ich man sagt sehr
                       viel mehr (.) als man sagen kann
106                    und des deshalb wollt ich das nochmal hervorheben
107                    dass ich des (.) SEhr damit einverstanden bin
108                    evolution ist eine HYpothetische (.) rekonstrukTION
109                    und zwar von transformationsprozessen (--) von
                       lebewesen (2.0)
110                    DURCH DIE am ENde und auf den punkt wollt ich nochmal
                       <<zögernd> eingehen komplexität>> (2.0) äh erhöht wird
111    BioAnthPm       erhöht werden KANN
112    BioPm_A         erhöht werd gut also wenn man wenn man evolution jetzt
                       als (.) einen tatsächlichen historischen vorgang NIMMT
113                    dann dann und wenns so WAR (.) DANN (--) IST sie erhöht
                       worden (---)
114                    ABer die FRAge ist WAS ist EIgentlich biologische
                       komplexität (--)
115                    also das ist jetzt keine kritische frage
116                    sondern des is ne sache mit der ich selber (.) !KÄMP!fe
                       seit langem (---)
117                    w wie kann ich komplexität überhaupt beschreiben
```

Sequenz 36: BioAnthPm und BioPm$_A$ in der Fokusdiskussion; TK 2_1: 093-117.

BioPm$_A$ geht also nun auf die im Vortrag von BioAnthPm angesprochene Beschreibung von Evolution als hypothetische Rekonstruktion ein. Er bewertet diese Beschreibung als positiv, beginnt seinen Beitrag demnach mit einer positiven Kritik mit der Begründung, dass er Evolution genauso beschreiben würde. Daraufhin macht er seine Meinung im Hinblick auf eine seiner Ansicht nach falschen Beschreibung von Evolution deutlich, die er negativ kritisiert (Z. 100-103). Diese Kritik der Beschreibung bzw. des Ansatzes wird subjektiv geäußert (durch die Betonung von *MICH*) und wird in verschiedenen Formulierungen sichtbar: Im Verb *stört*, in *EINfach blAnk* und in *BAUchweh*. In letzterem drückt sich die Ablehnung am stärksten aus, da ‚falsche' Beschreibungsansätze als körperliche Schmerzen auslösend dargestellt werden. Es zeigt sich, dass Beschreibungen offenbar **‚richtig'** und **umfassend** sein müssen, um wissenschaftlichen Ansprüchen zu genügen. Aus dieser negativen Kritik heraus wiederholt BioPm$_A$ seine Zustimmung zum Evolutionsbegriff, wie er von BioAnthPm genannt wurde, und definiert erneut den Begriff. Gleichzeitig kündigt er ein neues Thema an, nämlich das der Komplexität. Aber durch diese neue Begriffsdefinition, die eine Komplexitätserhöhung als Bestandteil von Evolution festschreibt, wird erst deutlich, worin sich BioAnthPm und BioPm$_A$ nicht einig sind; BioAnthPm korrigiert die Begriffsdefinition im Hinblick auf die Komplexität: *erhöht werden KANN*. Hierin wird implizit negative Kritik ausgedrückt (und könnte auf ein Missverständnis hinweisen). BioPm$_A$ nimmt diese Kritik auf und geht auf diesen Aspekt ein, indem er sein Verständnis der Komplexitätserhöhung darlegt: *also wenn man wenn man evolution jetzt als (.) einen tatsächlichen historischen vorgang NIMMT dann dann und wenns so WAR (.) DANN (--) IST sie erhöht worden*. Zugleich signalisiert er aber, dass es ihm eigentlich um die Frage geht, was Komplexität überhaupt ist und wie sie definiert werden kann: *ABer die FRAge ist WAS ist EIgentlich biologische komplexität*. Diese explizit unkritisch gemeinte Frage richtet er nicht nur an BioAnthPm, sondern auch an sich selbst (dadurch ist die Frage auch nicht als Gegenangriff zu verstehen): *also das ist jetzt keine kritische frage sondern des is ne sache mit der ich selber (.) !KÄMP!fe seit langem*. Hier wird auf das Konzept des Noch-nicht-Wissens (vgl. Kap. 7.3.1.3) verwiesen, also auf eine bisher fehlende, aber nötige Definition von Komplexität.

Im weiteren Verlauf der Diskussion sieht sich BioAnthPm gezwungen, korrigierend in die Ausführungen von BioPm$_A$ einzugreifen:

```
139    BioAnthPm    j:JA also NUR äh um das klarzustellen
140                 das was ich berichtet hab war das kaufmannsche (.) äh
                    modell
141                 mit dem er AUFgetreten ist eh im rahmen von eh eh
                    origin of order (--)
142                 ah sozusagen um die mächtigkeit dieser äh network äh
                    konzepte zu erläutern
```

5 Gegenseitiges positives und negatives Kritisieren 255

```
143                         worums mir daran nur GING
144                         ich an der an der (.) emPIrischen !WAHR!heit der these
                            liegt mir !GAR! nichts ja
145      BioPm_A             [hm ]
146      BioAnthPm          [ich] trete hier nur als äh als
                            wissenschaftstheoretiker auf
147                         worum es mir GEHT ist zu sagen (.)
148                         dass der ausdruck komplex nicht !EIN!stellig verwendet
                            werden darf
149                         sondern nor!MIERT! werden muss
150                         und in DEM sinne WÄre (.) die frage zu stellen
151                         komplex bezüglich !WAS! denn
[Auslassung, 8sek]
152                         ähm ich hab GANZ große !ZWEI!fel (---) soweit ich das
                            bioLOgisch überblück blicke
153                         dass man den ausdruck komplexität !ERNST!haft im
                            biologischen zusammenhang verwenden kann (-)
154                         MEIner ansicht nach ist der ausdruck komplexität (.)
                            AUS!SCHLIESS!lich ein aspekt der beSCHREIbungssprache
155                         die ich verWENde um bestimmte zusammenhänge biologisch
                            äh äh äh erÖRtern zu können
156                         und hat mit den armen viechern und pflanzen auf die
                            wirs anwenden RElativ wenig zu tun
```
Sequenz 37: BioAnthPm und BioPm$_A$ in der Fokusdiskussion; TK 2_1: 139-156.

BioAnthPm reagiert mit der Richtigstellung auf ein empfundenes Missverständnis und präzisiert damit seine Perspektive: *worums mir daran nur GING ich an der an der (.) emPIrischen !WAHR!heit der these liegt mir !GAR! nichts ja ich trete hier nur als äh als wissenschaftstheoretiker auf* (vgl. hierzu die Erläuterungen zu Sequenz 85 in Kap. 6.2.5). Diese Perspektivenverdeutlichung leitet eine negative Kritik ein, in der BioAnthPm fordert, den Komplexitätsbegriff auch hinsichtlich der Referenz zu normieren; der Bezugswert lautet also **Normierung des Begriffsinhalts**. Es folgen weitere theoretische Ausführungen zur Komplexität, die hier nicht wiedergegeben sind. Wichtiger ist seine Erklärung, dass er an der Sinnhaftigkeit des Komplexitätsbegriffs in der Biologie zweifelt. Er betont zwar seine Zweifel, macht aber gleichzeitig deutlich, dass er möglicherweise nicht über den nötigen Überblick verfügt: *soweit ich das bioLOgisch überblück blicke.* Darauf folgt die subjektive Darstellung seiner Sichtweise und Begriffsverwendung (mit einem Stilbruch, wenn er von Tieren als *armen viechern* spricht).

Insgesamt zeigen die kooperativ-klärungsorientierten Diskussionen starke Bestrebungen der Diskussionspartner nach Austausch von Standpunkten, thematischen Klärungen und nach dem Finden von Gemeinsamkeiten, Unterschieden und – falls nötig – Lösungen für Dissenspunkte.

5.3.2.2 Konfrontativ-dissensbetonende Fokusdiskussionen

Im Folgenden wird eine Diskussion betrachtet, die als konfrontativ und in bestimmten Abschnitten als aggressiv charakterisiert werden kann. Ziel des herausfordernden Diskutanten ist es, Kritikpunkte deutlich zu machen, den Vortragenden zu kritisieren und ihn von der eigenen Meinung zu überzeugen.

Diskussion 3: Spukphänomene in interdisziplinärer Forschung

In der Fokusdiskussion geht es um die Erforschung psychophysikalischer Phänomene (Spuk, wie beispielsweise ohne physikalischen Einfluss umfallende Vasen, herunterfallende Bilder oder sich bewegende Dinge) und deren Beschreibbarkeit sowie Modellierung. PhyPsyDrm erforscht diese Phänomene aus psychologischer und physikalischer Perspektive und bietet in seinem Vortrag eine Möglichkeit der wissenschaftlichen Modellierung und Erklärung an. $PhilPm_A$ hat verschiedene Einwände gegen den Vortrag und verlangt nach weiterer Klärung. Die Kommunikationssituation ist asymmetrisch, und zwar nicht nur hinsichtlich des Status der Beteiligten (zweifacher Doktor vs. Professor), sondern auch hinsichtlich der Etabliertheit der Forschungsbereiche: $PhilPm_A$ ist Philosophieprofessor, der an eine jahrtausendealte Forschungsgeschichte anknüpft; PhyPsyDrm kann in seinem Grenzgebiet zwischen Physik und Psychologie zwar eigene Leistungen vorweisen, aber nicht an eine bereits etablierte und akzeptierte Forschungsliteratur anschließen.

Die Diskussion zwischen den beiden wird in Ausschnitten präsentiert und abschnittsweise besprochen.

```
001    PhilPm_A      ja meine damen und herren (1.5) im unterschied zu
                     herrn [Nachname (PhyPsyDrm)]
002                  spreche ich LANGsam und sage WEnig
003    Publikum      ((verhaltenes Lachen, 4sek))
       [...]
011    PhilPm_A      ich möchte KEIne FRAge stellen herr [Nachname
                     (PhyPsyDrm)]
012                  sondern (-) eine beMERkung machen (--) äh die:
013                  obwohl ich ja gestern bei einem theologischen vortrag
                     schon geLERNT hab
014                  WIE (-) NACHteilig es sein kann wenn man das programm
                     wahrheit durch KLARheit zu erkennen gibt (-)
015                  möcht ich es doch NOCHmal versuchen (--)
016                  obwohl verschiedene vorträge DIEse (---) diesen
                     kommentar verschieden gut verTRAgen (--)
017                  mir ist AUFgefallen (.) dass SIE (--) mindestens drei
                     WÖRter (.)
018                  nämlich !PSYCHO!logisch physikalisch und physiologisch
019    PhyPsyDrm     hm
020    PhilPm_A      !ZWEI!deutig verwenden also ERSTmal sind das (-)
021                  adjektiVA (.) zu den substantiven psychologie physik
                     und physiologie (-)
```

5 Gegenseitiges positives und negatives Kritisieren 257

```
022                    und DAS sind namen für wissenschaften
023    PhyPsyDrm       ja genau [so hab ichs verstanden]
024    PhilPm_A                 [bei zwei              ]
025                    joa: moMENT moMENT na KLAR (-) DAS wäre schön wenn das
                       klar wäre (-)
026                    denn !LO!gisch dieser zusatz Logisch (-) äh heißt ja
027                    da wird geredet drüber theorie gemacht wissenschaft
                       gemacht VON etwas (--)
028                    und ähm (.) MIR ist es IMmer durcheiNANdergegangen (-)
029                    ob sie nun von den obJEKten sprechen (-)
030                    von denen diese diszi!PLI!nen HANdeln (.)
031                    ODER OB sie über die disziPLInen sprechen (.)
032                    und DAmit über die FORschungsPRAXis prinZIpien
                       meTHOden terminoloGIEN (---)
033                    DAS macht einen er!HEB!lichen unterschied
034    PhyPsyDrm       ja [natürlich klar]
```
Sequenz 38: PhyPsyDrm und PhilPm$_A$ in der Fokusdiskussion; TK 3_6: 001-003, 011-034.

PhilPm$_A$ beginnt in seiner Rolle als kritischer Diskussionspartner seinen Beitrag mit einer direkten Ansprache des Publikums: *ja meine damen und herren*. Sofort grenzt er sich von seinem Diskussionspartner und Vorredner ab, indem er sich konträr zu diesem positioniert: *im unterschied zu herrn [Nachname (PhyPsyDrm)] spreche ich LANGsam und sage WEnig*. Durch diese starke negative Kritik, die hier relativ direkt und persönlich vorgebracht wird, distanziert er sich nicht nur von PhyPsyDrm, sondern beginnt seinen Diskussionsbeitrag quasi mit einem Paukenschlag, wodurch er eine große Präsenz in der Diskussion erlangt. Der Kritik am Vortragsstil liegen die Werte **Angemessenheit der Geschwindigkeit** und **Relevanz der Inhalte** zugrunde. Nach einem kurzen Austausch mit der Tagungsveranstalterin über die Tagungs- und Diskussionsorganisation, der hier nicht abgedruckt ist, fährt PhilPm$_A$ mit seinem inhaltlichen Beitrag fort und adressiert PhyPsyDrm direkt. Er charakterisiert seinen eigenen Beitrag als Bemerkung, woraufhin er die Problematik einer solchen Bemerkung reflektiert und damit den wahrscheinlich anwesenden Theologen – ohne einen Namen zu nennen, wodurch die Kritik zumindest oberflächlich nicht persönlich ist – negativ kritisiert (vgl. Z. 012-016); die negative Bewertung durch *NACHteilig* und der Kommentar *obwohl verschiedene vorträge DIEse (---) diesen kommentar verschieden gut verTRAgen* zeigen dies an. PhilPm$_A$s Anspruch in einer wissenschaftlichen Auseinandersetzung ist nach eigener Aussage *wahrheit durch KLARheit*; die Bezugswerte werden hier also explizit angesprochen: **Wahrheit** und **Klarheit**. Die danach geäußerte negative Kritik bezieht sich auf die Zweideutigkeit der Begriffsverwendung von *!PSYCHO!logisch physikalisch und physiologisch*; die Bezugsnorm, die dieser Kritik zugrunde liegt, ist die **Eindeutigkeit und klare Definition von Begriffen und deren Verwendung**. PhilPm$_A$ ergänzt weitere Erläuterungen zu der Problematik, denen PhyPsyDrm sofort zustimmt: *ja genau so hab ichs verstanden.* PhilPm$_A$ unterbricht daraufhin seine Erläuterungen, um PhyPsyDrm zu korrigieren (*joa: moMENT moMENT na KLAR (-) DAS wäre schön wenn das klar wäre*), und begründet diese Korrektur nachfolgend. PhilPm$_A$ lehnt dadurch den angebotenen Konsens ab und signalisiert stattdessen Widerspruch und Dissens, d. h. er beharrt auf einer Gesichtsverletzung. Zusätzlich wiederholt er seine Kritik an der Begriffsverwendung und nennt die Gründe für seine Irritation: Ihm sei *es IMmer durcheiNANdergegangen*, ob von den Disziplinen oder Objekten gesprochen wird. Die negative Kritik wird im Adverb *durcheinander* signalisiert, was im wissenschaftlichen Kontext negativ bewertet wird. Der Bezugswert ist **Systematik der Äußerungen und Bezüge.** Der Feststellung, dass je nach Begriffsverwendung dies einen *er!HEB!lichen unterschied* macht, stimmt PhyPsyDrm wiederum zu (in Überlappung mit PhilPm$_A$s Ausführungen).

PhilPm$_A$ reagiert nicht auf die Zustimmung von PhyPsyDrm, sondern geht weiter auf das Problem ein (nicht abgedruckt). Es folgt eine weitergehende Problematisierung, die sich auf die von PhyPsyDrm angenommene Wirkung von psychischen Prozessen auf physikalische Objekte bezieht:

```
050   PhilPm     und man MUSS (-) um solche fragen zu diskutieren immer
                 SEHR sorgfältig auseinanderhalten
051              !OB! ein ganz bestimmter gegenstand gemeint ist oder
                 die wissenschaft DAvon
052              !WEIL! (-) es nämlich (-) GRAde in diesem FELD zu EIN
                 und demselben (.) GEgenstand
053              OFT (.) verSCHIEdene kontro!VER!se (.) psycholoGI!EN!
054              oder physiKEN oder physikalische DARstellungen oder
                 sowas gibt (--)
055              ALso (.) ähm MEIne ich dass ä völlig UNklar ist worüber
                 haben sie überhaupt gesprochen=
056   PhyPsyDrm  =also also DARF ich das gleich klären
057   PhilPm     ich wenn sie machen wir ne KLEIne zusatzfrage
058              und DAnn äh (-) wär ich DANKbar für ne klärung
059   PhyPsyDrm  ja ja=
060   PhilPm     =denn was HEISST denn zum beispiel PSYCHOsomatisch
                 AUSserhalb des körpers=
061   PhyPsyDrm  =ja
062   PhilPm     DAS meine ich ist !HOCH!problemati₁[sch der]₁
063   PhyPsyDrm                                    ₁[ja klar]₁
064   PhilPm     aus₂[druck   ]₂
065   PhyPsyDrm     ₂[natürlich]₂ ja das ist ja auch ein modell=
066   PhilPm     =der könnte ₃[auch]₃
067   PhyPsyDrm              ₃[also]₃
068   PhilPm     SINNlos sein
```

Sequenz 39: PhyPsyDrm und PhilPm$_A$ in der Fokusdiskussion; TK 3_6: 050-068.

5 Gegenseitiges positives und negatives Kritisieren 259

PhyPsyDrm bestätigt im obigen Abschnitt dieses Wirkungsverhältnis parallel zu PhilPm$_A$s anschließender Aufforderung zur **sorgfältigeren Differenzierung der Terminologie**. Er begründet dies damit, dass es *GRAde in diesem FELD zu EIN und demselben (.) GEgenstand OFT (.) verSCHIEdene kontro!VER!se (.) psychoLoGI!EN! oder physiKEN oder physikalische DARstellungen oder sowas gibt*. Daraufhin fasst PhilPm$_A$ seine Kritik im Kern nochmal zusammen, was sich im Grunde auf den gesamten Vortrag von PhyPsyDrm bezieht und den Vorwurf der Unklarheit (Bezugswert: **Klarheit und Systematik im Denken und Argumentieren**) enthält: *ALso (.) ähm MEIne ich dass ä völlig UNklar ist worüber haben sie überhaupt gesprochen*. PhyPsyDrm bietet sich an, dieses Problem sofort zu klären, ist dabei aber zurückhaltend: *also also DARF ich das gleich klären*. Er bittet um Erlaubnis, anstatt sich sofort zu verteidigen, was von einem eher defensiven Gesprächsstil zeugt. PhilPm$_A$ als dominanter Gegenpol unterbricht PhyPsyDrm mit einer Zusatzfrage, wodurch die Klärung und damit auch die Möglichkeit für PhyPsyDrm sich zu verteidigen verschoben wird. PhyPsyDrm stimmt der Unterbrechung und Frage zu, wobei PhilPm$_A$ ihn hier nicht aussprechen lässt, sondern weiterspricht. Er fragt nach der Bedeutung von *PSYCHOsomatisch AUSserhalb des körpers* und bezeichnet diesen Ausdruck als *!HOCH!problematisch* und als möglicherweise *SINNlos*. Die zugrundeliegenden Werte lauten hier in Bezug auf Terminologie: **Sinnhaftigkeit** und **Zweifellosigkeit bzw. Unzweifelhaftigkeit**. Die beiden Diskussionspartner sprechen zum Teil simultan: PhyPsyDrm setzt zur Klärung der Fragen an, während PhilPm$_A$ seine Ansicht weiter deutlich macht. PhyPsyDrm stimmt PhilPm$_A$ dahingehend zu, dass der Ausdruck problematisch sei, mit der Begründung, dass es sich um ein Modell handele. Im folgenden Abschnitt reagiert PhyPsyDrm auf die Vorwürfe und Kritik von PhilPm$_A$:

```
069    PhyPsyDrm      ALSO ein moment (.) also
070                   [d kann ich ALLes wirklich also das was sie hier]
071    Publikum       [((lacht))                                      ]
072    PhyPsyDrm      als sozusagen RÜgen !KANN! ich wirklich erklären
073                   und ich habs auch (.) wirklich SO geSAGT
074                   ich mein zunächst mal EINfach sozusagen die
                      phänomenale EBEne wo jemand was berichtet (.)
075                   und ich feststelle äh da sind BEIde (.) FELder die
                      psychologie und die physik angesprochen
076                   mein BEIspiel mit diesem: ä bild (--) da muss ich ja m
                      ich KANN das nicht verstehen
077                   wenn ich nicht weiß dass es gestaltwahrnehmung gibt
078                   und ich kanns nicht verstehen wenn ich nicht weiß
                      dass es rayleighstreuung gibt SO (.)
079                   in DEM fall hab ich das schö den SCHÖnen vorteil
080                   dass ich sozusagen BEIde (.) FACHgebiete EINfach
                      verorten kann
081                   und sagen DAS ist jetzt der physis physikalische
                      anteil und das hier ist der psychologische anteil
```

```
082              so in dem sinne hab ich (.) ä ä=
083    PhilPm_A  =ok=
084    PhyPsyDrm =wenn ich auf der phänoMENebene gesprochen hab (.)
085              IMmer nur (.) gefragt (.) zu WELchem fachgebiet geHÖRT
                 das (-)
086              wenn ich auf der ee und DANN hab ich über moDELLE
                 gesprochen
087              das ist natürlich vollkommen was ANderes da haben sie
                 vollkommen !RECHT!
088              und da HAB ich gesagt (.) JA es gibt (.)
089              und deswegen hab ichs DARgestellt
090              im naturaLISmus ein modell was besagt
091              dass ALle ä ä psychologischen VORgänge MEHr oder
                 weniger als emergente proZESSE von
092              das ham wir ja hier ₁[schon diskutiert]₁
093    PhilPm_A                       ₁[äbäbäb         ]₁
094              JETZT meinen ₂[sie            ]₂
095    PhyPsyDrm              ₂[EInen moment]₂
096              das ist nicht ₃[MEIN        ]₃
097    PhilPm_A                ₃[PSYchische]₃ vorgänge=
098    PhyPsyDrm =EInen moMENT
099    PhilPm_A  meinen sie PSYchische oder meinen
100    PhyPsyDrm ₄[NEIN       ]₄
101    PhilPm_A  ₄[sie psychoLO]₄gische=
```

Sequenz 40: PhyPsyDrm und PhilPm_A in der Fokusdiskussion; TK 3_6: 069-101.

In der obigen Sequenz fordert PhyPsyDrm PhilPm_A auf, abzuwarten und Geduld zu haben (*ALSO ein moment*), woraufhin das Publikum – wahrscheinlich wegen seiner vielen Versuche, zu Wort zu kommen – lacht. PhyPsyDrm charakterisiert die gesamten Äußerungen von PhilPm_A als Rüge (*also das was sie hier als sozusagen RÜgen*), die er aber entkräften könne, indem er alles nochmals erkläre. Er beteuert dabei, dass er alles schon genau so erklärt habe: *und ich habs auch (.) wirklich SO geSAGT*. Zuerst geht er auf die *phänomenale EBEne* ein, verweist in dem Zuge auf ein Beispiel, das er bereits im Vortrag zur Veranschaulichung gewählt hatte, um die Kombination der beiden Fächer Psychologie und Physik zu erläutern. Er bewertet den Umstand, beide Fachgebiete *EINfach verorten* zu können, als *SCHÖnen vorteil*, also als positiv. Dem Vorwurf der mangelnden Differenzierung begegnet PhyPsyDrm, indem er seine Vorgehensweise präzisiert: *hab ich (.) ä ä wenn ich auf der phänoMENebene gesprochen hab (.) IMmer nur (.) gefragt (.) zu WELchem fachgebiet geHÖRT das (-) […] und DANN hab ich über moDELLE gesprochen*. In diesem Punkt stimmt er PhilPm_A zu, wenn er sagt: *das ist natürlich vollkommen was ANderes da haben sie vollkommen !RECHT!*. Er bejaht die Notwendigkeit der Differenzierung, signalisiert dadurch gleichzeitig, dass ihm dies immer bewusst und dadurch der Vorwurf nicht berechtigt ist. Danach erläutert er das im Vortrag bereits angesprochene naturalistische Modell, in dem psy-

5 Gegenseitiges positives und negatives Kritisieren   261

chologische Prozesse eine Rolle spielen. Hier wird er von PhilPm$_A$ unterbrochen, der ihn korrigieren möchte: *äbäbäb JETZT meinen sie PSYchische vorgänge*. Die Ausdruckspartikel zu Beginn der Äußerung und damit der Rückbezug auf bereits geäußerte Kritik signalisieren Tadel und Geringschätzung, da die Verwendung des Ausdrucks *psychologischen VORgänge* (Z. 091) als Beweis dafür interpretiert wird, dass PhyPsyDrm den Unterschied nicht wirklich verstanden hat. Bezugswerte sind hier **Klarheit** und **Eindeutigkeit**. Die Versuche von PhyPsyDrm, seine Ausführungen zu Ende zu bringen, scheitern aufgrund PhilPm$_A$s Beharren auf der Unterscheidung von psychischen und psychologischen Prozessen: *meinen sie PSYchische oder meinen sie psychoLOgische*. PhyPsyDrm verneint Letzteres vehement (Z. 096-101), wechselt dann aber die Strategie, indem er deutlich macht, dass er hier lediglich ein fremdes Modell referiere, das er selbst nicht vertrete:

```
102    PhyPsyDrm      =!ICH! sag (.) DAS ist ja nicht meine MEInung (.)
103                   sondern ich verTREte hier die positionen die diese
                      LEUte
104                   die da dieses mani!FEST! gemacht haben DIE haben das
                      verzapft (-)
105                   ICH bin doch nicht der !MEI!nung dass das RICHtig ist
106                   aber ich MUSS es doch zumindestens !DAR!stellen können
                      (-)
```
Sequenz 41: PhyPsyDrm und PhilPm$_A$ in der Fokusdiskussion; TK 3_6: 102-106.

Im obigen Auszug ist die Formulierung *diese LEUte* in Kombination mit dem umgangssprachlichen Ausdruck *verzapft* abwertend, wodurch eine Distanzierung seitens PhyPsyDrm von diesem Modell und den dahinter stehenden Wissenschaftlern deutlich wird. Dadurch begegnet PhyPsyDrm der Kritik von PhilPm$_A$ mit einer eben solchen negativen Kritik an Kollegen und dem Modell. Damit lenkt er von seiner Person ab und signalisiert Zustimmung zur Kritik. Auffällig ist hier der Ausdruck *Manifest*, das keine übliche wissenschaftliche Publikationsform darstellt; daher könnte es in diesem Kontext ebenso wie die umliegenden Formulierungen abwertend gemeint sein. Mit einem erneuten Verweis darauf, dass er dieses Modell selbst nicht für richtig halte, sondern lediglich wiedergeben wollte, wechselt PhyPsyDrm – angezeigt durch das Gliederungssignal *so* – zur Darstellung seiner eigenen Meinung:

```
107    PhyPsyDrm      SO (-) !ICH! bin der meinung dass DIEses modell und da
                      haben sie d
108                   also da haben sie auch was wunderschönes in der frank
                      frankfurter ZEItung drüber gesch äh frankfurter
                      allgeMEInen drüber geschrieben
109                   da HAben sie DIE ja sozusagen auseinandergeschraubt (.)
110                   und da bin ich VOLL mit ihnen daccord (-)
111                   ICH (.) !WOLL!te ja DIEses (.) DIEse art und WEIse über
                      physik und psychologie zu sprechen
```

262   5 Gegenseitiges positives und negatives Kritisieren

```
112        !GRA!de kriti!SIE!ren (--)
113        also aber ich muss es doch !DAR!stellen
114        das ist ja nicht meine !MEI!nung
115        aber das ist eben die VORherrschende meinung von den
           meisten psychologen die da heute !RUM!rennen (--)
116        also da hab ich nix NEUes erzählt SO
117        !DANN! hab ich (.) natürlich gesagt ich hab jetzt ein
           alterna!TIV!modell
118        und das hab ich sozusagen jetzt anaLOG zu DIEser
           argumentation die diese !LEU!te bringen (--)
           konstruiert
119        damit sie wissen wo der UNterschied ist
120        das ist ein mo!DELL! das hat nix mit diesen erFAHrungen
           zu tun
121        und das sagt einfach (.) die EInen sagen es gibt bottom
           UP prozesse und die ANderen sagen
122        und ich sag nein NEIN das ist nicht RICHtig (-)
123        WENN wir überHAUPT die sache verstehen wollen
124        dann müssen wir zumindestens top down prozesse
125        aber (.) GLEICHzeitig und das muss ich noch dazusagen
126        vielleicht haben sie das einfach (-) nicht oder ich
           habs nicht geSAGT (-)
127        diese top DOWN prozesse sind KEIne kausalen prozesse
           (---)
128        das ist das wär ein !MISS!verständnis
129        also das heißt mein alternaTIVmoDELL (.) ist eben NICHT
           diese primitive art und weise da zu sagen
130        jetzt gibts hier son umgekehrte kausaliTÄT von ähm
           top down
131        das hab ich ja in meiner letzten folie kritiSIERT (--)
132        ALso ich hab gesagt (.) es ist was ANderes (.)
133        es ist die theorie WEnn überhaupt wenn ich ein modell
           mach
134        würd ich sagen (.) die theorie der dynamischen sysTEME
           selbstorganisation INteraktive systeme
135        kommt DEM noch am NÄHESten (-) aber mehr hab ich nicht
           dadrüber gesagt
136        also (.) ich will NICHT für (.) SAchen verprügelt
           werden (.)
137        DIE ich GAR nicht ver!TRE!TE (--)
138        nämlich das sind DIEse beiden positionen es gäbe
           bottom up oder top DOWN prozesse
139        die verTRET ich ja GAR nicht
           ZUlassen
```

Sequenz 42: PhyPsyDrm und PhilPm$_A$ in der Fokusdiskussion; TK 3_6: 107-139.

PhyPsyDrm gibt an, dass das besprochene Modell auch schon in der Frankfurter Allgemeinen Zeitung kritisiert wurde, dass er selbst genau wie PhilPm$_A$ *DIEse art und WEIse über physik und psychologie zu sprechen!GRA!de kriti!SIE!ren* wollte. Insofern äußert er seine uneingeschränkte Zustimmung mit PhilPm$_A$: *und da bin ich VOLL mit ihnen daccord*. Erneut verweist PhyPsyDrm darauf, dass er hier nicht

5 Gegenseitiges positives und negatives Kritisieren 263

seine eigene, sondern eine fremde Meinung wiedergebe. Diese fremde Meinung sei aber die *VORherrschende meinung von den meisten psychologen die da heute !RUM!rennen*, wobei die umgangssprachliche Formulierung *rumrennen* in diesem Kontext negativ konnotiert ist. Hier distanziert sich PhyPsyDrm von diesen Psychologen. Darauf folgt die Darstellung seines eigenen Alternativmodells, das er nach eigener Aussage in Analogie zu dem fremden Modell konstruiert hat. Im Zuge dessen beginnt er mit der Vorstellung der Positionen, wobei er die zweite Position nicht ausgeführt, und kontrastiert diese mit seiner eigenen Sichtweise bzw. seinem Alternativmodell. Er präzisiert, dass die angesprochenen *top DOWN prozesse [...] KEIne kausalen prozesse* seien, da er davon ausgeht, dass sein Publikum dies nicht verstanden oder dass er es nicht gesagt hat. Der in der Äußerung enthaltene Fremdvorwurf wird durch ein Fehlereingeständnis in einen Selbstvorwurf korrigiert. Das eigene Modell grenzt er vom naturalistischen Modell ab, indem er sein eigenes positiv und das naturalistische negativ bewertet: Es sei *NICHT diese primitive art und weise da zu sagen*. Hier findet eine Eigenaufwertung durch eine Fremdabwertung statt. In der Folge bezieht er sich auf seinen eigenen Vortrag, in dem er die Prozesse bereits kritisiert hat und wiederholt diese Kritik zur Klarstellung seiner Position. Mit der erneuten Betonung der Tatsache, dass er Modelle lediglich beschrieben, aber nicht vertreten habe, schließt er seinen Beitrag ab: *also (.) ich will NICHT für (.) SAchen verprügelt werden (.) DIE ich GAR nicht ver!TRE!TE (--) nämlich das sind DIEse beiden positionen es gäbe bottom up oder top DOWN prozesse die verTRET ich ja GAR nicht*. Die Verwendung des Verbs *verprügeln* stellt hier einen Stilbruch dar, wobei Stilbrüche insgesamt häufig in der Rede von PhyPsyDrm vorkommen (vgl. *verzapft*, Z. 104; *rumrennen*, Z. 115); der umgangssprachliche Ausdruck signalisiert, dass die Kritik als ein geradezu körperlicher Angriff empfunden und als ungerechtfertigt wahrgenommen wird. Der ganzen Verteidigung von PhyPsyDrm liegt der Wert zugrunde, dass man in der eigenen Präsentation **andere Positionen kritisch reflektieren** können muss, ohne diese Positionen als die eigenen zugeschrieben zu bekommen.

Die Partikel *aha* im folgenden Auszug signalisiert Bestätigung und dass PhilPm$_A$ die Ausführungen verstanden hat. Daran schließt PhilPm$_A$ eine Verständnis- und Vergewisserungsfrage an, deren Inhalt PhyPsyDrm mehrmals bestätigt. PhilPm$_A$ signalisiert daraufhin erneut, dass er jetzt verstanden habe, worum es PhyPsyDrm gehe und gesteht ein Missverständnis ein:

```
140    PhilPm_A      aha und versteh ich sie jetzt RECHT äh SIE zitieren
                     sozusagen [nur    ]
141    PhyPsyDrm               [richtig]
142    PhilPm_A      die irrigen MEInungen=
143    PhyPsyDrm     =EXAKT so ist es=
144    PhilPm_A      =EINschließlich derer (-) begifflichen schwächen=
```

```
145    PhyPsyDrm      =geNAU (.) deswegen [stimme ich ja mit ihnen]
146    PhilPm_A                           [ahaa                    ]
147    PhyPsyDrm      doch total überein
148    Publikum       ((lacht))
149    PhilPm_A       DAS g ich GEbe zu dass ich das nicht verstanden
150                   [und gesehen habe ja  ]
151    PhyPsyDrm      [ah ja gut dann war ich] DA nicht explizit genug
```
Sequenz 43: PhyPsyDrm und PhilPm_A in der Fokusdiskussion; TK 3_6: 140-151.

PhyPsyDrm gibt sich selbst die Schuld für dieses Missverständnis: *ah ja gut dann war ich DA nicht explizit genug* (= Bezugswert: **Explizitheit**). Damit sieht es so aus, als seien Unklarheiten und Missverständnisse ausgeräumt, doch schließt PhilPm_A einen Einspruch mit einer kritischen Frage an:

```
152    PhilPm_A       ABER (--) es BLEIBT doch dann (.) der fall
153                   dass WIR HIER SOweit rationalisten sind=
154    PhyPsyDrm      =ja=
155    PhilPm_A       =dass wir (-) äh physik psychologie und biol biologie
156    PhyPsyDrm      ja
157    PhilPm_A       das [waren die drei fächer die sie genannt haben]
158    PhyPsyDrm          [ja jaja genau                              ]
                       nur so als beispiel
159    PhilPm_A       dass wir DIE als ein wissenschaftliches rationales
                       unterNEHmen (-)
160                   das von MENschen betrieben ₁[wird nach   ]₁
161    PhyPsyDrm                                 ₁[JA (.) exakt]₁
162    PhilPm_A       bestimmten REgeln ₂[und so]₂ weiter methoden
163    PhyPsyDrm                        ₂[genau ]₂
164    PhilPm_A       ₃[prinzipien]₃
165    PhyPsyDrm      ₃[ALLes klar]₃
166    PhilPm_A       sprache ok (.) ja (-) ähm DANN geht es mir ein
                       bisschen so wie herrn [Nachname (PhyPm_B)]
167                   ich WARte dann (--) was jetzt kommt also (-)
```
Sequenz 44: PhyPsyDrm und PhilPm_A in der Fokusdiskussion; TK 3_6: 152-167.

Die Formulierung *WIR HIER* verweist auf die Anwesenden, also PhilPm_A und PhyPsyDrm eingeschlossen. PhilPm_A beschreibt das wissenschaftliche Arbeiten als *rationales unterNEHmen*, das **festgelegten Regeln**, **Methoden**, **Prinzipien** und einer bestimmten **Sprache** zu folgen habe, also an wissenschaftlichen Werten orientiert sei. Dem stimmt PhyPsyDrm uneingeschränkt zu. PhilPm_A signalisiert daraufhin immer noch Unzufriedenheit und verweist auf eine kritische Äußerung einer dritten Person. Um aber seinen Standpunkt deutlich zu machen und um zu zeigen, dass er die positiven Aspekte an PhyPsyDrms Arbeit anerkennt, lobt er dessen Beratertätigkeit (diese Sequenz ist an dieser Stelle nicht abgedruckt; zu diesem Abschnitt siehe genauer Kap. 5.2.2, Sequenz 10). PhyPsyDrm antwortet auf diese Dank- und Lobsequenz mit einem einfachen *ja*, was es PhilPm_A erlaubt, eine weitere Frage aus philosophischer Perspektive direkt anzuschließen: *SO und*

5 Gegenseitiges positives und negatives Kritisieren 265

MEIne frage als philosoph wäre (.) was MACHen wir mit dieser RATlosigkeit. Die Frage beantwortet er selbst in Form eines Vorschlags, dem PhyPsyDrm zustimmt: *ich will ihnen gar nicht widersprechen.* PhilPm$_A$ führt weiter aus, dass man in dieses rationale Forschungsprogramm auch philosophische Überlegungen einbeziehen müsse (nicht abgedruckt). Im folgenden Abschnitt bekräftigt PhyPsyDrm seinen wissenschaftlichen Anspruch:

```
210   PhyPsyDrm     ich WILL aber in dem rationalen bereich bleiben
211                 deswegen (.) probier ichs jetzt mit einem systemischen
                    modell
212                 und das hab ich ihnen kurz äh zusammengefasst erKLÄRT
213                 und hab auch !DIE!ses modell ist !VOLL!kommen rational
                    (-)
214                 es benutzt NUR begriffe die ä wir im prinzip äh in
                    der wissenschaft kennen (-) äh
215                 und das ist mein !AN!spruch (-)
216                 hier gibt es KEInen äh deus ä ex machina das wird dem
                    herrn [Nachname (eTheoPm$_B$)] zwar nicht gefallen
217                 aber (-) ähm es gibt HIER (.) !NUR! begriffe
218                 DIE bereits in der wissenschaft vorhanden sind
219                 sie müssen nur ein bisschen sozusagen (.) ähm gedehnt
                    oder ein bisschen aktiVIERT werden
220                 und ich (.) BIN sogar der MEInung (.)
221                 dass diese ähm also dieses verallgemeinerte modell
222                 was man da aus der quantenphysik entlehnt
223                 das ist ein moDELL ein RATIOnales modell (.)
224                 dass DAS sogar (.) NICHT NUR qualitativ
225                 sond im prinzip QUANtitative aussagen MAchen kann
226                 und die ERSten anzeichen dafür GIBTS (-)
227                 also äh die das ist ja ne FORschungsgruppe
228                 die sich jetzt da gebildet hat (-) äh
229                 da HAT man zum beispiel dieses modell ANgewendet (.)
230                 auf ähm äh ä ein WAHRnehmungsphysiologisches phänomen
231                 was AUCH immernoch ein rätsel DARstellt
232                 warum be bekannte NEGA (.) cube also dieser äh dieser
                    [NEGAwürfel]
233   PhilPm$_A$    [negawürfel]
234   PhyPsyDrm     den man mal von unten oder von oben sieht
235                 der klappt ii zu ner ZEIT von ungefähr drei sekunden
                    um beim normalen menschen (-)
236                 und äh äm da HAT man dann dieses modell angewendet
                    und rausgefunden (-)
237                 man KANN diese drei sekunden (-) GANZ gut mit diesem
                    modell erklären
238                 und ich mein das ist jetzt EIN versuch (.) dieses
                    modell sozusagen o o operational ANzuwenden
239                 auf ein problem was was a aus einem physi
                    psychophysikalisch[en]
240   PhilPm$_A$                         [ja]
241   PhyPsyDrm     system stammt (.) und es funktioniert sehr !GUT!
242                 also (.) nun (.) KANN ich natürlich in EInem einzigen
                    vortrag (-) ihnen DAS nicht alles erZÄHlen
```

```
243              ich hab ihnen ja
244   PhilPm_A   ₁[ja]₁
245   PhyPsyDrm  ₁[nur]₁ sozusagen die GRUNDbegriffe erl erläutert um
                 WAS es ₂[dabei geht ist ein]₂
246   PhilPm_A          ₂[gut (.) dann]₂
247   PhyPsyDrm  RAtionales modell
```
Sequenz 45: PhyPsyDrm und PhilPm_A in der Fokusdiskussion; TK 3_6: 210-247.

In der oben abgedruckten Sequenz äußert PhyPsyDrm, dass er sich für einen interdisziplinären Lösungsweg (der Modellierung) entschieden habe, der seinem wissenschaftlichen !AN!spruch der **Rationalität** folgt. Dieser Anspruch wird im Kontext der Wissenschaft positiv bewertet und signalisiert, dass PhyPsyDrm als guter wissenschaftlicher Forscher wahrgenommen werden will. Daraufhin wiederholt er mehrmals die positiven Eigenschaften des eigenen Modells: Ausschluss eines *deus ä ex machina*, ausschließliche Verwendung und Dehnung bereits etablierter Terminologie, Rationalität sowie Erwartbarkeit qualitativer und quantitativer Ergebnisse. Sein wissenschaftlicher Anspruch wird auch dadurch verdeutlicht, dass er auf eine existierende Forschergruppe verweist, die sich mit den Anwendungsmöglichkeiten des Alternativmodells beschäftigt. Die Erklärungsleistungen des Modells seien in diesem Beispiel *sehr !GUT!*; dadurch evaluiert er sein eigenes Modell als positiv und präsentiert sich und die Forschergruppe als erfolgreich. Mit einem Hinweis auf die Kürze der Vortragszeit rechtfertigt er sich für inhaltliche Lücken und die Beschränkung auf Grundbegriffe (*also (.) nun (.) KANN ich natürlich in EInem einzigen vortrag (-) ihnen DAS nicht alles erZÄHlen*), betont aber den grundsätzlichen Rationalitätsanspruch des Modells. PhilPm_A geht auf Erläuterungen von PhyPsyDrm nicht ein, sondern beginnt mit einem neuen Beitrag, den er relativ neutral und unspezifisch als *wort (-) beitrag* charakterisiert:

```
248   PhilPm_A   mein letzte wort (-) beitrag (-) äh
249              also die drei sekunden das kann ihnen herr peppel
                 AUCH erklären
250   PhyPsyDrm  ja [mit dem herrn peppel ham wir privat darüber
                 diskutiert ja]
251   PhilPm_A      [und eine andere ja BÄBÄBÄbäbäb DARF ich mal
                 ausreden         ]
252   PhyPsyDrm  ja
253   PhilPm_A   jetzt DARF ich mal ausreden
254   PhyPsyDrm  ja=
255   PhilPm_A   =ähm (2.0) ich NEHme (-) zur kenntnis was sie gesagt
                 haben
256              und bitte NUN kurz zu erklären was es heißt (-)
257              eine extrakorporales also AUSserkörperliches
                 psychosomatisches phänomen
```
Sequenz 46: PhyPsyDrm und PhilPm_A in der Fokusdiskussion; TK 3_6: 248-257.

PhilPm$_A$ nennt in der obigen Sequenz eine alternative Erklärungsmöglichkeit für den Negawürfel, woraufhin PhyPsyDrm diese Erklärung einfordert, aber unterbrochen wird: *BÄBÄBÄbäbäb DARF ich mal ausreden*. Die gereihte Partikel *bäb* signalisiert Tadel, das Rederecht wird metakommunikativ ausgehandelt. Obwohl PhyPsyDrm ihm das Rederecht zugesteht, wiederholt PhilPm$_A$ mit Nachdruck seine Forderung; hier wird sein Dominanzverhalten gegenüber PhyPsyDrm deutlich. Dem von PhyPsyDrm Gesagten stimmt PhilPm$_A$ weder zu noch lehnt er es ab, sondern nimmt es lediglich unkommentiert *zur kenntnis*. Er fordert PhyPsyDrm auf (*bitte NUN kurz zu erklären*), die Formulierung *extrakorporales also AUSserkörperliches psychosomatisches phänomen* zu erklären. PhyPsyDrm korrigiert PhilPm$_A$ und sagt, dass es sich nicht um eine Erklärung, sondern um eine Beschreibung handele:

```
258    PhyPsyDrm    das ist ne REIN phänomenologische beSCHREIbung (-) die
                    ha ist KEIne erklärung
```
Sequenz 47: PhyPsyDrm und PhilPm$_A$ in der Fokusdiskussion; TK 3_6: 258.

In der sich daran anschließenden, nicht abgedruckten Zwischensequenz gesteht PhyPsyDrm ein, dass es immer noch große Wissenslücken hinsichtlich der Funktionsweise gebe, nennt aber die Voraussetzungen für solche Phänomene, die festgestellt wurden. Er vergleicht die Phänomene hinsichtlich ihrer Struktur mit psychosomatischen Reaktionen, die ja schon beschrieben seien, was eine *ziemlich klare aussage* (positiv bewertet) ermögliche. Mit dem Hinweis auf die Beschreibbarkeit von psychosomatischen Prozessen bezieht sich PhyPsyDrm nicht nur auf die vorhandene, umfangreiche Forschungsliteratur (*ist ein riesengebiet*), sondern signalisiert auch Kenntnis derselben; damit zeigt er sich als guter wissenschaftlicher Forscher mit Kompetenz und Fachwissen, der sich in der Forschungslandschaft auskennt. Das Modell der psychosomatischen Prozesse könne auch auf extrakorporale Phänomene angewendet werden, wobei das Problem der Erklärung, warum diese Phänomene außerhalb des Körpers auftreten, bestehen bleibe. Dadurch ergebe sich die Notwendigkeit, an der Modellierung zu arbeiten. Insgesamt hält PhyPsyDrm sowohl das Modell als auch den Ansatz für aussagekräftig und ausbaufähig, um irgendwann Spuk vollständig erklären zu können (vgl. zu diesem Abschnitt Sequenz 118 in Kap. 7.3.2.2). Bisher habe man aber diese Phänomene in der Annahme, dass *die leute spinnen*, ignoriert. PhilPm$_A$ gibt unterbrechend das Phänomen Phantomschmerz zu bedenken, das PhyPsyDrm aufnimmt. Es kommt zu mehreren Überlappungen und zumindest hinsichtlich des Phantomschmerzes sind sich beide Diskutanten einig: *ja genau* (PhyPsyDrm), *ja ja* (PhilPm$_A$).

Im Anschluss daran verweist PhyPsyDrm auf eine eigene Publikation, was als selbstinitiierte Darstellung von Expertenwissen und eigenen Leistungen gewertet werden kann:

```
298    PhyPsyDrm     so also da gibts viele viele (.) HINweise dafür (-)
299                  und ich HÄTte das AUCH noch erzählt ich hab ja ein
                     Paper da (-)
300                  das heißt äh complex ä äh interaction with
                     environment (.) und so weiter
301                  man KANN TATsächlich SEhen (.) sind interessante sachen
302                  dass in MANchen fällen (.) sozusagen die phänomenologie
                     des des
303                  also ich sag mal der STÖrung von AUSsen (.) AUF die
                     leute ZUkommt (-)
304                  sozusagen auf ihrer oberfläche oder körper ä ober ä
                     KÖRperoberfläche angelangt
305                  und IN den körper hineingerät und dann sind sie
                     richtig psychomatisch ä psychosomatisch krank (.)
306                  und das verSUchen wir zu verhindern
307                  das KANN man beobachten (.) und deswegen denk ich wir
                     sind da gar nicht so schlecht DRAN
308    PhilPm_A      ja ich MEIne noch VIEL begriffliche arbeit zu leisten=
309    PhyPsyDrm     =GANZ bestimmt=
310    PhilPm_A      =gut
```

Sequenz 48: PhyPsyDrm und PhilPm$_A$ in der Fokusdiskussion; TK 3_6: 298-310.

Die in der Publikation beschriebenen *sachen* werden positiv bewertet (*interessante*); die Zielsetzung, außerkörperliche, krankmachende Einflüsse auf Menschen abzuwenden und psychosomatische Krankheiten zu verhindern, wird betont. Diese Einflüsse seien beobachtbar, wobei **Beobachtbarkeit** eine Grundvoraussetzung guter wissenschaftlicher Arbeit darstellt. Damit stellt PhyPsyDrm den positiven Sinn seiner Arbeit für den Menschen (psychische und psychosomatische Krankheiten zu verhindern) heraus. PhilPm$_A$ zieht das Resümee der Diskussion. Er kritisiert bestehende begriffliche Unklarheiten (die Bezugswerte sind hier **klare Terminologie** und **Differenzierung**) und macht auf die Notwendigkeit einer weiteren Differenzierung aufmerksam: *ja ich MEIne noch VIEL begriffliche arbeit zu leisten*. PhyPsyDrm stimmt ihm zu, was PhilPm$_A$ schlicht mit *gut* kommentiert. Dies erinnert an Schülerbewertungen durch Lehrer.

Die Diskussion zwischen den Diskutanten ist damit abgeschlossen; die offenkundige Skepsis seitens PhilPm$_A$ bleibt bis zum Schluss bestehen, Konsens wird nicht erreicht. Es stellt sich insgesamt die Frage, ob PhilPm$_A$ die Forschung, die Kompetenz und das Fachwissen von PhyPsyDrm anerkennt.

5.3.2.3 Zusammenfassung der Ergebnisse aus den Fokusdiskussionen

Fokusdiskussionen können sich sehr dynamisch entwickeln und es werden meist verschiedene wissenschaftliche Werte thematisiert. Dennoch unterscheiden sich die beiden Diskussionsmodi hinsichtlich der Art der Hervorbringung der Kritik. Dieser Eindruck mag noch dadurch verstärkt werden, dass sich die hier im Fokus stehenden Diskussionen auch hinsichtlich der Symmetrie und Asymmetrie der Diskussionssituation unterscheiden: In den kooperativ-klärungsorientierten Diskussionen besteht Symmetrie zwischen den Interaktionspartnern, in der konfrontativ-dissensorientierten dagegen Asymmetrie.

In den konsens-klärungsorientierten Fokusdiskussionen sind die Diskussionsteilnehmer sachlich und engagiert. Sie schreiben sich Wertverstöße nicht gegenseitig persönlich zu, sondern rufen diese Werte auf, um deren Wichtigkeit zu betonen und den eigenen Anspruch deutlich zu machen. Dadurch kommt es kaum zu Gesichtsbedrohungen, und wenn doch, dann erscheinen sie als nicht intendiert. Die Diskussionsteilnehmer sprechen oft überlappend oder parallel, was zu Abbrüchen, Korrekturen und Neuansätzen führt. Davon fühlt sich aber niemand gestört (zumindest wird keine Zurechtweisung geäußert); die Überlappungen zeugen hier eher von hohem Engagement und Sachorientierung. Ziel der Diskussionen ist das gegenseitige Verstehen, sodass Sprechhandlungen wie ERKLÄREN und BEGRÜNDEN eine wichtige Rolle spielen. Im Laufe der Diskussion, also während der Sondierung der jeweiligen Einstellungen, Meinungen, Ergebnisse etc., kann Konsens in bestimmten Punkten erreicht werden, in anderen nicht.

In konfrontativ-dissensorientierten Fokusdiskussionen steht das Überzeugen im Mittelpunkt der Auseinandersetzung mit Forschungsinhalten. Daher ist die zentrale Sprechhandlung das RECHTFERTIGEN auf der Seite des Kritisierten. Die Akteure werfen einander Wertverstöße vor, identifizieren Probleme und Lücken im Gesagten und beharren in verschiedenen Fällen auf ihren Kritikpunkten, sodass eine eher hitzige Atmosphäre entsteht. Das Potenzial der Gesichtsbedrohung ist hoch und teilweise intendiert, was im Vorwerfen von Wertverstößen, Unwissenschaftlichkeit und Inkompetenz zum Ausdruck kommt. Auch in diesen Diskussionen kommt es zu Überlappungen und Parallelsprechen, was als störend empfunden und deswegen getadelt wird. Da das Ziel der Diskussion im Überzeugen besteht, kommt es kaum zu Konsens – im Gegenteil kann man sogar einen gewissen Grad an Konsensverweigerung feststellen.

In Tabelle 27 sind alle angesprochenen Werte mit ihren Bezugskategorien zusammengefasst. Viele der Werte decken sich mit denen, die in den Plenumsdiskussionen thematisiert wurden.

5 Gegenseitiges positives und negatives Kritisieren

Tabelle 27: Referenzkategorien und thematisierte Werte in den Fokusdiskussionen.

Referenzkategorie	Wert
Argumentation	Klarheit Systematisiertheit
Beschreibung	Korrektheit Vollständigkeit
Erläuterung	Explizitheit
Inhalt	Begründung Eindeutigkeit Klarheit Kritisches Darstellen und Reflektieren von Positionen Wahrheit
Terminologie	(Sorgfältige) Differenzierung Eindeutigkeit und Klarheit der Begriffsverwendung gemeinsame Definition Korrektheit der Verwendung Normierung des Begriffsinhalts Sinnhaftigkeit Systematik der Äußerungen und Bezüge Zweifellosigkeit
Theorie	Halten des Status Quo / Fortschritt statt Rückfall
Vortrag(sstil)	Angemessene Geschwindigkeit Relevanz der Inhalte
Wissenschaftliches Arbeiten	Befolgung von festgelegten Regeln, Methoden, Prinzipien, Sprache Beobachtbarkeit Kenntnis der eigenen wissenschaftlichen Grenzen Rationalität

Es zeigt sich, dass sich viele Diskussionen an terminologischen Fragen entzünden. Dies ist zwar aufgrund der Interdisziplinarität der Tagung erwartbar (Finden einer „gemeinsamen Sprache"), spiegelt aber auch wider, dass gegenseitiges Verstehen und eine sinnvolle Auseinandersetzung mit den Themen nur auf der Basis von geklärter Terminologie möglich ist und sinnvoll erscheint.

5.4 Fazit: Gegenseitiges Kritisieren – sprachliche Formen und Bewertungsgrundlagen

In den untersuchten Diskussionen wird negative wie positive Kritik sehr differenziert vorgebracht. In den meisten Fällen liegen der Kritik wissenschaftliche Werte zugrunde, die der Legitimation von Kritik dienen. Wissenschaftliche Werte stellen also offenbar – eventuell gerade auf interdisziplinären Konferenzen – verbindende und alle Disziplinen vereinende Elemente dar, auf die sich alle Wissenschaftler berufen und beziehen können. Es wird deutlich, dass die Werte je nach Disziplin und Bedürfnissen unterschiedlich ausdifferenziert sein können und bei inhaltlichen Vorstößen eines Fachfremden von den Vertretern des Fachs angemahnt werden. Die Diskutanten berufen sich aber auch auf Grundwerte, die über Disziplingrenzen hinweg gelten (wie sie auch zum Teil von der DFG 2013 formuliert wurden).

Um das Wertespektrum, das in den Diskussionen aufgerufen wird, deutlich zu machen, werden im Folgenden die Werte und Kritikpunkte des Gesamtkorpus zusammengestellt. Der Großteil dessen wurde aber bereits in diesem Kapitel ausführlich besprochen, sodass die Ergebnisse aus der Analyse des Gesamtkorpus als Ergänzungen zu verstehen sind.

Die **wissenschaftlichen Werte** werden von den Diskussionsteilnehmern direkt angesprochen oder indirekt aufgerufen. Bevor darauf eingegangen wird, wie und in welcher Form diese Werte thematisiert werden, werden die im Gesamtkorpus identifizierten, negativer Kritik zugrundeliegenden Werte – jeweils in ihrer Verteilung auf die jeweilige Referenz – aufgelistet:

Tabelle 28: Übersicht über die wissenschaftlichen Werte, die negativer Kritik zugrundeliegen.

Referenzkategorie	Wert
Analyse	Akribie Sorgfalt Vorsicht
Anspruch	Angemessenheit
Argumentation / Ansatz	Angabe von Argumentationsregeln Fundiertheit von Argumenten Ideologiefreiheit Klarheit Nachvollziehbarkeit Stichhaltigkeit von Argumenten Systematisiertheit Vermeidung von Binnengewissheiten

Referenzkategorie	Wert
Aussage	Begründetheit Fundiertheit
Beispiel / Illustration	Klarheit Übersichtlichkeit
Beschreibung	Angemessenheit Einbezug aller Möglichkeiten/Phänomene Korrektheit Kritische Reflektiertheit Vollständigkeit Zweifellosigkeit
Bewertung	Angemessenheit Korrektheit
Definition	Angemessenheit
Differenzierung	Vollständigkeit
Diskussion	Aufmerksamkeit Konstruktivität Maß Rationalität Sachlichkeit Verständnis
Ergebnis	Erklärungen geben Freiheit von Weltanschauungen Nachvollziehbarkeit Quantifizierung
Erklärung	Vollständigkeit
Erläuterung	Differenziertheit Eindeutigkeit Einheitlichkeit Explizitheit Fundiertheit (mit Überzeugungskraft)
Experiment	Messbarkeit Sorgfalt bei der Planung und Durchführung
Hypothese	Trennen von Fakt und Fiktion

Referenzkategorie	Wert
Inhalt	Aktualität von Wissen Beachtung, Erfassung von allem Relevanten Begründetheit Definition des Geltungsbereichs (spezifisch vs. allgemein) Eindeutigkeit Deutlichmachen von Einschränkungen Fundiertheit Klarheit Korrektheit Kritisches Darstellen und Reflektieren von Positionen Nachvollziehbarkeit Vollständigkeit der Betrachtung Vermeidung von disziplinspezifisch geltenden Prämissen bei der Bearbeitung gesamtwissenschaftlicher Fragen Wahrheit Widerspruchslosigkeit Zweifellosigkeit
Interpretation / Schlussfolgerung	Angemessenheit Begründetheit
Methode (i. w. S. auch Experiment)	Angabe aller (Meta-)Daten Beachtung aller Phänomene (= Vollständigkeit) Beobachtbarkeit und Registrierbarkeit von Phänomenen Definition der Aussagekraft Definition und Reflexion der Methode Differenzierung zwischen Fakten und Fiktion (Hypothesen, Szenarien etc.) Eindeutigkeit Gründlichkeit Korrektheit der Beweise, Hypothesen und Prämissen Korrektheit des Ansatzes Nennen des Geltungsbereichs Sorgfalt Überprüfbarkeit Vermeidung von Tautologien/Beweisfehlern Zielführung

Referenzkategorie	Wert
Modell	Falsifizierbarkeit Verifizierbarkeit
Selbstreflexion	Korrektheit des wissenschaftlichen Arbeitens
Terminologie / Konzept	(Sorgfältige) Differenzierung Ausweisen von Schlussformeln Benennen von Bedingungen Definition des Terminus und dessen Referenz Eindeutigkeit Gemeinsame Definition Klarheit Nachvollziehbarkeit Normierung des Begriffsinhalts Ordnung Plausibilität Reflexion der Konsequenzen der Definition Sinnhaftigkeit (von Metaphern) Spezifiziertheit Systematik der Äußerungen und Bezüge Vollständigkeit Zweifellosigkeit
Terminologieverwendung	Bindung an (disziplinär oder interdisziplinär) geltende Definitionen Differenziertheit Eindeutigkeit und Klarheit der Begriffsverwendung Klarheit Korrektheit Sorgfalt
Theoretischer Ansatz	Allgemeingültigkeit, Angemessenheit, umfassende Betrachtung von Aspekten in Beschreibungen Begründetheit der Aussagen Halten des Status Quo / Fortschritt statt Rückfall Korrekter Umgang mit Allsätzen Korrektheit der Prämissen Reflektiertheit und Verantwortung im Umgang mit Bildern und Grafiken Ständiges Kritisieren und Hinterfragen Stichhaltigkeit der Aussagen/Argumente

5 Gegenseitiges positives und negatives Kritisieren

Referenzkategorie	Wert
Vortrag / Vortragsstil	Angemessene Geschwindigkeit und Relevanz der Inhalte Benennung aller Unsicherheiten Klarheit Maß Rationalität Sachlichkeit
Wissen	Abgrenzung zu Glauben Aktualität Vollständigkeit
Wissenschaftliches Arbeiten	Befolgung von festgelegten Regeln, Methoden, Prinzipien, Sprache Beobachtbarkeit Kenntnis der eigenen wissenschaftlichen Grenzen Rationalität
Wissenschaftsverständnis	Gleichordnung der Disziplinen
Wissensvermittlung	Begründetes, wahres Sprechen / Wahres vermitteln

Zu beachten ist, dass diese Werte disziplinübergreifend gelten, je nach Disziplin aber unterschiedlich ausdifferenziert werden. Es zeigt sich, dass vor allem die von der DFG (2013) genannten Werte der Sorgfalt, des Zweifelns und des *lege artis*-Arbeitens von den Diskussionsteilnehmern thematisiert und abgeprüft bzw. eingefordert werden. Der Wert *Sorgfalt* wird auf Analyse, Experimentplanung und -durchführung, methodisches Vorgehen, Terminologieverwendung und -differenzierung bezogen (vgl. Tab. 28). Der geforderte strategische *Zweifel* kommt im Zweifel an einer Aussage, einem Begriff, einer Erläuterung, einer Methode oder einem Experiment zum Ausdruck (Tab. 29). Alle in der obigen Tabelle (Tab. 28) genannten Werte können als die Forderung, *lege artis* zu arbeiten, gewertet werden.

In den vorliegenden Diskussionen spielt u. a. aufgrund des Kontextes, in dem die Tagungen 2 und 3 stattfanden, der Wert der Nachvollziehbarkeit eine besonders große Rolle und wird in verschiedenen Formen thematisiert. In Bewertungen kommt der Grad der Nachvollziehbarkeit eines Gedankengangs, einer Interpretation oder eines Ergebnisses zum Ausdruck. Das vom anderen Diskutanten oder Vortragenden Geäußerte wird zum Beispiel als *einleuchtender, nicht einleuchtend, unklar, völlig unklar, nicht übermäßig überzeugend* bewertet. In einer Sequenz, die stellvertretend gewählt wird, kommt PhilPm$_A$ nach längeren Ausführungen zu dem Ergebnis: *ALso ähm MEIne ich dass ä völlig UNklar ist worüber haben sie überhaupt gesprochen* (PhilPm$_A$, TK 3_6: 055). PhilPm$_A$ bezeichnet die Vortragsinhalte als *UNklar*, also als nicht nachvollziehbar, wobei sich diese Unklarheit auf Inkonsistenzen in der Begriffsverwendung beziehen. Allein durch diese Bewertung kommen eine negative Einstellung sowie Kritik am Vortragenden zum Ausdruck.

Pinch führt die Problematik der mangelnden Nachvollziehbarkeit von Wissen auf die Wissenstypen zurück, die dem wissenschaftlichen Arbeiten zugrunde liegen: Dadurch, dass wissenschaftliches Arbeiten auch auf implizitem Wissen (*tacit knowledge*), nicht mehr hinterfragten Präsuppositionen/Voraussetzungen sowie Fertigkeiten (*craft activity*) beruhe, die kaum erklärbar seien, werde die Produktion von Wissen für Außenstehende undurchsichtig und nicht nachvollziehbar (vgl. Pinch 1981: 145, 146). Es ist also gerade auch in interdisziplinären Kontexten von zentraler Bedeutung, in der Vortragsvorbereitung mögliches implizites Wissen, Präsuppositionen und Fertigkeiten zu reflektieren und nach Möglichkeit in den Vortrag zu integrieren, um Darstellungen nachvollziehbar zu machen[83].

Negative Kritik wird in den Diskussionen auf unterschiedliche Weise vorgebracht. Hinsichtlich der Sprechhandlungen können negative Kritik und Reaktionen auf diese folgendermaßen ausdifferenziert werden, wobei die Liste alphabetisch und aus den genannten Gründen (vgl. Kap. 5.1) nicht nach dem Grad der *face*-Bedrohung sortiert ist: ABLEHNEN, (AUF-) FORDERN, BEDAUERN AUSDRÜCKEN, DISTANZIEREN, FRAGEN (KRITISCHES FRAGEN, NACHFRAGEN), HINWEISEN (AUF PROBLEMATISCHES), KORRIGIEREN, KRITISCHES FESTSTELLEN, METAKOMMUNIZIEREN, SELBSTKRITIK, TADELN, NICHT-VERSTEHEN SIGNALISIEREN, VORWERFEN, WARNEN, WIDERSPRECHEN, ZUSTIMMEN/ZUGESTEHEN/BESTÄTIGEN, ZURÜCKWEISEN, ZWEIFELN/SKEPSIS SIGNALISIEREN. Die auf verschiedene Weise vorgebrachte negative Kritik und Reaktionen haben unterschiedliche Bezüge. In der folgenden Tabelle (Tab. 29) sind die Referenzen den jeweiligen Sprechhandlungen zugeordnet:

---

83 Nach Hempfer (1981) ist vor allem der geisteswissenschaftliche Diskurs sehr undurchsichtig. Die Wissensdarstellungen beruhten auf sehr vielen Präsuppositionen, die wissenschaftliche Unsicherheiten verhüllen. Baron bewertet diese Art des Diskurses sowie „[d]ie Unterstellung der allgemeinen Konsensfähigkeit des Gesagten" als „ein schlichtes, aber in der Regel effektives Mittel zur Immunisierung der eigenen Thesen oder Theorien" (Baron 2006: 106).

Tabelle 29: *Übersicht über Referenzen der negativen Kritik.*

Initiierende und reagierende Sprechhandlungen	Referenz
ABLEHNEN von	Ansatz Ansicht Dritter Anspruch Argument Äußerung Begriff/Begriffsverwendung Beispiel Beschreibung Diskussionsverhalten Erläuterung Meinung Methode, experimentelles Setting Schlussfolgerung Vorgehensweise Vorwurf (= Verteidigung)
(AUF-)FORDERN zu	Achtsamkeit Beweise liefern Differenzierung Korrekte Begriffsverwendung Korrektes methodisches Vorgehen Stellungnahme Verbesserung der Terminologie
BEDAUERN AUSDRÜCKEN	Wissensstand
DISTANZIEREN von	Begriff Lehre Person (Diskussionspartner/Vorredner, Dritte(r), Kollege(n)
KRITISCHES FESTSTELLEN	Begriffsdefinition, -erklärung Behauptung Mangel an Naturwissenschaftlichkeit Mangel an Sorgfalt Methode Uneinheitlichkeit Vortragsstil Widersprüchliches Wissenschaftstheorie Zweideutigkeit

Initiierende und reagierende Sprechhandlungen	Referenz
FRAGEN nach	Alternative Angemessenheit, Sinn Anspruch Begriffsdefinition Begründung Bestätigung Definition Erläuterung Konsequenzen der Begriffsdefinition Methode, Experiment
HINWEISEN auf	Fehler Problematisches Risiken
METAKOMMUNIKATION	Diskussionssituation
NICHT-VERSTEHEN SIGNALISIEREN	Inhalt
SELBSTKRITIK	Disziplin, Fachkultur Darstellung der Inhalte
TADELN von	Unklares Sprechen Diskussionsverhalten
UNTERSTELLEN von	Nichtwissen
VORWERFEN von	Unkenntnis Unklarheit Unverständnis
WARNEN vor	Begriffsverwendung Definitionsmacht Ideologieanfälligkeit mangelnde Sorgfalt Übereiltheit Überschätzung
WIDERSPRECHEN	Begriff Erläuterung Inhalt, Inhaltsparaphrase Methode, Experimentelles Setting Vorschlag/Aufforderung Vorwurf

5 Gegenseitiges positives und negatives Kritisieren

Initiierende und reagierende Sprechhandlungen	Referenz

ZURÜCKWEISEN von
durch
  BEGRÜNDUNG
  ENTKRÄFTUNG
  GEGENKRITIK/GEGENFRAGE
  KRITIK AN DRITTEN
  RICHTIG-/KLARSTELLUNG
	Gesagtes
	Behauptetes
	(unberechtigter) Vorwurf

ZUSTIMMEN (VOLL, PARTIELL, EINGESCHRÄNKT, UNTER BESTIMMTEN BEDINGUNGEN) zu	Aussage Erläuterung
ZWEIFELN, SKEPSIS ANMELDEN	Aussage Begriff, Ausdruck Erläuterung Methode/experimentelles Setting

Die Tabelle zeigt ein breites Spektrum der Bezüge. Zudem wird nur im gemeinsamen Betrachten von Sprechhandlung und Bezug deutlich, dass eine negative Kritik vorliegt (eine AUFFORDERUNG beispielsweise muss nicht zwangsläufig eine Unzufriedenheit voraussetzen).

In den Plenumsdiskussionen wird sehr unterschiedlich auf Kritikinitiierungen reagiert. Die folgende Zusammenstellung der Sprechhandlungen bezieht sich nur auf Plenumsdiskussionen, da in diesen nur ein bis höchstens vier Turnwechsel stattfinden. Die Gesprächsentwicklung in den Fokusdiskussionen ist zu dynamisch, um sie sinnvoll musterhaft beschreiben zu können. Abbildung 13 zeigt, welche Sprechhandlungsfolgen vorkommen.

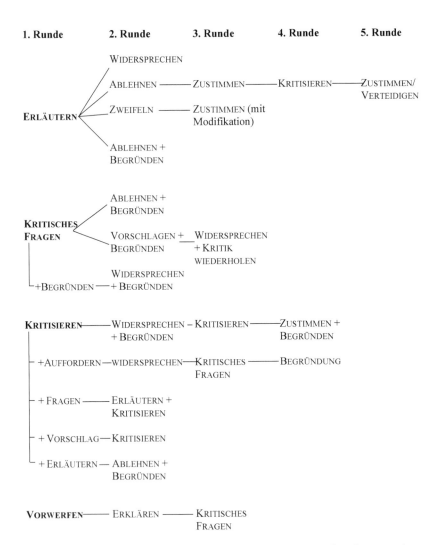

Abbildung 13: Übersicht über im Korpus typische Initiierungs- und Reaktionsrunden.

Negative Kritik wird vor allem durch negative Bewertungen (im Bewertungsrahmen „Wissenschaft") verbalisiert und ist unter Umständen sehr gesichtsbedrohend. Ebenso kann sie – je nach Art der Hervorbringung – *face*-schädigend für den Kritisierenden sein. Um einen gewissen Grad an Höflichkeit und Respekt für die Arbeit des anderen zu signalisieren und damit das eigene Image als zwar

5 Gegenseitiges positives und negatives Kritisieren

kritischer, aber auch respektvoll-höflicher Wissenschaftler zu wahren, stehen verschiedene Möglichkeiten der Abschwächung des Angriffs auf das *face* der anderen zur Verfügung. Erstens können Ausdrücke gewählt werden, die die Subjektivität des Gesagten betonen. Hierdurch werden Widerspruchsmöglichkeiten eingeschlossen, da nur die eigene Meinung widergespiegelt wird. Zweitens kann das Gesagte durch verschiedene Mittel abgeschwächt werden, um die Imagegefährdung abzumildern. In beiden Fällen muss aber betont werden, dass es sich um eine rein oberflächliche Abschwächung handelt und der Angriffscharakter bestehen bleiben kann.

Im Hinblick auf den ersten Punkt – Subjektivität – fallen Ausdrücke des persönlichen Empfindens auf, also Ausdrücke wie *fänd ich/find ich, versteh ich nicht, ich sehe nicht ein wieso, das hab ich nicht verstanden, ich bilde mir ein, kommen mir vor, mir scheint/mir erschien/sind mir erschienen/ scheint, hab ich den Eindruck, ich bin der Meinung, ist mir/mir ist, ich halte es/das halte ich*. Durch sie wird signalisiert, dass auch Fehleinschätzungen möglich sind, da es sich um eine subjektive Wahrnehmung handelt. Subjektivität wird auch durch die folgenden Formulierungen signalisiert: *nach meinem Dafürhalten, mir persönlich, für meinen Geschmack*. Auch sie zeigen einen eingeschränkten Blickwinkel an. Tatsächlich wird die Gültigkeit des Gesagten durch die Formulierung *soweit ich das überblicke* stark eingeschränkt und impliziert, dass andere Einschätzungen zugelassen sind. Die letzte Gruppe der Subjektivität anzeigenden Mittel sind Verben bzw. Ausdrücke des Sagens: *ich glaub (nicht), ich denke, meine ich/ich mein(e), würd ich sagen/würde gerne (sagen), ich würde (einfach)*.

Bezüglich Punkt zwei, der Abschwächung des Gesagten, stehen andere Mittel zur Verfügung. So kann eine direkte Adressierung des Gesprächspartners, der für einen Fehler kritisiert wird, vermieden werden. Durch die Verwendung des unspezifischen *man* (statt einer direkten Ansprache mit *Sie*) oder die Verwendung des Passivs (*dass noch nachgebessert werden könnte*) wird eine direkte, persönliche Kritik in eine etwas abgeschwächtere Form gebracht. Kritisiert wird dann, wer sich angesprochen fühlt. Außerdem wirkt die Kritik durch die Verwendung des Konjunktivs weniger aggressiv: *könnte, würde fragen, würde zustimmen, könnte man fragen, würde bitten, wollte ich*. All diese Formulierungen signalisieren Zurückhaltung seitens des Sprechers. Ähnlich funktionieren Heckenausdrücke wie *vielleicht, so ein bisschen*, die den Grad der Gesichertheit des Gesagten bspw. mindern. Zuletzt wirkt die Verwendung von (oberflächlichen) Höflichkeitsformen wie *möchte ihnen nicht zu nahe treten* abmildernd, obwohl sich an eine solche Einleitung herbe Kritik anschließen kann.

Insgesamt zeigt sich, dass lexikalisierte negative Bewertungen weitaus häufiger sind als positive. Harras führt dieses Ergebnis u. a. darauf zurück, dass „offenbar […] in unserer Gesellschaft (negativ) abweichendes, bzw. markiertes Verhalten häufiger zur Sprache gebracht [wird] als positives" (Harras 2006: 122). Die vergleichsweise geringe Zahl an Lobsequenzen lässt sich zum einen möglicherweise darauf zurückführen, dass positive Reaktionen in direkter Kommunikation mit Sichtkontakt evtl. öfter nonverbal als verbal, also durch Kopfnicken oder Lächeln signalisiert wird. Zur Bestätigung dieser Vermutung müsste eine videogestützte Analyse durchgeführt werden. Zum anderen zeigen bereits Zillig (1982: 97f.) und Adamzik (1984: 286) in ihren Untersuchungen, dass Lexeme der Positivbewertung weitaus seltener und undifferenzierter sind als Lexeme der Negativbewertung. Im wissenschaftlichen Kontext sind Positivbewertungen möglicherweise auch deswegen seltener, da Wertesysteme an einzelne Schulen, Konzepte etc. gekoppelt sind und bei Meinungsverschiedenheiten in der gegenseitigen Kritik stehen – demnach nicht als ‚gut', sondern als kritikwürdig befunden werden. Das Attribut ‚gut' würde auf etwas allgemein Akzeptiertes, Unhinterfragtes und Unkritisiertes hinweisen, was sich in der Wissenschaft kaum finden lässt.

6 Zur Rolle der Fachidentität in interdisziplinären Diskussionen

Im Kontext der untersuchten interdisziplinären Tagungen treten Thematisierungen der Fachidentität bzw. des disziplinären Hintergrunds häufig auf. Da kein Vergleichskorpus vorliegt, kann nicht entschieden werden, ob dieses Phänomen eine Besonderheit interdisziplinärer Diskussionen darstellt, oder ob es auch in mono-disziplinären Kontexten vorkommt[84]. Im vorliegenden Korpus zeigt sich zumindest, dass sowohl eigene als auch fremde Fachidentität(en) und disziplinäre Hintergründe in Diskussionen relevant gemacht werden. Im Kontext einer Untersuchung des Selbstdarstellungsverhaltens von Wissenschaftlern erscheint eine Analyse der Thematisierung von Identität im Sinne des „Selbst" in den Diskussionen als notwendig. Daher lauten die zentralen Fragestellungen des Kapitels: 1) Welche Funktionen hat das Thematisieren der eigenen disziplinären Zugehörigkeit in der Kommunikation? 2) Wann und wie wird Fachidentität kommuniziert? Dazu wird in einem ersten Abschnitt das Thema Fachidentität knapp theoretisch bearbeitet (Kap. 6.1), bevor in einem nächsten Abschnitt die Ergebnisse der Analyse von Fachidentitätskommunikation in den Diskussionen präsentiert werden (Kap. 6.2).

6.1 Methodische Anreicherung

Identität und Identitätskonzepte sind in der Psychologie und Soziologie vielfach untersucht worden. Vor allem Soziologen und Sozialpsychologen haben Definitionen und Konzepte von Identität vorgelegt, die zum Teil heterogen sind und je

---

84 Ein Blick auf Diskussionen um das Thema Fachidentität im Kontext von Interdisziplinarität bestärkt den Eindruck, dass die Thematisierung und Reflexion der eigenen Fachidentität (sowohl als Einzelperson als auch als Disziplin) durch die zunehmende Forderung nach interdisziplinärer Forschung in Deutschland an Bedeutung gewinnt. Die Titel der folgenden Konferenzen verschiedener Disziplinen belegen, dass eine Beschäftigung mit der eigenen Identität und der Verortung des Fachs notwendig geworden ist: z. B. Informatik 2003: „Das Spiel mit den Identitäten. Identität zwischen Fach, Kontext, Person und Umwelt"; Archäologie 2005: „Fachidentität versus Interdisziplinarität. Versuch einer Standortbestimmung der Archäologien"; Religion 2011: Panel „Religionswissenschaftliche Fachidentität zwischen disziplinärer Ausdifferenzierung, interdisziplinärer Verbundforschung und programmatischer Nicht-Disziplinarität" (zu den Einzelbelegen siehe Literaturverzeichnis).

nach gesellschaftlichen Umständen und Strömungen variieren[85]. In der vorliegenden Arbeit lege ich die sprachwissenschaftliche Definition von Kresic (die einen konstruktivistischen Ansatz verfolgt) zugrunde:

> Identität wird verstanden als plurales, multiples Gebilde, das sich ausdifferenziert in verschiedene, kontextspezifisch konstruierte (Teil-)Identitäten. Wesentliches Kennzeichen postmoderner Identität sind zum einen ihre Dynamik und Flexibilität und zum anderen ihre (kommunikative) Konstruiertheit. Identitäten sind patchworkartig zusammengesetzte, zu einem wesentlichen Teil medial-sprachlich und dialogisch-kommunikativ erzeugte Konstrukte, die aus dem grundsätzlichen Sein-In-der-Sprache eines jeden Individuums ihre Kohärenz schöpfen. Die verschiedenen Teil-Identitäten werden konstituiert durch die verschiedenen Einzelsprachen, Sprachvarietäten, -stile und -register, die der Einzelne beherrscht. (Kresic 2006: 224)

Identität ist demnach immer sprachlich konstruiert, mehrschichtig, multipel und dynamisch (vgl. auch ebd.: 251). Die Selbstkonstruktion vollzieht sich in der Gesellschaft und daher immer in Bezug auf andere. Dabei wird zwischen einer personalen und einer sozialen Identität unterschieden:

> Das Individuum konstruiert sich, indem es einerseits wie niemand anders/einzigartig und idiosynkratisch spricht (= personale Identität) und indem es andererseits wie jeweils bedeutsame andere, d. h. sozial akzeptabel und verständlich kommuniziert (= soziale Identität). Zwischen diesen beiden Polen gilt es eine Balance zu finden. (ebd.: 156f.)

Was „sozial akzeptabel" (ebd.) ist, wird durch gesellschaftliche (auch sprachliche) Normen bestimmt. Identitätskonstruktion bedeutet in diesem Sinne auch, die in einer Sprachgemeinschaft geltenden Normen zu übernehmen und entsprechend dieser Normen zu kommunizieren (vgl. ebd.: 225, 252).

Kresics Identitätsdefinition kann sehr gut für die Untersuchung von **Fach**identität herangezogen werden: Fachidentität wird bereits während des Studiums in einer Gemeinschaft als Teilidentität ausgebildet und entwickelt. Dabei spielen die in der *scientific community* geltenden Normen und Werte sowie die Fachsprache eine entscheidende Rolle, wie auch Janich betont:

> Man wird Experte in einem Fach dadurch, dass man die fachspezifischen Gegenstände und Sachverhalte mit fachspezifischem Erkenntnisziel und geleitet durch fachspezifische Methoden erforscht – und dies geschieht ganz wesentlich mit Hilfe von Sprache. (Janich 2012b: 94)

---

85 Beispielsweise werden in der Einführung in die Soziologie von Abels (2009: 322-391) Arbeiten der folgenden Soziologen vorgestellt: Georg Simmel, George Herbert Mead, David Riesman, Erving Goffman, Talcott Parsons, Erik H. Erikson, Peter L. Berger/Brigitte Berger/Hansfried Kellner, Zymunt Bauman.

Sprache ist demnach nicht nur Medium, sondern ganz wesentlich Erkenntnisinstrument. Zudem dient sie der Bildung der „soziale[n] Identität" (Kresic 2006: 156), also der Gruppenidentität:

> Sprache kann dabei – über gruppenspezifisch geteilte Interessen hinaus – nach innen der gegenseitigen (Wieder-)Erkennung und als Zeichen von Zugehörigkeit dienen, nach außen der Gruppenkonsolidierung und der Abgrenzung gegenüber anderen Gruppen oder Individuen. Damit wird sie zu einem Teil der Gruppenidentität. (Janich 2012a: 11; auch Janich 2012b: 95)

Im Zuge der Ausbildung einer individuellen Fachidentität wird also auch eine Gruppenidentität konstituiert (vgl. Kreitz 2000). Fachwissen, Methodenkompetenz und andere fachspezifische Kenntnisse sind wichtige Elemente der disziplinären Ausbildung, die sowohl Fähigkeiten und Fertigkeiten als auch fachkulturspezifische Sozialisation umfassen. Fachidentität und deren Ausdruck ist nach Hyland (2012) ganz wesentlich an die Sozialisation innerhalb der *scientific community* geknüpft:

> To project an identity as an academic means buying into the practices of a discipline and handling its discourses with sufficient competence to participate as a group member. How individuals exchange information build alliances, dispute ideas and work together varies according to the group they belong to. (Hyland 2012: 15)

Zentral für die Fragestellung der vorliegenden Arbeit ist die Annahme, dass (Fach-)Identität in der Kommunikation verbal sichtbar ist. Die bisherigen Untersuchungen von Gotti (2012), Hyland (2002, 2012) und Resinger (2008) weisen Spuren der Identität[86] in geschriebenen Fachtexten nach. Das folgende Zitat von Hyland belegt die enge Verbindung zwischen Identität und Kommunizieren – sei es schriftlich oder mündlich –, weswegen davon ausgegangen werden kann, dass Spuren von Identität auch in mündlicher Kommunikation zu finden sind:

> Academic writing, and speaking, is [...] an act of identity. The two are linked because writing is not just about conveying 'content' but about the representation of 'self': how we portray ourselves to others in our disciplines. (Hyland 2012: 17)

Am Beispiel des Schreibens zeigt Hyland, dass

> writing inscribes particular versions of ourselves at the same time as we present our version of reality, using available discourses to both position ourselves to others and talk about the world. (ebd.)

---

86 Gottis Sammelband (2012) zeigt, dass diese Spuren nicht nur Rückschlüsse auf Fach- und Institutionenidentität, sondern auch auf die persönliche und soziale Identität des Schreibers zulassen.

Für die Bearbeitung der Frage nach Fachidentitäts-Thematisierungen in interdisziplinären Diskussionen muss zwischen der Identität der Disziplin (= Gruppenidentität) und der Identität einer Person, die dieser Disziplin angehört und sich mit dieser identifiziert (individuelle Fachidentität), unterschieden werden. Als Gründe für die im Korpus häufig auftretende Fachidentitäts-Thematisierung werden auf Basis der Daten die folgenden Aspekte interdisziplinärer Kommunikation vermutet:

Erstens treffen in interdisziplinären Diskussionen Wissenschaftler aufeinander, die unterschiedlichen Disziplinen angehören und verschiedene Denkstile, Normen und Werte, Methoden und Vorgehensweisen sowie unterschiedliche Kommunikationsstile mitbringen. Diese Personen müssen einen *common ground* herstellen, ihre eigenen Ansprüche teilweise zurückstellen und dennoch ihre Disziplin in der Diskussion vertreten (vgl. Bromme 2000: 116, 129).

Zweitens beruhen Fachidentität und das Selbstverständnis einer Disziplin auf einem Selbstbild, das in interdisziplinärer Zusammenarbeit nicht notwendigerweise dem Fremdbild entspricht. Das Selbstbild einer Disziplin oder einer Einzelperson wird also unter Umständen herausgefordert. Die so ausgelöste Auseinandersetzung mit der eigenen Fachkultur, mit Arbeitsweisen und Methoden erfordert eine intensive Reflexion der eigenen Fachidentität und der im Fach geltenden Werte, Verfahren und Ähnliches.

Drittens wird durch interdisziplinäre Zusammenarbeit die eigene Fachidentität nicht nur aufgerufen, sondern auch strapaziert. Es kommt nicht nur zu einer intensiven Auseinandersetzung mit den Fremddisziplinen und einer Reflexion der eigenen Fachidentität, sondern auch zu Abgrenzungs-, Übernahme- und Modifikationsprozessen innerhalb der eigenen Disziplin: Beispielsweise werden fremde Verfahrensweisen übernommen oder durch das Kennenlernen neuer Forschungsinhalte wird der eigene Horizont erweitert, was fachliche Normen, Methoden, Sprache etc. infragestellen oder bestärken kann. Individuelle oder disziplinäre Ziele müssen unter Umständen neu formuliert werden. Es wird davon ausgegangen, dass sich die Fachidentität durch interdisziplinäre Erfahrungen ändert; es gilt zu eruieren, inwiefern und wie viel.

Viertens ist Fachidentität eng mit Kompetenz und Expertenschaft verbunden: Wissenschaftler beanspruchen auf ihrem Forschungsgebiet spezielles Fachwissen sowie Methodenkenntnis für sich, verhalten sich im Normalfall der Fachkultur entsprechend und treten auf Konferenzen damit (bewusst oder unbewusst) als Repräsentanten ihrer Disziplin auf. Fachidentität beruht auf der Selbstwahrnehmung und dem Selbstbild, kompetenter Wissenschaftler in der eigenen Disziplin zu sein. Bei der Aushandlung und Legitimation von Wahrheits-, Kompetenz- und

Zuständigkeitsansprüchen spielt daher der Verweis auf den eigenen disziplinären Hintergrund eine wichtige Rolle.

Fünftens erfordern interdisziplinäre Diskussionen umsichtige Kommunikation, das Bewusstsein um die Verschiedenheit der Fachkulturen und die unterschiedlichen Durchsetzungsinteressen. Grund hierfür ist, dass Interdisziplinarität die Kommunikation von Wissen erschwert: Nach Vollmer (2010: 61) müsse man (1) Wissen vereinfachen, was aber zu Verfälschungen führe; zudem (2) fördere Interdisziplinarität Verständnisschwierigkeiten (Problem der Nachvollziehbarkeit) und damit Missverständnisse, und (3) spielten Imagesicherungsbedürfnisse sowie individuelle Geltungsansprüche eine wichtige Rolle. Umsichtige Kommunikation schließt in interdisziplinären Kontexten ein, dass Wissensinhalte perspektiviert werden, um eine disziplinäre Zuordnung und korrekte Interpretation des Gesagten zu ermöglichen.

Das Aufeinandertreffen verschiedener Disziplinen und damit unterschiedlicher Fachidentitäten stellt also besondere Anforderungen an die Kommunikation. Interdisziplinäre Forschung ist durch folgende Aufgaben gekennzeichnet (vgl. ausführlich Kap. 3.3):

- Kommunikation der jeweiligen Wissensbestände und Forschungsfragen;
- Integration und Synthese von Methoden;
- Integration und Synthese von Fachsprachen/Terminologien;
- Aushandlung von Wissenschaftlichkeitskriterien;
- Gesamtsicht der Disziplinen auf ein Problem;
- Aushandlung von Experten- und Laienstatus;
- Prozesse der Verortung in der eigenen Disziplin sowie im interdisziplinären Kontext.

Daher sind folgende sprachliche Mittel erwartbar:

(a) Repräsentativa zur
  - Vorstellung von Forschungsinhalten, Methoden,
  - Selbstvorstellung und individuellen fachlichen Verortung,
  - Klärung und Definition von Terminologie,
  - Sicherung des Kompetenzanspruchs;
(b) Sprechhandlungen, die der Aushandlung von
  - Synthesemöglichkeiten,
  - zukünftiger Terminologieverwendung und
  - zukünftigen Wissenschaftlichkeitskriterien dienen;
(c) Fragen,
  - die die Methoden (z. B. zu Funktion, Vorteil) und
  - Terminologic (z. B. zu Bedeutung, Verwendungsweise) betreffen;

(d) sprachliche Mittel
- der Abgrenzung (zu anderen Disziplinen) und
- der Perspektivierung.

Die genannten Aspekte interdisziplinärer Kommunikation und der Fachidentitäts-Thematisierung sowie die daher erwartbaren sprachlichen Mittel sind nachfolgend tabellarisch zusammengefasst (Tab. 30).

Tabelle 30: Methodische Anreicherung: Interdisziplinaritäts- und fachidentitätsbezogene Kategorien – Zusammenstellung der Kategorien zu Interdisziplinarität.

Interdisziplinäre Forschung ist gekennzeichnet durch	daher erwartbare linguistische Mittel und Strategien
jeweilige Wissensbestände und Forschungsfragen müssen kommuniziert werden (vgl. Janich/Zakharova 2014)	Repräsentativa zur Vorstellung von Forschungsinhalten; Mittel der Perspektivierung
Methodentransfer: Methoden unterschiedlicher Disziplinen werden integriert und synthetisiert	Repräsentativa zur Vorstellung von Methoden; Fragen, die die Methoden betreffen (z. B. zu Funktion, Vorteil); Sprechhandlungen, die der Aushandlung von Synthesemöglichkeiten dienen
offen, welchen Vorteil eine interdisziplinäre Verortung bringt; Karriere ist zur Zeit eher innerhalb einer Disziplin möglich, da Wissenschaft noch immer disziplinär geprägt ist	Repräsentativa zur individuellen fachlichen Verortung; sprachliche Mittel der Abgrenzung (zu anderen Disziplinen)
Fachsprachen/Terminologien unterschiedlicher Disziplinen werden integriert und synthetisiert	Repräsentativa zur Klärung und Definition von Terminologie; Fragen, die die Terminologie betreffen (z. B. zu Bedeutung, Verwendungsweise); Sprechhandlungen, die der Aushandlung von zukünftiger Terminologieverwendung dienen
Wissenschaftlichkeitskriterien sind heterogen, stehen zur Diskussion und müssen ausgehandelt werden	Sprechhandlungen, die der Aushandlung zukünftiger Wissenschaftlichkeitskriterien dienen
Gesamtsicht der Disziplinen auf ein Problem	Repräsentativa zur Vorstellung von Forschungsinhalten; Mittel der Perspektivierung
unklare Experten- und Laienstatus: Man ist Experte in der eigenen Disziplin, aber immer gleichzeitig Laie in den anderen vertretenen Disziplinen	Repräsentativa zur Vorstellung von Forschungsinhalten, ebenso zur Sicherung des Kompetenzanspruchs

Interdisziplinäre Forschung ist gekennzeichnet durch	daher erwartbare linguistische Mittel und Strategien
Fachidentität und Verortung in der eigenen Disziplin sowie im interdisziplinären Kontext	Repräsentativa zur Selbstvorstellung und zur individuellen fachlichen Verortung; sprachliche Mittel der Abgrenzung (zu anderen Disziplinen, Schulen, Forschungsrichtungen)

6.2 Thematisierung von Fachidentität in den Diskussionen

Aus der Analyse ergibt sich, dass das Benennen des disziplinären Hintergrunds bestimmte Funktionen in der Diskussion erfüllt, die ganz unterschiedlicher Art sein können. Angaben zur Fachidentität

1) erläutern, aus welcher Perspektive ein Beitrag geäußert wird (Kap. 6.2.1),
2) thematisieren disziplinäre Perspektiven, die Gegenüberstellung von Perspektiven sowie Interdisziplinarität (Kap. 6.2.2),
3) zeigen Identifikation und Reflexion der Fachkultur und Arbeitsweise des Fachs (Kap. 6.2.3),
4) signalisieren ggf. Distanzierung von der eigenen Disziplin (Kap. 6.2.4) oder
5) dienen der Einleitung oder Verteidigung von Kritik (Kap. 6.2.5).

Auf die einzelnen Funktionen wird im Folgenden detailliert eingegangen. Inwiefern die Darstellung der Fachidentität der Verortung innerhalb der eigenen Disziplin sowie der Positionierung im Tagungskontext dient, wird im Fazit diskutiert.

6.2.1 Nennung der Fachidentität zur Perspektivierung des Beitrags

Angaben zur Fachidentität dienen dazu, den Beitrag eines Diskutanten disziplinär zuzuordnen. Im Korpus finden solche Perspektivierungen auf zwei Weisen statt, wobei die Funktion jeweils dieselbe ist: (a) in Form einer (mehr oder weniger ausführlichen) Selbstvorstellung zu Beginn eines Diskussionsbeitrags und/oder (b) in Form kurzer Identitätsnennungen oder Verweise inmitten eines Beitrags zur Erinnerung an bzw. zur Verdeutlichung der Perspektive.

a) Selbstvorstellungen zu Beginn des Diskussionsbeitrags

Oftmals werden Diskussionsbeiträge mit einer kurzen Selbstvorstellung eingeleitet, vor allem dann, wenn es sich um einen ersten sprachlichen face-to-face-Kontakt handelt. Es werden sowohl der eigene Name, teilweise auch Disziplin und Universität genannt. Die Art, Dauer und Ausführlichkeit der Selbstvorstellung hängt offenbar vom eigenen Bedürfnis ab, sich auf der Tagung dem Vortragenden und dem Publikum gegenüber bekannt zu machen. Beispiele zeigen, dass solche einleitenden Selbstvorstellungen dazu dienen, sich im Tagungskontext zu positionieren, in der eigenen Disziplin zu verorten und die eigene Fachidentität herauszustellen.

Die folgende Sequenz verdeutlicht, dass sich für LingPw$_A$ die Notwendigkeit der Selbstvorstellung aus der Einordnung in den Tagungskontext ergibt: Ihre Einschätzung (*wahrscheinlich*), auf der Veranstaltung exotisch zu sein, also einer Disziplin anzugehören, die in einem solchen Kontext eher untypisch ist, begründet die Selbstvorstellung mit dem Namen, der Disziplinnennung (als explizite Selbstaussage) und der Stadt. Darauf folgen die Charakterisierung des Beitrags als Frage und das Nennen des inhaltlichen Anschlusses:

```
001   LingPw_A    ((räuspert sich)) ich hab_ich hab ((räuspert sich))
                  also ich bin sprachwissenschaftlerin
002               und äh soweit ich hier wahrscheinlich ä zu den exOten
                  gehöre (.)
003               äm [Nachname] aus [Stadt]
004               und ich hatte ne frage zu ihrer letzten folie
005               grade mit diesen regeln (.) die sie gerade genannt
                  haben=
```

Sequenz 49: Diskutantin LingPw$_A$ in der Plenumsdiskussion mit dem Vortragenden SozPm; TK 1_1: 001-005.

Die obige Sequenz enthält eine sehr knappe Form der Selbstvorstellung, die direkt in einen inhaltlichen Beitrag (Frage) übergeht. Das nächste Beispiel zeigt, dass solche Selbstvorstellungen sehr detailliert ausfallen und mit biografischen Daten angereichert werden können. Hinzuzufügen ist allerdings, dass dieser Beitrag eine Fokusdiskussion einleitet; eine ausführlichere Selbstvorstellung ist demnach gewünscht, da nur so die unterschiedlichen Perspektiven der Diskutanten deutlich und die Einordnung der Aussagen durch das Publikum möglich werden:

```
001   PhyPm_A     zunächst zu meiner person ich bin PHYsiker (1.5) äh
002               und zwar von der (.) eher theoREtischen art also
                  theoretisch matheMAtischer physiker
003               und nicht äh (.) von der experimenTIErenden art (1.5)
                  ähm
                  […]
014               und zunächst möcht ich aus der sicht des PHYsikers
015               also ich soll vielleicht noch ergänzen ich bin (.)
                  physiker
016               und bin hier seit (1.5) mittlerweile DREIunddreißig
                  jahren in [Stadt]
017               habe also an der universität [Stadt] (-) äh
                  unterRICHtet und geFORSCHT (-)
```

6 Zur Rolle der Fachidentität in interdisziplinären Diskussionen

```
018                     und ich möcht jetzt aus (1.5) aus meinem
                        erfahrungsbeREICH
019                     mein beruflichen erfahrungsbereich zunächst über die
                        (1.5)
020                     ä emPIrischen (.) gewissheiten sprechen mit denen wir
                        uns [ja ]
021     eTheoPm_A           [mhm]
022     PhyPm_A         beruflich in erster linie beFASsen (--)
```
Sequenz 50: PhyPm$_A$ in der Fokusdiskussion mit eTheoPm$_A$; TK 3_1: 001-003, 014-022.

Zu Anfang des obigen Auszugs trifft PhyPm$_A$ sehr präzise Selbstaussagen im Hinblick auf die eigene disziplinäre Zugehörigkeit. Er verortet sich innerhalb seiner eigenen Disziplin in der eher theoretisch ausgerichteten Physik und grenzt sich damit von der *experimenTIErenden* Physik ab. Die Diskussion wird mit einem Theologen geführt, d. h. die fachlichen Unterschiede sind sehr groß; eine spezifische und ausführliche Eingrenzung des disziplinären Hintergrunds erscheint für die Diskussion an sich kaum relevant. Da der Diskutant aber viel Zeit darauf verwendet, seine Fachidentität klarzustellen, kann man folgern, dass es für ihn persönlich und im Tagungskontext sehr relevant ist, wie er seine Fachidentität vor dem Publikum definiert. Hinzu kommt, dass die disziplinäre Verortung mit biografischen Angaben zum Karriereweg unterfüttert wird. Er verweist auf langjährige berufliche Erfahrung in Forschung und Lehre, was als Nachweis der Kompetenz und Expertenschaft auf seinem Gebiet verstanden werden kann. PhyPm$_A$ macht deutlich, dass die von ihm getroffenen Aussagen aus der Perspektive der Physik gemacht werden (*aus der sicht des PHYsikers*). Diese Perspektivierung wird wieder aufgenommen, wenn er erklärt, dass er über das Thema (die empirischen Gewissheiten) aus seinem *beruflichen erfahrungsbereich* heraus berichtet; hierbei wird allerdings der *erfahrungsbereich* mit dem Attribut *beruflichen* ergänzt, wohl um deutlich zu machen, dass es nicht um persönliche, sondern um wissenschaftlich-professionelle Erfahrungen geht. Sodann spricht er auch nicht mehr von sich selbst als Individuum, sondern wechselt in die 1. Person Plural *wir* und *uns*. Es findet eine Identifikation mit dem Fach statt, in die er alle theoretisch forschenden Physiker einschließt.

Im interdisziplinären Kontext kann es relevant sein, sich von den anderen teilnehmenden Disziplinen abzugrenzen. So geschieht es im nachfolgenden Beispiel, wenn sich ein Mediävist selbst vorstellt und dabei sich und sein Fach mittels expliziter Selbstaussagen charakterisiert:

```
006    MedDrm       JA (.) also (--) mein name ist [Vorname Nachname]
007                 ich hab mich ja schon VORgestellt ich bin (-) mediäVIST
                    (--)
008                 VIEL zu meinem fach möcht ich auch HEUte nicht SAgen
009                 es ist nur so (--) dass ich eben (.) !KEIN!
                    naTURwissenschaftler bin
010                 ich beschäftige mich mit einer WIRKlichkeit (.) die
                    verGANGen ist (-) äh (.) mit dem MITtelalter (-)
```
Sequenz 51: MedDrm in der Fokusdiskussion mit InfoMaDrm; TK 3_9: 006-010.

Hier wird betont, dass man keiner naturwissenschaftlichen Disziplin angehört, sondern einer, die dem naturwissenschaftlichen Arbeiten entgegengesetzt ist. MedDrm erklärt in einem späteren Abschnitt, dass sich die naturwissenschaftlichen Möglichkeiten der Empirie und Mathematisierung in der Mediävistik als unbrauchbar erwiesen haben, da man sich mit der Vergangenheit und nicht mit der Gegenwart (und Zukunft) wie naturwissenschaftliche Disziplinen beschäftige. Daher stelle man andere Methoden zur Erforschung der Wirklichkeit bereit. Der Sprecher verortet sich somit im Tagungskontext und stellt sich und seine Arbeit in Kontrast zu den naturwissenschaftlichen Disziplinen.

b) *Präzisierung und Explizierung der Perspektive/Fachidentität inmitten eines Beitrags*

Präzisierungen der Fachidentität werden auch inmitten von Beiträgen vorgenommen, und zwar offenbar dann, wenn subjektiv die Notwendigkeit im Diskussionszusammenhang dafür besteht bzw. sich aus der Diskussion ergibt. Das Nennen des disziplinären Hintergrunds dient dann dazu, im Beitrag die Perspektive des Sprechers zu verdeutlichen, ohne eine Selbstvorstellung vorzunehmen. Hierbei verortet sich der Akteur innerhalb seiner eigenen Disziplin, indem er sich als Anhänger einer bestimmten Schule, Fachrichtung etc. identifiziert. Dadurch wird einerseits die Fachidentität sprecherseitig präzisiert, andererseits aber auch hörerseitig die Interpretation des Gesagten beeinflusst, sodass die Äußerungsinhalte besser in den Kontext eingeordnet werden können.

Eine Form, die Perspektivierung der Äußerung vorzunehmen, besteht in der Formel ALS + ANGEHÖRIGER EINER DISZIPLIN, also beispielsweise *als theologe* (eTheoPm$_A$, TK 3_1: 180; kTheoPm, TK 2_2: 124). Folgende Beispiele zeigen die Wirkung der Formel in den Diskussionen (die entsprechenden Formeln sind in den Transkripten unterstrichen). Im ersten Beispiel *als theologe* stimmt eTheoPm$_A$ seinem Diskussionspartner eingeschränkt zu, wobei er die Zustimmung aus der Perspektive des Theologen vornimmt:

6 Zur Rolle der Fachidentität in interdisziplinären Diskussionen 293

```
180    eTheoPm_A    DA kann ich so insofern mitgehen (-) a ahm als ich
                    zumindest als theologe auch die theo!RIE! hätte
181                 dass auch unsere vernunft (.) ä immer als ge!FALL!ene
                    vernunft begriffen werden muss ahm
```
Sequenz 52: eTheoPm$_A$ in der Fokusdiskussion mit PhyPm$_A$; TK 3_1: 180-181.

In einem anderen Beispiel ergibt sich für BioAnthPm mitten in der Fokusdiskussion offenbar die Notwendigkeit, auf seine Fachidentität hinzuweisen und diese zu konkretisieren:

```
010    BioAnthPm    wo ich einfach nur als (-) äh sagen (-) ORdentlicher
011                 allerdings nicht naturaLIStischer (.) äm bioLOge sagen
                    würde
012                 das schrEckt mich NICHT
```
Sequenz 53: BioAnthPm in der Fokusdiskussion mit BioPm$_A$; TK 2_1: 010-012.

Die Präzisierung von BioAnthPm, ordentlicher, aber kein naturalistischer Biologe zu sein, dient einerseits der Perspektivenverdeutlichung, andererseits der Abgrenzung von Subdisziplinen, Schulen etc. Der Kontext dieser Sequenz zeigt, dass diese Abgrenzung deswegen hoch relevant ist, weil viele der anderen Wissenschaftler sich bereits zum Naturalismus bekannt haben. Um zu markieren, dass hier kein Konsens besteht, distanziert sich BioAnthPm explizit von der naturalistischen Sicht. Fraglich bleibt allerdings der Stellenwert des Attributs *ORdentlicher*; die Vermutung liegt aber nahe, dass es sich um eine Selbstzuschreibung handelt, die einen wissenschaftlichen Wert aufgreift: Den Wert der Ordnung oder auch Sorgfalt schreibt sich BioAnthPm selbst zu.

Ähnlich perspektivierend wie die bisher besprochene Formel ALS + ANGEHÖRIGER EINER DISZIPLIN wirkt die Formel DISZIPLIN + {ISCH}. bspw. in *theoLOgisch gesprochen* (eTheoPm$_A$, TK 3_2: 414). Diese wird im folgenden Transkriptausschnitt verwendet:

```
414    eTheoPm_A    und jetzt theoLOgisch gesprochen (.) äh wäre das das
                    reich gottes (.) äh
```
Sequenz 54: Vortragender eTheoPm$_A$ in der Plenumsdiskussion mit Diskutantin LingPw$_B$; TK 3_2: 414.

Das Gliederungssignal *und jetzt* leitet in der obigen Sequenz einen neuen Abschnitt ein, der aus explizit theologischer Perspektive geäußert wird (*theoLOgisch gesprochen*). Hierdurch wird das vorherig Geäußerte von den Aussagen danach abgekoppelt und damit die persönliche von der fachlichen Perspektive unterschieden. Somit kann das Gesagte vom Hörer besser den verschiedenen Identitäten oder Perspektiven zugeordnet und stimmig interpretiert werden.

Die folgende kurze Sequenz ist ein Beispiel dafür, wie Zustimmung aus disziplinärer Perspektive erfolgen kann. Die präzise Nennung der Disziplin dient hier als Nachweis der Kompetenz und des Fachwissens und rechtfertigt damit den Beitrag:

```
122    BioPm_A      also ich bin molekularbiologe oder molekularer
                    MIKRObiologe
123                 und ich kann ihnen nur ZUstimmen
```

Sequenz 55: BioPm$_A$ in der Plenumsdiskussion mit dem Diskutanten IngPm und BioAnthPm; TK 2_2: 122-123.

Die Zustimmung erscheint als notwendig und alternativlos, was durch das Modalverb *kann* in Verbindung mit dem Gradpartikel *nur* signalisiert wird. Die explizite Unterstützung des vorangegangenen Sprechers demonstriert Konsens und soziale bzw. fachliche Nähe.

Die Perspektivierung des eigenen Beitrags spielt demnach eine wichtige Rolle bei der Positionierung im Tagungskontext und der Verortung in der eigenen Disziplin. Die Intensität der Selbstvorstellung und Selbstbeschreibung inmitten eines Beitrags hängt dabei vermutlich von individuellen, kontextspezifischen Bedürfnissen und Selbstdarstellungszielen ab.

6.2.2 Nennung der Fachidentität zur Kontrastierung von Disziplinen/Perspektiven

Im Material finden sich einige Sequenzen, in denen die Unterschiedlichkeit von disziplinären Perspektiven thematisiert wird. Hier werden nicht nur interdisziplinär angelegte Forschungsfragen in disziplinäre übertragen, sondern auch verschiedene Perspektiven einander gegenübergestellt. Die Möglichkeiten sind hier sehr vielfältig, wie aus dem Material hervorgeht: a) disziplinäre Perspektive auf ein interdisziplinäres Thema, b) Kontrastierung von theoretischer und praktischer Forschung, c) Kontrastierung von wissenschaftlicher und privater Identität, d) Signalisierung interdisziplinärer Identitäten. Diese werden im Folgenden erläutert und mit Beispielen belegt.

a) Disziplinäre Perspektive auf ein interdisziplinäres Thema

Das folgende Beispiel zeigt, inwiefern die aktuelle Diskussionsfrage bzw. das strittige Problem in der eigenen Disziplin eine Rolle spielen könnte. Diskussionsthema im Beispiel ist die Frage nach der Komplexität von Lebewesen und was genau diese Komplexität ausmacht und definiert:

6 Zur Rolle der Fachidentität in interdisziplinären Diskussionen 295

```
055    IngPm      ähm (1.5) karl popper hat mal gesagt
056               leben ist auch ein (---) ja da dadurch charakterisiert
057               dass es ein bestimmtes WISsen hat und zwar wissen von
                  naturgesetzen (---)
058               und i ich bin also ein eh ingenieur und ich (--)
                  beschäftige mich mit prozessleitsystemen
059               und ich hab mal einfach mal überlegt (---) ä wie würde
                  es denn sein
060               wenn ich den auftrag hätte eine spinne zu bauen (---)
061               und zwar nicht nur eine spinne zu bauen
062               sondern ein de en es (--) zu bauen oder eine de en a
                  (-)
063               wo jetzt die geSAMte information drin steckt die eine
                  SPINne braucht
```
Sequenz 56: IngPm als Diskutant in der Plenumsdiskussion mit dem Vortragenden BioAnthPm; TK 2_2: 055-063.

Das Forschungsproblem wird in der obigen Sequenz in eine disziplinär zu bearbeitende Aufgabe „übersetzt", sodass die Komplexität von Information zu einem Konstruktionsproblem wird, das disziplinär bearbeitet werden kann. Dazu stellt sich der Diskutant kurz vor und nennt sowohl die eigene Disziplin als auch seinen Forschungsbereich. Durch das Übertragen des Problems in eine Konstruktionsaufgabe wird am Beispiel der Spinne das Thema konkretisiert und illustriert. Damit demonstriert IngPm zugleich seine Flexibilität, Kreativität und Spontaneität im Umgang mit interdisziplinär gestellten Forschungsfragen.

In den nächsten Beispielen wird deutlich, inwiefern Wissenschaftler auf Themen, die in einer Disziplin eine Rolle spielen, eingehen und aus ihrer disziplinären Sicht heraus kommentieren. Die folgende Sequenz zeigt, dass der Diskutant nur auf diejenigen inhaltlichen Elemente aus dem Vortrag referiert, die aus seiner disziplinären Sicht relevant sind:

```
008    PhyPm_B    sie haben das an beispielen deutlich gemacht (-) und
                  sie haben
009               und DAS ist für mich als physiker sehr interessant
010               die !RE!gelhaftigkeit MYStischer erfahrungen
                  beschrieben
011               anhand der äh der erscheinungen der ENGel
012               wobei mir jetzt !IM!mer noch nicht klar ist
013               wie das mit dem abraham und seinen beiden engeln war
                  und mit dem lamm und so weiter (-) ahm (--)
014               aber DAS ist ein deTAIL (.) ahm (--)
015               für MICH als experimenTALphysiker erscheint der
                  christliche glauben als releVANT
016               da er äh regelhaftigkeit hat (.) und auch eine gewisse
                  prädiktion hat (.) und auch reale auswirkungen hat (.)
```
Sequenz 57: PhyPm_B in der Fokusdiskussion mit eTheoPm_B; TK 3_3: 008-016.

Das Interesse an der Regelhaftigkeit und Prädiktion mystischer Erfahrungen ist aus der disziplinären Zugehörigkeit heraus begründet: *und DAS ist für mich als physiker sehr interessant, für MICH als experimenTALphysiker erscheint der christliche glauben als releVANT.* Die Fachidentität wird präzisiert, wodurch PhyPm$_B$ sich auch innerhalb der eigenen Disziplin verortet und seine Aussagen perspektiviert. Gleichzeitig positioniert er sich im Tagungskontext, da er sich als Experimentalphysiker bezeichnet und sich damit von den theoretischen Physikern, die auch auf der Tagung anwesend sind, abgrenzt.

b) Kontrastierung von theoretischer und praktischer Forschung

In den untersuchten Diskussionen wird häufig der Unterschied zwischen empirisch und theoretisch arbeitenden Wissenschaftlern thematisiert, und zwar unabhängig von der Disziplin. Die beiden Perspektiven werden dabei in der Regel kontrastiert, wie das folgende Beispiel zeigt:

```
089      ChemPm_A    NEIN höchstens könnt sagen öh
090                  jeder chemiker ist DANKbar (.)
091                  wenn er von einem wissenschaftstheoretiker (.)
                     vernünftige (.) äh hinweise bekommt
092                  wie er seine experimente besser planen kann
093      Mod         wunderbar ist ja vielleicht auch EIN grund weshalb wir
                     zusammen sind
```
Sequenz 58: Vortragender ChemPm$_A$ in der Plenumsdiskussion mit dem Diskutanten PhilPm$_A$ und dem Moderator; TK 2_6: 089-093.

In der oben stehenden Sequenz werden die Bereiche Experimentelle Chemie und Wissenschaftstheorie (Letzteres in der Person eines Philosophen) einander gegenübergestellt. Es kann nicht eindeutig geklärt werden, ob es sich um eine ironische Äußerung handelt, was aber nicht auszuschließen ist. Auffällig ist, dass ChemPm$_A$ nicht für sich selbst, sondern für alle Chemiker in entpersonalisierter und verallgemeinerter Form spricht (*jeder chemiker*). *DANKbar* und *vernünftige* sind beide positiv konnotiert und bewerten daher die Aussage des Wissenschaftstheoretikers als positiv. Hier geht es allerdings auch um Kompetenz und Kompetenzansprüche, da man sich auch fragen könnte, inwiefern ein Theoretiker einen Empiriker bei seinen Experimenten *vernünftig* unterstützen könnte. Diese Betrachtungsweise würde allerdings eher auf Ironie hinweisen.

Eindeutig sarkastisch ist eine andere Äußerung von PhilPm$_A$ zu verstehen, wenn er vom *wunderschöne[n] beispiel* spricht:

```
156      MaPm        und wenn sie jetzt nicht eine seltsame definition von
                     isotroPIE entwickelt haben (-)
157                  dann muss der (-) antidesitterraum
158      PhilPm_A    [ja ja ja              ]
```

6 Zur Rolle der Fachidentität in interdisziplinären Diskussionen   297

```
159   MaPm_A      [oder des desitterraum] ZUgelassen sein (-) und
                  desWEgen muss dann (-) ah
160               kann dieser schluss nicht richtig SEIN
161   PhilPm_A    ein wunderschönes beispiel für die NICHTmathematiker
162               woher die modelltheoretiker ihre gewissheiten nehmen
163               (2.0) mehr sag ich jetzt nicht das können wir [jetzt]
164   MaPm                                                      [hehe ]
165   PhilPm_A    HIER nicht ausdiskutieren
166   LingPw_B    ja
167   PhilPm_A    [ich ich beSTREIte de die]
168   Publikum    [((lacht))               ]
169   PhilPm_A    f die stichhaltigkeit ihres modelltheoretischen zugangs
170               (-) zu dem was ICH sagen wollte (--) gut
```
Sequenz 59: PhilPm_A als Diskutant in der Plenumsdiskussion mit einem anderen Diskutanten MaPm; TK 3_10: 156-170.

Auch hier werden Fachidentitäten als relevant angesehen und eine bestimmte Disziplin wird ‚vorgeführt'. Der Beitrag adressiert explizit die Nicht-Mathematiker und enthält eine sehr zugespitzte Kritik an Modelltheoretikern. Abschließend fasst PhilPm_A seine Kritik prägnant zusammen, worauf der kritisierte Diskutant MaPm nicht mehr eingeht.

Sarkastische Äußerungen sind nach Gruber unmittelbar beziehungsrelevant, da sie gegen eine Person gerichtet sind (vgl. Gruber 1996: 245; Schwitalla 2001: 1379). Sarkasmus löst damit soziale Distanz zwischen MaPm und PhilPm_A aus, was durch den abrupten Abbruch der Diskussion noch verstärkt wird.

c) Kontrastierung von wissenschaftlicher und privater Identität

Neben der Differenzierung von empirisch und theoretisch arbeitenden Wissenschaftlern können auch persönliche und wissenschaftliche Identitäten einer Person kontrastiert werden:

```
160   PhyPm_A     =und ich wenn ich wenn ich als religiöser mensch
                  physik betreibe
161               dann dann sind mal die beiden aspekte beide DA
162               und (.) ich MÖCHte es nicht bei einem widerspruch
                  beLASsen
```
Sequenz 60: PhyPm_A in der Fokusdiskussion mit eTheoPm_A; TK 3_1: 160-162.

In diesem Beispiel werden die beiden in der Wissenschaft relevanten Identitäten einer Person, die wissenschaftliche und die persönlich-weltanschauliche, thematisiert. Nach PhyPm_A gibt es zwei Möglichkeiten: Die beiden Identitäten stehen in einem Widerspruch zueinander oder nicht, wobei er dafür plädiert, einen vorhandenen Widerspruch aufzulösen. Er sagt, dass er seinen Glauben mit den Ansprüchen an das wissenschaftliche Arbeiten kombinieren und damit zwei Perspektiven vereinen könne. Die private Identität, zu der auch die Glaubensidentität gehört, wird auf dieser Tagung von verschiedenen Teilnehmern relativ häufig angesprochen. Dies ergibt sich aus dem Tagungsthema, das aus wissenschaftlicher und religiöser Perspektive bearbeitet wird. Daher ist es in der Diskussion nötig, die Verortung der Argumente (persönlich-weltanschaulich oder wissenschaftlich) jeweils deutlich zu machen.

d) Signalisierung interdisziplinärer Identitäten

Das Vereinen von verschiedenen Perspektiven wird gerade in interdisziplinären Kontexten als Vorteil gesehen. Interdisziplinarität ergibt sich durch das Forschungsinteresse, und um interdisziplinär arbeiten zu können, bedarf es der Zusammenarbeit von Wissenschaftlern unterschiedlicher Disziplinen (vgl. Kap. 3.3). Zudem kann aber auch der universitäre Lebenslauf einer Person von Interdisziplinarität geprägt sein, wenn Personen unterschiedliche Fächer in Kombination studiert haben oder in zwei Disziplinen ausgewiesen sind. Die folgende Sequenz zeigt, inwiefern die interdisziplinäre Ausrichtung einer Person als Vorteil wahrgenommen und bewertet wird:

```
076    PhyPsyDrm    mein BEIspiel mit diesem: ä bild (--) da muss ich ja m
                    ich KANN das nicht verstehen
077                 wenn ich nicht weiß dass es gestaltwahrnehmung gibt
078                 und ich kanns nicht verstehen wenn ich nicht weiß
                    dass es rayleighstreuung gibt SO (.)
079                 in DEM fall hab ich das schö den SCHÖnen vorteil
080                 dass ich sozusagen BEIde (.) FACHgebiete EINfach
                    verorten kann
081                 und sagen DAS ist jetzt der physis physikalische
                    anteil und das hier ist der psychologische anteil
```

Sequenz 61: PhyPsyDrm in der Fokusdiskussion mit PhilPm$_A$; TK 3_6: 076-081.

Es wird deutlich, dass die Fachgebiete Physik und Psychologie miteinander kombiniert werden, um ein Forschungsproblem zu lösen: Gestaltwahrnehmung und Rayleighstreuung sind Forschungsgebiete – im ersten Fall der Psychologie, im zweiten der Physik –, die nach PhyPsyDrm nur in Kombination das fragliche Phänomen erklärbar machen. Das Forschungsproblem benötigt also interdisziplinäre Bearbeitung. PhyPsyDrm ist ein zweifach promovierter Wissenschaftler, der in beiden relevanten Fächern ausgebildet ist. Er sieht Interdisziplinarität und seine eigene interdisziplinäre Kompetenz, die ihn mit spezialisiertem Wissen ausstattet, als Vorteil: *in DEM fall hab ich das schö den SCHÖnen vorteil dass ich sozusagen BEIde (.) FACHgebiete EINfach verorten kann*. Insofern dient die Hervorhebung der eigenen Interdisziplinarität (und damit der interdisziplinären Identität) der positiven Selbstdarstellung, da die Kompetenz in zwei Forschungsgebieten nachgewiesen werden kann.

6 Zur Rolle der Fachidentität in interdisziplinären Diskussionen   299

Zusammenfassend kann gesagt werden, dass unterschiedliche fachliche Perspektiven thematisiert werden, um persönliche und wissenschaftliche Identität kenntlich zu machen (und gegebenenfalls voneinander abzugrenzen) und um Kompetenz zu signalisieren. Kompetenz auf einem Gebiet wird beansprucht und durch den Verweis auf den disziplinären Hintergrund bewiesen. Dies dient der Legitimation der eigenen Arbeit und Zuständigkeit.

6.2.3 Fachidentitätsthematisierung zur Identifikation mit und Reflexion der Fachkultur/Arbeitsweise

Wenn die Disziplin von einem Wissenschaftler genannt wird, zeigt sich oftmals eine starke Identifikation mit dem eigenen Fach, dessen Fachkultur, Werten, Kollegen oder Aspekten des wissenschaftlichen Arbeitens. Diese Identifikation drückt sich in der Verwendung der Pronomen *wir* und *uns* aus.

Die folgenden Beispiele zeigen, dass die eigene wissenschaftliche Arbeit zum Teil explizit thematisiert und charakterisiert wird, wobei es nicht um die spezifische Disziplin gehen muss, sondern auch Wissenschaftszweige angesprochen werden können (also Naturwissenschaften, Geisteswissenschaften etc. im Allgemeinen). Thematisiert werden die folgenden Aspekte: a) Forschungsethos, b) wissenschaftliche Rahmenbedingungen, hier die finanzielle Ausstattung oder Karrieremöglichkeiten, c) wissenschaftliche Unsicherheiten und wissenschaftliches Nichtwissen, d) wissenschaftliche/fachliche Prämissen und daraus entstehende forschungspraktische Konsequenzen, e) Arbeitstechniken/Methoden und Erkenntniswerte, f) Einfluss der Weltanschauung auf naturwissenschaftliche Erkenntnisse, g) zugrunde gelegte Wertesysteme und h) Informationen über die Fachkultur. Auf diese Aspekte wird nun ausführlich eingegangen.

a) Forschungsethos

In diesem Beispiel wird aus naturwissenschaftlicher Perspektive (*als naturwissenschaftler*) der Wert des ständigen Hinterfragens angesprochen und als für die Naturwissenschaften geltend erklärt:

```
167    BioPm_A      also DEM würd ich zustimmen (--) äh (---)
168                 als naturwissenschaftler hab ich ABneigung gegen den
                    gedanken
169                 man müsse irgendwann einmal aufhören zu forschen und zu
                    hinterfragen (1.5)
170                 abgesehen von ethischen grenzen (--) aber das ist ne
                    andere baustelle
```
Sequenz 62: BioPm$_A$ als Vortragender in der Plenumsdiskussion mit dem Diskutanten kTheoPm und dem zweiten Vortragenden BioAnthPm; TK 2_2: 167-170.

b) *Wissenschaftliche Rahmenbedingungen, hier die finanzielle Ausstattung oder Karrieremöglichkeiten*

In der nachfolgenden Sequenz wird deutlich, dass sich BioPm$_A$ mit den Naturwissenschaften identifiziert (*wir, uns*; wobei sich die Frage stellt, ob hier alle Naturwissenschaftler, die eigenen Kollegen, alle Anwesenden oder Wissenschaftler aller Forschungszweige gemeint sind). Aus naturwissenschaftlicher Sicht wird eine Antwort auf die Frage, wann Forschung gestoppt wird, gegeben:

```
178    BioPm_A      und dann vielleicht kann man das auch als
                    naturwissenschaftler ganz pragmatisch sagen
179                 wir hören auf zu forschen wenn uns keiner mehr geld
                    gibt
180                 [und wenn wir keine] (-) HOCHrangigen publikatiO:nen
                    mehr
181    Publikum     [((lacht))              ]
182    BioPm_A      in referierten journalen unterbringen
183                 aber das ist ein ganz einfaches selbstregulativ der
                    wissenschaft
184    Publikum     ((lacht, 3sek))
```
Sequenz 63: BioPm$_A$ als Vortragender in der Plenumsdiskussion mit Unbekannt und dem zweiten Vortragenden BioAnthPm; TK 2_2: 178-184.

Das Publikum reagiert auf die Äußerung mit einem zustimmenden Lachen, das Gemeinschaft und Solidarität signalisiert: Man kennt diese Probleme und ist selbst von ihnen betroffen. BioPm$_A$ stellt die Zugehörigkeit zur Biologie gegenüber dem übergeordneten Wissenschaftszweig Naturwissenschaften in den Hintergrund und schafft so eine Möglichkeit der größeren Gemeinschaftsbildung.

Von den wissenschaftlichen Rahmenbedingungen und/oder der finanziellen Ausstattung hängt es ab, wie intensiv eine bestimmte Forschungsarbeit betrieben werden kann, was im folgenden Abschnitt thematisiert wird:

```
100    ChemPm_A     wir können net ALLes untersuchen das ist also zu
                    aufwendig (-)
101                 meine da muss ich ma sagen betracht
102                 des is bei mir nur eine !HOBBY!gruppe die sie dort
                    sehen (-) ne biotische experimentgruppe (-)
103                 ä:h weil des net mein HAUPTgebiet is (-)
```
Sequenz 64: ChemPm$_A$ in der Fokusdiskussion mit PharmPm; TK 2_5: 100-103.

ChemPm$_A$ verweist auf die Einschränkungen seiner Forschungsarbeit und charakterisiert diese damit. Die Forschung wird aus großem Interesse heraus, aber nebenbei betrieben, worauf die Bewertung der Forschergruppe als Hobbygruppe und die Tatsache, dass die Experimente nicht in seinem primären Fachgebiet angesiedelt sind, hinweisen. Die Forschung findet in der Gruppe demnach pointiert und gezielt statt (*wir können net ALLes untersuchen das ist also zu aufwendig*), um zu fundierten Ergebnissen zu kommen, da eine groß angelegte Untersuchung in einem solchen Kontext nicht machbar (*zu aufwendig*) wäre.

c) Wissenschaftliche Unsicherheiten und wissenschaftliches Nichtwissen[87]

ChemPm$_A$ warnt die Diskussionsteilnehmer kurz vor der unten zitierten Sequenz davor, eine übergeordnete Macht (Gott) anzunehmen, um bestimmte Phänomene zu erklären. Stattdessen solle man als Naturwissenschaftler (*mer in der naTURwissenschaft, wir*) zuerst die Möglichkeiten der naturwissenschaftlichen Forschung ausschöpfen und davon ausgehen, dass dort noch Nichtwissen vorliegen kann:

```
139    ChemPm_A      ne also es könnt nämlich auch sein
140                  dass mer in der naTURwissenschaft (-) noch nicht alle
                     kräfte erKANNT haben (.)
141                  wir kennen mal grad VIER zurzeit net
142                  vielleicht gibts da noch !MEHR!
143                  ABER (--) auf die werden wir (.) eben !NICHT! drauf
                     kommen
```

Sequenz 65: ChemPm$_A$ in der Fokusdiskussion mit PharmPm; TK 2_5: 139-143.

Potenzielles Nichtwissen (als Noch-Nicht-Wissen) wird allen naturwissenschaftlichen Disziplinen zugeschrieben.

Ein weiteres Beispiel verweist auf fehlende Konzepte zur Erklärung der dunklen Energie:

```
179    AsphyPhilPm   also dunkle materie hätt ich da noch mit EINbringen
                     können
180                  das wär kein problem gewesen (--) aber konzeptionell
                     haben wir für die dunkle energie nichts anzubieten (.)
181                  was ich erzählen könnte und INnerhalb dieser
                     geschichte EINbauen kann (-)
182                  also die dunkle enerGIE ist eine (-) ähm erfahrung der
                     astronomen (---)
183                  die uns n also die uns astronomen noch lange
                     beschäftigt
```

Sequenz 66: AsphyPhilPm als Vortragender in der Plenumsdiskussion mit PhilPm$_B$; TK 3_8: 179-183.

Der Sprecher weist in der obigen Sequenz darauf hin, dass die fehlenden Konzepte und damit Nichtwissen nicht ihm persönlich und seiner fehlenden Kompetenz, sondern der gesamten Disziplin zugeschrieben werden müssen: *haben wir [...] nichts anzubieten, uns astronomen noch lange beschäftigt*. Forschung in Bezug

---

87 Vgl. hierzu ausführlich Kap. 7.3.

6 Zur Rolle der Fachidentität in interdisziplinären Diskussionen

auf dunkle Energie ist also nötig, um Erklärungsansätze zu schaffen – Nichtwissen wird damit als Noch-nicht-Wissen charakterisiert und der Gesamtheit der Astronomen zugeschrieben.

d) Wissenschaftliche/fachliche Prämissen und daraus entstehende forschungspraktische Konsequenzen

Das Problem, das im Kontext der unten zitierten Sequenz angesprochen wird, besteht im vorangegangenen Tautologievorwurf seitens PhilPm$_B$. Der Vorwurf besagt, dass man mit der Anwendung von bestehenden Naturgesetzen nur das erkennen könne, was mit Hilfe der Naturgesetze wahrnehmbar sei; was außerhalb unserer bekannten Naturgesetze liege, entziehe sich demnach unserer Wahrnehmung. An der wissenschaftlichen Arbeit von AsphyPhilPm werden also von PhilPm$_B$ problematische Aspekte identifiziert. Im abgedruckten Abschnitt verteidigt sich AsphyPhilPm aus disziplinärer Perspektive und macht die Prämissen, die seiner Forschungsarbeit zugrundeliegen, kenntlich:

```
137   AsphyPhilPm   DAS was wir in den naTURwissenschaften !TUN! (-) setzt
                    voraus
138                 dass die naturgesetze mit DEnen wir arbeiten ÜBERall
                    im universum gültig sind (.)
```
Sequenz 67: AsphyPhilPm als Vortragender in der Plenumsdiskussion mit dem Diskutanten PhilPm$_B$; TK 3_8: 137-138.

Nach Ansicht von AsphyPhilPm gelten diese Prämissen für alle naturwissenschaftlichen Disziplinen (*wir in den naTURwissenschaften*).

e) Arbeitstechniken/Methoden und Erkenntniswerte

In der folgenden Sequenz erklärt PhyPm$_C$, dass die Forschungsarbeit der Physiker nicht nur kostspielig sei (*verbraten unENDlich viel GELD*), sondern dass diese auf sorgfältigen, genauen und detaillierten Messungen beruhe, die man kaum infrage stellen könne:

```
134   PhyPm_C    wir verbringen wirklich unser LEben damit
135              und verbraten unENDlich viel GELD (.)
136              auf der suche nach neuen effekten (-)
                 [...]
140              wir messen teilweise auf !ZWÖLF NACH!kommastellen ja
                 auf der suche nach IRgendeiner abweichung (--)
141              und es ist sehr !UN!wahrscheinlich dass !IR!gendeine
                 kraft die !MAK!roskopische (-) effekte haben kann
142              uns DAbei entgangen wäre
```
Sequenz 68: Diskutant PhyPm$_C$ in der Plenumsdiskussion mit dem Vortragenden PhyPsyDrm; TK 3_7: 134-142.

6 Zur Rolle der Fachidentität in interdisziplinären Diskussionen 303

Ein zweites Beispiel zeigt die Grenzen der naturwissenschaftlichen Erkenntnis und Beweisbarkeit:

```
026    PhyPm_D      ich denke (.) wir naTURwissenschaftler können im
                    !GRUN!de (.)
027                 sie sind selber von dem (.) juristischen
                    gesetzesbegriff ABgegangen
028                 wir können im grunde nur regelmäßigkeiten feststellen
                    (--)
029                 DIE werden dann zwar als ALLsätze formuliert
030                 aber (.) in klammer induktionsproblem
031                 die allsätze können wir nicht be!WEI!sen
```
Sequenz 69: PhyPm$_D$ als Diskutant in der Plenumsdiskussion mit dem Vortragenden eTheoPm$_A$; TK 3_2: 026-031.

Aus Experimenten gewonnene Ergebnisse sind demnach als Erkenntnisse und Gesetzmäßigkeiten formulierbar, enthalten aber immer noch eine unbestimmte Komponente, insofern als sie nicht endgültig beweisbar und deswegen widerlegbar sind. Die Naturwissenschaft könne daher lediglich Regelmäßigkeiten feststellen.

f) Einfluss der Weltanschauung auf naturwissenschaftliche Erkenntnisse

PhyPm$_D$ thematisiert in der unten stehenden Sequenz anhand eines Beispiels (Einstein) die Tatsache, dass naturwissenschaftliche Forschung immer in gesellschaftliche Zusammenhänge eingebettet ist. So bestimmten Zeitgeist und Weltanschauung die Art, wie Menschen (und zwar vor allem Naturwissenschaftler) Wissenschaft betreiben und Ergebnisse interpretieren:

```
016    PhyPm_D      also i ich denke das ist ein SEHR wichtiger
                    zusammenhang
017                 der uns naturwissenschaftler WEnig bewusst ist (.)
018                 und ich denke der umgekehrt auch in der
                    öffentlichkeit hilft
019                 und zeigt WIE STARK naturwissenschaft eigentlich auch
                    in geisteswissenschaftlichen zusammenhängen
020                 und strömungen (.) und und ZEITgeist und all dem MIT
                    verANkert ist (-)
```
Sequenz 70: PhyPm$_D$ als Diskutant in der Plenumsdiskussion mit dem Vortragenden eTheoPm$_A$; TK 3_2: 016-020.

Die persönliche Einstellung bestimme demnach den Erkenntnisgewinn. Dieser Zusammenhang sei den Naturwissenschaftlern nur selten bewusst, könne aber Wissenschaft und Öffentlichkeit helfen, Ergebnisse einzuordnen und zu interpretieren.

In der unten stehenden Sequenz signalisiert ChemPm$_A$ in seinem Beitrag nachdrücklich (wiederholt und mit sehr sorgfältig gesetzter Betonung), dass für die Naturwissenschaften die Werte Falsifizierbarkeit und Beweisbarkeit von Theorien und Modellen gelten. Der Sprecher betont seinen Standpunkt und begründet diesen mit dem geltenden Wert. An anderer Stelle gibt er zudem an, dass die Thesen der Naturwissenschaften möglichst einfach und leicht falsifizierbar sein sollten, *um möglichst viel erkenntnis zu gewinnen* (TK 2_6: 054).

```
276    ChemPm_A    ich hab aber (-) NOCHeinmal ich möchts betonen
277                ich habe gesagt (.) ich schließe !NICHT! (-)
278    Mod         ja
279    ChemPm_A    !AUS! DASS es (.) höhere wesen ob die jetzt gott oder
                   sonstwas
280                oder ENgel oder TEUfel oder was IMmer is (.) dass es
                   des gibt
281                des kann man (-) naturwissenschaftlich nicht
                   falsifizieren
282                und deswegen darf ichs auch nicht ausschließen
```

Sequenz 71: ChemPm$_A$ in der Fokusdiskussion mit PharmPm; TK 2_5: 276-282.

Dadurch, dass er den Wert der Falsifizierbarkeit hochhält, signalisiert er, dass er sich mit seinem Fach (oder zumindest mit dem Forschungszweig) identifiziert; seine Fachidentität prägt sein Handeln.

g) Zugrunde gelegte Wertesysteme[88]

In den Beispielen zeigt sich bei der Thematisierung der wissenschaftlichen Arbeit auch das jeweils zugrunde gelegte Wertesystem, wie ständiges Hinterfragen (Bsp. in (a)), korrekte Forschungsmethoden (Bsp. in (d)), Sorgfalt (erstes Bsp. in (e)) oder das Anführen von Beweisen (zweites Bsp. in (e)). In den folgenden Beispielen werden weitere Werte angesprochen, die im Zusammenhang mit dem wissenschaftlichen Arbeiten zu beachten sind. Zusammenfassend kann man sagen, dass die Werte von den Wissenschaftlern thematisiert werden, um die epistemischen Tugenden des eigenen Fachs zu betonen sowie die daraus resultierende Selbstverpflichtung zur Einhaltung der Tugenden und Werte hervorzuheben. Dadurch wird das eigene Image als guter Forscher und glaubwürdiger Wissenschaftler gestärkt (vgl. die IM-Technik „Glaubwürdigkeit demonstrieren"; Mummendey 1995).

- **Angabe aller Metadaten**: Wichtig ist hier die Einbettung der Forderung nach Angabe aller Daten, nämlich die Tatsache, dass sich der Vortragende in der

---

[88] Vgl. hierzu im Detail Kap. 5.3.

6 Zur Rolle der Fachidentität in interdisziplinären Diskussionen

Diskussion als Senckenberger, also der Schule Senckenbergs folgender Wissenschaftler charakterisiert:

```
035   BioAnthPm    !FEST!halten würde ich Jeden!FALLS! und auch hier
                   wieder als senckenberger (--) ähm (-)
036                was IMmer wir uns AUSdenken (1.5) DIE EINzelnen
                   zwischenschritte (.) !MÜS!sen beNANNT werden
037                und müssen ANgegeben werden und wo !LÜCK!en auftreten
                   (---)
038                die nicht geschlossen werden können
039                müssen wir in der tat an der modelLIErung arbeiten
```
Sequenz 72: BioAnthPm in der Fokusdiskussion mit BioPm$_A$; TK 2_1: 035-039.

Durch die Forderung, Zwischenschritte zu benennen und Lücken als Anlass zum Weiterforschen zu nehmen, positioniert er sich innerhalb seines eigenen Fachs als zu einer bestimmten Schule zugehörig. Damit ordnet er seine Erkenntnisse gleichzeitig forschungstheoretisch ein und macht seine Perspektive bzw. Einstellung deutlich. Die Forderung, alle Schritte sorgfältig anzugeben, ist also an die Perspektive von BioAnthPm gebunden. Die Bezugswerte sind Benennen und Angeben aller Zwischenschritte bei der Modellierung, Schließen aller Lücken und Überarbeitung des Modells, falls diese Lückenschließung nicht gelingt.

- **Interpretation von Daten auf der Basis von nachgewiesenen Befunden:** In dieser Beispielsequenz wird deutlich gemacht, wie in der Astrophysik aus Beobachtungen Schlüsse gezogen werden:

```
109   AsphyPhilPm   wir sch arbeiten mit der scharfen klinge (.)
110                 dass !NUR DAS! (--) was wir tatSÄCHlich !HIER! im labor
                   kennen (--) DAS instrument ist
111                 mit DEM wir im im uniVERsum (-) ähm (--) beobachtungen
                   interpretieren
```
Sequenz 73: AsphyPhilPm als Vortragender in der Plenumsdiskussion mit dem Diskutanten PhilPm$_B$; TK 3_8: 109-111.

Die „scharfe Klinge" steht metaphorisch für die Unterscheidung zwischen Interpretationen auf Basis von Nachweisbarem (*kennen*) und Deutungen, die ohne Rückgriff auf bisherige Erkenntnisse durchgeführt werden. Der Bezugswert ist hier, dass Nachweisbares als Instrumente und als Grundlage für die Interpretation neuer Phänomene eingesetzt werden sollten.

- **Rationalität:** PhyPsyDrm erläutert in der folgenden Sequenz sein Vorgehen bei der wissenschaftlichen Betrachtung und Modellierung eines nur schwer erklärbaren Phänomens. Dabei kombiniert er physikalische und psychologische Ansätze und charakterisiert diese Interdisziplinarität als Notwendigkeit, um eine Lösung zu finden. Er betont zweimal, dass er einen rationalen Beschreibungsansatz wählt; zudem verweist er auf die Tatsache, dass sowohl das neue Modell als auch die verwendeten Begrifflichkeiten bereits in der Wissenschaft bekannt und anerkannt sind:

```
205    PhyPsyDrm                                            [also ]
206               da stimm ich VOLL und ganz mit ihnen überein
207               das war auch mein versuch was ich DARstellen wollte
208               ich hab gesagt ich hab MACH jetzt (.) weil die physik
                  alLEIne es nicht tut
209               und die psychologie alleine tuts !AUCH! nicht (.)
210               ich WILL aber in dem rationalen bereich bleiben
211               deswegen (.) probier ichs jetzt mit einem systemischen
                  modell
212               und das hab ich ihnen kurz äh zusammengefasst erKLÄRT
213               und hab auch !DIE!ses modell ist !VOLL!kommen rational
                  (-)
214               es benutzt NUR begriffe die ä wir im prinzip äh in
                  der wissenschaft kennen (-) äh
215               und das ist mein !AN!spruch (-)
```

Sequenz 74: Vortragender PhyPsyDrm in der Fokusdiskussion mit PhilPm$_A$; TK 3_6: 205-215.

Mit den Ansprüchen und vorgetragenen Werten wehrt PhyPsyDrm Vorwürfe der Unwissenschaftlichkeit ab und betont damit seinen Anspruch, solide und glaubwürdige Forschung zu betreiben (in vorherigen Sequenzen wird ihm implizit Wissenschaftlichkeit abgesprochen; diese Vorwurfs- und Verteidigungssequenzen wurden bereits in Kap. 5.3.2.2 dargestellt).

h) Informationen über die Fachkultur

Das Thematisieren des eigenen disziplinären Hintergrunds enthält in manchen Fällen auch Auskünfte über die jeweilige Fachkultur. Diese können Konventionen, Fachgeschichte oder Forschungsperspektiven betreffen und selbstreflexiv sein:

- **Verweis auf fachinterne Konventionen**: Als Reaktion auf eine Vortragskritik von BioAnthPm stimmt BioPm$_A$ der Kritik zu und verweist im Zuge dessen auf den fachkulturellen Konsens in Bezug auf die Terminologie- und Metaphernverwendung:

```
052    BioPm_A    ja vielen dank herr [Nachname] ä (-) ich stimme ihnen
                  zu
053               natürlich ä REden wir von so einem moTOR als OB er eine
                  maschine WÄre
054               ä ich hab (.) den begriff verWENdet (.) einfach weil
                  den meine kollegen alle verwenden
```

Sequenz 75: BioPm$_A$ in der Fokusdiskussion mit BioAnthPm; TK 2_1: 052-054.

Durch die Zustimmung zum Kritikpunkt wird signalisiert, dass die Kritik berechtigt ist; implizit wird in der Begründung die fehlende Reflexion der Begriffsverwendung eingestanden: *einfach weil den meine kollegen alle verwenden.*

- **Selbstreflexion der Arbeitsweise**: Im folgenden Beitrag charakterisiert PhilPm$_A$ die Arbeit und Kompetenz der Philosophen und reflektiert diese kritisch:

```
042   PhilPm_A    ich will NUR noch am ende eine kleine WARnung ein
                  [warnschild]
043   PhilPm_B    [ja ja       ]
044   PhilPm_A    aufstellen (-) als philosophen sind wir natürlich
                  definitionsKÜNSTler und definitionsexPERten
045               <<lachend> [wir] müssen nur
046   PhilPm_B              [ja ]
047   PhilPm_A    aufpassen>>
048   PhilPm_B    ja
049   PhilPm_A    dass wir nicht die definitionen SO STARK machen
050               dass alles was wir mit ihrer hilfe dann behaupten von
                  SICH [aus schon wahr wird]
051   PhilPm_B         [ja (---) ja         ]
052   PhilPm_A    DANN ist es nämlich langweilig
053   PhilPm_B    <<lachend> ja [ja ]>>
054   PhilPm_A                  [und] ich sehe zwei risiken (2.0)
055               in der handlungstheorie
```

Sequenz 76: Moderator PhilPm$_A$ in der Plenumsdiskussion mit dem Vortragenden PhilPm$_B$; TK 3_5: 042-055.

Philosophen werden als Definitionskünstler und -experten beschrieben, beides Begriffe, die positiv konnotiert sind und Philosophen positiv bewerten. Gleichzeitig warnt PhilPm$_A$ metaphorisch mit *ein warnschild aufstellen* vor den Folgen, die aus der philosophischen Forschung erwachsen, nämlich die Selbsterfüllung von Definitionen, die *langweilig* wäre. Die Bewertung als *langweilig* ist negativ und verweist oberflächlich auf fehlende Spannung bzw. mangelndes Interesse, tatsächlich aber auf die Gefahr von Zirkelschlüssen. Auch die von PhilPm$_B$ vorgestellte Handlungstheorie wird von PhilPm$_A$ kritisch gesehen (*ich sehe zwei risiken*).

- **Selbstverständnis der Disziplin**: In der folgenden Sequenz wird von der Uneinigkeit im Fach im Hinblick auf Selbstverständnis und Forschungsprogramm der Disziplin berichtet:

```
090   MedDrm                                      ₅[ja nee es ist]₅
                  nämlich SO (-) ähm (.) dass (--)
091               geisteswissenschaften (.) sind VIEle (-) ähm (--)
092               der ausdruck GEISteswissenschaft ist auch NICHT in
                  ALlen so besonders ANgesagt äh (.)
093               MEIN fach zum beispiel äh nennt sich viel lieber eine
                  kulTURwissenschaft
```

6 Zur Rolle der Fachidentität in interdisziplinären Diskussionen

```
094       als eine GEISteswissenschaft (.) mh (-)
095       so dass DA eben ganz äh unterschiedliche
          VORstellungen sind was man da so macht
096       und ff ff wir habens dann so mit fächern zu tun
097       mit der psychologie die eben eher äh in die (.)
          naTURwissenschaften äh sich hinEINorientiert
098       aber WIR (-) ja (.) WIR möchten m (2.0)
          KULturwissenschaften sein
099       und (.) äh als SOLche machen wir uns dann manchmal (-)
          ganz ganz KLEIN (--)
100       also (-) ICH bin jetzt AUCH von einer geistigen
          strömung betroffen
101       die man so als POSTmoderne bezeichnet
102       und MEIN fach äh ff hat es also da da werden keine
          ALLaussagen getroffen
103       also ALLE mittelalterlichen (-) bücher GIBTS (.) nicht
          ah
104       d könnte man sagen es sind HANDschriften aber das ist
          LANGweilig
105       also (-) damit beschäftigt man sich nicht
106       desWEgen (.) äh der WISsenschaftsAUSdruck äh is is
          ist uns auch UNsympathisch
107       weil man so eine verWISSenschaftlichte gesellschaft
          hat
108       wo jedes kochrezept in der brigitte BESSer ankommt
109       wenn man auf drei amerikanische forscher verweist (.)
110       die SAgen das wurde (-) ja (.) getestet und ist in
          ordnung (-)
          [...]
122       jetzt ist es aber SO dass (.) äh !WIR! (---) AUCH Alles
          HAben wollen EIgentlich
123       und äh uns nicht in unseren grenzen aufhalten
124       weil (.) äh der MATHEmatisierung mh (--) setzen wir
          dann entgegen die erZÄHlung (-)
125       das ist das womit man sich als
          literaTURwissenschaftler beschäftigt
126       und sagen (.) nicht ä ALles äh lässt sich
          matheMAtisch beschreiben sondern (.) alles ist
          irgendwie erZÄHlung
127       da WERden wir jetzt äh indem wir uns KLEINgemacht
          haben plötzlich ganz GROß (.)
128       aber äm auch (.) DA ist es so dass wir nicht wirklich
          einen diaLOG äm anstreben
129       sondern ich (-) GLAUbe dass es SO ist dass wir den
          EInen imperialismus mit dem Gegenimperialismus (-) äh
          beantworten wollen (---)
```

Sequenz 77: MedDrm in der Fokusdiskussion mit InfoMaDrm; TK 3_9: 090-110, 122-129.

In der gesamten Sequenz erscheint MedDrm durch seine Verwendung von *wir, uns, mein fach* als Teil des Kollektivs, gibt sich dabei aber – vor allem am Schluss – selbstironisch. Dies lässt darauf schließen, dass er sich mit der Disziplin und den darin vertretenen Positionen identifiziert. Allerdings wird diese Verwendung von *wir* an einer Stelle aufgebrochen: *also (-) ICH bin jetzt AUCH von einer geistigen strömung betroffen.* Dies kann so gelesen werden, dass MedDrm deswegen von der Postmoderne betroffen ist, weil er Teil des mediävistisch forschenden Kollektivs ist und sich deswegen der geistigen Strömung, die auf das Fach einwirkt, nicht entziehen kann. Das Selbstverständnis der Disziplin bleibt uneindeutig und das Bild einer sich im Wandel befindlichen Disziplin wird skizziert. Ebenso wird das Wissenschaftsverständnis thematisiert: Der Mediävist ordnet sich und seine Disziplin zunächst als Geistes- bzw. Kulturwissenschaft den Naturwissenschaften unter. Diese Hierarchisierung zurückzunehmen und einen konstruktiven Dialog zu führen, sieht er als problematisch an (einem Imperialismus wird mit einem Gegenimperialismus begegnet, Z. 129).

Identifikation mit dem eigenen Fach zu signalisieren und die Fachkultur zu reflektieren, erfüllt verschiedene Funktionen. Erstens werden durch Rückgriffe auf die disziplinäre Herkunft individuelle Kompetenzansprüche signalisiert. Zweitens wird das Selbstverständnis der Disziplin, die epistemischen Tugenden, mit denen ein Wissenschaftler sich selbst identifiziert, angesprochen. Dies dient damit als Qualitätsnachweis für einen Wissenschaftler. Drittens ist das Eingeständnis von Nichtwissen als disziplinäres (nicht individuelles) Nichtwissen möglich, was gegen potenzielle Kritik immunisiert. Viertens können disziplinäre Probleme (humorvoll) vor einem interdisziplinären Publikum angesprochen werden, was Gruppensolidarität und Gemeinschaftsbildung unter Umständen über disziplinäre Grenzen hinweg schafft.

6.2.4 Thematisierung der Fachidentität zur Distanzierung von der eigenen Disziplin

In den bisher untersuchten Sequenzen signalisieren die Diskussionsteilnehmer mit der Nennung ihrer disziplinären Zugehörigkeit gleichzeitig eine Identifikation mit ihrem Fach. Die nun folgenden Sequenzen sind anders gelagert, da sich in ihnen Wissenschaftler von der eigenen Disziplin, einzelnen Aspekten, Kollegen oder Schulen des Fachs distanzieren. Dies wird zum Teil zur Rechtfertigung des eigenen Vorgehens und zur Positionierung genutzt. Zudem dient die Distanzierung von der eigenen *scientific community* der Fremdabwertung und gleichzeitigen Selbstaufwertung (mit Verweis auf die eigene Weiterentwicklung), signalisiert ein gewisses Maß an Selbstkritik und Reflexionsvermögen und dient unter Umständen der Profilierung im Tagungskontext.

Die unten stehende Sequenz enthält zusätzlich zur Demonstration von Distanzierung viele Elemente der positiven und negativen Kritik dem eigenen und fremden Fach gegenüber. An dieser Stelle ist die Thematisierung der Fachidentität von Interesse und wird im Folgenden untersucht, ohne jedoch den Kontrast zwischen positiver und negativer Kritik außer Acht zu lassen:

```
129    SozPDm_A      [die FRAge ist einfach]
130    Publikum      [((lacht))               ]
131    SozPDm_A      (3) ich arbeite ja in nem kontext
132                  da sind ACHTundneunzig prozent naturwissenschaften
133                  wenn ich sehe was für schÖne saubere gefahren
                     querstrich risikoanalysen die ham (.) SUper
134                  da kommen da son paar soziologen an mit ihrem
                     attribuTIONsbegriff von risiko ne
135                  wo da alles oder NICHTS drinsteckt da denk ich mir ist
                     mir PEINlich ja
136                  also von daher (---) ich will mit dem RIsikokram der
                     soziologie nichts zu TUN ham
137                  und DAS ist mein ANgebot kann man es nicht über
                     verschIEdene schattierungen des NICHTwissens (.)
138                  INSbesondere weil ICH natürlich glaube damit kann man
                     BESser SAUberer rekonstruieren was passiert ist (1.5)
                     [...]
148                  und DAS ist ein ANderes nichtwissen als keine ahnung
                     haben
149                  das das UNgewusste nichtwissen wie es die kollegen
                     [Nachname; anwesend][Nachname] und co genannt haben
150                  das ist ja öh ö (-) sachen die die sozioLOgisch für
                     mich UNinteressant sind ne
151                  ich muss es ja regisTRIERN können muss ja beobachten
                     können ne
152                  in der retrospektive sind wir IMmer schlauer
153                  da weiß man was man damals alles nicht gewusst hat
154                  aber sozioLOgisch ist es erstmal wichtig zu sehen (---)
155                  man drösselt auf WIE die leute sich sozusagen ihre
                     ordnung ihre welt konstruiern
```
Sequenz 78: SozPDm$_A$ als Vortragender in der Plenumsdiskussion mit den Diskutanten PhilDrhaw, SozPm sowie dem Moderator GeschPm$_B$; TK 1_4: 129-155.

SozPDm$_A$ nennt seine disziplinäre Herkunft in einem abwertenden Ton und in umgangssprachlicher Wortwahl: *da kommen da son paar soziologen an*. Er äußert diesbezüglich das Gefühl der Peinlichkeit (*ist mir PEINlich*), was als Angriff auf die eigene Zunft gewertet werden kann. Dies führt ihn zu der Konsequenz, sich von einem Themenbereich der Soziologie (Risiko) zu distanzieren, was er auch explizit durch die Wortwahl *Risikokram* tut. Der umgangssprachliche Ausdruck *Kram* ist negativ konnotiert und bewertet damit das ganze Forschungsfeld als negativ. Ebenso wird Ablehnung durch explizite Aussagen (*ich will mit dem RIsikokram der soziologie nichts zu TUN ham*) signalisiert. Zudem distanziert sich SozPDm$_A$ im weiteren Verlauf von zwei Kollegen, von denen einer im Publikum anwesend ist. Er charakterisiert das Konzept um das *UNgewusste nichtwissen* als soziologisch *UNinteressant*, da es nicht registrierbar und nicht beobachtbar sei.

6 Zur Rolle der Fachidentität in interdisziplinären Diskussionen 311

Registrierbarkeit und Beobachtbarkeit stellen zentrale Werte in der Wissenschaft dar, die SozPDm$_A$ in dem Moment stützt und sich selbst zuschreibt (*ich muss es ja regisTRIERN können muss ja beobachten können*; Herv. L. R.). Gleichzeitig legt er den beiden anderen Soziologen die Werte als nicht eingehalten zur Last. Ebenso demonstriert SozPDm$_A$ Kenntnis der Forschungslandschaft und eine reflektierte, intensive Beschäftigung mit den Inhalten, die in seinem Fach relevant sind, sowie Kenntnis konträrer Positionen. Dies signalisiert zugleich Fachkompetenz und Professionalität sowie ein gewisses Maß an Selbstkritik. Damit positioniert er sich im eigenen Fach im Kontrast zur kritisierten Risikoforschung und im Tagungskontext als kompetenter Gesprächspartner, der wissenschaftliche Werte achtet und hochhält.

Während die eben besprochene Sequenz Kritik an Aspekten oder Kollegen des eigenen Fachs zeigt, richtet sich die Distanzierung im folgenden Beispiel gegen die übergeordnete Disziplin:

```
111     BioAnthPm     und DA würd ich doch (.) einen stab brechen wollen
                      nicht nur molekular und elektrodynamisch (.)
112                   als morphologe blutet mir das <<lachend> HERZ>> äh
113                   wenn ich ä sehe was aus der biologie geworden ist
114                   dass äh man sozusagen AUS u AUßerhalb der molekular äh
115                   herr [Nachname] wird MORgen (.) äh vermutlich äh das
                      defizit an wesentlichen punkten bereinigen (.)
116                   ähm dass ganze beREIche (-) äh der besch sch
                      beschreibungsmöglichkeit strukturierungsmöglichkeit äh
117                   von biOtischer organisation entFALlen sind äh weil sie
                      nicht mehr betrieben werden
```
Sequenz 79: BioAnthPm als Fokusdiskutant in der Plenumsdiskussion mit dem Diskutanten IngPm und dem Fokusdiskutanten BioPm$_A$; TK 2_2: 111-117.

Auffällig ist zunächst, dass sich der Diskutant bisher als Biologe präsentiert, nun aber seine Fachidentität präzisiert: Er sieht sich selbst als *morphologe*. Damit verortet er sich innerhalb seiner eigenen Disziplin in einem spezifischen Fachgebiet, wodurch es ihm möglich ist, sich kritisch gegenüber der Disziplin im Allgemeinen zu äußern. In der Metapher *blutet mir das HERZ* stecken die negative Bewertung und das Bedauern im Hinblick auf die Vernachlässigung der Beschreibungsmöglichkeiten biotischer Organisation. Somit distanziert sich BioAnthPm von der Entwicklung in der Biologie, auf die genannten Beschreibungsmöglichkeiten zu verzichten, und spricht gleichzeitig seinem eigenen Vorgehen (der Beachtung dieser Beschreibungsmöglichkeiten) Sinn und Relevanz zu. Dieses Verhalten kann als positive Selbstdarstellung durch Abwertung der übergeordneten Disziplin gewertet werden.

312   6 Zur Rolle der Fachidentität in interdisziplinären Diskussionen

Im folgenden Abschnitt wird die Tatsache thematisiert, dass (Er-)Kenntnisse in den Naturwissenschaften sehr schnell veralten können und Wissenschaftler diese Entwicklung auch in der Lehre beachten müssen:

```
113    ChemPm_A    und wenn sie sagen (-) der WISsensstand der chemie
                   heute (.)
114                also ich MUSS: äh zu meinem LEIDwesen immer wieder
                   feststellen (--)
115                dass der WISsensstand der chemie HEUte
116                wenn wir also so (-) das durchschnitts äh (.) wissen
                   (-)
117                was an unseren universitäten gelehrt wird NEHmen ja (-)
118                sie haben sie haben den coulson mit
                   molekülorbitaltheorie angesprochen ja (-)
119                und da muss ich sagen
120                was unsere kollegen zum teil lehren (.)
121                hat die theorie schon LÄNGST widerLEGT (-)
122                und es sind also zum teil (--) kuriOSE (.)
                   modellvorstellungen
123                die sich da immernoch breit machen
124                u::nd (.) mein (-) anzunehmen dass es äh (-) a (-) an
                   einem pyridinstickstoff (.)
125                ein (---) PE elektron geben KÖNNte (.)
126                ist abSURD von der (.) theorie her (.) und INsofern
                   muss man sagen (.)
127                ist der HEUtige WISSENSstand der chemie (-) für viele
                   der wissensstand vor zwanzig jahren oder so (--)
128                also (.) da MÜSS mern bisschen ja ma hm
129                ich sage aber die chemie entwickelt sich (.) in diesem
                   jahrhundert SO (-) wie sich die chemie (---)
130                äh wie sich die phySIK im letzten jahrhundert
                   entwickelt hat (.)
131                theorie (-) wird ein äquivälenter ((unverst., 1sek))
                   dem experiment vorauseilender bestandteil
```
Sequenz 80: ChemPm_A in der Fokusdiskussion mit PharmPm; TK 2_5: 113-131.

Im obigen Abschnitt positioniert sich ChemPm_A auf eine bestimmte Weise zu seiner Disziplin. Der Wissensstand wird als veraltet dargestellt (*LÄNGST widerLEGT, wissensstand vor zwanzig jahren oder so*) und bestimmte Annahmen als *kuriOSE* und *abSURD* beschrieben – beides betonte Adjektive, die in diesem Kontext negative Bewertungen tragen. Dieses veraltete Wissen verbreitet sich und setzt sich in der Disziplin fest: ChemPm_As umgangssprachliche Wortwahl *breit machen* signalisiert wieder eine negative Bewertung. Dieser Zustand wird vom Sprecher bedauert (*zu meinem LEIDwesen*) und damit als negativ beurteilt. Hierdurch findet eine Abwertung der Disziplin statt, wodurch der Sprecher implizit aufgewertet wird. Mittels dieser negativen Bewertungen distanziert sich ChemPm_A von der eigenen Disziplin, den als kritisch bewerteten Inhalten und deren Lehre. Gleichzeitig signalisiert er eine Identifikation mit dem Fach, indem er von *unseren universitäten* spricht. Dennoch geraten auch diejenigen Kollegen in Kritik, die an den veralteten Kenntnissen festhalten und diese noch so lehren: *unsere kollegen, ist der HEUtige WISSENSstand der chemie (-) für viele der wissensstand vor zwanzig jahren oder so* (Herv. L. R.). Der vornehmlich negativ kritisierende Beitrag schließt wohlwollend mit dem Hinweis auf positive Entwicklungen und Fortschritt der Disziplin; hier zeigt sich eine Identifikation mit der Disziplin trotz aller angesprochenen Probleme.

Eine ähnliche Distanzierung zu Auffassungen der eigenen Kollegen findet sich in der nächsten Sequenz:

```
247    PharmPm    naturgesetze sind ja UNsere beschreibungen von etwas
248               was immer wieder SO passiert aber naturgesetze nach
                  MEIner auffassung (.)
249               haben nicht die KRAFT etwas zu !BIL!den (--)
250               sondern sie bestimmen den RAHmen innerhalb dessen
                  sich materie bewegen kann (--)
251               aber sie sind nicht !KREA!tiv (.) und !DA! ist eben (.)
                  wo ich denke
252               vorsicht vorsicht VORsicht dass wir der natur nicht
                  !ZU! viel zutrauen
253               ich SEH das als in !MEI!nem fach (.) was TRAUen manche
                  menschen so einem bisschen medikament zu (-)
254               das !HAT! dieses stück materie !NICHT! (-)
```

Sequenz 81: PharmPm in der Fokusdiskussion mit ChemPm$_A$; TK 2_5: 247-254.

Der Diskutant distanziert sich hier nicht nur von Auffassungen, die im eigenen Fach gelten, sondern auch von Kollegen. Damit widerspricht er offen den Meinungen anderer anwesender Personen, die wiederum ihm im darauffolgenden Beitrag widersprechen. Das eigene Fachgebiet wird nicht mehr genannt, da es durch den vorausgehenden Vortrag des PharmPm bekannt ist; daher kann er von *!MEI!nem fach* sprechen, ohne dieses näher zu bestimmen. Zu Beginn des Beitrags werden die Naturgesetze definiert, und zwar aus der Perspektive eines Kollektivs, was durch *UNsere* signalisiert wird. Fraglich ist, ob dieses Possessivpronomen inklusiv oder exklusiv gemeint ist, da PharmPm diese Definition mit seiner eigenen Auffassung kontrastiert und sich damit der gängigen Definition nicht anschließt (dies spricht für einen exklusiven Gebrauch von *unsere*). Ebenso problematisch ist der Gebrauch von *wir* (in Z. 252); hier wäre der Gebrauch eher inklusiv zu deuten, da der Sprecher die Warnung (*vorsicht vorsicht VORsicht*) auch auf sein eigenes Verhalten bezieht. Die Begründung für die Warnung folgt darauf. Die Wirkung eines Medikaments werde nach PharmPm von *manche[n] menschen* überschätzt (*zutrauen*), wobei die Formulierung *manche menschen* sehr unspezifisch ist, sich vermutlich auf die Kollegen bezieht und eher abwertend wirkt. Damit positioniert sich PharmPm im Kontrast zu den Kollegen, die der

314   6 Zur Rolle der Fachidentität in interdisziplinären Diskussionen

natur [...] !ZU! viel zutrauen (genauso wie Medikamenten). Gleichzeitig stellt er sich im Konferenzkontext als Vertreter einer Auffassung von Naturgesetzen dar, die die Bildungskraft und Kreativität der Natur ausschließt.

Zusammenfassend kann gesagt werden, dass die Distanzierung von der eigenen *scientific community* oder einzelnen Aspekten des Fachs Kenntnis der Forschungslandschaft, Reflexionsvermögen und damit Kompetenz signalisiert; zudem dient sie der Positionierung im eigenen Fach. Die mit der Distanzierung einhergehende Fremdabwertung bewirkt eine Selbstaufwertung.

6.2.5 Verweise auf die Fachidentität zur Einleitung oder Verteidigung von Kritik (im weitesten Sinne)

Der Verweis auf die eigene Fachidentität bzw. den disziplinären Hintergrund kann auch dazu dienen, negative oder positive Kritik einzuleiten. Die Angabe der Disziplin begründet oder rechtfertigt dann oft den Beitrag und die darin enthaltene Kritik, indem sie als Nachweis von Kompetenz und Expertenwissen fungiert. Ein Beispiel hierfür ist eine Sequenz, in der der Moderator den Vortragenden bei seiner Antwort auf einen Diskussionsbeitrag unterbricht, um ihn auf die Kompetenz der Diskutantin hinzuweisen und die als überflüssig erachteten Erklärungen abzubrechen:

```
018    ChemPm_A    =und WENN (.) schau sie (-) wenn die wann
019                wann haben wir (.) frühling oder
020                ₁[sommer wann haben wir sommer        ]₁
021    PhilPm_A    ₁[herr [Nachname (ChemPm_A)] herr [Nachname]]₁
022                darf ich kurz .
023    ChemPm_A    ₂[bitte]₂
024    PhilPm_A    ₂[frau ]₂ [Nachname (AstroMaPw)] ist expertin in
                   geschichte der astrono₃[mie ]₃
025    AstroMaPw                           ₃[also]₃ DAS was passiert ist dass
                   das ₄[frühlingspunkt]₄
026    PhilPm_A        ₄[das brauchen  ]₄ sie NICHT zu erklären ₅[(xxx)]₅
027    AstroMaPw                                                ₅[sich ]₅
028                EINmal in äh vierundzwanzig jahren
029                rückwärts bewegt im tierkreis
```

Sequenz 82: ChemPm_A als Vortragender, PhilPm_A als Moderator und AstroMaPw als Diskutantin in der Plenumsdiskussion; TK 3_11: 018-029.

Das Fachwissen von AstroMaPw wird ihr vom Moderator PhilPm_A zugeschrieben. Es ist auffällig, dass AstroMaPw nicht selbst die Erläuterungen von ChemPm_A durch Verweis auf ihre Kompetenz abbricht, sondern auch dann noch inhaltlich weiterspricht, als der Moderator eingreift. Sie ignoriert die Interaktion zwischen ChemPm_A und PhilPm_A völlig und fokussiert stattdessen das Thema.

6 Zur Rolle der Fachidentität in interdisziplinären Diskussionen 315

Bei den beiden folgenden Sequenzen handelt es sich um negative Kritiken an den Ausführungen eines zweifach promovierten Physikers und Psychologen, der sich mit Spukphänomenen beschäftigt und Betroffene berät. Im Vortrag berichtet dieser von Vorkommnissen, die seiner Meinung nach nur interdisziplinär erforschbar sind. Er beschreibt solche Spukphänomene (beispielsweise, dass eine Vase auf einem Tisch ohne Einfluss umkippt, dass ein Bild ohne Anlass von der Wand fällt) als extrakorporale psychosomatische Phänomene in Anlehnung an die bereits untersuchten psychosomatischen Effekte innerhalb eines Körpers. Vor allem Physiker sehen dieses Modell der extrakorporalen psychosomatischen Effekte kritisch und äußern ihre Skepsis in der Diskussion. Dieser Diskussion sind die folgenden zwei Sequenzen entnommen:

```
114     PhyPm_C     ja also ich bin HAUPTberuflicher
                    quanten!FELD!theoretiker
115                 und ich hab natürlich AUCH GRO:Sse probLE:me
116                 m mit ihrer verwendung des begriffs verschränkung (-)
117                 um nicht zu sagen ich halt das für völlig (-) äh
                    !UN!zusammenhängend mit dem wie !WIR! das verwenden (-)
118                 ich kann vielleicht mal ein PAAR WORte vielleicht
                    einfach sagen HIER für das publikum
119                 weil die WEnigsten WISsen werden worum es überhaupt
                    GEHT (--)
```

Sequenz 83: Diskutant PhyPm$_C$ in der Plenumsdiskussion mit dem Vortragenden PhyPsyDrm; TK 3_7: 114-119.

Hier wird die Angabe des disziplinären Hintergrunds als Nachweis von Fachwissen auf dem Gebiet der *verschränkung* genutzt. Dies dient als Legitimation für die negative Kritik und die nachfolgenden längeren Erläuterungen. Obwohl der Vortragende mehrfach darauf verwiesen hatte, dass der Begriff der Verschränkung nicht quantenmechanisch gebraucht wird, meldet sich der Quantenfeldtheoretiker PhyPm$_C$ zu Wort und kritisiert den Wortgebrauch durch die negative Bewertung in *GRO:Sse probLE:me, ich halt das für völlig (-) äh !UN!zusammenhängend mit dem wie !WIR! das verwenden*. Die Fachidentität wird präzise benannt, wodurch sich der Sprecher innerhalb der eigenen Disziplin verortet. Gleichzeitig schreibt er sich dadurch Fachwissen zu und erklärt dem Publikum die begrifflichen Schwierigkeiten aus seiner Perspektive. Hier findet ein Adressatenwechsel statt, da sich der abgedruckte Abschnitt an den Vortragenden richtet, die nachfolgende Aufklärung über die Terminologie aber das gesamte Publikum adressiert: *ich kann vielleicht mal ein PAAR WORte vielleicht einfach sagen HIER für das publikum*. Dem Publikum wird überwiegend Laienstatus zugeschrieben (diese Zuschreibung beruht auf Annahmen und Einschätzungen, s. Zitat unten), wobei sich der Sprecher aber bewusst ist, dass andere Physiker anwesend sind: *weil die WEnigsten*

WISsen werden worum es überhaupt GEHT. Das Nennen der Diszplin dient somit der Einleitung von Kritik, der Rechtfertigung von Kritik durch den Nachweis von Expertenschaft und der Darstellung des Sachverhalts.

Der Vortragende verteidigt sich gegen die Kritik von PhyPm$_C$ später mit genau demselben Argument, nämlich mit dem Verweis auf Fachkenntnisse, allerdings auf fehlende. Mit dem Hinweis auf die Fachidentität des anderen wird diesem fehlende Kompetenz und Nichtwissen auf dem Gebiet unterstellt:

```
186    PhyPm_C        [NEIN NEIN       ] eben NICHT (.)
187                   also was sie SAgen (.) das !MÜSS!ten sie quantifizieren
                      (.)
188                   JEdes äh in JEdem physikalischen experiment sind AUCH
                      MENschen die da irgendwas MESsen (-)
189                   !SIE! MÜSSten ZEIgen dass das !KEI!nen einfluss hat (-)
                      auf !IR!gendein anderes experiment
190                   wo ich !IR!gendetwas auf zwölf NACHkommastellen messe
                      (-)
191                   das müssen !SIE! beweisen ja (.) das sie können nicht
                      sagen
192                   ja die äh WIR müssen so ä si wenn sie IRgendne
                      theorie haben ja (.)
193                   dann muss die ja in !JE!dem fall anwendbar sein
194    PhyPsyDrm      also ich i ich merk dass sie natürlich kein
                      experimenTALphysiker sind (.) sonst WÜSSten SIE
195                   dass in jedem eg äh physiklabor (-) IMmer wieder
                      effekte auftreten (.)
196                   DIE eigentlich nicht durch die theorie beschrieben
                      werden [berühmtester fall ist]
197    PhyPm_C            [nee nee nee (.) nee  ]
198    PhyPsyDrm      wolfgang pauly
```

Sequenz 84: PhyPsyDrm als Vortragender in der Plenumsdiskussion mit dem Diskutanten PhyPm$_C$; TK 3_7: 186-198.

PhyPsyDrm entkräftet im obigen Abschnitt den Vorwurf von PhyPm$_C$, nicht genügend Beweise zu bringen, indem er auf dessen fehlende Fachkenntnisse verweist: *dass sie natürlich kein experimenTALphysiker sind (.) sonst WÜSSten SIE*. Damit wird die eigene Position verteidigt. Das vorgebrachte Wissen in Form von Angaben zum disziplinären Hintergrund von PhyPm$_C$ (*ja also ich bin HAUPTberuflicher quanten!FELD!theoretiker* in der vorherigen Sequenz) wird zur Klärung des Problems bzw. der Forschungsfrage somit nicht anerkannt. Auffällig ist auch hier die thematisierte Differenz zwischen theoretischer und experimentell-empirischer Forschung, was demnach wieder für die Wissenschaftler in Bezug auf den Kompetenz- und Wahrheitsanspruch relevant zu sein scheint.

Die folgende Sequenz steht in einem anderen Kontext. Thema der Diskussion ist die Frage nach der Komplexität des menschlichen Körpers gemessen

6 Zur Rolle der Fachidentität in interdisziplinären Diskussionen   317

an der DNA (ca. 30.000 Gene) im Vergleich zu anderen Organismen. Der Äußerung von BioAnthPm geht ein Beitrag von BioPm$_A$ voraus, in dem BioPm$_A$ auf die größere Genzahl von einem einfachen Organismus verweist (45.000 Gene) und die Frage aufwirft, wer denn nun komplexer sei. An dieser Stelle hakt BioAnthPm ein und stellt seine Perspektive klar, aus der die negative Kritik erfolgt und begründet ist:

```
139   BioAnthPm    j:JA also NUR äh um das klarzustellen
140                das was ich berichtet hab war das kaufmannsche (.) äh
                   modell
141                mit dem er AUFgetreten ist eh im rahmen von eh eh
                   origin of order (--)
142                ah sozusagen um die mächtigkeit dieser äh network äh
                   konzepte zu erläutern
143                worums mir daran nur GING
144                ich an der an der (.) emPIrischen !WAHR!heit der these
                   liegt mir !GAR! nichts ja
145   BioPm$_A$    [hm ]
146   BioAnthPm    [ich] trete hier nur als äh als
                   wissenschaftstheoretiker auf
147                worum es mir GEHT ist zu sagen (.)
148                dass der ausdruck komplex nicht !EIN!stellig verwendet
                   werden darf
149                sondern nor!MIERT! werden muss
```
Sequenz 85: BioAnthPm in der Fokusdiskussion mit BioPm$_A$; TK 2_1: 139-149.

Die Gültigkeit des Gesagten wird also durch das Festlegen auf eine bestimmte Perspektive eingeschränkt: *ich trete hier nur als äh als wissenschaftstheoretiker auf.* Dadurch und durch den Hinweis darauf, dass er an der empirischen Wahrheit nicht interessiert ist (sondern eben Theoretiker ist), immunisiert sich BioAnthPm gegen die Kritik. Daraufhin präzisiert er seine Auffassung und Forderung, *dass der ausdruck komplex nicht !EIN!stellig verwendet werden darf sondern nor!MIERT! werden muss.* Er kritisiert also die Art der Begriffsverwendung, der zugrunde gelegte Bezugswert ist Normierung des Begriffsinhalts.

Das Herausstellen der Fachidentität bei der Einleitung von Kritik oder der Verteidigung gegen diese dient in den Beispielen zum einen als Nachweis von Kompetenz und Expertenwissen. Expertenstatus schreiben sich Wissenschaftler demnach selbst zu. Zum anderen kann unterstelltes fehlendes Wissen als Kritikgrundlage genutzt werden und ebenso eine wirksame Kritik-Abwehrstrategie sein.

6.3 Fazit: Fachidentitäts-Thematisierungen in interdisziplinären Diskussionen

Insgesamt kann man sagen, dass die fachliche Zugehörigkeit als eigenständiger und wichtiger Identitätsaspekt wahrgenommen und auf Konferenzen präsentiert wird. Falls es in der Diskussion relevant und nötig ist, wird die Fachidentität mit der persönlichen (im Kontext zweier der drei Tagungen im Korpus auch religiösen) Identität kontrastiert, immer aber mit den fremden, ebenfalls anwesenden Disziplinen.

Das Anführen des eigenen disziplinären Hintergrunds erfüllt offenbar verschiedene **Funktionen in Bezug auf Selbstdarstellung**: Erstens dient es der Verortung innerhalb der eigenen Disziplin, indem sich der Sprecher als einer bestimmten Schule, Forschungsrichtung, Meinung etc. zugehörig präsentiert und damit Zuständigkeit für sich beansprucht. Damit grenzt sich die Person notwendigerweise von anderen Disziplinen, Schulen oder Forschungsrichtungen ab. Je detaillierter die Beschreibung ausfällt, desto präziser ist die Verortung und desto relevanter ist sie für den Sprecher – aufgrund des Publikums, persönlicher Empfindungen und/oder individueller Ziele. Hinzu kommt zweitens, dass, je nach Auswahl der Angaben zum Fach, die Selbstcharakterisierung (beispielsweise in Form geltender Werte) zum Ausdruck gebracht wird; es handelt sich in diesem Fall um ideelle Fachidentität. Dadurch signalisiert das Thematisieren der Fachidentität eine mehr oder weniger stark ausgeprägte Identifikation mit dem Fach, dessen Arbeitsweisen und Standards, der Fachkultur und Kollegen. Drittens dient das Nennen der fachlichen Herkunft (inklusive der Abgrenzung) dialogisch-kontextuell der Positionierung auf der Tagung und der Einordnung in den Tagungskontext. In der Diskussion dient dann der Verweis auf die Disziplin als Nachweis von Fachwissen und Kompetenz auf dem Gebiet – und damit als Berechtigung, einen Beitrag zum Forschungsthema zu leisten. Viertens kann mit der Nennung des eigenen disziplinären Hintergrunds eine Distanzierung von der *scientific community* oder Aspekten des Fachs einhergehen. Fremdabwertung dient dabei der Selbstaufwertung, Positionierung im Tagungskontext, Verortung in der eigenen Disziplin und unter Umständen der Profilierung. Gleichzeitig zeugt diese Distanzierung von Reflexionsvermögen und Selbstkritik und damit von Kompetenz. Distanzierung kann demnach, reflektiert kommuniziert, zur positiven Selbstdarstellung eines Wissenschaftlers beitragen.

6 Zur Rolle der Fachidentität in interdisziplinären Diskussionen

Eine Übersicht über die identifizierten Funktionen der Fachidentitäts-Thematisierung gibt Tabelle 31:

Tabelle 31: Funktionen der Thematisierung der eigenen disziplinären Zugehörigkeit in Bezug auf Selbstdarstellung.

Funktion in Bezug auf Selbstdarstellung	Erläuterung
1) Inhaltlich: Verortung innerhalb der eigenen Disziplin	• Verortung innerhalb der eigenen Disziplin, Schule, Fachrichtung etc. • Perspektivenverdeutlichung: erlaubt dem Publikum die Einordnung der Aussagen
2) Ideell: Selbstcharakterisierung Identifikation mit Fachkultur und Arbeitsweise signalisieren; Thematisierung von a) Forschungsethos; b) wissenschaftlichen Rahmenbedingungen; c) wissenschaftlichen Unsicherheiten und Nichtwissen; d) wissenschaftlichen/fachlichen Prämissen und forschungspraktischen Konsequenzen; e) Arbeitstechniken/Methoden und Erkenntniswerten; f) Einfluss der Weltanschauung auf naturwissenschaftliche Erkenntnisse; g) zugrunde gelegten Wertesysteme; h) Informationen über Fachkultur.	• Informationen über das Fach vermitteln • Charakterisierung der wissenschaftlichen Arbeit • Informationen über eigene Einstellungen vermitteln
3) Dialogisch-kontextuell: Positionierung im Tagungskontext	• Verortung innerhalb der eigenen Disziplin, Schule, Fachrichtung etc. • Perspektivenverdeutlichung: erlaubt dem Publikum die Einordnung der Aussagen • Abgrenzung von anderen (teilnehmenden) Disziplinen

320   6 Zur Rolle der Fachidentität in interdisziplinären Diskussionen

Funktion in Bezug auf Selbstdarstellung	Erläuterung
4) Distanzierung von der eigenen *scientific community*	• Distanzierung von und Kritik an der eigenen Disziplin, einzelnen Aspekten, Kollegen, Schulen etc. des Fachs • Verortung in der eigenen Disziplin • Signalisieren von Kompetenz durch Nachweis von reflektierter Beschäftigung mit den Inhalten und konträren Positionen des Fachs • signalisiert Fähigkeit zur Selbstkritik • Selbstaufwertung durch Fremdabwertung

Für das Publikum sind Verweise auf die Disziplin insofern relevant, als sie die Diskussionsbeiträge und darin getroffenen Aussagen fachwissenschaftlich einbetten, also perspektivieren. Dadurch wird die Interpretation, Evaluation, Klassifizierung und korrekte Integration des Gesagten erleichtert.

Das Nennen der fachlichen Zugehörigkeit erfüllt außerdem **rhetorische Funktionen**: Erstens dient das Referieren auf die eigene fachliche Herkunft bei der Bearbeitung eines Forschungsproblems dazu, einerseits die inhaltlichen Erläuterungen oder Problematisierungen einzuleiten, andererseits Kritik aus disziplinärer Perspektive vorzubringen. Metakommunikativ wird zweitens das Problem des Perspektivwechsels bzw. Verlassens der eigenen Perspektive thematisiert. Aus diesem Problem bzw. dieser Schwierigkeit heraus ergibt sich drittens die Notwendigkeit der Interdisziplinarität, da sie eine Perspektivenvielfalt für die Bearbeitung eines Problems ermöglicht. Zudem wird viertens die Interdisziplinarität einer Person (beispielsweise die Kombination von Psychologie und Physik) bewertet, im vorliegenden Korpus als Vorteil gesehen, da eine Person zwei Perspektiven vereinigt. Nur durch Perspektivenkombination ist es möglich, beispielsweise terminologische Unterschiede zu erkennen. Dies zeigt sich z. B. am Streit um den Begriff der Verschränkung, bei dem sich Physiker und Psychologen zu Wort melden und aus jeweils ihrer Perspektive darauf hinweisen, dass der Begriff falsch verwendet wird. In Tabelle 32 sind die rhetorischen Funktionen des Rückgriffs auf die disziplinäre Herkunft zusammengefasst:

Tabelle 32: Rhetorische Funktionen der Thematisierung der eigenen disziplinären Zugehörigkeit.

Rhetorische Funktionen	Erläuterung

1) Einleitung
   a) von inhaltlichen Erläuterungen oder Problematisierungen
   b) von Kritik aus disziplinärer Perspektive
	• Nennen der Fachidentität als Nachweis von Kompetenz und Expertenschaft, Rechtfertigung für das Äußern von negativer Kritik
	• Nennen der Fachidentität zur Abwehr von Kritik

2) Markierung von Perspektivenwechseln
 	
   a) Perspektivierung des Beitrags
     • Selbstvorstellung zu Beginn des Diskussionsbeitrags
     • Präzisierung der Perspektive/Fachidentität inmitten des Beitrags
   b) Thematisierung von disziplinären Perspektiven und Interdisziplinarität
   c) Gegenüberstellung von Forschungsperspektiven/Disziplinen
 	
Perspektiven:
   • Disziplinäre Betrachtung eines interdisziplinären Themas
   • Unterscheidung/Kontrastierung von spezifischen Richtungen einer Disziplin
   • Wissenschaftliche vs. private Identität
   • Interdisziplinäre Identitäten
	• sich selbst bekannt machen
	• Positionierung im Tagungskontext
	• Verortung innerhalb der eigenen Disziplin, Schule, Fachrichtung etc.
	• Perspektivenverdeutlichung: erlaubt dem Publikum die Einordnung der Aussagen
	• Abgrenzung von anderen (teilnehmenden) Disziplinen
	• Unterscheidung der fachlichen und persönlichen Perspektive
	• Nachweis von Kompetenz und Fachwissen
	• Herausstellen des Selbstverständnisses
	• Disziplinäre Perspektive auf interdisziplinäre Forschungsfragen
	• Herausarbeitung und Gegenüberstellung verschiedener Perspektiven

3) Begründung der Notwendigkeit von Interdisziplinarität	• Legitimierung des interdisziplinären Forschungsansatzes • Abwehr von möglicher Kritik
4) Bewertung von Interdisziplinarität	• Interdisziplinarität einer Person wird als Vorteil und positiv gewertet, da Perspektivwechsel möglich sind

An die Disziplinen und das wissenschaftliche Arbeiten sind wissenschaftliche Werte eng gekoppelt. Diese gelten allgemein in der Wissenschaft, werden aber auch disziplinspezifisch thematisiert: ständiges Hinterfragen, korrekte Methoden, Sorgfalt, Beweisbarkeit/Falsifizierbarkeit, Angabe aller Metadaten, logisches Schließen (keine freie Interpretation) und Rationalität. Das Anführen wissenschaftlicher Werte in der Diskussion in Kombination mit der disziplinären Verortung hat unterschiedliche Funktionen; diese wurden bereits im Zusammenhang mit positiver und negativer Kritik (Kap. 5) diskutiert. An dieser Stelle sei lediglich darauf hingewiesen, dass in den Disziplinen die Werte unterschiedlich stark gewichtet sind und deswegen, falls ein Regelverstoß erkannt wird, in der Diskussion angeführt werden.

Bei der Bearbeitung von Fachidentität wird deutlich, dass insbesondere der Unterschied zwischen theoretisch und experimentell-empirisch arbeitenden Wissenschaftlern häufig aufgegriffen wird. Es stellt sich die Frage, warum dieser Unterschied, ähnlich wie der Unterschied zwischen Natur-, Geistes- und Sozialwissenschaften so stark gemacht und herausgehoben wird. Eine mögliche Deutung wäre, dass die beiden unterschiedlichen Forschungsansätze sehr unterschiedlichen Wertesystemen folgen und/oder dass sie aufgrund unterschiedlicher Wahrheitsansprüche traditionell zur Lagerbildung neigen (vgl. Stichweh 2013).

7 Kompetenz, Expertenschaft und Nichtwissen

Auf Konferenzen ist es für Wissenschaftler von Bedeutung, sich nicht nur in eigenen Vorträgen, sondern auch in Diskussionen als kompetente, fähige und über spezielles Wissen verfügende Forscher zu präsentieren und dieses Image zu stärken. Kompetenz und Expertenwissen auf einem Fachgebiet herauszustellen, ist bereits in der Impression-Management-Theorie als Form der Imagekonstruktion beschrieben worden (vgl. Mummendey 1995: 147; Whitehead/Smith 1986). Danach hilft das Präsentieren der eigenen Kompetenz und des Wissens bei der Sicherung der eigenen Stellung bspw. in Unternehmen, in der Politik und auch in der Wissenschaft[89].

Fachwissen und Kompetenz stellen *die* beruflichen Ressourcen dar, die bei Stellenbesetzungen, Einwerbung von Forschungsgeldern, Einladungen zu Konferenzen und Gastvorträgen, Verbreitung der Publikationen etc. relevant sind. Campbell zufolge ist an das Wissen eines Wissenschaftlers außerdem dessen Glaubwürdigkeit geknüpft: Je mehr Wissen jemand habe, umso glaubwürdiger erscheine er (vgl. Campbell 1985: 429)[90].

Expertenschaft und Abstufungen von Wissen werden interaktiv ausgehandelt und zwar jeweils in Bezug auf ein bestimmtes Thema. Wissenschaftler sind – gerade in interdisziplinären Kontexten – Experten auf ihrem Gebiet und Laien in fremden Forschungsfeldern. Dazwischen entwickelt sich eine ganze Bandbreite von Wissensgraden, die Wissenschaftler in der Interaktion aushandeln (vgl. Konzett 2012: 137, 167f.) und einander zuschreiben.

In diesem Kapitel sollen die folgenden Fragen beantwortet werden: Wie präsentieren Wissenschaftler ihre Kompetenz und ihr Expertenwissen im interdisziplinären Kontext? Wie präsentieren sie sich als genauso kompetent oder noch kompetenter als ihre Diskussionspartner derselben oder einer anderen Disziplin (vgl. Konzett 2012: 138) (Kap. 7.2)? Wie präsentieren sie sich als Experten auf ihrem eigenen Gebiet und als professionelle/kompetente Diskussionspartner bei fehlendem Fachwissen (Kap. 7.3.2)?

---

89 Murphy hat die Ähnlichkeit der Ziele in Bezug auf Kompetenzdarstellung zur Präsentation von Intelligenz herausgestellt: „The desire to appear intelligent is not surprising because individuals generally consider intelligence to be a socially desirable trait" (Murphy 2007: 326).
90 Zu Glaubwürdigkeit in der Impression-Management-Theorie vgl. Mummendey 1995: 152.

7.1 Methodische Anreicherung

Kompetenz und Expertenschaft werden in verschiedenen Disziplinen bearbeitet und diskutiert. Vor allem in der Pädagogik und Psychologie ist Kompetenz im Bereich der Bildung von Interesse, und zwar sowohl in der Schule als auch in Hochschulen und in der Erwachsenenbildung (z. B. Nuissl 2013; Arnold 2014; Bromme 2014). Expertenschaft und Wissen werden nicht nur theoretisch, sondern auch schwerpunktmäßig im wissenschaftlichen Kontext sowie in einzelnen Berufsgruppen untersucht (z. B. Gruber/Ziegler 1996; Collins/Evans 2007; Demand 2012; Windeler/Syndow 2014; umfassend und zu verschiedenen Kontexten Hitzler et al. 1994).

Die Definition eines Experten wandelt sich durch den Einfluss der Medien sowie durch die Entwicklung der modernen Gesellschaft (z. B. Stehr/Grundmann 2010). So beeinflusst in besonderem Maße das Internet die Wahrnehmung einer Person als Experte (z. B. Zotter 2009). Im Journalismus gewinnt der Experte an Bedeutung (z. B. Nölleke 2013) und Experten selbst suchen eine stärkere Präsenz in der Öffentlichkeit (z. B. Huber 2014). Für den Kontext der wissenschaftlichen Kommunikation, der Aushandlung von Wissen im interdisziplinären Kontext sind vor allem die Arbeiten zur Experten-Laien-Kommunikation relevant. So untersucht Nückles (2001), inwiefern Experten die Perspektive von Laien übernehmen, um Kommunikation sinnvoll zu gestalten. Dressler/Wodak (1989) legen den Fokus auf das Problem Fachsprache, das entsteht, wenn Experten mit Laien kommunizieren.

In der Impression-Management-Theorie wurde die Technik des Herausstellens von Kompetenz und Fachwissen als Vorteil versprechende, in der konkreten Situation aber problematische Technik beschrieben. So weist Leary darauf hin, dass Personen, denen Wissen zugeschrieben wird, bessere Karriereaussichten und Macht haben als Personen, die nicht als besonders wissend gelten (vgl. Leary 1996: 100; vgl. auch Tedeschi/Norman 1985 zu Wissen als Machtressource). Die Selbstdarstellung als Experte und kompetente Person birgt drei Schwierigkeiten: Erstens ist diese Form der Selbstdarstellung von dem Vorwissen der Rezipienten über den Akteur abhängig. Es nützt nicht viel, sich als Experte auf einem Gebiet auszugeben, wenn ein wirklicher Kenner anwesend ist und man entlarvt werden könnte. Zweitens widerspricht nach Tedeschi et al. (1985: 83) die Darstellung der eigenen Qualitäten dem Bescheidenheitsgebot. Doch dieser Gegensatz wird zugunsten einer bescheideneren Selbstdarstellung aufgehoben, sobald die Kompetenzen eines Akteurs von der Öffentlichkeit, in unserem konkreten Fall der *scientific community*, akzeptiert sind (vgl. Mummendey 1995: 148). Drittens geht Leary davon aus, dass das Herausstellen von Kompetenz bei tatsächlich kompetenten Personen eher ein Hinweis auf Inkompetenz ist: Als Experte habe man die Selbstdarstellung als Experte ‚nicht nötig' (vgl. Leary 1996: 101).

Aus linguistischer Perspektive haben sich Antos (1995) und Konzett (2012) mit Kompetenz und Expertenschaft beschäftigt. Während Antos anhand von Abstracts Kriterien der Expertenschaft herausarbeitet, nimmt Konzett eine Analyse von wissenschaftlichen Diskussionen vor und zeigt, wie Wissenschaftler ihre Images als Experten konstruieren. Diese beiden Arbeiten werden im Folgenden vorgestellt und im Hinblick auf Kriterien, die für die vorliegende Untersuchung hilfreich sind, ausgewertet.

Antos thematisiert in einem Aufsatz die Kriterien, die einen Wissenschaftler als Experten auf seinem Gebiet auszeichnen. Er geht davon aus, dass Expertenschaft auf Inszenierung derselben beruht:

> Übliche Formen der Inszenierung von Expertenschaft lassen sich beispielsweise in folgenden Angaben erkennen: Anzahl von Publikationen, Reputation des Publikationsmediums, Zitierhäufigkeit von Arbeiten eines Experten, errungene Titel, Mitgliedschaften, Verweise auf Gutachtertätigkeit. Spezielle Formen der Inszenierung von Expertenschaft sind, gleich ob Fremd- oder Eigeninszenierung: Danksagungen an renommierte Kollegen in Vorworten, bestimmte Zitiergewohnheiten, Gutachterempfehlungen für Veröffentlichungen, Gutachten bei Bewerbungen oder bei Listenplätzen etc. Mit diesen und anderen (sprachlichen) Mitteln wird die Vernetztheit eines Experten in einer Expertengruppe und damit direkt oder indirekt seine Reputation angezeigt. (Antos 1995: 116f.)

Die meisten dieser vorgebrachten Marker von Expertenschaft sind auf Tagungen allerdings nicht sichtbar: Verweise auf hochrangige Publikationen, Gutachtertätigkeiten, Mitgliedschaften, errungene Titel etc. sind kein notwendiger Bestandteil von Vorträgen oder Diskussionsbeiträgen, was auch in den vorliegenden Daten beobachtet werden kann, sondern werden eher am Rande gemacht (bspw. in den Kaffeepausen oder beim Abendessen). Schwerpunkt von Vorträgen und anschließenden Diskussionsrunden ist der inhaltlich-fachliche Austausch.

Antos stellt in dem Versuch, den Begriff der Expertenschaft zu operationalisieren, Expertenschaft bestimmende Eigenschaften heraus und gliedert diese in vier Domänen (vgl. Antos 1995: 119f.):

    I.   Sachkompetenz
    1.1 Faktenwissen, Detailwissen, Literaturkenntnisse
    1.2 Fachliche Erfahrungen, Fertigkeiten (bei Operationen, Experimenten etc.), Kompetenz bei der Sammlung, Archivierung und Auswertung von Daten
    II. Theoretische Kompetenz
    2.1 Methodenkompetenz
    2.2 Modellierungs- bzw. Beschreibungskompetenz
    2.3 Erklärungskompetenz

III. Innovationskompetenz
3.1 Neue Forschungsergebnisse
3.2 Neue Forschungsansätze (Kreative Ideen, neue Perspektiven etc.)
IV. Wissenssoziologische Position
4.1 Institutioneller Einfluß (Inhaber bzw. Verteiler von Positionen)
4.2 Intellektueller Einfluß (Inhaber von Definitions- und Bewertungsmacht)
4.3 Bekanntheitsgrad (im Fach oder darüber hinaus) (Antos 1995: 120)

Dieser Liste stehen Strategien und Formen der Inszenierung von Expertenschaft gegenüber, die Antos für geschriebene Texte (Abstracts) aufzeigt, die aber auf die Analyse von mündlicher Kommunikation, vor allem von wissenschaftlichen Diskussionen, nicht sinnvoll übertragbar sind[91]. Ein Hinweis auf Expertenschaft und Professionalität stellt in jedem Fall der korrekte Gebrauch von Fachsprache und Fachterminologie dar: Fachliche Inhalte, Methoden, Forschungsinteressen, deren Kenntnis eine Person zu einem Experten machen, werden mit und durch Fachsprache erschlossen und angeeignet (vgl. Antos 1995: 117; Janich 2012a: 10f.).

Konzett (2012) hat in ihrer Arbeit ausführlich untersucht, wie Wissenschaftler ihre Identität in Konferenzen konstruieren. Es handelt sich um eine vornehmlich soziolinguistische Studie von Identität, die methodisch die Ethnomethodologische Konversationsanalyse durch weitere Ansätze (Kontextualisierungstheorie von Gumperz 1982, Stil und Stilisierung von Kallmeyer/Schmitt 1996, Selbst- und Identitätskonstruktion von Watts 2003) ergänzt. Das Untersuchungskorpus besteht aus Mitschnitten von Diskussionen auf humanwissenschaftlichen, aber überwiegend linguistischen, multilingualen Tagungen (mit Muttersprachen Englisch, Französisch, Spanisch, Italienisch) (vgl. Konzett 2012: 107-109).

Ein Teilaspekt ihrer Studie bezieht sich auf die Kompetenzdarstellung von Wissenschaftlern, weswegen auf ihre Ergebnisse hier zurückgegriffen wird; die von ihr identifizierten Strategien erweisen sich auch für meine Analyse als hilfreich und werden mit Sequenzen aus dem vorliegenden Material belegt. Auf eine umfassende Analyse der im Untersuchungskorpus vorkommenden Sequenzen, in denen im Konzett'schen Sinne Expertenschaft und Fachwissen signalisiert wird, wird hier jedoch verzichtet[92]. Anstatt wie Konzett alle Facetten der Darstellung von Expertenschaft zu behandeln, sollen weitere Strategien identifiziert und damit Konzetts Ergebnisse ergänzt werden. Da ihre Untersuchung auf einem Analyse-

---

91 Vgl. dazu die Strategien und Formen der Inszenierung von Expertenschaft in Antos 1995: 121.
92 Für eine ausführliche Darstellung und Diskussion der unterschiedlichen Facetten der Darstellung von Expertenschaft siehe Konzett 2012.

korpus von Mitschnitten disziplinärer Konferenzen basiert, sind im interdisziplinären Kontext weitere Strategien erwartbar.

Nach Konzett werden Expertenschaft und Fachwissen durch vier Techniken beansprucht bzw. signalisiert. Diese werden im Folgenden erläutert und diskutiert; in Kap. 7.2 werden Beispielsequenzen zu den einzelnen Techniken besprochen.

Erstens dient das **Halten eines Vortrags** der Darstellung von Kompetenz, da in Vorträgen Fachwissen demonstriert werden kann. Vorträge geben Wissenschaftlern die Möglichkeit, ihre Forschung monologisch darzustellen, ohne unterbrochen oder abgelenkt zu werden. Dadurch können sie ihr Wissen und ihr Spezialwissen in einem bestimmten Zeitraum präsentieren (vgl. Konzett 2012: 138; vgl. auch Kap. 3.1 der vorliegenden Arbeit). In den untersuchten Konferenzdiskussionen der vorliegenden Arbeit haben zusätzlich zu den Vorträgen Fokusdiskussionen als Sonderfall der Forschungspräsentation stattgefunden. In dieser stellen zwei Wissenschaftler ihre Forschung jeweils in zehn Minuten vor, woran sich eine Diskussion zwischen den beiden Wissenschaftlern anschließt. Die Fokusdiskussion wird im Vorfeld der Konferenz von beiden Diskutanten vorbereitet. Durch dieses Format steht den Teilnehmern zusätzlich Redezeit zur Verfügung, um ihre Kompetenz und ihr Wissen auf ihrem Gebiet zu präsentieren. Da in dieser Arbeit weder Vortragsinhalte noch die Inhalte der Zehn-Minuten-Präsentationen in den Fokusdiskussionen untersucht werden, kann diese Technik nicht mit Beispielen belegt und besprochen werden.

Zweitens können Diskutanten und Vortragende Überblick und damit Kompetenz durch **Paraphrasen der Inhalte eigener oder fremder Beiträge** signalisieren. Paraphrasen beweisen Konzett zufolge Überblick über das diskutierte Thema und dementsprechend Kompetenz: „Giving a concise (ad hoc) summary of a stretch of talk requires the ability to separate the essential from the marginal, which in turn depends on having the overview" (Konzett 2012: 140). Dadurch, dass ein Diskussionsteilnehmer Kompetenz auf dem gleichen Gebiet wie der Vortragende beansprucht, kann es zu Kompetenzstreits kommen. Mit Paraphrasen werden oftmals Diskussionsbeiträge eingeleitet; dabei kann die Inhaltswiedergabe die Einstellung des Diskutanten dem Vortragenden oder anderen Diskutanten gegenüber widerspiegeln oder neutral erfolgen. Beginnen die Beiträge mit Paraphrasen, bieten diese zumeist den Ausgangspunkt der weiteren Diskussion und Argumentation. Derjenige, dessen Rede wiedergegeben wird, kann an der Art der Paraphrasierung und an der Themenauswahl erkennen, wie ein Interaktionspartner zu ihm steht (z. B. kritisch, zustimmend, zweifelnd) und entsprechend reagieren: Er kann den Inhalt bestätigen, bestreiten oder richtigstellen, falls er sich missverstanden fühlt, und damit selbst wieder Kompetenz signalisieren (vgl. Konzett 2012: 139f., 167).

Eine typische Form der Paraphraseneinleitung ist „Wenn ich Sie richtig verstanden habe" („if I've understood you correctly"; ebd.: 155). Diese Einleitungsphrase erlaubt es, den Angriffscharakter abzumildern, da die Möglichkeit, den Vortragenden missverstanden zu haben, nicht ausgeschlossen wird. Allerdings kann sie auch Unglauben, Überraschung und Infragestellung signalisieren, wodurch sich die potenzielle Gefährdung des *face* des anderen erhöht (vgl. ebd., 167). Beispiele für Paraphrasen werden in Kap. 7.2.1 gegeben.

Drittens können Diskussionspartner (das Publikum) Kompetenz signalisieren, indem sie **sachkundige Beiträge** machen. Vortragende schreiben sich während ihrer Präsentation Fachwissen und Kompetenz auf ihrem Forschungsgebiet und dem Publikum damit den Status des Weniger-Wissens zu[93]. Das Publikum hat dann in der Diskussion die Möglichkeit, sich als ebenso kompetent oder sogar kompetenter als der Vortragende zu präsentieren (vgl. Konzett 2012: 168). Möglich wird dies durch verschiedene Beiträge:

a) Durch das **Kontrastieren der eigenen Forschung mit den Vortragsinhalten** stellt sich der Diskutant mit dem Vortragenden hinsichtlich des Expertengrades gleich, da er eine Beschäftigung mit dem Thema signalisiert (vgl. Konzett 2012: 169).

b) Vorschläge verweisen darauf, dass der Diskutant über Wissen verfügt und in der Lage ist, weitere Optionen aufzuzeigen – sei es in der Form einer Anregung, sei es in der Frage, ob beispielsweise ein bestimmter Ansatz, eine Methode, eine These berücksichtigt wurde. Zudem können Diskutanten Ansätze vorbringen, die den vorgetragenen widersprechen. In allen Fällen signalisiert der Diskutant nach Konzett Fachwissen, das das Fachwissen des Redners infrage stellt oder schwächt (und damit *face*-bedrohend ist) (vgl. Konzett 2012: 175). Der Vortragende kann seinen Wissens- und Kompetenzanspruch wahren, indem er richtig auf die Beiträge reagiert, beispielsweise das Angeregte als berücksichtigt zurückweist/bestätigt, Fragen als schon bearbeitet beantwortet etc. Muss er jedoch zugeben, etwas nicht berücksichtigt zu haben, wird dem Diskutanten in diesem Punkt ebenbürtiges oder größeres Spezialwissen zugestanden (vgl. ebd.: 177). Zu Vorschlägen muss angemerkt werden, dass diese auch weiterführend und hilfreich oder anregend gemeint sein können. Dies wird allerdings von Konzett an dieser Stelle nicht berücksichtigt.

---

93 Dieser Ansicht kann nicht uneingeschränkt zugestimmt werden, da diese Selbstzuschreibung von Kompetenz vermutlich qualifikations- und karrierestatusabhängig ist. Nicht immer haben Vortragende mit dem Halten von Vorträgen die Intention, sich kompetenter als andere zu präsentieren (und oft ist dies auch nicht möglich, z. B., wenn ein Doktorand vor Professoren spricht).

c) **Vortragskritik durch Vorbringen einer Alternative:** Konzett diskutiert hier die Wirkung der Frage „Ist es nicht so, dass...?" („*Is it not X?*"; Konzett 2012: 189; Herv. im Orig.). In der negierten Proposition wird deutlich, dass hier eher eine Aussage getroffen und eine Meinung präsentiert als eine wirkliche Frage gestellt wird. Oftmals ist der Vortragende durch die Art der Frage dazu gezwungen, in seiner Antwort dem eigenen Vortrag zu widersprechen. Diese Inkonsistenz führt dann unter Umständen zu einem Gesichtsverlust (vgl. ebd.).

d) **Zusätzliche Interpretationen anbieten:** Diskutanten interpretieren die vorgestellten Daten und Ergebnisse mitunter anders als der Vortragende. Diese alternativen Interpretationen werden dann in einem Beitrag zur Diskussion gestellt, wozu der Vortragende Stellung nimmt (vgl. Konzett 2012: 207). In allen Fällen verweisen Vortragende und Diskutanten auf ihr eigenes Wissen, auf ihren (durch Forschung) privilegierten Zugang zu Wissen und auf ihren jeweiligen (Allein-)Anspruch darauf (vgl. ebd.: 212). In Diskussionen wird um Wissen und Zuschreibungen desselben gerungen, d. h. die Relation von Fachwissensgraden wird interaktiv ausgehandelt, bestätigt oder revidiert (Kap. 7.2.2).

Viertens können Diskutanten dem Vortragenden die Gelegenheit geben, weitere Kompetenz zu signalisieren, indem sie **Informationen einfordern oder nach weiteren Informationen fragen**. Diskutanten haben nach Vorträgen die Gelegenheit, Fragen zu deren Inhalten zu stellen. Dabei wird der Fragende als Nicht-Experte und der Vortragende als Experte konstruiert, da Fragen nur nötig sind, wenn ein Wissensgefälle besteht. Fragen nach Informationen, die das eigene sowie das *face* des Gegenübers nicht bedrohen, liegen in Konzetts Daten nur selten in Reinform vor (siehe hierzu Konzett 2012: 221); die überwiegende Mehrheit der Fragen zielt darauf ab, eine konkrete Stellungnahme auf eine vom Diskutanten zur Diskussion gestellte Hypothese zu bekommen oder eine schwierigere Frage vorzubereiten (vgl. ebd.: 213). In diese Kategorie ordne ich auch Nachfragen ein, die Kompetenz auf Seiten des Nachfragenden anzeigen (bei Konzett 2012 werden diese als eigene Kategorie erfasst) (Kap. 7.2.3).

Von diesen Techniken der Kompetenzdarstellung grenzt Konzett Techniken, die der Darstellung eines Wissenschaftlers als guter Forscher dienen, ab. Zu diesen gehört, dass Wissenschaftler ihre **Zugehörigkeit zu einer wissenschaftlichen Disziplin oder Forschungsgemeinschaft herausstellen**, indem sie Bezug auf Forschungsfragen, Theorien, Konzepte oder Terminologie nähmen, sich selbst als **der Gruppe zugehörig** und gleichzeitig als **kompetente Wissenschaftler** präsentierten sowie sich der **Fachkultur angemessen verhielten** (bspw. korrekte Verwendung der Terminologie, präzise Beschreibungen der Untersuchungsobjekte und -verfahren etc.) (vgl. Konzett 2012: 243-295). Außerdem **signalisierten**

Wissenschaftler ihre Vernetztheit und Mitgliedschaft in diesem Netzwerk, indem sie sich innerhalb ihrer eigenen Disziplin positionieren (bspw. indem sie den eigenen Ansatz mit dem präsentierten kontrastieren und damit kritisieren, sich auf andere Wissenschaftler berufen, die die eigene Ansicht vertreten, oder ihre Schule/Denkrichtung explizit benennen) und die Arbeit anderer Wissenschaftler anerkennen, evaluieren und zitieren (vgl. Konzett 2012: 274f., 284). Da ich einem weiten Kompetenzbegriff folge, ordne ich die von Konzett unter „*being a (good) researcher*" (Konzett 2012: 243; Herv. im Orig.) zusammengefassten Techniken ebenfalls der Kompetenzdarstellung zu.

Die genannten Mittel der Kompetenzsignalisierung werden systematisiert in der folgenden Tabelle (Tab. 33) zusammengefasst.

Tabelle 33: Methodische Anreicherung: Kompetenz- und expertenschaftsbezogene Kriterien – systematisierte Zusammenstellung der Kategorien zu Kompetenz und Expertenschaft.

Kategorie	Kompetenz und Expertenschaft signalisieren durch	Quelle
Domäne	Sachkompetenz (Faktenwissen, Detailwissen, Literaturkenntnisse, fachliche Erfahrungen, Fertigkeiten (bei Operationen, Experimenten etc.), Kompetenz bei der Sammlung, Archivierung und Auswertung von Daten)	Antos 1995
	Theoretische Kompetenz (Methodenkompetenz, Modellierungs- bzw. Beschreibungskompetenz, Erklärungskompetenz)	Antos 1995
	Innovationskompetenz (neue Forschungsergebnisse, neue Forschungsansätze (Kreative Ideen, neue Perspektiven etc.))	Antos 1995
	Wissenssoziologische Position (institutioneller Einfluss (Inhaber bzw. Verteiler von Positionen), intellektueller Einfluss (Inhaber von Definitions- und Bewertungsmacht), Bekanntheitsgrad (im Fach oder darüber hinaus))	Antos 1995
Allgemeine positive Darstellung	Korrekter Gebrauch von Fachsprache/Fachtermini	Konzett 2012; Janich 2012a; Antos 1995
	Zugehörigkeit zu einer wissenschaftlichen Disziplin oder Forschungsgemeinschaft herausstellen	Konzett 2012
	Verhalten entsprechend der Fachkultur	Konzett 2012
	Vernetztheit signalisieren	Konzett 2012

7 Kompetenz, Expertenschaft und Nichtwissen

Kategorie	Kompetenz und Expertenschaft signalisieren durch	Quelle
Initiierung	Halten eines Vortrags	Konzett 2012
	Demonstrieren von Überblick durch Paraphrasen des Vortragsinhalts	Konzett 2012
	Äußern oder Vorschlagen von alternativen Herangehensweisen an ein Thema oder Problem	Konzett 2012
	Nachfragen nach oder Fordern von weiteren Informationen	Konzett 2012
Reaktion	Kontrastieren der eigenen Forschung mit den Vortragsinhalten	Konzett 2012
	Vorschläge	Konzett 2012
	Vortragskritik durch Vorbringen einer Alternative	Konzett 2012
	Zusätzliche Interpretationen anbieten	Konzett 2012
	Einfordern von und Fragen nach (weiteren) Informationen	Konzett 2012

Zusätzlich zu Konzetts Techniken konnten im Korpus weitere Techniken der Darstellung von Kompetenz und Expertenschaft identifiziert werden. Diese werden im Anschluss an die Beispiele, die Konzetts Techniken illustrieren, jeweils mit eigenen Beispielen vorgestellt (Kap. 7.2.7 bis 7.2.14). Zusätzlich markieren die fettgedruckten Passagen innerhalb der Beschreibungstexte weitere Techniken der Kompetenzdarstellung, die in den Diskussionssequenzen identifiziert wurden, aber nicht in allen Fällen zu den eigentlich thematisierten Techniken gehören. Diese werden in der zusammenfassenden Tabelle am Ende des Kapitels erfasst und systematisiert, aber nicht weiter erläutert.

In der abschließenden Zusammenfassung werden die Techniken und deren Wirkung in Bezug auf Selbstdarstellung zu einander in Beziehung gesetzt und diskutiert (Kap. 7.2.15).

7.2 Wie werden Kompetenz und Fachwissen signalisiert?

In Folgenden werden die bisher nur theoretisch besprochenen Techniken von Konzett (2012) mit Beispielen belegt (Kap. 7.2.1 bis 7.2.6). Zusätzlich werden weitere Techniken angeführt, die im Untersuchungskorpus auftreten (Kap. 7.2.7 bis 7.2.14 und die fettgedruckten Passagen).

7.2.1 Paraphrasen der Inhalte eigener oder fremder Beiträge

Im untersuchten Korpus leiten die meisten Paraphrasen von Vortragsinhalten negative Kritik ein (vgl. daher für eine ausführlichere Besprechung der jeweiligen Sequenzen, auch der Reaktionen, Kap. 5.3), wie das folgende Beispiel zeigt:

```
031    SozPDm_A      ähm (-) in deinem (.) in dem eh (.) TItel deines
                     vortrags kommt ja das wort ä NICHTwissen vor
032                  du hast ganz am anfang ge sagt dass
033                  durch erFAHrung (-) WÜrde auch in bestimmten kreisen
                     der wissenschaft (---) ähm ((unverst. durch Husten,
                     2sek))
034                  wäre ALLgemein erkannt worden (.) fälle wie dedete
                     efcekawe und so weiter dass
035                  es wohl heute auch so was geben muss von dem man
                     noch nicht mal weiß dass mans nicht weiß (1.5)
036                  da WUrde das son bisschen suggeRIERT dass das auch
                     einfluss
037                  auf die evidenzkulturen hat die du kurz vorgestellt
                     hast
```

Sequenz 86: SozPDm_A als Diskutant in der Plenumsdiskussion mit dem Vortragenden SozPDm_B; TK 1_8: 031-037.

SozPDm_A bezieht sich in seinem Beitrag auf das Nichtwissen, das im Vortragstitel von SozPDm_B enthalten war. Danach wird der relevante Vortragsinhalt paraphrasiert und zusammengefasst (eingeleitet durch *du hast ganz am anfang ge sagt dass*), bevor SozPDm_A seinen Beitrag anschließt; *da* (Z. 036) ist der Ansatzpunkt und markiert den Beginn der eigenen Rede. Hier kommt eine implizite Kritik, ein kritischer Blick auf den Vortragsinhalt zum Ausdruck. Die negative Kritik wird durch das Wort *suggeRIERT* (‚darauf abzielen, einen bestimmten [den Tatsachen nicht entsprechenden] Eindruck entstehen zu lassen'; Duden) ausgelöst; insgesamt wird die Kritik aber durch die Einschränkung *son bisschen* und die Formulierung im Passiv abgeschwächt. SozPDm_A grenzt sich dadurch vom Paraphrasierten und dem Vortragenden ab.

In der nächsten Sequenz folgt auf eine Paraphrase eine kritische Frage. Die Paraphrase dient hier aber vor allem der Vergewisserung darüber, dass der Vortrag inhaltlich korrekt verstanden wurde:

```
001    PhilPm_B      zwei kurze fragen (.) die ERSte (--)
002                  der status des satzes die naTURgesetze die wir von der
                     erde kennen
003                  gelten überall im uniVERsum
004                  da haben sie sich (.) GLAUB ich so geäußert
005                  dass das ne voRAUSsetzung ist
006                  sie seien UNsicher ob die empiri_1[sch        ]_1
007    AsphyPhilPm                                   _1[sind hypo]_1THEsen
008    PhilPm_B      ä HYPO_2[these      ]_2
```

```
009    AsphyPhilPm        ₂[nicht begrü]₂
010                       NICHT empirisch zu ₃[begründen]₃
011    PhilPm_B                             ₃[hypothese]₃
012                       (-) äm ich (-) würds sie ja einfach mal fragen
                          ist das nicht ä tautoLOgisch (.)
       [...]
021                       DAS (-) ist das universum (.) was wir mit DIEsen
                          naturgesetzen zu fassen kriegen
```
Sequenz 87: PhilPm_B als Diskutant in der Plenumsdiskussion mit dem Vortragenden Asphy-PhilPm; TK 3_8: 001-021.

Der Beitrag wird als Frage charakterisiert, worauf die erste Frage unmittelbar folgt (eingeleitet durch das Gliederungssignal *die ERste*). PhilPm_B paraphrasiert daraufhin die Aspekte des Vortrags (im Konjunktiv), die für seinen eigenen Beitrag relevant sind. Seine eigene Unsicherheit darüber, ob er die Inhalte von AsphyPhilPms Vortrag korrekt wiedergibt, zeigt er durch *GLAUB ich* an. AsphyPhilPm ergänzt dann auch sofort das Gesagte (*sind hypoTHEsen*), um Korrektheit zu gewährleisten, was PhilPm_B aufnimmt (*HYPOthese*) und damit die Verständigung über den Inhalt abschließt. Hierauf folgt sein eigener Beitrag, eine kritische Frage: *äm ich (-) würds sie ja einfach mal fragen ist das nicht ä tautoLOgisch*. Nachfolgend begründet er seinen Tautologievorwurf, woran sich eine Diskussion entzündet (vgl. Kap. 5.3.1.4, Sequenz 28).

Paraphrasen und Vergewisserungen über das Gesagte können aber auch relativ kurz ausfallen, bevor der eigene Beitrag angeschlossen wird:

```
001    AstroMaPw     nur eine (.) klEIne bemerkung (-) ähm (-)
002                  sie haben gesagt
003                  dass die präzession bedeutet (.) dass die JAHreszeiten
                     durchwandert [werden]
004    ChemPm_A                   [ja     ]
005    AstroMaPw     im jahr (-) das stimmt nicht SO: (-)
```
Sequenz 88: AstroMaPw als Diskutantin in der Plenumsdiskussion mit dem Vortragenden ChemPm_A; TK 3_11: 001-005.

Der eigene Beitrag wird von AstroMaPw als *nur eine (.) klEIne bemerkung* charakterisiert, was nicht unmittelbar auf negative Kritik schließen lässt. Die Paraphrase wird mit *sie haben gesagt dass* eingeleitet und der Inhalt wird von ChemPm_A bestätigt (*ja*). AstroMaPw widerspricht ChemPm_A daraufhin sehr deutlich mit *das stimmt nicht SO:* und begründet ihren Widerspruch. Durch den **Widerspruch** und die **Korrektur** signalisiert sie gleiche (oder möglicherweise überlegene) Kompetenz wie ChemPm_A, der allerdings im Folgenden die Kritik zurückweist und wiederum AstroMaPw belehrt.

In Bezug auf die Funktion von Paraphrasen muss insgesamt festgehalten werden, dass Paraphrasen nicht nur der Demonstration von Überblick und fachlicher

334 7 Kompetenz, Expertenschaft und Nichtwissen

Kompetenz sowie der Argumentation dienen, wie es Konzett (2012: 139) herausgestellt hat, sondern dass sie insbesondere auch der Gesprächsorganisation geschuldet sind[94]: Der Inhalt wird zusammengefasst, um Relationen herzustellen, Anschlüsse zu schaffen und das Publikum sowie den Vortragenden darauf vorzubereiten, um welchen Aspekt es im Diskussionsbeitrag gehen soll (vgl. dazu die Funktion der relationalen sprachlichen Handlungen; Techtmeier 1998b: 513, auch Kap. 3.2.2). Paraphrasen sind demnach wichtige Bestandteile der Beitragseinleitung, die die Orientierung in der Diskussion erleichtern.

Das Publikum kann auf verschiedene Weise auf einen Vortrag reagieren und Kompetenz anzeigen. Im Folgenden werden die von Konzett genannten Reaktionsmöglichkeiten des Publikums, also einzelner potenzieller Diskutanten, erläutert.

7.2.2 Kontrastieren der eigenen Forschung mit den Vortragsinhalten

Eine Möglichkeit besteht im Kontrastieren der eigenen Forschung mit den Vortragsinhalten. In der folgenden Beispielsequenz erhebt sich der Diskutant hinsichtlich des Wissens auf einem Fachgebiet über den Vortragenden:

```
114    PhyPm_c      ja also ich bin HAUPTberuflicher
                    quanten!FELD!theoretiker
115                 und ich hab natürlich AUCH GRO:Sse probLE:me
116                 m mit ihrer verwendung des begriffs verschränkung (-)
117                 um nicht zu sagen ich halt das für völlig (-) äh
                    !UN!zusammenhängend mit dem wie !WIR! das verwenden (-)
118                 ich kann vielleicht mal ein PAAR WORte vielleicht
                    einfach sagen HIER für das publikum
119                 weil die WEnigsten WISsen werden worum es überhaupt
                    GEHt (--)
120                 äh in der QUANtenmechanik verschränkung heißt (.)
                    dass (.) wahrscheinlichkeitsampli!TU!den (-)
121                 NICHT wahrSCHEINlichkeiten verschränkt werden
```

Sequenz 89: PhyPm$_c$ als Diskutant in der Plenumsdiskussion mit dem Vortragenden PhyPsyDrm; TK 3_7: 114-121.

Die Einleitung *ja also ich bin HAUPTberuflicher quantenFELDtheoretiker* dient dem Nachweis von Kompetenz und Spezialwissen, damit auch der Berechtigung, sich kritisch zur Verwendung des Verschränkungsbegriffs zu äußern (vgl. hierzu die Funktion der Disziplinnennung bei Selbstvorstellungen in Kap. 6.2). Hier

---

94 Konzett (2012: 139) hat zwar die Erinnerungsfunktion der Paraphrasen angedeutet, ist aber nicht weiter auf die gesprächsstrukturierende Funktion von Paraphrasen eingegangen.

7 Kompetenz, Expertenschaft und Nichtwissen 335

stellt sich PhyPm$_C$ hinsichtlich seines Wissens mit dem Vortragenden PhyPsyDrm gleich, eher sogar über ihn, was er durch die Betonung der hauptberuflichen Beschäftigung mit Quantenfeldern signalisiert. Im Anschluss kritisiert er die Verwendung des Verschränkungsbegriffs von PhyPsyDrm und sieht sich offenbar dazu veranlasst, den Begriff für das Publikum genauer zu erläutern. Seine darauffolgenden längeren Erklärungen begründet er damit, dass *die WEnigsten WISsen werden worum es überhaupt GEHT*, womit er eine reine Selbstinszenierung ausschließt. PhyPm$_C$ sieht sich offenbar in der Pflicht, das unwissende Publikum aufzuklären – dadurch wird eine Wissensasymmetrie konstruiert –, sodass das Publikum wiederum selbst in der Lage ist, die Diskussion zu verstehen und sich eine eigene Meinung zu bilden.

In der folgenden Sequenz stellt sich Diskutant SozPm mit dem Vortragenden UmwGeschDrm hinsichtlich der Kompetenz gleich. SozPm führt zuerst seine Argumente aus, die dann mit dem Vortragsinhalt kontrastiert werden:

```
005    SozPm       nämlich ä die überFÜHrung von substanziellen werten
                   oder sozialen werten (---) in kalkulatorische werte=und
006                !DA! steckt im grunde der punkt drin
007                und DIE werden aufgebrochen (.) bei jedem bei JEdem
                   punkt
008                wo diese transformation nicht mehr klappt
009                sondern wo die extremereignisse dann zuschlagen
010                ob die jetzt (.) statistisch zu fassen sind was so und
                   so niemand kann ne (--)
011                aber HIER ist der bruch ä der der
                   versicherungs (.) mathematik mit den sozialen
                   verhältnissen (1.5)
012                und bei IHnen klang es so als ob HIER ä der
                   klimawandel der der äh ä ä das ä das faktum ist
013                was die was die natu wo die natur wieder EINbricht in
                   die in die sozialen äh kalkulationen
```
Sequenz 90: SozPm als Diskutant in der Plenumsdiskussion mit dem Vortragenden UmwGeschDrm; TK 1_3: 005-013.

Diese Kontrastierung wird durch die Formulierung *und bei IHnen klang es so als ob* signalisiert, wobei die Feststellung eines Gegensatzes eher zurückhaltend (starke subjektive Prägung in *klang es so*) geäußert und damit die Möglichkeit des Missverständnisses eingeschlossen wird (nicht: *Sie haben gesagt). Später reagiert der Vortragende UmwGeschDrm auf diesen Einwand und lehnt diesen ab:

```
044    UmwGeschDrm  ZWEItens (.) da fass ich mich KÜRzer klimawandel
045                 als !SCHUTZ!argument find ich ist aus MEIner
                   beobachtung der versicherungsbranche ne ver!KÜR!zung
046                 (1.5) äh sie finden IMMERhin akteure in diesem WEIten
                   feld (---) wie die swiss re
```

```
047                 die klimawandel und ne offensiven umgang damit auch im
                    sinne der erHALtung der versicherbarkeit (.)
048                 durchaus ä ä poLItische rolle spielen will und äm
049                 das versuchen wir zu beEINflussen
```
Sequenz 91: UmwGeschDrm als Vortragender in der Plenumsdiskussion mit dem Diskutanten SozPm; TK 1_3: 044-049.

Die Kritik von SozPm wird durch eine Gegenkritik abgewehrt: Das Argument von SozPm hält UmwGeschDrm für eine *ver!KÜR!zung*, bewertet es also negativ (der zugrunde gelegte wissenschaftliche Wert lautet Vollständigkeit) und demnach als keinen annehmbaren Vorschlag. Die Ablehnung wird nachfolgend begründet. UmwGeschDrm signalisiert damit, dass er das von SozPm Vorgebrachte bereits im Blick und durchdacht hatte, dass es für ihn also nichts Neues darstellt. Auch durch den **Hinweis darauf, dass sorgfältig überlegt und geforscht wird** und dadurch auf mögliche Einwände fundiert geantwortet werden kann, entsteht der Eindruck von Kompetenz.

Wie an den beiden Beispielsequenzen schon sichtbar wird, dient das Kontrastieren der eigenen Forschung mit den Vortragsinhalten der Kritik oder Begründung von Zweifeln.

7.2.3 Vorschläge

Eine weitere Möglichkeit der Kompetenzsignalisierung durch Diskutanten besteht im Vorschläge-Machen. Die folgenden beiden Beispielsequenzen wurden gewählt, weil im ersten Fall der Vorschlag unmittelbar auf Zustimmung stößt und im zweiten auf Ablehnung. Der von PhilPm$_A$ im ersten Beispiel vorsichtig (*würde ich VORschlagen*) geäußerte Vorschlag wird positiv angenommen:

```
179    eTheoPm_A    also es gibt genug ereignisse oder erfahrungen
180                 die glaub ich den modus der !EIN!zelaussage benötigen
                    (-)
181                 und deswegen würde ich VORschlagen dass man NICHT
                    VORschnell den erFAHrungsbegriff (-) ähm ä
182                 mit nem popperschen falsifikationismus äm äm ä als
                    synoNYM äm ₁[sehen sollte]₁
183    PhilPm_A                ₁[VOLL daccord]₁
184    eTheoPm_A    ₂[wunderbar   ]₂
185    PhilPm_A     ₂[voll daccord]₂ das galt ja NUR bei ₃[naturgesetzen]₃
186    eTheoPm_A                                         ₃[JA (.) geNAU ]₃
```
Sequenz 92: PhilPm$_A$ als Moderator in der Plenumsdiskussion mit dem Fokusdiskutanten eTheoPm$_A$; TK 3_2: 179-186.

Die uneingeschränkte Zustimmung zum Vorschlag wird von PhilPm$_A$ durch Intonation und Wiederholung betont: *VOLL daccord voll daccord*. Dabei wird trotzdem der Geltungsbereich der eigenen Aussage eingeschränkt, da der Geltungsbereich im Anschluss an die Zustimmung auf die Naturgesetze beschränkt wird (*das galt ja NUR bei naturgesetzen*).

Im zweiten Beispiel wird der Vorschlag in Frageform geäußert; der Vorschlag wird vom Gesprächspartner abgelehnt:

```
119    PhyPm_A        kann man da NICHT sich SO (.) aus diesen scheinbaren
                      widersprüchen herauslösen dass man sagt (.)
120                   die BEIden beREIche die stehen auf (.) die s sie
                      koexistieren auf eine (.) dualistische art und weise
121                   und ergÄNzen sich (.) gegenseitig komplemenTÄR
122    eTheoPm_A      NEIN (.) das glaub ich geht !NICHT! und zwar aus
                      verschiedenen gründen
```

Sequenz 93: PhyPm$_A$ als Diskutant in der Fokusdiskussion mit dem Vortragenden eTheoPm$_A$; TK 3_1: 119-122.

Der Lösungsvorschlag von PhyPm$_A$ wird von eTheoPm$_A$ abgelehnt und diese Zurückweisung anschließend begründet (nicht mehr abgedruckt). Der Diskutant signalisiert dadurch Kompetenz, dass er einen **Lösungsvorschlag vorbringen und zur Diskussion stellen** kann. Der Vortragende, der damit möglicherweise in Bedrängnis gebracht wird, reagiert kompetent, indem er eine **begründete Antwort gibt** und damit **Beschäftigung mit dem Thema signalisiert**.

Fachwissen und Kompetenz wird in den Beispielsequenzen also dadurch signalisiert, dass **Probleme und Inkonsistenzen identifiziert** und **Vorschläge zur Lösung angeboten** werden können. Dies setzt eine Beschäftigung mit den Inhalten voraus, wodurch wiederum Expertentum angezeigt werden kann.

7.2.4 Vorbringen einer Alternative

Diskutanten können Kompetenz auch dadurch ausdrücken, dass sie durch Vorbringen einer Alternative einen Vortrag kritisieren. In der ersten Beispielsequenz stellt ForstwDrm eine Frage, deren erster Bestandteil den Inhalt der Vortragenden wiedergibt und der zweite die favorisierte Alternative enthält:

```
007    ForstwDrm      äm (-) MEIne FRAge WÄre lässt sich unsicherheit oder
                      nichtwissen (2.0) TATsächlich in BILdern darstellen
008                   oder mit bildern illustrIEren ä ODER (---) ist es nicht
                      so dass (2.0)
009                   umgekehrt BILder eigentlich (.) stets in irgendeiner
                      weise !WIS!sen oder eindeutigkeit (-) NOTgedrungen
                      herstellen
010                   und zwar (--) kommt mir der gedanke wenn ich an die: an
                      die !KAR!ten gestern von [Vorname Nachname] denke
011                   der irgendwelche BAUMarten verbrEItungskarten an die
                      wand wirft
012                   und dann sagt damit geht er in die forstliche praxis
```

```
013                    und ZEIgt die was (-) und sagt GLEICHzeitig vorher mit
                       einem UNwahrscheinlichen rhetorischen apparat
014                    << mit leicht verstellter Stimme> DAS was wir jetzt
                       SEhen da stecken WAHNsinnig viele unsicherheiten drin
015                    (-) und das ist nur EIN szenario>> und so weiter
```
Sequenz 94: ForstwDrm als Diskutant in der Plenumsdiskussion mit der Vortragenden PhilDrhaw; TK 1_9: 007-015.

Die Betonung der Konjunktion *ODER* in Verbindung mit der Frage *ist es nicht so dass* signalisiert, dass ForstwDrm das danach Genannte als richtige Antwort betrachtet. Diese Alternative wird nachfolgend begründet und erläutert (hier nicht mehr wiedergegeben). Wenn PhilDrhaw dem Diskutanten ForstwDrm zustimmt, muss sie sich selbst widersprechen, was sich negativ auf die Konsistenz ihrer eigenen Äußerungen auswirkt. In diesem Fall stimmt sie ForstwDrm zu und modifiziert dabei ihre Aussagen zu Nichtwissen und Bildern. Durch die Modifikation muss sie sich nicht selbst widersprechen, sondern kann durch **Flexibilität und die Fähigkeit des Weiterdenkens** Kompetenz beweisen.

Auch im nächsten Beispiel enthält die Frage die vom Diskutanten als richtig betrachtete Antwort:

```
007     ForstwDrm      KANN man nicht EIgentlich (--) DAS was nachhaltig ist
008                    !IM!mer nur ex post bestimmen (-) und (1.5)
009                    von von HINten heraus also beURteilen (--)
010                    mir scheints in dem zusammenhang kein ZUfall zu sein
011                    dass sie (-) wenn sie äh (---) FORdern dass wir (-) öm
                       (1.5) dass wir MUSter erkennen müssen (-)
012                    dass sie dann in ERSter linie hier MUSter bringen von
                       NICHT nachhaltigen
013     EthAplPm       hm
014     ForstwDrm      entwicklungen
015     EthAplPm       hm
016     ForstwDrm      desWEgen frag ich mich wie HILFreich ist aber dann (-)
                       tatsächlich der nachhaltigkeitsbegriff
017                    und kann ich den oder (-) inwieweit könnten sie DEN
                       hier POsitiv bestimmen
```
Sequenz 95: ForstwDrm als Diskutant in der Plenumsdiskussion mit dem Vortragenden EthAplPm; TK 1_7: 007-017.

Die Frageformel *KANN man nicht EIgentlich* (als schwächere Form von *ist es nicht so dass*) leitet die Alternative ein. Darauf folgt eine Begründung dieser Ansicht und die schlussfolgernde Frage, wie *HILFreich [...] aber dann (-) tatsächlich der nachhaltigkeitsbegriff [ist]*. Hier werden also Zweifel am Sinn des Nachhaltigkeitsbegriffs in der von EthAplPm verwendeten Weise angemeldet. Auf ähnliche Weise wird in einer anderen Sequenz der Erkenntniswert des Begriffs der Wissenskultur infrage gestellt und Zweifel an der Schlüssigkeit der These signalisiert:

7 Kompetenz, Expertenschaft und Nichtwissen 339

```
007    UmwGeschDrm    ich möchte die frage stellen was der !WERT! (-) der
                      erkenntniswert dieses beGRIFFS ist (--) und etwa nicht
008                   eigentlich NAHTlos erSETZbar wäre zum beispiel durch
                      den (---) ähh begriff des ZWECKS
009                   vor allem (.) zuMINdest in DEM bereich (--) den sie
                      hier vorgestellt haben den der cheMIE (.)
```
Sequenz 96: UmwGeschDrm als Diskutant in der Plenumsdiskussion mit dem Vortragenden SozPDm$_B$; TK 1_8: 007-009.

Die Alternative wird von UmwGeschDrm genannt, nämlich diesen durch den Zweckbegriff zu ersetzen. Damit zeigt er Kenntnis des Themas und eine Auseinandersetzung mit diesem.

Das Vorbringen einer Alternative signalisiert in den beiden letzten Fällen dadurch Kompetenz und Fachwissen, dass **Vor- und Nachteile reflektiert und benannt** werden können. In jedem Fall aber zeigt ein Diskussionsteilnehmer, dass er sich mit der Thematik bereits auseinandergesetzt hat.

7.2.5 Zusätzliche Interpretationen anbieten

Die weitere Möglichkeit, als Diskutant Kompetenz zu beweisen, besteht im Anbieten zusätzlicher Interpretationen: Beispiele für diese Strategie sind im vorliegenden Untersuchungskorpus selten. Dies mag daran liegen, dass es sich um Vorträge auf interdisziplinären Tagungen handelt und daher weniger Daten zur Diskussion gestellt werden – und wenn, dann anders aufbereitet, sodass es von einem interdisziplinären Publikum verstanden werden kann. In einer der Fokusdiskussionen allerdings erörtern zwei Wissenschaftler, die einander fachlich relativ nah sind (Pharmazie und Chemie), die Voraussetzungen der Urzeugung:

```
165    PharmPm    ich hab ja verSUCHT (--) zu erklären waRUM ich denke
166               dass die basis unseres (.) WISsens was die URzeugung
                  angeht (---)
167               ANdeutet (--) dass die ganze sache funktioniert (--)
168               WEnn man eine (.) steuerung von außen ZUlässt (-)
169               das ist meiner meinung was (.) GEgenwärtig (--) daraus
                  ABlesbar ist (.)
```
Sequenz 97: PharmPm in der Fokusdiskussion mit ChemPm$_A$; TK 2_5: 165-169.

Die fachliche Nähe ermöglicht das Lesen und Interpretieren von Daten, die im jeweils anderen Fachgebiet erhoben wurden. Bereits im Vorfeld hatten die beiden ihre Ansichten klargestellt: ChemPm$_A$ hatte dafür argumentiert, dass die Urzeugung allein durch die vorhandenen chemischen Bestandteile möglich war, während PharmPm ein göttliches Wirken annimmt. Letzteres wird hier wieder aufgenommen, wenn PharmPm sagt, dass die Urzeugung durch das Wirken von Gott (*eine (.) steuerung von außen*) ermöglicht wurde. Zumindest ist das seine

Interpretation, die mit der von ChemPm$_A$ kontrastiert: *das ist meiner meinung was (.) GEgenwärtig (--) daraus ABlesbar ist.* Nach heutigem Kenntnisstand, d. h. auch angesichts der Datengrundlage von ChemPm$_A$, lässt die Urzeugung also keine andere Alternative zu – so die Meinung von PharmPm.

7.2.6 Das Einfordern von und Fragen nach (weiteren) Informationen

Im gesamten Korpus sind Fragen sehr häufig, was allerdings kaum überraschend ist. Wissenschaftliche Diskussionen sind, wie im Kapitel zum gegenseitigen Kritisieren (Kap. 5) dargestellt, durch verschiedene Sprechhandlungen gekennzeichnet, unter denen Fragen unterschiedlicher Typen eine große Rolle spielen, um Interesse und Kritik zu signalisieren. Es wurde nicht untersucht, in welchem quantitativen Verhältnis kritische Fragen, Nachfragen und informierte Fragen stehen; stattdessen werden die Fragetypen im Folgenden mit Beispielen aus dem vorliegenden Korpus belegt.

Reine Interessensfragen, die nicht gesichtsbedrohend gemeint sind und sich auch auf das Image des Fragenden nicht negativ auswirken (im Gegenteil: Interesse an fremder Forschung entspricht dem Ideal von Wissenschaft und dient der eigenen Weiterentwicklung), sind die beiden folgenden:

```
170    BioPm_A    ne ä ne f SACHliche frage eine (.) verstÄNdnisfrage
                  auch (-)
171               auf der EInen seite ham sie aminosäuren
172               die können s:ie äh produzieren durch äh entsprechende
                  (.) ursuppenexperimente
173               da kriegen sie stoffmischungen (.) da sind sieben
                  aminosäuren drin (---)
174               meine frage ist jetzt wenn sie diese stoffmischungen
                  nehmen
175               SO wie sie sind so wie sie entstanden sind (---)
176               und setzen DIEse stoffmischungen mit kupferionen äh äh
                  zusammen
178               und meinetwegen noch (xxx)mineralien (---) dampfen das
                  EIN (-)
179               WIE lang werden die peptide (.) die sie dann kriegen
```
Sequenz 98: BioPm$_A$ in der Fokusdiskussion mit ChemPm$_A$; TK 2_6: 170-179.

BioPm$_A$ und ChemPm$_A$ diskutieren die Grundlagen der Urzeugung, die Entstehung von Peptiden. Da ChemPm$_A$ bereits Experimente mit Stoffmischungen vorgenommen hat und dabei Peptide entstanden sind, stellt BioPm$_A$, der noch keine Experimente dazu durchgeführt hat, Fragen zu diesen Experimenten. Seine Nachfrage nach der Peptidlänge ist demnach als eine Interessensfrage zu verstehen, was BioPm$_A$ selbst im Abschluss auch so bewertet: *ok das ist interessant* (Z. 197, nicht abgedruckt).

7 Kompetenz, Expertenschaft und Nichtwissen 341

In der nächsten Sequenz ist die Interessensfrage an eine kritische Nachfrage gekoppelt. Die Frage seitens SozPDm$_A$, ob der Vortragende SozPDm$_B$ etwas empirisch nachweisen könne, ist keineswegs unschuldig, da sie potenziell gesichtsbedrohend ist, falls der empirische Nachweis nicht gebracht werden kann (das Erbringen von Nachweisen und Belegen ist ein grundlegender wissenschaftlicher Wert). Denn dann wären die Aussagen des Vortragenden SozPDm$_B$ rein spekulativ und nicht belegt. Diese potenziell kritische Nachfrage wird aber von SozPDm$_A$ durch *das würd ich einfach gerne wissen* abgeschwächt und neu kategorisiert:

```
041    SozPDm_A      deswegen meine frage (1.5) KANNST du das empirisch
                     NACHweisen
042                  weil wenn das !GINGE! aufgrund aktenanalysen
                     ((unverst., 2sek))
043                  hätte man (--) ziemlich was in der HAND
044                  aber das würd ich einfach gerne wissen
045    SozPDm_B      ja
046    SozPDm_A      wie du das gemacht hast und !OB! das so ist
```
Sequenz 99: SozPDm$_A$ als Diskutant in der Plenumsdiskussion mit dem Vortragenden SozPDm$_B$; TK 1_8: 041-046.

Damit stellt sich der Beitrag als reine Bitte oder Frage um Information dar, die nicht kritisch und dadurch nicht als Gesichtsbedrohung für den Vortragenden gemeint ist. Im Gegenteil: Der Vortragende wird gegenüber dem Diskutanten als Experte mit größerem Wissen auf dem Gebiet konstruiert.

Da sich Diskutanten bei Rück- und Nachfragen nicht als weniger informiert als der Vortragende zeigen möchten, stellen sie oft ihre Fragen so, dass sie bereits einen Antwortvorschlag bzw. eine Antworterwartung enthalten. Solche „informed guesses"[95] (Konzett 2012: 213) signalisieren Wissen auf dem Forschungsgebiet und damit ein ausgeglichenes Verhältnis zwischen Kompetenz und der einen Wissenslücke, die zum Nachfragen führt (vgl. ebd.).

Ein Beispiel für ein *informed guess* ist die folgende Sequenz. Hier handelt es sich um eine Mischung aus Kontrastieren der eigenen Forschung mit den Vortragsinhalten und *informed guess*. Was die Frage als *informed guess* ausmacht, ist die Tatsache, dass LingPw$_A$ zwei Antwortmöglichkeiten anbietet:

```
004    LingPw_A      äm sie ham jetzt (--) überRAschenderWEISE
005                  eben so die ganz offensichtlichen statements zu
                     nichtwissen (.) ne
```

---

95 Es ist schwierig, eine deutsche Übersetzung der Formulierung „informed guesses" anzugeben, da es hier zwei Möglichkeiten gibt: In seiner Textumgebung müsste man die Formulierung „informierte Fragen" wählen, wörtlich übersetzt bedeutet sie aber „begründete Annahmen". Beide Varianten sind sinnvoll, daher verwende ich den offeneren englischen Begriff.

```
006         und das also wir ham wir gehn ja immer mal wieder mit
            hypothesen an an das thema dran
007         dass wir verMUten dass nichtwissen NICHT so ohne
            weiteres eingestanden wird (-)
008         äm (.) und jetzt FRAG ich mich sch FÜHRN sie das auf äh
            den WANdel der kulTUR zurück äh
009         oder würden sie sagen es liegt möglicherweise auch
            schlicht daran
010         dass sie eigentlich in einem anderen kontext gefragt
            ham (.)
```

Sequenz 100: LingPw$_A$ als Diskutantin in der Plenumsdiskussion mit dem Vortragenden SozPDm$_A$; TK 1_4: 004-010.

Die Antwortmöglichkeiten enthalten bereits Interpretationsalternativen, die LingPw$_A$ als mögliche Begründung logisch erscheinen. Damit signalisiert LingPw$_A$ Kompetenz dadurch, dass sie die **Frage** zweifach **selbst beantworten** kann; sie verfügt also über Fachwissen, das es ihr ermöglicht, zwei Ursachen der Nichtwissensthematisierung zu benennen.

Die beiden nächsten Sequenzen enthalten Nachfragen, die ebenso Kompetenz auf Seiten des Nachfragenden anzeigen. Im ersten Beispiel ist LingPw$_A$ eine Unstimmigkeit im Vortrag von SozPm aufgefallen, auf die sie nochmal eingeht. In ihrer Nachfrage nennt sie die beiden Weisen, auf die eine Äußerung von SozPm verstanden werden kann:

```
020     LingPw_A     ich wollte eigentlich wissen ob das (.) äm
                     also ob sie das jetzt verstehen als ä beschreiben
021                  so !LÄUFT! (.) risikokommunikation in der regel oder
                     als ä so !SOLL!te sie laufen (.)
022                  weil (-) die punkte sind mir sehr unterschiedlich
                     erschienen_so manchmal mehr als (.)
023                  SO wäre es WÜNschenswert
024                  und manchmal so ist es aber wär_es andererseits nicht
                     WÜNschenswert (--)
```

Sequenz 101: LingPw$_A$ als Diskutantin in der Plenumsdiskussion mit dem Vortragenden SozPm; TK 1_1: 020-024.

Der Vortragende wird dazu aufgefordert, eine Entscheidung zwischen den beiden Varianten zu treffen und damit die Uneindeutigkeit aufzulösen. LingPw$_A$ weist SozPm durch ihre Frage darauf hin, dass er, nach ihrer subjektiven Einschätzung (*die punkte sind mir sehr unterschiedlich erschienen*) in den Ausführungen mehrdeutig und inkonsequent gewesen sei. Damit signalisiert sie gleichzeitig, dass sie über die Kompetenz verfügt, solche begrifflichen und konzeptuellen Unterschiede zu erkennen.

Auch im nächsten Beispiel entdeckt ein Diskutant eine Unstimmigkeit im Vortrag, in diesem Fall einen Widerspruch:

7 Kompetenz, Expertenschaft und Nichtwissen 343

```
001    ForstwDrm    äm JA ich möchte doch noch mal em (-) nach dem
                    zuSAMmenhang
002                 oder der !PAS!sung von dem NACHhaltigkeitsbegriff und
                    dem !UN!sicherheitsbegriff (--) fragen
003                 meiner ansicht nach (-) scheint da MIR a hm
004                 für MEInen geschmack scheint da ein WIderspruch (-)
005                 ZWIschen (.) NACHhaltigkeitsZIElen und unsicherheit (-)
                    äh zu bestehen
006                 der sich nicht äh AUFlösen lässt
```
Sequenz 102: ForstwDrm als Diskutant in der Plenumsdiskussion mit dem Vortragenden EthAplPm; TK 1_7: 001-006.

ForstwDrm leitet seinen Beitrag damit ein, nach der Passung vom Nachhaltigkeits- und Unsicherheitsbegriff im Vortrag von EthAplPm fragen zu wollen. Diese Nachfrage begründet er damit, dass *da ein WIderspruch (-) ZWIschen (.) NACHhaltigkeitsZIElen und unsicherheit (-) äh zu bestehen* scheint. Die Begründung wird subjektiv und vorsichtig formuliert: *meiner ansicht nach (-) scheint da MIR a hm für MEInen geschmack scheint da*. Die Möglichkeit eines Missverständnisses wird hier eingeschlossen.

Insgesamt kann festgehalten werden, dass Interessens- und Informationsfragen in den Beispielen als kaum gesichtsbedrohend für die Beteiligten erscheinen. Kritische Nachfragen und *informed guesses* haben dagegen *face*-bedrohendes Potenzial, wenn die Fragen nicht beantwortet werden können. Beide Fragetypen sind außerdem dadurch charakterisiert, dass sie die konstruierte Wissensasymmetrie zwischen den Kommunikationspartnern (der Fragende weiß weniger als der Antwortende) aufheben: Beide Typen setzen Fachwissen auf Fragenden-Seite voraus, wobei dieses Wissen in den Erläuterungen, die die Fragen typischerweise begleiten, angeführt wird. Kompetenzansprüche werden demnach nicht nur über die Diskussion von Inhalten, sondern auch über die Wahl des Fragetyps signalisiert.

Zwischenfazit: Die von Konzett identifizierten Strategien der Darstellung von Expertentum und Kompetenz konnten alle (mehr oder weniger umfangreich) mit Sequenzen aus dem eigenen Analysekorpus belegt werden. Die Strategien erweisen sich als hilfreich für die Bestimmung, wie Wissenschaftler ihren Expertenanspruch auf Konferenzen signalisieren. Dennoch hat sich gezeigt, dass ihre Einteilung der Strategien vor allem in Hinblick auf das Einfordern von Informationen (Nachfragen, Einfordern von weiteren Informationen, *informed guesses*) für das vorliegende Korpus zu unübersichtlich sind, da fast alle Fragen Informationen über die erwarteten Antworten enthalten.

Bei der Analyse meiner Daten konnten zusätzliche Strategien zur Darstellung von Kompetenz und Expertentum auf Diskutantenseite identifiziert werden. Sie werden im Folgenden erläutert und belegt und führen die bisherige Liste fort.

7.2.7 Verwendung von Fachterminologie

Es wurde bereits zu Beginn des Kapitels angesprochen, dass die Verwendung von Fachterminologie auf Kompetenz und Expertenschaft verweist. Es erscheint daher überflüssig, dies an Beispielsequenzen zu belegen und zu diskutieren (man kann hier jede beliebige Sequenz wählen); es soll aber demonstriert werden, dass sich Kompetenzstreits an Diskussionen um die korrekte Verwendung von Terminologie entzünden können. Im Analysekorpus fällt eine Diskussion nach einem Vortrag auf, in der mehrmals der Begriff der Verschränkung genannt wird. Der Begriff wird vom Vortragenden PhyPsyDrm verwendet, um psychophysikalische Phänomene zu erklären. In der darauffolgenden Diskussion wird er drei Mal auf die Verwendung dieses Begriffs angesprochen bzw. zur Bedeutung befragt. Zuerst meldet sich ein Biophysiker zu Wort, der wissen möchte, *WAS da miteinander verschränkt !IST!* (BiophyDrm, TK 3_7: 015). BiophyDrm geht daraufhin dazu über, Verschränkung aus biophysikalischer Sicht zu erklären. Erst danach hat PhyPsyDrm die Möglichkeit, seinen Verschränkungsbegriff zu erläutern. Im weiteren Diskussionsverlauf hinterfragt Diskutant MaPm die Verwendung des Verschränkungsbegriffs und möchte klären, ob dieser in quantenmechanischer Bedeutung gebraucht wird (*ist es ge!NAU! der begriff der quantenmechanik*; MaPm, TK 3_7: 098). Er kritisiert implizit, dass der Begriff zwar verwendet, aber nicht definiert wurde, sodass seine Bedeutung unklar bleibt. PhyPsyDrm weist darauf hin, dass er den Begriff nicht quantenmechanisch verstanden wissen will und erläutert die Begriffsverwendung erneut. Doch diese Klärung ist offenbar nicht für alle Teilnehmer zufriedenstellend, denn im Anschluss daran wird die Verwendung des Begriffs von einem Physiker kritisiert: *ich hab natürlich AUCH GRO:Sse probLE:me m mit ihrer verwendung des begriffs verschränkung (-) um nicht zu sagen ich halt das für völlig (-) äh !UN!zusammenhängend mit dem wie !WIR! das verwenden* (PhyPm$_C$, TK 3_7: 115-117). PhyPm$_C$ gibt zu verstehen, dass die angesprochene Bedeutung des Begriffs in keiner Weise der entspricht, die in der Quantenfeldtheorie gilt – was interessant ist, da genau diese Tatsache schon thematisiert wurde. An der Diskussion um diesen Begriff beteiligen sich außer dem Vortragenden also noch drei weitere Wissenschaftler unterschiedlicher Disziplinen (Biophysik, Mathematik, Physik), die aus ihrer fachlichen Perspektive und ihrem Expertenwissen heraus die Begriffsverwendung einer Person kritisieren und Klärungsversuche zum Teil nicht akzeptieren. Die **Kritik an einer (vermeintlich) inkorrekten Terminologie** stellt also eigene Professionalität und Kompetenz heraus und wertet die des Kritisierten ab.

Ein Vortragender kann aber auch selbst begriffliche Schwierigkeiten (auch im eigenen Sprachgebrauch) identifizieren und auf die **Notwendigkeit der Ausdifferenzierung von Terminologie verweisen**:

```
123    SozPDm_A    ich darf nur ganz kurz experiment spiel (.) müssen wir
                   noch ein bisschen ausdifferenziern
```
Sequenz 103: SozPDm$_A$ als Vortragender in der Plenumsdiskussion; TK 1_4: 123.

SozPDm$_A$ gibt dadurch zu erkennen, dass er Unterschiede der Begriffe (Experiment und Spiel) und dahinter stehenden Konzepte kennt, was auf Kompetenz und Fachwissen verweist.

Die korrekte Verwendung von Terminologie und das Hinweisen auf mangelnde Differenzierungen signalisiert sprecherseitige Kompetenz und Fachwissen; das Image als kompetenter Wissenschaftler wird gestärkt. Derjenige, der auf fehlerhafte Terminologieverwendung hingewiesen wird, ist hingegen einer Imagegefährdung ausgesetzt, da falsche Terminologie implizit auf Unwissenschaftlichkeit im Sinne von fehlender Reflexion hinweist.

7.2.8 Ergänzungen anbringen, Kenntnis der Forschung und Literatur signalisieren

Ergänzungen zu Vortragsinhalten sind relativ häufig. Sie sind thematische Erweiterungen, die Diskutanten im Diskussionskontext für relevant halten. Werden Ergänzungen vorgebracht, richten sie sich nicht nur unmittelbar an den Vortragenden (der etwas nicht genannt/beachtet/angesprochen hat), sondern immer auch an das Publikum, dem der Diskutant signalisiert, etwas mehr als der Vortragende zu wissen. Somit demonstriert der Diskutant mindestens gleichen Umfang an Wissen mit dem Vortragenden, in bestimmten Fällen ist sogar erwartbar, dass mehr Fachwissen angezeigt werden soll (bspw. in Fällen asymmetrischer Kommunikation, also von Fachfremden oder Doktoranden und Professoren).

In der folgenden Sequenz bewertet kTheoMaPm die Ausführungen zur Rationalität von PhilNaWiPm als eine *verKÜRzung*. Dadurch signalisiert er negative Kritik, da Verkürzungen als unzulässige Weglassungen in der Wissenschaft negativ bewertet werden:

```
133    kTheoMaPm    allerdings (.) bin ich der meinung dass es verSCHIEdene
                    formen von rationalität gibt (--)
134                 u::nd ich halte es für eine verKÜRzung !NUR! (-) IHre
                    form von rationalität und weltzugriff
135                 als (.) die einzige GELten zu lassen
136                 ich nenne sie einmal den naturwissenschaftlichen
                    weltzugriff (-)
```

```
137         ich finde diesen wie gesagt wirklich sehr
            beDEUtungsvoll (-)
138         ich MEIne aber dass es verschiedene formen von
            rationalität gibt
139         ich möchte zumindestens noch zwei nennen (-)
140         nämlich so etwas wie eine ästHEtische rationalität die
            zu tun hat (.) mit KUNST (.) SPRAche (.) literaTUR (.)
141         und dass es NOCH eine form von rationalität gibt
142         die ich nennen möchte eine normaTIve oder (.)
            evaluative
```
Sequenz 104: kTheoMaPm als Diskutant in der Plenumsdiskussion mit dem Vortragenden PhilNaWiPm; TK 2_4: 133-142.

kTheoMaPm erkennt zwar den *naturwissenschaftlichen weltzugriff* an und hält diesen für *wirklich sehr beDEUtungsvoll*, signalisiert aber Ein- und Widerspruch durch das adversative *ich MEIne aber*. Der vom Vortragenden genannte wird um zwei weitere Rationalitätsbegriffe ergänzt: einmal im Zusammenhang mit Kunst und Literatur, dann durch einen normativen, evaluativen Rationalitätsbegriff. So zeigt kTheoMaPm, dass er über Fachwissen im Hinblick auf Rationalitätsbegriffe verfügt und daher die Ausführungen des Vortragenden bewerten sowie ergänzen kann.

Im nächsten Beispiel geht es dagegen nicht um Begriffe, sondern um das Anführen weiterer Beispiele, die nach Ansicht des Diskutanten ebenso oder sogar noch hilfreicher sind als das im Vortrag genannte Beispiel, um das besprochene Thema zu bearbeiten:

```
005   PhyPm_D    und ich denke da gibt es ne !FÜL!le von weiteren
                 beispielen (.)
006              also insbesondere der (.) amerikanische
                 wissenschaftstheoretiker HOLton (.)
007              hat da große untersuchungen drüber angestellt
008              also zum beispiel EINstein den sie auch erwähnt haben
                 (-)
009              vielleicht als erGÄNzung es gibt da sowohl !FÖR!dernde
                 als auch !HEMM!ende (.)
010              äh er spricht von THEmata von LEITideen (-)
011              ja bei EINstein kann man sehr schön zeigen
012              dass etwa (.) äh die vorstellung der EINfachheit (.)
013              oder oder auch der der symmeTRIE das war NEU damals
                 äh FÖRdernd war für seine theorieentwicklung (.)
014              während ä sein PANtheismus von spinoza her SEHR
                 wahrscheinlich (.) BREMsend war
```
Sequenz 105: PhyPm$_D$ als Diskutant in der Plenumsdiskussion mit dem Vortragenden eTheoPm$_A$; TK 3_2: 005-014.

Die Feststellung *da gibt es ne !FÜL!le von weiteren beispielen* signalisiert Kenntnis der Forschung und der typischerweise herangezogenen Exempel. Der Verweis auf die Untersuchungen eines anderen Forschers (Holton) zeigt ebenso, dass sich der Diskutant in der Forschungslandschaft auskennt und die Publikationen gelesen hat. Den Verweis auf Einstein lässt er nicht als solchen stehen, sondern erweitert diesen durch eigene Erläuterungen, die er mit *vielleicht als erGÄNzung* einleitet. Zudem bewertet er das Einstein-Beispiel als positiv (*sehr schön*) für die Erklärung des Zusammenhangs zwischen Weltanschauung und Theorieentwicklung.

Expertenschaft und Kompetenz wird hier also dadurch demonstriert, dass die Kenntnis der eigenen Forschungslandschaft sowie Fachkenntnisse signalisiert werden. In den Beispielen wird deutlich, dass umfassendes und fundiertes Fachwissen es ermöglicht, Vortragsinhalte zu ergänzen, auf Lücken aufmerksam zu machen, oder Verkürzungen in der Darstellung zu erkennen.

7.2.9 Hinweisen auf wissenschaftliche Werte

Wissenschaftliche Werte sind zwar für jede Disziplin unterschiedlich ausdifferenziert (vgl. Stichweh 2013: 27), in ihren Grundzügen gelten sie aber disziplinunabhängig (vgl. DFG 2013). Das Hinweisen auf oder Thematisieren von wissenschaftlichen Werten signalisiert, dass sich der Diskutant als guter, *lege artis* arbeitender Wissenschaftler präsentiert. Dies konnte durch die Analysen zu positiver und negativer Kritik bestätigt werden (vgl. Kap. 5): Wissenschaftler berufen sich auf wissenschaftliche Werte, um Kritik zu begründen. Damit schreiben sie sich selbst die Einhaltung der Werte zu und präsentieren sich damit als *lege artis* arbeitende Forscher. Eine Kritik des Vortragenden, dem Nicht-Einhaltung eines wissenschaftlichen Wertes vorgeworfen wird, ist höchst *face*-bedrohend, dadurch die Wissenschaftlichkeit seiner Forschung infrage gestellt wird (vgl. Konzett 2012: 256f.[96]; vgl. auch Kap. 5.3 der vorliegenden Arbeit).

Vor allem zwei wissenschaftliche Werte werden in den Diskussionen häufig zum Ausdruck gebracht, die hier exemplarisch angeführt werden sollen: empirische Nachweisbarkeit (und die prinzipielle Verifizier-/Falsifizierbarkeit) und Einschränkung der Gültigkeit des Gesagten. Das erste Beispiel zeigt, dass empirische Nachweisbarkeit ein Qualitätsmerkmal von Forschungsergebnissen ist:

```
041    SozPDm_A    deswegen meine frage (1.5) KANNST du das empirisch
                   NACHweisen
042                weil wenn das !GINGE! aufgrund aktenanalysen
                   ((unverst., 2sek))
```

---

96 Wie eingangs erwähnt, ordnet Konzett die Strategie, auf wissenschaftliche Werte zu verweisen, dem Ziel der Präsentation als „guter wissenschaftlicher Forscher" (Konzett 2012: 243) zu. Nach meiner Systematisierung wird diese Strategie als Technik der Kompetenzdarstellung kategorisiert.

```
043                    hätte man (--) ziemlich was in der HAND
044                    aber das würd ich einfach gerne wissen
```
Sequenz 106: SozPDm$_B$ als Diskutant in der Plenumsdiskussion mit dem Vortragenden SozPDm$_A$; TK 1_8: 041-044.

Empirische Beweise werden hier als belastbarer dargestellt: *ziemlich was in der HAND*. Die Metapher bezeichnet einen Nachweis, den jeder sehen und prüfen kann.

Im zweiten Beispiel werden die Grenzen der Wissenschaft und der Gültigkeit des Gesagten thematisiert. Solches Sichtbarmachen von Einschränkungen ist ebenso ein wissenschaftlicher Wert. GeschPm$_C$ schränkt die Gültigkeit seiner vorangegangenen Darstellungen ein, indem er auf fehlende eigene Untersuchungen hinweist:

```
090    GeschPm_C     es gibts noch auch zum TEIL auch im JUdentum und äh
                     unter äh
091                  unter äh unter äh muslimischen (--) äh (-) denkformen
                     ÄHNlich
092                  aber ich hab das nicht untersucht (--)
```
Sequenz 107: GeschPm$_C$ in der Plenumsdiskussion (Abschlussdiskussion); TK 1_5: 090-092.

Das **Deutlichmachen von Einschränkungen der Gültigkeit des Gesagten** trägt im wissenschaftlichen Kontext dazu bei, Aussagen hinsichtlich ihres Wahrheits- und Prüfgehalts einzuordnen. Sie zeigen die Belastbarkeit der Aussagen an, wodurch sich einerseits der Sprecher absichert, andererseits es dem Hörer ermöglicht wird, das Gesagte besser zu evaluieren und einzuschätzen. Diese Umsicht ist Teil wissenschaftlicher Kompetenz, da auf Lücken hingewiesen wird, die von den Forschern erkannt und dann auch offengelegt werden.

7.2.10 Selbstinitiiertes Anschneiden eines neuen Themas

Es kommt vor, dass Diskutanten (beispielsweise in einer Abschlussdiskussion, die ja nicht auf einen Vortrag fokussiert ist), ein neues Thema für ihren Beitrag bestimmen. So leitet SozPDm$_B$ in einer Diskussion zum Abschluss eines ersten Konferenztages relativ zurückhaltend (*würde gerne*) ein anderes Thema ein:

```
001    SozPDm_B      ja (.) ich würde gerne das thema des experimentaLISmus
                     aufgreifen
002                  weil diese frage hat im raum gestanden (--)
003                  inwieweit es oder obs sich wirklich als MOdus ähm
                     FEStigt also
004                  EIne gute möglichkeit das zu beobachten ist ((unverst.,
                     1sek)) die der institutionalisierung
```
Sequenz 108: SozPDm$_B$ als Diskutant in der Plenumsdiskussion; TK 1_5: 001-004.

Das Thema (Experimentalismus) wird genannt und begründet: *weil diese frage hat im raum gestanden.* Die Themenauswahl ist hier offenbar dadurch bestimmt, dass eine Lösung für diese Frage angeboten werden kann: *EIne gute möglichkeit das zu beobachten ist.* Der eigene Lösungsbeitrag wird als *gut*, also positiv und hilfreich bewertet. SozPDm$_B$ trifft seine Themenwahl so, dass er eigenes Wissen anbieten kann, das ihn als lösungs- und klärungsorientierten Experten auf dem Gebiet ausweist.

Durch die Selbstwahl eines neuen Themas kann Kompetenz relativ einfach dargestellt werden, da vermutlich nur die Themen ausgewählt werden, mit denen man sich intensiv beschäftigt hat. Allerdings müssen die Rahmenbedingungen für ein selbstinitiiertes Anschneiden eines neuen Themas gegeben sein (z. B. in offeneren Abschlussdiskussionen wie im vorliegenden Beispiel), da eine Selbstwahl in einem unpassenden Moment (z. B. in einer thematisch stark fokussierten Diskussion) auch als Profilierung und egoistische Selbstdarstellung gewertet werden könnte.

7.2.11 Selbstinitiiertes Darstellen eigener Leistungen

In der Impression-Management-Theorie wird die Technik, eigene Leistungen hervorzuheben, als ein Element der „self-promotion" betrachtet. *Self-Promotion* ist ein Bündel verschiedener Techniken[97], die die eigenen Vorzüge hervorheben sollen. Ziel dieser Strategien ist es, „hinsichtlich der eigenen Fähigkeiten und Leistungen respektiert zu werden" (Mummendey 1995: 142). Am folgenden Beispiel ist die Tatsache besonders interessant, dass eigene Leistungen in der Forschung dargestellt werden, die gar nicht Thema der Diskussion sind. In der Diskussion geht es darum, dass es Gewissheiten wie das Alibiprinzip gibt, die niemand (mehr) infrage stellt: Wir können zu unterschiedlichen Zeiten am gleichen Ort sein, aber nicht an unterschiedlichen Orten zur gleichen Zeit. Darum geht es im ersten Teil der Sequenz:

```
100    PhilPm_A     ABER (--) meine damen und herrn mir gehts doch nicht
                    bloß DArum
101                 dass sie plötzlich wissen warum sie nen TATortkrimi
                    verstehen (--) wenn da von alibi die rede ist (--)
102                 sondern mir geht es doch DArum ich mein ich hab lange
                    mit geometriebegründungsproblemen gesprochen
103                 und ich k äh geARbeitet (.) und ich kann ZEIgen (--)
104                 dass wenn sie die homogeniTÄT des !RAU!MES (2.0) in
                    MESsungen FÜR die physik homogen
105                 also !UN!unterscheidbarkeit ALler stellen haben wollen
                    dann kriegen sie ABsolute geometrie
```

---

97 Zu den anderen in der *self-promotion* enthaltenen Strategien/Techniken s. Mummendey 1995: 142 und die dort genannte weiterführende Literatur.

350   7 Kompetenz, Expertenschaft und Nichtwissen

```
106                 ich kann aber zeigen (-) das wird gar nicht zur
                    KENNTnis genommen (-)
```
Sequenz 109: PhilPm$_A$ als Diskutant in der Plenumsdiskussion mit dem Vortragenden PhilPm$_B$; TK 3_10: 100-106.

Dann wechselt PhilPm$_A$ mit *ich mein* in ein anderes Thema (allerdings mit der Alibiproblematik zusammenhängend), nämlich das der Geometriebegründungsproblematik. Er stellt seine eigenen Leistungen heraus (*ich kann ZEIgen (--) dass*) und sagt aber gleichzeitig, dass seine Leistungen nicht beachtet werden: *ich kann aber zeigen (-) das wird gar nicht zur KENNTnis genommen*. Es stellt sich hier die Frage, ob seine Leistungen und das gewonnene Wissen bewusst ignoriert (Verweis auf Nicht-Wissen-Wollen; vgl. Kap. 7.3.1.3) oder unabsichtlich übersehen werden. Der Verweis auf eigene Leistungen signalisiert Kompetenz auf dem von PhilPm$_A$ beforschten Gebiet.

Das Darstellen eigener Leistungen signalisiert in den Beispielen dadurch Kompetenz und Kompetenzansprüche, dass zusätzliches Wissen in einem weiteren (nicht notwendigerweise mit dem diskutierten Thema verbundenen) Forschungsgebiet demonstriert wird.

7.2.12 Kenntnis von wissenschaftlichen Denk-/Arbeitsprinzipien und logisches Denken signalisieren

Fehlendes Fachwissen auf einem Gebiet heißt nicht, dass man sich in eine Diskussion nicht konstruktiv einbringen kann. Wissenschaftler befinden sich in interdisziplinären Diskussionen in der Regel in der Situation, über großes Fachwissen auf ihrem eigenen Gebiet, über weniger oder kein Wissen in anderen Disziplinen zu verfügen. Dennoch können sie, da sie über die Kenntnis von Grundprinzipien von Wissenschaft, Methoden und die Fähigkeit des systematischen Denkens verfügen, Kompetenz demonstrieren. So zeigt sich in der nachfolgenden Sequenz ein fachfremder Diskutant als durchaus in der Lage, Problematisches zu erkennen und Kritik aus disziplinärer Perspektive anzubringen:

```
067    PhilPm_C    SIND das denn überhaupt erfahrungen die sie da
                   heranziehen (---)
068                das NAHEliegendste wäre ja wenn man RATlos ist (.) und
                   nicht ä etwas nicht erKLÄren kann (-)
069                dass man erstmal schaut wie kann das denn ZUgegangen
                   sein (---)
070                und DA kann ich nur die (--) den den SELben äh (.) di
                   dieselbe VORsichtsäußerung ä BEItragen
071                wie bei den (.) KERNkraftwerken (.)
072                man hat vielleicht fünf möglichkeiten AUSgeschlossen
                   (---)
073                da SO ist es !NICHT! passiert und die SECHSte (.)
```

```
074                    so !WIE! es passiert ist
075                    an die HAT man nicht gedacht (---)
```
Sequenz 110: PhilPm$_C$ als Diskutant in der Plenumsdiskussion mit dem Vortragenden PhyPsyDrm; TK 3_7: 067-075.

PhilPm$_C$ spricht eine Warnung, eine *VORsichtsäußerung* aus, die auch für Kernkraftwerke gilt. Insofern vergleicht er die von PhyPsyDrm vorgetragene Untersuchungsmethode in Bezug auf Spukphänomene mit den Risiken bei der Betreibung von Kernkraftwerken. Die Problematik, alle Möglichkeiten vorhersehen und Risiken damit minimieren zu wollen, wird auf die Erklärbarkeit von Spukphänomenen übertragen: So wenig, wie man alle Risikofaktoren der Kernenergie bestimmen könne, könne man alle logischen Erklärungen für Spuk ausschließen. PhilPm$_C$ demonstriert damit sein Weltwissen und logisches Denken, das für alles wissenschaftliche Arbeiten gilt: *man hat vielleicht fünf möglichkeiten AUSgeschlossen (---) da SO ist es !NICHT! passiert und die SECHste (.) so !WIE! es passiert ist an die HAT man nicht gedacht*. Der Rückgriff auf wissenschaftliche Arbeits- und Denkprinzipien, also allgemeinwissenschaftliches Fachwissen (z. B. Methoden), ersetzt hier disziplinäres Sachwissen und ermöglicht die kompetente Teilnahme an fachfremden Diskussionen.

7.2.13 Verweis auf den disziplinären Hintergrund

Die Ergebnisse der Untersuchung von Fachidentitäts-Thematisierungen (vgl. Kap. 6) sind auch für die Analyse der Darstellung von Kompetenz und spezialisiertem Wissen aufschlussreich. So wurde bereits im Zusammenhang mit dem Verweis auf Fachidentität gesagt, dass Vortragende und Diskutanten sich zum Teil sehr präzise innerhalb ihrer eigenen Disziplin verorten und auf Tagungen positionieren. Innerhalb der *scientific community* demonstrieren sie so Kenntnis ihrer eigenen Disziplin, der darin vorherrschenden Schulen, Denkrichtungen und Meinungen. Die Fähigkeiten, die eigene Fachkultur zu reflektieren und sich **innerhalb des Fachs zu positionieren**, beweisen Kompetenz, da dies nur nach ausgiebiger Beschäftigung mit den Inhalten einer Disziplin möglich ist. Auch die **Distanzierung von Aspekten oder Kollegen des eigenen Fachs** setzt ausführliche Auseinandersetzung mit den Forschungsarbeiten von Kollegen und Literaturkenntnis voraus, wodurch Überblick über die Forschungslandschaft signalisiert wird. Das **Referieren von Forschungsliteratur** und das **Nennen von Kollegen** sowie die **Wiedergabe von deren Forschung** wiederum bezeugen ausführliche Bearbeitung des Themas, umfassende Kenntnis der aktuellen disziplinären Forschungslage und Aktualität/Up-to-date-Sein. Das Nennen der disziplinären Zugehörigkeit dient zudem der Vorbereitung oder Abwehr von Kritik, indem der disziplinäre

Hintergrund den kritischen Beitrag legitimiert und als Nachweis von Kompetenz und Expertenschaft fungiert. Dabei schreiben sich Akteure selbst Fachwissen zu und beanspruchen Kompetenz auf einem diskutierten Forschungsgebiet für sich.

7.2.14 Fremdzuschreibung von Fachwissen und Expertenschaft

Expertenschaft kann einem Diskutanten vom Vortragenden zugeschrieben werden, wodurch die Wissensasymmetrie zwischen vortragendem Experten und Zuhörenden konterkariert wird:

```
009     EthAplPm        es ist ex!AKT! (.) ex d das ist exAKT diese
                        UNmöglichkeit mit dem
010                     wenn man so will (.) RIsikokalkül wies entstANden
                        ist
011                     so etwas wie technikFOLgenabschätzung und all diese
                        dinge zu machen
012                     die sie besser kennen als ICH (---) ähm
```
Sequenz 111: EthAplPm als Vortragender in der Plenumsdiskussion mit dem Diskutanten SozPm; TK 1_2: 009-012.

EthAplPm spricht über Risiko und Technikfolgenabschätzung und schreibt SozPm in diesem Zuge mehr Kompetenz auf diesem Gebiet zu: *die sie besser kennen als ICH*. Auf diese Weise signalisiert er, dass er das Fachwissen und die Kompetenz von SozPm anerkennt und sich des eigenen Weniger-Wissens bewusst ist – allerdings könnte dies auch auf gespielte Bescheidenheit oder Schmeichelei hinweisen.

Es zeugt von Professionalität und Fachwissen, diejenigen Experten, deren Wissen thematisch gefragt ist, in der Forschungslandschaft zu identifizieren, deren Kompetenz und Expertenschaft anzuerkennen und auf diese Kollegen zu verweisen.

7.2.15 Zusammenfassung: Kompetenz und Expertenschaft signalisieren

Die vorgestellten verbalen Mittel der Kompetenz-Signalisierung dienen in der Diskussion vor allem dazu, Fachwissens- und Kompetenzgrade interaktiv auszuhandeln und zu evaluieren. Kompetenz- und Wissensansprüche sind also abhängig von den jeweils anwesenden Personen. Die von Konzett (2012) herausgestellten Marker oder Strategien zur Darstellung von Expertenschaft konnten durch eigene Ergebnisse ergänzt werden. Dennoch sind die identifizierten Strategien nicht als erschöpfend anzusehen, da je nach Anlass, Kontext und Gruppierung der Interaktanten andere und weitere Strategien der Kompetenzdarstellung erwartbar sind.

Es stellt sich heraus, dass sich Antos' Marker von Expertenschaft nur als Grobkategorien für die Analyse des Korpus und die abschließende Systematisierung der identifizierten Techniken als hilfreich erwiesen haben. Die unten stehende Tabelle (Tab. 34) ist ein Versuch der Zuordnung der identifizierten Techniken zu den von Antos aufgestellten Kompetenzdomänen, ist aber mit Problemen behaftet. Erstens ist Sach- und theoretische Kompetenz die Basis der meisten Beiträge der Diskussionsteilnehmer. Es konnte nicht entschieden werden, welche Kompetenzen entscheidend für die Äußerungen sind, vor allem deswegen, weil die Referenz der Äußerungen (geht es um Methoden, Faktenwissen oder Erfahrungen bei der Auswertung und Modellierung von Daten) die jeweilige Domäne bestimmen. In diesen Fällen wurden beide Domänen in der Tabelle angegeben. In Einzelfällen können die Techniken konkret einer Sach- oder theoretischen Kompetenz zugeordnet werden – hierfür waren die Unterkategorien von Antos hilfreich –, wenn z. B. Literaturkenntnisse (Sachkompetenz) oder Methodenkompetenz (theoretische Kompetenz) signalisiert wurden. Zweitens kann Innovationskompetenz als Grundlage für das Halten von Vorträgen gewertet werden. Inwiefern aber Innovationskompetenz in Diskussionsbeiträgen zum Tragen kommt, kann am Untersuchungskorpus nicht bzw. nur unzureichend erarbeitet werden. Drittens kommt Antos' Domäne der „wissenssoziologische[n] Position" (Antos 1995: 120) in den Beiträgen nicht zum Ausdruck (außer, wenn ein Diskutant auf einen anwesenden Experten verweist). Tatsächlich ist es aber wohl so, dass der institutionelle und intellektuelle Einfluss von Personen sowie deren Bekanntheitsgrad (vgl. ebd.) in Diskussionen eine große Rolle spielt, wenn es um Deutungs- und Bewertungsmacht sowie die Aushandlung von Expertenstatus geht. Aus diesen Gründen ist die Tabelle als Systematisierung der im Korpus identifizierten Techniken der Kompetenzdarstellung zu verstehen, die die Kompetenz-Domänen von Antos zu berücksichtigen versucht. Sie leistet einen Beitrag dazu, die Domänen und untergeordnete Kategorien mit deduktiv und induktiv ermittelten Techniken aus dem Korpus zu ergänzen und auszudifferenzieren. In der ersten Spalte sind die Kompetenzdomänen nach Antos (1995) angegeben, in der zweiten die zugeordneten Techniken. Kursiv gedruckt sind alle Techniken (bzw. eine Domäne), die aus dem Korpus gewonnen wurden und die die von Konzett (2012) genannten Techniken und Antos Domänen (Normaldruck) ergänzen.

Tabelle 34: Übersicht über die identifizierten Strategien der Darstellung von Kompetenz und Expertenschaft unter Berücksichtigung der Kompetenzdomänen von Antos 1995 und der Strategien von Konzett 2012.

Domänen nach Antos (1995)	Strategien zur Darstellung von Kompetenz und Fachwissen in Diskussionen
Diskussions-/ Kommunikationskompetenz	Demonstrieren von Überblick, Spontaneität und Flexibilität durch Paraphrasen des Diskussionsbeitrags oder des Vortragsinhalts (Konzett 2012) *Paraphrasen zur Gesprächsstrukturierung*
Innovationskompetenz	*Selbstinitiiertes Darstellen eigener Leistungen*
Sachkompetenz	Kontrastieren der eigenen Forschung mit den Vortragsinhalten (Konzett 2012)
	Vortragskritik durch Vorbringen einer Alternative (Konzett 2012) *Reflexion und Benennung von Vor- und Nachteilen (einer Theorie, Methode, eines Konzepts etc.)*
	Zusätzliche Interpretationen anbieten (Konzett 2012)
	Selbstinitiiertes Anschneiden eines neuen Themas
	Fremdzuschreibung von Expertenschaft
	Intensive Beschäftigung mit dem Thema signalisieren
	Mitliefern von Antwortvorschlägen bei Fragen
	Ergänzungen anbringen, Kenntnis der Forschung und Literatur signalisieren
Sachkompetenz/ Theoretische Kompetenz	Vorschläge und Nachfragen (Konzett 2012) *Lösung vorschlagen und zur Diskussion stellen*
	Einfordern von / Fragen nach weiteren Informationen, Nachfragen (Konzett 2012)
	Verweis auf disziplinären Hintergrund *Kenntnis der eigenen Disziplin durch Verortung signalisieren* *Reflexion der Fachkultur* *Distanzierung von Kollegen, Aspekten des Fachs etc.* *Referieren von Forschungsliteratur* *Nennen von Kollegen* *Wiedergabe fremder Forschung*
	Widersprechen
	Korrigieren
	Hinweisen auf Qualität der eigenen Forschung

Domänen nach Antos (1995)	Strategien zur Darstellung von Kompetenz und Fachwissen in Diskussionen
	Fundierte Beiträge/Antworten
	Probleme und Inkonsistenzen in der Rede des anderen identifizieren
Theoretische Kompetenz	Verwendung von Fachterminologie Hinweisen auf mangelnde Differenzierung
	Weltwissen und logisches Denken signalisieren
	Flexibilität und Fähigkeit des Weiterdenkens
	Erkennen von konzeptuellen und begrifflichen Unterschieden
	Deutlichmachen von Einschränkungen der Gültigkeit des Gesagten
	Hinweisen auf wissenschaftliche Werte

Die Domäne *Diskussions-/Kommunikationskompetenz* wurde ergänzt, weil diese in der Kategorisierung von Antos gänzlich fehlt (dieser hatte Kompetenz und Expertenschaft am Beispiel von Abstracts untersucht). Im Rahmen einer Arbeit, die mündliche, spontane und dialogische Kommunikation untersucht, erscheint es nötig, diese Kompetenz-Domäne hinzuzufügen. Die Fähigkeit, sich fachsprachlich und inhaltlich korrekt auszudrücken, auf andere Beiträge flexibel einzugehen und fremde Inhalte wiederzugeben, verweist zwar auch auf Sach- und theoretische Kompetenz (solange es um den Inhalt des Gesagten geht), in hohem Maße aber auch auf eine Diskussions- und Kommunikationskompetenz.

Es wird deutlich, dass gewisse Strategien nur dem Vortragenden (Vortrag halten, Demonstrieren von Überblick und Spontaneität/Flexibilität durch Paraphrasen des Diskussionsbeitrags), andere nur den Diskutanten vorbehalten sind (bspw. Vortragskritik durch Vorbringen einer Alternative). Allerdings wechseln Vortragende während der Diskussion in eine Diskutantenrolle, sie diskutieren mit dem Publikum und können ebenso Ergänzungen anbringen, auf wissenschaftliche Werte hinweisen etc. Auf eine Unterscheidung der Techniken nach den jeweiligen Akteuren wurde aus diesem Grund verzichtet.

7.3 Zur Darstellung von Kompetenz trotz Nichtwissen und Unsicherheiten

Aus den bisherigen Darstellungen in diesem Kapitel geht hervor, dass sich ein Experte dadurch definiert, über spezielles, umfangreiches (inner-)fachliches Wissen auf seinem Fachgebiet zu verfügen. Wie aber stehen Kompetenz und Nichtwissen bzw. unsicheres Wissen zueinander? Auf diese Frage geht Tracy in ihrer Untersuchung von universitären Kolloquien ein:

> In academia, to be competent is most fundamentally to be knowledgeable. In university settings where discussion is about ideas, to be knowledgeable is far from an easy task. Always there are more authors to be read, technical information to be mastered, ideas that require understanding and integration into larger frames. In this academic setting, knowledgeability can never be other than bounded and a matter of degree. No person can know everything. Hence, while being a highly knowledgeable person is a desired identity, there is simultaneously a recognition that not knowing, at least under certain circumstances, should be regarded as reasonable. (Tracy 1997: 52)

Die Identität eines Wissenschaftlers als kompetenter und über großes Wissen verfügender Forscher ist also auch dadurch beeinflusst, wie er im wissenschaftlichen Forschungs- und Kommunikationsalltag mit Nichtwissen umgeht.

Grenzen des Wissens und unsicheres Wissen werden auch in den untersuchten Diskussionen thematisiert. Daher werden in diesem Kapitel die folgenden Fragen bearbeitet:

1. Wie gehen Wissenschaftler auf Konferenzen mit ihrem Nichtwissen und unsicherem Wissen um?
2. Wie thematisieren, bewerten und kategorisieren sie Nichtwissen und Unsicherheit und welche Gründe werden für Nichtwissen und Unsicherheit angeführt?
3. Wie wirkt sich die Kommunikation von Nichtwissen und Unsicherheit auf das Image der Akteure als kompetente Wissenschaftler aus?

Um die Auswirkungen von Nichtwissen auf das Image der Wissenschaftler als Experten beschreiben zu können, wird zuerst das Spannungsfeld von Expertentum und Nichtwissen in der Wissenschaft beleuchtet (Kap. 7.3.1.1) sowie der Einfluss von Nichtwissen auf die Imagegestaltung der Wissenschaftler aufgezeigt (Kap. 7.3.1.2). Danach werden die in der Literatur bereits angebotenen Differenzierungsmöglichkeiten von Nichtwissen und unsicherem Wissen dargestellt (Kap. 7.3.1.3) sowie linguistische Mittel erläutert (Kap. 7.3.1.4), die Nichtwissen und Unsicherheit anzeigen können. Im Anschluss wird ausführlich auf das in den Daten konkret geäußerte Nichtwissen eingegangen und die Sequenzen analysiert (Kap. 7.3.2). Die erkennbaren Tendenzen der Operationalisierung von Nichtwissen/Unsicherheit im Hinblick auf Möglichkeiten der Selbstdarstellung als kompetenter Wissenschaftler werden abschließend diskutiert (Kap. 7.3.2.4).

7.3.1 Methodische Anreicherung

Wissenschaftler sind in ihrer täglichen Forschungsarbeit mit Nichtwissen konfrontiert. Bei der Aushandlung von Wissen wird auch Nichtwissen thematisiert und kritisch hinterfragt, indem Ergebnisse als „irrelevant, biased, inaccurate, incomplete, absent, or uncertain" (Stocking/Holstein 1993: 190) deklariert werden. Gegenseitige Kritik der Erkenntnisse und Interpretationen treiben den Erkenntnisfortschritt voran (vgl. ebd.: 189f.; vgl. auch Beck-Bornholdt/Dubben 2009: 276), worauf auch Kerwin hinweist: „Awareness of fallibility – of our permanent capacity for error – spurs us to remain open-minded; to revise; to accept knowledge provisionally and befriend doubt" (Kerwin 1993: 169). Wissen und Nichtwissen sind demnach eng aneinander gekoppelt, miteinander verwoben und existieren parallel. Kerwin zeigt am Beispiel der Medizin, wie sich Nichtwissen auf Wissen auswirkt:

> In many fields, investigators pursue questions they could not have asked earlier. They meet confusion where formerly they had found clarity, and insight where they had not known to look. (Kerwin 1993: 169)

Im Zuge des Erkenntnisfortschritts werden Bereiche des Nichtwissens identifiziert und erschlossen, aber auch als sicher geglaubtes Wissen (neu) infrage gestellt. Wehling zufolge verstehen Wissenschaftler dieses Nichtwissen sowie den Prozess der Umwandlung von Nichtwissen in Wissen als normalen Bestandteil der Wissenschaft, vor allem gegenüber öffentlichen Akteuren wie Politik und Wirtschaft (vgl. Star 1985: 393; Wehling 2004: 47). Star betont explizit das Nichtwissen von Wissenschaftlern:

> Scientists constantly face uncertainty. Their experimental materials are recalcitrant; their organizational politics precarious; they may not know whether a given technique was correctly applied or interpreted; they must often rely on observations made in haste or by unskilled assistants. (Star 1985: 392)

Nichtwissen wird demzufolge – ebenso wie Wissen – interaktiv während der Forschung und des wissenschaftlichen Austauschs mittels Behauptungen ausgehandelt, ist also sozial konstruiert (vgl. Campbell 1985: 430; Stocking/Holstein 1993: 188; Smithson 2008a: 15; Smithson 2008b: 209, 212; vgl. auch Wehling 2004: 37)[98]. Nach Warnke ist es die Basis von Wissenschaft, Nichtwissen als „Provisorium" (Warnke 2012: 54), als Übergangszustand von Nichtwissen zu Wissen zu betrachten. Dem liegt nach Wehling (2004) die Annahme von Faber/ Proops (1993: 125) zugrunde,

---

98 Zur interaktiven Aushandlung von wissenschaftlichem Wissen vgl. Pinch 1981: 131, 146.

dass Nichtwissen prinzipiell „reduzierbar und durch weitere Forschung in Wissen auflösbar sei (oder ohnehin nur das Resultat eines individuellen Informationsdefizits)" (Wehling 2004: 74).

Wissenschaftsexterne und -interne Beschränkungen tragen dazu bei, Nichtwissen zu generieren. Wissenschafts*externe* Faktoren umfassen „wirtschaftliche[n] Zeit- und Anwendungsdruck, Prioritäten der Forschungsfinanzierung, unzureichende rechtliche Regulierungen" (Wehling 2004: 67). Dies kann wiederum dazu führen, dass Studien nicht vollständig abgeschlossen und Projekte nicht gefördert werden, Nichtwissen also bestehen bleibt.

Als wissenschafts*interne* Faktoren nennt Wehling die „De-Kontextualisierung des Wissens, paradigmatische Geschlossenheit, Abschottung von Disziplinen, Begrenztheit der etablierten Wahrnehmungshorizonte" (Wehling 2004: 67). Durch die Ausdifferenzierung von Disziplinen, die zunehmende fachliche Spezialisierung, die Entwicklung von „epistemischen Kulturen" (Knorr-Cetina 2002), das Aufstellen von Theorien, die Auswahl von Forschungsthemen und die bewusste Beschränkung der Forschung darauf wird Nichtwissen verfestigt und aufrechterhalten (vgl. Wehling 2004: 53, 58-63; Smithson 2008b: 221; vgl. zum ganzen Abschnitt Lachenmann 1994: 288f.). Zudem wird Wissen von verschiedenen Forschern, Forschergruppen, Schulen und Disziplinen unterschiedlich bewertet und interpretiert, wodurch sich miteinander konfligierende Einschätzungen ergeben (vgl. Campbell 1985: 439). Beck-Bornholdt/ Dubben (2009) kritisieren, dass in der Wissenschaft von heute die Quantität der Forschungsergebnisse vor ihrer Qualität bevorzugt werde. Die Reputation eines Wissenschaftlers bemesse sich an der Anzahl seiner Publikationen in möglichst hochrangigen Fachzeitschriften, woran sich wiederum Fördermittel und positive Karriereperspektiven knüpften (vgl. Beck-Bornholdt/ Dubben 2009: 104, 109, 214, 267; vgl. auch DFG 2013: 43). Auch so werde Nichtwissen gefördert, da Forschung weniger sorgfältig ablaufe und Daten weniger ausführlich dargelegt würden: „Gegenwärtig wird eher Nachlässigkeit gefördert. Selbstkritik, Kritik und gesunde Skepsis, die wichtigsten Werkzeuge der Forschung, sind bei dieser Art von Wissenschaft eher hinderlich" (Beck-Bornholdt/Dubben 2009: 277, vgl. auch ebd.: 104). Dabei sei gutes wissenschaftliches Arbeiten eigentlich einem „kritischen Geist" geschuldet:

> Dass sich Wissenschaft einem kritischen Geist verdankt, hat das Selbstbild vieler Forscher geprägt. Theorien und Hypothesen werden vorgeschlagen, von Kollegen einer kritischen Prüfung unterzogen und somit schließlich in Wissen überführt. (Janich et al. 2012a: 8)

Wissen diskursiv auszuhandeln ist demnach ein zentrales Element in der Wissenschaft. Dabei wird vorhandenes, als gesichert erachtetes Wissen kritisch begutachtet, hinterfragt, verifiziert oder falsifiziert und revidiert. Ein solcher Diskurs setzt Offenheit und Ehrlichkeit gegenüber unterschiedlichen Meinungen und das Eingeständnis der eigenen Fehlbarkeit voraus (vgl. Ravetz 1993: 164). Smithson (2008b) und Janich et al. (2012a) weisen aber darauf hin, dass es gerade in transdisziplinären Kontexten aufgrund fehlenden Wissens in den anderen Disziplinen schwierig wird, Kollegen inhaltlich zu kritisieren. Gleiches gilt wohl auch für interdisziplinäre Kontexte, da es nur schwer möglich ist, die Äußerungen von Wissenschaftlern anderer Fächer oder Fachrichtungen kritisch zu hinterfragen. Stattdessen bilde Vertrauen die Grundlage der gemeinsamen Arbeit (vgl. Smithson 2008b: 222; Janich et al. 2012a: 8), das es aber nur geben könne, wenn sich alle an die Regeln guter wissenschaftlicher Praxis halten (vgl. DFG 2013: 44). Um zu evaluieren, ob Personen vertrauenswürdig sind, werde bei Zweifeln der Nachweis eingefordert, dass sie sich den geltenden Werten entsprechend verhalten haben. Der Zusammenhang zwischen Nichtwissenskommunikation und Vertrauen (bzw. Glaubwürdigkeit) ist allerdings ein schwieriger, wie Wiedemann et al. (2008: 169) unter Rückgriff auf Ergebnisse anderer Forschungsarbeiten feststellen: Die Kommunikation von Nichtwissen und Unsicherheit kann Vertrauen in eine Person stärken, oder aber als Inkompetenz oder Unehrlichkeit („incompetence or dishonesty"; ebd.) bewertet werden.

7.3.1.1 Strategien im Umgang mit Nichtwissen und Unsicherheiten

In der Forschung zur Nichtwissenskommunikation wurden bereits verschiedene Strategien im Umgang mit Nichtwissen identifiziert (bspw. Pinch 1981; Campbell 1985; Star 1985; Stocking/Holstein 1993; Smithson 2008a; Smithson et al. 2008b). Nach Auswertung der Literatur kann gesagt werden, dass die Kommunikation von Nichtwissen und Unsicherheit in unserem wissenschaftlichen Kontext zwei Wertesystemen folgt: (a) dem gesellschaftlich-moralischen und (b) dem wissenschaftlichen.

In (a) gesellschaftlich-moralischer Hinsicht ist die Kommunikation von Nichtwissen unter Umständen problematisch. Smithson (2008a: 16) weist beispielsweise darauf hin, dass es leichter sei, eine fremde Interpretation einer eigenen vagen Äußerung zurückzuweisen als die einer konkreten Behauptung. Nichtwissen und Unsicherheit spielen aber auch bei der Interaktionsorganisation eine wichtige Rolle: Das Kommunizieren von harten Fakten und reiner Wahrheit ist in vielen sozialen Kontexten nicht erwünscht oder zumindest unüblich, da sie dem Höflichkeitsgebot widersprechen. Vagheiten und Unsicherheitsmarkierungen sind im Sinne der höflichen und *face*-schonenden Kommunikation nötig, um dem Gegenüber Widerspruchsmöglichkeiten offen zu lassen und Konflikte zu vermeiden (vgl. Smithson 2008b: 222f.; Smithson et al. 2008a: 312). Obwohl sich Smithson hier auf den privaten Kontext bezieht, kann dies auch für Kommunikation in der Wissenschaft und generell im beruflichen Umfeld gelten.

Die Kommunikation von Nichtwissen erhält (b) in der Wissenschaft einen großen strategischen Wert. Stocking/Holstein (1993) weisen darauf hin, dass mit Nichtwissens-Behauptungen in vielen Fällen argumentativ-strategisch in der Form umgegangen wird, dass vor allem eigene Interessen Unterstützung finden. Beispielsweise werden Ergebnisse von anderen Forschern/Forschergruppen angezweifelt und nach Wissenslücken/Unsicherheiten durchforstet; die eigenen Ergebnisse dagegen werden als empirisch abgesichert (d. h. es liegen keine Fehlerquellen in der Methode oder Interpretation vor) und ohne Wissenslücken präsentiert (vgl. ebd.: 206).

Nichtwissen kann aber auch einer anderen Partei (Person, Forschergruppe, Disziplin) zugeschrieben werden. Durch diese Fremdzuschreibung von Nichtwissen spricht sich ein Akteur gleichzeitig selbst Wissen zu[99]. Die Fremdzuschreibung von Nichtwissen bedeutet,

> dass man anderen unterstellt, ihr vermeintliches Wissen sei gar keines, sie täuschten sich oder seien schlicht uninformiert; [...] dass man von anderen behauptet, sie seien nicht in der Lage, die Konsequenzen ihres Handelns auch nur annähernd zu überschauen (Wehling 2012: 75).

Star (1985) und Pinch (1981) beschreiben in ihren Untersuchungen solche Zuschreibungsprozesse von Nichtwissen anhand von Fallstudien[100]. Interessanterweise kommen sie zu genau entgegengesetzten Ergebnissen: Während Star (1985: 408) für die ältere Tumorforschung zeigt, dass sicheres Wissen der anderen Disziplin bzw. anderen Disziplinen anstatt der eigenen zugeschrieben wird, stellt Pinch (1981: 138) für die Neutrinoforschung fest, dass Akteure Nichtwissen und Unsicherheit in den fremden Disziplinen lokalisieren. Letzterer Befund deckt sich mit dem von Stocking/Holstein (1993: 193), die feststellen, dass

> scientists tend in their formal discourse with other scientists to claim more gaps, uncertainties, distortions, errors and other sources of ignorance in *others'* work and in *past* work than they claim in their *own current* findings.

---

99 Dies folgt der Logik der im Impression Management beschriebenen Strategie der Abwertung einer Person, die eine Selbstaufwertung bewirkt, auch *blasting* genannt (vgl. Mummendey 1995: 171; Cialdini/Richardson 1980).

100 Zu einzelnen Strategien der Umwandlung von Nichtwissen/Unsicherheit in sicheres Wissen in der Medizin siehe Star 1985: 407-427, zu Herausforderungen in der Neutrinoforschung siehe Pinch 1981.

Pinch führt die Tatsache, dass Forschungsergebnissen anderer Disziplinen weniger Glauben geschenkt wird als Ergebnissen der eigenen Forschung, zum Teil auf die vorherrschende Prestigehierarchie der Disziplinen zurück, nach der unterschiedlichen Disziplinen mehr oder weniger Vertrauen entgegengebracht wird (vgl. Pinch 1981: 142, 145; vgl. zur Prestigehierarchie von Disziplinen Stichweh 2013: 29).

Ähnlich wirkt die von Stocking/Holstein (1993: 193) identifizierte „Echo-Rede" (*echoic speech*), bei der das von einer anderen Person Gesagte ins Gegenteil verkehrt wieder aufgenommen wird; auf diese Weise wird beispielsweise aus einer *Entdeckung* des Gegners ein *Artefakt*, was den Erkenntniswert mindert und abwertet. Eine weitere Strategie stellt das Objektivieren eigener Forschungsergebnisse dar, was durch deagentiviertes Sprechen/Schreiben erreicht wird: *Die Daten zeigen, dass X*. Demgegenüber werden konkurrierenden Wissenschaftlern Nichtwissen oder Fehler persönlich zugeschrieben, um zu zeigen, dass der Prozess der Wissensproduktion subjektiv und personengebunden stattgefunden hat: *Dr. X behauptet* (vgl. ebd.; unter Rückgriff auf Gilbert/Mulkay 1984: 67-70, die ihre Studie in der Biochemie durchgeführt haben).

Nichtwissen wird in der Wissenschaft zu bestimmten Anlässen aber auch konkret relevant gemacht. Das Aufdecken und Kenntlichmachen von Wissenslücken beispielsweise dient beim Einwerben von Forschungsgeldern dazu, eigene Forschungsbestrebungen zu legitimieren und den Forschungsraum zu besetzen (vgl. Stocking/Holstein 1993: 192).

Das wissenschaftliche Wertesystem gibt in Bezug auf Nichtwissen vor, dass Einschränkungen im Hinblick auf Daten und Ergebnisse deutlich gemacht werden müssen. Auch wenn P. Janich (2012) seine Forderung nicht in Bezug auf Wissenschaftskommunikation formuliert, kann das folgende Zitat auch für Nichtwissenskommunikation in der Wissenschaft gelten. Nach Janich ist „auch das Nichtwissen stets vernünftig zu kommunizieren. Das heißt, in transsubjektiv kontrollierbarer Weise ist klar, wahr und begründend zu reden" (Janich, P. 2012: 48). In dieser Hinsicht stellen Einschränkungen (*caveats*; Stocking/Holstein 1993: 192) eine Form der Nichtwissens-Behauptung dar. Sie beziehen sich auf Grenzen der Untersuchungsergebnisse und potenzielle Fehlerquellen bei der Analyse (wie Methode, Stichprobenentnahme, technische Bedingungen des Analyseverfahrens). Das Offenlegen von Einschränkungen der Arbeit dient nach Stocking/Holstein der Sicherung des eigenen Rufs als rechtschaffener, sorgfältiger und kompetenter Wissenschaftler (vgl. ebd.; vgl. auch Kap. 7.1 und 7.2).

7.3.1.2 Nichtwissen und Imagegestaltung

Das Aufdecken oder Eingeständnis von Nichtwissen kann unter Umständen zu Imageproblemen und Gesichtsbedrohungen führen. Eine kritische Situation liegt vor, wenn ein Vortragender oder Diskutant in einer Diskussion zugeben muss, etwas nicht oder nicht sicher zu wissen – sei es aus Mangel an Sorgfalt, Zeit oder Interesse. So kann Nichtwissen auch anzeigen, dass bei der Forschung, Ergebnisdarstellung oder Ergebnisinterpretation unsauber gearbeitet wurde. Wird dies von anderen Wissenschaftlern erkannt, wirkt sich die mangelnde Sorgfalt negativ auf das Ansehen der Person und die Glaubwürdigkeit seiner Daten aus. Eine solche Situation ist in hohem Maße gesichtsbedrohend, da nicht nur Kompetenz, sondern Wissenschaftlichkeit grundsätzlich infrage gestellt werden kann.

Da Wissenschaftler als Experten auf Tagungen auftreten, erheben sie den Anspruch, über besonderes Wissen auf dem Gebiet zu verfügen. Die Gesichtsbedrohung entsteht dann, wenn die Erwartungen der anderen Wissenschaftler nicht erfüllt werden können. Schwierig sind in dem Zusammenhang Fragen aus dem Publikum: Einerseits verweisen Fragen auf das Nichtwissen des Fragenden, da sie eine Forderung nach Informationen und Wissen darstellen. Wehling formuliert in Bezug auf das damit einhergehende Imageproblem: Man läuft

> in bestimmten Situationen und Kontexten Gefahr, sich durch ‚dumme', ‚unqualifizierte' Fragen eine Blöße zu geben und hinter einem allgemein vorausgesetzten Wissensstand zurückzubleiben. Es ist, mit anderen Worten, nicht immer klug, sein Nichtwissen mitzuteilen, wenn Wissen erwartet wird und wenn (nur) Wissen als Ausdruck von Kompetenz und Autorität gilt. (Wehling 2012: 74f.)

Das Fachwissen des Fragenden wird also gegenüber dem Beantwortenden herabgesetzt, weswegen nach Konzett weniger reine Informationsfragen als *informed guesses* (Konzett 2012: 213) eingesetzt werden. Durch diese wird signalisiert, dass man zumindest Erwartungen bezüglich der Antworten hat, also thematisches Wissen besitzt. Andererseits kann der Fragende durch die Art der Frage zeigen, dass er über gleiches oder höheres Wissen auf dem Gebiet verfügt. Der Befragte muss dann entsprechend kompetent reagieren, um gleiches oder größeres Fachwissen zu demonstrieren (vgl. Konzett 2012: 213; vgl. hierzu auch Kap. 7.1).

Tracy geht auf den Zusammenhang zwischen dem akademischen Status und Nichtverstehens-Äußerungen ein, wobei Nicht-Verstehen dem Nicht-Wissen ähnelt. Während Personen in ihrer Qualifikationsphase, in der es üblich ist, nicht alles zu verstehen, auf Kolloquien ihr Nichtverstehen nicht zu erkennen geben, äußern Statushöhere ihr Nicht-Verstehen offen (Tracy 1997: 99f.). Die Funktion dieses Eingeständnisses fasst Tracy wie folgt zusammen:

This is sensible to do only if one routinely understands what is being discussed, a state typical only of experienced and higher status participants. Thus, an explicit admission of noncomprehension can be seen to function as an implicit claim to having a high level of expertise. It also can function as a criticism of the other's clarity. (ebd.: 100)

Nichtwissen und dessen Bekundung sind demnach in vielerlei Hinsicht problematisch für das Image: Entweder können Nichtwissensthematisierungen Kompetenz, Glaubwürdigkeit oder ehrliches Interesse (z. B. bei Fragen) signalisieren, oder auf Wissenslücken, Inkompetenz, mangelnde Sorgfalt oder Unwissenschaftlichkeit hinweisen. Status und Qualifikationsgrad sowie Karrierephase der Diskussionsteilnehmer, die Situation und individuelle Rollenkonstellation bestimmen, wie Nichtwissensthematisierungen von den Kommunikationsteilnehmern interpretiert werden.

7.3.1.3 Differenzierungsmöglichkeiten von Nichtwissen

Nichtwissen und unsicheres Wissen werden in der Forschungsliteratur auf unterschiedliche Weise kategorisiert. Die Bezeichnungen der Kategorien spiegeln wider, wie Nichtwissen wahrgenommen, dargestellt und bewertet wird und welche Handlungsoptionen offen sind. Reaktionen – im Sinne von Handlungsoptionen – auf Nichtwissen sind beispielsweise Abstreiten, Verbannen, Reduzieren, Akzeptieren/Tolerieren, Kapitulieren, Kontrollieren/Zunutzemachen/Ausbeuten von Nichtwissen und Unsicherheiten (vgl. Smithson et al. 2008b: 321f.; vgl. dazu auch Smithson 2008a: 22)[101].

Unter Rückgriff auf die umfangreiche, vor allem soziologische Literatur zu Nichtwissen und Unsicherheit wird Nichtwissen folgendermaßen analytisch differenziert[102]: (a) Formen des Nichtwissens, (b) Trägerschaft, (c) Temporalität, (d) Intentionalität, (e) epistemische Ausrichtung, (f) Bezug von Nichtwissen, (g) epistemische Modalität sowie (h) Bewertung von Nichtwissen. Auf diese Punkte wird im Folgenden eingegangen.

(a) Nichtwissen liegt in unterschiedlichen **Formen** vor. Kerwin identifiziert in ihrem Aufsatz zu Nichtwissen in der Medizin folgende Nichtwissensformen:

1. all the things they know they do not know (known unknowns)
2. all the things they do not know they do not know (unknown unknowns)
3. all the things they think they know but do not (errors, false „truths")

---

101 Die Liste erhebt nach Smithson Anspruch auf Vollständigkeit, Mischtypen sind möglich.
102 Siehe z. B. Janich et al. 2012, Groß 2007, Böschen/Wehling 2004, Wehling 2004, Janich et al. 2010, Janich/Simmerling 2013 und Rhein et al. 2013.

4. all the things they do not know they know (tacit knowing)
5. all the things they are not supposed to know but may find helpful (taboo)
6. all the things too painful to know, so suppressed (denial) (Kerwin 1993: 178)

Von diesen Formen sind vor allem die erste, zweite und vierte in der vorliegenden Untersuchung relevant. *Known unknowns* (Kerwin 1993: 178), also gewusstes Nichtwissen, werden von Wehling als „Wissenslücken" bezeichnet, demnach als Nichtwissen, das bewusst ist und nach dem gezielt gefragt werden kann (vgl. Wehling 2004: 69). Bei Groß (2007: 749) wird solches Nichtwissen als *non-knowledge* oder *negative knowledge*[103] benannt, bei Weingart (2005a: 69) als *spezifiziertes Nichtwissen*. Der Unterschied zwischen *non-knowledge* und *negative knowledge* besteht in dem weiteren Umgang mit Nichtwissen. Im ersten Fall werden Nichtwissen bzw. Wissensgrenzen als Ausgangspunkt für weitere Forschung genutzt, im zweiten Fall ist das Nichtwissen zwar bewusst, wird aber als unwichtig empfunden und deswegen nicht weiter erforscht oder beachtet.

Die Brisanz der *unknown unknowns* (Kerwin 1993: 178), des ungewussten Nichtwissens, besteht darin, dass es – obwohl es nicht bekannt ist – offenbar von hoher gesellschaftspolitischer Relevanz ist, da es ungeahnte und unvorhersehbare Folgen haben kann, die erst im Nachhinein sichtbar werden (vgl. Wehling 2004: 71f.). Bei Weingart (2005a: 69) ist ungewusstes Nichtwissen unter *unspezifiziertes Nichtwissen* zu finden, bei Groß (2007: 750) unter dem Begriff *nescience*.

Beim *tacit knowing* (Kerwin 1993: 178), dem ungewussten Wissen, handelt es sich um implizites, intuitives und unbewusstes Wissen, das man nur selten erklären kann oder muss. Intuitives Wissen („feeling-thoughts"; ebd.: 181) äußert sich in Entscheidungen, die man sozusagen aus dem Bauch heraus trifft, ohne einen rationalen, faktenbasierten Grund dafür angeben zu können (vgl. ebd.: 180f.).

Wehling zufolge gibt es verschiedene Zwischenformen von Nichtwissen, wie beispielsweise „vermutetes oder geahntes Nichtwissen" (Wehling 2004: 72), das zwar nicht genau benannt werden kann, aufgrund seiner potenziellen gesellschaftlichen Auswirkungen und Folgen aber weiter beforscht und diskutiert wird.

In Tabelle 35 sind die genannten Bezeichnungen der Nichtwissensformen zur besseren Übersicht zusammengestellt. Die kursiv gesetzten Nichtwissensformen wurden der Vollständigkeit halber von mir nach der Vorlage von Kerwin (1993) ergänzt.

---

103 Zu weiteren Nichtwissenstypen wie *ignorance* und *extended knowledge*, die für unsere Betrachtung nicht hilfreich sind, siehe Groß 2007: 749.

Tabelle 35: Übersicht über die verschiedenen Bezeichnungen der Nichtwissensformen.

bekanntes/ gewusstes Wissen	unbekanntes/ ungewusstes Wissen	bekanntes/ gewusstes Nichtwissen	Mischformen	unbekanntes/ ungewusstes Nichtwissen
• known known	• unknown known • tacit knowing (Kerwin 1993)	• known unknown (Kerwin 1993) • Wissenslücken (Wehling 2004) • non-knowledge/ negative knowledge (Groß 2007) • conscious ignorance (Smithson 2008a/b) • spezifiziertes Nichtwissen (Weingart 2005a)	• vermutetes Nichtwissen (Wehling 2004) • geahntes Nichtwissen (Wehling 2004)	• unknown unknown (Kerwin 1993) • nescience (Groß 2007) • ignorance (Ravetz 1987, 1993) • meta-ignorance (Smithson 2008a/b) • „absence, or negation of knowledge" (Walton 1996; Wehling 2004) • unspezifiziertes Nichtwissen (Weingart 2005a)

Von Nichtwissen und unsicherem Wissen muss ganz allgemein der Begriff des Risikos abgegrenzt werden. In der Risikoforschung wird Unsicherheit als „statistische Größe bei der Berechnung von Wahrscheinlichkeiten" (Janich/Simmerling 2013: 75) gefasst und bewegt sich damit innerhalb bekannter Parameter, Wissensrahmen und daraus abgeleiteten Erwartungen (vgl. Wehling 2004: 70f.). Nichtwissen und Unsicherheit dagegen lassen sich statistisch nicht fassen, sie sind nicht vorhersehbar, da sie sich gerade nicht in den Grenzen des Erwartbaren aufhalten (vgl. ebd.). In Wissenschaft und Technik gibt es aber immer wieder Bestrebungen, Nichtwissen zu spezifizieren und damit kalkulierbar sowie regulierbar zu machen (vgl. hierzu die Fallstudie zur Nanotechnologie von Lösch 2012).

(b) Nichtwissen und Unsicherheit sind immer an **Träger** gebunden, also an Personen oder Personengruppen, die etwas nicht wissen. Nach u. a. Smithson (1989; 2008a: 15; 2008b: 210) und P. Janich (2012: 27, 39) kann man nicht über Nichtwissen sprechen, ohne zu sagen, wer etwas nicht weiß: Die Trägerschaft von Nichtwissen muss benannt werden (vgl. auch Janich/Birkner 2015: 200). So kann ein Wissenschaftler auf einer Tagung sich selbst oder einer anderen Person(engruppe) Nichtwissen zuschreiben und umgekehrt kann einer Person(engruppe) Nichtwissen zugeschrieben werden; zudem ist es möglich, dass eine ganze Disziplin, eine Schule oder Forschungsrichtung Träger von Nichtwissen ist.

(c) Nach Janich/Simmerling (2013) wird bei der Trägerschaft von Nichtwissen auch zwischen unterschiedlichen Graden der **Intentionalität** von Nichtwissen unterschieden, also zwischen

- Nicht-wissen-Wollen (bewusstes Vernachlässigen oder Ignorieren; vgl. hierzu auch „taboo" und „denial" bei Kerwin 1993: 178 und im Abschnitt (a) zu *Formen des Nichtwissens*),
- Nicht-wissen-Können (ungewolltes Nichtwissen, wobei die Unkenntnis selbst nicht bekannt ist[104]) und
- Noch-nicht-(genug)-Wissen (Wissen um Wissenslücken, die bewusst sind und entweder so belassen werden oder in Wissen überführt werden sollen, z. B. in der Forschung) (vgl. Janich/Simmerling 2013: 75; vgl. hierzu auch Turner/Michael 1996: 27).

Man unterscheidet also in Bezug auf das Handeln der Person(en) bei Nichtwissen zwischen bewusst gewolltem und unbeabsichtigtem Nichtwissen, wobei verschiedene Zwischenstufen wie z. B. fahrlässiges Nichtwissen möglich sind (vgl. Wehling 2004: 72f., 2012: 80).

(d) Außerdem kann man Nichtwissen im Hinblick auf die **epistemische Ausrichtung** der Akteure unterscheiden: Hier wird Nichtwissen als objektiv und von der Umwelt gegeben oder als subjektiver, innerer Zustand kategorisiert (vgl. Smithson et al. 2008b: 326). Zudem bestimmt die epistemische Ausrichtung der Personen, wie sie Unsicherheiten und Nichtwissen darstellen und ob sie sie als prinzipiell überwind- und reduzierbar oder nicht charakterisieren (vgl. ebd.: 326f.; Smithson 2008a: 22).

(e) Nichtwissens-Konzeptionen differieren auch hinsichtlich ihrer **zeitlichen Perspektive**: Nichtwissen ist dabei entweder als temporäres, überwindbares

---

104 Siehe dazu auch Groß 2007: 750 unter dem Stichwort „nescience" und Smithson 2008a: 16, Smithson 2008b: 210 unter dem Stichwort „meta-ignorance".

7 Kompetenz, Expertenschaft und Nichtwissen

Noch-nicht-Wissen oder unauflösbares Niemals-wissen-Können charakterisiert (vgl. Wehling 2004: 73f., 2012: 81). Zusätzlich ist das Konzept des überwundenen Nichtwissens denkbar, in dem Sinne, dass vorheriges Nichtwissen in Wissen wurde und heute als Wissen gelten kann (also als Ergebnis des Noch-nicht-Wissens; vgl. hierzu „errors, false ‚truths'" bei Kerwin 1993: 178 und im Abschnitt a) zu *Formen des Nichtwissens*).

(f) Genauso wie sich Wissen auf bestimmte Themen, Gegebenheiten, Zustände etc. bezieht, hat auch Nichtwissen einen **Bezug**. Janich/Simmerling (2013: 75) nennen „propositionales Wissen" (Wissen, dass) und „instrumentelles Wissen" (Wissen, wie), also analytisch-semantisches, logisch-syntaktisches, singuläres, technisches, historisches Wissen oder Mittelwissen (vgl. Janich, P. 2012: 34, 40-44). Wissen und Nichtwissen sind also immer an ein bestimmtes Thema gebunden (vgl. auch Janich/Birkner 2015: 201-203).

(g) Wissen weist unterschiedliche Grade hinsichtlich seiner Gesichertheit auf. Man unterscheidet hinsichtlich der **epistemischen Qualität** die vier Stufen Ahnen, Vermuten, Meinen und Wissen (vgl. Janich, P. 2012: 27f.). Das Ahnen stellt die niedrigste Stufe der Sicherheit dar, da ein Sachverhalt noch nicht klar formuliert werden kann. Etwas sicherer ist das Wissen beim Vermuten, bei dem diese klare Formulierung möglich ist (vgl. ebd.: 27), Das Meinen hingegen zeugt von größerer Sicherheit, da etwas klar formuliert werden kann und subjektiv, allerdings noch nicht transsubjektiv, begründet ist. Wissen ist dann der Zustand, „den jemand erreicht, wenn er zunächst etwas ahnt, wenn ihm dann seine Ahnung zur Vermutung wird, die sich ihm anschließend zur Meinung verdichtet, bis er diese mit Gründen zum Wissen erheben kann" (Janich, P. 2012: 27; vgl. auch Janich/Birkner 2015: 203-205). Janich/Simmerling (2013: 75) weisen unter Rückgriff auf Beck-Bornholdt/Dubben (2009; ähnlich Thalmann 2005) darauf hin, dass eine klare begriffliche Zuordnung der Unsicherheit markierenden Begriffe zu den epistemischen Graden nicht möglich ist[105]. Beck-Bornholdt/Dubben zeigen die große Varianz der Interpretations- und Einordnungsmöglichkeiten und wie sehr die Ergebnispräsentation und die wahrgenommene Sicherheit der Ergebnisse von der Auswahl sprachlicher Mittel abhängig sind[106].

---

105 Dies gilt allerdings nicht in sehr stark normierten und formalisierten Kontexten, in denen schwerwiegende Entscheidungen von der Formulierung abhängen, wie z. B. in der Rechtsprechung.
106 Beck-Bornholdt/Dubben machen am Beispiel von Medizinern für das Englische deutlich, dass derselbe Begriff auf ganz unterschiedliche Weise hinsichtlich seines Grades der Gesichertheit interpretiert werden kann. Der Studie liegt der folgende Ablauf zugrunde: 65 Konferenzteilnehmern wurden 20 Sätze vorgelegt, die sie

(h) Nicht zuletzt drückt sich in Nichtwissens-Bezeichnungen die **Bewertung** des jeweils thematisierten Nichtwissens aus. Nichtwissen kann einerseits positiv als Freiheit und Möglichkeit, andererseits negativ bewertet werden, wobei dann Nichtwissen als Bedrohung und Risiko angesehen wird (vgl. Smithson et al. 2008: 327). Janich/Simmerling (2013: 87) zeigen an einer kleinen diskursanalytischen Fallstudie zum Klimawandel, dass Nichtwissen in den untersuchten Texten zumeist negativ bewertet wird. Auch nach Smithson überwiegen negative Bewertungen von Nichtwissen, was ihm zufolge auf die Blindheit der westlichen Gesellschaft für die Vorteile bzw. Potenziale von Nichtwissen zurückzuführen ist (vgl. Smithson 2008a: 18; 2008b: 216).

7.3.1.4 Sprachliche Mittel zum Ausdruck von Nichtwissen und Unsicherheit

In verschiedenen Studien konnte gezeigt werden, dass Nichtwissen/unsicheres Wissen in wissenschaftlichen und populärwissenschaftlichen Publikationen kommuniziert wird. Diese Untersuchungen belegen einerseits ein umfangreiches Nichtwissens-Vokabular und andererseits verschiedene Strategien der Kenntlichmachung und Graduierung von Nichtwissen/Unsicherheiten[107]. Obwohl in den linguistischen Untersuchungen von Janich et al. 2010, Janich/Simmerling 2013 und Rhein et al. 2013 nur wenige Texte im Hinblick auf Nichtwissenskommunikation untersucht wurden, lassen sich bereits verschiedene Typen von Markierungen für Nichtwissen/Unsicherheit und deren Bewertungen identifizieren. Sie lassen sich in grammatische, lexikalische und rhetorische Mittel untergliedern,

---

hinsichtlich des Grades der Gesichertheit hierarchisieren sollten. Die Proposition der Sätze war immer „Therapie A ist effektiver als Therapie B", die aber auf unterschiedliche Weise formuliert wurde. Das Ergebnis war unter anderem, dass zwar an der Spitze sowie am Ende der Skala stets vier Formulierungen auftauchten, die aber dennoch variabel auf die Plätze 1-4 bzw. 17-20 verteilt waren, und dass es auf den anderen Plätzen der Skala eine sehr große Varianz der Zuordnungen gab. Die Teilnehmer bewerteten die Formulierungen „beyond any doubt", „is more effective than", „it has been proven", „the present results prove" tendenziell als sicher. Als weitgehend unsicher wurden die Formulierungen „others have suggested that... could be", „not inconceivable", „can be speculated that", „has become popular to assume" bewertet. Zudem bewerteten Muttersprachler die Formulierungen anders hinsichtlich der Gesichertheit und Ungesichertheit als Nicht-Muttersprachler (vgl. Beck-Bornholdt/Dubben 2009: 188-195). Thalmann (2005) kommt hinsichtlich der Ambiguität von Ausdrücken zu einem ähnlichen Ergebnis.

107 Vgl. Stocking-Holstein 1993; Janich et al. 2010; Janich/Simmerling 2013; Rhein et al. 2013.

wobei die zugeordneten Funktionen induktiv aus dem in der Publikation zugrunde gelegten Korpus aus unterschiedlichen wissenschaftlichen und populärwissenschaftlichen Textsorten ermittelt wurden (vgl. Rhein et al. 2013: 148; Tab. 36).

Tabelle 36: *Übersicht über sprachliche Mittel, die Nichtwissen und Unsicherheit kontextspezifisch anzeigen können; vgl. Rhein et al. 2013: 148.*

I Grammatische Mittel	Funktion
Modalitätsmittel	können sowohl Forschungsdesiderate als auch Unsicherheiten markieren
Mittel zum Ausdruck von Temporalität	können auf Abzuwartendes, Zukunft, Vergangenheit oder Dauer verweisen
Formen der Negation	können Forschungsbedarf aufzeigen und Wissenslücken markieren
II Lexikalische Mittel	**Funktion**
Isotopieebene ‚unbekannt, offen, unsicher'	kann auf offene Forschungsfragen verweisen
Wortfeld ‚(kognitive) Ergebnissicherung' (wie *Definition, Schlussfolgerung*)	kann Wissen/Nichtwissen kognitiv sortieren
Wortfeld ‚sagen, meinen, glauben'	kann den Grad der Sicherheit des Gesagten anzeigen
Wortfeld ‚Wissen, Forschung'	kann den Grad der Gesichertheit des Gesagten anzeigen oder auf Desiderate/Wissenslücken verweisen
III Rhetorische Mittel	**Funktion**
Appellative Sprachhandlungsmuster (z. B. Fragen)	können Forschungsdesiderate kennzeichnen oder vor Entscheidungen unter Unsicherheit warnen
Rhetorische Figuren wie Metaphern, Vergleiche, Personifikationen	können Bewertungen der Unsicherheit oder Sicherheit von Wissen vermitteln

Diese linguistischen Mittel weisen allerdings nur im jeweiligen Kontext auf Nichtwissen hin, sind daher nicht unter allen Umständen verallgemeinerbar und müssen detailliert betrachtet werden (vgl. Janich/Simmerling 2013: 86; Rhein et al. 2013: 137).

Eine Systematisierung der besprochenen Strategien im Umgang mit Nichtwissen findet sich in der folgenden Tabelle (Tab. 37):

Tabelle 37: Methodische Anreicherung: Nichtwissens- und unsicherheitsbezogene Kriterien – Zusammenstellung der Kategorien zu Nichtwissen und Unsicherheit.

Kategorie	Mittel	Funktion	Quelle
Wissenschaftliche und forschungspraktische Strategien im Umgang mit Nichtwissen	Akzeptieren, Tolerieren	bestehendes Nichtwissen wird anerkannt und akzeptiert, führt nicht unbedingt zur weiteren Beforschung	Smithson et al. 2008b
	Kapitulieren	bestehendes Nichtwissen wird erkannt, aber nicht mehr beforscht	Smithson et al. 2008b
	Kontrollieren, Zunutzemachen, Ausbeuten	Nichtwissen wird z. B. beim Stellen von Forschungsanträgen ausgebeutet und zunutzegemacht, in Berechnungen kontrolliert	Smithson et al. 2008b; Stocking/Holstein 1993
	Reduzieren	Nichtwissen soll verringert werden	Smithson et al. 2008b
Kommunikativ-strategischer Umgang mit Nichtwissen (*face*-relevant)	Abstreiten	Unterstelltes Nichtwissen wird zurückgewiesen	Smithson et al. 2008b
	Echo-Rede	das vom Gesprächspartner Gesagte wird negativ verkehrt aufgenommen, um Kritik zur üben und Nichtwissen nachzuweisen	Stocking/Holstein 1993
	Einschränkungen der Gültigkeit des Gesagten deutlich machen (*caveats*)	signalisiert verantwortungsvollen Umgang mit Nichtwissen; entspricht wissenschaftlichem Wert	Stocking/Holstein 1993

Kategorie	Mittel	Funktion	Quelle
	Kenntlichmachen von Wissenslücken	dient der Absicherung und signalisiert verantwortungsvollen Umgang mit Nichtwissen bzw. Wissen; entspricht wissenschaftlichem Wert	Stocking/Holstein 1993
	Objektivieren eigener Forschungsergebnisse	eigene Forschung wird als objektiv, fremde Forschung als subjektiv und damit fehlerhaft dargestellt	Stocking/Holstein 1993
	Stützung eigener Interessen	beim Gesprächspartner wird gezielt nach Schwächen und unsicherem Wissen gesucht	Stocking/Holstein 1993
	Zuschreibung	Wissen wird Personen strategisch unterstellt und zugeschrieben	Stocking/Holstein 1993; Wehling 2012
Grammatische Mittel	Modalitätsmittel	können sowohl Forschungsdesiderate als auch Unsicherheiten markieren	Janich et al. 2010; Janich/Simmerling 2013; Rhein et al. 2013
	Mittel zum Ausdruck von Temporalität	können auf Abzuwartendes, Zukunft, Vergangenheit oder Dauer verweisen	Janich et al. 2010; Janich/Simmerling 2013; Rhein et al. 2013
	Formen der Negation	können Forschungsbedarf aufzeigen und Wissenslücken markieren	Janich et al. 2010; Janich/Simmerling 2013; Rhein et al. 2013

Kategorie	Mittel	Funktion	Quelle
Lexikalische Mittel	Isotopieebene ‚unbekannt, offen, unsicher'	kann auf offene Forschungsfragen verweisen	Janich et al. 2010; Janich/Simmerling 2013; Rhein et al. 2013
	Wortfeld ‚(kognitive) Ergebnis-sicherung' (wie *Definition, Schlussfolgerung*)	kann Wissen/Nichtwissen kognitiv sortieren	Janich et al. 2010; Janich/Simmerling 2013; Rhein et al. 2013
	Wortfeld ‚sagen, meinen, glauben'	kann den Grad der Sicherheit des Gesagten anzeigen	Janich et al. 2010; Janich/Simmerling 2013; Rhein et al. 2013
	Wortfeld ‚Wissen, Forschung'	kann den Grad der Gesichertheit des Gesagten anzeigen oder auf Desiderate/Wissenslücken verweisen	Janich et al. 2010; Janich/Simmerling 2013; Rhein et al. 2013
Rhetorische Mittel	Appellative Sprachhandlungsmuster (z. B. Fragen)	können Forschungsdesiderate kennzeichnen oder vor Entscheidungen unter Unsicherheit warnen	Janich et al. 2010; Janich/Simmerling 2013; Rhein et al. 2013; Wehling 2013
	informed guesses	signalisieren, dass Erwartungen bezüglich der Antworten bestehen, dass man thematisches Wissen besitzt	Konzett 2012
	Rhetorische Figuren wie Metaphern, Vergleiche, Personifikationen	können Bewertungen der Unsicherheit oder Sicherheit von Wissen vermitteln	Janich et al. 2010; Janich/Simmerling 2013; Rhein et al. 2013

7.3.2 Der (strategische) Umgang mit Nichtwissen – Herausforderungen für die Imagearbeit von Wissenschaftlern

Wenn die Kommunikation von Wissen zur Reputation und Autorität von Wissenschaftlern positiv beiträgt, weil dadurch Kompetenz und Fachwissen signalisiert werden, stellt sich die Frage, welche Wirkung die Kommunikation von Nichtwissen auf das Image der Wissenschaftler hat. Die Analyse der Sequenzen ergibt, dass die Kommunikation von Nichtwissen vorwiegend drei verschiedene Funktionen erfüllt: Sie dient dem Ausdruck von Höflichkeit (Kap. 7.3.2.1), signalisiert, dass Nichtwissen ein normaler Bestandteil von Wissenschaft ist (Kap. 7.3.2.2) und ist Anlass für kritische Diskussionen (Kap. 7.3.2.3). Diese Funktionen werden im Folgenden anhand von Beispielsequenzen erläutert. Die in Kapitel 7.3.1.1 vorgestellten Strategien zum wissenschaftlichen Umgang mit Nichtwissen von Stocking/Holstein (1993), Smithson et al. (2008a/b) und Wehling (2012) konnten bis auf die Strategie des Verbannens ebenso belegt werden. Da sie aber zum Großteil primär wissenschaftspraktische Strategien sind (d. h. die Images der Beteiligten nicht berücksichtigen), werden sie in den folgenden Abschnitten nicht in eigenen Kapiteln aufgegriffen, sondern je nach Vorkommen thematisiert.

7.3.2.1 Nichtwissens- und Unsicherheitsmarkierungen als Ausdruck von Höflichkeit

Smithson (2008a/b; auch Smithson et al. 2008a: 312) hat, wie bereits oben angedeutet, darauf hingewiesen, dass Unsicherheitsmarkierungen und Ausdrücke von Nichtwissen der Höflichkeit dienen können. Vagheiten und Unsicherheitsmarkierungen in der eigenen Rede ermöglichen dem Interaktionspartner Widerspruch, eröffnen größeren Reaktionsfreiraum und dienen der Konfliktvermeidung. Dies konnte auch in den vorliegenden Daten beobachtet werden.

In der ersten Sequenz wird deutlich, dass die gewählten Formulierungen seitens des Kommunikationspartners Widerspruch zum Gesagten erlauben:

```
146    MaPm         ich ich würde gerne noch sagen wieso ich NEIN gesagt
                    habe
147                 ich mein es GIBT einfach das modell des
                    antidesitterRAUMS
148                 das wahrscheinlich ein ganz gutes modell ist für
                    unsern RAUM
149    PhilPm_A     ja
```

Sequenz 112: Diskutant MaPm und Diskutant PhilPm$_A$ in der Plenumsdiskussion; TK 3_10: 146-149.

Dass MaPm den Antidesitterraum einfach *wahrscheinlich* als *ganz gutes modell* erachtet, signalisiert, dass er auch andere Ansichten zulässt. Tatsächlich stimmt ihm PhilPm$_A$ sogar zu (*ja*), bevor MaPm seine Meinung weiter ausführt. Die Möglichkeit des Widerspruchs ist also durch das Adverb *wahrscheinlich*, das in der Bedeutung ‚mit ziemlicher Sicherheit' (Duden) gebraucht wird, und die Abtönungspartikel *einfach* gegeben.

In der nächsten Sequenz äußert PharmPm in der Fokusdiskussion seine Unsicherheit darüber, ob er der Adressat einer Äußerung ist und daher auf die Frage antworten soll:

```
130    PharmPm      vermute dass sich mit die frage nach gott eher an MICH
                    richtet (.)
```
Sequenz 113: PharmPm als Fokusdiskutant in der Plenumsdiskussion mit dem Diskutanten BioAnthPm; TK 2_6: 130.

Die Unsicherheit wird hier durch das Verb *vermuten* ausgedrückt. Die Vermutung, Adressat der Frage nach Gott zu sein, wird durch das Adverb *eher* gestützt. Die kleine Pause vor der inhaltlichen Antwort lässt dem fragenden BioAnthPm die Möglichkeit zur Richtigstellung offen, falls dieser seine Frage an den anderen Fokusdiskutanten gerichtet hatte.

Unsicherheitsmarkierungen können dadurch, dass sie Höflichkeit signalisieren, auch die Beziehung zwischen Diskussionspartnern und die Gesprächsatmosphäre insgesamt positiv gestalten:

```
004    PhyPm_A      frau [Nachname] hat gesagt der zweite diskutant solle
                    MÖGlichst weit [weg <<lachend> von>>] (-)
005    eTheoPm_A                   [((lacht))              ]
006    PhyPm_A      ihnen sein (.) äh vom FACH her vielleicht ist trifft
                    das zu
007                 aber ich glaub nicht dass wir uns von unserer
                    EINstellungen (--) sonstigen ä überzeugungen her
008                 SO (.) weit voneinander weg sind (-) ähm
```
Sequenz 114: eTheoPm$_A$ und PhyPm$_A$ in der Fokusdiskussion; TK 3_1: 004-008.

Die Gesprächseröffnung ist freundlich, was durch das Lachen von eTheoPm$_A$ und die Intonation von PhyPm$_A$ deutlich wird. PhyPm$_A$ geht darauf ein, dass ihre jeweiligen Disziplinen *vielleicht* sehr unterschiedlich sind, dass er aber die Einstellungen und Überzeugungen als nicht sehr verschieden einschätzt (*aber ich glaub nicht*). PhyPm$_A$ signalisiert dadurch soziale Nähe über Disziplingrenzen hinweg und gewährleistet so eine positive Gesprächseröffnung.

Auch die Unsicherheitsäußerung im nächsten Beispiel wirkt beziehungsgestaltend. PhilNaWiPm äußert seine Vermutung, dass sich PhilPm$_A$ der referierten Position anschließen wird:

```
058    PhilNaWiPm    das SIND gibt es die (-) grundlagentheoretiker die da
                    darauf beSTEHen
059                  dass die matheMAtischen ausdrücke WAHR sein wahr zu
                    sein haben (-)
060                  ALle DIE (.) und ich würde es auch verMUten würde auch
                    verMUten
061                  dass sie diese diese position an sich Anschließen (--)
062                  äh müssen annehmen dass es IRgendeine art von
                    !WECH!selwirkung gibt
```

Sequenz 115: PhilNaWiPm in der Plenumsdiskussion mit dem Diskutanten PhilPm$_A$; TK 2_4: 058-062.

Die Formulierung *würde es auch verMUten* drückt die Subjektivität der Einschätzung aus, wodurch PhilPm$_A$ problemlos die Möglichkeit zum Widerspruch hat. Sollte PhilPm$_A$ tatsächlich widersprechen, ist die Gesichtsbedrohung für PhilNaWiPm weniger stark, als wenn er seine Äußerung als Behauptung anstatt als Vermutung formuliert hätte (vgl. Smithson 2008a: 16).

Ausdrücke von Unsicherheit und Nichtwissen sind in den Sequenzen dieses Abschnitts zwar auch als solche anzusehen – in dem Sinne, dass sie Unsicherheit in Bezug auf einen Sachverhalt ausdrücken –, aber sie gewährleisten vor allem eine höfliche Kommunikation (vgl. Smithson 2008b; Smithson et al. 2008a). Dem Interaktionspartner werden Möglichkeiten zum Nachhaken und Eingreifen sowie Reaktionsfreiraum gegeben. Zudem hat ein Beispiel gezeigt, dass Ausdrücke von Nichtwissen/Unsicherheit der Gesprächsorganisation (der Versicherung über das Rederecht) dienen können.

7.3.2.2 Nichtwissen als Konstituente von Wissenschaft

Nichtwissen ist ein grundlegender Bestandteil und Antrieb von Wissenschaft und Forschung (vgl. Kap. 7.3.1). In den Daten zeigt sich, dass Nichtwissen in Bezug auf Forschung explizit aufgedeckt, vorgebracht und thematisiert wird. Nichtwissen bzw. Unsicherheit referieren dabei auf (a) fehlende Theorien, Modelle und Beschreibungsmöglichkeiten, oder (b) auf die Fehlbarkeit von wissenschaftlichen Erkenntnissen bzw. Wissen. Zudem kann damit (c) die Annahme oder Hoffnung ausgedrückt werden, dass Nichtwissen durch Forschungsfortschritt überwunden werden kann. Hier kommen drei Strategien im Umgang mit Nichtwissen zum Tragen, die Smithson et al. (2008a/b) herausgestellt haben: Nichtwissen kann akzeptiert/toleriert, reduziert oder kontrolliert/zunutze gemacht/ausgebeutet werden, was sich in den Daten ebenso zeigt.

a) Fehlende Theorien, Modelle, Beschreibungsmöglichkeiten

Das kommunizierte Nichtwissen dieser Kategorie zeichnet sich dadurch aus, dass von der Natur gegebene Sachverhalte von Wissenschaftlern (noch) nicht vollständig erklärt und beschrieben werden können. Oft schließt dies eine zeitliche Perspektive ein, d. h. es wird davon ausgegangen, dass durch weitere Forschung Nichtwissen zukünftig in Wissen überführt werden kann.

In der Naturwissenschaft bspw. folgen auf Entdeckungen genaue Analysen der unbekannten Stoffe, Sachverhalte etc. mit dem Ziel, Nichtwissen in Wissen umzuwandeln:

```
128    BioPm_A      ne andere sache kürzlich kam ne genomsequenzierung von
                    trichomonas vaginalis
129                 des is ein krankheitserreger n eurkaryont n EINzeller
                    (---) einzelliger organismus
130                 in nature kam die arbeit der hat (1.5)
                    vierundfünfzigtausend gene (1.5)
131                 DAvon sind die meisten unbekannt (1.5)
```
Sequenz 116: BioPm$_A$ und BioAnthPm in der Fokusdiskussion; TK 2_1: 128-131.

Das Nichtwissen bleibt durch die Formulierung *sind [...] unbekannt* trägerlos und wird als Faktum präsentiert. Zwar wird es nicht explizit als Noch-nicht-Wissen charakterisiert, aber die Tatsache, dass die Genomsequenzierung des Krankheitserregers erst *kürzlich* gemacht wurde, verweist auf das frühe Stadium der Forschung und lässt damit die potenzielle Überführung des Nichtwissens in Wissen als Perspektive zu, zumal durch die Gesamtaussage auf erste Forschungen zu diesem Thema verwiesen wird.

Während die erste Sequenz zeigt, dass bestimmte Gene noch nicht klassifiziert werden können, geht es in der zweiten und dritten Sequenz darum, dass das Wissen um Funktionsweisen bzw. um deren Modellierung fehlt:

```
258    PhyPsyDrm    das ist ne REIN phänomenologische beSCHREIbung (-) die
                    ha ist KEIne erklärung
259                 ich hab ja ihnen gesagt wir WISsen (-) EIgentlich im
                    prin!ZIP NICHT! wie sowas funktioniert
```
Sequenz 117: PhyPsyDrm in der Fokusdiskussion mit PhilPm$_A$; TK 3_6: 258-259.

Das Nichtwissen wird durch die Verwendung des Personalpronomens *wir,* das inklusiv verwendet wird, an die eigene Forschergruppe bzw. an die Psychosomatiker gebunden und bezieht sich auf das Fehlen einer möglichen Beschreibung von Spukphänomenen. Die Formulierung *im prin!ZIP!* signalisiert, dass Wissen grundlegend und ganz grundsätzlich fehlt. In der nächsten Sequenz, die dem gleichen Diskussionsabschnitt entnommen ist, wird das Nichtwissen um Erklärungen und Modelle von psychosomatischen Vorgängen explizit den Psychosomatikern in ihrer Gesamtheit zugeschrieben (*nämlich die psychosomatiker wissen ALLE nicht*):

```
280    PhyPsyDrm    !WENN! es uns eines tages geLINGT (--) äh
                    theoretischpsychosomatische reaktionen IM KÖRper zu
                    beschreiben
281                 nämlich die psychosomatiker wissen ALLE nicht wie es
                    funktio!NIERT! (.)
282                 DANN haben wir MÖGlicherweise gleichzeitig auch ein
                    gutes modell für den spuk (-)
283                 ABER das ist ein ä ZUkunftsmusik
284                 ICH bin der meinung dass es irgendwann ge!LING!en wird
                    (--)
285                 äh da spricht EIniges daFÜR
```
Sequenz 118: PhyPsyDrm in der Fokusdiskussion mit PhilPm$_A$; TK 3_6: 280-285.

Dieses theoretische Erfassen und Erklären von psychosomatischen Phänomen gilt nach der begründeten Einschätzung von PhyPsyDrm als Voraussetzung dafür, einen Zugang zum Verständnis von Spukphänomenen zu ermöglichen: *ICH bin der meinung [...] da spricht EIniges DaFÜR*. Diese Möglichkeit wird in die Zukunft verlagert, was in der Metapher *ZUkunftsmusik* zum Ausdruck kommt, da aufgrund des bisherigen Kenntnisstands keine Modellierungen möglich sind.

Nichtwissen kann auch auf das Fehlen von Theorien und Konzepten zur Erklärung eines Naturphänomens verweisen. AsphyPhilPm wird von PhilPm$_B$ dafür kritisiert, die Inhalte seines Vortrags zu glattpoliert, aggressiv und ohne Nennung möglicher Einschränkungen hinsichtlich der Erkenntnisse (darauf verweist die Wendung *leichen im KELler*) vorgetragen zu haben. Hierdurch verstößt AsphyPhilPm gegen die Forderung, Einschränkungen der Gültigkeit des Gesagten sowie Wissenslücken deutlich zu machen (vgl. Stocking/Holstein 1993: 192). AsphyPhilPm reagiert auf die Kritik, indem er zum einen argumentiert, dass diese Ungereimtheiten und Einschränkungen seiner Erwartung nach eher in der Diskussion nach seinem Vortrag besprochen werden sollten. Zum anderen verweist er in seiner Begründung auf fehlendes Verständnis und fehlende Konzepte der dunklen Energie, die er deswegen in seinem Vortrag nicht dargestellt habe:

```
173    AsphyPhilPm    zuerst mal platt (.) also aggresSIV ähm (.) ich es kann
                      sein
174                   dass ich (--) we weil ich die geschichte sehr GERne
                      erzähle (---) ähm (---)
175                   da vielleicht ein bisschen übers ziel
                      hiNAUSgeschossen bin und (2.0)
176                   ich damit gerechnet habe dass wir in der diskussion
                      über diese leichen im KELler reden (.)
177                   weil (.) über die leichen im keller zu reden ist
                      konzeptio!NELL! (-)
178                   weil wir überhaupt noch kein ver!STÄND!nis
179                   also dunkle materie hätt ich da noch mit EINbringen
                      können
```

```
180            das wär kein problem gewesen (--) aber konzeptionell
               haben wir für die dunkle energie nichts anzubieten (.)
181            was ich erzählen könnte und INnerhalb dieser
               geschichte EINbauen kann (-)
```
Sequenz 119: AsphyPhilPm als Vortragender in der Plenumsdiskussion mit dem Diskutanten PhilPm$_B$; TK 3_8: 173-181.

Das Nichtwissen ist an den Träger *wir* gebunden, also an die Gesamtheit der Astrophysiker. Zudem wird es als Noch-nicht-Wissen charakterisiert und verweist damit auf weiteren Forschungsbedarf: *überhaupt noch kein ver!STÄND!nis* (das Adverb *überhaupt* wirkt verstärkend).

Die fehlende Einbettung bzw. das Fassen eines Phänomens in eine Theorie wird auch im nächsten Abschnitt thematisiert. UmwGeschDrm knüpft in der Diskussion an einen weiteren strittigen Punkt an und paraphrasiert die von SozPm geäußerte Beschreibung:

```
023   UmwGeschDrm   LETZTlich sind naTURgefahren auch soZIAle gefahren
024                 dann würd ich sagen (--) !JEIN! (--)
025                 weil der unterschied ist eben sozialiSIERT oder genuin
                    soziAL (---) ähm
026                 ich weiß nicht wie man das am besten theoretisch fasst
                    ä
027                 vielleicht kann man das ne (--) heteropoiesis nennen
028                 die in ne autopoiete poietische prozesse überSETZT wird
```
Sequenz 120: UmwGeschDrm als Vortragender in der Plenumsdiskussion mit dem Diskutanten SozPm; TK 1_3: 023-028.

Der Beschreibung von Naturgefahren als soziale Gefahren widerspricht UmwGeschDrm partiell (*dann würd ich sagen (--) !JEIN!*) und begründet nachfolgend seinen Widerspruch. Daraufhin gesteht er ein, selbst keine ideale theoretische Konzeptualisierung vorlegen zu können, versucht es aber (ausgedrückt im Adverb *vielleicht*) mit dem Begriff *heteropoiesis*. Die Unsicherheit bezieht sich hier auf die theoretische Fassung eines Sachverhalts, wobei die Unsicherheit nicht bewertet wird.

Im nächsten Abschnitt handelt es sich auch um Noch-nicht-Wissen (*was vom Vortragenden intonatorisch sehr betont wird*), das sich diesmal aber auf theoretische Vereinbarkeit bezieht:

```
059   AsphyPhilPm   die allgemeine relativitätstheorie ist ja LEIder
                    gottes
060                 wäre ja !SCHÖN! wenn es so wäre (-) ist ja leider NOCH
                    !NICHT! mit der quantenmechanik vereinbar (--)
061                 wir k wir haben KEIne theorie die quantengravitation
                    macht
```
Sequenz 121: AsphyPhilPm als Vortragender in der Plenumsdiskussion mit dem Diskutanten PhilPm$_B$; TK 3_8: 059-061.

7 Kompetenz, Expertenschaft und Nichtwissen 379

Diese Unvereinbarkeit der Theorien (Allgemeine Relativitätstheorie und Quantenmechanik) wird von AsphyPhilPm bedauert (*LEIder gottes, leider*) und damit als zu überwindender Zustand charakterisiert. Die Lösung sei eine *theorie die quantengravitation macht*, die es bisher aber nicht gebe. Damit bleibt das Nichtwissen bestehen.

Auch in der nächsten Sequenz wird das Nichtwissen um weitere Naturgesetze bedauert (*leider*) und das Wissen, um weitere Gesetze, als gut bewertet (*es wäre schön*):

```
088     AsphyPhilPm                                              [es] wäre
089                     SCHÖN wir WISsens ja leider nicht
090                     wir KENnen ja leider nicht alle gesetze=
                        [...]
115                     dass wir NUR mit DEN naturgesetzlichkeiten arbeiten
116                     die wir KENnen weil wir sagen (.) DAS ist das MINImum
                        (.)
117                     es mag noch WEItere naturgesetze geben (--) von denen
                        wir nichts WISsen
118                     aber die dürfen DEnen die wir kennen !NICHT!
                        widersprechen (.)
```

Sequenz 122: AsphyPhilPm als Vortragender in der Plenumsdiskussion mit dem Diskutanten PhilPm$_B$; TK 3_8: 088-090, 115-118.

Träger des Nichtwissens sind die Astrophysiker, worauf das wohl inklusiv gemeinte *wir* hinweist. Das Modalverb *mögen* in *es mag noch WEItere naturgesetze geben (--) von denen wir nichts WISsen* ist Ausdruck einer Vermutung und damit Ausdruck von Unsicherheit; die gesamte Konstruktion weist auf die Form des bekannten Nichtwissens hin. Dadurch, dass eine naturwissenschaftliche Einschränkung des Vorhandenseins weiterer Naturgesetze angeführt wird, *aber die dürfen DEnen die wir kennen !NICHT! widersprechen*, wird Kompetenz signalisiert.

Die nachfolgende Sequenz zeigt, dass nicht nur Konzepte und Modelle, sondern auch Beschreibungs- und Erklärungsansätze gänzlich fehlen können. PhyPsyDrm zufolge befindet er sich sozusagen in einer Extremsituation des Nichtwissens, in der er lediglich bestimmte Phänomene feststellen, aber nicht erklären könne: *WEIL (.) man hier gar nichts SAgen kann*. Diese Tatsache wird durch die Wiederholung mit verstärkendem Adverb *überhaupt* betont: *man kann über!HAUPT! nichts sagen man kann nur feststellen*. Das eingestandene Nichtwissen ist an das Indefinitpronomen *man* gebunden, das uneindeutig ist:

```
151     PhyPsyDrm       es gibt aber immer wieder erfahrungen DIE ä sozusagen
                        SICH SO regelwidrig verhalten ä
152                     dass sie einfach überhaupt nicht äh !SEIN! könnten und
                        trotzdem (.) treten sie auf
153                     das ist gewisserm mei mein spezialgebiet des werd ich
                        morgen sagen
```

```
154            !SO! (.) nun IST es natürlich ne MISSliche situation
155            WEIL (.) man hier gar nichts SAgen kann
156            man kann auch nicht sagen dass das !WUN!der sind (--)
157            man kann über!HAUPT! nichts sagen man kann nur
               feststellen (--)
158            das sind (.) SINguläre ereignisse die normalerweise
               nicht in den bereich der wissenschaft hi!NEIN!genommen
               werden
159            weil es damit nur sehr sporadische erfahrungen gibt
```
Sequenz 123: PhyPsyDrm als Diskutant in der Plenumsdiskussion mit dem Vortragenden eTheoPm$_A$; TK 3_2: 151-159.

PhyPsyDrm beschreibt diesen Nullzustand von Wissen, das Nicht-wissen-Können, als *ne MISSliche situation* und signalisiert damit eine negative Bewertung des Nichtwissens. Der vorherige, nicht abgedruckte Verweis auf den britischen Philosophen C. D. Broad signalisiert demgegenüber Kenntnis der Forschungslandschaft, dadurch Kompetenz und Fachwissen.

Nicht zuletzt kann Nichtwissen, wie in der nächsten Sequenz, lediglich festgestellt werden:

```
227   PhyPsyDrm    also äh die das ist ja ne FORschungsgruppe
228                die sich jetzt da gebildet hat (-) äh
229                da HAT man zum beispiel dieses modell ANgewendet (.)
230                auf ähm äh ä ein WAHrnehmungsphysiologisches phänomen
231                was AUCH immer noch ein rätsel DARstellt
232                warum be bekannte NEGA (.) cube also dieser äh dieser
                   [NEGAwürfel]
233   PhilPm$_A$       [negawürfel]
234   PhyPsyDrm    den man mal von unten oder von oben sieht
235                der klappt ii zu ner ZEIT von ungefähr drei sekunden
                   um beim normalen menschen (-)
236                und äh äm da HAT man dann dieses modell angewendet
                   und rausgefunden (-)
237                man KANN diese drei sekunden (-) GANZ gut mit diesem
                   modell erklären
```
Sequenz 124: PhyPsyDrm in der Fokusdiskussion mit PhilPm$_A$; TK 3_6: 227-237.

Das Phänomen des umklappenden Würfels kann von der Gemeinschaft der Wissenschaftler nicht erklärt werden. Es handelt sich um ein allgemein bekanntes, nicht erklärbares Phänomen (*bekannte NEGA (.) cube*), worauf die Trägerlosigkeit des Nichtwissens in der Formulierung *was AUCH immer noch ein rätsel DARstellt* verweist. Die Feststellung von Nichtwissen ist in diesem Zusammenhang unproblematisch für das *face* von PhyPsyDrm, da ihm Nichtwissen nicht persönlich zugeschrieben werden kann, sondern für alle gilt.

Zusammenfassend kann man sagen, dass das eingestandene oder festgestellte Nichtwissen dieser Kategorie Forschungsbemühungen und eine kritische Auseinandersetzung mit den Sachverhalten oder Gegenständen voraussetzt. Wird vor diesem Hintergrund Nichtwissen von Wissenschaftlern identifiziert, wirkt sich dieses nicht negativ auf die Kompetenz der Wissenschaftler aus. Das Hinweisen auf fehlende Konzepte, Modelle oder Beschreibungsmöglichkeiten – von Stocking/Holstein 1993: 192 als *caveats* bezeichnet – zeigt an, dass man sich an die Regeln guter wissenschaftlicher Arbeit hält, indem man Dinge nicht unbelegt behauptet und Wissenslücken nicht verschweigt. Damit kann das Eingeständnis von Nichtwissen positiv zum Image als guter und glaubwürdiger Wissenschaftler beitragen.

b) Grundsätzliche Fehlbarkeit von wissenschaftlichen Erkenntnissen (Wissen)
Die Grundidee des wissenschaftlichen Arbeitens ist es, wissenschaftliches Wissen nur so lange als gesichert anzusehen, bis es widerlegt werden kann. Dieser Grundsatz wird von Wissenschaftlern auch in den untersuchten Diskussionen relevant gemacht. In der nächsten Sequenz weist PhilNaWiPm seinen Diskussionspartner PhilPm$_A$ auf die Tatsache hin, dass als sicher geltendes Wissen potenziell falsch sein und Fehler enthalten kann, demnach nicht unbedingt wahr sein muss:

```
104    PhilNaWiPm    der FEHler wird vorausgesetzt !IN HIN!blick auf eine
                    (-) ANrechnung die man für korrekt hält
105                 aber auch !DIE! auch da äh ((räuspert sich)) auch !DIE!
                    ist eine SETzung auch die kann FALSCH sein (1.5)
106                 es gibt keine ((räuspert sich)) keine in dem sinne
                    keine korrekten be!WEI!se
107                 auch der der beweis von von äh andrew wiles !KANN NOCH!
                    fehler enthalten (.)
108                 es ist NICHT SO dass man DA in besitz einer absoluten
                    WAHR ist
```
Sequenz 125: PhilNaWiPm in der Fokusdiskussion mit PhilPm$_A$; TK 2_4: 104-108.

Die Verwendung des Modalverbs *können* signalisiert die Möglichkeit der Fehlerhaftigkeit. Der Begriff *SETzung*, also das ‚Aufstellen von Normen' (Duden), impliziert, dass das Wissen nicht empirischen Ursprungs, also nicht vollständig abgesichert ist. Das aufgerufene Wissen ist demnach vorläufig und potenziell fehlerhaft. Etwas beweisen zu können bedeutet hingegen, Gründe und Argumente für die Wahrheit eines Sachverhalts anführen zu können, also einen hohen Grad an Sicherheit in Bezug auf das Wissen zu haben (vgl. Tab. 38). Die Schlussfolgerung aber, dass es im Sinne der prinzipiellen Falsifizierbarkeit von Wissen keine korrekten Beweise gebe, mündet darin, dass sogar das, was für bewiesen und wahr gehalten wird, noch nicht absolut ist: *es ist NICHT SO dass man DA in besitz einer absoluten WAHR ist.*

Auf ähnliche Weise entkräftet ChemPm$_A$ eine Argumentation von PharmPm in der Fokusdiskussion, indem er das, was PharmPm für bewiesen, gesichert und damit als gewusstes Wissen hält, infrage stellt:

```
267   ChemPm_A      und was trevors (-) und abel gesagt haben des ist ein
                    postu!LAT! ihrerseits
268                 das aber noch nicht beWIEsen ist (-) JA
```
Sequenz 126: ChemPm$_A$ in der Fokusdiskussion mit PharmPm; TK 2_5: 267-268.

PharmPm wird dafür kritisiert, die Aussagen von Trevors und Abel als gesichert zu betrachten und die potenzielle Fehlerhaftigkeit zu ignorieren. Durch die Charakterisierung derselben als *postu!LAT!* (vgl. Tab. 38) und den Hinweis auf fehlende Beweise, wird PharmPm die Diskussionsgrundlage entzogen. Das, was PharmPm für gesichert hält, wird von ChemPm$_A$ ins Gegenteil verkehrt; damit liegt eine Form der *echoic speech*, der Echo-Rede vor (vgl. Stocking/Holstein 1993), bei der das Gesagte vom Kommunikationspartner aufgenommen und als falsch oder überholt abgewertet wird.

Insgesamt ist das Nichtwissen dieser Kategorie potenziell gesichtsbedrohend, da das, was als gesichertes oder ungesichertes Wissen gilt, erst interaktiv ausgehandelt und nicht wie im ersten Fall als konsensual gesetzt wird. Die Akteure haben unter Umständen konfligierende Ansichten, was dazu führt, dass Argumentationen, die auf vermeintlich sicherem Wissen beruhen, durch die Deklaration dieses vermeintlich sicheren Wissens als unsicheres Wissen oder Irrtum ausgehebelt werden. So kann ein Wissenschaftler von einem anderen über sein Nichtwissen belehrt werden, wodurch dem Belehrten Kompetenz abgesprochen und dem Belehrenden Kompetenz zugeschrieben wird.

c) Überwindung des Nichtwissens durch Forschung

Im Umgang mit Nichtwissen kommt häufig die Annahme bzw. die Hoffnung zum Ausdruck, dass Nichtwissen prinzipiell durch Forschungsfortschritt überwunden werden kann. In diesem Zusammenhang sind Nichtwissens-Äußerungen stark an eine bestimmte zeitliche Perspektive gebunden. Die folgenden Sequenzen belegen, dass Nichtwissen in der Gegenwart besteht, Wissen demgegenüber in die Zukunft projiziert wird:

```
179   BioPm_A       WIE lang werden die peptide (.) die sie dann kriegen
180   ChemPm_A      ja ((räuspert sich)) des kann ich ihnen (-)
                    WAHRscheinlich in (.) einem jahr BESSer beantworten (.)
181                 zurzeit reichen unsere (.) bescheidenen analytischen
                    (-) nachweismöglichkeiten (.) äh
182                 zu äh ein paar (-) heptapep hexa und heptapeptiden
```

```
183                 weil wir keine referenzsubstanzen HAben für die HÖheren
                    ((räuspert sich))
184                 durch die (.) neu jetzt ä in entwicklung stehen
185                 was mein mitarbeiter macht (.) äh kombinaTION
                    chromatografische und massenspektrometrische verfahren
186                 äh hoffen wir (.) eben auch wir haben jetzt schon
                    höhere molekülMASSen gesehen
187                 aber wir wissen noch nicht was es ist
```
Sequenz 127: BioPm$_A$ als Diskutant in der Plenumsdiskussion mit dem Vortragenden ChemPm$_A$; TK 2_6: 179-187.

Die Frage von BioPm$_A$ ist eine reine Interessensfrage (eine kurze Erläuterung seines Erkenntnisinteresses geht seiner Frage voraus), auf die ChemPm$_A$ sehr offen antwortet und sein heutiges Nichtwissen zugibt: *wir wissen noch nicht was es ist*. Das Nichtwissen wird als Noch-nicht-Wissen charakterisiert, das zeitlich eingebettet wird: *zurzeit* wird etwas noch nicht gewusst, die Frage kann aber *WAHRscheinlich in (.) einem jahr BESSer beantworte[t]* werden. ChemPm$_A$ begründet zudem den Umstand, dass man die Länge der Peptide (bisher) nicht genau bestimmen kann, indem er auf die *bescheidenen analytischen (-) nachweismöglichkeiten* und fehlenden *referenzsubstanzen* verweist. ChemPm$_A$s Wissen und Kompetenz auf dem Fachgebiet zeigen sich damit in der konkreten Lokalisierung und Begründung von Nichtwissen.

Die nächsten drei Sequenzen entstammen demselben Diskussionsabschnitt, in dem sich ChemPm$_A$ und PharmPm mit der Frage auseinandersetzen, ob das Leben auf der Erde rein chemisch-natürlich entstanden ist oder aber durch Gottes Wille initiiert wurde. Während ChemPm$_A$ dafür argumentiert, dass allein die vorhandenen organischen Substanzen dazu geführt haben, dass sich Leben gebildet hat, hält PharmPm die bisherigen Experimente als keinen ausreichenden Nachweis für die Theorie und plädiert demgegenüber für das Wirken von Gott. Die Sequenz beginnt mit der Kritik von ChemPm$_A$ an dieser, seiner Meinung nach vorschnellen, Annahme einer *übergeordnete[n] macht oder kr noch unbekannte[n] KRAFT*:

```
137     ChemPm$_A$    wovor ich nur WARnen möchte ist (--) äh (--)
138                   zu FRÜH (-) eine übergeordnete macht oder kr noch
                      unbekannte KRAFT (-)
139                   ne also es könnt nämlich auch sein
140                   dass mer in der naTURwissenschaft (-) noch nicht alle
                      kräfte erKANNT haben (.)
141                   wir kennen mal grad VIER zurzeit net
142                   vielleicht gibts da noch !MEHR!
143                   ABER (--) auf die werden wir (.) eben !NICHT! drauf
                      kommen
```
Sequenz 128: ChemPm$_A$ in der Fokusdiskussion mit PharmPm; TK 2_5: 137-143.

ChemPm$_A$ argumentiert gegen die Annahme eines göttlichen Wirkens, indem er auf potenzielles Nichtwissen in der Wissenschaft verweist: *es könnt nämlich auch sein dass mer in der naTURwissenschaft (-) noch nicht alle kräfte erKANNT haben.* Dieses potenzielle Nichtwissen ist temporär, es wird als Noch-nicht-Wissen deklariert. Als Träger des Nichtwissens erscheinen hier die Naturwissenschaftler, zu denen sich ChemPm$_A$ zählt (deutlich wird dies durch die Verwendung des inklusiven *wir: mer in der naTURwissenschaft; wir kennen mal grad VIER zurzeit).* ChemPm$_A$ schließt also nicht aus, dass noch mehr Kräfte in der Natur am Werk sind, die noch nicht erkannt wurden. Interessanterweise wechselt die Kategorisierung des Nichtwissens vom Noch-nicht-Wissen zum Niemals-wissen-Können. Dieser Zwiespalt in der Kategorisierung führt ihn dann zu einer kritischen Frage an PharmPm.

PharmPm entgegnet später auf den Beitrag von ChemPm$_A$ aus pharmazeutischer Perspektive (betont durch den Ausschluss von christlichem Glauben: *das hat jetzt mit GLAUben oder gott überhaupt nichts zu tun;* vgl. zur Differenzierung zwischen wissenschaftlicher Fachidentität und persönlicher Identität Kap 6.2.2, Abschnitt c)):

```
079   PharmPm      also ich ich kann mir das (.) CHEmisch REIN CHEmisch
                   (--)
080                das hat jetzt mit (.) GLAUben oder gott überhaupt
                   nichts zu TUN (--)
081                nicht VORstellen dass DIEse dinge (-) von alleine (-)
082                sei es (--) blitzschnell oder langsam zuSAMmenkommen
                   (---)
083                das scheint so viel an der chemie zu widersprechen
084                die wir wissen (--) natürlich weiß ich nicht
085                was die chemie noch heRAUSfinden wird (--)
086                aber auf dem WISsensstand der chemie die wir JETZT
                   haben (---)
087                kommen mir diese experimente (3.0) ähm (.) NICHT
                   zielführend vor (2.0)
```

Sequenz 129: PharmPm in der Fokusdiskussion mit ChemPm$_A$; TK 2_5: 079-087.

PharmPm äußert seine Zweifel an der Möglichkeit einer chemischen Reaktion, die zu Leben geführt haben kann, und begründet seine Zweifel. Die Formulierung *kommen mir vor* drückt die Subjektivität seiner Ansicht aus. Auch hier ist Nichtwissen in einen zeitlichen Rahmen eingebettet: der jetzige Wissensstand und das zukünftige Wissen: *natürlich weiß ich nicht was die chemie noch heRAUSfinden wird.* Träger des Noch-nicht-Wissens ist PharmPm, gleichzeitig aber auch die Disziplin Chemie, die (noch) nicht alles weiß. Kurze Zeit später wird diese Unsicherheit gegenüber dem zukünftigen, potenziellen Wissen wieder aufgegriffen und die heutige Perspektive (*im moment*) mit einer zukünftigen (*es kann sein dass sich das verändert*) kontrastiert:

```
175    PharmPm       es kann sein dass sich das verändert durch die
                     forschung
176                  dass man ZEIGT ah ja die dinge (2.5) passieren DOCH
177                  wenn wenn mans einfach nur zusammen!KIPPT! (--)
178                  aber das SEH ich im moment nicht (.)
179                  je genAUer man diese sachen analysiert (--)
180                  desto mehr wird da eine INdeterminiertheit (--) äh
                     erkennbar
```
Sequenz 130: PharmPm in der Fokusdiskussion mit ChemPm$_A$; TK 2_5: 175-180.

PharmPm bekräftigt hier seine Ablehnung der Ansicht von ChemPm$_A$, der die Entstehung des Lebens aus den Reaktionen verschiedener Substanzen als bewiesen ansieht. Die Ablehnung kommt in der negativen Bewertung in *einfach nur zusammen!KIPPT!* und seiner Begründung (*je genAUer man diese sachen analysiert (--) desto mehr wird da eine INdeterminiertheit (--) äh erkennbar*) zum Ausdruck.

Nichtwissen wird demnach in dieser Kategorie als prinzipiell überwindbar charakterisiert. In den Sequenzen liegt die Überführung von Nichtwissen in Wissen in der Zukunft, das Nichtwissen existiert dagegen heute. Wissenschaftler können durch die Benennung und Lokalisierung (auch durch Pläne zur Überwindung von Nichtwissen) Kompetenz demonstrieren, was sich positiv auf ihr Image als kompetente Forscher auswirkt.

Insgesamt erscheint Nichtwissen in den Sequenzen des Abschnitts *Nichtwissen als Konstituente von Wissenschaft* als Noch-nicht-Wissen, also als überwindbarer, temporärer Zustand, der in der Wissenschaft als grundlegend und normal angesehen wird. Die Kategorisierung als Noch-nicht-Wissen weist darauf hin, dass die Strategie des Nichtwissen-Reduzierens (vgl. Smithson et al. 2008b: 321f.) oder zumindest die des Akzeptierens und Tolerierens (vgl. ebd.) zum Tragen kommen. Zur Nichtwissens-Reduktion wird Forschung betrieben, die zum Teil über Drittmittel finanziert wird. Zur Drittmittel-Einwerbung werden Forschungsanträge gestellt, in denen Nichtwissens-Bereiche benannt und lokalisiert werden müssen. Dies kann als Strategie des Kontrollierens/Ausbeutens/Zunutzemachens von Nichtwissen gewertet werden (vgl. ebd.; Stocking/Holstein 1993).

Das Thematisieren von Nichtwissen wirkt in dieser Kategorie nicht gesichtsbedrohend, sondern als notwendig und als Bestandteil von gründlicher und sorgfältiger Forschung. Durch die Lokalisierung, Darstellung, Begründung und Analyse von Nichtwissen signalisieren Wissenschaftler die Anerkennung wissenschaftlicher Werte und dadurch Kompetenz, Professionalität und Glaubwürdigkeit.

7.3.2.3 Nichtwissen als Diskussionsanlass / zur wissenschaftlichen Infragestellung

Nicht zuletzt ist Nichtwissen der Ausgangspunkt von Diskussionen, von Kritik, Zweifel und Infragestellung von Erkenntnissen. Nichtwissen wird interaktiv ausgehandelt und ist damit Ansatzpunkt für Kompetenz- und Geltungsstreits. Im kritischen Diskurs werden Nichtwissen und Unsicherheit zum Teil den Diskussionspartnern oder der anderen Disziplin zugeschrieben (vgl. die Strategie der gegenseitigen Zuschreibung bei Stocking/Holstein 1993 und Wehling 2004), was dem Absprechen von Kompetenz und Fachwissen gleichkommen kann. Damit sind solche Zuschreibungen teilweise sehr gesichtsbedrohend. Im Folgenden werden daher Zuschreibungsprozesse von Nichtwissen betrachtet und unter Gesichtspunkten der Selbstdarstellung in den Blick genommen. Auch hier wird auf die von Stocking/Holstein (1993), Smithson et al. (2008a/b), Wehling (2012) identifizierten Strategien im Umgang mit Nichtwissen Bezug genommen. Die folgenden Strategien konnten identifiziert werden: a) Selbstzuschreibung von Nichtwissen und Unsicherheit, b) Selbstzuschreibung von Nichtwissen zwecks Kritik am Gegenüber, c) Fremdzuschreibung von Nichtwissen und Unsicherheit, d) offene Fragen als Fremd- und Selbstzuschreibung, e) trägerlose Feststellung von Nichtwissen zwecks gegenseitiger Kritik. Diese werden nachfolgend erläutert und mit Beispielen belegt.

a) Selbstzuschreibung von Nichtwissen und Unsicherheit

Die expliziteste Form der Selbstzuschreibung stammt von PhyPsyDrm in der Plenumsdiskussion zu seinem eigenen Vortrag, in dem er von Spukphänomenen berichtet hat. Der allgemeine Tenor der Diskussion ist, die Forschung von PhyPsyDrm als Wissenschaft nicht ernst zu nehmen und die parapsychologische Erklärung des Spuks abzulehnen, da alle Phänomene naturwissenschaftlich vollständig erklärbar seien. In der Diskussion wird PhyPsyDrm von AsphyPhilPm vorgeworfen, nicht alle Möglichkeiten bei seinen Nachforschungen bedacht zu haben. Nachdem PhyPsyDrm alle Argumente vorgebracht hat, die solche Phänomene erklären können, bekennt er sich zu seinem Nichtwissen und wehrt sich damit gegen den Vorwurf, etwas übersehen zu haben:

```
226    PhyPsyDrm    SO !JETZT! gibts natürlich alles !MÖG!liche (.)
227                 nur der punkt ist DER ich WEISS es nicht (.)
228                 und ich hab mich wirklich jetzt vierzig jahre bemüht
                    herauszufinden was da dahintersteckt (.)
229                 und ich bin zum schluss gekommen (-) wir !WIS!sens
                    einfach NICHT
230                 das ist meine EHRliche antwort (.) !JETZT! hab ich (-)
                    JA äh
```

```
231                DARF man SOwas nicht sagen (---) dass man was nicht
                   WEISS
232  AsphyPhilPm   [doch doch]
233  PhyPsyDrm     [so       ] WENN man was nicht WEISS (-) ist es doch
                   legitim (.)
234                der herr [Nachname (PhilPm_A)] hats grade angemahnt (.)
235                !IR!gendwie (.) aus der trickkiste der wissenschaft
236                wo wir ja ne menge WISSEN (-) was RAUSzuholen und zu
                   probieren ob mans damit SCHAFFen kann (.)
```
Sequenz 131: PhyPsyDrm als Vortragender in der Plenumsdiskussion mit dem Diskutanten AsphyPhilPm; TK 3_7: 226-236.

PhyPsyDrm verweist auf vierzig Jahre Forschung, die seine Bemühungen und Expertenschaft auf dem Gebiet nachweisen soll. Auf dieser langjährigen Arbeit basiert seine Schlussfolgerung *wir!WIS!sens einfach NICHT*, wobei dieses Nichtwissen nicht eindeutig an einen bestimmten Träger gebunden ist. Dieses Geständnis wirkt zunächst als Kapitulation vor dem Nichtwissen (vgl. Smithson et al. 2008b). Das Pronomen *wir* ist höchstwahrscheinlich inklusiv gemeint, aber der disziplinäre Bezug ist unklar; es liegt jedoch nahe, dass er sich auf Psychologen und Physiker bezieht. Persönliches Nichtwissen wird damit auf sämtliche Forscher auf dem Gebiet ausgedehnt, wodurch sich PhyPsyDrm entlastet. Daraufhin beginnt die Metakommunikation über die Kommunikation von Nichtwissen: *DARF man SOwas nicht sagen (---) dass man was nicht WEISS*. Nach der bekräftigenden Zustimmung (*doch doch*) des Diskutanten AsphyPhilPm führt PhyPsyDrm weiter aus, dass es ein legitimer Vorgang sei, bei nicht überwindbarem Nichtwissen auf bereits Gewusstes zurückzugreifen und zu versuchen, damit das Nichtwissen als normalem Bestandteil der Wissenschaft zu überwinden.

Auch in der nächsten Sequenz gibt der Vortragende Nichtwissen zu. Dieses Eingeständnis von Nichtwissen wirkt sich aber nicht negativ auf das Image des Vortragenden aus, da es sich um eine in diesem Zusammenhang als unwichtig erachtete terminologische Unterscheidung handelt. PhilDrhaw hat zuvor nach dem Unterschied zwischen Dreck, Schmutz und Müll gefragt, worauf SozPDm$_A$ kurz eingeht:

```
109  SozPDm_A     dreck schmutz (-) WEISS ich nicht obs da fachliche
                  unterscheidungen gibt äh
110               oder schmuddel (-) das sind begriffe die mir grade so
                  von der zunge runter gehen_wahrschEInlich
111               gibts da unterscheidungen nur die sind
                  mir nicht bekannt (---)
```
Sequenz 132: SozPDm$_A$ als Vortragender in der Plenumsdiskussion mit Diskutantin PhilDrhaw; TK 1_4: 109-111.

Die Tatsache, dass die Begriffe unreflektiert verwendet werden, wird von SozPDm$_A$ explizit thematisiert: *grade so von der zunge runter gehen*. SozPDm$_A$ vermutet terminologische Unterschiede, sagt aber auch, dass er diese nicht kennt. Implizit drückt er aus, dass diese Unterscheidungen für ihn auch nicht von Interesse oder in diesem Kontext wichtig sind, da er sofort im Anschluss das Thema wechselt.

b) Selbstzuschreibung von Nichtwissen zwecks Kritik am Gegenüber
Durch die Selbstzuschreibung von Nichtwissen und Unsicherheit können Diskutanten Zweifel an dem vom Diskussionspartner oder Vortragenden Gesagten äußern. Den folgenden Sequenzen ist gemein, dass sie stark subjektiv formuliert sind. Im ersten Beispiel sind es Zweifel, die eine Widerspruchssequenz einleiten:

```
075    GeschPm_B       also es folgt nem rationalitäts äh paradigma
076                    UND es wird auch institutionalisiert ja
077    GeschPm_C       äh wobei ((räuspert sich)) also ich weiß nicht
078                    wie TRAGfähig solche unterscheidungen für die moderne
                       sind vor allem
079                    wenn man in soziologischen theorien immer wieder (--)
080                    äh mit bezug auf die VORmoderne als beispiel die
                       externaliSIErung (---) liest äm
081                    das ist nicht zu ENDE gedacht weil die externaliSIErung
                       über theoLOgische schema[ta in              ]
082    GeschPm_B                                [ja das ist richtig]
083    GeschPm_C       europäischen christlichen kontexten eigentlich eine
                       !IN!ternalisierung in die geSELLschaft ist
                       [...]
099                    insofern (--) ähm (---) WEISS ich nicht ob das
                       tragfähige äh instruMENte sind
```

Sequenz 133: GeschPm$_B$ und GeschPm$_C$ (beide als Diskutanten) in der Plenumsdiskussion; TK 1_5: 075-099.

GeschPm$_C$ hakt in dem Moment ein, in dem er einen Kritikpunkt bei GeschPm$_B$ entdeckt. Durch *äh wobei* signalisiert er eine Einschränkung, die er nachfolgend erläutert und im späteren Verlauf begründet. Der Zweifel bzw. die Kritik betrifft den wissenschaftlichen Wert der Tragfähigkeit von Konzepten und Unterscheidungen. Seine Selbstzuschreibung von Nichtwissen in *ich weiß nicht* ist Teil des Widerspruchs und wird bekräftigend in der Schlussfolgerung am Ende wiederholt.

Auch die nächsten drei Sequenzen enthalten die Formel *ich weiß nicht*; in allen drei werden Zweifel und Widerspruch am Diskussionspartner signalisiert: *ich WEISS nich was es sonst noch geben soll* (PhilNaWiPm; TK 2_3: 039), *ich ich weiß nicht WO äh man sie lokalisieren soll wenn !NICHT! im gehirn* (PhilNaWiPm; TK 2_3: 066), *und ich weiß überhaupt nicht wies von von einem heptapept peptid oder meinetwegen auch von nem zwanzigerpeptid (2.0) richtung (.) sowas wie !STOFF!wechsel gehn soll* (PharmPm; TK 2_5: 026-028). Alle drei Versionen signalisieren Zweifel, Skepsis und Dissens, die durch das Adverb *überhaupt* noch verstärkt und betont werden. Das Modalverb *soll* drückt in diesem Kontext Unsicherheit, Zweifel und Ratlosigkeit aus.

In der folgenden Sequenz sind Selbst- und Fremdzuschreibungen von Nichtwissen und Unsicherheit miteinander verwoben. Das Nichtwissen ist zwar im Ursprung von der Natur gegeben – es geht um die Entstehung des Lebens vor vielen Millionen Jahren –, aber auch das, was als bewiesen betrachtet wird, wird wieder Gegenstand der Diskussion und damit unsicher:

```
231   PharmPm      =neenee [also für ] diese ERSten sekunden und so weiter
                   (-)
232   ChemPm_A            [ja (.) ja]
233   PharmPm      hab ich schon den verdacht dass da (--) jede menge (--)
                   GLAUben
234                in in hinsicht (.) auf das was man reinsteckt in die
                   rechnung DA ist (--)
235                da ist ne MENge annahmen ähnlich wie diese
                   geochemischen szenarien (.)
236                dass man sagt damals war (.) brauchte man natürlich
                   (--) vulkane und so (---)
237                who knows (--) was da genau !WAR! (-) an substanzen (-)
238                [in welchen mengen]
239   ChemPm_A     [die sedimente     ] die (--) gesteine
240   PharmPm      nee ich glaub nicht dass das chemisch eindeutig genug
                   ist (2.0)
241                um ähm dann in in millimol und so weiter reaktionen
                   einstellen zu können (3.0)
```

Sequenz 134: PharmPm in der Fokusdiskussion mit ChemPm$_A$; TK 2_5: 231-241.

PharmPm widerspricht ChemPm$_A$, der gesagt hatte, dass ein „freier Wille" (Gott) zur Entstehung des Lebens nicht notwendig sei. Er begründet den Widerspruch mit seinem Unsicherheit ausdrückenden *verdacht* (vgl. Tab. 38), dass im Versuch der Rekonstruktion der Entstehung des Lebens der Glauben eine Rolle gespielt hat. Die Begriffe *GLAUben, annahmen, szenarien* (vgl. Tab. 38) signalisieren im Zusammenhang ebenso Unsicherheit und verleihen dem gesamten kritisierten Ansatz damit einen negativen Anstrich. Ein weiterer Zweifel an der Schlüssigkeit des Ansatzes folgt in Z. 237 mit dem englischen *who knows*; das Nichtwissen erscheint hier als trägerlos, möglicherweise weil niemand die Frage beantworten kann, welche *substanzen (-) in welchen mengen* sich zur fraglichen Zeit auf der Erde befanden. Der Antwort von ChemPm$_A$ widerspricht PharmPm sofort durch erneutes Vorbringen von Zweifeln: *nee ich glaub nicht*.

In der nächsten Sequenz meldet PharmPm Zweifel an der Korrektheit des methodischen Vorgehens von ChemPm$_A$ an:

```
001   PharmPm      mir kommts DOCH so vor als wenn (2.0)
002                sie und ihre mitarbeiter ziemlich intelli <<lachend>
                   GENT an die sache RANgehen>>
```

```
003            sie LASSen ja zum beipiel viel WEG (1.5)
004            ich würde verMUten dass wenn sie bei
               (SItz)experimenten
005            auch AMIne reintun und NITRIle (1.5) und so weiter
               (---)
006            alles MÖGliche entsteht em und karBONsäuren
007            aber KEIne (--) auch nur KURZketten at keine pepTIde
               vielleicht (-) son paar KURze (-)
```
Sequenz 135: PharmPm in der Fokusdiskussion mit ChemPm$_A$; TK 2_5: 001-007.

Gerade im ersten Teil der Äußerung klingt leichte Ironie durch, da es ein Grundsatz der Wissenschaft ist, nichts wegzulassen und alles genau zu untersuchen. Seine vorsichtig im Konjunktiv formulierte Äußerung stellt daher die gesamte Forschung von ChemPm$_A$ infrage. Insofern sind die von PharmPm vorgebrachten Zweifel für ChemPm$_A$ gesichtsbedrohend, da ihm ein falscher Forschungsansatz vorgeworfen wird (vgl. hierzu Kap. 5.3).

Die folgende Sequenz zeigt exemplarisch, wie individuelle Selbstzuschreibungen von Nicht-wissen in der gleichen Äußerung von allgemeinen Zuschreibungen abgelöst werden können:

```
009    BioAnthPm    äh das wäre sozusagen so ein ignoRAmusargument äh
010                 wo ich einfach nur als (-) äh sagen (-) ORdentlicher
011                 allerdings nicht naturaLIStischer (.) äm bioLOge sagen
                    würde
012                 das schrEckt mich NICHT
013                 da müssen wir verMUtlich unsere
                    merkmalsbeschreibungen abändern
014                 und müssen mal gucken ob wir DAmit weiterkommen
```
Sequenz 136: BioAnthPm in der Fokusdiskussion mit BioPm$_A$; TK 2_1: 009-014.

BioAnthPm sagt aus seiner individuellen fachlichen Perspektive heraus (*ich [...] als [...] ORdentlicher allerdings nicht naturaLIStischer (.) äm bioLOge*; zur Fachidentitäts-Thematisierung siehe Kap. 6.2.1 Sequenz 53), dass er vor Modifikationen von methodischen Ansätzen und Beschreibungen nicht zurückschreckt. Im selben Satz wechselt er aber von *ich* zu *wir*, was auf einen Wechsel von seiner individuellen zu einer disziplinären Perspektive hindeutet: *da müssen wir verMUtlich unsere merkmalsbeschreibungen abändern und müssen mal gucken ob wir DAmit weiterkommen* (Herv. L. R.). Das Nichtwissen wird damit der eigenen Forschergruppe zugeordnet. Der Ausgang der Änderung ist ungewiss, das Ergebnis offen.

Zusammenfassend kann man sagen, dass Unsicherheitsmarkierungen in Form selbstbezogener Zweifel dem vorsichtigeren, zurückhaltenderen Äußern von negativer Kritik dienen können. Dadurch wird allerdings nur oberflächlich die Bedrohung für das Image des Interaktionspartners abgeschwächt. Gegen die negative Kritik muss sich der Angesprochene trotzdem fachkundig verteidigen, um sein Image als kompetenter Wissenschaftler aufrechtzuerhalten.

c) Fremdzuschreibung von Nichtwissen und Unsicherheit
In den Daten finden sich einige Sequenzen, in denen Nichtwissen einer anderen Person oder Disziplin zugeschrieben wird. Fremdzuschreibungen von Nichtwissen sind in hohem Maße imageschädigend und *face*-bedrohend für denjenigen, dem Nichtwissen/Unsicherheit unterstellt oder attestiert wird, da dessen Kompetenz und Fachwissen herabgesetzt werden. Besonders in zwei Fällen ist es auffällig, wie schwierig der Umgang mit Nichtwissens-Vorwürfen in der Wissenschaft ist.

In der folgenden Sequenz wird der Vortragende PhyPsyDrm vom theoretischen Physiker PhyPm$_C$ dafür kritisiert, nicht alle Parameter in seinen Experimenten angegeben und Wechselwirkungen ausgeschlossen zu haben. Die Tatsache, dass ein theoretischer Physiker an einem empirischen Befund bzw. experimentellen Setting Kritik übt, veranlasst den Vortragenden PhyPsyDrm dazu, ihn auf seine fehlenden Fachkenntnisse in Bezug auf Experimente und empirische Analysen hinzuweisen:

```
194    PhyPsyDrm    also ich i ich merk dass sie natürlich kein
                    experimenTALphysiker sind (.) sonst WÜSSten SIE
195                 dass in jedem eg äh physiklabor (-) IMmer wieder
                    effekte auftreten (.)
196                 DIE eigentlich nicht durch die theorie beschrieben
                    werden
```
Sequenz 137: PhyPsyDrm als Vortragender in der Plenumsdiskussion mit dem Diskutanten PhyPm$_C$; TK 3_7: 194-196.

PhyPsyDrm entkräftet den Vorwurf von PhyPm$_C$, indem er auf dessen fehlendes Methodenwissen verweist. So kann PhyPsyDrm seine eigene Position verteidigen und PhyPm$_C$ Nichtwissen auf dem Gebiet der empirischen Physik zuschreiben. Dessen Ausweis als Physiker wird damit zur Beantwortung der vorliegenden Frage als nicht ausreichend zurückgewiesen. Eine solche Nicht-Anerkennung der Kompetenz ist für PhyPm$_C$ sehr imagebedrohend.

Die nächste Sequenz enthält ebenso schwer zu handhabende Nichtwissens-Zuschreibungen:

```
112    PhilPm_A     SAGT er nee und !KENNTS! [nicht herr [Name (MaPm)]]
                    [...]
123                 KENNTS gar nicht (-) sie wissen gar nicht wovon ich
                    SPRECHE (2.0)
124                 sie ver sie haben BLOSS (-) ein paar WÖRter gehört (--)
125                 nämlich isotropie haben sie gehört und euklidizität (-)
126                 und DAS (.) !KENNEN! sie gar nicht anders (-) DENN (.)
                    ALS (.) formaLIST (-)
127                 sie wissen !NICHT! wovon ich REde (-)
```

```
128           und INsofern ist ihre BINNengewissheit hier
              !UN!verbindlich (---)
129           tut mir LEID dass ich so hart sein muss
              [...]
132           EIN satz noch zu herrn [Nachname (MaPm)] (-)
133           ich BITte sie
134           also ich wollte vorher nicht so aggressiv sein (-)
135           aber ich BITte sie !FREUND!lich und als EIN um wahrheit
              bemühter philosoph zur kenntnis zu nehmen (-)
136           dass !ICH! genau !WEISS! (-) warum sie NEIN sagen
137           weil ich das KENNE
138           dass sie aber !NICHT! wissen wovon ICH rede
139           und DIESE asymmetrie SOLLten wir (-) unter den
              zielsetzungen dieses (.) kolloquiums [Titel der
              Veranstaltung] (.) einfach (-) zur kenntnis nehmen
140           und nach !MÖG!lichkeit das ist ja nur begrenzt möglich
              ja
```

Sequenz 138: PhilPm$_A$ als Diskutant in der Plenumsdiskussion mit dem Diskutanten MaPm; TK 3_10: 112, 123-129, 132-140.

PhilPm$_A$ reagiert hier auf ein Widerspruchs-Nein aus dem Publikum. Der Adressat wird dafür kritisiert, dass er etwas abgelehnt hat, ohne zu wissen, wovon gesprochen wird: *KENNTS gar nicht (-) sie wissen gar nicht wovon ich SPRECHE.* Diese nicht begründete Nichtwissens-Unterstellung wirkt durch die Betonungen sowie die dreimalige Wiederholung (Z. 112, 123, 126 und 138f.) streng und zurechtweisend. Wissen wird MaPm ausschließlich disziplinär im Zusammenhang mit dem Formalismus zugesprochen. Gleichzeitig spricht sich PhilPm$_A$ selbst die Kompetenz zu, darüber zu urteilen, was MaPm weiß und kennt. Er kommt zu der Schlussfolgerung, dass das Wissen von MaPm aufgrund dessen (unterstellter) Unkenntnis an dieser Stelle *!UN!verbindlich*, also falsch ist. Es folgt eine Entschuldigung für die Härte der Zurückweisung des Einspruchs von MaPm, was in einer späteren Sequenz nach einer anderen Unterbrechung wieder aufgenommen wird. PhilPm$_A$ begründet dort seine Strenge implizit mit seiner Verpflichtung zur Wahrheit (*als EIN um wahrheit bemühter philosoph*). Auch hier wird wieder der eigene Wissens- und Wahrheitsanspruch mit der Fremdzuweisung von Nichtwissen kontrastiert, was nach der Meinung von PhilPm$_A$ nicht auflösbar sei, sondern bestehen bleiben müsse: *und DIESE asymmetrie SOLLten wir [...] zur kenntnis nehmen.* Die Fremdzuschreibung von Nichtwissen wird also aufrechterhalten und betont, woraufhin MaPm erst nach Einschreiten der Moderatorin die Möglichkeit zur Verteidigung seiner Ansicht bekommt (vgl. Sequenz 112 in Kap. 7.3.2.1):

```
146   MaPm    ich ich würde gerne noch sagen wieso ich NEIN gesagt
              habe
147           ich mein es GIBT einfach das modell des
              antidesitterRAUMS
```

7 Kompetenz, Expertenschaft und Nichtwissen

```
148                     das wahrscheinlich ein ganz gutes modell ist für
                        unsern RAUM
149      PhilPm_A       ja
150      MaPm           und von dem ICH jetzt (2.0) gewissheit HAbe dass der
                        EHER unsere welt beschreibt als der
151      PhilPm_A       [ja  ]
152      MaPm           [ebene] RAUM (--) u:nd äh der IST isotrop (--)
```
Sequenz 139: MaPm und PhilPm_A (beide als Diskutanten) in der Plenumsdiskussion; TK 3_10: 146-152.

Die Nichtwissens-Zuschreibung wird durch die Darstellung seiner eigenen Ansicht implizit zurückgewiesen (vgl. die Strategie des Abstreitens; Smithson et al. 2008b). Auf die Art, wie er kritisiert wurde, und die Tatsache, dass ihm Nichtwissen und damit Inkompetenz unterstellt wird, geht er nicht ein, sondern erläutert aus seiner disziplinären Perspektive seinen Ansatz.

Eine weitere Form der Nichtwissens-Zuschreibung findet sich in einer Meta-Reflexion der Vorträge. Die nächste Sequenz stammt aus der Diskussion zu einem Vortrag, den PhilPm_B nach seiner inhaltlichen Kritik in formeller Hinsicht rügt. Sie ist einer Diskussion entnommen, in der die Tagung reflektiert wird. Darin ging es um die Frage, wann und warum ein Vortrag für gut und erfreulich befunden wird. PhilPm_B äußert sich hierzu und kritisiert vor allem zwei Vorträge, in denen die Darstellung von Unsicherheiten nicht geleistet wurde:

```
159      PhilPm_B       also mich es WUNdert mich dass sie so ne GLATte (-)
                        poLIERte harte bisschen aggresSIve geschichte
                        erzählen
160                     und !HINTER!her (.) nebenbei mal anmerken wir haben da
                        so leichen im keller (.)
161                     und DAS und DAS und DAS und das WISsen wir nicht (.)
```
Sequenz 140: PhilPm_B als Diskutant in der Plenumsdiskussion mit dem Vortragenden Asphy-PhilPm; TK 3_8: 159-161.

PhilPm_B kritisiert AsphyPhilPm, weil dieser in seinem Vortrag nicht auf Schwierigkeiten und Unsicherheiten verwiesen, sondern seine Inhalte als bewiesene Fakten präsentiert habe. Die Formulierung *es WUNdert mich* ist dabei eine relative Abschwächung, wenn man die hart geäußerten Vorwürfe dagegenhält. Die Metapher *GLATte (-) poLIERte* signalisiert das unzulässige Entfernen von Einschränkungen und Widersprüchen in der Forschung; die Wendung *leichen im keller* steht für das nicht dargestellte Nichtwissen. Beide signalisieren in diesem Kontext negative Bewertungen und verweisen auf die wissenschaftliche Forderung, Einschränkungen (*caveats*) deutlich zu machen (vgl. Stocking/Holstein

1993: 192). PhilPm_B kommt auf diesen Kritikpunkt im zweiten Kommentar in der Abschlussdiskussion zurück:

```
175   PhilPm_B     ich habe hier beSONders ZWEI vorträge gehört bei
                   denen das exemPLArisch war (-)
176                die SCHIEnen unter der (-) ANweisung zu stehen (--)
177                erZEUge im auditorium eine FREUdige verblüffung (2.0)
178                denn wenn du das erzeugt hast dann wird das
                   auditorium
179                dir ALLE DENKlücken alle lücken und brüche in deinem
                   (.) gedankengang NACHsehen (.)
180                die werden GAR nicht verf die werden sie gar nicht
                   !DEN!ken
181                dass die da irgend auf irgendwas ACHten müssten (-)
182                und da (-) das GLAUB ich wenn sie sagen ja der vortrag
                   ist erfreulich
                   […]
185                MICH macht das hab ich gestern abend schonmal
                   eingestanden
186                MICH macht das ähm ä MISStrauisch und VORsichtig
187                wenn ich merke OUH das geht ja !TOLL! ab (.)
188                das ist ja erFREUlich dieser vortrag ist !WUN!derbar
189                mich macht das MISStrauisch (-) ja da das ist
                   vielLEICHT persönlich
190                aber vielleicht hat es ein allgemeines element
191                !ACH!ten sie darauf ob die WIEweit die freude
                   berechtigt ist
```

Sequenz 141: PhilPm_B als Diskutant in der Diskussion (Metareflexion) der Vorträge und Diskussionen; TK 3_10: 175-182, 185-191.

Die Metaphern *lücken und brüche* verweisen auf das Nichtwissen, das unberechtigterweise in den Vorträgen keine Beachtung findet. Das Darstellen von Unsicherheiten, Ungereimtheiten, Einschränkungen, Widersprüchen und Nichtwissen wird also von PhilPm_B eingefordert und als wichtiger Aspekt von wissenschaftlichem Arbeiten aufgefasst. Der Vorwurf an die Vortragenden, solches nicht getan zu haben, ist demnach schwerwiegend, da dies im Umkehrschluss unterstellt, dass sie unwissenschaftlich gearbeitet und wichtige Informationen bewusst unterschlagen haben. Die Gefahr für die Images der gerügten Vortragenden als gute Wissenschaftler ist also groß, ihr jeweiliges *face* gefährdet.

d) Offene Fragen als Fremd- und Selbstzuschreibung

Auffällig häufig sind Formulierungen mit *das ist die Frage* oder *die Frage ist*. Sie dienen zum Teil dazu, das vom Diskussionspartner Gesagte zu kritisieren und zu hinterfragen, oder sie zeigen offene, unbeantwortete Fragen in der Diskussion an. Im ersten Fall ist die Formulierung potenziell gesichtsbedrohend, da sie einen

7 Kompetenz, Expertenschaft und Nichtwissen 395

Angriff auf das Wissen und die Meinung eines Diskussionspartners markieren. Im zweiten Fall zeigt die Formulierung *die Frage ist/ist die Frage* an, an welcher Stelle ein Wissenschaftler inhaltlich anknüpfen möchte, um seine eigenen Ausführungen anzuschließen.

Im folgenden Beispiel hakt SozPDm$_A$ ein, als er einen strittigen Punkt im Beitrag seines Vorredners erkennt, und stellt die Klassifizierung des Umgangs mit wissenschaftlichem Nichtwissen in der Moderne als *rhetorische strateGIE* infrage:

```
057    SozPDm_A      das ist die FRAge ist es eine rhetorische strateGIE
                     ((unverst., 4sek))
058                  weil MOdernisierung heißt ja tatsächlich
059                  anders als in der in der idealtypischen vorstellung
060                  dass man ja alles entscheidungen ((unverst., 3sek))
                     äh entscheidungen ZU äh schreiben kann
```
Sequenz 142: SozPDm$_A$ als Diskutant in der Abschlussdiskussion als Reaktion auf GeschPm$_C$; TK 1_5: 057-060.

Damit charakterisiert er das Strittige als offene, noch zu beantwortende Frage und nicht als Faktum (also als sicher zu bewertendes Wissen). Durch seine anschließende Begründung wird dieser Einwand bekräftigt, als sicher geglaubtes Wissen in unsicheres Wissen umgewandelt und als neues Problem aufgeworfen.

In der nächsten Sequenz wird ein Kompetenzanspruch signalisiert, wenn SozPDm$_B$ eine offene Frage aufgreift, um seine Lösung des Problems anzubieten (vgl. zum Aspekt der Kompetenzdarstellung Kap. 7.2):

```
001    SozPDm_B      ja (.) ich würde gerne das thema des experimentaLISmus
                     aufgreifen
002                  weil diese frage hat im raum gestanden (--)
003                  inwieweit es oder obs sich wirklich als MOdus ähm
                     FEStigt also
004                  EIne gute möglichkeit das zu beobachten ist ((unverst.,
                     1sek)) die der institutionalisierung
```
Sequenz 143: SozPDm$_B$ als Diskutant in der Plenumsdiskussion, selbstinitiiertes Thema; TK 1_5: 001-004.

Das selbstinitiierte Aufgreifen des *experimentaLISmus* wird damit begründet, dass eine Frage noch nicht geklärt wurde: *weil diese frage hat im raum gestanden*. Die Wendung, dass eine *Frage im Raum steht*, verweist auf Nichtwissen/Unsicherheit (vgl. Tab. 43 in Kap. 7.3.2.4). Daran schließt SozPDm$_A$ seinen Versuch der Klärung an, wodurch Nichtwissen in Wissen überführt wird.

Die beiden folgenden Sequenzen zeigen, dass Nichtwissens-Fremdzuschreibungen durch den Verweis auf offene Fragen nicht als Angriff gemeint sein müssen, was aber in der Regel von den Adressaten so gewertet wird. In beiden Fällen signalisieren die Akteure, dass sie mit der Frage niemanden angreifen möchten, sondern sich selbst mit den Fragen auseinandersetzen, diese aber nicht lösen können. Damit gestehen sie Wissenslücken ein und machen diese kenntlich (vgl. zu dieser Strategie Stocking/Holstein 1993: 192):

```
114    BioPm_A    ABer die FRAge ist WAS ist EIgentlich biologische
                  komplexität (--)
115               also das ist jetzt keine kritische frage
116               sondern des is ne sache mit der ich selber (.) !KÄMP!fe
                  seit langem (---)
117               w wie kann ich komplexität überhaupt beschreiben
```
Sequenz 144: BioPm$_A$ in der Fokusdiskussion mit BioAnthPm; TK 2_1: 114-117.

Die Frage wird explizit als unkritische Frage charakterisiert, um einen Imageangriff auszuschließen. Die Metapher *mit der ich selber (.) !KÄMP!fe* (vgl. Tab. 43 in Kap. 7.3.2.4) in Kombination mit der Temporalangabe *seit langem* verweist auf fehlgeschlagene Lösungsversuche und die Tatsache, dass man sich mit dem Thema über einen längeren Zeitraum wissenschaftlich auseinandergesetzt hat. Am Ende wird die Frage, wie Komplexität beschrieben werden kann, zudem an die eigene Person gerichtet (*wie kann ich*).

In einem weiteren Beispiel nimmt SozPDm$_A$ auf eine unbeantwortete Frage Bezug und gesteht, diese nicht beantworten zu können:

```
025    SozPDm_A    und die FRAge die sie vorher gestellt haben ist das ne
                   andere kul!TU:R!
026                das ist sozusagen die frage die ich mir AUCH stelle ne
027                !WEISS! ich nicht (-) das ist sozusagen die die die
                   GRETchenfrage in einer gewissen art und WEIse ja
```
Sequenz 145: SozPDm$_A$ als Vortragender in der Plenumsdiskussion mit der Diskutantin LingPw$_A$; TK 1_4: 025-027.

SozPDm greift hier eine Frage von LingPw$_A$ wieder auf und gesteht Nichtwissen offen ein. Die Charakterisierung der Frage als *GRETchenfrage* verweist auf eine ‚unangenehme, oft peinliche und zugleich für eine bestimmte Entscheidung wesentliche Frage [die in einer schwierigen Situation gestellt wird]' (Duden). Das eigene Nichtwissen wird hier aber nicht, wie von *Gretchenfrage* suggeriert, als peinlich empfunden, sondern als zentrales, allgemein zu diskutierendes Problem präsentiert.

7 Kompetenz, Expertenschaft und Nichtwissen 397

e) Trägerlose Feststellung von Nichtwissen zwecks gegenseitiger Kritik

Nichtwissen bleibt, wie oben bereits festgestellt, in einigen Fällen trägerlos. Doch auch ohne Zuschreibungen zu bestimmten Trägern kann Nichtwissen der gegenseitigen negativen Kritik dienen, wie die folgende Sequenz belegt. In der Beispielsequenz bezweifelt PhilPm$_C$ das Vorgehen von PhyPsyDrm, der zuvor erläutert hatte, dass die von ihm thematisierten Phänomene durch reine Physik nicht erklärbar seien und dass er diese daher mithilfe eines neuen Modells zu erklären versuche:

```
080    PhilPm_C      also es GIBT (.) so UNgeheuer viele MÖglichkeiten
081                  WIE etwas durch ganz äh beKANNte naTURgesetze erklärt
                    werden kann (--)
082                  dass es sehr UNwahrscheinlich ist dass man so (.)
                    ruckZUCK (.)
083                  bei solchen sachen die andern leuten auch rätselhaft
                    sind (.)
084                  auf eine erklärung (.) kommt die es dann vielleicht
                    doch !GE!ben könnte
```
Sequenz 146: PhilPm$_C$ in der Plenumsdiskussion mit PhyPsyDrm; TK 3_7: 080-084.

PhilPm$_C$ bezweifelt nun, dass physikalische Erklärungen so einfach ausgeschlossen werden können, da diese so zahlreich seien, *dass es sehr UNwahrscheinlich ist dass man so (.) ruckZUCK* eine Erklärung finde. Im Adverb *ruckZUCK* steckt eine negative Bewertung, die den Gehalt der wissenschaftlichen Arbeit von PhyPsyDrm abwertet (bzw. nicht anerkennt). Der Zusatz *bei solchen sachen die andern leuten auch rätselhaft sind* ist in diesem Zusammenhang besonders interessant; Nichtwissen wird durch diese Formulierung an eine undefinierte Allgemeinheit gebunden. Damit dient das allgemein bestehende Nichtwissen der Kritik an einem Einzelnen und unterstützt damit PhilPm$_B$s Interessen, was der von Stocking/Holstein (1993) beschriebenen Strategie entspricht.

Die angeführten Sequenzen zum Abschnitt *Nichtwissen als Diskussionsanlass / zur wissenschaftlichen Infragestellung* zeigen insgesamt, dass das, was als Wissen oder Nichtwissen zu gelten hat, interaktiv über Zuschreibungsprozesse ausgehandelt wird. In der folgenden Tabelle (Tab. 38) sind die von den Diskutanten verwendeten Begriffe der Ergebnissicherung mit ihren Bedeutungen aufgelistet (in alphabetischer Reihenfolge). Die Bedeutungserklärungen der Begriffe in der dritten Spalte zeigen, wie Wissen/Nichtwissen kategorisiert wird, zeigen also den Sicherheitsgrad des Wissens an:

Tabelle 38: Übersicht über Begriffe der Ergebnissicherung.

Lexem	Beispielsequenz	Bedeutung
Annahme	DASS (.) unter annahme einer bestimmten staTIStik die wahrscheinlichkeit dass die aussage falsch ist KLEIner als SOundsoviel ist (ChemPm$_B$, TK 3_2: 074-075)	• ‚Vermutung, Ansicht'; Duden • ‚Vermutung'; DWDS[108]
Beweis	auch der der beweis von von äh andrew wiles !KANN NOCH! fehler enthalten (.) es ist NICHT SO dass man DA in besitz einer absoluten WAHR ist (PhilNaWiPm, TK 2_4: 107-108)	• ‚Nachweis dafür, dass etwas zu Recht behauptet, angenommen wird; Gesamtheit von bestätigenden Umständen, Sachverhalten, Schlussfolgerungen'; Duden • ‚Nachweis dafür, dass etw. so ist, wie behauptet oder vermutet wurde'; DWDS
Forschung	es kann sein dass sich das verändert durch die forschung dass man ZEIGT ah ja die dinge (2.5) passieren DOCH wenn wenn mans einfach nur zusammen!KIPPT! (PharmPm, TK 2_5: 175-177)	• ‚das Forschen, das Arbeiten an wissenschaftlichen Erkenntnissen; Untersuchung eines wissenschaftlichen Problems'; Duden • ‚gründliche, systematische, wissenschaftliche Untersuchung'; DWDS
Frage	EInerseits ist das ein GANZ wichtiger schnittpunkt (-) bei der FRAge (---) WIE wirkt unsere weltanschauung (-) auf DAS was wir erforschen wollen (BioPm$_A$, TK 2_2: 175-176)	• ‚Problem; zu erörterndes Thema, zu klärende Sache, Angelegenheit'; Duden • ‚Angelegenheit, die eine Erörterung, Klärung, Entscheidung verlangt; Problem; Sonderbed.: Zweifel'; DWDS

---

108 Die Angabe *DWDS* bezieht sich auf *Das Digitale Wörterbuch der deutschen Sprache*; http://www.dwds.de/; alle Belege zuletzt abgerufen am 14.01.2015.

7 Kompetenz, Expertenschaft und Nichtwissen

Lexem	Beispielsequenz	Bedeutung
Hypothese	*das ist ne hypoTHEse (-) das ist ne aber es es gibt ist doch nicht !AUS!geschlossen dass es so ist* (AsphyPhilPm, TK 3_8: 076-077)	• ‚von Widersprüchen freie, aber zunächst unbewiesene Aussage, Annahme (von Gesetzlichkeiten oder Tatsachen) als Hilfsmittel für wissenschaftliche Erkenntnisse'; Duden • ‚noch unbewiesene, als Hilfsmittel für eine Erkenntnis benutzte Annahme, Vermutung'; DWDS
Postulat	*und was trevors (-) und abel gesagt haben des ist ein postu!LAT! ihrerseits das aber noch nicht beWIEsen ist* (ChemPm$_A$, TK 2_5: 267-268)	• ‚als Ausgangspunkt, als notwendige, unentbehrliche Voraussetzung einer Theorie, eines Gedankenganges dienende Annahme, These, die nicht bewiesen oder nicht beweisbar ist'; Duden • ‚(Philosophie) weitreichende logische, methodische oder erkenntnistheoretische Annahme, These, die nicht (oder noch nicht) streng bewiesen werden kann'; DWDS
Problem	*ja nur das problem ist ja nicht dass er nicht nur sagt (-) äh WELle und TEILchen (-) sondern das problem am komplementaritätsbegriff ist dass* (eTheoPm$_A$, TK 3_1: 148-149)	• ‚schwierige [ungelöste] Aufgabe, schwer zu beantwortende Frage, komplizierte Fragestellung'; Duden • ‚schwer zu beantwortende Frage, schwierige, noch ungelöste Aufgabe'; DWDS
Setzung	*auch !DIE! ist eine SETzung auch die kann FALSCH sein* (PhilNaWiPm, TK 2_4: 105)	• ‚das Setzen, Aufstellen von Normen o. Ä.'; Duden
Szenario/ Szenarien	*dass wenn man das szenario kom!PLETT! (.) für SICH (.) LAUfen lässt (--) alles MÖGliche passiert* (PharmPm, TK 2_5: 020)	• ‚(in der öffentlichen und industriellen Planung) hypothetische Aufeinanderfolge von Ereignissen, die zur Beachtung kausaler Zusammenhänge konstruiert wird; Beschreibung, Entwurf, Modell der Abfolge von möglichen Ereignissen oder der hypothetischen Durchführung einer Sache'; Duden

Lexem	Beispielsequenz	Bedeutung
Verdacht	*also für diese ERSten sekunden und so weiter (-) hab ich schon den verdacht dass* (PharmPm, TK 2_5: 231-233)	• ‚argwöhnische Vermutung einer bei jemandem liegenden Schuld, einer jemanden betreffenden schuldhaften Tat oder Absicht'; Duden • ‚Vermutung eines schuldhaften Verhaltens, Argwohn'; DWDS
Zweifel	*hätt ich meine zweifel ob das sinn macht ä von einer ablösung von der natur (-) zu sprechen* (UmwGeschDrm, TK 1_3: 034)	• ‚Bedenken, schwankende Ungewissheit, ob jemandem, jemandes Äußerung zu glauben ist, ob ein Vorgehen, eine Handlung richtig und gut ist, ob etwas gelingen kann o. Ä.'; Duden • ‚Ungewissheit, Unsicherheit, ob jmd., etw. glaubwürdig, ob eine Meinung berechtigt ist, ob sich etw. wie angegeben verhält, inneres Schwanken'; DWDS

Je nachdem, welcher Begriff aus Tabelle 38 gebraucht wird, um Wissen oder Nichtwissen zu bezeichnen, wird eine positive oder negative Bewertung deutlich. Zudem können die Begriffe der Ergebnissicherung gegenseitige Kritik, Kompetenz oder das Ziel der Überführung von unsicherem in sicheres Wissen anzeigen.

Initiiert Nichtwissen Selbst- oder Fremdzuschreibungen, wirkt es in unterschiedlichen Graden imageschädigend, kann aber auch imageaufwertend im Sinne der Signalisierung von Kompetenz durch Lokalisierung von Nichtwissen eingesetzt werden. Insgesamt zeigt sich, dass Selbstzuschreibungen weit häufiger sind als explizite Fremdzuschreibungen von Nichtwissen und Unsicherheit. Selbstzuschreibungen sind dabei zumeist folgen- und reaktionslos (außer im Fall PhyPsyDrm, der die Reaktion allerdings selbst provoziert); Fremdzuschreibungen können sich sogar auf das Publikum beziehen und auch dort Reaktionen hervorrufen.

7.3.2.4 Zusammenfassung: Tendenzen des Umgangs mit Nichtwissen in wissenschaftlichen Diskussionen

In den Diskussionen werden Nichtwissen und unsicheres Wissen auf unterschiedliche Weise konzeptualisiert. Um zusammenfassend aufzuzeigen, in welcher Form Nichtwissen in den untersuchten Sequenzen angesprochen wird und welche Ausprägungen Nichtwissen hat, werden die Nichtwissens-Belegstellen nach den oben aufgezeigten analytischen Unterscheidungsmöglichkeiten zusammengefasst, also nach (a) den Formen des Nichtwissens, (b) der Trägerschaft, (c) der Intentionalität (und Bewusstheit), (d) der epistemischen Ausrichtung, (e) der Temporalität, (f) dem referentiellen Bezug von Nichtwissen, (g) der epistemischen Qualität sowie (h) der Bewertung des Nichtwissens. Anschließend wird auf sprachliche Formen, die Nichtwissen ausdrücken, eingegangen. Den Abschluss bilden eine Übersicht über die identifizierten Funktionen des Nichtwissens sowie eine Diskussion der Funktionen.

Über die **(a) Formen des (Nicht-)Wissens** lässt sich nur schwer eine Aussage treffen. Das, was vor allem auf Konferenzen präsentiert wird, kann als *gewusstes Wissen* betrachtet werden. Werden in den Diskussionen Fragen, Probleme, Zweifel aufgeworfen oder wird auf fehlendes Wissen verwiesen, lässt sich dies als *gewusstes Nichtwissen* einordnen. In den Daten tritt ein Fall auf, in dem das vorgebrachte Wissen von anderen Diskussionspartnern implizit als *ungewusstes Wissen* charakterisiert wird, nämlich in der Diskussion um Spukphänomene. Hier werden die Äußerungen des Wissenschaftlers von den anderen nicht als wissenschaftlich fundiert anerkannt. Über *ungewusstes Nichtwissen* lässt sich nun von vornherein überhaupt nichts sagen, da nicht gewusst wird, dass etwas nicht gewusst wird. Daher kann es von den Wissenschaftlern auch nicht thematisiert, sondern nur seine Möglichkeit theoretisch reflektiert werden.

Im Hinblick auf die **(b) Trägerschaft von Nichtwissen** zeigt sich, dass der überwiegende Teil der Nichtwissensäußerungen an klar identifizierte Träger gebunden ist. Diese sind die Vortragenden und Diskutanten selbst, die eigene Forschergruppe, die eigene Disziplin oder alle Wissenschaftler in ihrer Gesamtheit. In einigen Fällen finden sich auch Fremdzuschreibungen von Nichtwissen, die allerdings bis auf eine Ausnahme einzelne Personen betreffen. Nichtwissen bleibt zum Teil auch trägerlos, und zwar dann, wenn Unsicherheiten als von außen gegeben – deswegen aber noch lange nicht als unüberwindbar – betrachtet werden.

Vortragende und Diskutanten identifizieren sich selbst als Träger des Nichtwissens. Häufig wird hierfür die Formel *ich weiß nicht* als einfachste Negation des Wissens verwendet, die aber durch verstärkende Negationswörter (z. B. *überhaupt*) intensiviert werden kann. In einem Fall kann die Trägerschaft des Nichtwissens der eigenen Forschergruppe zugeschrieben werden; ein Diskutant bezieht das Nichtwissen auf sein Team, das sich als „Hobbygruppe" gebildet habe, da das Thema nicht in seinem Spezialgebiet zu verorten sei. Sehr oft gilt dagegen die ganze Disziplin als Träger von Nichtwissen und Unsicherheit, was durch das inklusiv verwendete *wir* angezeigt wird. Die Akteure schreiben sich demnach

Nichtwissen nicht individuell zu, sondern binden es an die eigene Disziplin. Auch andere Personen oder Personengruppen können als Träger von Nichtwissen identifiziert werden. Solche Fremdzuschreibungen können explizit an eine Person gerichtet sein. Die Zuschreibung von Nichtwissen hat dann Vorwurfscharakter und ist aufgrund der in den Äußerungen enthaltenen Kritik stark gesichtsbedrohend. In einem anderen Fall ist eine fremde Disziplin adressiert, in dem Nichtwissen pauschal allen Vertretern des Fachs zugeschrieben wird. In vielen Fällen bleibt Nichtwissen trägerlos, wenn es als gesamtwissenschaftliches Problem kategorisiert wird. Das Nichtwissen erscheint dadurch als etwas von außen Gegebenes, als etwas, das niemand erklären oder bestimmen kann – weswegen auch niemand Verantwortung dafür trägt oder Imagegefährdungen ausgesetzt ist. Im Gegensatz dazu stehen die Beispiele, in denen alle Wissenschaftler als Träger von Nichtwissen eingesetzt werden (angezeigt durch das Indefinitpronomen *man* sowie das nicht näher spezifizierte *wir*). In diesen Fällen ist es allerdings schwierig, den Träger von Nichtwissen eindeutig zu identifizieren, weil *wir* immer auch auf die eigene Forschergruppe/Disziplin verweisen kann (für die Zuordnungen war hier jeweils der Kontext entscheidend). In der untenstehenden Tabelle (Tab. 39) sind die unterschiedlichen Träger aufgelistet und mit Beispielen belegt.

Tabelle 39: Übersicht über die im Korpus identifizierten Träger von Nichtwissen.

Träger	Beispielsequenzen
Selbst als Person	• *natürlich weiß ich nicht was die chemie noch heRAUSfinden wird* (PharmPm, TK 2_5: 084-085) • *ich glaub nicht* (PharmPm, TK 2_5: 240) • *die sind mir nicht bekannt* (SozPDm$_A$, TK 1_4: 111) • *ich bin etwas UNsicher ob* (PhilPm$_B$, TK 3_10: 001)
Selbst als Gruppe	• *zurzeit reichen unsere (.) bescheidenen analytischen (-) nachweismöglichkeiten; hoffen wir; aber wir wissen noch nicht was es ist* (ChemPm$_A$, TK 2_6: 181, 186, 187)
Eigene Disziplin	• *da müssen wir [Biologen, L. R.] verMUTlich unsere merkmalsbeschreibungen abändern* (BioAnthPm, TK 2_1: 013) • *es könnt nämlich auch sein dass mer in der naTURwissenschaft (-) noch nicht alle kräfte erKANNT haben* (ChemPm$_A$, TK 2_5: 139-140) • *wir (Astrophysiker, L. R.) WISsens ja leider nicht wir KENnen ja leider nicht alle gesetze* (AsphyPhilPm, TK 3_8: 089-090) • *weil wir (Astrophysiker, L. R.) überhaupt noch kein ver!STÄND!nis [...] konzeptionell haben wir für die dunkle energie nichts anzubieten* (AsphyPhilPm, TK 3_8: 178, 180).

Träger	Beispielsequenzen
Fremd (Person oder Gruppe)	• *sie wissen gar nicht wovon ich SPRECHE [...] sie wissen !NICHT! wovon ich REde* (PhilPm$_A$, TK 3_10: 124, 127) • *ich merk dass sie natürlich kein experimenTALphysiker sind (.) sonst WÜSSten SIE* (PhyPsyDrm, TK 3_7: 194) • *nämlich die psychosomatiker wissen ALLE nicht wie es funktio!NIERT!* (PhyPsyDrm, TK 3_6: 281)
Trägerlos	• *DAvon sind die meisten unbekannt* (BioPm$_A$, TK 2_1: 131) • *das zweigradziel ist natürlich selbst außerordentlich ungewiss* (UmwGeschDrm, TK 1_3: 050) • *diese frage hat im raum gestanden* (SozPDm$_B$, TK 1_5: 002) • *who knows (--) was da genau !WAR!* (PharmPm, TK 2_5: 237) • *ALso es ist eben eine FRAge* (PhilPm$_A$, TK 3_6: 035) • *was AUCH immernoch ein rätsel DARstellt* (PhyPsyDrm, TK 3_6: 231) • *die hoffnung wäre ja* (InfoMaDrm, TK 3_9: 139)
Wissenschaftler als Kollektiv	• *WEIL (.) man hier gar nichts SAgen kann [...] man kann über!HAUPT! nichts sagen man kann nur feststellen (--)* (PhyPsyDrm, TK 3_2: 155, 157) • *es mag noch WEItere naturgesetze geben (--) von denen wir nichts WISsen* (AsphyPhilPm, TK 3_8: 117) • *wir WISsen (-) EIgentlich im prin!ZIP NICHT! wie sowas funktioniert* (PhyPsyDrm, TK 3_2: 259) • *ich bin zum schluss gekommen (-) wir !WIS!sens einfach NICHT* (PhyPsyDrm, TK 3_7: 229)

(c) **Temporalität**, zeitliche Perspektive: Das, was als Noch-nicht-Wissen in der Kategorie der Intentionalität deklariert wird, wird als temporäres, überwindbares Nichtwissen angesehen: *aber wir wissen noch nicht was das ist* (ChemPm, TK 2_6: 187). Nichtwissen, das als Niemals-wissen-Können hinsichtlich der Intentionalität eingestuft werden kann, wird als dauerhaft und als nicht ohne Weiteres überwindbar konzeptualisiert, beispielsweise in der Formulierung *frommer wunsch* (UmwGeschDrm, TK 1_3: 053). Hinzu kommen das zeitlich überwundene Nichtwissen (*dass der WISsensstand der chemie HEUte wenn wir also so (-) das durchschnitts äh (.) wissen (-) was an unseren universitäten gelehrt wird NEHmen ja (-) [...] und da muss ich sagen was unsere kollegen zum teil lehren (.) hat die theorie schon LÄNGST widerLEGT*, ChemPm$_A$, TK 2_5: 115-117, 119-121) und aktuelles, noch falsifizierbares Wissen (*!KANN NOCH! fehler enthalten*; PhilNaWiPm, TK 2_4: 107). Letzteres entspricht dem Prinzip der wissenschaftlichen Arbeit, alles Wissen nur so lange als gesichert anzusehen, bis es falsifiziert wird.

(d) Intentionalität: Nicht-wissen-Wollen wird von den Wissenschaftlern in den vorliegenden Daten nur einmal thematisiert. Nicht-wissen-Können wird nie explizit als solches gekennzeichnet, klingt aber in bestimmten Formulierungen durch: *wir !WIS!sens einfach NICHT* (PhyPsyDrm, TK 3_7: 229), *frommer wunsch* (UmwGeschDrm, TK 1_3: 053)[109]. In den überwiegenden Fällen wird Nichtwissen als Noch-nicht-(genug)-Wissen charakterisiert, was den prinzipiellen Forschungsauftrag als Selbstverständnis der Wissenschaft widerspiegelt. Den Wissenschaftlern ist offenbar die prinzipielle Falsifizierbarkeit der Ergebnisse bewusst, denn es wird in den Diskussionen thematisiert: *auch der der beweis von von äh andrew wiles !KANN NOCH! fehler enthalten* (PhilNaWiPm, TK 2_4: 107); *und was trevors (-) und abel gesagt haben des ist ein postu!LAT! ihrerseits das aber noch nicht beWIEsen ist* (ChemPm$_A$, TK 2_5: 267-268) (vgl. Tab. 40).

Tabelle 40: Übersicht über die verschiedenen Grade der Intentionalität von Nichtwissen.

Intentionalität	Beispielsequenzen
Nicht-wissen-Wollen	• *ich kann aber zeigen (-) das wird gar nicht zur KENNTnis genommen* (PhilPm$_A$, TK 3_10: 106)
Nicht-wissen-Können	• *wir !WIS!sens einfach NICHT* (PhyPsyDrm, TK 3_7: 229) • *frommer wunsch* (UmwGeschDrm, TK 1_3: 053)
Noch-nicht-(genug)-Wissen	• *wir wissen noch nicht was es ist* (ChemPm$_A$, TK 2_6: 187) • *weil wir überhaupt noch kein ver!STÄND!nis* (AsphyPhilPm, TK 3_8: 178) • *natürlich weiß ich nicht was die chemie noch heRAUSfinden wird* (PharmPm, TK 2_5: 084-085) • *noch nicht alle kräfte erKANNT haben* (ChemPm$_A$, TK 2_5: 140) • *was AUCH immer noch ein rätsel DARstellt* (PhyPsyDrm, TK 3_6: 231)

Im Hinblick auf Intentionalität und Temporalität kann gesagt werden, dass beide Kategorien eng zusammengehören. Wenn mit dem Ziel geforscht wird, Nichtwissen in Wissen zu überführen, stellt vermutlich kein Wissenschaftler infrage, dass dies einige Zeit in Anspruch nehmen wird. Nichtwissen wird daher als Noch-nicht-Wissen kategorisiert, was die Intention des Wissen-Wollens, also das Ziel der Nichtwissens-Reduktion (vgl. Smithson et al. 2008a/b) impliziert. Nichtwissen-Wollen und Nicht-/Niemals-wissen-Können werden bis auf eine Ausnah-

---

[109] *frommer wunsch*: ‚ein Wunsch nach etwas durchaus Wünschenswertem, aber keinesfalls Erreichbarem'; Duden.

me nicht thematisiert. Die Vermutung liegt nahe, dass dies dem Grundgedanken der Wissenschaft, vor allem der Forschung, widerspricht. Kern der Wissenschaft ist es ja, Unbekanntes zu erklären, Nichtwissen in Wissen umzuwandeln. Dem entspricht auch der Befund, dass Nichtwissen in den überwiegenden Fällen als Noch-nicht-Wissen kategorisiert wird.

(e) Die **epistemische Ausrichtung** des Nichtwissens sowie (f) der **referentielle Bezug von Nichtwissen** konnten von mir nicht analysiert werden, da beides in den Diskussionen nicht expliziert wird und zur Beurteilung beider Kategorien jeweils disziplinäres Fachwissen nötig wäre. Ohne weiterführende Interviews mit den Tagungsteilnehmern sind die beiden Kategorien nicht evaluierbar. Es stellt sich aber generell die Frage, ob Teilnehmer interdisziplinärer Konferenzen in fachfremden Beiträgen (v. a. ohne explizite Fragen danach) überhaupt feststellen und entscheiden können, ob das Nichtwissen subjektiv oder objektiv ist und ob welcher Art das fehlende propositionale oder instrumentelle Nichtwissen genau ist.

(g) In Bezug auf die **epistemische Qualität** von Nichtwissen kann gesagt werden, dass im Korpus zahlreiche Lexeme zu finden sind, die Unsicherheits-/Sicherheitsgrade versprachlichen (siehe Tab. 41). Dies deckt sich mit den Befunden von Stocking-Holstein (1993), Janich et al. (2010), Janich/Simmerling (2013) und Rhein et al. (2013), die bereits ein umfangreiches Repertoire zur Versprachlichung von Unsicherheit und Nichtwissen nachweisen konnten. Eine Vielzahl lexikalischer Mittel zeigt trägerseitig die epistemische Qualität von Wissen an. Die identifizierten Formulierungen sind in Tabelle 41 (in alphabetischer Reihenfolge) inklusive ihrer Wortbedeutungen zusammengefasst; die Aufnahme der Formulierungen in die Tabelle ist jeweils über die im Kontext aktualisierte Bedeutung begründet.

Tabelle 41: Übersicht über Formulierungen, die Nichtwissen und Unsicherheit graduieren, und ihre Bedeutungsbeschreibungen.

Lexem	Beispielsequenz	Wortbedeutung
glauben / nicht glauben	NEIN (.) das glaub ich geht !NICHT! und zwar aus verschiedenen gründen (eTheoPm$_A$, TK 3_1: 122)	• ‚für möglich und wahrscheinlich halten, annehmen; meinen; für wahr, richtig, glaubwürdig halten; gefühlsmäßig von der Richtigkeit einer Sache oder einer Aussage überzeugt sein'; Duden • ‚etw. vermuten, annehmen, der Meinung sein; Dinge, die objektiv nicht bewiesen sind, aufgrund innerer Überzeugung für wahr halten'; DWDS

Lexem	Beispielsequenz	Wortbedeutung
möglicherweise	oder würden sie sagen es liegt möglicherweise auch schlicht daran dass sie eigentlich in einem anderen kontext gefragt ham (LingPw$_A$, TK 1_4: 009-010)	• ‚vielleicht, unter Umständen'; Duden/DWDS
Rätsel	ein WAHRnehmungsphysiologisches phänomen was AUCH immernoch ein rätsel DARstellt (PhyPsyDrm, TK 3_6: 230-231)	• ‚Sache oder Person, die jemandem unbegreiflich ist, hinter deren Geheimnis er [vergeblich] zu kommen sucht'; Duden • ‚Geheimnis, Problem, hinter das jmd. zu kommen sucht'; DWDS
rätselhaft	bei solchen sachen die andern leuten auch rätselhaft sind (PhilPm$_C$, TK 3_7: 083)	• ‚nicht durchschaubar, in Dunkel gehüllt, voller Rätsel'; Duden • ‚unerklärlich, unverständlich; geheimnisvoll; dunkel, unergründlich'; DWDS
unbekannt	n EINzeller (---) einzelliger organismus [...] der hat (1.5) vierundfünfzigtausend gene (1.5) DAvon sind die meisten unbekannt (BioPm$_A$, TK 2_1: 129-131)	• ‚jemandem nicht, niemandem bekannt; von jemandem nicht, von niemandem gekannt'; Duden • ‚dem eigenen, individuellen Erfahrungsbereich nicht angehörend, dem persönlichen Wissen verborgen'; DWDS
ungewiss	das zweigradziel ist natürlich selbst außer-ordentlich ungewiss (UmwGeschDrm, TK 1_3: 050)	• ‚fraglich, nicht feststehend; offen; unentschieden, noch keine Klarheit gewonnen habend'; Duden • ‚fraglich, wie etw. wirklich ist, ob etw. Bestimmtes eintreten wird oder ob etw. so geschehen wird, wie es erwartet wird; unklar in Bezug auf das Kommende, nicht feststehend, ungesichert'; DWDS
unsicher	da haben sie sich (.) GLAUB ich so geäußert dass das ne voRAUSsetzung ist sie seien UNsicher ob (PhilPm$_B$, TK 3_8: 004-006)	• ‚das Risiko eines Misserfolges in sich bergend, keine [ausreichenden] Garantien bietend; nicht verlässlich; zweifelhaft; (etwas Bestimmtes) nicht genau wissend; nicht feststehend; ungewiss'; Duden • ‚unzuverlässig, nicht verlässlich; ungewiss; über etw. im Zweifel sein, etw. bezweifeln'; DWDS

Lexem	Beispielsequenz	Wortbedeutung
unwahrscheinlich	es ist sehr !UN!wahrscheinlich dass !IR!gendeine kraft die !MAK!roskopische (-) effekte haben kann uns DAbei entgangen wäre (PhyPm$_C$, TK 3_7: 141-142)	• ‚aller Wahrscheinlichkeit nach nicht anzunehmen, kaum möglich; kaum der Wirklichkeit entsprechend; unglaubhaft'; Duden • ‚aller Wahrscheinlichkeit nach nicht zu erwarten, kaum anzunehmen'; DWDS
Verdacht	hab ich schon den verdacht (PharmPm, TK 2_5: 233)	• ‚argwöhnische Vermutung einer bei jemandem liegenden Schuld, einer jemanden betreffenden schuldhaften Tat oder Absicht'; Duden • ‚Vermutung eines schuldhaften Verhaltens, Argwohn'; DWDS
vermuten	ich würde es auch verMUten (PhilNaWiPm, TK 2_4: 60)	• ‚aufgrund bestimmter Anzeichen der Meinung sein; glauben, dass sich etwas in bestimmter Weise verhält'; Duden • ‚glauben, meinen, annehmen, dass sich etw. oder jmd. in bestimmter Weise verhalte'; DWDS
vermutlich	da müssen wir verMUTlich unsere merkmalsbeschreibungen abändern (BioAnthPm, TK 2_1: 013)	• Adj. ‚einer Vermutung entsprechend'; Adv. ‚wie zu vermuten ist'; Duden • ‚vielleicht, wahrscheinlich'; DWDS
vielleicht	sie ham mich vielleicht falsch verstanden (IngPm, TK 2_2: 099)	• ‚relativiert die Gewissheit einer Aussage, gibt an, dass etwas ungewiss ist; möglicherweise, unter Umständen'; Duden • ‚drückt eine unsichere Vermutung aus; gibt an, dass die Wahrscheinlichkeit des Ausgesagten zweifelhaft ist; möglicherweise, unter Umständen'; DWDS
wahrscheinlich	des kann ich ihnen (-) WAHRscheinlich in (.) einem jahr BESSer beantworten (ChemPm$_A$, TK 2_6: 180)	• ‚mit ziemlicher Sicherheit'; Adj.: ‚ziemlich gewiss; mit ziemlicher Sicherheit in Betracht kommend'; Duden • ‚vermutlich'; DWDS

Lexem	Beispielsequenz	Wortbedeutung
Zweifel	hätt ich meine zweifel (UmwGeschDrm, TK 1_3: 034)	• ‚Bedenken, schwankende Ungewissheit, ob jemandem, jemandes Äußerung zu glauben ist, ob ein Vorgehen, eine Handlung richtig und gut ist, ob etwas gelingen kann o. Ä.'; Duden • ‚Ungewissheit, Unsicherheit, ob jmd., etw. glaubwürdig, ob eine Meinung berechtigt ist, ob sich etw. wie angegeben verhält, inneres Schwanken'; DWDS

Eine Hierarchisierung der Begriffe hinsichtlich ihres Grades der Gesichertheit ist aufgrund der starken subjektiven und individuellen Interpretation der Lexeme nicht möglich und wird in dieser Arbeit auch nicht angestrebt[110]. Um den Grad der Unsicherheit zu markieren, stehen aber in jedem Fall alltagssprachliche Mittel zur Verfügung, wie beispielsweise Verstärkungen (*ich weiß überhaupt nicht*) oder die Betonung von Nichtwissenselementen durch Intonation (*da müssen wir verMUTlich*).

Verschiedene Grade von Sicherheit und Unsicherheit sowie Wissen und Nichtwissen werden in einer Sequenz besonders auffällig kontrastiert, wie man an der folgenden Beispielsequenz erkennen kann:

```
050   UmwGeschDrm    das zweigradziel ist natürlich selbst außerordentlich
                     ungewiss
051                  weil wir vermutlich nicht die internationalen prozesse
                     in gang setzen werden
052                  nach dem scheitern von ko kopenhagen kaprun wird auch
                     scheitern (-)
053                  äm um das zweigradziel noch zu erreichen also das ist n
                     frommer wunsch
```

Sequenz 147: UmwGeschDrm als Vortragender in der Plenumsdiskussion mit dem Diskutanten SozPm; TK 1_3: 050-053.

Das *zweigradziel* wird als *außerordentlich ungewiss* eingestuft, das Adjektiv *außerordentlich* wirkt hierbei intensivierend. Durch das vorhergehende *natürlich* wird die Unsicherheit zudem als selbstverständlich und außer Frage stehend deklariert. Begründet wird diese Ungewissheit damit, dass *wir vermutlich nicht die*

---

110 An dieser Stelle sei erneut auf die Arbeit von Beck-Bornholdt/Dubben (2009) und Thalmann (2005) verwiesen, die die große Varianz der Hierarchisierung von Lexemen hinsichtlich ihres Grades der Gesichertheit aufgezeigt haben.

internationalen prozesse in gang setzen werden. Das Adjektiv *vermutlich* verweist auf die subjektive Unsicherheit, die Verwendung des Futur (*in gang setzen werden*) signalisiert eine Zukunftsperspektive. Diese erste subjektive Einschätzung wird kontrastiert mir einer sicheren Prognose: *kaprun wird auch scheitern*. Das Erreichen des Zweigradziels wird letztlich als *frommer wunsch* (s. o.) beurteilt, also als Niemals-wissen-Können kategorisiert. Durch die Markierung verschiedener Grade der Unsicherheit beansprucht der Sprecher Bewertungskompetenz, was eine zentrale Kompetenz des wissenschaftlichen Arbeitens darstellt.

(h) **Bewertung des Nichtwissens**: Wenn Nichtwissen und Unsicherheit explizit von den Diskussionsteilnehmern bewertet werden, dann negativ. Häufiger allerdings bleiben sie unbewertet (vgl. Tab. 41). Ausdrücke, die in ihrem jeweiligen Kontext auf eine negative Bewertung hinweisen, sind in Tabelle 42 aufgelistet:

Tabelle 42: Lexeme, die eine negative Bewertung des Nichtwissens signalisieren.

Lexem	Beispielsequenz	Wortbedeutung
Illusion	*halte das für ne ganz große illuSION* (UmwGeschDrm, TK 1_3: 035)	‚beschönigende, dem Wunschdenken entsprechende Selbsttäuschung über einen in Wirklichkeit weniger positiven Sachverhalt; falsche Deutung von tatsächlichen Sinneswahrnehmungen'; Duden
leider/leider Gottes	*die allgemeine relativitätstheorie ist ja LEIder gottes wäre ja !SCHÖN! wenn es so wäre (-) ist ja leider NOCH !NICHT! mit der quantenmechanik vereinbar (--)* (AsphyPhilPm, TK 3_8: 059-060)	‚bedauerlicherweise, zu meinem, deinem usw. Bedauern'; Duden
misslich(e Situation)	*nun IST es natürlich ne MISSliche situation WEIL (.) man hier gar nichts SAgen kann* (PhyPsyDrm, TK 3_2: 154-155)	‚Ärger, Unannehmlichkeiten bereitend, unangenehm, unerfreulich'; Duden

Metaphern spielen in diesem Zusammenhang eine besondere Rolle. Sie zeigen, wie Nichtwissen und Unsicherheit in der Gesellschaft bewertet werden (vgl. Smithson 2008a: 17). In der nachfolgenden Tabelle (Tab. 43) sind die im Korpus enthaltenen Metaphern, die Nichtwissen/Unsicherheit ausdrücken bzw. in engem Zusammenhang mit Nichtwissen stehen, aufgelistet:

Tabelle 43: Übersicht über die im Korpus enthaltenen Metaphern sowie ihre in Wörterbüchern festgelegten Bedeutungen.

Metapher	Beispielsequenz	Bedeutung
Bruch	dann wird das auditorium dir ALLE DENKlücken alle lücken und brüche in deinem (.) gedankengang NACHsehen (PhilPm$_B$, TK 3_10: 178-179)	‚Unterbrechung, Einschnitt, nicht stringente Abfolge'; Duden
Denklücke, Lücke	dann wird das auditorium dir ALLE DENKlücken alle lücken und brüche in deinem (.) gedankengang NACHsehen (PhilPm$_B$, TK 3_10: 178-179)	‚Zwischenraum, (durch ein fehlendes Stück entstandener) größerer Spalt'; DWDS
Frage im Raum stehen	weil diese frage hat im raum gestanden (SozPDm$_B$, TK 1_5: 002)	‚als Problem o. Ä. aufgeworfen sein und nach einer Lösung verlangen'; Duden
kämpfen	des is ne sache mit der ich selber (.) !KÄMP!fe seit langem (BioPm$_A$, TK 2_1: 116)	‚sich mit jmdm., etw. hart auseinandersetzen; unter Einsatz aller Kräfte versuchen, einer Sache Einhalt zu gebieten oder etw. zu verwirklichen'; DWDS
Zukunftsmusik	DANN haben wir MÖGlicherweise gleichzeitig auch ein gutes modell für den spuk (-) ABER das ist ein ä ZUkunftsmusik (PhyPsyDrm, TK 3_6: 282-283)	‚umgangssprachlich etw., das erst in ferner Zukunft realisierbar ist'; DWDS

Es wird deutlich, dass auch durch die genannten Metaphern Nichtwissen negativ bewertet wird: Die Überführung von Nichtwissen in Wissen ist ein Kampf, der einem alles abverlangt; Zukunftsmusik verweist auf weitere Forschungsarbeit; Fragen stehen im Raum und verlangen nach Lösungen; Denklücken, Lücken und Brüche im Gedankengang verweisen auf logische Fehler und fehlendes Wissen. Dies könnte ein weiter Beleg dafür sein, dass in der Wissenschaft Nichtwissen immer noch als negativer Zustand wahrgenommen wird, der dem Selbstverständnis eines Wissenschaftlers als wissender Experte widerspricht (und ja tatsächlich zu einem Gesichtsverlust führen kann). Nichtwissen wird damit als prinzipiell zu überwindender Zustand konstruiert, was an die Intentionalität und Temporalität von Nichtwissen gekoppelt ist. Die durchweg negative Bewertung von Nichtwissen deckt sich mit Warnkes Befund: Warnke hat in Dornseiffs „Der deutsche

Wortschatz nach Sachgruppen" (2004) den Begriff *Unwissenheit* (einen Eintrag zu *Nichtwissen* gab es nicht) nachgeschlagen und die Quasi-Synonyme ausgewertet. Das Ergebnis war, „dass die meisten dieser Ausdrücke zur abwertenden Bezeichnung von Personen gebräuchlich sind. Die prototypische Verwendung des sprachlichen Feldes der Unwissenheit ist also pejorativ" (Warnke 2012: 53). Die Frage ist aber, inwiefern die negative Bewertung des Nichtwissens zu weiteren Forschungshandlungen auffordert, also ob es als Auftrag angesehen wird, die Leichen im Keller zu beseitigen, die missliche Situation aufzulösen, die Illusion in Realität umzuwandeln und ob das im Adverb *leider* ausgedrückte Bedauern als Anlass genommen wird, Forschung aufzunehmen. Denn dann bekäme das Nochnicht-Wissen eine positive Wirkung, da es den Anreiz für Forschung, kritischen Diskurs und Innovation schafft.

Viele der **sprachlichen Ausdrücke von Nichtwissen und Unsicherheit** wurden im Zusammenhang mit den Differenzierungsmöglichkeiten von Nichtwissen bereits thematisiert. In der folgenden Tabelle (Tab. 44) werden auf der Basis von Janich et al. (2010), Janich/Simmerling (2013) und Rhein et al. (2013) weitere Markierungen von Unsicherheit erfasst.

Tabelle 44: Kontextspezifische Marker von Nichtwissen und ihre Funktionen.

Grammatische Mittel	Beispielsequenzen	Funktion
Modalitätsmittel	*es mag noch WEItere naturgesetze geben (--) von denen wir nichts WISsen* (AsphyPhilPm, TK 3_8: 117); *nun IST es natürlich ne MISSliche situation WEIL (.) man hier gar nichts SAgen kann* (PhyPsyDrm, TK 3_2: 154-155)	signalisieren Unsicherheit; im Fall des Modalverbs *können* eine ‚logische Möglichkeit' (DWDS), im Fall des Modalverbs *mögen* eine ‚Vermutung' bzw., dass eine Möglichkeit besteht (DWDS).
Mittel zum Ausdruck von Temporalität	*und müssen mal gucken ob wir DAmit weiterkommen* (BioAnthPm, TK 2_1: 014); *natürlich weiß ich nicht was die chemie noch heRAUSfinden wird* (PharmPm, TK 2_5: 084-085); *des kann ich ihnen (-) WAHRscheinlich in (.) einem jahr BESSer beantworten* (ChemPm$_A$, TK 2_6: 180)	verweisen auf Abzuwartendes (*mal gucken ob*; BioAnthPm, TK 2_1: 014), Zukünftiges (*in (.) einem jahr*, ChemPm$_A$, TK 2_6: 180; Zukunftsmusik, PhyPsyDrm, TK 3_6: 283), Dauer (*selber (.) !KÄMP!fe seit langem*, BioPm$_A$, TK 2_1: 116), Erwartungen und Vertrauen in die Zukunft (*die hoffnung wäre ja dass*, InfoMaDrm, TK 3_9: 139)

Grammatische Mittel	Beispielsequenzen	Funktion
Formen der Negation	ich weiß <u>nicht</u> wie man das am besten theoretisch fasst (UmwGeschDrm; TK 1_3: 026); DAvon sind die meisten <u>un</u>bekannt (BioPm$_A$, TK 2_1: 129-131)	markieren Wissenslücken und andere Formen von Nichtwissen
Lexikalische Mittel	**Beispielsequenzen**	**Funktion**
Isotopieebene ‚unbekannt, offen, unsicher'	DAvon sind die meisten <u>unbekannt</u> (BioPm$_A$, TK 2_1: 129-131); das zweigradziel ist natürlich selbst außer-ordentlich <u>ungewiss</u> (UmwGeschDrm, TK 1_3: 050); und zu <u>probieren</u> ob mans damit SCHAFFen kann (PhyPsyDrm, TK 3_7: 236)	verweist auf offene Forschungsfragen und Unsicherheiten bzgl. Modellen, Konzepten, Erklärungsansätzen und Ausgang von Experimenten
Wortfeld ‚sagen, meinen, glauben'	<u>vermute</u> dass sich mit die frage nach gott eher an MICH richtet (PharmPm, TK 2_6: 130); ich <u>MEIne</u> aber dass es verschiedene formen von rationalität gibt (kTheoMaPm, TK 2_4: 138)	zeigt den Grad der Unsicherheit des Gesagten an
Wortfeld ‚Wissen, Forschung'	ist der HEUtige <u>WISSENSstand</u> der chemie (-) für viele der <u>wissensstand</u> vor zwanzig jahren oder so (ChemPm$_A$, TK 2_5: 127); da ist ne MENge <u>annahmen</u> ähnlich wie diese <u>szenarien</u> (PharmPm, TK 2_5: 235)	zeigt den Grad der Gesichertheit des Gesagten an und verweist auf Forschungsdesiderate
Rhetorische Mittel	**Beispielsequenzen**	**Funktion**
Appellative Sprachhand-lungsmuster	da <u>müssen</u> wir verMUTlich unsere merkmalsbeschreibungen abändern und müssen mal gucken ob wir DAmit weiterkommen (BioAnthPm; TK 2_1: 013-014)	können Forschungsdesiderate kennzeichnen und nötige Handlungen formulieren
Metaphern	siehe Tabelle 43	zeigen Konzeptualisierungen und Bewertungen des Nichtwissens an

7 Kompetenz, Expertenschaft und Nichtwissen

Nichtwissensthematisierungen erfüllen im wissenschaftlichen Diskurs unterschiedliche Funktionen und haben jeweils unterschiedliche Auswirkungen auf das *face* der Teilnehmenden. Solche *face*-relevanten Strategien im Umgang mit Nichtwissen müssen von wissenschaftlich-strategischen Entscheidungen abgegrenzt werden. Letztere wurden von Smithson et al. (2008a/b), Stocking/Holstein (1993) und Wehling (2012) bereits genannt und in den vorigen Abschnitten mit Beispielsequenzen belegt.

In der folgenden Tabelle sind die in diesem Kapitel beschriebenen Strategien im Umgang mit Nichtwissen, getrennt nach *face*-relevanten Funktionen und wissenschaftlichen Strategien, zusammengefasst (Tab. 45). Auch während der Kommunikation von Nichtwissen wird das Ziel der Imagesicherung als kompetenter Experte verfolgt.

Tabelle 45: Übersicht über die identifizierten Strategien im Umgang mit Nichtwissen und Unsicherheit.

Umgang mit Nichtwissen	*face*-relevante Funktion	wissenschaftlich-strategischer Umgang	Quellen für Strategien der 3. Spalte
1) Nichtwissens- und Unsicherheitsmarkierungen als Ausdruck von Höflichkeit	dienen der *face*-Wahrung des Gegenübers und ermöglichen freiere Reaktionen		Smithson 2008a; Smithson et al. 2008a/b
2) Nichtwissen als Bestandteil von Wissenschaft		Akzeptanz und Toleranz, Reduktion, Kontrolle/ Zunutzemachen/ Ausbeuten von Nichtwissen	Star 1985; Wehling 2004; Warnke 2012; Smithson et al. 2008b
a) Fehlende Theorien, Modelle, Beschreibungsmöglichkeiten	Nichtwissen wird oft als Noch-nicht-Wissen und als Grundlage weiterer Forschung präsentiert; diese Form von Nichtwissen führt nicht notwendigerweise zum Gesichtsverlust	Deutlichmachen von *caveats*	Stocking/ Holstein 1993

Umgang mit Nichtwissen	face-relevante Funktion	wissenschaftlich-strategischer Umgang	Quellen für Strategien der 3. Spalte
b) Grundsätzliche Fehlbarkeit von wissenschaftlichen Erkenntnissen (Wissen)	Wissen und Nichtwissen werden interaktiv ausgehandelt und sind potenziell gesichtsbedrohend, weil es konfligierende Ansichten gibt, was als gesichert und was als ungesichert zu gelten hat	Echo-Rede	Stocking/Holstein 1993
c) Überwindung des Nichtwissens durch Forschung	Nichtwissen ist als prinzipiell überwindbar charakterisiert und stark zeitlich eingebettet; Nichtwissen ist der Normalzustand der Wissenschaft; Kompetenz kann durch Hinweisen auf und Begründen von Wissenslücken signalisiert werden		
3) Nichtwissen als Diskussionsanlass, zur wissenschaftlichen Infragestellung			
a) *ich WEISS es nicht*: Selbstzuschreibung von Nichtwissen und Unsicherheit	das Eingeständnis von Nichtwissen ist nicht unbedingt gesichtsbedrohend, wenn professionell kommuniziert wird; hat Entlastungsfunktion	Kapitulieren	Smithson et al. 2008b
b) Selbstzuschreibung von Nichtwissen zur Kritik am Interaktionspartner	die Formulierung von Zweifeln und Unsicherheiten dient der Kritik am vom Interaktionspartner Gesagten und ist daher potenziell gesichtsbedrohend (deswegen subjektive, Unsicherheit ausdrückende Formulierungen)		

Umgang mit Nichtwissen	*face*-relevante Funktion	wissenschaftlich-strategischer Umgang	Quellen für Strategien der 3. Spalte
c) Fremdzuschreibung von Nichtwissen und Unsicherheit	Fremdzuschreibungen können sehr *face*-bedrohend sein, da Nichtwissen/Unsicherheit unterstellt wird	Abstreiten *Caveats* deutlich machen	Smithson et al. 2008b Stocking/ Holstein 1993
d) Offene Fragen als Fremd- und Selbstzuschreibung	offene Fragen dienen dem Hinterfragen und der Kritik; sie sind potenziell gesichtsbedrohend, da sie einen Angriff markieren können	Kenntlichmachen von Wissenslücken	Stocking/ Holstein 1993
e) Trägerlose Feststellung von Nichtwissen zwecks gegenseitiger Kritik	dient der impliziten Kritik am Diskussionspartner, obwohl Nichtwissen nicht direkt zugeschrieben wird (muss erschlossen werden)	Stützen eigener Interessen	Stocking/ Holstein 1993

7.4 Fazit: Kompetenz, Expertenschaft und/trotz Nichtwissen

Umfassendes disziplinäres Wissen ist die Voraussetzung dafür, sich in der eigenen *scientific community* als kompetenter Wissenschaftler und Experte auf einem Forschungsgebiet präsentieren zu können. Kompetenz und Expertenwissen verleihen dem Wissenschaftler zusammen mit der Signalisierung von Glaubwürdigkeit ein positives Image (vgl. Mummendey 1995: 1995: 147; Whitehead/Smith 1986). Kompetenz umfasst nach Antos (1995: 120) die vier Domänen „Sachkompetenz", „Theoretische Kompetenz", „Innovationskompetenz" und „Wissenssoziologische Position". Bis auf die wissenssoziologische Position konnten alle Domänen auch im Korpus identifiziert werden. Ergänzend wurde eine weitere Domäne, die Diskussions-/Kommunikationskompetenz, angesetzt, um die Fähigkeiten der Wissenschaftler im Umgang mit der Kommunikationssituation erfassen zu können.

Gerade in interdisziplinären Kontexten – aber keineswegs nur hier – sind Wissenschaftler mit ihrem Nichtwissen konfrontiert, da sie in den Fremdfächern Laien und sich in der Regel ihres Weniger- oder Nichtwissens bewusst sind. Wissensasymmetrien bestehen von vornherein und sind den Diskussionspartnern bekannt. Dennoch führt Nichtwissen nicht notwendigerweise zum Eindruck von Inkompetenz: Wissen fehlt oftmals nur in einer Domäne (z. B. Fachwissen), kann aber durch Wissen aus anderen Domänen (z. B. Methode), Professionalität und Souveränität im Umgang mit Unsicherheit und Nichtwissen ausgeglichen werden. Zudem sichern gegenseitiger Respekt, Anerkennung der fremden wissenschaftlichen Arbeit und der Kompetenz der Diskussionspartner sowie das gegenseitige Bestätigen der wissenschaftlichen Werte eine professionelle Diskussion über disziplinäre Grenzen hinweg. Aufgrund der Wissensasymmetrien ist Vertrauen ein notwendiger Bestandteil der (inter)disziplinären Kommunikation; die Befolgung wissenschaftlicher Werte liefert die Grundlage für Glaubwürdigkeit und wirkt vertrauensbildend.

Es hat sich gezeigt, dass Nichtwissensthematisierungen in der Wissenschaft wichtig und im Rahmen der guten, sorgfältigen wissenschaftlichen Arbeit notwendig sind. In den untersuchten Diskussionen wurde deutlich, dass Nichtwissen ebenso wie Wissen interaktiv ausgehandelt wird und Einfluss auf das Image der Wissenschaftler haben kann, vor allem in Zusammenhang mit Selbst- und Fremdwahrnehmung im Hinblick auf Expertenschaft, Kompetenz und Professionalität. Die Aushandlung von Wissen und Nichtwissen in Diskussionen führt unter Umständen zu gegenseitigen Nichtwissens-Zuschreibungen, Kompetenzgerangel, negativer Kritik und Gegenkritik. Wehling formuliert hierzu:

> Augenscheinlich ist die Kommunikation von Nichtwissen schon in (mehr oder weniger) alltäglichen Zusammenhängen ein vielschichtiges und potenziell durchaus konfliktträchtiges Geschehen. In noch höherem Maße trifft dies für wissenschaftliche Diskussionen und Kontroversen zu, nicht zuletzt deshalb, weil hier die Wahrnehmung und Beschreibung des Nicht-Gewussten wesentlich stärker umstritten ist, als dies in Alltagskommunikationen in der Regel der Fall ist. (Wehling 2012: 75)

Nichtwissen ist aber nur dann potenziell gesichtsbedrohend, wenn es strategisch in der Diskussion genutzt wird, wenn es also der Aufdeckung von Wissenslücken, unzureichender Information oder der Kritik dient. Unproblematisch für das *face* der Wissenschaftler ist es dagegen, Nichtwissen einzugestehen, wenn es begründet, lokalisiert und damit als selbstverständlicher Aspekt jeder Wissenschaft wahrgenommen werden kann. Nichtwissen wird dann entweder individuell eingestanden oder an die eigene Forschergruppe oder Disziplin gebunden. Dadurch werden Einzelpersonen entlastet und weniger angreifbar, da ihnen Nichtwissen nicht persönlich zugeschrieben werden kann.

Nichtwissens- und Unsicherheitsäußerungen setzen aber nicht notwendigerweise, wie von Campbell (1985: 449) behauptet, die Glaubwürdigkeit oder das Ansehen von Wissenschaftlern herab. Im Gegenteil kann sich der professionelle Umgang mit Nichtwissen und Unsicherheit positiv auf das Image eines Wissenschaftlers auswirken.

8 Humor in wissenschaftlichen Diskussionen

Sympathie stellt eine soziale Ressource dar, die auch im wissenschaftlichen Kontext eine wichtige Rolle spielt: Beispielsweise sind Networking und (geplante) Forschungskooperationen zwar von Kompetenz und Expertenschaft der Teilnehmer abhängig, doch sind Sympathie und persönliche Vorlieben ebenso wichtige Faktoren bei der Auswahl der Kooperationspartner. Bei der Analyse des positiven Selbstdarstellungsverhaltens muss daher ein zentraler Punkt beachtet werden: Um fachliche Kompetenz und Anerkennung kann man ringen, sie kann interaktiv ausgehandelt werden – Sympathie dagegen ist nicht verhandelbar, sondern gegeben[111]. Schütz macht deutlich, „dass die Wirkung der Selbstdarstellung des jeweiligen Beurteilers im *Spannungsfeld* zwischen *Kompetenz und Sympathie* steht. Kompetent erlebt zu werden, heißt oft auch, weniger sympathisch zu wirken und umgekehrt" (Schütz 2000: 195; Herv. im Orig.). Doch wie gelingt es Wissenschaftlern, sich als Individuen – unabhängig von ihren fachlichen Qualitäten – in einem von Sachlichkeit und Rationalität geprägten, kompetitiven Kontext positiv zu präsentieren? In der Forschung gelten Höflichkeit, Humor, Zurückhaltung und ein gesundes Maß an Bescheidenheit[112] in der Kommunikation als zentrale Faktoren der persönlichen, positiven Selbstdarstellung. Es existiert umfangreiche Literatur zu Höflichkeit, zu Faktoren und Auswirkungen höflicher Kommunikation (z. B. Brown/Levinson 2011 [1978], Lakoff 1973, Leech 1983; zusammenfassend und zu neueren linguistischen Ansätzen Hoppmann 2008). Daher wird in dieser Arbeit auf ausführliche Analysen zum Höflichkeitsverhalten der Diskussionsteilnehmer verzichtet; dennoch ist Höflichkeit ein wichtiger Aspekt bei der Untersuchung von Selbstdarstellung und wird im konkreten Analysekontext nicht vernachlässigt. Statt der erneuten Betrachtung von Höflichkeit soll aber der Einsatz von Humor in den Fokus gestellt werden. Obwohl wissenschaftliche Konferenzen Anlässe sind, bei denen Forschungsinhalte präsentiert werden, fachwissenschaftlicher Austausch stattfindet und Akteure sich während der Vortrags- und Diskussionsphasen dementsprechend sachorientiert zeigen, finden sich im Datenmaterial viele Sequenzen, in denen Akteure Witze machen oder durch intelligente Bemerkungen Lachen im Publikum provozieren. Wie im Folgenden gezeigt wird,

---

111 Für diese Zeile und Einsicht danke ich Werner Holly.
112 Der Zusatz „ein gesundes Maß" der Bescheidenheit verweist darauf, dass bei einem „zu Wenig" eine Person schnell als Angeber tituliert wird; genauso anstrengend ist aber jemand, der allzu bescheiden ist und seine Leistungen relativiert.

erfüllt der Einsatz von Humor verschiedene Funktionen und hat unterschiedliche Auswirkungen auf die Situation und die Beziehungen der Interaktanten untereinander[113]. Beachtet werden muss, dass Wissenschaftler die Balance zwischen Sachorientiertheit sowie Ernsthaftigkeit auf der einen Seite und humorvoller Unterhaltung sowie Spontaneität auf der anderen Seite wahren müssen, um den Eindruck von Professionalität zu aufrechtzuerhalten (vgl. Konzett 2012: 296). Die zentralen Fragestellungen dieses Kapitels lauten daher: Welche Funktionen erfüllt Humor in wissenschaftlichen Diskussionen? Wie wird er sprachlich vorgebracht?

8.1 Methodische Anreicherung

Aus linguistischer Sicht sind Humor und dessen sprachlicher Ausdruck sehr ausführlich untersucht worden. Sowohl im deutschen als auch im englisch-amerikanischen Sprachraum wurden Arbeiten vorgelegt, die Humor aus verschiedenen Perspektiven analysieren (vgl. Kotthoff 1996a/b, 1998; Alexander 1997; Hirsch 2011; Goatly 2012; Ehrhardt 2013; Schubert 2014). Eine ausführliche Bearbeitung der Humor-Theorien von Platon über Horace zu modernen Humortheorien von Freud und die ganze Bandbreite linguistischer Beschreibungsmöglichkeiten findet sich bei Attardo (1994). Der Sammelband von Dynel (2013) enthält Aufsätze über aktuelle Strömungen und Schwerpunkte der Beschäftigung mit Humor. Einige der linguistischen Arbeiten beschäftigen sich mit den Ausprägungen von Humor in konkreten Kontexten und den Funktionen, die Humor in der alltäglichen Kommunikation erfüllt. So bearbeitet Holmes (2000) die Funktionen von Humor in beruflichen Gesprächen, Knight (2013) die Bindungsfunktion von Humor unter Freunden und der Sammelband von Kotthoff (1996b) „Humor und Macht in Gesprächen von Frauen und Männern" (Titel des Bandes). Auch in anderen Disziplinen wird das Phänomen Humor analysiert. So werden in der Zeitschrift „The European journal of humour research. EJHR", das von der International Society for Humor Studies seit 2012 herausgegeben wird, Aufsätze aus verschiedenen Disziplinen und Ländern versammelt. Auch der Sammelband von Schubert (2014a) widmet sich dem Thema Humor aus multidisziplinärer – auch linguistischer – Sicht. Psychologische Studien zu Humor betonen die positive psychische Wirkung und Funktion von Lachen und Humor (Grotjahn 1974; Blum 1980), vor allem auch in der Psychotherapie als „Therapeutischer Humor" (Titze 2011). Aufgrund seiner positiven Wirkung wird Humor auch bewusst in bestimmten Kontexten eingesetzt. Eine Untersuchung darüber, wie gut Humor im universitären Unter-

---

113 Vgl. dazu Konzett 2012: 295-333; zu Humor im Arbeitskontext Holmes 2000, in der Professoren-Studierenden-Kommunikation Torok et al. 2004.

richt bei Studierenden ankommt, liefern Torok et al. (2004). Zahlreiche Arbeiten weisen auf die Kulturabhängigkeit von Humor hin. Humor wird zum einen oft kulturspezifisch untersucht (z. B. für Japan: Wells 1997, Davis 2006; für die USA: Rourke 1953; für Frankreich: Messmer 1970), zum anderen kultur-kontrastiv (z. B. Deutsch-Chinesisch: Cui 2014).

Sich humorvoll zu zeigen, dient der positiven Selbstdarstellung. Humor wirkt auf der Beziehungsebene und schafft Nähe zwischen Kommunikationspartnern, weil sich Personen durch ihn – trotz unterschiedlicher Status – nahbar machen (vgl. Holmes 2000: 160; Webber 2002: 246; Schubert 2014: 22). Daneben wirkt er gruppenbildend und beziehungsbestätigend, beispielsweise indem er die Möglichkeit zu gemeinsamem Lachen gibt (vgl. Holmes 2000: 159; Konzett 2012: 333; Knight 2013: 553; Schubert 2014: 22). Zudem trägt er zu einer positiven Atmosphäre bei, kann zwischenmenschliche Spannungen lösen sowie Konflikte beenden und dadurch ein Aufeinander-Zugehen ermöglichen (vgl. Webber 2002: 246; Norrick/Spitz 2008: 1661). Humor ist unter Umständen auch gesichtsbedrohend für den Akteur, nämlich dann, wenn seine humorvollen Äußerungen beim Publikum nicht zünden und das erwartete Lachen ausbleibt. Schubert identifiziert verschiedene Gründe für die Stille nach einem Witz:

> Einerseits kann die Stille eine Ablehnung des Witzes oder des Witzvortrags anzeigen, wenn dieser als anstößig oder nicht humorvoll eingestuft wird oder die Pointe bereits bekannt ist. Da diese Null-Reaktion auf den Erzähler des Witzes wiederum eine unhöfliche oder gar kompromittierende Wirkung hat, kann dadurch der reibungslose Fortgang der weiteren Kommunikation erschwert werden. Andererseits kann das Schweigen anzeigen, dass die Pointe nicht verstanden wurde, was durch Nachfragen und Erläuterungen einfacher zu beheben ist. (Schubert 2014: 25)

Wie sich unschwer erkennen lässt, hat Stille auch Auswirkungen auf die Images der Akteure: Der Witz-Erzähler kann als vulgär, unlustig oder langweilig und der Zuhörer als nicht intelligent genug oder humorlos wahrgenommen werden. Die entstehende Gesprächspause ist gesichtsbedrohend, sodass das Gespräch möglichst schnell wieder aufgenommen werden muss. Zudem gibt es Situationen, in denen humorvolle Äußerungen mehrmals vorgebracht werden müssen, bis sie wahrgenommen werden (wollen) (vgl. Norrick/Spitz 2008: 1673). Ob Humor verstanden wird bzw. verstanden werden *kann*, hängt von verschiedenen Faktoren ab: dem Kontext und dem geteilten Wissen (vgl. Schubert 2014: 19f., 32).

Humor ist Ausdruck höflichen und freundlichen Verhaltens, was die folgenden Beispiele zeigen: Erstens können Missgeschicke eines Anderen (die potenziell gesichtsbedrohend sind) humorvoll kommentiert und daher bagatellisiert werden (vgl. Brown/Levinson 2011: 104; Schubert 2014: 22). Zweitens können Dinge geäußert werden, die sonst als unhöflich empfunden werden (vgl. ebd.: 97), und drittens kann eine potenzielle *face*-bedrohende Äußerung durch bspw. den Wechsel in einen Dialekt abgeschwächt werden (vgl. ebd.: 111; vgl. zum gesamten Abschnitt ebd.: 124). Hinzu kommt, dass schwierige Positionen humorvoll vorgebracht werden können, sozusagen unter dem Deckmantel der Unwirklichkeit, um die Reaktionen der Interaktionspartner zu testen. Je nach Reaktion, kann dann die Position zurückgenommen oder gestärkt werden (vgl. Knight 2013: 556). Auch humorvoll vorgebrachte selbstkritische Äußerungen sind möglich, ohne dass das eigene *face* dabei gefährdet wird, denn Sinn für Humor schafft Sympathien (vgl. ebd.: 554; Schubert 2014: 22).

Holmes zufolge erfüllt Humor im Arbeitskontext unter anderem die folgenden Funktionen:

1. Humour as positive politeness
    1.1 Humour can **address the hearer's/addressee's positive face needs** by expressing solidarity or collegiality.
    1.2 Humour can be used to **protect the speaker's positive face needs** by expressing self-deprecatory meanings or apologetic sentiments
2. Humour as negative politeness
    2.1 Humour can be used to **attenuate the threat to the hearer's/addressee's negative face** by downtoning or hedging an FTA [Face Threatening Act; L. R.], such as a directive.
    2.2 Humour can be used to **attenuate the threat to hearer's/addressee's positive face** by downtoning or hedging a Face Attack Act (Austin 1990) such as a criticism or insult.

(Holmes 2000: 167; Herv. im Orig.)

Humor erlaubt demnach freundliches Auftreten, Gruppenbildung durch gemeinsam geteiltes Lachen, das auf gemeinsamen Normen, Perspektiven etc. beruht, sowie Solidarität (1.1) (vgl. ebd.). Außerdem kann durch Humor das eigene Ansehen erhöht werden, er kann der Selbstverteidigung dienen und bei schwierigen Informationen abschwächend wirken (1.2) (vgl. ebd.: 169). Humor kann zudem helfen, negative Kritik sowie Aufforderungen und Befehle *face*-schonender anzubringen (je nach Macht-Asymmetrien): So können Befehle geäußert werden, ohne das *face* des Kommunikationspartners zu gefährden. Dadurch sichert sich der Befehlende selbst wiederum ein positives Image, indem er signalisiert, dass er auf das Gesicht seines Gegenübers Rücksicht nimmt, ihm Respekt entgegenbringt und kooperativ eingestellt ist (2.1) (vgl. ebd.: 171; vgl. dazu auch Schubert 2014: 22). Auch Äußerungen, die gesichtsverletzend sind, können durch Humor abgeschwächt werden. Diese Abschwächung signalisiert, dass der Sprecher das Bedürfnis der Gesichtswahrung des Adressaten anerkennt (2.2). „Humour is thus a very useful strategy for softening criticisms in contexts where work is being regularly evaluated and assessed" (Holmes 2000: 172); dies trifft vor allem für wissenschaftliche Diskussionen zu, in denen gegenseitiges Kritisieren in der Kommunikationssituation vorangelegt und Bedingung ist.

Zusätzlich zu diesen Funktionen können durch Humor Machtrelationen bestätigt werden („repressive humour"; Holmes 2000: 175). Höherstehende können durch Humor einerseits ihre Position bestätigen und/oder stärken, andererseits aber Kritik an Untergeben auch abschwächen und dadurch ihre Machtposition weniger relevant machen (vgl. ebd. 176). Dies wird durch eine Untersuchung von Norrick/Spitz (2008: 1673) gestützt, die festgestellt haben, dass humorvolle Äußerungen von untergeordneten Mitarbeitern keinen Einfluss auf die Situation haben, solange der Höherstehende nicht positiv auf dem Humor reagiert. Außerdem dient Humor dazu, schwierige Meinungen darzulegen oder sich gegen Kritik zu immunisieren. Daneben können Untergebene die Machtstruktur subtil durchbrechen, da humorvoll vorgebrachte Äußerungen weniger Angriffspotenzial entfalten (vgl. Holmes 2000: 177).

Norrick/Spitz (2008) stellen aber auch das aggressive, *face*-bedrohende Potenzial von Humor heraus: Erstens können sich Witze gegen eine Person richten, wobei eine *face*-Bedrohung und ein möglicher Gesichtsverlust in Kauf genommen werden. Zweitens können Witze in unpassenden Situationen (z. B. in beruflichen Arbeitssitzungen) von den Kommunikationspartnern als aggressive und als „an intrusion, an interruption, a waste of time" (Norrick/Spitz 2008: 1663) empfunden werden. Drittens sind Witze zu einem gewissem Grad ein Intelligenz-, Wissens- und Gruppenzugehörigkeitstest. Man ist intelligent, wenn man eine Pointe erkennt; man ist wissend, wenn man die angesprochenen Themen kennt; man gehört zur Gruppe, wenn man einen (gruppeninternen, typischen) Witz versteht (vgl. ebd.).

Was ist das Kennzeichen von Humor und wie lässt es sich linguistisch identifizieren? Schubert formuliert eine Definition von Humor, die auch für die vorliegende Arbeit gelten soll:

> Humor ist nicht nur eine allgemeine menschliche Disposition, sondern auch eine kulturspezifische Kommunikationsstrategie zur Erlangung bestimmter Ziele, die Teil der sprachlichen und pragmatischen Kompetenz ist. (Schubert 2014: 17f.)

Ausprägungen von Humor sind beispielsweise Scherze, Witze und lustige Kommentare (vgl. Schubert 2014: 24). Weil es schwierig ist, Humor aus rein linguistischer Perspektive zu identifizieren, orientiert man sich zumeist am Lachen von Interaktionsteilnehmern: Gelächter entsteht oft – aber keineswegs immer – als Reaktion auf eine witzige Sequenz, die dann genauer analysiert wird (vgl. Knight 2013: 555, 556).

Zur Erklärung der Wirkungsweise von Humor wurden verschiedene Ansätze entwickelt: Nach Raskins (1985) „Script opposition theory" entsteht der Witz durch den Kontrast der sich überlagernden Scripts. Dieser Ansatz wurde zu einer „General Theory of Verbal Humor, GTVH" von Attardo/Raskin (1991) erweitert, der nun – worauf der Name *General* bereits hinweist – weitere Elemente zur Erklärung von Witzen hinzuzieht (vgl. Knight 2013: 555; zusammenfassend Schubert 2014: 18-22).

Tracy (1997), Frobert-Adamo (2002) Konzett (2012) haben Humor im Kontext wissenschaftlicher Diskussionen untersucht. Tracy stellt heraus, dass Humor typischerweise zu Beginn eines Vortrags oder beim Wechsel in die Diskussionsphase verwendet wird, um Nervosität und Unbehagen zu thematisieren (vgl. Tracy 1997: 122). Auf diese stressabbauende Funktion von Humor weist auch Frobert-Adamo (2002) in ihrem Aufsatz hin; sie zeigt, dass Humor den Sprecher schützt, da er als „Puffer" zwischen Sprecher und Publikum steht (vgl. Frobert-Adamo 2002: 217). Konzett (2012) identifiziert vor allem zwei Möglichkeiten, sich unterhaltsam zu zeigen: witzige, kurze narrative Einschübe und witzige Einzeiler, die durch die Positionierung, das Timing und sprachliche Elemente (z. B. Hyperbeln, ungewöhnliche Kontraste, Sprachwitz) unterhaltend wirken (vgl. Konzett 2012: 296, 333).

In der vorliegenden Untersuchung gelten alle Äußerungen als Ausdruck von Humor, durch die Lachen ausgelöst wird oder ausgelöst werden soll. Daher ist es bei der Analyse von Humor wichtig, die Reaktionen des Publikums einzubeziehen. Im Normalfall kann man davon ausgehen, dass Lachen im Publikum bedeutet, dass etwas als lustig empfunden wird (wobei Lachen aber auch aus Beschämung, Entsetzen oder Hilflosigkeit geschehen kann). Als Ausdruck von Humor werden gewertet: Witze, lustige Beispiele/Illustrationen und Erzählungen, lustige Kommentare, Ironie, also alles, was dazu intendiert ist, Lachen zu provozieren. Hinzu kommen eigene Reaktionen auf unfreiwillig ausgelöstes Lachen, z. B. Versprecher oder Missgeschicke (vgl. Schubert 2014: 32). Sarkasmus zählt nicht zu den Elementen, die Lachen auslösen sollen und im Sinne des Humors distanzverringernd wirken. Im Gegenteil richtet sich Sarkasmus *„gegen eine Person"* (Gruber 1996: 247; Herv. L. R.) und enthält eine negative Bewertung bzw. Emotion. Ironie dagegen ist „in seinen interaktiven Auswirkungen neutral" (ebd.), entspringt also nicht zwingend negativen Gefühlen.

Sprachliche Indikatoren für Humor sind auf lexikalischer, phonetischer, morphologischer, syntaktischer, semantischer und pragmatischer Ebene zu finden (vgl. Schubert 2014: 26-32). Im Bereich der Phonologie ist es vor allem Homophonie, auf der Witze basieren können: „Insbesondere homophone Lexeme haben durch ihre klangliche Identität das Potenzial, bei mündlich vorgetragenen Witzen zu Doppeldeutigkeiten zu führen" (ebd.: 26). Im gedruckten Wort können graphische Elemente wie z. B. das Layout und Besonderheiten in der Rechtschreibung witzige Effekte erzeugen (vgl. ebd.: 27). Auf der Ebene der Morphologie machen beispielsweise kreative Kontaminationen, also spontane ad-hoc-Bildungen, den Witz einer Äußerung aus (vgl. ebd.). Ebenso ist die Semantik Quelle vieler witziger Effekte: Hier spielen vor allem Polysemien, „Redewendungen, syntaktische Überkreuzstellungen" (ebd.: 28) und das falsche Verwenden von Fachwörtern (= Malapropismus, insbesondere Verwechslungen) wichtige Rollen (vgl. ebd.). Grammatische Fehlleistungen oder bewusste Regelverstöße sind weitere Ursachen für Humor und Witz: „So gibt es eine Reihe von grammatische Strukturen, die in divergenter Weise verwendet werden können, sodass eine Inkongruenz oder Ambiguität im komischen Sinne entsteht" (ebd.: 29). Im Bereich der Pragmatik interessieren vor allem der Kontext und die Interaktanten sowie deren Äußerungen; zentral sind hier die Grice'schen Konversationsmaximen, die verletzt werden, um einen Witz zu erzeugen (vgl. ebd.: 30). Nicht zuletzt kann auch durch die Registerwahl ein witziger Effekt erzielt werden: Humor kann […] durch abrupte Inkongruenzen im Register hervorgerufen werden, die landläufig als ‚Stilbrüche' bezeichnet werden" (ebd.: 31).

Witz und Komik manifestiert sich demnach auf unterschiedlichen linguistischen Ebenen (die auch kombiniert werden können). Auf ebendiesen Ebenen werden die humorvollen Äußerungen der Diskutanten analysiert.

In der folgenden Tabelle (Tab. 46) sind die besprochenen Funktionen von Humor systematisch geordnet zusammengefasst:

Tabelle 46: Methodische Anreicherung: humor- und witzbezogene Kriterien – Zusammenstellung der Kategorien zu Humor und den sprachlichen Ebenen der Witzgenerierung.

Kategorie	Erläuterung/Funktion	Quelle
Formen und Ursachen von Humor und witzigen Effekten	kurze narrative Einschübe (Erzählungen)	Konzett 2012
	Einzeiler	Konzett 2012
	Scherze	Schubert 2014
	Witze	Schubert 2014
	Kommentare/Beispiele/Illustrationen	Schubert 2014
	Ironie	Gruber 1996
	Versprecher oder Missgeschicke	Schubert 2014

Kategorie	Erläuterung/Funktion	Quelle
Sprachliche Mittel	sprachliche Elemente auf allen sprachlichen Ebenen (Lexik, Phonologie, Morphologie, Syntax, Semantik, Pragmatik)	Schubert 2014
	Positionierung	Konzett 2012
	Timing	Konzett 2012
Allgemeine Wirkung von Humor	Nähe schaffen/Gruppen bilden	Holmes 2000; Konzett 2012; Knight 2013; Schubert 2014; Webber 2002
	positive Beeinflussung der Atmosphäre	Webber 2002; Norrick/Spitz 2008
	Spannungen lösen	Webber 2002; Norrick/Spitz 2008
	Konflikte beenden	Webber 2002; Norrick/Spitz 2008
	Bestätigung von Machtrelationen	Holmes 2000; Norrick/Spitz 2008
	Ausdruck von Höflichkeit	Brown/Levinson 2011; Schubert 2014
Schutz des fremden *face*	Abschwächung von Kritik, Aufforderungen, Befehlen	Holmes 2000; Knight 2013
	face-schonende Kommentierung und Bagatellisierung von Missgeschicken	Brown/Levinson 2011; Schubert 2014
Schutz des eigenen *face*	Selbstverteidigung	Holmes 2000
	Immunisierung gegen Kritik	Holmes 2000
	Thematisierung und Überspielung von Unbehagen	Tracy 1997; Frobert-Adamo 2002
Bedrohung des eigenen *face*	Ausbleiben einer Reaktion wegen Ablehnung des Witzes	Schubert 2014
	Ausbleiben einer Reaktion wegen Nicht-Verstehens	Schubert 2014

8.2 Humor in interdisziplinären Diskussionen

In der Analyse zeigt sich, dass Humor in wissenschaftlichen Diskussionen die folgenden Funktionen erfüllt: Er dient (a) der eigenen Gesichtswahrung (Kap. 8.2.1), der fremden Gesichtswahrung in (b) Komplimenten (Kap. 8.2.2), (c) bei Angriffen und Dissens (Kap. 8.2.3), (d) bei Provokationen (Kap. 8.2.4), dient (e) der Spannungslösung (Kap. 8.2.5) und erlaubt (f) die Kritik von Gegebenheiten in Form von Galgenhumor (Kap. 8.2.6).

8.2.1 Humor zur eigenen Gesichtswahrung

Humor ist dafür bekannt, dass er über potenziell gesichtsbedrohende Situationen hinweghelfen und der eigenen Gesichtswahrung dienen kann. In den Diskussionen wird er eingesetzt, um Missgeschicke zu kommentieren (z. B. technische Probleme und Versprecher) und dadurch mögliche *face*-Bedrohungen abzumildern. Es zeigt sich, dass der souveräne, humorvolle Umgang mit solchen Missgeschicken sogar imageaufwertend sein kann.

So hat in der ersten Sequenz der Vortragende SozPm während der Diskussion ein technisches Problem, als er von der Diskutantin LingPw$_A$ eine Frage gestellt bekommt und zu deren Beantwortung eine bestimmte Folie seiner PowerPoint-Präsentation aufrufen möchte. SozPm aktiviert dabei versehentlich die Webcam, die ihn filmt und sein Gesicht in Großaufnahme und in unvorteilhafter Perspektive auf der Leinwand zeigt:

```
004    LingPw_A    und ich hatte ne frage zu ihrer letzten folie
005                grade mit diesen regeln (.) die sie gerade genannt
                   haben=
006    SozPm       =zum schluss=
007    LingPw_A    =ja jaa ich hab (-) die wo sie jetzt auch auf stuttgart
                   einundzwanzig sich bezogen [haben ]
008    SozPm                                  [ei dai]ss
009    Publikum    ((lacht im Hintergrund, 5sek))
010    LingPw_A    neeein nein sie machen die webcam auf
011    Publikum    ((lacht, weil sie SozPms Gesicht auf der Leinwand
                   sehen, 6sek))
012    GeschPm_A   ist des klasse
013    SozPm       das is je das ist die reinste selbstreferenz
014    Publikum    ((lacht, 3sek))
015                und SO sollte es sein das ist nämlich das paraDIES
016    Alle        (2.0)
017    LingPw_A    ich wollte [eigentlich         ]
018    SozPm                  [keine störende umwelt]
```

Sequenz 148: Diskutantin LingPw$_A$, Vortragender SozPm und Diskutant GeschPm$_A$ in der Plenumsdiskussion; TK 1_1: 004-018.

Mit der Interjektion *ei daiss* (Z. 007) drückt SozPm seine Verwunderung (oder evtl. seinen Ärger) darüber aus, dass das Aufrufen der Folie nicht funktioniert hat. Dass sein Gesicht auf der Leinwand zu sehen ist, bemerkt er zunächst nicht, sondern erst, als LingPw$_A$ ihn auf die Aktivierung der Webcam aufmerksam macht und das Publikum zu lachen beginnt. GeschPm$_A$ bewertet die Situation als positiv und lustig (*ist des klasse*), zeigt seine Amüsiertheit über diese technischen Probleme. Daraufhin wendet auch SozPm mit geistreichem Humor die Situation ins Positive, indem er die Projektion seines Gesichts als *reinste selbstreferenz* bezeichnet und als Beispiel dafür nimmt, wie Selbstreferenz im Idealfall aussieht; die positiven Bewertungen zeigen sich in *paraDIES* und in der Negation des Negativen in *keine störende umwelt*. SozPm stellt sich durch seinen Humor also souverän über die potenziell peinliche und damit gesichtsbedrohende Situation.

Auch Versprecher können sowohl im Alltag als auch in beruflichen und wissenschaftlichen Gesprächen gesichtsbedrohend sein – je nach Art des Versprechers und Souveränität des Akteurs. Im folgenden Beispiel zeigt sich der Sprecher ebenso souverän und offensiv im Umgang mit seiner Verfehlung wie SozPm in der vorigen Sequenz:

```
123    eTheoPm_A     also erstens glaub ich WIRD EIgentlich mit dem
                     komplementaritätsbegriff (.)
124                  ähm häufig auch nach der quantentheologie
125                  the ₁[theorie schindluder (.) <<lachend> sollt es mal
                     GEben nich>>]₁
126    Publikum      ₁[((lacht))                                         ]₁
127    eTheoPm_A     ₂[schi SCHINDluder      ]₂ äh ä getrieben
128    Publikum      ₂[((lacht und klatscht))]₂
```
Sequenz 149: eTheoPm$_A$ in der Fokusdiskussion mit PhyPm$_A$; TK 3_1: 123-128.

Das Transkript setzt mit einer Widerspruchssequenz von eTheoPm$_A$ ein, der auf eine Frage von PhyPm$_A$ reagiert, in der ein Lösungsvorschlag des Problems enthalten ist. Sein Versprecher *quantentheologie* (statt *Quantentheorie*) löst Gelächter aus. Zuerst korrigiert PhyPm$_A$ seinen Versprecher und spricht weiter, kann sich dann aber dem Lachen nicht entziehen, reagiert auf das Gelächter des Publikums und äußert lachend *sollt es mal GEben nich*. Er behält die Kontrolle über die Situation, indem er nach kurzer Pause, in der das Publikum ausgelassen lacht und klatscht, ruhig und bestimmt weiterspricht. Durch diese Ruhe und den offensiv-humorvollen Umgang mit dem Versprecher, ist die Situation kaum gesichtsbedrohend und wird ohne weitere Störung abgeschlossen. Diese Sequenz ist ein Paradebeispiel für „second laughables" (Konzett 2012: 316), die Konzett beschreibt. *Second laughables* ergeben sich aus der Korrektur des eigenen Fehlers mit anschließendem Kommentar: „The humour is evoked by the speaker's repair utterance, in which he reconsiders his first utterance and meta-linguistically analyses his use of [an expression, L. R.] as completely out of place in the context" (Konzett 2012: 316). In unserem Beispiel ist es allerdings so, dass der verwendete Begriff *Quantentheologie* deswegen nicht angebracht ist, weil er eine Ad-hoc-Konstruktion (Kontamination) aus dem diskutierten Thema und der eigenen Disziplin ist (und der entstehende Begriff bzw. die entstehende Disziplin nicht existiert).

Humor kann auch der gesichtswahrenden Selbstkritik dienen:

```
099   AsphyPhilPm    es gibt ja also ich würde sagen (.) daHINter steckt ja
                     ein gewisser chauvinismus (-)
100                  chauvinismus ist der glaube an die überlegenheit der
                     eigenen gruppe
101                  und da sind wir physiker ganz sicher von betroffen
102   Publikum       [((kurzes Auflachen))]
103   AsphyPhilPm    [aber es GIBT       ] (--) was was teilweise viel
                     schlimmer ist
104                  ist der antichauviNISmuschauviNISmus der nämlich
                     MEINT ALles (.) wäre möglich (---)
```

Sequenz 150: AsphyPhilPm in der Fokusdiskussion mit PhilPm$_B$; TK 3_8: 099-104.

AsphyPhilPm kritisiert selbstironisch seine eigene Zunft, indem er sie und sich selbst als Mitglied der Disziplin (signalisiert durch das inklusive *wir physiker*) als Chauvinisten bezeichnet. Das Publikum honoriert diese Selbstironie durch einstimmiges Gelächter. Die Selbstkritik wird nachfolgend durch den Verweis auf Schlimmeres – den Antichauvinismus-Chauvinismus – abgeschwächt, die Physiker werden damit wieder entlastet.

Missgeschicke und unangenehme Themen oder Eingeständnisse (wie das Beispiel mit der Selbstkritik) sind in wissenschaftlichen Diskussionen unter Umständen *face*-bedrohend. Humor kann – richtig eingesetzt – in solchen Fällen Souveränität und Selbstbewusstsein sowie die Fähigkeit zur Selbstreflexion und -kritik anzeigen. Durch Humor wird einem möglichen Gesichtsverlust entgegengewirkt und kann sogar Sympathien einbringen.

8.2.2 Humor zur Unterbringung von Komplimenten

Der Humor zeigt sich in einer Sequenz im Spiel mit Erwartungen. Einerseits spielt PhyPm$_B$ mit den Hörererwartungen, andererseits signalisiert er auch seine Überraschung darüber, dass seine eigenen Erwartungen nicht erfüllt wurden:

```
001   PhyPm_B    um jetzt zu ihrem VORtrag zu kommen
002              ich hab ein pro!BLEM! mit ihrem vorTRAG (--) und zwar
                 (---)
003              während ich den MEISten theologen wenn ich sie höre
                 beliebig oft und heftig widersprechen kann
```

```
004                    geLINGT mir das bei ihnen nicht
005       Publikum     ((lacht, 5sek))
```
Sequenz 151: PhyPm_B und eTheoPm_B in der Fokusdiskussion; TK 3_3: 001-005.

PhyPm$_B$ kündigt an, ein Problem mit dem Vortrag von eTheoPm$_B$ zu haben. Damit werden das Publikum und der andere Vortragende auf eine kritische Äußerung vorbereitet. Dies ist auf Konferenzen an sich kein überraschendes Element, sondern konstitutiver Bestandteil von Diskussionen. Da nun alle Hörer einen kritischen Beitrag erwarten, wirkt die Erkenntnis von PhyPm$_B$, entgegen seinen eigenen Erwartungen eTheoPm$_B$ nicht wie üblich widersprechen zu können, überraschend – sowohl für das Publikum und den Diskussionspartner als auch für PhyPm$_B$ selbst. Der Witz entsteht durch das Gegenüberstellen der jeweiligen Erwartungen. Die Pointe, eTheoPm$_B$ nicht widersprechen zu können, kann als verdrehtes Kompliment gewertet werden, da fehlender Widerspruch als Zustimmung verstanden werden kann (vgl. hierzu die Diskussion derselben Sequenz in Kap. 5.2.2, Sequenz 13).

Sowohl Humor als auch das Komplimentieren können für sich genommen positive Auswirkungen auf das Image des Sprechers haben, diesem Sympathiepunkte einbringen und Nähe bewirken (zur Wirkung von Komplimenten vgl. Holly 1979: 48f.; Adamzik 1984: 269f., 272; Baron 2006: 90). In Kombination wird, so scheint es in Sequenz 151, diese positive Wirkung besonders gut entfaltet, da sich im obigen Fall beide Techniken gegenseitig verstärken.

8.2.3 Humor zur Abschwächung eines Angriffs

Durch Humor kann nicht nur ein positives Image gewahrt, sondern auch das eines Diskussionspartners verdeckt angegriffen werden. Im folgenden Beispiel geht es um die Frage der Komplexität von Lebewesen. Der wiedergegebenen Sequenz geht die Überlegung eines Ingenieurs voraus, das interdisziplinär diskutierte Problem in ein disziplinäres, also ingenieurwissenschaftliches zu übertragen: die Frage, wie man die biologische Komplexität am Beispiel einer Spinne erfassen kann und welche Aspekte dabei wichtig sind. BioAnthPm stört sich an der Verwendung des Komplexitätsbegriffs und schlägt eine einfache Alternative, eine Spinne zu erzeugen, vor:

```
090    BioAnthPm      also ich ä würde einfach nur davor WARnen
091                   sie ham jetzt den ausdruck information in !MEH!reren
                      bedeutungen (--) äh verwendet (.)
092                   ich WEIß ne sehr einfach methode spinnen zu erzeugen
                      (---)
093                   ähm <<lachend> ja (-) ah dazu brauch ich spinnen>> (-)
                      ahmm
```

8 Humor in wissenschaftlichen Diskussionen

```
094    Publikum      ((Gelächter, 3sek))
095    BioAnthPm     ahm: (.) aber auf diesen punkt zu kommen (.)
096                  äh DAS finde ich (.) ziemlich WICHtig (-) äh
097                  wenn man sich mit BIOnik und technischer biologie
                     auseinandersetzt
098                  ich glaube bei bei arachniden ist es bisher nicht
                     gemacht worden
```
Sequenz 152: Fokusdiskutant BioAnthPm und Diskutant IngPm in der Plenumsdiskussion; TK 2_2: 090-098.

Die Überlegungen von IngPm werden von BioAnthPm auf die Konstruktionsfrage reduziert und pointiert mit einem eigenen Vorschlag kontrastiert, wobei er selbst über seinen Witz lachen muss. In dem Witz ist die negative Kritik an den Überlegungen von IngPm zwar sichtbar, sie wird aber humorvoll vorgebracht und dadurch abgeschwächt. Das Publikum stimmt in Gelächter ein und nach drei Sekunden nimmt BioAnthPm seine Rede wieder auf. Nach längeren Ausführungen (die hier nicht wiedergegeben sind) wird BioAnthPm von IngPm unterbrochen, der seine Absicht erneut klarstellt. IngPm signalisiert, dass er sich von BioAnthPm missverstanden fühlt (nicht abgedruckt). Dadurch stellt sich die Frage, ob er sich trotz der humorvoll vorgebrachten Alternative zur Spinnenkonstruktion angegriffen oder bloßgestellt gefühlt hat. Dieses Missverständnis wird sachlich geklärt; im Hinblick auf die soziale Beziehung kann eine Annäherung der beiden Diskutanten durch den Einsatz von Humor nicht festgestellt werden.

Das folgende Beispiel zeigt, wie Humor dazu dienen kann, auf gesichtswahrende Weise Dissens anzuzeigen:

```
057    BioPm_A       das ist der KERN der sache da stimme ich ihnen zu
058                  des is ganz klar
059    BioAnthPm     also (.) DEN punkt würd ich gern nochmal AUFnehmen also
060                  NIcht dass sie jetzt denken w äh wir sind uns hier in
                     allem EInig
061                  <<smile voice> [das sind di erstmal die PUNKte an denen
                     wir offensichtlich überEINstimmen]>>
062    BioPm_A       [((lacht))]
```
Sequenz 153: BioPm_A und BioAnthPm in der Fokusdiskussion; TK 2_1: 057-062.

BioPm_A stimmt BioAnthPm in der ersten Zeile zu, was den *KERN der sache* angeht, und signalisiert damit Konsens und Nähe. BioAnthPm bezieht sich in seiner Reaktion auf den vermeintlichen Konsens und klärt BioPm_A darüber auf, dass möglicher Dissens zu erwarten ist: *NIcht dass sie jetzt denken w äh wir sind uns hier in allem EInig*. Er signalisiert, dass dieser Konsens nur für bestimmte, bereits angesprochene Themen und einzelne Punkte gilt. Die Dissens-Bekundung wirkt aus zwei Gründen nicht gesichtsbedrohend, sondern sympathisch: Erstens lachen beide Diskussionspartner bei der Zurücknahme des Konsenses und signalisieren damit Gleichstellung der Kommunikationspartner sowie gegenseitigen Respekt. Zweitens geht es um fachliche Inhalte und nicht um persönliche Bekenntnisse.

Negative Kritik, Dissens und Widerspruch können durch Humor abgeschwächt werden. Damit verlieren sie ihr *face*-bedrohendes Potenzial für den Adressaten und können sich gleichzeitig positiv auf das Image des Sprechers auswirken. Dies gilt allerdings nur, wenn Humor nicht auf Kosten des Kommunikationspartners eingesetzt wird und Witziges durch diesen honoriert wird.

8.2.4 Humor zur oberflächlichen Abschwächung von Provokationen

Humor dient nicht in allen Fällen dazu, Nähe und eine gute Gesprächsatmosphäre zu schaffen. Die folgenden Sequenzen zeigen, inwiefern Humor es ermöglicht, provokative Äußerungen in Diskussionen unterzubringen und die Provokation zumindest oberflächlich abzuschwächen (vgl. dazu Konzett 2012: 304-308).

Die erste Sequenz ist einer Diskussion entnommen, die sich festgefahren hat. Der Austausch ist sehr kontrovers und sachlich, aber nicht hitzig. Einer der Diskutanten verweist in seiner Argumentation weit vor der wiedergegebenen Sequenz auf Luhmann, um seine eigene Argumentation durch Berufung auf eine allseits anerkannte Autorität zu stützen. In der unten stehenden Sequenz werden Luhmanns Ansichten wieder von SozPDm thematisiert: *im übrigen (---) meister luhmann hat das kurz vor seinem ableben SELBST auch so gesehn*. Die Charakterisierung Luhmanns als *meister* verweist auf dessen Autoritätsstatus und Expertenschaft (ist möglicherweise aber ironisch und als Seitenhieb gemeint); Luhmann als zentrale Figur wird also in der Argumentation wieder aufgenommen und kommentiert. Daran schließt SozPm seine Provokation als Einwurf an, wobei er die Ausführungen von SozPDm$_A$ unterbricht:

```
139    SozPDm_A      im übrigen (---) meister luhmann hat das kurz vor
                     seinem ableben SELBST auch so gesehn (--)
140                  in ä der gesellschaft der gesellschaft (.) falls
                     irgend[wer  ]
141    SozPm              [daran] ist er vielleicht gestORben
142    Publikum      ((lautes allgemeines Lachen, sehr lang, danach
                     Stimmengewirr, 13sek, SozPDm_A geht unter und ist
                     nicht eindeutig hörbar))
```

Sequenz 154: SozPDm als Vortragender und SozPm als Diskutant in der Plenumsdiskussion; TK 1_4: 139-142.

Seine Äußerung *daran ist er vielleicht gestORben* ist die unmittelbare Reaktion auf den Auslöser *kurz vor seinem ableben SELBST auch so gesehen*. Das *Ableben* wird im *Sterben* wieder aufgenommen, die Ansicht (*SELBST auch so gesehen*) wird als Grund (*daran*) für den Tod interpretiert. Der provokante Einwurf unterbricht nicht nur SozPDm$_A$s inhaltlichen Beitrag, sondern bringt die gesamte Diskussion für 13 Sekunden ins Stocken. Das Publikum bricht in Gelächter aus, wobei dieses Lachen nicht ausschließlich gelöst und belustigt, sondern teilweise auch etwas entgeistert klingt. Diese Distanziertheit weist darauf hin, dass der Einwurf als Provokation wahrgenommen wird – obwohl er vielleicht nur witzig gemeint war. Die festgefahrene Diskussion und angespannte Atmosphäre wird zwar gelöst und in dieser Hinsicht war der Einsatz von Humor erfolgreich; SozPDm$_A$ hat aber Mühe, an seinen Beitrag anzuschließen und diesen zu beenden, da die Diskussion wegen der großen Unruhe abgebrochen wird. Insofern könnte man hier von aggressivem Humor sprechen (vgl. Norrick/Spitz 2008: 1663), da die sachliche Diskussion und der Redefluss eines Sprechers unterbrochen werden.

Im nächsten Beispiel provoziert SozPDm$_A$, der sich als Vortragender bereits in der Diskussion befindet, die Diskutantin PhilDrhaw. In seinem Vortrag ging es um industriell kontaminierte Flächen, bei denen man zum Teil erst während der Reinigung feststellt, wie viel Industriemüll sich im Boden befindet. SozPDm$_A$ hat zum Umgang mit diesem Nichtwissen die Arbeiter befragt und die Ergebnisse im Vortrag vorgestellt. PhilDrhaw leitet ihren Diskussionsbeitrag ein, formuliert dann aber ihre Inhalte etwas unzusammenhängend und charakterisiert das Müllthema als „Schmuddelaffäre". Nach kurzem Abschweifen äußert sie Folgendes:

```
038    PhilDrhaw     mich treibt das auch ähm ä mich treibt das auch um
039                  also ₁[dieser instrumental]₁
040    SozPDm_A      ₁[der schmuddel       ]₁
041    PhilDrhaw     nein
042                  ₂[der schmuddel auch ja ja de den find ich auch
                     spannend ja ähm]₂
043    Publikum      ₂[((Gelächter))]₂
044    PhilDrhaw     aber das mit der experimentalisierung äm
```

Sequenz 155: SozPDm als Vortragender und PhilDrhaw als Diskutantin in der Plenumsdiskussion; TK 1_4: 038-044.

Mit seiner Rückfrage *der schmuddel* bringt SozPDm$_A$ die Diskutantin aus dem Redefluss und bewirkt, dass sie ihre inhaltlichen Äußerungen unterbricht. Die Rückfrage signalisiert Witz und Humor, ist eindeutig auf die „Schmuddelaffäre" bezogen, signalisiert aber auch durch die Unterbrechung und Provokation ein gewisses Maß an Überlegenheitsanspruch. PhilDrhaw geht souverän mit der Provokation um und reagiert prompt mit einer humorvollen Äußerung: *nein der schmuddel auch ja ja de den find ich auch spannend ja ähm*. Das Publikum lacht und honoriert damit den Austausch zwischen den beiden Kommunikationspartnern und die Schlagfertigkeit von PhilDrhaw.

Im folgenden Beispiel wird die Intention der Provokation explizit vom Diskutanten UmwGeschDrm gegenüber dem Vortragenden SozPDm$_B$ geäußert:

```
001    UmwGeschDrm    JA ähm ich möchte s:ie: (.) provoZIEren
002    SozPDm_B       machen se
003    Publikum       [(((lacht))]
004    UmwGeschDrm    [und zwar indem ich einen] begriff infrage stelle
005                   der vermutlich im ganzen raum ((unverst., 1sek))
                      infrage gestellt infrage gestellt wird
006                   nämlich den der wissenskulTUR (2.0)
```

Sequenz 156: UmwGeschDrm als Diskutant in der Plenumsdiskussion mit dem Vortragenden SozPDm; TK 1_8: 001-006.

Die Intention, den Vortragenden provozieren zu wollen, explizit in einem Diskussionsbeitrag zu äußern, ist im Tagungskontext relativ ungewöhnlich, wodurch sich ein Überraschungseffekt ergibt. SozPDm$_B$ reagiert souverän mit der Aufforderung, dies zu tun, womit er den provokativen Vorstoß sozusagen genehmigt. Diese Situation hat das Potenzial, für den Vortragenden gesichtsbedrohend zu sein, da die Provokation darin besteht, einen zentralen Begriff des Vortrags infrage zu stellen, wobei UmwGeschDrm zusätzlich unterstellt, dass er für das gesamte Publikum spricht. Damit präsentiert sich UmwGeschDrm als Vertreter einer zweifelnden Gesamtheit, die einen Einzelnen kritisiert. Daher kann das Gelächter des Publikums im Hintergrund einerseits als gesichtswahrendes, solidarisierendes Lachen mit SozPDm$_B$ gewertet werden, andererseits aber auch signalisieren, dass man sich auf einen Schlagabtausch zwischen zwei gleichstarken Gegnern (signalisiert durch den souveränen Umgang mit der Provokation) einstellt und freut.

Provokative Äußerungen sind im Normalfall für beide Kommunikationspartner potenziell gesichtsbedrohend. Derjenige, der sich provokativ äußert, läuft Gefahr, als unfair, unsympathisch und als Störer wahrgenommen zu werden, wohingegen der Angesprochene klug und kompetent auf die Provokation reagieren muss. Durch Humor wird das imageschädigende Potenzial für beide Seiten abgemildert, was allerdings nur oberflächlich geschieht: Die Provokation (die zumeist eine Kritik enthält) bleibt bestehen und erfordert eine Reaktion seitens des Angesprochenen.

8.2.5 Humor zur Spannungslösung

Eine oft festgestellte Wirkung von Humor in der mündlichen Kommunikation ist die Entspannung der Atmosphäre und die Annäherung von Kontrahenten (vgl. Webber 2002: 246). Die folgende Sequenz, in der eine festgefahrene Diskussion humorvoll metasprachlich resümiert wird, zeigt dies:

8 Humor in wissenschaftlichen Diskussionen 433

```
075    GeschPhilPm    also WENN es (---) mir scheint (.) äh (--)
076                   dass es nicht SEHR viele möglichkeiten gibt
077                   wie wir eh wie wir jetzt diesen disPUT
078                   den wir gegenwärtig führn
079                   wie man den interpreTIERN kann (2.0)
080                   also sozusagen äh (-) äh (---) mir scheint wenns äh äh
081                   wenn SIE recht hätten (--) wär das gar kein disput
                      (3.0)
082                   es ist NUR ein disput wenn ICH recht habe
083    Publikum       ((lacht, 3sek))
084    PhilNaWiPm     ja ja sie wolln auf IRgendeine <<lachend> weise wolln
                      sie den>> ontologischen dualismus nochmal RETten
```
Sequenz 157: GeschPhilPm und PhilNaWiPm in der Fokusdiskussion; TK 2_3: 075-084.

GeschPhilPm bemerkt offenbar, dass er mit PhilNaWiPm inhaltlich nicht weiterkommt und dass kein Konsens gefunden werden kann. Er bricht die Diskussion auf, indem er eine Interpretation des Disputs versucht und zur vorsichtigen Einschätzung (signalisiert durch *mir scheint*) kommt: *wenn SIE recht hätten (--) wär das gar kein disput (3.0) es ist NUR ein disput wenn ICH recht habe*. Das gemeinsame Lachen der Diskutanten und des Publikums löst die angespannte Stimmung, was man an der Reaktion PhilNaWiPm von erkennt, der lachend seine Sicht auf die Meinung von GeschPhilPm zusammenfasst: *ja ja sie wolln auf IRgendeine <<lachend> weise wolln sie den>> ontologischen dualismus nochmal RETten*. Der Schluss *nochmal RETten* weist darauf hin, dass PhilNaWiPm diese Bemühungen als nicht zielführend und den Ontologischen Dualismus als überholt einschätzt. Da diese Einschätzung lachend geäußert wird, hat sie nicht den Charakter eines inhaltlichen Angriffs, sondern signalisiert eher Respekt für den (insgesamt aber als sinnlos erachteten) Rettungsversuch. Die Diskussion verläuft danach weiterhin sachlich und auf die Forschungsfrage hin orientiert.

Ähnlich spannungslösend wirkt Humor in der folgenden Sequenz. Hier wird das diskutierte Problem in eine Alltagserfahrung „übersetzt" und damit illustriert. Der Sequenz geht der Verweis von SozPm auf Donald Rumsfelds Unterscheidung der Nichtwissenstypen voraus. Dieser verwendete die *unknown unknowns* (das unbekannte Nichtwissen; vgl. Kap. 7.3.1.3) als Legitimation für den Irakkrieg: Gerade aus dem Grund, weil man nicht weiß, ob dort Massenvernichtungsmittel zu finden sind, wird angenommen, dass diese auf jeden Fall existieren müssen und sehr gut versteckt werden. Illustriert wird dieser Sachverhalt mit einer Analogie, nämlich der Ruhe im Kinderzimmer:

```
032    SozPm          DA wird nämlich dieses reden vom (.) äh nichtwissen
033                   und diese begeisterung fürs nichtwissen (---) äh
                      äußerst gefährlich
034                   weil dann ne praktische legitimatiO:N
035    GeschPm_B      im politischen kontext
```

```
036    SozPm         und das hat niemand gewagt äh anzugreifen (1.5)
037                  und NACHträglich wirds auch nicht wieder (-)
                     AUFgenommen
038                  sondern in der nächsten phase werden wir WIEder genauso
                     argumentieren
039                  !WEIL! grad es ruhig ist dort (--) ist es umso
                     gefährlicher ne=das
040                  kennen wir von unsern kindern (---)
041                  wenns ruhig im kinderzimmer ist ist es das
                     geFÄHRlichste
042    Publikum      ((Gelächter, 3sek))
043    SozPm         das ist die
044    Publikum      ((allg. Stimmengewirr, 15sek))
045    GeschPm_B     das muss man nicht überhöhen SO
```

Sequenz 158: SozPm als Diskutant und GeschPm$_B$ als Moderator in der Plenumsdiskussion nach einem Themenblock; TK 1_6: 032-045.

Ruhe im Kinderzimmer ist deshalb *das geFÄHRlichste*, weil man als Mutter oder Vater aus persönlicher Erfahrung (oder aber aus Erzählungen) weiß, dass Kinder nur dann ruhig sind, wenn sie etwas aushecken oder verheimlichen wollen. Dieses Beispiel ist analog zum Nichtwissensproblem konstruiert und illustriert damit das diskutierte Problem. Das Publikum reagiert mit einem Lachen, was darauf hindeutet, dass die Analogie verstanden wurde. Zudem wird zumindest unter all den Diskussionsteilnehmern, die Familie haben und/oder diese Erfahrungen teilen, soziale Nähe und Gruppensolidarität geschaffen. SozPm zeigt sich jedenfalls solidarisch, indem er die Pronomen *wir* und *unsern* inklusiv verwendet. Trotz der spannungslösenden Funktion von Humor kann die Spannung in der Diskussion nicht vollständig beseitigt werden. Moderator GeschPm$_B$ bewertet das Beispiel und die Reaktion des Publikums als unangemessen mit den Worten *das muss man nicht überhöhen SO* und beendet damit die Diskussion. Die Bewertung des Geschehens wird demnach vom Moderator in einer ganz anderen Weise vorgenommen als vom Publikum. Da der Moderator das Rederecht verteilen und Diskussionen beenden darf, gibt sein Kommentar der witzigen Sequenz einen negativen Abschluss.

In spannungsgeladenen, festgefahrenen Diskussionen kann Humor positive Effekte auf die Gesprächsatmosphäre haben. Humorvolle Sequenzen wie z. B. das metasprachliche Eingehen auf die Kommunikationssituation (als Ausbrechen aus dieser) und erheiternde Analogien wirken spannungslösend und solidarisierend. Damit kann Humor den Sympathie einbringen.

8.2.6 Humor zur Kritik von Rahmenbedingungen („Galgenhumor")

Auch der Umgang mit den wissenschaftlichen Rahmenbedingungen und den daraus entstehenden Einschränkungen wird humorvoll thematisiert:

```
178   BioPm_A      und dann vielleicht kann man das auch als
                   naturwissenschaftler ganz pragmatisch sagen
179                wir hören auf zu forschen wenn uns keiner mehr geld
                   gibt
180                [und wenn wir keine] (-) HOCHrangigen publikatiO:nen
                   mehr
181   Publikum     [((lacht))           ]
182   BioPm_A      in referierten journalen unterbringen
183                aber das ist ein ganz einfaches selbstregulativ der
                   wissenschaft
184   Publikum     ((lacht, 3sek))
185   Mod          SEHR pragmatisch
```
Sequenz 159: BioPm_A als Fokusdiskutant in der Plenumsdiskussion mit dem Diskutanten kTheoPm; TK 2_2: 178-185.

BioPm_A spricht aus der Perspektive eines Naturwissenschaftlers, verallgemeinert seine Perspektive durch die Verwendung von *wir* und *uns* und führt damit alle Naturwissenschaftler zusammen, die dieselben Erfahrungen mit Publikationen und fehlender Finanzierung gemacht haben. Die Benennung dieses Sachverhalts als *ein ganz einfaches selbstregulativ der wissenschaft* in Kombination mit den vorgelagerten Hindernissen der Forschung und der Unmöglichkeit, sich davon frei zu machen, muten wie Galgenhumor an: Dieser bezeichnet ‚gespielte[n] Humor, vorgetäuschte Heiterkeit, mit der jemand einer unangenehmen oder verzweifelten Lage, in der er sich befindet, zu begegnen sucht' (Duden). Dadurch, durch gemeinsam geteilte Erfahrungen und durch die Verwendung der Pronomen *wir* und *uns* schafft BioPm_A ein Wir-Gefühl, eine Gruppenbildung und -solidarität der Naturwissenschaftler.

Besonders der sogenannte Galgenhumor wirkt (in unserem Beispiel) solidarisierend, da diesen nur diejenigen verstehen, die dieselben Erfahrungen in Bezug auf das angesprochene Problem oder Thema gemacht haben und dem Sprecher zustimmen. Hierdurch wird Gemeinschaftsbildung durch gemeinsames Lachen ermöglicht.

8.3 Weitere Befunde zu Humor in wissenschaftlichen Diskussionen

8.3.1 Fehlschlagender Humor

Die bisher vorgestellten Sequenzen und Funktionen basieren darauf, dass Humor vom Publikum (oder vom Gesprächspartner) anerkannt und durch Lachen honoriert wird. Humorvoll gemeinte Äußerungen können allerdings auch fehlschlagen und im besten Fall ohne Reaktion im Publikum und/oder beim Diskussionspartner bleiben. Im schlechtesten Fall lösen sie Missbilligung aus, was aber im untersuchten Datenmaterial nicht vorkommt.

Es findet sich eine Sequenz, in der das erhoffte, erwartete Lachen ausbleibt. Hierzu ist allerdings anzumerken, dass mir nur Tonmaterial vorlag, dass es also eine positive Reaktion in Form von Lächeln oder aber Stirnrunzeln gegeben haben kann, die in meinen Aufzeichnungen nicht dokumentiert werden konnte. Die Audiodatei und das Transkript liefern allerdings Hinweise darauf, dass das witzig gemeinte Beispiel vom Publikum nicht honoriert wird: Die Pausen sowie die darauffolgenden Gesprächspartikeln signalisieren eine Pausenüberbrückung und Neuorientierung.

```
514    eTheoPm_A    und da haben sie auch !RECHT! wenn sie sagen sie
                    verstehen es nicht (-)
515                 weil es gibt ja nicht nur die hisTOrische ä ä ä erk ä
                    erfahrung die wir vorhin rausgelassen hatten (.)
516                 sondern auch das was man englisch knowledge by
                    acquaintance nennt durch beKANNTschaft (.) ähm
517                 wenn ich über meine frau schwärme (.) äh (.)
518                 bin ich ganz <<lachend> froh wenn sie sagen (.) das
                    versteh ich nicht JA (.) ähm ä verständlicherweise
                    ähm>>
519                 und SO WÄre das sozusagen in diesem moment !AUCH! (.)
                    ähm (--)
```

Sequenz 160: eTheoPm$_A$ als Fokusdiskutant in der Plenumsdiskussion mit dem Moderator PhilPm$_A$; TK 3_2: 514-519.

Der Vortragende eTheoPm$_A$ unternimmt den Versuch, mittels eines lustig gemeinten Beispiels das diskutierte Problem zu illustrieren. In sein eigenes Lachen stimmt allerdings keine weitere Person ein. Da die gewünschte und erwartete Reaktion ausbleibt, räuspert sich eTheoPm$_A$ und führt seinen Beitrag ernst und sachlich fort. Das Beispiel wird von den Anwesenden offenbar als nicht witzig oder angemessen bewertet (daher wird nicht gelacht) und damit gewissermaßen sanktioniert. Eine solche Situation ist gesichtsbedrohend, da der Vortragende ohne gewünschte Rückmeldung bleibt, „in der Luft hängt" und sich erst wieder fangen muss.

Humor kann demnach auch gefährlich für das Image sein, falls er vom Publikum nicht gewürdigt wird. Dies hat Auswirkungen auf das Verhalten des Akteurs, da er nicht die gewünschte Wertschätzung seitens des Publikums erhält.

8.3.2 Humor und Habitus

Zudem zeigt sich, dass sich Humor und Witz (bzw. witzige Effekte) durch einen bestimmten Habitus ergeben. Die folgenden Sequenzen stammen alle von derselben Person. Die Diskussionsatmosphäre ist insgesamt gelöst, die beiden Diskutanten gehen offen und respektvoll miteinander um. Die Redeweise von MedDrm wird

8 Humor in wissenschaftlichen Diskussionen

als sympathisch und humorvoll wahrgenommen und auch InfoMaDrm reagiert genauso humorvoll und sympathisch auf die Äußerungen von MedDrm. Beide erscheinen in den Diskussionen als sehr harmonisch in ihrem Humor.

Die Transkripte können nicht wiedergeben, wodurch die witzigen Effekte in der Rede des MedDrm entstehen. Sie werden durch sein gedehntes, langsames, fast naives Sprechen erzeugt. Allen folgenden Sequenzen ist gemein, dass sie auf eine gewisse Weise provozieren, also der Funktion Provokation (Kap. 8.2.4) zuzuordnen sind. Sie werden hier losgelöst davon diskutiert, weil die witzigen Effekte durch den Habitus von MedDrm und das Harmonieren der beiden Diskussionspartner entstehen.

Zu Beginn der Fokusdiskussion kommentiert MedDrm die Kommunikationssituation auf der Metaebene. Er geht auf seine und InfoMaDrms Sonderrolle ein, im Fokus des Publikums zu stehen. Seine Äußerung *wir machens wohl auch im STEhen* kann nicht nur als sexuelle Anspielung interpretiert werden, sondern auch als Bezug auf vorherige Teilnehmer einer Fokusdiskussion, die während der Diskussion an einem kleinen Tisch einander gegenüber saßen:

```
001   MedDrm        JA (.) ich WEISS nicht wir machens wohl auch im STEhen
002                 das hat sich ₁[eingespielt  ]₁
003   InfoMaDrm                  ₁[OCH (.) GERne]₁
004                 ₂[((lacht))            ]₂
005   MedDrm        ₂[das ist eine variaTION]₂ (2.0)
```
Sequenz 161: MedDrm und InfoMaDrm in der Fokusdiskussion; TK 3_9: 001-005.

InfoMaDrm stimmt dem Vorschlag zu und MedDrm kennzeichnet die Diskussion im Stehen als *variaTION*. Im Verlauf der eigentlichen, inhaltlichen Diskussion geht es darum, dass sich Geistes- und Naturwissenschaften in ihren Methoden und im Hinblick auf gegenseitige Anerkennung nicht wirklich einander annähern, sondern Distanz wahren. Dabei wendet MedDrm die inhaltlich-sachliche Perspektive in eine persönliche, wodurch der witzige Effekt entsteht:

```
036   MedDrm        ich NEHme jetzt (-) äm die GEISTESwissenschaften (.)
037                 und ich seh da (-) proBLEME
038                 NICHT weil äh ich jetzt sie (.) unsympathisch [finde
039                 oder nicht auf sie zukommen möchte (.)
040                 NEIN das ist es nicht]
041   InfoMaDrm     [((kichert))]
042   MedDrm        mmhh es IST aber so: (.) dass ICH (---) äm
043                 WENN ich mir die (--) GEISteswissenschaften anschaue
                    (-) GANZ große probleme sehe
044                 dass man da (.) äh sich aufeinander zubewegt
```
Sequenz 162: MedDrm und InfoMaDrm in der Fokusdiskussion; TK 3_9: 036-044.

Die disziplinären Differenzen werden auf eine persönlich-soziale Beziehung zwischen Individuen übertragen, wobei auf die Fachidentitäten Bezug genommen wird. MedDrm wechselt von fachlichen und disziplinären Differenzen auf sachlicher Ebene auf eine soziale, bei der es um Sympathie und Aufeinander-Zugehen geht.

In einem späteren Abschnitt geht MedDrm auf den Versuch der Geisteswissenschaften ein, ihre Forschung zu mathematisieren. Dieser Empirisierungsversuch schlägt fehl, sodass man in der Mediävistik der Mathematisierung der Naturwissenschaften die „Erzählung" entgegensetzt. MedDrm charakterisiert die beiden Gegenpole Mathematisierung und Erzählung als einander entgegen gesetzte Imperialismen:

```
129    MedDrm       sondern ich (-) GLAUbe dass es SO ist dass wir den
                    EInen imperialismus mit dem Gegenimperialismus (-) äh
                    beantworten wollen (---)
130                 also ich !WEISS! nicht ob sie daVON was MITgekriegt
                    haben von äh diesen
131    Publikum     ((lacht, 10sek))
132    InfoMaDrm    also ich SEH (-) es sind definitiv unterschiedliche
                    ANsätze (--)
133                 ABER in dem sinne des !KLEIN!machens da tu ich mich
                    doch SCHWER
134                 da steckt ja ne WERtung drin (-) die ich !NICHT!
                    offensichtlich erkennen !KANN!
```

Sequenz 163: MedDrm in der Fokusdiskusion mit InfoMaDrm; TK 3_9: 129-134.

Der Witz entsteht dadurch, dass MedDrm einen großen wissenschaftlichen Paradigmenkonflikt als so unscheinbar oder esoterisch charakterisiert, dass selbst der davon Betroffene davon ausgeht, dass niemand diesen mitbekommen hat. MedDrm stellt sich und seinem Gegenüber die Frage, ob die Mediävistik überhaupt eine Wissenschaft ist, da in der Mediävistik keine empirischen Analysen möglich seien. Diese werden in der Naturwissenschaft verlangt und nur auf einer solchen Grundlage erhobene Daten haben Gültigkeit. InfoMaDrm sagt in einer nicht wiedergegebenen Zwischensequenz, dass er von dieser Vorstellung, dass Wissenschaft nur dann Wissenschaft ist, wenn sie sich auf empirische Untersuchungen stützen kann, nichts hält. Daraufhin äußert MedDrm seine Enttäuschung über das Ausbleiben von negativer Kritik und dem „Rausschmiss" (Z. 085) aus der Wissenschaft:

```
082    MedDrm       jetzt ist es aber (-) eben SO dass äm (2.5) ich ein
                    bisschen entTÄUSCHT bin
083                 dass dass sie nicht jetzt
084    InfoMaDrm    ₁[((kichert))                              ]₁
085    MedDrm       ₁[äh (.) mich rausschmeißen wollen aus]₁ ₂[der]₂
```

8 Humor in wissenschaftlichen Diskussionen 439

```
086    InfoMaDrm                          <<lachend> ₂[das]₂ TUT mir
                         ₃[jetzt WAHNsinnig LEID]₃>>
087    Publikum          ₃[((lacht))             ]₃
088    MedDrm            gemeinschaft der wissen₄[sch]₄
089    InfoMaDrm                               ₄[sie]₄ hätten jetzt noch ein
                         SCHÖnes GEgenargument gehabt hehehe ₅[hehehe    ]₅
090    MedDrm                                              ₅[ja nee es ist]₅
```
Sequenz 164: MedDrm und InfoMaDrm in der Fokusdiskussion; TK 3_9: 082-090.

InfoMaDrm antwortet mit einer Routineformel, die er sehr stark betont und dadurch als ironische Äußerung zu verstehen gibt (*das TUT mir jetzt WAHNsinnig LEID*). Damit bricht InfoMaDrm mit MedDrms Erwartungen.

Witzige Effekte entstehen in den Sequenzen also einerseits durch witzige Inhalte und humorvolle Kommentare, andererseits aber vor allem durch den Habitus des Sprechers und die Harmonie zwischen den Diskussionspartnern.

8.4 Fazit: Humor in wissenschaftlichen Diskussionen

Humor und Witz erfüllen verschiedene Funktionen in wissenschaftlichen Diskussionen. Diese werden in Tabelle 47 zusammengefasst dargestellt:

Tabelle 47: Übersicht über die im Datenmaterial identifizierten Funktionen von Humor.

Funktionen von Humor	Erläuterung
Eigene Gesichtswahrung	signalisiert souveränen Umgang mit Missgeschicken und Kontrolle der Situation
Fremde Gesichtswahrung	
• Humor zum Komplimentieren	signalisiert Anerkennung und Aufwertung des Gegenübers
• Humor zur Abschwächung von Angriffen	dient der *face*-Schonung durch Abschwächung von Kritik und Dissens
• Humor zur Abschwächung von Provokationen	dient der oberflächlichen Abschwächung von Provokationen und negativer Kritik; durchbricht die kommunikative Ordnung und erlaubt Direktheit
Allgemeine Situation: Spannungslösung	entspannt festgefahrene Diskussionen und angespannte Situationen/Personen; ermöglicht Annäherung und Gemeinschaftsbildung
Kritik von Rahmenbedingungen, „Galgenhumor"	schafft ein Wir-Gefühl und Gruppensolidarität

Vor allem die Funktion der Gruppenbildung muss im interdisziplinären Kontext beachtet werden. Wenn Vertreter unterschiedlicher Disziplinen auf einer Tagung aufeinandertreffen, kann man davon ausgehen, dass eine feste *scientific community* nicht existiert. Da alle Disziplinen ihre unterschiedlichen Ansichten, Methoden und Herangehensweisen, Werte und Denkweisen haben, ist unter Umständen ein großes Dissenspotenzial vorhanden. Humor trägt in einem solchen Kontext dazu bei, eine Gruppenbildung bei aller Diversität zu ermöglichen, Solidarität zwischen den Teilnehmern zu schaffen und fachliche Distanz von persönlicher Distanz abzukoppeln (so dass es soziale Nähe zwischen Personen mit kontrastierenden Ansichten, unterschiedlichen Disziplinen, konfligierenden fachlichen Meinungen u. Ä. geben kann). Zudem kann gerade in Fokusdiskussionen der gewollte konfrontative und kontrastive Charakter der Diskussion durch Humor zurückgenommen werden.

Der Befund von Tracy, wonach Humor oft zu Beginn von Vorträgen und Diskussionsphasen eingesetzt wird, um über Nervosität und Unbehagen hinwegzuhelfen, konnte zum Teil bestätigt werden. Zwar finden sich Sequenzen, in denen Humor zu Beginn von Beiträgen in Diskussionen eingesetzt wird, doch verweist dies kaum auf Nervosität. Dies liegt wohl daran, dass auf allen drei Konferenzen kaum Doktoranden sprechen, sondern fast ausnahmslos Promovierte, Habilitierte und Professoren, die solche Nervositätsbekundungen nicht machen.

Auffällig ist, dass es sich bei humorvollen Sequenzen ausschließlich um die von Schubert (2014) genannten, spontan sich ergebenden konversationellen Witze handelt. Nach Konzett gibt es zwei Möglichkeiten, sich unterhaltsam zu zeigen: durch witzige, kurze narrative Einschübe und durch witzige Einzeiler, die durch die Positionierung und das Timing unterhaltend wirken (vgl. Konzett 2012: 296). Narrative Einschübe mit einer Unterhaltungsfunktion sind im vorliegenden Material nicht enthalten; stattdessen finden sich verschiedene Sequenzen, in denen durch provokante Äußerungen, Versprecher, Analogien, Missgeschicke, kritische Selbstcharakterisierungen, einen bestimmten Habitus des Sprechers, Anspielungen und überraschende Kommentare Lachen hervorgerufen wird[114]. Auffällig ist auch, dass viele witzige Sequenzen gemeinschaftlich konstruiert und hervorgebracht werden. Auf diese Äußerungen folgt, sofern der Akteur bewusst Lachen provozieren möchte, eine bewusst gesetzte (kurze) Pause, die das Publikum mit Lachen füllen kann. Diese Pausen sind allerdings dann gesichtsbedrohend, wenn

---

114 Vgl. hierzu Konzetts Beispiele für unterhaltende Elemente: „carefully aligned, cohesive utterances with a twist (an exaggeration, a language joke, a stark contrast, an element of surprise" (Konzett 2012: 333).

das Publikum nicht reagiert und der Vortragende oder Diskutant die Pause überbrücken und vor allem überspielen muss. In diesem Fall wird die Pause möglichst kurz gehalten (z. B. durch Partikeln wie *hm, also, ja*), um das eigene Gesicht zu wahren. Stimmt der Akteur selbst das Lachen an, wirkt es solidarisierend und gruppenbildend (vgl. Konzett 2012: 333).

9 Diskussion

9.1 Zusammenfassung

In der vorliegenden Arbeit wurde die Selbstdarstellung von Wissenschaftlern linguistisch untersucht. Zu diesem Zweck wurde zum einen eine umfassende linguistische Methode für die Analyse von verbalem Selbstdarstellungsverhalten entwickelt. Zum anderen wurde die Methode zur Bearbeitung von vier verschiedenen Fragestellungen angewendet und erprobt. Der Untersuchung lag ein Korpus aus Tonaufnahmen von Diskussionen nach Fachvorträgen, die auf interdisziplinären Tagungen stattgefunden haben, zugrunde.

Die zentralen Fragekomplexe, die der Arbeit zugrunde liegen, lauten:

- Gegenseitiges positives und negatives Kritisieren (= Kap. 5): Wie äußern Wissenschaftler positive und negative Kritik in wissenschaftlichen Diskussionen? In welchen sprachlichen Formen geschieht dies, auf was bezieht sich Kritik und wie ist sie begründet? Wie reagieren Wissenschaftler auf positive und negative Kritik und welche Auswirkungen hat Kritik auf das *face* bzw. die Images der Beteiligten?
- Rolle der Fachidentität in interdisziplinären Diskussionen (= Kap. 6): Welche Funktion hat das Thematisieren der eigenen disziplinären Zugehörigkeit in interdisziplinären Diskussionen? Wann und in welcher sprachlichen Form kommunizieren Wissenschaftler ihre Fachidentität?
- Kompetenz und Expertenschaft, Nichtwissenskommunikation (= Kap. 7): Wie werden Kompetenz und Expertenschaft von Wissenschaftlern in der Diskussion heraus- und dargestellt? Wie stellen Wissenschaftler sicher, dass sie trotz Nichtwissens und Unsicherheit als kompetent wahrgenommen werden? Welche Strategien der Nichtwissens-Thematisierung verwenden sie?
- Humor in wissenschaftlichen Diskussionen (= Kap. 8): Wie gelingt es Wissenschaftlern, sich als Individuen in einem von Sachlichkeit und Rationalität geprägten, kompetitiven Kontext positiv zu präsentieren? Welche Funktionen erfüllt Humor in wissenschaftlichen Diskussionen? Wie wird er sprachlich vorgebracht?

In Kapitel 2 wurden die soziologischen Arbeiten von Goffman, der Impression-Management-Ansatz sowie verschiedene linguistische Arbeiten zu Selbstdarstellung und Beziehungsmanagement vorgestellt. Diese wurden im Hinblick auf relevante linguistische Mittel ausgewertet und diskutiert, um eine Basis für die Methodenentwicklung zu schaffen. Ebenso konnten hier erste Strategien der Selbstdarstellung und Beziehungsgestaltung identifiziert werden. Es wurde aufgezeigt, dass sich Selbstdarstellung und Beziehungsarbeit als Kombination von verbalem, paraverbalem und nonverbalem Verhalten äußert.

Kapitel 3 diente der theoretischen Einbettung der untersuchten interdisziplinären Diskussionen des Korpus und thematisierte die für die Arbeit relevanten Aspekte der Wissenschaftskommunikation. Die Textsorte Vortrag und die Kommunikationsform Diskussion wurden im Hinblick auf Struktur, sprachliche Merkmale und Anforderungen an Selbstdarstellung beschrieben. Zudem wurde der Unterschied zwischen disziplinären und interdisziplinären Forschungssituationen beleuchtet, um die Charakteristika der untersuchten interdisziplinären Diskussionen erfassen zu können.

In Kapitel 4 wurde das Forschungsdesign der Arbeit erläutert. Hierfür wurden im ersten Teil das Analysekorpus vorgestellt, die Tagungs- und Diskussionsanlässe (mit Angaben u. a. zu Personen, Themen, Statusverhältnissen) beschrieben und das Transkriptionsverfahren bzw. die Transkriptionskonventionen genannt. Im zweiten Teil wurde die Methodenentwicklung dargelegt, das konkrete methodische Vorgehen in der Analyse beschrieben sowie die Fragestellungen im Detail genannt und begründet. Zur besseren Übersicht über die relevanten Forschungsfelder, zur Systematisierung der Methodenentwicklung und zur Auswahl der entsprechenden Forschungsfragen wurde ein Vier-Felder-Schema entwickelt, das die vier zentralen Analyseperspektiven enthält: (1) Kommunikationsform Diskussion, (2) Interdisziplinarität und interdisziplinäre Selbstverortung, (3) Selbstdarstellungsmanagement und (4) Beziehungsmanagement. Die beiden ersten ergaben sich aus der Korpuswahl, die beiden letzten aus dem Forschungsinteresse (siehe Abb. 14).

Abbildung 14: Vier-Felder-Schema; die vier Felder ergeben sich aus der Korpuswahl (obere beiden Felder) sowie dem Untersuchungsinteresse (untere beiden Felder).

9 Diskussion

Aus den Theoriekapiteln 2 und 3 wurden die zentralen sprachlichen Mittel, die Aufschluss über Selbstdarstellung und Beziehungsmanagement geben, isoliert und jeweils am Ende des Teilkapitels tabellarisch zusammengefasst. Diese Tabellen boten die Grundlage für die Kombination und Integration der einzelnen Ansätze und Kategorien zum Zweck der Methodenentwicklung. Die nichtlinguistischen Ansätze der Soziologie und Sozialpsychologie lieferten die Kriterien für die Makroperspektive *Kontextualisierung der Diskussion* der Methode. So gaben Goffmans Arbeiten Aufschluss über notwendige Überlegungen zum Rahmen der Kommunikation, zu Rollen, Beziehungen und vor allem zur Image- und Beziehungsgestaltung. Der sozialpsychologische Impression-Management-Ansatz ermöglichte einen Einblick in grundlegende psychische Mechanismen, Ziele und bereits identifizierte Techniken der Selbstdarstellung, die wertvolle Vergleichsfolien für die Analyse bildeten. Für die Mikroperspektive *Sprachliche Mittel der Selbstdarstellung, Beziehungskommunikation und Kommunikationsform Diskussion* waren vor allem die linguistischen Arbeiten von Interesse (ergänzt durch die wenigen Hinweise von Goffman). Zur Methodenbildung wurden verschiedene linguistische Arbeiten zu Selbstdarstellung, Imagearbeit und Beziehungsmanagement miteinander kombiniert. Die bisherigen Forschungsarbeiten konzentrieren sich auf die Analyse einzelner linguistischer Mittel (z. B. Sprechhandlungen) oder bestimmte Selbstdarstellungsphänomene (z. B. Höflichkeit, Expertenschaft). Zudem beforschen sie jeweils eine bestimmte Gesprächssorte (z. B. Schlichtungsgespräch, Streit) und haben jeweils einen anderen methodischen Zugang (z. B. Pragmatik, Gesprächsanalyse, Stilistik, Ethnomethodologische Konversationsanalyse).

Die Auswertung der linguistischen (aber auch soziologischen und sozialpsychologischen) Arbeiten zeigte, dass Selbstdarstellungsverhalten auf verbaler ebenso wie auf nonverbaler und paraverbaler Ebene sichtbar wird und daher auch auf allen diesen Ebenen untersucht werden muss. Auf die Analyse nonverbalen Verhaltens (außer hörbare Phänomene wie beispielsweise Husten und Klatschen) musste aufgrund des Datenmaterials (Audiodateien) verzichtet werden.

Kapitel 5 bis 8 stellen die zentralen Ergebnisse der Arbeit ausführlich dar. Jedes Ergebniskapitel wurde im Sinne der von der Methode geforderten methodischen Anreicherung mit Erkenntnissen aus der jeweiligen Forschungsliteratur ergänzt.

Ergebnis der Analyse zum *gegenseitigen positiven und negativen Kritisieren* ist es, dass weitaus häufiger negative als positive Kritik geäußert wird. Positive Kritik zeigt sich im ehrlichen oder aber oberflächlichen und ritualisierten Danken, Loben und Zustimmen, während negative Kritik auf vielfältige Weise, d. h. in

Form unterschiedlichster Sprechhandlungen, und sehr differenziert, d. h. bezogen auf exakt definierte Referenzen, angebracht wird. Die Formate Plenums- und Fokusdiskussion wurden aufgrund der unterschiedlichen kommunikativen Möglichkeiten der Teilnehmer getrennt analysiert. In den Fokusdiskussionen zeigten sich zwei Pole der wissenschaftlichen Aushandlungsprozesse: kooperativ-klärungsorientierte und konfrontativ-dissensbetonende Diskussionen, wobei diese Kategorisierungen Tendenzen wiedergeben. In der vorliegenden Arbeit wurden die beiden Extreme beispielhaft vorgestellt, wobei der Fokus des Kapitels auf Kritik und Vorwürfen der Inkompetenz und Unwissenschaftlichkeit lag. Es zeigte sich, dass die Diskutanten oftmals wissenschaftliche Werte heranziehen, um Kritik oder Verteidigungen gegen diese zu begründen (z. B. der Wert des korrekten Beweises und des Vermeidens von Beweisfehlern: *das ist zirkuLÄR das ist TAUtologisch*; PhilPm$_B$, TK 3_8: 20). Zudem wurde deutlich, dass wissenschaftliche Werte als Bindeglieder zwischen den Disziplinen fungieren, also einen gemeinsamen Nenner bei aller Diversität der Disziplinen, Fachrichtungen, Schulen und Strömungen darstellen.

Des Weiteren wurde der Frage nachgegangen, welche Rolle *Fachidentitäts-Thematisierungen* in Diskussionen spielen. Die Analyse ergab, dass Diskutanten ihre disziplinäre Herkunft thematisieren, um sich in der eigenen *scientific community* zu verorten, sich auf Tagungen zu positionieren und von anderen Fächern, Schulen etc. abzugrenzen. Zudem ermöglichen Informationen zum disziplinären Hintergrund, Beiträge zu perspektivieren, Distanzierung von Aspekten oder Personen des eigenen Fachs auszudrücken und positive oder negative Kritik einzuleiten. Für die Zuhörer sind Informationen zur Fachidentität insofern relevant, als sie Personen und die von ihnen geäußerten Inhalte besser einordnen können.

Im Zentrum des Kapitels 7 standen *Kompetenzsignalisierung und Nichtwissenskommunikation*. Im ersten Teilkapitel wurden Strategien der Kompetenzdemonstration und der Signalisierung von Fachwissen thematisiert und diskutiert. Dabei konnten Ergebnisse anderer Forschungsarbeiten mit weiteren Techniken ergänzt werden. Wissenschaftler zeigen ihre Kompetenz bzw. ihr Fachwissen auf ihrem Gebiet durch das Halten von Vorträgen, durch Inhaltsparaphrasen, Fragen, durch die Verwendung von Fachterminologie, Kenntnis der Forschungsliteratur und -landschaft, das Hinweisen auf wissenschaftliche Werte, durch Initiieren von Themenwechseln, Hervorheben von Leistungen, Signalisieren von logischem Denken und Weltwissen, durch den Verweis auf den eigenen disziplinären Hintergrund sowie durch Fremdzuschreibungen von Expertenschaft. Diese Techniken wurden den vier Kompetenz-Domänen *Sachkompetenz, Theoretische Kompetenz,*

9 Diskussion

Innovationskompetenz und *Wissenssoziologische Position* (vgl. Antos 1995: 20) zugeordnet, was sich zum Teil als problematisch erwies. Außerdem wurde die Domäne *Diskussions-/Kommunikationskompetenz* ergänzt, um die Kompetenzen der Wissenschaftler in mündlicher Kommunikation erfassen zu können: die Fähigkeiten, sich fachsprachlich und inhaltlich korrekt auszudrücken, auf andere Beiträge flexibel einzugehen und fremde Inhalte wiederzugeben.

Der zweite Teil des Kapitels war der Kompetenzdarstellung bei Nichtwissen und Unsicherheit gewidmet. Ziel war es herauszufinden, wie Wissenschaftler Nichtwissen in Diskussionen thematisieren, wie sie es bewerten, kategorisieren und wie sie damit sowohl forschungspraktisch als auch diskursiv umgehen. Zudem wurde untersucht, welche Funktionen Nichtwissensthematisierungen haben und wie sie sich auf die Images der Diskussionsteilnehmer auswirken. Es zeigte sich, dass Nichtwissens- und Unsicherheitsäußerungen der höflichen Kommunikation dienen, dass sie als normale und wichtige Bestandteile von Wissenschaft angesehen werden und dass sie Anlass für Diskussionen und Infragestellungen sind. Hier mussten Strategien der Imagesicherung bei Nichtwissen (also Strategien wie Zuschreibungen oder Leugnen) von forschungspraktischen Strategien (z. B. Reduktion oder Kontrolle von Nichtwissen) unterschieden werden. Nichtwissen und unsicheres Wissen sind, das haben die Analysen gezeigt, in den meisten Fällen keine Anzeichen für Inkompetenz, sondern signalisieren im Gegenteil Kompetenz, wenn Wissenschaftler korrekt und professionell mit (ihrem) Nichtwissen umgehen. Damit konnte auch die Annahme von Campbell (1985), wonach Wissen und Kompetenz eigene Glaubwürdigkeit und Autorität sichern, Nichtwissen dagegen den Verlust von Glaubwürdigkeit und Expertenschaft bedeutet, widerlegt werden. Da sich Nichtwissen in interdisziplinären Diskussionen (in denen Wissensasymmetrien üblich und intendiert sind) oft nur auf eine der von Antos differenzierten Domänen – wie bspw. das Sachwissen – bezieht, kann dennoch Kompetenz in den anderen Domänen vorliegen, die das fehlende Sachwissen ausgleichen – z. B. Methodenkompetenz oder Erfahrungen im Umgang mit Experimenten. Hinzu kommt, dass gegenseitiger Respekt, gegenseitiges Bestätigen der Werte und Anerkennung der Arbeit eine professionelle Diskussion über disziplinäre Grenzen hinweg sichern.

Da die bisherigen Analysefragen auf wissenschaftlich-professionelle Aspekte der Selbstdarstellung gerichtet waren, wurde ein weiterer Fokus gewählt, der einen persönlich-sozialen Gesichtspunkt in den Blick nimmt: den *Humor*. Humor wirkt auf der Beziehungsebene und hat verschiedene positive Effekte in der mündlichen Kommunikation. Die Analysen zeigten nicht nur, dass humorvolle Äußerungen in den Diskussionen häufig vorkommen, sondern auch, dass sie unterschiedliche Funktionen haben: So können sie der eigenen Gesichtswahrung bei Missgeschicken oder Selbstkritik, der Unterbringung von Komplimenten und der Abschwächung von negativer Kritik dienen. Zudem kann Humor provokative Äußerungen, die zumeist negative Kritik implizieren, (oberflächlich) abschwächen, Spannungen lösen und damit die Gesprächsatmosphäre positiv beeinflussen. Nicht zuletzt kann auch der sogenannte Galgenhumor zur Kritik an nicht zu ändernden Rahmenbedingungen eingesetzt werden, was oftmals eine Solidarisierung der Betroffenen bewirkt. Die Ergebnisse der Arbeit zeigen außerdem, inwiefern Humor auch fehlschlagen und negative Effekte haben kann, und dass sich witzige Effekte zum Teil aus dem einzigartigen Habitus einer Person sowie aus der Personenkonstellation und dem Umgang der Akteure miteinander ergeben.

9.2 Methodenreflexion: von der analytischen Trennung zurück zur Komplexität

Für die Analyse des Selbstdarstellungsverhaltens von Wissenschaftlern in interdisziplinären Diskussionen anhand von authentischen Daten konnte nicht auf eine bereits etablierte Methode zurückgegriffen werden. Daher wurde eine eigene Methode entwickelt, die Elemente aus soziologischen, sozialpsychologischen, v. a. aber aus verschiedenen linguistischen Ansätzen integriert. Auch wenn jedes methodische Vorgehen gleich welcher Art reflektiert werden sollte, erscheint es hier doch als umso nötiger, da die Methode neu und spezifisch auf den analytischen Rahmen hin ausgerichtet ist. Als wie zweckmäßig erwies sich also das methodische Vorgehen? Welches Potenzial liegt darin?

Um die Komplexität und Zweckmäßigkeit der Methode reflektieren zu können, wird zuerst die Methodenentwicklung rekapituliert. In Kapitel 4.2 wurde das Vier-Felder-Modell vorgestellt, das die Bildung der Basismethode und den Einstieg in die Analyse systematisierte. Die analytische Trennung der Forschungsfragen, die aus den einzelnen Feldern heraus entwickelt wurden, erwies sich als überaus hilfreich, um zu Einzelerkenntnissen zu gelangen. Die Ergebnisse machen aber deutlich, dass die vier Felder sehr eng miteinander zusammenhängen, ineinander greifen und sich wechselseitig beeinflussen bzw. bedingen (bspw. die enge Bindung zwischen Selbstdarstellung und Beziehungsgestaltung). Die Ergebnisse der jeweiligen Felder müssen daher zusammengeführt werden (vgl. Kap. 9.3), weil sie nur in Kombination Aufschluss über die Selbstdarstellung eines Akteurs geben: Selbstdarstellung hängt von der Kommunikationssituation (interdisziplinäre Diskussionen) und den Beziehungen der Interaktionspartner ab. Die Interrelationen der Felder werden im Folgenden zusammenfassend aufgezeigt.

Systematisch und forschungspraktisch bedingen die vier Felder einander folgendermaßen: Die ersten beiden Felder *Diskussion* und *(inter-)disziplinäre Selbstverortung/Positionierung* ergeben sich aus der Korpuswahl. Beide gehören aufgrund der spezifischen Kommunikationssituation zusammen. Die unteren beiden Felder *Selbstdarstellung* und *Beziehungsmanagement* ergeben sich aus dem Untersuchungsinteresse. Beide Felder müssen gemeinsam untersucht werden, da Selbstdarstellung nur vor einem Publikum, einem Gegenüber, stattfinden kann und die Beziehungen zwischen den Akteuren dabei von Bedeutung sind.

Inhaltlich beziehen sich die Felder folgendermaßen aufeinander: Das gegenseitige Kritisieren ist konstitutiv für wissenschaftliche Diskussionen. Die Art, wie kritisiert und auf Kritik reagiert wird, hängt dabei von verschiedenen Faktoren ab: beispielsweise der Fachkultur der Akteure, der Kompetenz bzw. dem Fachwissen, wissenschaftlichen und persönlichen Zielen sowie der Gesprächsatmosphäre. Zudem sind die betrachteten Diskussionen interdisziplinär situiert. Auf interdisziplinären Konferenzen existiert keine feste *scientific community*, die Teilnehmer müssen sich erst vorstellen und ihre Forschung bekannt machen. Dies erfordert die Darstellung eigener Leistungen und Kompetenzen. Im Zuge dessen spielt die Fachidentität als Teilidentität einer Person eine zentrale Rolle.

Es sollte zudem deutlich geworden sein, welchen großen Einfluss die Rahmenbedingungen der Kommunikation (wissenschaftliche Diskussion und Interdisziplinarität) auf die individuelle Selbstdarstellung haben. Kompetenzsignalisierung (als Selbstdarstellungsziel) ist ein zentrales Anliegen von Wissenschaftlern und wichtige Impression-Management-Strategie, da Kompetenz einen Karrierevorteil darstellt. Kompetenz und Expertenschaft basieren auf spezialisiertem Fachwissen. Allerdings sind durch die in den Diskussionen vorliegende Interdisziplinarität Wissensasymmetrien gegeben und zudem bestehen auch in jeder Disziplin und für jeden Wissenschaftler Unsicherheiten, mit denen im konkreten Tagungskontext umgegangen werden muss. Der Aspekt der Kompetenzsignalisierung muss daher auch unter der Perspektive Nichtwissen untersucht werden. Auf interdisziplinären Konferenzen spielen aber nicht nur die beruflichen, sondern auch die sozialen Beziehungen zwischen den Akteuren eine wichtige Rolle: Gute Vernetztheit ist ein wichtiger Karrierevorteil, und dabei kann Sympathie ebenso entscheidend sein wie Qualifikation oder Kompetenz. Wissenschaftler zeigen sich auch von ihrer persönlich-privaten Seite, um Zugänglichkeit zu signalisieren und Sympathien zu gewinnen. Ein Faktor, der Personen sympathisch erscheinen lässt, ist Humor, da dieser positive

Auswirkungen auf die Gesprächsatmosphäre haben kann. Zudem erlaubt er Gruppenbildung, wirkt kritik-abschwächend und damit *face*-schonend. Es wird deutlich, dass auch die Beziehungsebene das gegenseitige Kritisieren beeinflusst, humorvolle Äußerungen über die eigene Fachidentität und Kompetenzen (und sogar Inkompetenzen) erlaubt.

Die Anwendung der Methode zeigte, dass die Integration verschiedener linguistischer Ansätze sowie ausgewählter Elemente soziologischer und sozialpsychologischer Literatur aus den vier eng zusammenhängenden Feldern eine solide Grundlage für die Analyse der interdisziplinären Diskussionen bietet. Die einzelnen in der Literatur diskutierten sprachlichen Mittel geben zuverlässige Hinweise auf das Diskussions-, Selbstdarstellungs- und Beziehungsverhalten einzelner Akteure und liefern daher aussagekräftige Ergebnisse.

Das Potenzial des gewählten Ansatzes liegt darin, dass die mit Hilfe des Vier-Felder-Schemas entwickelte Basismethode die spezifischen Bedingungen der Interaktions-/Kommunikationssituation berücksichtigt und dabei offen für korpusinduzierte Ergänzungen sowie themenspezifische Anreicherungen bleibt. Diese Eigenschaften der Methode erlauben eine umfassende linguistische Analyse verbaler Selbstdarstellung.

9.3 Ergebnisdiskussion vor dem Hintergrund der Methodenreflexion

Was für die Methode gilt, gilt auch für die Ergebnisse der Analyse: Die Einzelergebnisse müssen zusammengeführt werden. Die Ergebnisse der Untersuchung werden hierfür pointiert wieder aufgenommen und in Beziehung zueinander gesetzt. Besprochen wird immer das Selbstdarstellungsverhalten aller an der jeweiligen Interaktion beteiligten Akteure. Das folgende Schaubild (Abb. 15) geht aus dem bereits bekannten Vier-Felder-Schema hervor und zeigt die Relationen zwischen den einzelnen Forschungsergebnissen, wobei die Trennlinien zwischen den Teilbereichen konsequenterweise herausgenommen wurden.

Die Ergebnis-Relationen werden entlang der in der Abbildung enthaltenen Nummerierung aufgezeigt; die Nummerierung wird im Text zur besseren Orientierung wieder aufgegriffen. Zudem werden die Ergebnisse je Feld diskutiert.

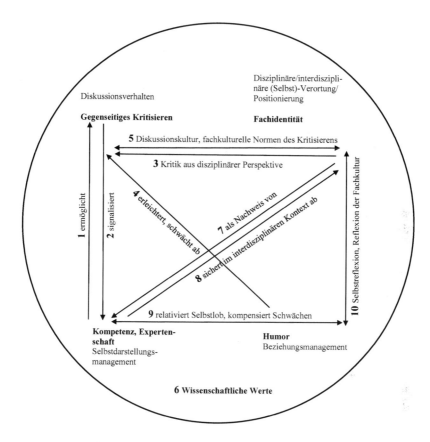

Abbildung 15: Darstellung der Relationen der Forschungsergebnisse auf Basis des Vier-Felder-Schemas.

Positives und negatives Kritisieren stellen den Dreh- und Angelpunkt jeder wissenschaftlichen Diskussion dar. Hierbei laufen eristisches Ideal und Imagesicherungsbedürfnisse der Teilnehmer einander zuwider.

(1) Positive und negative Kritik sind nur dann möglich und konstruktiv, wenn ausreichendes Fachwissen und Kompetenz seitens des Kritikers vorhanden sind. Jede Art von Kritik kann also als (2) Signalisierung von Kompetenz und Expertenschaft interpretiert werden, da beides benötigt wird, um kritische Punkte sowie Lobenswertes zu identifizieren und Inhalte zu evaluieren. Positive Kritik zeichnet sich dadurch aus, dass sie oft relativ pauschal geäußert wird (den Vortrag

z. B. als Gesamten auswertet), Nähe bewirkt, Anerkennung signalisiert, aber auch schlicht ein Element höflicher Kommunikation sein kann. Negative Kritik wird dagegen sehr differenziert geäußert. Damit wird der Kommunikationspartner zwar sehr pointiert kritisiert und angegriffen, es ermöglicht diesem aber auch eine fokussierte Verteidigung. Viele Sequenzen der negativen Kritik bleiben allerdings reaktionslos. Diese fehlenden Reaktionen und Reaktionsmöglichkeiten (zum Teil den Rahmenbedingungen geschuldet) sind gesichtsbedrohend, da das Publikum die Ansichten und Kritikpunkte übernehmen könnte, ohne dass der Kritisierte die Möglichkeit zur Erklärung bekommt.

Wissenschaftlern stehen verschiedene Möglichkeiten der Äußerung von Kritik zur Verfügung. Kritik fällt zum Teil harsch, zum Teil zurückhaltend aus. Harsche Kritik dient der Distanzierung von Inhalten, unter Umständen der Hierarchiemarkierung, ganz grundlegend aber der Ablehnung des Gesagten. Zurückhaltend und abgeschwächt geäußerte Kritik dient der Aufrechterhaltung der Beziehung, der *face*-Wahrung und ist auf Diskussionsebene in Routineformeln konventionalisiert.

Kritik wird üblicherweise (3) aus disziplinärer Perspektive geäußert. Im interdisziplinären Kontext ist das gegenseitige Kritisieren für die Diskussionsteilnehmer in besonderem Maße eine Herausforderung. Diese entsteht einerseits durch die Anforderungen an die Wissensvermittlung, nämlich die Notwendigkeit der Vereinfachung und die Berücksichtigung unterschiedlicher Wissenstypen bei den Teilnehmern. Wird ein Sachverhalt zu sehr vereinfacht, kann dies negativ als zu unterkomplex aus den eigenen Reihen bewertet werden. Wird ein Sachverhalt zu komplex dargestellt und zu viel Wissen vorausgesetzt, riskiert man, dass niemand folgen und die Inhalte würdigen kann.

Diskussionen sind grundsätzlich Situationen, die ein Dilemma für die beteiligten Akteure darstellen. Einerseits sind Diskussionen Foren, in denen Forschungsergebnisse mit dem Ziel der Wahrheitsfindung präsentiert und diskutiert werden. Das heißt aber auch, dass die eigene Arbeit abgewertet, widerlegt und kritisiert werden kann und in der Regel im Hinblick auf gewisse Punkte auch kritisiert wird. Da jeder Tagungsteilnehmer mal Vortragender, mal Diskutant ist, wird er prüfen, wie er Kritik äußern und auf Kritik reagieren möchte. Die (oberflächliche) Anerkennung von Imagesicherungsbedürfnissen äußert sich darin, dass Beiträge oft mit positiver Kritik beginnen, bevor zu negativen Gesichtspunkten gewechselt wird, dass (4) negative Kritik durch Humor, Routineformeln und Höflichkeit abgeschwächt wird. Ziel ist es sowohl in Vortragenden- als auch Diskutantenrolle, das Image als kritikfähiger und kompetenter Wissenschaftler zu wahren, da Kritikfähigkeit und Kompetenz wichtige professionelle Ressourcen darstellen.

9 Diskussion

Das Diskussionsverhalten der einzelnen Teilnehmer ist (5) von ihrer jeweiligen Fachkultur geprägt. Obwohl es wahrscheinlich zu Anpassungsprozessen während der Interaktion kommt, treten doch einige Probleme zutage. Die Akteure sind Vertreter ihres Fachs, präsentieren sich bewusst oder unbewusst als Mitglieder einer Disziplin, Fachrichtung und Schule. Gleichzeitig sind sie in Gruppenbildungsprozesse (Beziehungsaufnahmen, -fortführungen und -vertiefungen; *Networking*) involviert, da sie sich in einem Kontext befinden, in dem keine feste *scientific community* existiert.

In den Diskussionen werden grundlegende wissenschaftliche, aber auch ausdifferenzierte disziplinspezifische (6) Werte angeführt. Wissenschaftliche Werte erscheinen im ersten Fall als vereinende Elemente, auf die sich alle Wissenschaftler disziplinübergreifend berufen können. Wird Achtung und Einhaltung der Werte signalisiert, wirkt dies vertrauensbildend und fördert die eigene Glaubwürdigkeit. Im zweiten Fall ist die Wertthematisierung kritisch für die Images der Akteure: Die Übertragung von Werten von einer in eine andere Disziplin ist unter Umständen schwierig und die Einhaltung spezifischer Werte kann nicht von allen Disziplinen sinnvoll verlangt bzw. geleistet werden. Sich in dieser Hinsicht zu rechtfertigen, birgt immer das Risiko, als nicht rechtschaffender Wissenschaftler betrachtet zu werden. In Abbildung 15 sind die wissenschaftlichen Werte für alle vier Bereiche relevant: Erstens prägen sie das Diskussionsverhalten, da sich Wissenschaftler auf Werte bei Kritik berufen und gleichzeitig dem Wert des kritischen Hinterfragens durch ihren Diskussionsbeitrag entsprechen. Zweitens signalisieren aufgerufene wissenschaftliche Werte Kompetenz, wenn ein Akteur sich deren Einhaltung zuschreibt oder einen anderen Wissenschaftler wegen Nicht-Einhaltung rügt. Drittens sind Werte fachkulturell geprägt und disziplinspezifisch ausdifferenziert. Bei der disziplinären Sozialisation eines Wissenschaftlers findet eine Wertübernahme und -anerkennung statt. Humor erlaubt die Reflexion der Arbeitsweise, das Eingeständnis von (Nicht-)Einhaltung eines wissenschaftlichen Wertes oder Schwierigkeiten dabei, ermöglicht die Abschwächung von Kritik, die auf Werten basiert.

Das **Nennen des disziplinären Hintergrunds** dient (7) als Nachweis von Kompetenz und Expertenschaft, damit gleichzeitig auch (8) als Legitimation für positive oder negative Kritik. In Bezug auf die Fachidentitäts-Thematisierung der Konferenzteilnehmer kann gesagt werden, dass dies wohl eine Besonderheit interdisziplinärer Konferenzen ist. In der sondierten Literatur zu Diskussionen waren keine Hinweise auf solche Thematisierungen der disziplinären Herkunft zu finden (vgl. Techtmeier 1998a/b; Webber 2002; Konzett 2012). Abgesehen von bloßen Selbstvorstellungen, die bei Baßler (2007: 143) angesprochen werden, finden sich in den Diskussionen verschiedene Bezüge der eigenen oder fremden Fachidentität. Sie dienen offenbar der Selbstverortung in der eigenen Disziplin und der Positionierung im Tagungskontext. Außerdem werden dadurch disziplininterne Abgrenzungen sichtbar (z. B. theoretisch vs. empirisch arbeitende Physiker, oder durch Bezeichnungen wie *Mikrobiologe* oder *Senckenberger*), was nicht nur eine Selbstverortung, sondern auch eine Abwertung anderer Positionen signalisieren kann. Fachidentitäts-Thematisierungen sind Ausdruck der eigenen Identität, wobei die mit der Disziplinnennung einhergehenden Informationen das Selbstverständnis eines Wissenschaftlers als Angehöriger einer Disziplin signalisieren.

Die Selbstverortung in der Disziplin ist sowohl für Fachkollegen interessant, da sie ihnen – auch subtil – Aufschluss über Forschungsrichtung, Schule, Denkrichtung etc. gibt, als auch für Fachfremde, die auf dieser Basis das Gesagte einordnen können. Die Positionierung im Tagungskontext ist für alle Anwesenden relevant, da so eruiert wird, wer welche Meinung, Forschungsrichtung, Strömung usw. vertritt. Ungeachtet der disziplinären Herkunft können so neue (Interessen-)Gruppen gebildet werden. Deutlich wird auch, dass die interdisziplinäre Zusammensetzung der Tagungsteilnehmer eine Perspektivenvielfalt ermöglicht, die es in disziplinären Kontexten kaum geben kann. Unterschiedliche Wissensbestände, Fach- und Kommunikationskulturen sowie Terminologien beispielsweise stellen besondere Anforderungen an die Kommunikation. Das Thematisieren des eigenen disziplinären Hintergrunds spielt eine große Rolle, weil die eigene Perspektive und die fachliche Einbettung der Inhalte geleistet werden muss, sollen die anderen Teilnehmer die Möglichkeit bekommen, das Gesagte richtig zu verstehen und zu evaluieren.

Kompetenz und Expertenschaft zu signalisieren stellt für Wissenschaftler ein zentrales Ziel dar, da sie wissenschaftlich-professionelle Ressourcen bilden. Kompetenz und Expertenschaft dienen dabei der eigenen Etablierung innerhalb der *scientific community* und der Sicherung der eigenen Stellung (ist also Machtressource). Wer als kompetent und als Experte gilt, wird interaktiv ausgehandelt und ist Ergebnis von Zuschreibungsprozessen (vgl. (1) und (2)). Dabei ist die Interdisziplinarität der Wissenschaftler eine Herausforderung für die Akteure: Experte ist man immer nur auf einem speziellen, abgegrenzten Gebiet – in allen anderen ist man Laie. Diese Wissensasymmetrie (Experte – Laie, Wissen – Nichtwissen) ist insofern schwierig zu bewältigen, als das Eingeständnis sowie die Kommunikation von Nichtwissen im Hinblick auf die *face*-Wahrung nicht immer leicht sind. Nichtwissen wird – ebenso wie Wissen – interaktiv ausgehandelt: Über positive und negative Kritik, Nachfragen, kritische Fragen und Zweifelfragen wird Nichtwissen freigelegt und als gültig erachtetes Wissen infrage gestellt. Dies stellt einen wichtigen Prozess in der wissenschaftlichen Arbeit dar, ist also normaler Bestandteil von Wissenschaft und entspricht dem eristischen Ideal. Dieser kritische Diskurs setzt aber Offenheit, Ehrlichkeit und das Eingeständnis der eigenen Fehlbarkeit sowie des eigenen Nichtwissens voraus, ist also unter Umständen eine Herausforderung für die eigene *face*-Wahrung. Das Eingeständnis von Nichtwissen ist aber kaum imageschädigend, wenn professionell damit umgegangen wird, d. h. wenn Nichtwissen identifiziert, lokalisiert, thematisiert und unsicheres Wissen als solches deklariert wird. Der strategische Nachweis bzw. die Unterstellung von Nichtwissen beim Diskussionspartner ist demgegenüber gesichtsbedrohend: Ziel sind Nichtwissenszuschreibungen, die dem Kommunikationspartner ein Weniger-Wissen unterstellen. Damit beansprucht ein Akteur für sich größeres Wissen, was das eigene Fachwissen sowie die Expertenschaft und Kompetenz aufwertet.

Gegenseitige Kritik ist aufgrund der Wissensasymmetrien in interdisziplinären Kontexten schwierig. Daher ist gegenseitiges Vertrauen essenziell für die gemeinsame Arbeit. Ob jemand vertrauenswürdig ist, kann durch das Abprüfen der wissenschaftlichen Werte (vgl. (6)) evaluiert werden. Durch gezieltes Nachfragen versuchen die Tagungsteilnehmer sich der Einhaltung der Werte zu versichern; kann der Vortragende glaubwürdig zeigen, dass er *lege artis* gearbeitet hat, so gelten auch die Ergebnisse als glaubwürdig und wissenschaftlich korrekt. Werte betreffen hier aber nicht nur Sorgfalt und das Einhalten von Standards bei Experimenten, sondern auch das Eingeständnis von Nichtwissen sowie die Offenlegung und Markierung unterschiedlicher Unsicherheitsgrade in Bezug auf Wissen.

Humor wirkt auf der Beziehungsebene und stellt eine soziale Ressource dar: Er entspringt sowohl eigenen als auch fremden Imagesicherungsbedürfnissen. Vor allem hilft Humor als Abschwächungsstrategie dabei, (4) negative Kritik weniger gesichtsbedrohend zu äußern; als Distanzierungsstrategie ermöglicht er (9) Selbstkritik und Ironie sowie das (10) humorvolle Reflektieren und Kommentieren des eigenen Fachs. Zudem erlaubt er Gruppenbildungsprozesse trotz aller disziplinärer, fachlicher, ideologischer und weltanschaulicher Diversität. Ähnlich wie der Rückgriff auf wissenschaftliche Werte, die disziplinübergreifend gelten, auf die also jeder verweisen kann, wirkt auch Humor verbindend. Dabei wird die fachliche, sachliche und themenfokussierte Diskussion von lustigen Episoden unterbrochen, die die Teilnehmer an die soziale, persönliche Dimension von Diskussionen erinnern. Dadurch kann eine positivere Atmosphäre geschaffen werden. Humor kann allerdings auch gesichtsbedrohend sein, wenn das erwartete und erwünschte Lachen ausbleibt. Dann müssen die dadurch entstehenden Pausen überbrückt und geschickt überspielt werden, um peinliche Momente zu vermeiden.

Die Rolle des Publikums ist in wissenschaftlichen Diskussionen kaum zu überschätzen. Vortragende und Diskutanten reagieren nicht nur aufeinander, sondern passen ihre Redebeiträge auch an die einzelnen Mitglieder des Publikums an. Das

Publikum erscheint zwar oft als homogene Einheit, doch zeigen viele Sequenzen, dass sich die Akteure der individuellen Zusammensetzung und der Anwesenheit einzelner, für sie besonders relevanter Wissenschaftler bewusst sind. Kompetenz und Expertenschaft werden nicht nur dem direkten Kommunikationspartner, sondern auch den Mitgliedern des Publikums (von denen jeder zu weiterer Kritik oder Kommentaren berechtigt ist) signalisiert.

In der Wiederaufnahme der Ergebnisse und der Darlegung von wechselseitigen Beziehungen sollte deutlich geworden sein, dass die Forschungsfragen nur in ihrer Zusammenschau Aufschluss über die Selbstdarstellung von Wissenschaftlern in diesem spezifischen Kontext geben können. Dies wurde in Abbildung 15 grafisch verdeutlicht.

9.4 Potenziale der Arbeit und Ausblick

Aus der interdisziplinären Ausrichtung der Arbeit sowie der Fokussierung ergeben sich über das eigentliche Forschungsziel hinausgehende Potenziale. Die Ergebnisse dieser Arbeit geben nicht nur Einblick in das Selbstdarstellungs- und Diskussionsverhalten von Wissenschaftlern, sondern bieten zudem Erkenntnisse, die für eine Betrachtung unter einer anderen Perspektive relevant sein können.

Erstens gibt die Arbeit einen Einblick in authentisches Diskutieren und Bearbeiten eines interdisziplinären Problems, gibt also Aufschluss über einen Aspekt des interdisziplinären Forschens: Im Fokus stehen hier die Fachidentität der Beteiligten, wann und wie sie diese vorbringen und welche Funktion dieses Thematisieren des disziplinären Hintergrunds in der Interaktion hat.

Zweitens werden in dieser Arbeit fachinterne und interfachliche Kommunikation untersucht, da es um das Vermitteln von Wissen vor dem Hintergrund unterschiedlicher Wissensbestände, Fachsprachen, Fachkulturen und Fachidentitäten geht. Gerade die interfachliche Kommunikation wurde bisher vernachlässigt (vgl. Janich/Zakharova 2011: 188), weswegen sich die in dieser Arbeit gewonnenen Erkenntnisse in andere Forschungskontexte (Wissenstransferforschung, Forschung zu Interdisziplinarität, Fachsprachenforschung) einbetten lassen und für dortige Forschung fruchtbar gemacht werden können. Durch den Blick von außen auf interdisziplinäre Kommunikation können typische Probleme derselben identifiziert und reflektiert werden. Hieraus lassen sich möglicherweise Lösungsansätze entwickeln, die in künftige interdisziplinäre Projektarbeit eingebracht werden können.

Drittens wird im Zuge der Analyse von negativer und positiver Kritik untersucht, welche Bewertungsgrundlagen Diskutanten heranziehen, wenn sie Forschungsinhalte kritisch betrachten. Hier ist zu erwarten, dass forschungsspezifische (disziplinäre oder allgemein-wissenschaftliche) Werte zugrunde gelegt und thematisiert werden. Damit kann die Arbeit einen Einblick in die konkrete Ausdifferenzierung der Werte geben.

Viertens liefert die Arbeit damit Erkenntnisse über Bewertungen von Wissenschaftlichkeit in der Praxis und gleichzeitig über das Selbstverständnis der Wissenschaftler. Hierzu gehört auch die Bewertung von Nichtwissen in der Forschungspraxis.

Fünftens gibt die Arbeit Einblicke in die sprachliche Selbst-Konstruktion des Wissenschaftlers als Experte sowie in dessen Etablierung und Positionierung als Experte. Hinzu kommen Einsichten in das Selbstverständnis der Wissenschaftler, woraus sich Informationen über Fachkulturen, fachkulturelle Stile, Denkmuster oder Bewertungsmechanismen gewinnen lassen können.

Die Ergebnisse der vorliegenden Arbeit können zudem auf verschiedene Weise und in unterschiedlichen Kontexten Anwendung finden:

Erstens können die Ergebnisse für die Praxis wissenschaftlicher Kommunikation in die Nachwuchsförderung bzw. in entsprechende Schulungskonzepte (z. B. zu Argumentation und Diskussion, zum konstruktiven Umgang mit Kritik oder zum souveränen Umgang mit Journalisten) einbezogen werden. Insbesondere für NachwuchswissenschaftlerInnen bietet die Arbeit einen wichtigen Einblick in die wissenschaftliche Diskussionspraxis. Die Ergebnisse zeigen zum Beispiel, dass das Kritisiert-Werden nach einem Vortrag, das anfangs oft als sehr gesichtsbedrohend empfunden wird, oft genug tatsächliche Anerkennung und die Aufnahme in die *scientific community* bedeutet (vgl. Tracy 1997).

Zweitens bietet die Arbeit für WissenschaftlerInnen generell einen Ausgangspunkt für Selbstreflexion, indem wissenschaftliche Diskussionen auch als soziale Veranstaltungen betrachtet werden, ohne aber den Blick für das eigentliche eristische Ideal einer wissenschaftlichen Diskussionskultur aus dem Blick zu verlieren. Außerdem ist es in einer Zeit, in der an Universitäten und von Drittmittelgebern zunehmend interdisziplinäre Kooperationen gefordert werden, notwendig, sich mit den kommunikativen Anforderungen in interdisziplinären Diskursen auseinanderzusetzen: Die Ergebnisse der Arbeit könnten in Arbeitsgruppen und Weiterbildungen reflektiert werden und zur Sensibilisierung für die Herausforderungen des Wissenstransfers in interdisziplinären Kontexten genutzt werden.

Schließlich bieten die in der Arbeit identifizierten forschungspraktischen und selbstdarstellungsbezogenen Strategien im Umgang mit Nichtwissen für die externe Wissenschaftskommunikation einen Einblick in authentische Forschungspraxis und in wissenschaftliche Werthaltungen. Dies könnte zu einem differenzierteren Bild von Wissenschaft in der Öffentlichkeit verhelfen, insbesondere mit Blick auf den Umgang von WissenschaftlerInnen mit Nichtwissen.

In der Arbeit wurde mit der Basismethode ein linguistisches Instrument mit vielschichtigen Analyseebenen geschaffen, das es erlaubt, alle relevanten kontextuellen und verbalen Elemente von Selbstdarstellung zu erfassen und zu beschreiben. Diese Methode hat durch seine Flexibilität, die durch die Möglichkeit der fokusspezifischen Anreicherung gegeben ist, das Potenzial, in anderen Kontexten als im wissenschaftlichen eine Analyse zu ermöglichen und aussagekräftige Ergebnisse zu liefern.

Die Arbeit bietet erhebliches Potenzial für weitere Anschlussanalysen. In der vorliegenden Untersuchung wurde der Analysefokus stark auf vier Fragenkomplexe im Hinblick auf Selbstdarstellung eingeschränkt. Im engen Umfeld dieser Fragenkomplexe erscheinen aber weitere Aspekte als untersuchenswert, die an dieser Stelle angesprochen werden sollen.

Anhand des vorliegenden Korpus bieten sich folgende Anschlussanalysen an:

1. Zum ersten wären der Einbezug und die Integration weiterer Methoden, wie z. B. Korpusanalyse und Argumentationsanalyse, sinnvoll. So könnten beispielsweise weitere Handlungsfolgen und Muster der Kritik-Initiierung und Reaktion identifiziert werden, da in der vorliegenden Untersuchung besonders imagebedrohende Kritiksequenzen fokussiert wurden. Eine Argumentationsanalyse könnte Aufschluss über die Selbstdarstellungsziele und das Selbstverständnis eines Akteurs geben: Je nachdem, ob der eigene Status, langjährige Forschung oder der Verweis auf weitere Studien als Argument für die Glaubwürdigkeit eines Ergebnisses beispielsweise angeführt werden, lassen sich Rückschlüsse auf Selbstdarstellung ziehen.

2. Zum zweiten sollte der Aspekt der Professionalität untersucht werden. Professionalität wurde im Zusammenhang mit dem Halten von Vorträgen erläutert und Kriterien wurden benannt. Im Korpus spielt der Umgang mit der Diskussionssituation, also der Umgang mit Zeitvorgaben, den vorhandenen Rollen sowie mit der Gesprächsorganisation eine Rolle. Angemessenes Diskussionsverhalten wäre ein Hinweis auf Professionalität, wie es Grabowski (2003) für das Halten von Vorträgen herausgearbeitet hat. Im Zuge dessen könnte das Zeitmanagement der Vortragenden und Diskutanten sowie deren Bewusstsein für zeitliche Vorgaben (die sich in Formulierungen wie „nur noch ganz kurz…", „ich bin gleich fertig" und „nur zwei Sätze noch…" äußern) untersuchen. In diesem Zusammenhang könnte die eingeführte Domäne *Kommunikations-/Diskussionskompetenz* (in Anlehnung an Antos 1995) mit Kategorien und Teilkompetenzen ergänzt werden. Die Ergebnisse einer solchen Untersuchung können die Ergebnisse in den Bereichen Expertenschaft und Kompetenz sinnvoll um die Komponente *Professionalität* erweitern. Damit rückt zugleich der Vortragende in den Vordergrund. Interessant wäre eine detaillierte Analyse der Selbstdarstellung des Vortragenden, z. B. im Hinblick auf das angesprochene Zeitmanagement, seine Leistungsdarstellung im Vortrag und seine Art

des Präsentierens sowie der Neuigkeits-, Anschauungs- und Unterhaltungswert des Vortrags. Damit könnten die Professionalitäts-Kriterien nach Grabowski (2003) um empirisch gewonnene Daten erweitert werden.

3. Im Zuge dessen wäre zum dritten eine genaue Analyse der Rolle des Moderators sinnvoll. Hier könnten die Gesprächsorganisation, Überblick über Meldungen und Rederechtsvergabe, Zeitmanagement und die Funktion des Moderators in der Diskussion genauer beleuchtet werden.

4. Zum vierten zeigte sich in den Analysen, dass Emotionalität eine Rolle in wissenschaftlichen Diskussionen spielt. Wissenschaftler hängen an ihren Ergebnissen, signalisieren durch para- und nonverbales Verhalten, dass sie sich in die Ecke gedrängt fühlen, aufgebracht oder begeistert sind. Hier wäre es lohnenswert, die Rolle von Emotionalität im Zusammenhang mit Selbstdarstellung zu untersuchen.

5. Um sich im wissenschaftlichen Umfeld als Forscher zu etablieren, müssen Wissenschaftler ihre eigenen Leistungen herausstellen. In der Impression-Management-Literatur ist diese Technik bereits unter dem Namen *entitlements* (hohe Ansprüche signalisieren, sich Leistungen zuschreiben) untersucht worden (vgl. Tedeschi et al. 1985: 75; vgl. auch Mummendey 1995: 143). Eigene Leistungen hervorzuheben widerspricht dem in der Wissenschaft geltenden Bescheidenheitsgebot (vgl. Adamzik 1984: 262; Tedeschi et al. 1985: 83; Mummendey 1995: 148), sodass die Darstellung eigener Leistungen zur Herausforderung wird, will man nicht als Angeber oder Blender gelten (vgl. dazu Beaufaÿs 2003: 175). Der Wissenschaftler befindet sich in einem Dilemma, da es wichtig ist, seine eigenen Arbeiten und Leistungen in der *scientific community* bekannt zu machen, um eine gewisse Reputation zu erwerben. Eine zu offensive Vorgehensweise in dieser Sache kann aber der eigenen Sympathie abträglich sein (vgl. Leary 1996: 101). Hat man bereits einen positiven Eindruck in der *scientific community* hinterlassen, könnte man bescheidener auftreten – jedoch nicht zu bescheiden, um nicht inkompetent oder nonchalant zu wirken (vgl. ebd.: 117, 118; vgl. auch Tedeschi et al. 1985: 83). Somit erscheint es interessant zu untersuchen, wie Wissenschaftler die eigene Forschungsarbeit, Leistungen und Errungenschaften trotz geltendem Bescheidenheitsgebot präsentieren.

Um die bisherigen Analysen zu stützen, zu erweitern und um weitere Aspekte untersuchen zu können, wären Studien anhand und mit Hilfe eines Vergleichs- und/ oder Ergänzungskorpus sinnvoll.

1. Nach meinen Kenntnisstand gibt es bisher keine Arbeiten, die monodisziplinäre und interdisziplinäre Veranstaltungen im Hinblick auf Sprache und Selbstdarstellung kontrastiv betrachten. Vonnöten wäre daher eine kontrastive Studie, die die Unterschiede der Imagearbeit zwischen disziplinären und interdisziplinären Diskussionen in den Blick nimmt. Dort könnte man v. a. die Thematisierung der

Fachidentität herausarbeiten und die Ergebnisse dieser Arbeit ergänzen. Weiterhin gibt es noch keine Studien dazu, inwiefern sich disziplinäre von interdisziplinären Diskussionen strukturell, in Bezug auf Beitragseinleitungen, einordnende Sprechakte etc. unterscheiden (bekannt sind zumindest Terminologie- und Methodenstreits).

2. Zwar deuten sich fachkulturelle Selbstdarstellungsstile sowie statusunterschiedliche und persönliche Selbstdarstellung im Korpus an, diese können aber wegen der zu geringen Korpusgröße und Unausgewogenheit der Statusgruppen nicht systematisch sinnvoll untersucht werden. Auch hier wäre ein interessanter Ansatzpunkt für eine anschließende Forschungsarbeit.

3. Erforderlich wäre auch die Analyse der Genderspezifik von Selbstdarstellung, wofür das vorliegende Korpus nicht geeignet ist. Einige Arbeiten in der Impression Management-Theorie weisen Frauen ein downplaying und understatement, also ein Herabwürdigen eigener Leistungen, nach. Dies könnte empirisch an authentischem Material untersucht werden.

4. Im Hinblick auf die im Korpus sichtbar werdenden größeren Wahrheitsansprüche von Empirikern gegenüber Theoretikern – ähnlich wie die der Naturwissenschaften gegenüber Geistes- und Sozialwissenschaften (vgl. Jahr 2009) – wäre es an der Zeit, diese Ansprüche sowie ihre Grundlagen anhand eines Korpus auszuwerten. Damit verbunden ist auch eine Analyse des Selbstverständnisses einzelner Disziplinen, die Überprüfung der Aktualität von Disziplinhierarchien (vgl. Stichweh 2013) und inwiefern sich diese in der Selbstdarstellung niederschlagen.

5. Wünschenswert wäre ebenfalls eine linguistische Untersuchung von wissenschaftlichen Diskussionen, die sich auf Videoanalysen stützt. Dadurch könnten auch nonverbale Aktionen und Reaktionen untersucht werden, die in den vorliegenden Audiodateien nur als Lücken hörbar sind, auf die die Kommunikationspartner aber reagieren (z. B. auf ablehnendes Kopfschütteln, zustimmendes Nicken, kritisches Stirnrunzeln oder amüsierte Blicke).

Literaturverzeichnis

Abels, Heinz (2009): Einführung in die Soziologie. Band 2: Die Individuen in ihrer Gesellschaft. 4. Aufl. Wiesbaden.

Adalhardt, Zinaida (Hrsg.) (2013): Identity construction and impression management of teenagers in social networking sites. Hamburg.

Adamzik, Kirsten (1984): Sprachliches Handeln und sozialer Kontakt. Zur Integration der Kategorie ‚Beziehungsaspekt' in eine sprechakttheoretische Beschreibung des Deutschen. Tübingen (= Tübinger Beiträge zur Linguistik 213).

Adamzik, Kirsten (1994): Beziehungsgestaltung in Dialogen. In: Fritz, Gerd; Hundsnurscher, Franz (Hrsg.): Handbuch der Dialoganalyse. Tübingen, 357-374.

Adamzik, Kirsten (2002a): Interaktionsrollen. Die Textwelt und ihre Akteure. In: Adamzik, Kirsten (Hrsg.): Texte, Diskurse, Interaktionsrollen. Analysen zur Kommunikation im öffentlichen Raum. Tübingen (= Textsorten 6), 211-255.

Adamzik, Kirsten (Hrsg.) (2002b): Texte, Diskurse, Interaktionsrollen. Analysen zur Kommunikation im öffentlichen Raum. Tübingen (= Textsorten 6).

Alexander, Richard (1997): Aspects of Verbal Humour in English. Tübingen (= Language in Performance 13).

Althaus, Peter; Henne, Helmut; Wiegand, Herbert Ernst (Hrsg.) (1980): Lexikon der germanistischen Linguistik. 2. vollst. neu bearb. u. erw. Aufl. Tübingen.

Antos, Gerd (1995): Sprachliche Inszenierung von „Expertenschaft" am Beispiel wissenschaftlicher Abstracts. Vorüberlegungen zu einer systemtheoretischen Textproduktionsforschung. In: Jakobs, Eva-Maria; Knorr, Dagmar; Molitor-Lübbert, Sylvie (Hrsg.): Wissenschaftliche Textproduktion. Mit und ohne Computer. Frankfurt am Main, 113-127.

Antos, Gerd; Gogolok, Kristin (2006): Mediale Inszenierung wissenschaftlicher Kontroversen im Wandel. In: Liebert, Wolf-Andreas; Weitze, Marc-Denis (Hrsg.): Kontroversen als Schlüssel zur Wissenschaft? Wissenskulturen in sprachlicher Interaktion. Bielefeld, 113-127.

Arkin, Robert M. (1981): Self-presentation styles. In: Tedeschi, James T. (Hrsg.): Impression-management theory and social psychological research. New York, 311-333.

Arnold, Rolf (Hrsg.) (2014): Herausforderung: kompetenzorientierte Hochschule. Baltmannsweiler (= Grundlagen der Berufs- und Erwachsenenbildung 78).

Asgodom, Sabine (2009): Eigenlob stimmt. Erfolg durch Selbst-PR. 6. Aufl. München.

Attardo, Salvatore (1994): Linguistic Theories of Humour. Berlin.

Auer, Peter (1999): Ordnung der Interaktion („interaction order"). *Erving Goffman*. In: Auer, Peter: Sprachliche Interaktion. Eine Einführung anhand von 22 Klassikern. Tübingen, 148-163.

Auer, Peter; Baßler, Harald (2007a): Der Stil der Wissenschaft. In: Auer, Peter; Baßler, Harald (Hrsg.): Reden und Schreiben in der Wissenschaft. Frankfurt am Main; New York, 9-29.

Auer, Peter; Baßler, Harald (Hrsg.) (2007b): Reden und Schreiben in der Wissenschaft. Frankfurt am Main; New York.

Austin, John Langshaw (1972 [1962]): Theorie der Sprechakte. Stuttgart.

Austin, Paddy (1990): Politeness Revisited – The Dark Side. In: Bell, Allan; Holmes, Janet (Hrsg.): New Zealand Ways of Speaking English. Clevedon; Avon, 277-293.

Ayaß, Ruth; Meyer, Christian (Hrsg.) (2012): Sozialität in Slow Motion: Theoretische und empirische Perspektiven. Festschrift für Jörg Bergmann. Wiesbaden.

Ballod, Matthias; Weber, Tilo (Hrsg.) (2013): Autarke Kommunikation. Wissenstransfer in Zeiten von Fundamentalismen. Frankfurt am Main u. a. (= Transferwissenschaften 9).

Bammer, Gabriele; Smithson, Michael J. (Hrsg.) (2008): Uncertainty and Risk: Multidisciplinary Perspectives. London.

Baron, Bettina (2006): Argumentieren in wissenschaftlichen Fachgesprächen – Gibt es geschlechtspräferenzielle Unterschiede? In: Deppermann, Arnulf; Hartung, Martin (Hrsg.): Argumentieren in Gesprächen. Gesprächsanalytische Studien. 2. unveränd. Aufl. Tübingen, 88-110.

Baßler, Harald (2007): Diskussionen nach Vorträgen bei wissenschaftlichen Tagungen. In: Auer, Peter; Baßler, Harald (Hrsg.): Reden und Schreiben in der Wissenschaft. Frankfurt; New York, 133-154.

Baumeister, Roy F. (Hrsg.) (1986): Public self and private self. New York.

Baumgardner, Ann H. (1991): Claiming depressive symptoms as a self-handicap: A protective self-presentation strategy. In: Basic and Applied Social Psychology 12 (1), 97-113.

Beaufaÿs, Sandra (2003): Wie werden Wissenschaftler gemacht? Beobachtungen zur wechselseitigen Konstitution von Geschlecht und Wissenschaft. Bielefeld.

Beck-Bornholdt, Hans-Peter; Dubben, Hans-Hermann (2009): Der Hund, der Eier legt. Erkennen von Fehlinformation durch Querdenken. Reinbek bei Hamburg (= rororo science 60359).

Bell, Allan; Holmes, Janet (Hrsg.) (1997): New Zealand Ways of Speaking English. Clevedon; Avon.

Berglas, Steven (1988): The Three Faces of Self-Handicapping: Protective Self-Presentation, a Strategy for Self-Esteem Enhancement, and a Character Disorder. In: Zelen, Seymour L. (Hrsg.): Self-representation. New York, 133-169.

Bergmann, Jörg R. (1995): Ethnomethodologische Konversationsanalyse. In: Hoffmann, Ludger (Hrsg.) (2010): Sprachwissenschaft. Ein Reader. 3., akt. und erw. Aufl. Berlin; New York, 258-274.

Bergmann, Matthias; Schramm, Engelbert (Hrsg.) (2008): Transdisziplinäre Forschung. Integrative Forschungsprozesse verstehen und bewerten. Frankfurt am Main; New York.

Blom, Jan-Peter; Gumperz, John J. (1972): Social meaning in linguistic structure: Code switching in Norway. In: Gumperz, John J.; Hymes, Dell H. (Hrsg.): Directions in Sociolinguistics. New York, 407-434.

Blum, Annelies (1980): Humor und Witz. Eine psychologische Untersuchung. Zürich.

Blumer, Herbert (1969): Symbolic Interactionism. Perspective and Method. Englewood Cliffs, NJ.

Böhm, Birgit (2006): Vertrauensvolle Verständigung – Basis interdisziplinärer Projektarbeit. Stuttgart.

Bohn, Cornelia; Hahn, Alois (2002): Klassiker der Soziologie. Band 2: Von Talcott Parsons bis Pierre Bourdieu. 3. Aufl. München, 252-271.

Bolino, Mark C.; Kacmar, K. Michele; Turnley, William H.; Gilstrap, J. Bruce (2008): A Multi-Level Review of Impression Management Motives and Behaviors. In: Journal of Management 34 (6), 1080-1109.

Böschen, Stefan; Schulz-Schaeffer, Ingo (Hrsg.) (2003): Wissenschaft in der Wissensgesellschaft. Wiesbaden.

Böschen, Stefan; Wehling, Peter (Hrsg.) (2004): Wissenschaft zwischen Folgenverantwortung und Nichtwissen. Aktuelle Perspektiven der Wissenschaftsforschung. Wiesbaden.

Bott, Elizabeth (1968): Psychoanalysis and Ceremony. In: La Fontaine, J. S. (Hrsg.): The Interpretation of Ritual. Essays in Honour of A. I. Richards. London, 205-237.

Brinker, Klaus; Antos, Gerd; Heinemann, Wolfgang; Sager, Sven F. (Hrsg.): Text- und Gesprächslinguistik. Handbücher zur Sprach- und Kommunikationswissenschaft 16.2. Berlin; New York.

Bromme, Rainer (2000): Beyond one's own perspective: The psychology of cognitive interdisciplinarity. In: Weingart, Peter; Stehr, Nico (Hrsg.): Practising interdisciplinarity. Toronto, 114-133.

Bromme, Rainer (2014): Der Lehrer als Experte. Zur Psychologie des professionellen Wissens. Münster u. a. (= Standardwerke aus Psychologie und Pädagogik, Reprints, 7).

Brown, Penelope; Levinson, Stephen C. (2011): Politeness. Some universals in language usage. 20. Aufl. Cambridge.

Brünner, Gisela; Kindt, Walther (Hrsg.) (2002): Angewandte Diskursforschung. Bd. 1: Grundlagen und Beispielanalysen. Radolfzell.

Bungarten, Theo (1981a): Wissenschaft, Sprache und Gesellschaft. In: Bungarten, Theo (Hrsg.): Wissenschaftssprache. Beiträge zur Methodologie, theoretischen Fundierung und Deskription. München, 14-53.

Bungarten, Theo (Hrsg.) (1981b): Wissenschaftssprache. Beiträge zur Methodologie, theoretischen Fundierung und Deskription. München.

Burgoon, Judee K.; Humpherys, Sean; Moffitt, Kevin (2008): Nonverbal communication: Research areas and approaches. In: Fix, Ulla; Gardt, Andreas; Knape, Joachim (Hrsg.): Rhetorik und Stilistik. Ein internationales Handbuch historischer und systematischer Forschung. Handbücher zur Sprach- und Kommunikationswissenschaft 31.1. Berlin; New York, 787-812.

Burroughs, Jeffrey W.; Drews, David R.; Hallman, William K. (1991): Predicting Personality from Personal Posessions: A Self-Presentational Analysis. In: Journal of Social Behavior and Personality 6 (6), 147-163.

Bußmann, Hadumod (2008): Lexikon der Sprachwissenschaft. 4., durchges. und erg. Aufl. Stuttgart.

Byrnes, Heidi (1986): Interactional style in German and American conversations. In: Text – Interdisciplinary Journal for the Study of Discourse 6 (2), 189-206.

Campbell, Brian L. (1985): Uncertainty as Symbolic Action in Disputes Among Experts. In: Social Studies of Science 15 (3), 429-453.

Cartwright, Dorwin (Hrsg.) (1959): Studies in social power. Ann Arbor.

Cialdini, Robert B.; Borden, Richard J.; Thorne, Avril; Walker, Marcus Randall; Freeman, Stephen; Sloan, Lloyd Reynolds (1976): Basking in reflected glory: Three (football) Field Studies. In: Journal of Personality and Social Psychology 34 (3), 366-375.

Cialdini, Robert B.; Richardson, Kenneth D. (1980): Two indirect tactics of image management: Basking and blasting. In: Journal of Personality and Social Psychology 39 (3), 406-415.

Clair, Robert N. St.; Giles, Howard (Hrsg.) (1980): The social and psychological contexts of language. Hillsdale, NJ.

Clark, Herbert H. (1996): Using language. Cambridge.

Cole, Peter; Morgan, Jerry L. (Hrsg.) (1975): Syntax and Semantics. Vol. 3, Speech Acts. New York.

Collins, Harry M.; Evans, Robert (2007): Rethinking expertise. Chicago u. a.

Cooley, Charles Horton (1902): Human Nature and the Social Order. New York.

Corum, Claudia; Smith-Stark, T. Cedric; Weiser, Ann (Hrsg.) (1973): Papers from the Ninth Regional Meeting of the Chicago Linguistics Society. Chicago.

Coulmas, Florian (1981): Routine im Gespräch. Zur Pragmatischen Fundierung der Idiomatik. Wiesbaden (= Linguistische Forschungen 29).

Cui, Peiling (2014): Deutscher und chinesischer Humor. Eine kontrastive Studie. Frankfurt am Main.

Cunningham, Carolyn (2013): Social networking and impression management. Self-presentation in the digital age. Lanham.

Dahrendorf, Ralf (2011): Vorwort. In: Goffman, Erving: Wir alle spielen Theater. Die Selbstdarstellung im Alltag. 9. Aufl. München; Zürich [Orig.: The Presentation of Self in Everyday Life. New York, 1959].

Darby, Bruce W.; Schlenker, Barry M. (1982): Children's reactions to apologies. In: Journal of Personality and Social Psychology 34 (4), 742-753.

Dascal, Marcelo (2006): Die Dialektik in der kollektiven Konstruktion wissenschaftlichen Wissens. In: Liebert, Wolf-Andreas; Weitze, Marc-Denis (Hrsg.): Kontroversen als Schlüssel zur Wissenschaft? Wissenskulturen in sprachlicher Interaktion. Bielefeld, 19-38.

Davis, Jessica Milner (Hrsg.) (2006): Understanding humor in Japan. Detroit.

Defila, Rico; Di Giulio, Antoinetta (1996): Interdisziplinäre Forschungsprozesse: Erwartungen und Realisierungsmöglichkeiten in einem Forschungsprogramm – das Schwerpunktzentrum „Umweltverantwortliches Handeln" in seinem Umfeld. In: Kaufmann-Hayoz, Ruth; Di Giulio, Antoinetta (Hrsg.): Umweltproblem Mensch. Humanwissenschaftliche Zugänge zu umweltverantwortlichem Handeln. Bern u. a., 79-127.

Defila, Rico; Di Giulio, Antoinetta (1998): Interdisziplinarität und Disziplinarität. In: Olbertz, Jan-Hendrik (Hrsg.): Zwischen den Fächern – über den Dingen? Universalisierung versus Spezialisierung akademischer Bildung. Opladen, 111-137.

Demand, Christian (2012): Macht und Ohnmacht der Experten. Stuttgart (= Merkur 66, H. 9/10).

Deppermann, Arnulf; Hartung, Martin (Hrsg.) (2006): Argumentieren in Gesprächen. Gesprächsanalytische Studien. 2. unveränd. Aufl. Tübingen.

Ditz, Katharina (2003): Mein persönlicher Auftritt – die Kunst der Selbstdarstellung. Graz.

Dornseiff, Franz (2004): Der deutsche Wortschatz nach Sachgruppen. 1933-1940. 8. Aufl., Berlin; New York.

Dressler, Wolfgang U.; Wodak, Ruth (1989): Fachsprache und Kommunikation. Experten im sprachlichen Umgang mit Laien. Wien.

DuBrin, Andrew J. (2011): Impression management in the workplace. Research, theory, and practice. Ney York u. a.

Dürscheid, Christa (2003): Medienkommunikation im Kontinuum von Mündlichkeit und Schriftlichkeit. Theoretische und empirische Probleme. In: Zeitschrift für Angewandte Linguistik 38, 37-56.

Dynel, Marta (Hrsg.) (2013): Developments in linguistic humour theory. Amsterdam u. a.

Ehlich, Konrad (1993): Deutsch als fremde Wissenschaftssprache. In: Jahrbuch Deutsch als Fremdsprache 19, 13-42.

Ehlich, Konrad; Rehbein, Jochen (1979): Erweiterte halbinterpretative Arbeitstranskriptionen (HIAT2); Intonation. In: Linguistische Berichte 59, 51-75.

Ehrhardt, Claus (2013): Der Witz als Textsorte und Handlungskonstellation. In: Der Deutschunterricht 64 (4), 8-17.

Erickson, Bonnie; Lind, E. Allan; Johnson, Bruce C.; O'Barr, William M. (1978): Speech style and impression formation in a court setting: The effects of "Powerful" and "Powerless" speech. In: Journal of Experimental Social Psychology 14 (3), 266-279.

Faber, Malte; Proops, John L. R. (1993): Evolution, Time, Production and the Environment. 2. überarb. und erg. Aufl. Berlin u. a.

Feith, Alexandra (2013): Zur Fachkommunikation interdisziplinärer Teams in der Produktentwicklung. Darmstadt.

Felder, Ekkehard; Gardt, Andreas (Hrsg.) (2015): Handbuch Sprache und Wissen. Berlin; Boston.

Feldman, Robert St.; Rimé, Bernard (Hrsg.) (1991): Fundamentals of nonverbal behavior. Cambridge.

Fengler, Jörg (2009): Feedback geben. Strategien und Übungen. 4. überarb. u. erw. Aufl. Weinheim u. a.

Fiehler, Reinhard (2001): Emotionalität im Gespräch. In: Brinker, Klaus; Antos, Gerd; Heinemann, Wolfgang; Sager, Sven F. (Hrsg.): Text- und Gesprächslinguistik. Handbücher zur Sprach- und Kommunikationswissenschaft 16.2. Berlin; New York, 1425-1438.

Finch, John F.; Cialdini, Robert B. (1989): Another indirect tactic of (self-)image management: Boosting. In: Personality and Social Psychology Bulletin 15 (2), 222-232.

Fischer, Klaus; Laitko, Hubert; Parthey, Heinrich (Hrsg.) (2011): Interdisziplinarität und Institutionalisierung der Wissenschaft. Wissenschaftsforschung Jahrbuch 2010. Berlin.

Fix, Ulla (2015): Die EIN-Text-Diskursanalyse. Unter welchen Umständen kann ein einzelner Text Gegenstand einer diskurslinguistischen Untersuchung sein? In: Kämper, Heidrun; Warnke, Ingo H. (Hrsg.): Diskurs – interdisziplinär. Zugänge, Gegenstände, Perspektiven. Berlin (=Diskursmuster – Discourse Patterns 6), 317-334.

Fix, Ulla; Gardt, Andreas; Knape, Joachim (Hrsg.) (2008): Rhetorik und Stilistik. Ein internationales Handbuch historischer und systematischer Forschung. Handbücher zur Sprach- und Kommunikationswissenschaft 31.1. Berlin; New York.

French, John R. P.; Raven, Bertram (1959): The bases of social power. In: Cartwright, Dorwin (Hrsg.): Studies in social power. Ann Arbor, 111-149.

Freud, Sigmund (ca. 1925): Selbstdarstellung. Sonderdruck. Leipzig.

Fricke, Harald (1977): Die Sprache der Literaturwissenschaft. Textanalytische und philosophische Untersuchungen. München.

Fritz, Gerd; Hundsnurscher, Franz (Hrsg.) (1994): Handbuch der Dialoganalyse. Tübingen.

Frobert-Adamo, Monique (2002): Humour in oral presentations: what's the joke? In: Ventola, Eija; Shalom, Celia; Thompson, Susan (Hrsg.): The Language of Conferencing. Frankfurt am Main, 211-225.

Gardner, William L.; Martinko, Mark J. (1988): Impression Management: An Observational Study Linking Audience Chractristics with Verbal Self-Presentations. In: Academy of Management Journal 31 (1), 42-65.

Giacalone, Robert A.; Rosenfeld, Paul (Hrsg.) (1989): Impression management in the organization. Hillsdale, NJ.

Gibbons, Michael; Limoges, Camille; Nowotny, Helga; Schwartzman, Simon; Scott, Peter; Trow, Martin (1994): The New Production of Knowledge. The Dynamics of Science and Research in Contemporary Societies. Thousand Oaks u. a.

Gilbert, Nigel G.; Mulkay, Michael (1984): Opening Pandora's Box. A sociological analysis of scientists' discourse. Cambridge.

Goatly, Andrew (2012): Meaning and humour. Cambridge u. a.

Goffman, Erving (1971): Interaktionsrituale. Über Verhalten in direkter Kommunikation. Frankfurt am Main [Orig.: Interaction Ritual: Essays on Face-to-Face Behavior. New York, 1967].

Goffman, Erving (1981a): Strategische Interaktion. München; Wien (= Hanser Anthropologie, hrsg. von Wolf Lepenies) [Orig.: Strategic Interaction. Philadelphia, 1969].

Goffman, Erving (1981b): The Lecture. In: Goffman, Erving: Forms of Talk. Oxford, 160-195.

Goffman, Erving (1989): Rahmen-Analyse. Ein Versuch über die Organisation von Alltagserfahrungen. Frankfurt am Main (= Suhrkamp-Taschenbuch Wissenschaft 329). 2. Aufl. [Orig.: Frame-Analysis. An Essay on the Organization of Experience. New York u. a., 1974].

Goffman, Erving (2005): Rede-Weisen. Formen der Kommunikation in sozialen Institutionen. Hrsg. von Hubert Knoblauch, Christine Leuenberger, Bernt Schnettler. Konstanz (= Erfahrung – Wissen – Imagination. Schriften zur Wissenssoziologie Bd. 11).

Goffman, Erving (2011): Wir alle spielen Theater. Die Selbstdarstellung im Alltag. 9. Aufl. München; Zürich [Orig.: The Presentation of Self in Everyday Life. New York, 1959].

Gotti, Maurizio (Hrsg.) (2012): Academic Identity Traits. A Corpus-Based Investigation. Bern.

Gottschalch, Wilfried (1991): Soziologie des Selbst. Einführung in die Sozialisationsforschung. Heidelberg.

Gove, Walter R.; Hughes, Michael; Geerken, Michael R. (1980): Playing dumb: A form of impression management with undesirable side effects. In: Social Psychology Quarterly 43 (1), 89-102.

Grabowski, Joachim (2003): Kongressvorträge und Medieneinsatz: ein Plädoyer für Professionalität. In: Zeitschrift für Angewandte Linguistik 39, 53-73.

Greve, Werner (Hrsg.) (2000): Psychologie des Selbst. Weinheim.

Grice, Herbert Paul (1975): Logic and Conversation. In: Cole, Peter; Morgan, Jerry L. (Hrsg.): Syntax and Semantics. Vol. 3, Speech Acts. New York, 41-58.

Grice, Herbert Paul (1979): Logik und Konversation. In: Meggle, Georg (Hrsg.): Handlung, Kommunikation, Bedeutung. Frankfurt am Main, 243-265 [Orig.: Logic and Conversation. In: Cole, Peter; Morgan, Jerry L. (Hrsg.) (1975): Syntax and Semantics, Vol. 3. New York, 41-58].

Groß, Matthias (2007): The Unknown in Process. Dynamic Connections of Ignorance, Non-Knowledge and Related Concepts. In: Current Sociology 55 (5), 742-759.

Grotjahn, Martin (1974): Vom Sinn des Lachens. Psychoanalytische Betrachtungen über den Witz, das Komische und den Humor. München.

Gruber, Hans; Ziegler, Albert (Hrsg.) (1996): Expertiseforschung. Theoretische und methodische Grundlagen. Opladen.

Gruber, Helmut (1996): Streitgespräche. Zur Pragmatik einer Diskussionsform. Opladen.

Gülich, Elisabeth; Kotschi, Thomas (1978): Reformulierungshandeln als Mittel der Textkonstitution. Untersuchungen zu französischen Texten aus mündlicher Kommunikation. In: Motsch, Wolfgang (Hrsg.): Satz, Text, sprachliche Handlung. Berlin (= studia grammatica XXV), 199-261.

Gumperz, John J (1982): Discourse Strategies. Cambridge.

Gumperz, John J.; Hymes, Dell H. (Hrsg.) (1972): Directions in Sociolinguistics. New York.

Haferkamp, Nina (2010): Sozialpsychologische Aspekte im Web 2.0. Impression Management und sozialer Vergleich. Stuttgart.

Hahn, Walther v. (1980): Fachsprachen. In: Althaus, Peter; Henne, Helmut; Wiegand, Herbert Ernst (Hrsg.): Lexikon der germanistischen Linguistik. 2. vollst. neu bearb. u. erw. Aufl. Tübingen, 390-395.

Harras, Gisela (2004): Handlungssprache und Sprechhandlung. Eine Einführung in die theoretischen Grundlagen. 2. durchges. und erw. Aufl. Berlin; New York.

Harras, Gisela (2006): Lexikalisierung von Bewertungen durch Sprechaktverben – Suppositionen, Präsuppositionen oder generalisierte Implikaturen? In: Proost, Kristel; Harras, Gisela; Glatz, Daniel (Hrsg.): Domänen der Lexikalisierung kommunikativer Konzepte. Tübingen, 95-128.

Hartung, Dirk (2003): Ökonomisierung der Wissenschaft? Das Beispiel der Grundlagenforschung. In: Hoffmann, Dietrich; Neumann, Karl (Hrsg.): Ökonomisierung der Wissenschaft. Forschen, Lehren und Lernen nach den Regeln des „Marktes". Weinheim u. a., 73-84.

Haßlauer, Steffen (2010): Polemik und Argumentation in der Wissenschaft des 19. Jahrhunderts. Eine pragmalinguistische Untersuchung der Auseinandersetzung zwischen Carl Vogt und Rudolph Wagner um die ‚Seele'. Berlin; New York.

Heine, Roland (1990): ‚rechtfertigen'. Zum Aushandlungs- und Rekonstruktionscharakter einer Sprechhandlung. Frankfurt am Main u. a.

Heino, Anni; Tervonen, Eija; Tommola, Jorma (2002): Metadiscourse in Academic Conference Presentation. In: Ventola, Eija; Shalom, Celia; Thompson, Susan (Hrsg.): The Language of Conferencing. Frankfurt am Main, 127-146.

Hempfer, Klaus W. (1981): Präsuppositionen, Implikaturen und die Struktur wissenschaftlicher Argumentation. In: Bungarten, Theo (Hrsg.): Wissenschaftssprache. Beiträge zur Methodologie, theoretischen Fundierung und Deskription. München, 309-342.

Hettlage, Robert (2002): Erving Goffman (1922-1982). In: Kaesler, Dirk (Hrsg.): Klassiker der Soziologie. Band II: Von Talcott Parsons bis Pierre Bourdieu. 3. Aufl. München, 188-205.

Hilpelä, Jyrki (2001): Die neoliberalistische Invasion Finnlands – am Beispiel der Bildungspolitik. In: Hoffmann, Dietrich; Maack-Rheinländer, Kathrin (Hrsg.) Ökonomisierung der Bildung. Die Pädagogik unter den Zwängen des ‚Marktes'. Weinheim u. a., 185-197.

Hinnenkamp, Volker; Selting, Margret (Hrsg.) (1989): Stil und Stilisierung. Arbeiten zur interpretativen Soziolinguistik. Tübingen.

Hirsch, Galia (2011): Between irony and humor. A pragmatic model. In: Pragmatics & cognition 19 (3), 530-561.

Hitzler, Ronald; Honer, Anne; Maeder, Christoph (Hrsg.) (1994): Expertenwissen. Die institutionalisierte Kompetenz zur Konstruktion von Wirklichkeit. Opladen.

Hoffmann, Dietrich (2003): Zur Kritik einer ‚neuen Hochschulpolitik': Läßt sich wissenschaftlicher Erfolg institutionell organisieren? In: Hoffmann, Dietrich; Neumann, Karl (Hrsg.): Ökonomisierung der Wissenschaft. Forschen, Lehren und Lernen nach den Regeln des „Marktes". Weinheim u. a., 15-41.

Hoffmann, Dietrich; Neumann, Karl (Hrsg.) (2003): Ökonomisierung der Wissenschaft. Forschen, Lehren und Lernen nach den Regeln des „Marktes". Weinheim u. a.

Hoffmann, Lothar (1988): Vom Fachwort zum Fachtext. Beiträge zur Angewandten Linguistik. Tübingen (= Forum für Fachsprachen Forschung 5).

Hoffmann, Lothar; Kalverkämper, Hartwig; Wiegand, Herbert Ernst (Hrsg.) (1998): Fachsprachen. Ein internationales Handbuch zur Fachsprachenforschung und Terminologicwissenschaft. Handbücher zur Sprach- und Kommunikationswissenschaft 14.1. Berlin; New York.

Hoffmann, Ludger (Hrsg.) (2010): Sprachwissenschaft. Ein Reader. 3., akt. und erw. Aufl. Berlin; New York.

Holly, Werner (1979): Imagearbeit in Gesprächen. Zur linguistischen Beschreibung des Beziehungsaspekts. Tübingen (= Reihe Germanistische Linguistik 18).

Holly, Werner (1987): Sprachhandeln ohne Kooperation? In: Liedke, Frank; Keller, Rudi (Hrsg.): Kommunikation und Kooperation. Tübingen (= Linguistische Arbeiten 189), 139-157.

Holly, Werner (2001): Beziehungsmanagement und Imagearbeit. In: Brinker, Klaus; Antos, Gerd; Heinemann, Wolfgang; Sager, Sven F. (Hrsg.): Text- und Gesprächslinguistik. Handbücher zur Sprach- und Kommunikationswissenschaft 16.2. Berlin; New York, 1382-1393.

Holly, Werner (2012): Interaktionsrituale mit der Öffentlichkeit? Goffman, Guttenberg und die sprachliche Kunst der Öffnung. In: Ayaß, Ruth; Meyer, Christian (Hrsg.): Sozialität in Slow Motion: Theoretische und empirische Perspektiven. Festschrift für Jörg Bergmann. Wiesbaden, 525-542.

Holmes, Janet (2000): Politeness, Power and Provocation: How Humour Functions in the Workplace. In: Discourse Studies 2000 (2), 159-185.

Hoppmann, Michael (2008): Pragmatische Aspekte der Kommunikation: Höflichkeit und Ritualisierung. In: Fix, Ulla; Gardt, Andreas; Knape, Joachim (Hrsg.): Rhetorik und Stilistik. Ein internationales Handbuch historischer und systematischer Forschung. Handbücher zur Sprach- und Kommunikationswissenschaft 31.1. Berlin; New York, 826-836.

Hovland, Carl I.; Janis, Irving L.; Kelley, Harold H. (1953): Communication and persuasion. Psychological studies of opinion change. New Haven.

Huber, Brigitte (2014): Öffentliche Experten. Über die Medienpräsenz von Fachleuten. Wiesbaden.

Hundsnurscher, Franz; Weigand, Edda (Hrsg.) (1986): Dialoganalyse. Referate der 1. Arbeitstagung Münster 1986. Tübingen (= Linguistische Arbeiten 176).

Hyland, Ken (2002): Options of identity in academic writing. In: ELT Journal 56 (4), 351-358.

Hyland, Ken (2012): Disciplinary identities. Individuality and community in academic discourse. Cambridge u. a.

Ingold, Selina (2013): Showbühne der Selbstdarstellung. Social-Web-Nutzung von Musikschaffenden am Beispiel MySpace. Berlin.

Jahn, Thomas (2008): Transdisziplinarität in der Forschungspraxis. In: Bergmann, Matthias; Schramm, Engelbert (Hrsg.): Transdisziplinäre Forschung. Integrative Forschungsprozesse verstehen und bewerten. Frankfurt am Main; New York, 21-37.

Jahr, Silke (2009): Strukturelle Unterschiede des Wissens zwischen Naturwissenschaften und Geisteswissenschaften und deren Konsequenzen für den Wissenstransfer. In: Weber, Tilo; Antos, Gerd (Hrsg.): Typen von Wissen. Begriffliche Unterscheidungen und Ausprägungen in der Praxis des Wissenstransfers. Frankfurt am Main u. a. (= Transferwissenschaften 7), 76-98.

Jakobs, Eva-Maria; Knorr, Dagmar; Molitor-Lübbert, Sylvie (Hrsg.) (1995): Wissenschaftliche Textproduktion. Mit und ohne Computer. Frankfurt am Main.

Jakobs, Eva-Maria; Rothkegel, Annely (Hrsg.) (2001): Perspektiven auf Stil. Tübingen.

Janich, Nina (2012a): Fachsprache, Fachidentität und Verständigungskompetenz – zu einem spannungsreichen Verhältnis. In: Bundesinstitut für Berufsbildung (Hrsg.): Berufsbildung in Wissenschaft und Praxis 2 (12), 10-13.

Janich, Nina (2012b): „Ich als Physiker". Zum Zusammenhang von Fachsprachen und Fachidentität. In: Voss, Julia; Stolleis, Michael (Hrsg.): Fachsprachen und Normalsprache. Göttingen (= Valerio 14), 93-104.

Janich, Nina; Birkner, Karin (2015): Text und Gespräch. In: Felder, Ekkehard; Gardt, Andreas (Hrsg.): Handbuch Sprache und Wissen. Berlin; Boston, 195-220.

Janich, Nina; Nordmann, Alfred; Schebek, Liselotte (2012a): Einleitung: Warum Nichtwissenskommunikation? In: Janich, Nina; Nordmann, Alfred; Schebek, Liselotte (Hrsg.): Nichtwissenskommunikation in den Wissenschaften. Frankfurt am Main (= Wissen – Kompetenz – Text 1), 7-20.

Janich, Nina; Nordmann, Alfred; Schebek, Liselotte (Hrsg.) (2012b): Nichtwissenskommunikation in den Wissenschaften. Frankfurt am Main (= Wissen – Kompetenz – Text 1).

Janich, Nina; Rhein, Lisa; Simmerling, Anne (2010): "Do I know what I don't know?" The Communication of Non-Knowledge and Uncertain Knowledge in Science. In: Fachsprache. International Journal of Specialized Communication 3-4, 86-99.

Janich, Nina; Simmerling, Anne (2013): „Nüchterne Forscher träumen... " – Nichtwissen im Klimadiskurs unter deskriptiver und kritischer diskursanalytischer Betrachtung. In: Meinhof, Ulrike; Reisigl, Martin; Warnke, Ingo H. (Hrsg.): Diskurslinguistik im Spannungsfeld von Deskription und Kritik. Berlin (= Diskursmuster – Discourse Patterns 1), 65-99.

Janich, Nina; Zakharova, Ekaterina (2011): Wissensasymmetrien, Interaktionsrollen und die Frage der „gemeinsamen" Sprache in der interdisziplinären Projektkommunikation. In: Fachsprache. International Journal of Specialized Communication 3-4, 187-203.

Janich, Nina; Zakharova, Ekaterina (2014): Fiktion „gemeinsame Sprache"? Interdisziplinäre Aushandlungsprozesse auf der Inhalts-, der Verfahrens- und der Beziehungsebene. In: Zeitschrift für Angewandte Linguistik 61 (1), 3-25.

Janich, Peter (2012): Vom Nichtwissen über Wissen zum Wissen über Nichtwissen. In: Janich, Nina; Nordmann, Alfred; Schebek, Liselotte (Hrsg.): Nichtwissenskommunikation in den Wissenschaften. Frankfurt am Main (= Wissen – Kompetenz – Text 1), 23-49.

Jendrosch, Thomas (2010): Impression Management. Professionelles Marketing in eigener Sache. Wiesbaden (Online-Ausg.).

Jones, Edward E.; Pittman, Thane S. (1982): Towards a General Theory of Strategic Self-Presentation. In: Suls, Jerry (Hrsg.): Psychological Perspectives on the Self 1. Hillsdale, NJ, 231-262.

Jones, Edward E.; Wortman, C. (1973): Ingratiation: An attributional approach. Morristown, NJ.

Jungert, Michael; Romfeld, Elsa; Sukopp, Thomas; Voigt, Uwe (Hrsg.) (2010): Interdiszi-plinarität. Theorie, Praxis, Probleme. Darmstadt.

Kaesler, Dirk (Hrsg.) (2002): Klassiker der Soziologie. Band II: Von Talcott Parsons bis Pierre Bourdieu. 3. Aufl. München.

Kallmeyer, Werner (Hrsg.) (1996): Gesprächsrhetorik. Tübingen.

Kallmeyer, Werner; Schmitt, Reinhold (1996): Forcieren oder: Die verschärfte Gangart: Zur Analyse von Kooperationsformen im Gespräch. In: Kallmeyer, Werner (Hrsg.): Gesprächsrhetorik. Tübingen, 19-118.

Kantorovich, Ahron (1993): Scientific discovery: logic and tinkering. Albany, NY.

Kaufmann-Hayoz, Ruth; Di Giulio, Antoinetta (Hrsg.) (1996): Umweltproblem Mensch. Humanwissenschaftliche Zugänge zu umweltverantwortlichem Handeln. Bern u. a.

Kerwin, Ann (1993): None Too Solid. Medical Ignorance. In: Science Communication 15 (2), 166-185.

Klein, Julie T. (1990): Interdisciplinarity: History, theory and practice. Detroit.

Kleinke, C. L. (1975): First impressions: The psychology of encountering others. Englewood Cliffs, N. J.

Knight, Naomi K. (2013): Evaluating experience in funny ways: how friends bond through conversational humor. In: Text & talk, Bd. 33 (4-5), 553-574.

Knoblauch, Hubert; Leuenberger, Christine; Schnettler, Bernt (2005): Erving Goffmans *Rede-Weisen*. In: Goffman, Erving: Rede-Weisen. Formen der Kommunikation in sozialen Institutionen. Konstanz (= Erfahrung – Wissen – Imagination. Schriften zur Wissenssoziologie 11), 9-28.

Knorr-Cetina, Karin (2002): Wissenskulturen. Frankfurt am Main.

Koch, Peter; Oesterreicher, Wulf (1985): Sprache der Nähe – Sprache der Distanz. Mündlichkeit und Schriftlichkeit im Spannungsfeld von Sprachtheorie und Sprachgeschichte. In: Romanistisches Jahrbuch 36, 15-43.

Konzett, Carmen (2012): Any Questions? Identity Construction in Academic Conference Discussions. Boston; Berlin.

Korte, Hermann; Schäfers, Bernhard (Hrsg.) (2002): Einführung in Hauptbegriffe der Soziologie. 6., erw. und akt. Aufl. Opladen.

Kotthoff, Helga (1989): Stilunterschiede in argumentativen Gesprächen oder zum Geselligkeitswert von Dissens. In: Hinnenkamp, Volker; Selting, Margret (Hrsg.): Stil und Stilisierung. Arbeiten zur interpretativen Soziolinguistik. Tübingen, 187-202.

Kotthoff, Helga (1998): Spaß verstehen: zur Pragmatik von konversationellem Humor. Tübingen.

Kotthoff, Helga (2001): Vortragsstile im Kulturvergleich: Zu einigen deutschrussischen Unterschieden. In: Jakobs, Eva-Maria; Rothkegel, Annely (Hrsg.): Perspektiven auf Stil. Tübingen, 324-350.

Kotthoff, Helga (Hrsg.) (1996a): Das Gelächter der Geschlechter. Humor und Macht in Gesprächen von Frauen und Männern. 2., überarb. u. erw. Aufl. Konstanz.

Kotthoff, Helga (Hrsg.) (1996b): Scherzkommunikation. Beiträge aus der empirischen Gesprächsforschung. Opladen.

Krebs, Christina (2007): Die Kanzlerduelle im Fokus der Linguistik. Selbstdarstellung und Beziehungsgestaltung in medialen Streitgesprächen. Saarbrücken.

Kreitz, Robert (2000): Vom biographischen Sinn des Studierens. Die Herausbildung fachlicher Identität im Studium der Biologie. Opladen.

Kresic, Marijana (2006): Sprache, Sprechen und Identität. Studien zur sprachlich-medialen Konstruktion des Selbst. München.

Krohn, Wolfgang (2003): Das Risiko des (Nicht-)Wissens – Zum Funktionswandel der Wissenschaft in der Wissensgesellschaft. In: Böschen, Stefan; Schulz-Schaeffer, Ingo (Hrsg.): Wissenschaft in der Wissensgesellschaft. Wiesbaden, 97-118.

La Fontaine, J. S. (Hrsg.) (1968): The Interpretation of Ritual. Essays in Honour of A. I. Richards. London.

Lachenmann, Gudrun (1994): Systeme des Nichtwissens. Alltagsverstand und Expertenbewusstsein im Kulturvergleich. In: Hitzler, Ronald; Honer, Anne; Maeder, Christoph (Hrsg.): Expertenwissen. Die institutionalisierte Kompetenz zur Rekonstruktion von Wirklichkeit. Opladen, 285-305.

Lakoff, Robin T. (1973): The Logic of Politeness: Or, minding Your P's and Q's. In: Corum, Claudia; Smith-Stark, T. Cedric; Weiser, Ann (Hrsg.): Papers from the Ninth Regional Meeting of the Chicago Linguistics Society. Chicago, 292-305.

Laudel, Grit (1999): Interdisziplinäre Forschungskooperation: Erfolgsbedingungen der Institution ‚Sonderforschungsbereich'. Berlin.

Laudel, Grit; Gläser, Jochen (1999): Konzepte und empirische Befunde zur Interdisziplinarität: Über einige Möglichkeiten für die Wissenschaftssoziologie, an Arbeiten von Heinrich Parthey anzuschließen. In: Umstätter, Walther; Wessel, Karl-Friedrich (Hrsg.): Interdisziplinarität – Herausforderung an die Wissenschaftlerinnen und Wissenschaftler. Festschrift zum 60. Geburtstag von Heinrich Parthey. Bielefeld (= Berliner Studien zur Wissenschaftsphilosophie & Humanogenetik 15), 19-36.

Laux, Lothar; Schütz, Astrid (1996): „Wir, die wir gut sind". Die Selbstdarstellung von Politikern zwischen Glorifizierung und Glaubwürdigkeit. München.

Leary, Mark R. (1996): Self-presentation: Impression Management and Interpersonal Behavior. Boulder, Colorado (= Social Psychology Series).

Leary, Mark R; Tangney, June Price (Hrsg.) (2003): Handbook of Self and Identity. New York.

Leech, Geoffrey N. (1983): Principles of Pragmatics. New York.

Liebert, Wolf-Andreas; Weitze, Marc-Denis (Hrsg.) (2006): Kontroversen als Schlüssel zur Wissenschaft? Wissenskulturen in sprachlicher Interaktion. Bielefeld.

Liebsch, Katharina (2002): Identität und Habitus. In: Korte, Hermann; Schäfers, Bernhard (Hrsg.): Einführung in Hauptbegriffe der Soziologie. 6., erw. und akt. Aufl. Opladen, 67-84.

Liedke, Frank; Keller, Rudi (Hrsg.) (1987): Kommunikation und Kooperation. Tübingen (= Linguistische Arbeiten 189).

Lobin, Henning (2009): Inszeniertes Reden auf der Medienbühne. Zur Linguistik und Rhetorik der wissenschaftlichen Präsentation (= Interaktiva 8). Frankfurt; New York.

Lobin, Henning (2013): Visualität und Multimodalität in wissenschaftlichen Präsentationen. In: Zeitschrift für germanistische Linguistik 41 (1), 65-80.

Lösch, Andreas (2012): Risiko als Medium der Kommunikation von Nichtwissen. Eine soziologische Fallstudie zur Selbstregulierung der Nanotechnologie. In: Janich, Nina; Nordmann, Alfred; Schebek, Liselotte (Hrsg.): Nichtwissenskommunikation in den Wissenschaften. Frankfurt am Main (= Wissen – Kompetenz – Text 1), 171-207.

Mead, George H. (1934 [1973]): Mind, Self and Society. From the standpoint of a social behaviorist. Chicago [Geist, Identität und Gesellschaft aus der Sicht des Sozialbehaviorismus. Frankfurt am Main].

Meinhof, Ulrike; Reisigl, Martin; Warnke, Ingo H. (Hrsg.) (2013): Diskurslinguistik im Spannungsfeld von Deskription und Kritik. Berlin (= Diskursmuster – Discourse Patterns 1).

Merton, Robert K. (1973): The Sociology of Science: Theoretical and Empirical Investigations. Chicago.

Messmer, Willy (1970): Französischer Sprachhumor. Ein heiterer Spaziergang durch den Wortschatz und die Phraseologie der französischen Sprache. Bonn u. a. (= Dümmlerbuch 4710).

Misoch, Sabina (2004): Identitäten im Internet. Selbstdarstellungen auf privaten Homepages. zugl.: Karlsruhe, Univ., Diss., 2003; Konstanz.

Mittelstraß, Jürgen (1989): Wohin geht die Wissenschaft? Über Disziplinarität, Transdisziplinarität und das Wissen in einer Leibniz-Welt. In: Mittelstraß, Jürgen: Der Flug der Eule. Von der Vernunft der Wissenschaft und der Aufgabe der Philosophie. Frankfurt am Main.

Motsch, Wolfgang (Hrsg.) (1978): Satz, Text, sprachliche Handlung. Berlin (= studia grammatica XXV).

Mummendey, Hans Dieter (1989): Die Selbstdarstellung des Sportlers. Schorndorf.

Mummendey, Hans Dieter (1993): Adressatenspezifische Selbstdarstellung: anonym, öffentlich, in der Gruppe. Bielefeld.

Mummendey, Hans Dieter (1994): Ein Fragebogen zur Erfassung „positiver" Selbstdarstellung (Impression Management-Skala). Bielefeld.

Mummendey, Hans Dieter (1995): Psychologie der Selbstdarstellung. 2., überarb. und erw. Aufl. Göttingen u. a.

Mummendey, Hans Dieter (2006): Psychologie des ‚Selbst'. Theorien, Methoden und Ergebnisse der Selbstkonzeptforschung. Göttingen u. a.

Murphy, Nora A. (2007): Appearing Smart: The Impression Management of Intelligence, Person Perception Accuracy, and Behavior in Social Interaction. In: Personality and Social Psychology Bulletin 33 (3), 325-339.

Neumeier, Reinhard (2008): Interdisziplinäres Forschen. Synthetisierende, theoretische und empirische Sichten auf Basis von Weltbild, Formalismen und sozialpsychologischen Ansätzen. Frankfurt am Main u. a. (= Beiträge zur Sozialpsychologie 9).

Niehüser, Wolfgang (1986): Vermeidung kommunikativer Risiken. In: Hundsnurscher, Franz; Weigand, Edda (Hrsg.): Dialoganalyse. Referate der 1. Arbeitstagung Münster 1986. Tübingen (= Linguistische Arbeiten 176), 213-224.

Nölleke, Daniel (2013): Experten im Journalismus. Systemtheoretischer Entwurf und empirische Bestandsaufnahme. Baden-Baden.

Norrick, Neal R.; Spitz, Alice (2008): Humor as a resource for mitigating conflict in interaction. In: Journal of Pragmatics 40 (10), 1661-1686.

Nückles, Matthias (2001): Perspektivenübernahme von Experten in der Kommunikation mit Laien. Eine Experimentalserie im Internet. Münster u. a. (= Internationale Hochschulschriften 368).

Nuissl, Ekkehard (Hrsg.) (2013): Kompetenzen. Bielefeld (= Report 36, 1).

Olbertz, Jan-Hendrik (Hrsg.) (1998): Zwischen den Fächern – über den Dingen? Universalisierung versus Spezialisierung akademischer Bildung. Opladen.

Ornstein, Suzyn (1989): Impression management through office design. In: Giacalone, Robert A.; Rosenfeld, Paul (Hrsg.): Impression management in the organization. Hillsdale, NJ, 411-426.

Panther, Klaus-Uwe (1981): Einige typische indirekte sprachliche Handlungen im wissenschaftlichen Diskurs. In: Bungarten, Theo (Hrsg.): Wissenschaftssprache. Beiträge zur Methodologie, theoretischen Fundierung und Deskription. München, 231-260.

Parthey, Heinrich (2011): Institutionalisierung disziplinärer und interdisziplinärer Forschungssituationen. In: Fischer, Klaus; Laitko, Hubert; Parthey, Heinrich (Hrsg.): Interdisziplinarität und Institutionalisierung der Wissenschaft. Wissenschaftsforschung Jahrbuch 2010. Berlin, 9-35.

Pinch, Trevor J. (1981): The Sun-Set: The Presentation of Certainty in Scientific Life. In: Social Studies of Science 11 (1), 131-158.

Polenz, Peter von (2008): Deutsche Satzsemantik: Grundbegriffe des Zwischen-Den-Zeilen-Lesens. 3. unveränd. Aufl. Berlin.

Proctor, Robert N.; Schiebinger, Londa (Hrsg.) (2008): Agnotology. The Making and Unmaking of Ignorance. Stanford, Calif.

Proost, Kristel; Harras, Gisela; Glatz, Daniel (Hrsg.) (2006): Domänen der Lexikalisierung kommunikativer Konzepte. Tübingen.

Püttjer, Christian (2003): Zeigen Sie, was Sie können. Mehr Erfolg durch geschicktes Selbstmarketing. Frankfurt am Main u. a.

Ravetz, Jerome R. (1993): The Sin of Science. Ignorance of Ignorance. In: Science Communication 15 (2), 157-165.

Reiss, Marc; Rosenfeld, Paul (1980): Seating preferences as nonverbal communication: A self-presentational analysis. In: Journal of Applied Communication Research 8 (1), 22-30

Resinger, Hildegard (2008): Das Ich im Fachtext: Selbstnennung und Selbstdarstellung in wissenschaftlichen Zeitschriftenaufsätzen zur Ökologie in deutscher, englischer und spanischer Sprache. In: Lebende Sprachen 4, 146-150.

Rhein, Lisa; Simmerling, Anne; Janich, Nina (2013): Nichtwissen, Wissenschaft und Fundamentalismen – ein Werkstattbericht. In: Ballod, Matthias; Weber,

Tilo (Hrsg.): Autarke Kommunikation. Wissenstransfer in Zeiten von Fundamentalismen. Frankfurt am Main u. a. (= Transferwissenschaften 9).

Rhodewalt, Frederick; Morf, Carolyn; Hazlett, Susan; Fairfield, Marita (1991): Self-handicapping: The role of discounting and augmentation in the preservation of self-esteem. In: Journal of Personality and Social Psychology 61 (1), 122-131.

Ricci Bitti, Pio E.; Poggi, Isabella (1991): Symbolic nonverbal behavior: Talking through gestures. In: Feldman, Robert St.; Rimé, Bernard (Hrsg.): Fundamentals of nonverbal behavior. Cambridge, 433-457.

Richardson, K. D.; Cialdini, Robert B. (1981): Basking and blasting: Tactics of indirect self-presentation. In: Tedeschi, James T. (Hrsg.): Impression-management theory and social psychological research. New York, 41-53.

Riordan, Catherine A.; Gross, Tamara; Maloney, Cathlin C. (1994): Self-Monitoring, Gender, and the Personal Consequences of Impression Management. In: American Behavioral Scientist 37 (5), 715-725.

Rourke, Constance (1953): American Humor: A Study of the National Character. Garden City, NY (= Anchor books 12).

Sager, Sven Frederik (1981): Sprache und Beziehung. Linguistische Untersuchungen zum Zusammenhang von sprachlicher Kommunikation und zwischenmenschlicher Beziehung. Tübingen.

Sager, Sven Frederik (2001): Bedingungen und Möglichkeiten nonverbaler Kommunikation. In: Brinker, Klaus; Heinemann, Wolfgang; Sager, Sven F. (Hrsg.): Text- und Gesprächslinguistik. Handbücher zur Sprach- und Kommunikationswissenschaft 16.2. Berlin; New York, 1132-1141.

Sandig, Barbara (1986): Stilistik der deutschen Sprache. Berlin.

Scherer, Klaus (1980): The functions of nonverbal signs in conversation. In: Clair, Robert N. St.; Giles, Howard (Hrsg.): The social and psychological contexts of language. Hillsdale, NJ, 225-244.

Schlenker, Barry R. (1980): Impression Management. The Self-Concept, Social Identity, and Interpersonal Relations. Monterey, Calif.

Schlenker, Barry R. (Hrsg.) (1985): The self and social life. New York.

Schlenker, Barry R.; Darby, Bruce W. (1981): The use of apologies in social predicaments. In: Social Psychology Quarterly 44 (3), 271-278.

Schlenker, Barry R.; Weigold, Michael F. (1992): Interpersonal processes involving impression regulation and management. In: Annual Review of Psychology 43, 133-168.

Schönbach, Peter (1980): A category system for account phases. In: European Journal of Social Psychology 10 (2), 195-200.

Schubert, Christoph (Hrsg.) (2014a): Kommunikation und Humor. Multidisziplinäre Perspektiven. Berlin.

Schubert, Christoph (2014b): Was gibt's denn da zu lachen? Witze und Humor aus sprachwissenschaftlicher Sicht. In: Schubert, Christoph (Hrsg.): Kommunikation und Humor. Multidisziplinäre Perspektiven. Berlin, 17-35.

Schütz, Astrid (1992): Selbstdarstellung von Politikern. Analyse von Wahlkampfauftritten. Dr. nach Typoskr. Weinheim.

Schütz, Astrid (2000): Das Selbstwertgefühl als soziales Konstrukt: Befunde und Wege der Erfassung. In: Greve, Werner (Hrsg.): Psychologie des Selbst. Weinheim, 189-207.

Schwitalla, Johannes (1996): Beziehungsdynamik. Kategorien für die Beschreibung der Beziehungsgestaltung sowie der Selbst- und Fremddarstellung in einem Streit- und Schlichtungsgespräch. In: Kallmeyer, Werner (Hrsg.): Gesprächsrhetorik. Rhetorische Verfahren im Gesprächsprozeß. Tübingen, 279-349.

Schwitalla, Johannes (2001): Konflikte und Verfahren ihrer Verarbeitung. In: Brinker, Klaus; Heinemann, Wolfgang; Sager, Sven F. (Hrsg.): Text- und Gesprächslinguistik. Handbücher zur Sprach- und Kommunikationswissenschaft 16.2. Berlin; New York, 1374-1382.

Scott, Marvin; Lyman, Stanford (1968): Accounts. In: American Sociological Review 33 (1), 46-62.

Searle, John R. (1971 [1969]): Sprechakte. Frankfurt am Main.

Selting, Margret et al. (2009): Gesprächsanalytisches Transkriptionssystem 2 (GAT 2). In: Gesprächsforschung – Online-Zeitschrift zur verbalen Interaktion 10, 353-402.

Smith, Timothy W.; Snyder, C. R.; Handelsman, Mitchell M. (1982): On the self-serving function of an academic wooden leg: Test anxiety as a self-handicapping strategy. In: Journal of Personality and Social Psychology 42 (2), 314-321.

Smithson, Michael J. (2008a): The Many Faces and Masks of Uncertainty. In: Bammer, Gabriele; Smithson, Michael J. (Hrsg.): Uncertainty and Risk: Multidisciplinary Perspectives. London, 13-26.

Smithson, Michael J. (2008b): Social Theories of Ignorance. In: Proctor, Robert N.; Schiebinger, Londa (Hrsg.): Agnotology. The Making and Unmaking of Ignorance. Stanford, Calif., 209-228.

Smithson, Michael J.; Bammer, Gabriele; Goolabri Group (2008a): Uncertainty Metaphors, Motives and Morals. In: Bammer, Gabriele; Smithson, Michael J. (Hrsg.): Uncertainty and Risk: Multidisciplinary Perspectives. London, 305-320.

Smithson, Michael J.; Bammer, Gabriele; Goolabri Group (2008b): Coping and Managing under Uncertainty. In: Bammer, Gabriele; Smithson, Michael J.

(Hrsg.): Uncertainty and Risk: Multidisciplinary Perspectives. London, 321-333.

Snyder, C. R.; Higgins, Raymond L. (1988a): Excuse attributions: Do they work? In: Zelen, Seymour L. (Hrsg.): Self-presentation. New York, 52-132.

Snyder, C. R.; Higgins, Raymond L. (1988b): Excuses: their effective role in the negotiation of reality. In: Psychological Bulletin 104 (1), 743-753.

Sökeland, Werner (1980): Indirektheit von Sprechhandlungen. Eine linguistische Untersuchung. Tübingen.

Spiegel, Carmen (1995): Streit. Eine linguistische Untersuchung verbaler Interaktionen in alltäglichen Zusammenhängen. Tübingen.

Spiegel, Carmen; Spranz-Fogasy, Thomas (2002): Selbstdarstellung im öffentlichen und beruflichen Gespräch. In: Brünner, Gisela; Fiehler, Reinhard; Kindt, Walther (Hrsg.): Angewandte Diskursforschung. Bd. 1: Grundlagen und Beispielanalysen. Radolfzell, 215-232.

Star, Susan Leigh (1985): Scientific Work and Uncertainty. In: Social Studies of Science 15 (3), 391-427.

Stehr, Nico; Grundmann, Reiner (2010): Expertenwissen. Die Kultur und die Macht von Experten, Beratern und Ratgebern. Weilerswist.

Steinheider, Brigitte; Bayerl, Petra Saskia; Menold, Natalja; Bromme, Rainer (2009): Entwicklung und Validierung einer Skala zur Erfassung von Wissensintegrationsproblemen in interdisziplinären Projektteams (WIP). In: Zeitschrift für Arbeits- und Organisationspsychologie 53 (N.F. 27) 3, 121-130.

Stichweh, Rudolf (2013): Wissenschaft, Universität, Professionen. Soziologische Analysen. Bielefeld.

Stocking, S. Holly; Holstein, Lisa W. (1993): Constructing and Reconstructing Scientific Ignorance. Ignorance Claims in Science and Journalism. In: Knowledge: Creation, Diffusion, Utilization 15 (2), 186-210.

Sukopp, Thomas (2010): Interdisziplinarität und Transdisziplinarität. Definitionen und Konzepte. In: Jungert, Michael; Romfeld, Elsa; Sukopp, Thomas; Voigt, Uwe (Hrsg.): Interdisziplinarität. Theorie, Praxis, Probleme. Darmstadt, 13-29.

Suls, Jerry (Hrsg.) (1982): Psychological Perspectives on the Self 1. Hillsdale, NJ.

Techtmeier, Bärbel (1998a): Fachtextsorten der Wissenschaftssprachen V: der Kongreßvortrag. In: Hoffmann, Lothar; Kalverkämper, Hartwig; Wiegand, Herbert Ernst (Hrsg.): Fachsprachen. Ein internationales Handbuch zur Fachsprachenforschung und Terminologiewissenschaft. Handbücher zur Sprach- und Kommunikationswissenschaft 14.1. Berlin; New York, 504-509.

Techtmeier, Bärbel (1998b): Fachtextsorten der Wissenschaftssprachen VI: Diskussion(en) unter Wissenschaftlern. In: Hoffmann, Lothar; Kalverkämper, Hartwig; Wiegand, Herbert Ernst (Hrsg.): Fachsprachen. Ein internationales Handbuch zur Fachsprachenforschung und Terminologiewissenschaft. Handbücher zur Sprach- und Kommunikationswissenschaft 14.1. Berlin; New York, 509-517.

Tedeschi, James T. (Hrsg.) (1981): Impression-management theory and social psychological research. New York.

Tedeschi, James T.; Lindskold, Svenn; Rosenfeld, Paul (1985): Introduction to Social Psychology. St. Paul u. a.

Tedeschi, James T.; Norman, Nancy (1985): Social power, self-presentation and the self. In: Schlenker, Barry R. (Hrsg.): The self and social life. New York, 293-322.

Tedeschi, James T.; Schlenker, Barry R.; Bonoma, Thomas V. (1973): Conflict, power, and games: The experimental study of interpersonal relations. Chicago.

Teich, Elke; Holtz; Mônica (2009): Scientific registers in contact: An exploration of the lexico-grammatical properties of interdisciplinary discourses. In: International Journal of Corpus Linguistics 14 (4), 524-548.

Tetlock, Philip E.; Manstead, A. S. R. (1985): Impression Management Versus Intrapsychic Explanations in Social Psychology: A Useful Dichotomy? In: Psychological Review 92 (1), 59-77.

Thalmann, Andrea T. (2005): Risiko Elektrosmog: wie ist Wissen in der Grauzone zu kommunizieren? Zugl.: Kassel, Univ., Diss., 2004. Weinheim.

Titze, Michael (2011): Therapeutischer Humor. Grundlagen und Anwendungen. 6. Aufl. Frankfurt am Main.

Torok, Sarah E.; McMorris, Robert F.; Lin, When-Chi (2004): Is Humor an Appreciated Teaching Tool? Perceptions of Professors' Teaching Styles and Use of Humor. In: College Teaching 52 (1), 14-20.

Tracy, Karen (1997): Colloquium: Dilemmas of Academic Discourse. Norwood, NJ (= Advances in discourse processes 60).

Turner, Jill; Michael, Mike (1996): What do we know about "don't knows"? Or, contexts of "ignorance". In: Social Science Information 1996 (35), 15-37.

Umstätter, Walther; Wessel, Karl-Friedrich (Hrsg.) (1999): Interdisziplinarität – Herausforderung an die Wissenschaftlerinnen und Wissenschaftler. Festschrift zum 60. Geburtstag von Heinrich Parthey. Bielefeld (= Berliner Studien zur Wissenschaftsphilosophie & Humanogenetik 15).

Ventola, Eija; Shalom, Celia; Thompson, Susan (Hrsg.) (2002): The Language of Conferencing. Frankfurt am Main.

Verheyen, Nina (2010): Diskussionslust. Eine Kulturgeschichte des „besseren Arguments" in Westdeutschland. Göttingen.

Vohs, Kathleen D.; Baumeister, Roy F.; Ciarocco, Natalie J. (2005): Self-Regulation and Self-Presentation: Regulatory Resource Depletion Impairs Impression Management and Effortful Self-Presentation Depletes Regulatory Resources. In: Journal of Personality and Social Psychology 88 (4), 632-657.

Vollmer, Gerhard (2010): Interdisziplinarität – unerlässlich, aber leider unmöglich? In: Jungert, Michael; Romfeld, Elsa; Sukopp, Thomas; Voigt, Uwe (Hrsg.): Interdisziplinarität. Theorie, Praxis, Probleme. Darmstadt, 47-75.

Voss, Julia; Stolleis, Michael (Hrsg.) (2012): Fachsprachen und Normalsprache. Göttingen (= Valerio 14).

Warnke, Ingo H. (2012): Diskursive Grenzen des Wissens – Sprachwissenschaftliche Bemerkungen zum Nichtwissen als Erfahrungslosigkeit und Unkenntnis. In: Janich, Nina; Nordmann, Alfred; Schebek, Liselotte (Hrsg.): Nichtwissenskommunikation in den Wissenschaften. Frankfurt am Main (= Wissen – Kompetenz – Text 1), 51-69.

Watts, Richard (2003): Politeness. Cambridge.

Webber, Pauline (2002): The paper is now open for discussion. In: Ventola, Eija; Shalom, Celia; Thompson, Susan (Hrsg.): The Language of Conferencing. Frankfurt am Main, 227-253.

Weber, Max (1922 [1917]) Der Sinn der „Wertfreiheit" der soziologischen und ökonomischen Wissenschaften (1917). In: Weber, Max (1922): Gesammelte Aufsätze zur Wissenschaftslehre. Tübingen, 451-502.

Weber, Tilo; Antos, Gerd (Hrsg.) (2009): Typen von Wissen. Begriffliche Unterscheidungen und Ausprägungen in der Praxis des Wissenstransfers. Frankfurt am Main u. a. (= Transferwissenschaften 7)

Wehling, Peter (2004): Weshalb weiß die Wissenschaft nicht, was sie nicht weiß? – Umrisse einer Soziologie des wissenschaftlichen Nichtwissen. In: Böschen, Stefan; Wehling, Peter (Hrsg.): Wissenschaft zwischen Folgenverantwortung und Nichtwissen. Aktuelle Perspektiven der Wissenschaftsforschung. Wiesbaden, 35-105.

Wehling, Peter (2012): Nichtwissenskulturen und Nichtwissenskommunikation in den Wissenschaften. In: Janich, Nina; Nordmann, Alfred; Schebek, Liselotte (Hrsg.): Nichtwissenskommunikation in den Wissenschaften. Frankfurt am Main (= Wissen – Kompetenz – Text 1), 73-91.

Weingart, Peter (2005a): Die Macht des Wissens. In: Weingart, Peter: Die Wissenschaft der Öffentlichkeit. Essays zum Verhältnis von Wissenschaft, Medien und Öffentlichkeit. Weilerswist, 55-72.

Weingart, Peter (2005b): Die Wissenschaft der Öffentlichkeit. Essays zum Verhältnis von Wissenschaft, Medien und Öffentlichkeit. Weilerswist.

Weingart, Peter; Stehr, Nico (Hrsg.) (2000): Practising interdisciplinarity. Toronto.

Weitze, Marc-Denis; Liebert, Wolf-Andreas (2006): Kontroversen als Schlüssel zur Wissenschaft – Probleme, Ideen und künftige Forschungsfelder. In: Liebert, Wolf-Andreas; Weitze, Marc-Denis (Hrsg.): Kontroversen als Schlüssel zur Wissenschaft? Wissenskulturen in sprachlicher Interaktion. Bielefeld, 7-18.

Wells, Marguerite (1997): Japanese Humour. Basingstoke u. a.

Werlen, Iwar (2001): Rituelle Muster in Gesprächen. In: Brinker, Klaus; Antos, Gerd; Heinemann, Wolfgang; Sager, Sven F. (Hrsg.): Text- und Gesprächslinguistik. Handbücher zur Sprach- und Kommunikationswissenschaft 16.2. Berlin; New York, 1263-1278.

Whitehead, George I.; Smith, Stephanie H. (1986): Competence and excuse-making as self-presentational strategies. In: Baumeister, Roy F. (Hrsg.): Public self and private self. New York, 161-177.

Wiedemann, Peter; Schütz, Holger (Hrsg.) (2008): The Role of Evidence in Risk Characterization. Making Sense of Conflicting Data. Weinheim.

Wiedemann, Peter; Schütz, Holger; Thalmann, Andrea (2008): Perception of Uncertainty and Communication about unclear Risks. In: Wiedemann, Peter; Schütz, Holger (Hrsg.): The Role of Evidence in Risk Characterization. Making Sense of Conflicting Data. Weinheim, 163-183.

Windeler, Arnold; Syndow, Jörg (Hrsg.) (2014): Kompetenz. Sozialtheoretische Perspektiven. Wiesbaden.

Zelen, Seymour L. (Hrsg.) (1988): Self-representation. New York.

Zillig, Werner (1982): Bewerten. Sprechakttypen der bewertenden Rede. Tübingen (= Linguistische Arbeiten 115).

Zotter, Christoph (2009): Der Experte ist tot, es lebe der Experte. Der Einfluss des Internets auf die Wissenskultur am Beispiel Wikipedia. Wien.

Internetquellen

DFG (2013): Vorschläge zur Sicherung guter wissenschaftlicher Praxis: Empfehlungen der Kommission „Selbstkontrolle in der Wissenschaft"; Denkschrift. Weinheim. http://www.dfg.de/download/pdf/dfg_im_profil/reden_stellungnahmen/download/empfehlung_wiss_praxis_1310.pdf, zul. abgerufen am 16.01.2015.

Dudenredaktion: http://www.duden.de/woerterbuch. © Bibliographisches Institut GmbH, 2013., zul. abgerufen am 16.01.2015.

DWDS: Das Digitale Wörterbuch der deutschen Sprache; hrsg. von der Berlin-Brandenburgischen Akademie der Wissenschaften; http://www.dwds.de/; zul. abgerufen am 16.01.2015.

Dzwonnek, Dorothee (2014): Gefahr oder Garant? Drittmittelforschung und Forschungsfreiheit – Anmerkungen zu einem unvermuteten Zusammenhang. http://www.dfg.de/download/pdf/foerderung/grundlagen_dfg_foerderung/drittmitteldruck/140114_dzwonnek_drittmittelforschung_forschungsfreiheit.pdf, zul. abgerufen am 16.01.2015.

International Society for Humor Studies (Hrsg.) (2012-): The European journal of humour research. EJHR. Galati; http://www.europeanjournalofhumour.org/index.php/ejhr; zul. abgerufen am 16.01.2015.

Einzelnachweise zu Kapitel 6.1

Informatik 2003: „Das Spiel mit den Identitäten. Identität zwischen Fach, Kontext, Person und Umwelt", http://waste.informatik.hu-berlin.de/~bittner/tdi/2003/pp/pp_grabowski_030127.pdf; zul. abgerufen am 25.06.2015.

Archäologie 2005: „Fachidentität versus Interdisziplinarität. Versuch einer Standortbestimmung der Archäologien"; http://www.geschkult.fu-berlin.de/e/izaltewelt/veranstaltungen/archiv/2005/pdf_2005/izaw_tagung_fachidentitaet_vs_interdisziplinaritaet.pdf; zul. abgerufen am 25.06.2015.

Religion 2011: Panel „Religionswissenschaftliche Fachidentität zwischen disziplinärer Ausdifferenzierung, interdisziplinärer Verbundforschung und programmatischer Nicht-Disziplinarität"; http://www.zegk.uni-heidelberg.de/religionswissenschaft/dvrw2011/programm/dvrw2011_programmheft_09_2011.pdf; zul. abgerufen am 25.06.2015.

Anhang

Korpusinformationen – Metadaten

Die folgende Tabelle bietet eine Übersicht über die Verteilung der Personen auf die einzelnen Teilkorpora. Es werden sowohl die Personen mit ihren Interaktionsrollen angegeben als auch der Diskussionstyp. Ebenso werden die im Text verwendeten Sequenzen den Teilkorpora zugeordnet sowie die Kapitel, in denen die Sequenzen verwendet wurden, angegeben (in der Spalte „Sequenzzuordnung" jeweils unter den Einzelnachweisen in kursiv).

Tabelle 48: Übersicht über die Verteilung der Personen auf die einzelnen Teilkorpora; angegeben werden zusätzlich die jeweiligen Interaktionsrollen, der Diskussionstyp sowie die Zuordnung der im Text verwendeten Sequenzen zu den Teilkorpora.

Teilkorpus	Personen und Interaktionsrollen	Diskussionstyp	Sequenzzuordnung
TK 1_1	SozPm als Vortragender LingPw$_A$ als Diskutantin GeschPm$_A$ als Diskutant	Plenumsdiskussion	Sequenz 49: LingPw$_A$ SozPm; TK 1_1: 001-005. *Kap. 6.2.1* Sequenz 101: LingPw$_A$ SozPm; TK 1_1: 020-024. *Kap. 7.2.6* Sequenz 148: LingPw$_A$, SozPm und GeschPm$_A$; TK 1_1: 004-018. *Kap. 8.2.1*
TK 1_2	EthAplPm als Vortragender SozPm als Diskutant	Plenumsdiskussion	Sequenz 15: EthAplPm und SozPm; TK 1_2: 018-033. *Kap. 5.3.1.1* Sequenz 111: EthAplPm und SozPm; TK 1_2: 009-012. *Kap. 7.2.14*

Teilkorpus	Personen und Interaktionsrollen	Diskussions-typ	Sequenzzuordnung
TK 1_3	UmwGeschDrm als Vortragender SozPm als Diskutant	Plenums-diskussion	Sequenz 90: SozPm und UmwGeschDrm; TK 1_3: 005-013. Kap. 7.2.2 Sequenz 91: UmwGeschDrm und SozPm; TK 1_3: 044-049. Kap. 7.2.2 Sequenz 120: UmwGeschDrm und SozPm; TK 1_3: 023-028. Kap. 7.3.2.2 Sequenz 147: UmwGeschDrm und SozPm; TK 1_3: 050-053. Kap. 7.3.2.4
TK 1_4	SozPDm$_A$ als Vortragender LingPw$_A$ als Diskutantin PhilDrhaw als Diskutantin SozPm als Diskutant GeschPm$_B$ als Moderator	Plenums-diskussion	Sequenz 3: LingPw$_A$ und SozPDm$_A$; TK 1_4: 001-002. Kap. 5.2.1 Sequenz 4: PhilDrhaw und SozPDm$_A$; TK 1_4: 028-030. Kap. 5.2.1 Sequenz 16: SozPDm$_A$; TK 1_4: 143-151. Kap. 5.3.1.2 Sequenz 78: SozPDm$_A$, PhilDrhaw, SozPm, GeschPm$_B$; TK 1_4: 129-155. Kap. 6.2.4 Sequenz 100: LingPw$_A$ und SozPDm$_A$; TK 1_4: 004-010. Kap. 7.2.6 Sequenz 103: SozPDm$_A$; TK 1_4: 123. Kap. 7.2.7 Sequenz 132: SozPDm$_A$ und PhilDrhaw; TK 1_4: 109-111. Kap. 7.3.2.3 Sequenz 145: SozPDm$_A$ und LingPw$_A$; TK 1_4: 025-027. Kap. 7.3.2.3 Sequenz 154: SozPDm und SozPm; TK 1_4: 139-142. Kap. 8.2.4

Teilkorpus	Personen und Interaktionsrollen	Diskussionstyp	Sequenzzuordnung
TK 1_4			Sequenz 155: SozPDm und PhilDrhaw; TK 1_4: 038-044. *Kap. 8.2.4*
TK 1_5	GeschPm$_B$ als Moderator GeschPm$_C$ als Diskutant SozPDm$_A$ als Diskutant SozPDm$_B$ als Diskutant SozPm als Diskutant	Abschlussdiskussion (Diskussion am Ende eines Konferenztages)	Sequenz 32: SozPm, GeschPm$_B$ und GeschPm$_C$; TK 1_5: 131-146. *Kap. 5.3.1.4* Sequenz 107: GeschPm$_C$; TK 1_5: 090-092. *Kap. 7.2.9* Sequenz 108: SozPDm$_B$; TK 1_5: 001-004. *Kap. 7.2.10* Sequenz 133: GeschPm$_B$ und GeschPm$_C$; TK 1_5: 075-099. *Kap. 7.3.2.3* Sequenz 142: SozPDm$_A$ und GeschPm$_C$; TK 1_5: 057-060. *Kap. 7.3.2.3* Sequenz 143: SozPDm$_B$; TK 1_5: 001-004. *Kap. 7.3.2.3*
TK 1_6	SozPm als Diskutant GeschPm$_B$ als Moderator	Plenumsdiskussion (Diskussion nach Themenblock)	Sequenz 33: SozPm und GeschPm$_B$; TK 1_6: 036-045. *Kap. 5.3.1.4* Sequenz 158: SozPm und GeschPm$_B$; TK 1_6: 032-045. *Kap. 8.2.5*
TK 1_7	EthAplPm als Vortragender ForstwDrm als Diskutant	Plenumsdiskussion	Sequenz 95: ForstwDrm und EthAplPm; TK 1_7: 007-017. *Kap. 7.2.4* Sequenz 102: ForstwDrm und EthAplPm; TK 1_7: 001-006. *Kap. 7.2.6*

Teilkorpus	Personen und Interaktionsrollen	Diskussionstyp	Sequenzzuordnung
TK 1_8	SozPDm$_B$ als Vortragender UmwGeschDrm als Diskutant SozPDm$_A$ als Diskutant	Plenumsdiskussion	Sequenz 86: SozPDm$_A$ und SozPDm$_B$; TK 1_8: 031-037. *Kap. 7.2.1* Sequenz 96: UmwGeschDrm und SozPDm$_B$; TK 1_8: 007-009. *Kap. 7.2.4* Sequenz 99: SozPDm$_A$ und SozPDm$_B$; TK 1_8: 041-046. *Kap. 7.2.6* Sequenz 106: SozPDm$_B$ und SozPDm$_A$; TK 1_8: 041-044. *Kap. 7.2.9* Sequenz 156: UmwGeschDrm und SozPDm; TK 1_8: 001-006. *Kap. 8.2.4*
TK 1_9	PhilDrhaw als Vortragende ForstwDrm als Diskutant	Plenumsdiskussion	Sequenz 18: ForstwDrm und PhilDrhaw; TK 1_9: 007-023. *Kap. 5.3.1.3* Sequenz 19: ForstwDrm und PhilDrhaw; TK 1_9: 024-036. *Kap. 5.3.1.3* Sequenz 94: ForstwDrm und PhilDrhaw; TK 1_9: 007-015. *Kap. 7.2.4*
TK 2_1	BioAnthPm als Fokusdiskutant BioPm$_A$ als Fokusdiskutant	Fokusdiskussion	Sequenz 9: BioPm$_A$ und BioAnthPm; TK 2_1: 095-110. *Kap. 5.2.2* Sequenz 35: BioAnthPm und BioPm$_A$; TK 2_1: 074-092. *Kap. 5.3.2.1* Sequenz 36: BioAnthPm und BioPm$_A$; TK 2_1: 093-117. *Kap. 5.3.2.1* Sequenz 37: BioAnthPm und BioPm$_A$; TK 2_1: 139-156. *Kap. 5.3.2.1*

Teilkorpus	Personen und Interaktionsrollen	Diskussionstyp	Sequenzzuordnung
TK 2_1			Sequenz 53: BioAnthPm und BioPm$_A$; TK 2_1: 010-012. *Kap. 6.2.1*
			Sequenz 72: BioAnthPm und BioPm$_A$; TK 2_1: 035-039. *Kap. 6.2.3*
			Sequenz 75: BioPm$_A$ und BioAnthPm; TK 2_1: 052-054. *Kap. 6.2.3*
			Sequenz 85: BioAnthPm und BioPm$_A$; TK 2_1: 139-149. *Kap. 6.2.5*
			Sequenz 116: BioPm$_A$ und BioAnthPm; TK 2_1: 128-131. *Kap. 7.3.2.2*
			Sequenz 136: BioAnthPm und BioPm$_A$; TK 2_1: 009-014. *Kap. 7.3.2.3*
			Sequenz 144: BioPm$_A$ und BioAnthPm; TK 2_1: 114-117. *Kap. 7.3.2.3*
			Sequenz 153: BioPm$_A$ und BioAnthPm; TK 2_1: 057-062. *Kap. 8.2.3*
TK 2_2	BioAnthPm als Fokusdiskutant BioPm$_A$ als Fokusdiskutant IngPm als Diskutant kTheoPm als Diskutant unbekDis als Diskutant Mod als nicht identifizierter Moderator	Plenumsdiskussion	Sequenz 7: kTheoPm und BioAnthPm; TK 2_2: 124-152. *Kap. 5.2.1*
			Sequenz 55: BioPm$_A$, IngPm und BioAnthPm; TK 2_2: 122-123. *Kap. 6.2.1*
			Sequenz 56: IngPm und BioAnthPm; TK 2_2: 055-063. *Kap. 6.2.2*
			Sequenz 62: BioPm$_A$, kTheoPm und BioAnthPm; TK 2_2: 167-170. *Kap. 6.2.3*

Teilkorpus	Personen und Interaktionsrollen	Diskussionstyp	Sequenzzuordnung
TK 2_2			Sequenz 79: BioAnthPm, IngPm und BioPm$_A$; TK 2_2: 111-117. *Kap. 6.2.4*
			Sequenz 63: BioPm$_A$, Unbekannt und BioAnthPm; TK 2_2: 178-184. *Kap. 6.2.3*
			Sequenz 152: BioAnthPm und IngPm; TK 2_2: 090-098. *Kap. 8.2.3*
			Sequenz 159: BioPm$_A$ und kTheoPm; TK 2_2: 178-185. *Kap. 8.2.6*
TK 2_3	PhilNaWiPm als Fokusdiskutant GeschPhilPm als Fokusdiskutant	Fokusdiskussion	Sequenz 157: GeschPhilPm und PhilNaWiPm; TK 2_3: 075-084. *Kap. 8.2.5*
TK 2_4	PhilNaWiPm als Fokusdiskutant PhilPm$_A$ als Diskutant kTheoMaPm als Diskutant Mod als nicht identifizierter Moderator	Plenumsdiskussion	Sequenz 12: kTheoMaPm und PhilNaWiPm; TK 2_4: 130-139. *Kap. 5.2.2*
			Sequenz 24: PhilPm$_A$ und PhilNaWiPm; TK 2_4: 009-013. *Kap. 5.3.1.4*
			Sequenz 25: PhilPm$_A$ und PhilNaWiPm; TK 2_4: 034-039. *Kap. 5.3.1.4*
			Sequenz 26: PhilPm$_A$ und PhilNaWiPm; TK 2_4: 118-129. *Kap. 5.3.1.4*
			Sequenz 104: kTheoMaPm und PhilNaWiPm; TK 2_4: 133-142. *Kap. 7.2.8*
			Sequenz 115: PhilNaWiPm und PhilPm$_A$; TK 2_4: 058-062. *Kap. 7.3.2.1*
			Sequenz 125: PhilNaWiPm und PhilPm$_A$; TK 2_4: 104-108. *Kap. 7.3.2.2*

Anhang

Teilkorpus	Personen und Interaktionsrollen	Diskussionstyp	Sequenzzuordnung
TK 2_5	ChemPm$_A$ als Fokusdiskutant PharmPm als Fokusdiskutant	Fokusdiskussion	Sequenz 2: PharmPm und ChemPm$_A$; TK 2_5: 010-011. *Kap. 4.2.3*
			Sequenz 64: ChemPm$_A$ und PharmPm; TK 2_5: 100-103. *Kap. 6.2.3*
			Sequenz 65: ChemPm$_A$ und PharmPm; TK 2_5: 139-143. *Kap. 6.2.3*
			Sequenz 71: ChemPm$_A$ und PharmPm; TK 2_5: 276-282. *Kap. 6.2.3*
			Sequenz 80: ChemPm$_A$ und PharmPm; TK 2_5: 113-131. *Kap. 6.2.4*
			Sequenz 81: PharmPm und ChemPm$_A$; TK 2_5: 247-254. *Kap. 6.2.4*
			Sequenz 97: PharmPm und ChemPm$_A$; TK 2_5: 165-169. *Kap. 7.2.5*
			Sequenz 126: ChemPm$_A$ und PharmPm; TK 2_5: 267-268. *Kap. 7.3.2.2*
			Sequenz 128: ChemPm$_A$ und PharmPm; TK 2_5: 137-143. *Kap. 7.3.2.2*
			Sequenz 129: PharmPm und ChemPm$_A$; TK 2_5: 079-087. *Kap. 7.3.2.2*
			Sequenz 130: PharmPm und ChemPm$_A$; TK 2_5: 175-180. *Kap. 7.3.2.2*
			Sequenz 134: PharmPm und ChemPm$_A$; TK 2_5: 231-241. *Kap. 7.3.2.3*

Teilkorpus	Personen und Interaktionsrollen	Diskussionstyp	Sequenzzuordnung
TK 2_5			Sequenz 135: PharmPm und ChemPm$_A$; TK 2_5: 001-007. *Kap. 7.3.2.3*
TK 2_6	ChemPm$_A$ als Fokusdiskutant PharmPm als Fokusdiskutant BioPm$_B$ als Diskutant kTheoEthPm als Diskutant kTheoMaPm als Diskutant PhilPm$_A$ als Diskutant BioAnthPm als Diskutant BioPm$_A$ als Diskutant	Plenumsdiskussion	Sequenz 58: ChemPm$_A$, PhilPm$_A$ und Moderator; TK 2_6: 089-093. *Kap. 6.2.2* Sequenz 98: BioPm$_A$ und ChemPm$_A$; TK 2_6: 170-179. *Kap. 7.2.6* Sequenz 113: PharmPm und BioAnthPm; TK 2_6: 130. *Kap. 7.3.2.1* Sequenz 127: BioPm$_A$ und ChemPm$_A$; TK 2_6: 179-187. *Kap. 7.3.2.2*
TK 3_1	PhyPm$_A$ als Fokusdiskutant eTheoPm$_A$ als Fokusdiskutant	Fokusdiskussion	Sequenz 34: PhyPm$_A$ und eTheoPm$_A$; TK 3_1: 141-185. *Kap. 5.3.2.1* Sequenz 50: PhyPm$_A$ und eTheoPm$_A$; TK 3_1: 001-003, 014-022. *Kap. 6.2.1* Sequenz 52: eTheoPm$_A$ und PhyPm$_A$; TK 3_1: 180-181. *Kap. 6.2.1* Sequenz 60: PhyPm$_A$ und eTheoPm$_A$; TK 3_1: 160-162. *Kap. 6.2.2* Sequenz 93: PhyPm$_A$ und eTheoPm$_A$; TK 3_1: 119-122. *Kap. 7.2.3* Sequenz 114: eTheoPm$_A$ und PhyPm$_A$; TK 3_1: 004-008. *Kap. 7.3.2.1*

Anhang

Teilkorpus	Personen und Interaktionsrollen	Diskussionstyp	Sequenzzuordnung
TK 3_1			Sequenz 149: eTheoPm$_A$ und PhyPm$_A$; TK 3_1: 123-128. *Kap. 8.2.1*
TK 3_2	PhyPm$_A$ als Fokusdiskutant eTheoPm$_A$ als Fokusdiskutant PhilPm$_A$ als Moderator PhyPsyDrm als Diskutant PhilPm$_B$ als Diskutant LingPw$_B$ als Diskutantin PhyPm$_D$ als Diskutant	Plenumsdiskussion	Sequenz 8: eTheoPm$_A$ und PhyPm$_D$; TK 3_2: 047-050. *Kap. 5.2.2* Sequenz 11: PhilPm$_A$; TK 3_2: 128-134. *Kap. 5.2.2* Sequenz 21: PhilPm$_A$ und eTheoPm$_A$; TK 3_2: 449-474. *Kap. 5.3.1.3* Sequenz 22: PhilPm$_A$ und eTheoPm$_A$; TK 3_2: 483-536. *Kap. 5.3.1.3* Sequenz 54: eTheoPm$_A$ und LingPw$_B$; TK 3_2: 414. *Kap. 6.2.1* Sequenz 69: PhyPm$_D$ und eTheoPm$_A$; TK 3_2: 026-031. *Kap. 6.2.3* Sequenz 70: PhyPm$_D$ und eTheoPm$_A$; TK 3_2: 016-020. *Kap. 6.2.3* Sequenz 92: PhilPm$_A$ und eTheoPm$_A$; TK 3_2: 179-186. *Kap. 7.2.3* Sequenz 105: PhyPm$_D$ und eTheoPm$_A$; TK 3_2: 005-014. *Kap. 7.2.8* Sequenz 123: PhyPsyDrm und eTheoPm$_A$; TK 3_2: 151-159. *Kap. 7.3.2.2* Sequenz 160: eTheoPm$_A$ und PhilPm$_A$; TK 3_2: 514-519. *Kap. 8.3.1*

Teilkorpus	Personen und Interaktionsrollen	Diskussionstyp	Sequenzzuordnung
TK 3_3	PhyPm$_B$ als Fokusdiskutant eTheoPm$_B$ als Fokusdiskutant	Fokusdiskussion	Sequenz 13: PhyPm$_B$ und eTheoPm$_B$; TK 3_3: 001-005. *Kap. 5.2.2* Sequenz 57: PhyPm$_B$ und eTheoPm$_B$; TK 3_3: 008-016. *Kap. 6.2.2* Sequenz 151: PhyPm$_B$ und eTheoPm$_B$; TK 3_3: 001-005. *Kap. 8.2.2*
TK 3_4	PhilPm$_B$ als Fokusdiskutant PhilPm$_C$ als Fokusdiskutant	Fokusdiskussion	
TK 3_5	PhilPm$_B$ als Fokusdiskutant kTheoMaPm als Diskutant PhilPm$_A$ als Moderator	Plenumsdiskussion	Sequenz 5: kTheoMaPm und PhilPm$_B$; TK 3_5: 001-002. *Kap. 5.2.1* Sequenz 762: PhilPm$_A$ und PhilPm$_B$; TK 3_5: 042-055. *Kap. 6.2.3*
TK 3_6	PhilPm$_A$ als Fokusdiskutant PhyPsyDrm als Fokusdiskutant LingPw$_B$ als Moderatorin	Fokusdiskussion	Sequenz 1: PhilPm$_A$ und PhyPsyDrm; TK 3_6: 055. *Kap. 4.2.3* Sequenz 10: PhyPsyDrm und PhilPm$_A$; TK 3_6: 166-191. *Kap. 5.2.2* Sequenz 14: PhyPsyDrm und PhilPm$_A$; TK 3_6: 299-301. *Kap. 5.2.2* Sequenz 38: PhyPsyDrm und PhilPm$_A$; TK 3_6: 001-003, 011-034. *Kap. 5.3.2.2* Sequenz 39: PhyPsyDrm und PhilPm$_A$; TK 3_6: 050-068. *Kap. 5.3.2.2* Sequenz 40: PhyPsyDrm und PhilPm$_A$; TK 3_6: 069-101. *Kap. 5.3.2.2*

Teilkorpus	Personen und Interaktionsrollen	Diskussionstyp	Sequenzzuordnung
TK 3_6			Sequenz 41: PhyPsyDrm und PhilPm$_A$; TK 3_6: 102-106. *Kap. 5.3.2.2*
			Sequenz 42: PhyPsyDrm und PhilPm$_A$; TK 3_6: 107-139. *Kap. 5.3.2.2*
			Sequenz 43: PhyPsyDrm und PhilPm$_A$; TK 3_6: 140-151. *Kap. 5.3.2.2*
			Sequenz 44: PhyPsyDrm und PhilPm$_A$; TK 3_6: 152-167. *Kap. 5.3.2.2*
			Sequenz 45: PhyPsyDrm und PhilPm$_A$; TK 3_6: 210-247. *Kap. 5.3.2.2*
			Sequenz 46: PhyPsyDrm und PhilPm$_A$; TK 3_6: 248-257. *Kap. 5.3.2.2*
			Sequenz 47: PhyPsyDrm und PhilPm$_A$; TK 3_6: 258. *Kap. 5.3.2.2*
			Sequenz 48: PhyPsyDrm und PhilPm$_A$; TK 3_6: 298-310. *Kap. 5.3.2.2*
			Sequenz 61: PhyPsyDrm und PhilPm$_A$; TK 3_6: 076-081. *Kap. 6.2.2*
			Sequenz 74: PhyPsyDrm und PhilPm$_A$; TK 3_6: 205-215. *Kap. 6.2.3*
			Sequenz 117: PhyPsyDrm und PhilPm$_A$; TK 3_6: 258-259. *Kap. 7.3.2.2*
			Sequenz 118: PhyPsyDrm und PhilPm$_A$; TK 3_6: 280-285. *Kap. 7.3.2.2*

Teilkorpus	Personen und Interaktionsrollen	Diskussionstyp	Sequenzzuordnung
TK 3_6			Sequenz 124: PhyPsyDrm und PhilPm$_A$; TK 3_6: 227-237. *Kap. 7.3.2.2*
TK 3_7	PhyPsyDrm als Fokusdiskutant BiophyDrm als Diskutant PhilPm$_C$ als Diskutant MaPm als Diskutant PhyPm$_C$ als Diskutant AsphyPhilPm als Diskutant	Plenumsdiskussion	Sequenz 17: PhilPm$_C$ und PhyPsyDrm; TK 3_7: 064-095. *Kap. 5.3.1.2* Sequenz 23: MaPm und PhyPsyDrm; TK 3_7: 096-113. *Kap. 5.3.1.4* Sequenz 27: BiophyDrm und PhyPsyDrm; TK 3_7: 046-063. *Kap. 5.3.1.4* Sequenz 68: PhyPm$_C$ und PhyPsyDrm; TK 3_7: 134-142. *Kap. 6.2.3* Sequenz 83: PhyPm$_C$ und PhyPsyDrm; TK 3_7: 114-119. *Kap. 6.2.5* Sequenz 84: PhyPsyDrm und PhyPm$_C$; TK 3_7: 186-198. *Kap. 6.2.5* Sequenz 89: PhyPm$_C$ und PhyPsyDrm; TK 3_7: 114-121. *Kap. 7.2.2* Sequenz 110: PhilPm$_C$ und PhyPsyDrm; TK 3_7: 067-075. *Kap. 7.2.12* Sequenz 137: PhyPsyDrm und PhyPm$_C$; TK 3_7: 194-196. *Kap. 7.3.2.3* Sequenz 146: PhilPm$_C$ und PhyPsyDrm; TK 3_7: 080-084. *Kap. 7.3.2.3*

Teilkorpus	Personen und Interaktionsrollen	Diskussionstyp	Sequenzzuordnung
TK 3_8	AsphyPhilPm als Fokusdiskutant PhilPm$_B$ als Diskutant PhilPm$_A$ als Moderator	Fokusdiskussion	Sequenz 28: PhilPm$_B$ und AsphyPhilPm; TK 3_8: 001-003, 012-015, 020-021. *Kap. 5.3.1.4*
			Sequenz 29: PhilPm$_B$ und AsphyPhilPm; TK 3_8: 069-072. *Kap. 5.3.1.4*
			Sequenz 30: PhilPm$_B$ und AsphyPhilPm; TK 3_8: 155-169. *Kap. 5.3.1.4*
			Sequenz 31: PhilPm$_B$ und AsphyPhilPm; TK 3_8: 170-192. *Kap. 5.3.1.4*
			Sequenz 66: AsphyPhilPm und PhilPm$_B$; TK 3_8: 179-183. *Kap. 6.2.3*
			Sequenz 67: AsphyPhilPm und PhilPm$_B$; TK 3_8: 137-138. *Kap. 6.2.3*
			Sequenz 73: AsphyPhilPm und PhilPm$_B$; TK 3_8: 109-111. *Kap. 6.2.3*
			Sequenz 87: PhilPm$_B$ und AsphyPhilPm; TK 3_8: 001-021. *Kap. 7.2.1*
			Sequenz 119: AsphyPhilPm und PhilPm$_B$; TK 3_8: 173-181. *Kap. 7.3.2.2*
			Sequenz 121: AsphyPhilPm und PhilPm$_B$; TK 3_8: 059-061. *Kap. 7.3.2.2*
			Sequenz 122: AsphyPhilPm und PhilPm$_B$; TK 3_8: 088-090, 115-118. *Kap. 7.3.2.2*
			Sequenz 131: PhyPsyDrm und AsphyPhilPm; TK 3_7: 226-236. *Kap. 7.3.2.3*
			Sequenz 140: PhilPm$_B$ und AsphyPhilPm; TK 3_8: 159-161. *Kap. 7.3.2.3*

Teilkorpus	Personen und Interaktionsrollen	Diskussionstyp	Sequenzzuordnung
TK 3_8			Sequenz 150: AsphyPhilPm und PhilPm$_B$; TK 3_8: 099-104. Kap. 8.2.1
TK 3_9	MedDrm als Fokusdiskutant InfoMaDrm als Fokusdiskutant LingPw$_B$ als Moderatorin	Fokusdiskussion	Sequenz 51: MedDrm und InfoMaDrm; TK 3_9: 006-010. Kap. 6.2.1 Sequenz 77: MedDrm und InfoMaDrm; TK 3_9: 090-110, 122-129. Kap. 6.2.3 Sequenz 161: MedDrm und InfoMaDrm; TK 3_9: 001-005. Kap. 8.3.2 Sequenz 162: MedDrm und InfoMaDrm; TK 3_9: 036-044. Kap. 8.3.2 Sequenz 163: MedDrm und InfoMaDrm; TK 3_9: 129-134. Kap. 8.3.2 Sequenz 164: MedDrm und InfoMaDrm; TK 3_9: 082-090. Kap. 8.3.2
TK 3_10	PhilPm$_B$ als Vortragender PhilPm$_A$ als Diskutant MaPm als Diskutant LingPw$_B$ als Moderatorin	Plenumsdiskussion	Sequenz 6: PhilPm$_B$ und PhilPm$_A$; TK 3_10: 001-006. Kap. 5.2.1 Sequenz 20: PhilPm$_A$ und PhilPm$_B$; TK 3_10: 028-045. Kap. 5.3.1.3 Sequenz 59: PhilPm$_A$ und MaPm; TK 3_10: 156-170. Kap. 6.2.2 Sequenz 109: PhilPm$_A$ und PhilPm$_B$; TK 3_10: 100-106. Kap. 7.2.11 Sequenz 112: MaPm und PhilPm$_A$; TK 3_10: 146-149. Kap. 7.3.2.1 Sequenz 138: PhilPm$_A$ und MaPm; TK 3_10: 112, 123-129, 132-140. Kap. 7.3.2.3

Teilkorpus	Personen und Interaktionsrollen	Diskussionstyp	Sequenzzuordnung
TK 3_10			Sequenz 139: MaPm und PhilPm$_A$; TK 3_10: 146-152. *Kap. 7.3.2.3* Sequenz 141: PhilPm$_B$; TK 3_10: 175-182, 185-191. *Kap. 7.3.2.3*
TK 3_11	ChemPm$_A$ als Fokusdiskutant AstroMaPw als Diskutantin PhilPm$_A$ als Moderator	Plenumsdiskussion	Sequenz 82: ChemPm$_A$, PhilPm$_A$ und AstroMaPw; TK 3_11: 018-029. *Kap. 6.2.5* Sequenz 88: AstroMaPw und ChemPm$_A$; TK 3_11: 001-005. *Kap. 7.2.1*

Wissen – Kompetenz – Text

Herausgegeben von Christian Efing / Britta Hufeisen / Nina Janich

Band 1 Nina Janich / Alfred Nordmann / Liselotte Schebek (Hrsg.): Nichtwissenskommunikation in den Wissenschaften. Interdisziplinäre Zugänge. 2012.

Band 2 Markus Wienen: Lesart und Rezipienten-Text. Zur materialen Unsicherheit multimodaler und semiotisch komplexer Kommunikation. 2011.

Band 3 Christiane Stumpf: Toilettengraffiti. Unterschiedliche Kommunikationsverhalten von Männern und Frauen. 2013.

Band 4 Gabriele Klocke: Entschuldigung und Entschuldigungsannahme im Täter-Opfer-Ausgleich. Eine soziolinguistische Untersuchung zu Gesprächsstrukturen und Spracheinstellungen. 2013.

Band 5 Christian Efing (Hrsg.): Ausbildungsvorbereitung im Deutschunterricht der Sekundarstufe I. Die sprachlich-kommunikativen Facetten von "Ausbildungsfähigkeit". 2013.

Band 6 Zhouming Yu: Überlebenschancen der Kleinsprachen in der EU im Schatten nationalstaatlicher Interessen. 2013.

Band 7 Karl-Hubert Kiefer / Christian Efing / Matthias Jung / Annegret Middeke (Hrsg.): Berufsfeld-Kommunikation: Deutsch. 2014.

Band 8 Lisa Rhein: Selbstdarstellung in der Wissenschaft. Eine linguistische Untersuchung zum Diskussionsverhalten von Wissenschaftlern in interdisziplinären Kontexten. 2015.

www.peterlang.com